ANSYS 2020 有限元分析从入门到精通

胡仁喜　解江坤　编著

机 械 工 业 出 版 社

本书对 ANSYS2020 有限元分析的基本思路、操作步骤、应用技巧进行了详细介绍，并结合典型工程应用实例详细讲述了 ANSYS 的具体应用方法。

本书前 7 章为操作基础，详细介绍了 ANSYS 分析的基本步骤和方法：第 1 章 ANSYS 概述；第 2 章几何建模；第 3 章建模实例；第 4 章网格划分；第 5 章施加载荷；第 6 章求解；第 7 章后处理。后 8 章为专题实例，按不同的分析专题讲解了各种分析专题的参数设置方法与技巧：第 8 章静力分析；第 9 章模态分析；第 10 章谐响应分析；第 11 章瞬态动力学分析；第 12 章谱分析；第 13 章结构屈曲分析；第 14 章非线性分析；第 15 章接触问题分析。

本书可作为理工科院校相关专业的高年级本科生、研究生及教师学习 ANSYS 软件的培训教材，也可作为结构分析相关行业的工程技术人员使用 ANSYS 软件的参考书。

图书在版编目（CIP）数据

ANSYS 2020 有限元分析从入门到精通 / 胡仁喜，解江坤编著. -- 北京 ： 机械工业出版社，2021.12

ISBN 978-7-111-69903-3

Ⅰ. ①A… Ⅱ. ①胡… ②解… Ⅲ. ①有限元分析－应用软件 Ⅳ. ①O241.82-39

中国版本图书馆 CIP 数据核字(2021)第 261787 号

机械工业出版社（北京市百万庄大街 22 号　邮政编码 100037）

策划编辑：曲彩云　　责任编辑：曲彩云

责任校对：刘秀华　　责任印制：李　昂

北京中兴印刷有限公司印刷

2022 年 3 月第 1 版第 1 次印刷

184mm×260mm · 36.25 印张 · 883 千字

标准书号：ISBN 978-7-111-69903-3

定价：139.00 元

电话服务

客服电话：010-88361066

010-88379833

010-68326294

网络服务

机　工　官　网：www.cmpbook.com

机　工　官　博：weibo.com/cmp1952

金　　书　　网：www.golden-book.com

机工教育服务网：www.cmpedu.com

前　言

有限元法作为数值计算方法，自 20 世纪中叶以来，以其独有的计算优势在工程分析领域得到了广泛的应用，已出现了不同的有限元算法，并由此产生了一批非常成熟的通用和专业有限元商业软件。随着计算机技术的飞速发展，各种工程软件也得以广泛应用。ANSYS 软件以它的多物理场耦合分析功能而成为 CAE 软件的应用主流。

ANSYS 软件是美国 ANSYS 公司研制的大型通用有限元分析(FEA)软件，能够进行包括结构、热、声、流体及电磁场等学科的研究，在核工业、铁道、石油化工、航空航天、机械制造、能源、汽车交通、国防军工、电子、土木工程、造船、生物医药、轻工、地矿、水利、家电等领域有着广泛的应用。ANSYS 软件的功能强大，操作简单方便，现在它已成为国际上流行的有限元分析软件，在历年 FEA 评比中都名列第一。目前，中国大多数科研院校采用 ANSYS 软件进行有限元分析，或者作为标准教学软件。

本书对 ANSYS2020 有限元分析的基本思路、操作步骤、应用技巧进行了详细介绍，并结合典型工程应用实例详细讲述了 ANSYS 具体工程应用方法。书中尽量避开烦琐的理论描述，从实际应用出发，结合编者使用该软件的经验，对实例部分采用 GUI 模式一步一步讲解操作过程和步骤。为了帮助用户熟悉 ANSYS 的相关操作命令，在每个实例的后面列出了分析过程的命令流文件。

本书分为两部分，前 7 章为操作基础，详细介绍了 ANSYS 分析的基本步骤和方法：第 1 章 ANSYS 概述；第 2 章几何建模；第 3 章建模实例；第 4 章网格划分；第 5 章施加载荷；第 6 章求解；第 7 章后处理。后 8 章为专题实例，按不同的分析专题讲解了各种分析专题的参数设置方法与技巧：第 8 章静力分析；第 9 章模态分析；第 10 章谐响应分析；第 11 章瞬态动力学分析；第 12 章谱分析；第 13 章结构屈曲分析；第 14 章非线性分析；第 15 章接触问题分析。

本书附有电子资料包，除了有每个实例 GUI 实际操作步骤的视频外，还以文本文件的格式给出了每个实例的命令流文件，用户可以直接调用。用户可以登录百度网盘下载，链接：https://pan.baidu.com/s/1YtYp7rwq8g6IVgHeW3Zmcg 密码：swsw，(读者如果没有百度网盘，需要先注册一个才能下载)。

本书可作为理工科院校相关专业的高年级本科生、研究生及教师学习 ANSYS 软件的培训教材，也可作为结构分析相关行业的工程技术人员使用 ANSYS 软件的参考书。

由于编者水平有限，书中不足在所难免，恳请专家和广大用户不吝赐教，加入 QQ 群 180284277 或联系 714491436@qq.com 批评指正。

编　者

目　录

第 1 章 ANSYS 概述

本章首先介绍 CAE 技术及其有关基本知识，并由此引出了 ANSYS 的最新版本 2020。讲述了新版本的功能特点，以及 ANSYS 程序结构和分析基本流程。

本章提纲挈领地介绍了 ANSYS 的基本知识，主要目的是给读者提供一个 ANSYS 感性认识。

学习要点

- CAE 软件简介
- 有限元法简介
- ANSYS 概述
- 程序结构
- ANSYS 分析求解过程

1.1 CAE 软件简介

传统的产品设计流程往往都是首先由客户提出产品相关的规格及要求，然后由设计人员进行概念设计，接着由工业设计人员对产品进行外观设计及功能规划，之后再由工程人员对产品进行详细设计。设计方案确定以后，便进行开模等投产前置工作。由图 1-1 可以发现，各项产品测试都在设计流程后期方能进行。因此，一旦发生问题，除了必须付出设计成本，而且相关前置作业也需改动，而且发现问题越晚，重新设计所付出的成本将会越高，若影响交货期或产品形象，损失更是难以估计。为了避免此情形的发生，预期评估产品的特质便成为设计人员的重要课题。

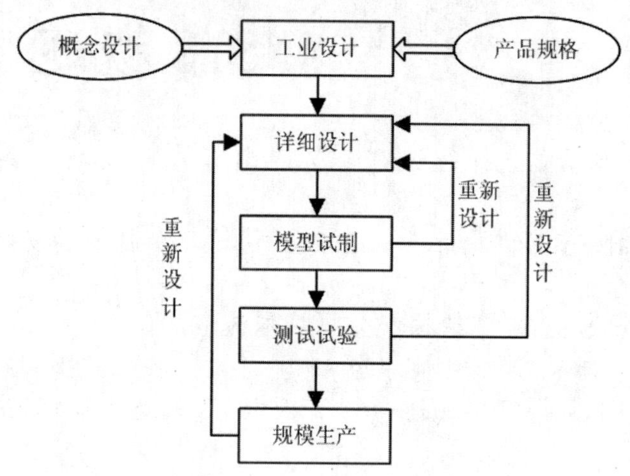

图 1-1 传统产品设计流程

计算力学、计算数学、工程管理学，特别是信息技术的飞速发展，极大地推动了相关产业和学科研究的进步。有限元、有限体积及差分等方法与计算机技术相结合，诞生了新兴的跨专业和跨行业的学科。CAE 作为一种新兴的数值模拟分析技术，越来越受到工程技术人员的重视。当产品开发过程中引入 CAE 技术后，在产品尚未批量生产之前，不仅能协助工程人员做产品设计，更可以在争取订单时，作为一种强有力的工具协助营销人员及管理人员与客户沟通；在批量生产阶段，可以协助工程技术人员在重新更改时，找出问题发生的起点；在批量生产以后，相关分析结果还可以成为下次设计的重要依据。图 1-2 所示为引入 CAE 后的产品设计流程。

以电子产品为例，80%的电子产品都来自于高速撞击，研究人员往往耗费大量的时间和成本，针对产品做相关的质量试验，最常见的如落下与冲击试验，这些不仅耗费了大量的研发时间和成本，而且试验本身也存在很多缺陷，表现在：

- 试验发生的历程很短，很难观察试验过程的现象。
- 测试条件难以控制，试验的重复性很差。
- 试验时很难测量产品内部特性和观察内部现象。

● 一般只能得到试验结果，而无法了解试验原因。

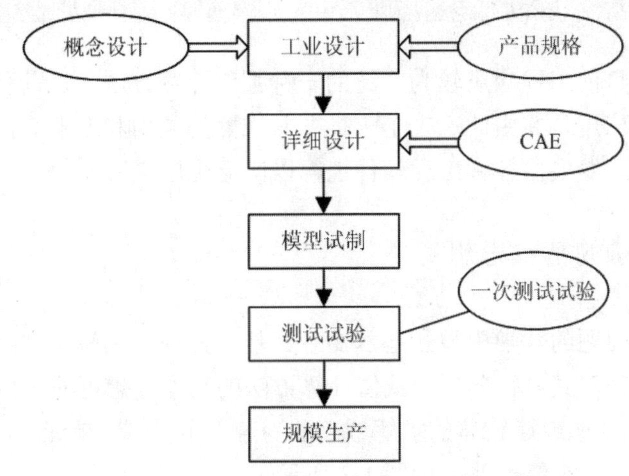

图 1-2 引入 CAE 后的产品设计流程

引入 CAE 后，可以在产品开模之前，透过相应软件对电子产品模拟自由落下试验（Free Drop Test）、模拟冲击试验（Shock Test）以及应力应变分析、振动仿真、温度分布分析等求得设计的最佳解，进而为一次试验甚至无试验可使产品通过测试规范提供了可能。

CAE 重要性：

1）CAE 本身就可以看作一种基本试验。利用试验方法费用昂贵，还只能表征初始状态和最终状态，中间过程无法得知，因而也无法帮助研究人员了解问题的实质。而数值模拟在某种意义上比理论与试验对问题的认识更为深刻、更为细致，不仅可以了解问题的结果，而且可随时连续动态地、重复地显示事物的发展，了解其整体与局部的细致过程。

2）CAE 可以直观地显示目前还不易观测到的、说不清楚的一些现象，容易为人理解和分析；还可以显示任何试验都无法看到的发生在结构内部的一些物理现象，如弹体在不均匀介质侵彻过程中的受力和偏转；爆炸波在介质中的传播过程和地下结构的破坏过程。同时，数值模拟可以替代一些危险、昂贵的甚至是难于实施的试验，如反应堆的爆炸事故，核爆炸的过程与效应等。

3）CAE 促进了试验的发展，对试验方案的科学制定、试验过程中测点的最佳位置、仪表量程等的确定提供了更可靠的理论指导。侵彻、爆炸试验费用是昂贵的，并存在一定危险，因此数值模拟不但有很大的经济效益，而且可以加速理论、试验研究的进程。

4）一次投资，长期受益。虽然数值模拟大型软件系统的研制需要花费相当多的经费和人力资源，但和试验相比，数值模拟软件是可以进行复制移植、重复利用，并可进行适当修改而满足不同情况的需求。据相关统计数据显示，应用 CAE 技术后，开发期的费用占开发成本的比例从 80%～90%下降到 8%～12%。

1.2 有限元法简介

有限元法作为目前工程应用较为广泛的一种数值计算方法，以其独有的计算优势得到了广泛的发展和应用，并由此产生了一批非常成熟的通用和专业有限元商业软件。随着计算机技术的飞速发展，各种工程软件也得以广泛应用。

1.2.1 有限元法的基本思想

在工程或物理问题的数学模型（基本变量、基本方程、求解域和边界条件等）确定以后，有限元法作为对其进行分析的数值计算方法的基本思想可简单概括为如下 3 点：

1）将一个表示结构或连续体的求解域离散为若干个子域（单元），并通过它们边界上的节点相互连接为一个组合体，如图 1-3 所示。

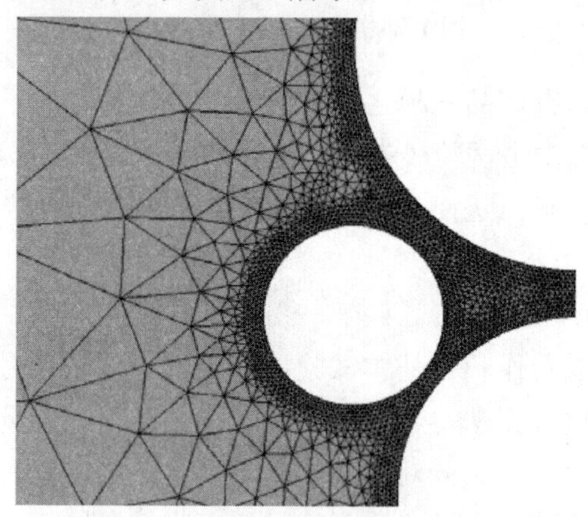

图 1-3 有限元法单元划分

2）用每个单元内所假设的近似函数来分片地表示全求解域内待求解的未知场变量，而每个单元内的近似函数由未知场函数（或其导数）在单元各个节点上的数值和与其对应的插值函数来表达。由于在连接相邻单元的节点上，场函数具有相同的数值，因而将它们作为数值求解的基本未知量。这样一来，求解原待求场函数的无穷多自由度问题转换为求解场函数节点值的有限自由度问题。

3）通过和原问题数学模型（如基本方程、边界条件等）等效的变分原理或加权余量法，建立求解基本未知量（场函数节点值）的代数方程组或常微分方程组。此方程组成为有限元求解方程，并表示为规范化的矩阵形式，接着用相应的数值方法求解该方程，从而得到原问题的求解。

1.2.2 有限元法的特点

1）对于复杂几何构形的适应性：由于单元在空间上可以是一维、二维或三维的，而且每一种单元可以有不同的形状，同时各种单元可以采用不同的连接方式，所以，工程实际中遇到的非常复杂的结构或构造都可以离散为由单元组合体表示的有限元模型。图 1-4 所示为一个三维实体的单元划分模型。

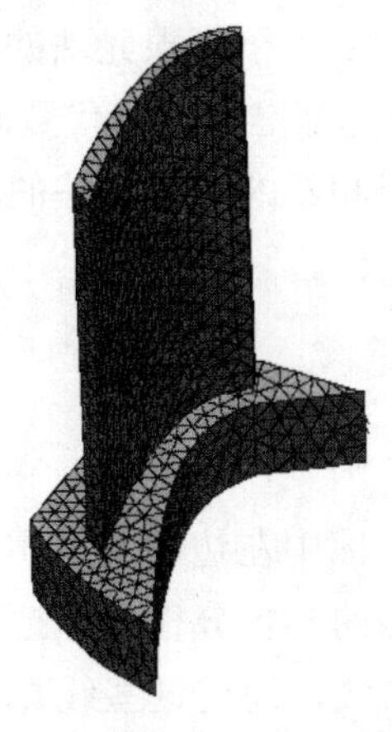

图 1-4 三维实体的单元划分模型

2）对于各种物理问题的适用性：由于用单元内近似函数分片地表示全求解域的未知场函数，并未限制场函数所满足的方程形式，也未限制各个单元所对应的方程必须有相同的形式，因此它适用于各种物理问题，例如线弹性问题、弹塑性问题、黏弹性问题、动力问题、屈曲问题、流体力学问题、热传导问题、声学问题、电磁场问题等，而且还可以用于各种物理现象相互耦合的问题。图 1-5 所示为一个热应力问题。

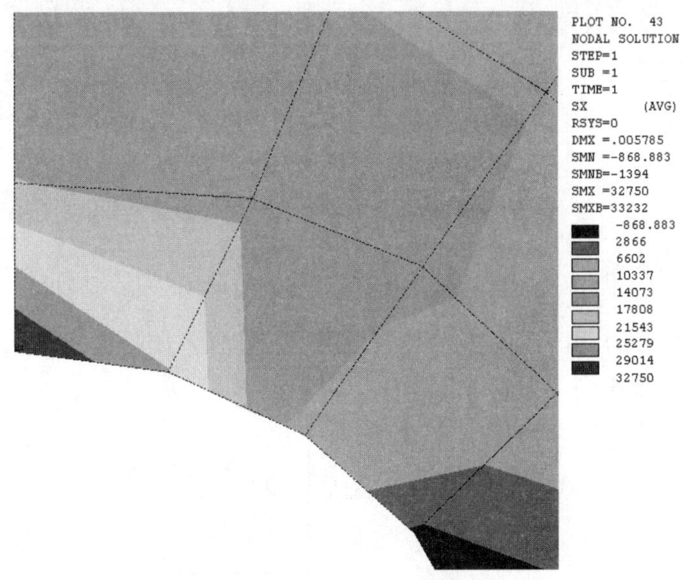

图 1-5 热应力问题

3）建立于严格理论基础上的可靠性：因为用于建立有限元方程的变分原理或加权余量法在数学上已证明是微分方程和边界条件的等效积分形式，所以只要原问题的数学模型是正确的，同时用来求解有限元方程的数值算法是稳定可靠的，则随着单元数目的增加（即单元尺寸的缩小），或者是随着单元自由度数的增加（即插值函数阶次的提高），有限元解的近似程度不断地被改进。如果单元是满足收敛准则的，则近似解最后收敛于原数学模型的精确解。

4）适合计算机实现的高效性：由于有限元法的各个步骤可以表达为规范化的矩阵形式，最后导致求解方程可以统一为标准的矩阵代数问题，特别适合计算机的编程和执行。随着计算机硬件技术的高速发展和新的数值算法的不断涌现，大型复杂问题的有限元分析已成为工程技术领域的常规工作。

1.2.3 有限元模型

有限元模型如图 1-6 所示。图中左边的是真实的结构，右边是对应的有限元模型，有限元模型可以看作是真实结构的一种分格，即把真实结构看作是由一个个小的分块部分构成的，或者在真实结构上画线，通过这些线真实结构被分离成一个个的部分。

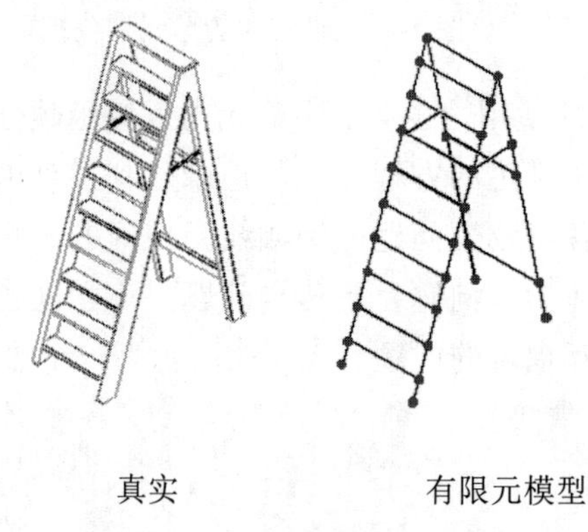

真实　　　　有限元模型

图 1-6　有限元模型

1.2.4 自由度

自由度（DOFs）用于描述一个物理场的响应特性，如图 1-7 所示。不同的学科方向需要描述的自由度不同，见表 1-1。

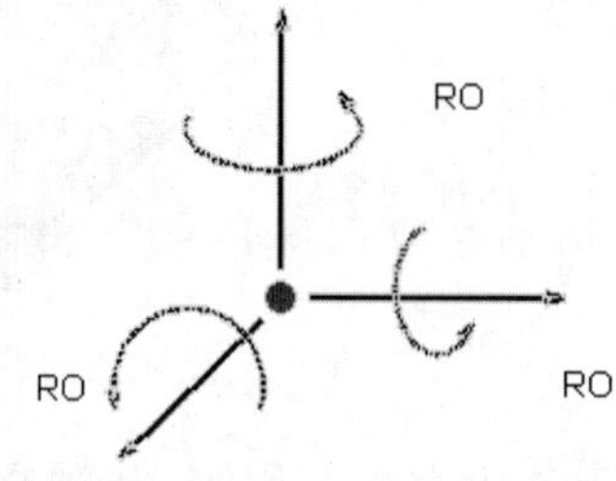

图 1-7　结构自由度 DOFs

表 1-1　学科方向与自由度

学科方向	自由度
结构	位移
热	温度
电	电位
流体	压力
磁	磁位

1.2.5 节点和单元

节点和单元如图 1-8 所示：

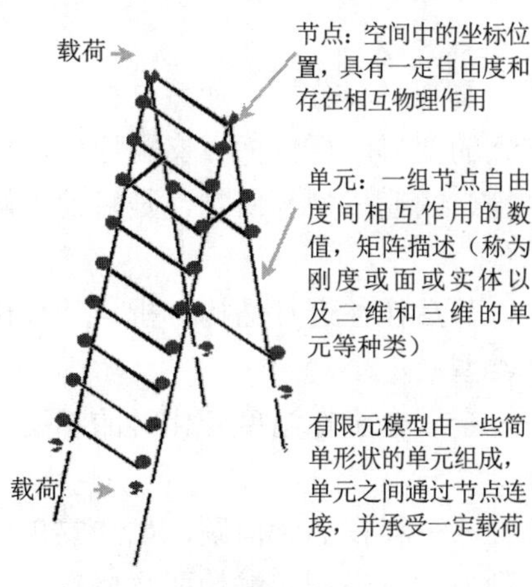

图 1-8　节点和单元

每个单元的特性是通过一些线性方程式来描述的。作为一个整体，单元形成了整体结构的数学模型。

整体结构的数学模型的规模与结构的大小有关，尽管图 1-1 中所示的有限元模型低于 100 个方程（即“自由度”），然而在今天一个小的 ANSYS 分析就可能有 5000 个未知量，矩阵可能有 25000000 个刚度系数。

1.3 ANSYS 简介

ANSYS 软件可在大多数计算机及操作系统中运行，从 PC 到工作站直到巨型计算机，ANSYS 文件在其所有的产品系列和工作平台上均兼容。ANSYS 多物理场耦合的功能，允许在同一模型上进行各式各样的耦合计算成本，如热-结构耦合、磁-结构耦合和电-磁-流体-热耦合，在 PC 上生成的模型同样可运行于巨型计算机上，这样就确保了 ANSYS 对多领域多变工程问题的求解。

1.3.1 ANSYS 的功能

1. 结构分析

静力分析——用于静态载荷。可以考虑结构的线性及非线性行为，如大变形、大应变、应力刚化、接触、塑性、超弹性及蠕变等。

模态分析——计算线性结构的自振频率及振形。谱分析是模态分析的扩展，用于计算由随机振动引起的结构应力和应变（也称为响应谱或 PSD）。

谐响应分析——确定线性结构对随时间按正弦曲线变化的载荷的响应。

瞬态动力学分析——确定结构对随时间任意变化的载荷的响应。可以考虑与静力分析相同的结构非线性行为。

特征屈曲分析——用于计算线性屈曲载荷并确定屈曲模态形状（结合瞬态动力学分析可以实现非线性屈曲分析）。

专项分析——断裂分析、复合材料分析、疲劳分析。

专项分析用于模拟非常大的变形，惯性力占支配地位，并考虑所有的非线性行为。它的显式方程求解冲击、碰撞、快速成型等问题，是目前求解这类问题最有效的方法。

2. ANSYS 热分析

热分析一般不是单独的，其后往往进行结构分析，计算由于热膨胀或收缩不均匀引起的应力。热分析包括以下类型：

相变（熔化及凝固）——金属合金在温度变化时的相变，如铁合金中马氏体与奥氏体的转变。

内热源（如电阻发热等）——存在热源问题，如加热炉中对试件进行加热。

热传导——热传递的一种方式，当相接触的两物体存在温差时发生。

热对流——热传递的一种方式，当存在流体、气体和温差时发生。

热辐射——热传递的一种方式，只要存在温差时就会发生，可以在真空中进行。

3. ANSYS 电磁分析

电磁分析中考虑的物理量是磁通量密度、磁场密度、磁力、磁力矩、阻抗、电感、涡流、耗能及磁通量泄漏等。磁场可由电流、永磁体、外加磁场等产生。磁场分析包括以下类型：

静磁场分析——计算直流电（DC）或永磁体产生的磁场。

交变磁场分析——计算由于交流电（AC）产生的磁场。

瞬态磁场分析——计算随时间随机变化的电流或外界引起的磁场。

电场分析——用于计算电阻或电容系统的电场。典型的物理量有电流密度、电荷密度、电场及电阻热等。

高频电磁场分析——用于微波和 RF 无源组件，以及波导、雷达系统、同轴连接器等。

4. ANSYS 流体分析

流体分析主要用于确定流体的流动及热行为。流体分析包括以下类型：

耦合流体动力（CFD）——ANSYS 提供强大的计算流体动力学分析功能，包括不可压缩或可压缩流体、层流和湍流及多组分流等。

声学分析——考虑流体介质与周围固体的相互作用，进行声波传递或水下结构的动力学分析等。

容器内流体分析——考虑容器内的非流动流体的影响。可以确定由于晃动引起的静力压力。

流体动力学耦合分析——在考虑流体约束质量的动力响应基础上，在结构动力学分析中使用流体耦合单元。

5．ANSYS 耦合场分析

耦合场分析主要考虑两个或多个物理场之间的相互作用。如果两个物理场之间相互影响，单独求解一个物理场是不可能得到正确结果的，因此需要一个能够将两个物理场组合到一起求解的分析软件。例如：在压电力分析中，需要同时求解电压分布（电场分析）和应变（结构分析）。

1.3.2 ANSYS 的发展

ANSYS 能与多数 CAD 软件结合使用，实现数据共享和交换，如 AutoCAD、I-DEAS、Pro/Engineer、NASTRAN、Alogor 等，是现代产品设计中的高级 CAD 工具之一。

ANSYS 软件提供了一个不断改进的功能清单，具体包括：结构高度非线性分析、电磁分析、计算流体力学分析、设计优化、接触分析、自适应网格划分、大应变/有限转动功能以及利用 ANSYS 参数设计语言（APDL）的扩展宏命令功能。基于 Motif 的菜单系统使用户能够通过对话框、下拉式菜单和子菜单进行数据输入和功能选择，为用户使用 ANSYS 提供“导航”。

1.3.3 ANSYS 2020 的启动

用交互式启动 ANSYS：选择“开始” > “所有程序” > “ANSYS 2020 R1” > “Mechanical APDL 2020R1”即可启动，如图 1-9 所示。或者选择“开始” > “所有程序” > “ANSYS ANSYS 2020 R1” > “ANSYS APDL Product Launcher 2020R1”进入运行环境设置，如图 1-10 所示。设置完成之后单击“Run”按钮，也可以启动 ANSYS 2020。

1.3.4 ANSYS 2020 运行环境配置

ANSYS 2020 运行环境配置主要是在启动界面设置以下选项（见图 1-10）：

1．模块选择

在“Simulation Environment（数值模拟）”下拉列表中可以选择以下三种界面。

1）ANSYS：典型 ANSYS 用户界面。

2）ANSYS Batch：ANSYS 命令流界面。

3）LS-DYNA Solver：线性动力求解界面。

用户可根据自己实际需要选择一种界面。

在“License”下拉列表中列出了各种界面下相应的模块：力学、流体、热、电磁、流固耦合等，用户可根据自己要求选择。

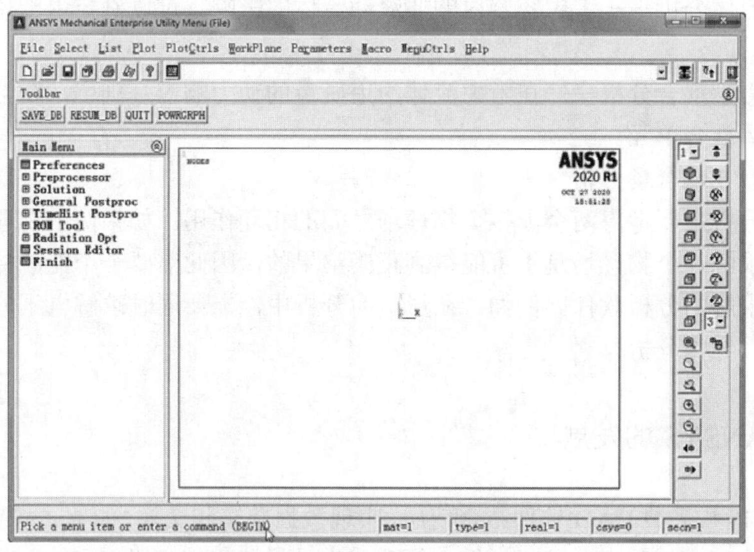

图 1-9 启动 ANSYS 用户界面

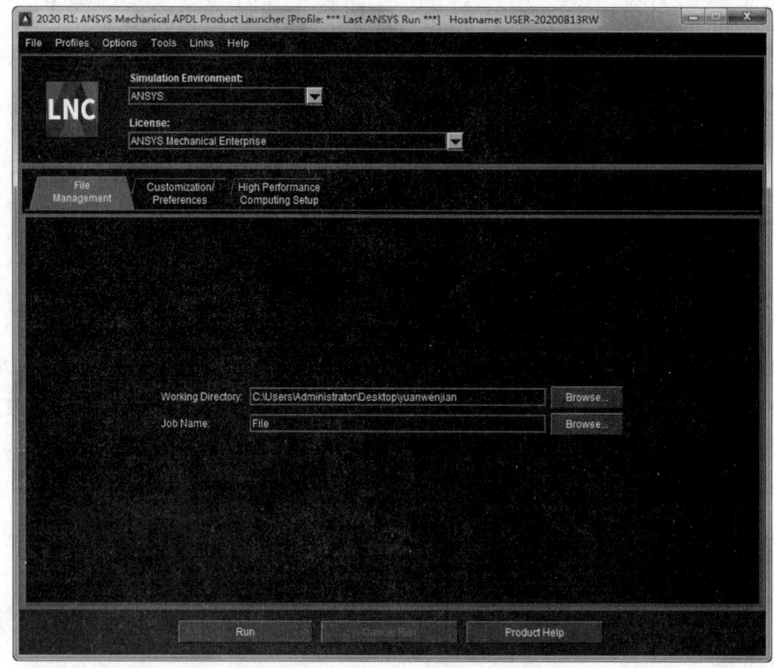

图 1-10 ANSYS 运行环境设置

2．选择 ANSYS 的工作目录

ANSYS 所有生成的文件都将写在此目录下。在“Working Directory（工作目录）”文本框设置工作目录，默认为上次定义的目录。再在“Job Name（文件名）”文本框设置文件名，默认文件名叫 File。

3．设定 ANSYS 工作空间及数据库大小

在用户管理中可设定数据库的大小和进行内存管理设置，个人设置中可设置自己喜欢的用户环境：在“ANSYSLanguage”中选择语言；在“Graphics Device Name”中对显示模式进行设置（Win32 提供 9 种颜色等值线，Win32c 提供 108 种颜色等值线，3D 针对 3D 显卡，适宜显示三维图形）；在“Read START ANS file at start-up”中设定是否读入启动文件。如图 1-11 所示。

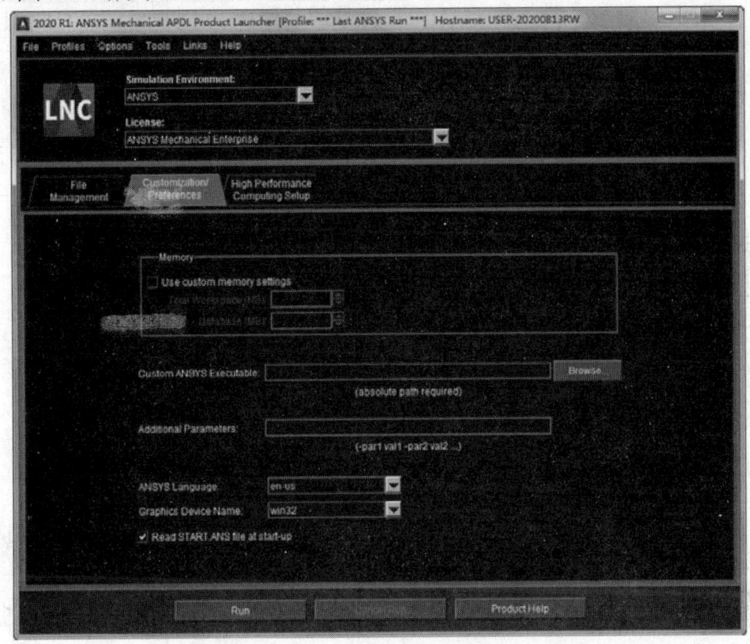

图 1-11 ANSYS 运行环境设置

1.4 程序结构

ANSYS 系统把各个分析过程分为一些模块进行操作，一个问题的分析主要可以经过这些模块的分步操作实现，各个模块组成了程序的结构。

1.4.1 处理器

- 前处理器。
- 求解器。
- 通用后处理器。
- 时间历程后处理器。
- 拓扑优化。
- 优化设计等。

以上 6 个模块基本是按照操作顺序排列的，在分析一个问题时，大致是按照以上模块从上到下的顺序操作的。

1.4.2 文件格式

ANSYS 中涉及的主要文件类型及格式见表 1-2。

表 1-2　主要文件的类型及格式

文件的类型	文件的名称	文件的格式
日志文件	Jobname.LOG	文本
错误文件	Jobname.ERR	文本
输出文件	Jobname.OUT	文本
数据文件	Jobname.DB	二进制
结果文件： 结构或其耦合 热 磁场 流体	Jobname.xxx Jobname.RST Jobname.RTH Jobname.RMG Jobname.RFL	二进制
载荷步文件	Jobname.Sn	文本
图形文件	Jobname.GRPH	文本（特殊格式）
单元矩阵文件	Jobname.EMAT	二进制

1.4.3 输入方式

1．交互方式运行 ANSYS

交互方式运行 ANSYS，可以通过菜单和对话框来运行 ANSYS 程序。在该方式下，可以很容易地运行 ANSYS 的图形功能、在线帮助和其他工具，也可以根据喜好来改变交互方式的布局。ANSYS 图形交互界面的构成有应用菜单、工具条、图形窗口、输出窗口、输入窗口和主菜单。

2．命令方式运行 ANSYS

命令方式运行 ANSYS，是在命令的输入窗口输入命令来运行 ANSYS 程序。该方式比交互式运行要方便和快捷，但对操作人员的要求较高。

1.4.4 输出文件类型

一般来说，不同的分析类型有不同的文件类型，除了上面列出的文件外，表 1-3 列出了 ANSYS 分析时产生的临时文件类型。

表 1-3　临时文件类型

文件名称	文件格式	文件内容
ANO	文本	图形窗口的命令
BAT	文本	从 batch 文件中输入的数据
DO*n*	文本	Do-loop 命令中的计数值
DSCR	二进制	模态分析中的 Scratch 文件
EROT	二进制	单元旋转矩阵
LSCR	二进制	高级模态分析中的 Scratch 文件
LV	二进制	在子结构中产生并随多个载荷矢量传递的 Scratch 文件
LNxx	二进制	从 sparse 求解器产生的 Scratch 文件
MASS	二进制	模态分析中的压缩质量矩阵（子空间方法）
MMX	二进制	模态分析中的工作矩阵（子空间方法）
PAGE	二进制	ANSYS 虚拟内存的页面文件（数据库空间）
PCS	文本	从 PCG 求解器产生的 Scratch 文件
PC*n*	二进制	从 PCG 求解器产生的 Scratch 文件（n=1 到 10）
SCR	二进制	从雅可比梯度求解器产生的 Scratch 文件
SSCR	二进制	从子结构求解器产生的 Scratch 文件

1.5 ANSYS 分析求解过程

从总体上讲，ANSYS 软件有限元分析包含前处理、求解和后处理三个基本过程，如图 1-12 所示，它们分别对应 ANSYS 主菜单系统中“Processor（前处理）”“Solution（求解器）”“General Postproc（通用后处理器）”与“TimeHist Postproc（时间历程后处理器）”。

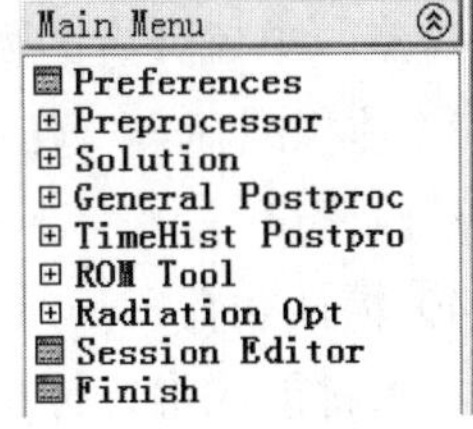

图 1-12　分析主菜单

ANSYS 软件包含多种有限元分析功能，从简单的线性静态分析到复杂的非线性动态分析，以及热分析、流固耦合分析、电磁分析、流体分析等。根据 ANSYSY 具体应用的工程领域，其分析方法和步骤有所差别，本节主要讲述对大多数分析过程都适用的一般步骤。

一个典型的 ANSYS 分析过程可分为以下三个步骤：

1）前处理。

2）加载求解。

3）后处理。

其中，前处理包括参数定义、实体建模和划分网格；加载求解包括施加载荷、边界条件和进行求解运算；后处理包括查看分析结果和分析处理并评估结果。

1.5.1 前处理

前处理是指创建实体模型和有限元模型。它包括创建实体模型，定义单元属性、划分有限元网格和修正模型等几项内容。大部分的有限元模型都是用实体模型建模，类似于 CAD，ANSYS 以数学的方式表达结构的几何形状，然后在其中划分节点和单元，还可以在几何模型边界上方便地施加载荷，但是实体模型并不参与有限元分析，所以施加在几何实体边界上的载荷或约束必须最终传递到有限元模型上（单元或节点）进行求解，这个过程通常是 ANSYS 程序自动完成的。可以通过 4 种途径创建 ANSYS 模型：

1）在 ANSYS 环境中创建实体模型，然后划分有限元网格。

2）在其他软件（如 CAD）中创建实体模型，然后读入 ANSYS 环境，经过修正后划分有限元网格。

3）在 ANSYS 环境中直接创建节点和单元。

4）在其他软件中创建有限元模型，然后将节点和单元数据读入 ANSYS。

单元属性是指划分网格前必须指定所分析对象的特征，这些特征包括材料属性、单元类型、实常数等。需要强调的是，除了磁场分析以外，不需要告诉 ANSYS 使用的是什么单位制，只需要自己决定使用何种单位制，然后确保所有输入值的单位制统一。单位制影响输入的实体模型尺寸、材料属性、实常数及载荷等。

1.5.2 加载并求解

1）自由度 DOF——定义节点的自由度（DOF）值（如结构分析的位移、热分析的温度、电磁分析的磁势等）。

2）面载荷（包括线载荷）——作用在表面的分布载荷（如结构分析的压力、热分析的热对流、电磁分析的麦克斯韦表面等）。

3）体积载荷——作用在体积上或场域内（如热分析的体积膨胀和内生成热、电磁分析的磁流密度等）。

4）惯性载荷——结构质量或惯性引起的载荷（如重力、加速度等）。

在求解前应进行分析数据检查，包括以下内容：

1）单元类型和选项，材料性质参数，实常数以及统一的单位制。

2）单元实常数和材料类型的设置，实体模型的质量特性。

3）确保模型中没有不应存在的缝隙（特别是从 CAD 中输入的模型）。

4）壳单元的法向、节点坐标系。

5）集中载荷和体积载荷、面载荷的方向。

6）温度场的分布和范围，热膨胀分析的参考温度。

1.5.3 后处理

1）通用后处理（POST1）——用来观看整个模型在某一时刻的结果。

2）时间历程后处理（POST26）——用来观看模型在不同时间段或载荷步上的结果，常用于处理瞬态分析和动力分析的结果。

1.5.4 实例导航——导弹发动机药柱承受温度和内压载荷数值模拟

本实例的问题来源于导弹中的发动机药柱承受温度和内压载荷的数值模拟。

01 模型描述。三维实体药柱模型如图 1-13 所示，尺寸如图 1-14 所示。单位为 mm，假设药柱总长为 1m。

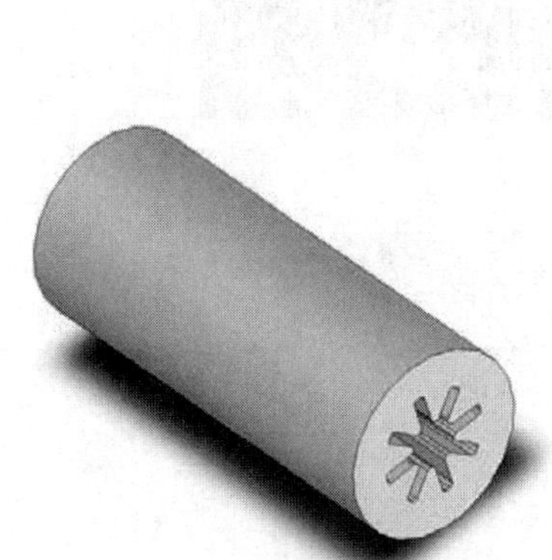
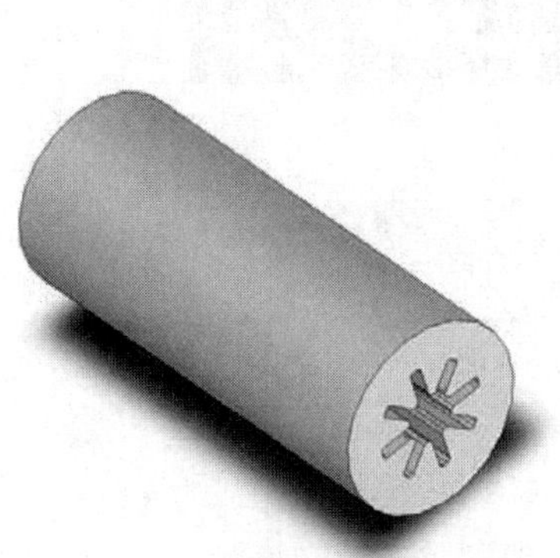

图 1-13 三维实体药柱模型

图 1-14 药柱尺寸

药柱在固化冷却到低温试验时，由于药柱的冷却收缩将使药柱内部产生残余热应力；同时导弹工作时，药柱的星形内腔将承受压强载荷的作用，因此需要分析药柱在工作过程中的结构完整性，研究确定其受力薄弱的地方。假设药柱为各向同性的弹性材料，设弹性模量为 3.5e+6MPa，泊松比为 0.499，热膨胀系数为 0.652e-6/℃。

02 进入 ANSYS。在进行一个新的有限元分析时，通常需要修改数据库名，并在图形输出窗口中定义一个标题来说明当前进行的工作内容。先启动“ANSYS APDL Product Launcher ”，在启动界面中定义工作文件路径，输入分析文件名“Grain”（见图 1-15），单击“Run”按钮，进入 ANSYS 图形交互界面。

03 解题类型设置。对于不同的分析范畴（结构分析、热分析、流体分析、电磁场分析等），ANSYS 所用的主菜单的内容不尽相同，为此需要在分析开始时选定分析内容的范畴，以便 ANSYS 显示出与其相对应的菜单选项。单击 ANSYS“ Main Menu”中的“Preferences”，弹出“Preferences for GUI Filtering”ANSYS 图形交互界面对话框，选择“Structural”复选框（解题类型设置为结构问题），单击“OK”按钮，如图 1-16 所示。接下来可以在界面中建立模型、划分网格、施加载荷、求解等操作了。

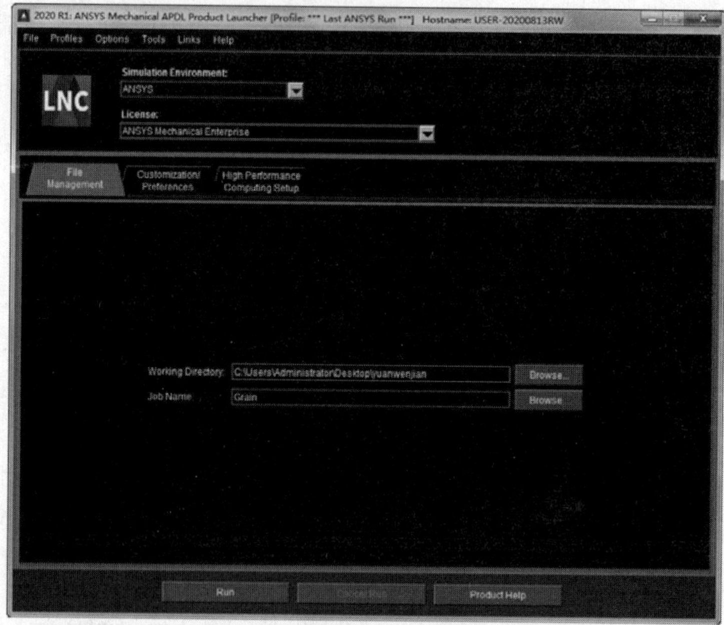

图 1-15 ANSYS 启动界面

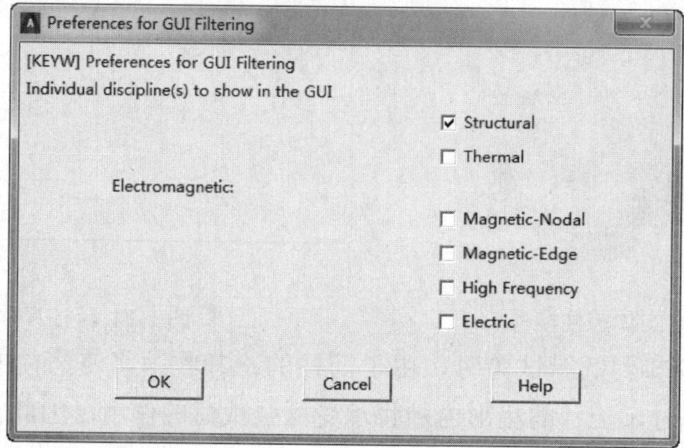

图 1-16 设置解题类型

第2章 几何建模

有限元分析是针对特定的模型而进行的，因此用户必须建立一个有物理原型的准确数学模型。通过几何建模，可以描述模型的几何边界，为以后的网格划分和施加载荷建立模型基础，因此它是整个有限元分析的基础。

学习要点

- 坐标系
- 工作平面
- 自底向上和自顶向下创建几何模型
- 布尔运算

2.1 几何建模概述

有限元分析的最终目的是还原一个实际工程系统的数学行为特征。换句话说，分析必须是针对一个物理原型的准确的数学模型。由节点和单元构成的有限元模型与结构系统的几何外形是基本一致的，广义上讲，模型包括所有的节点、单元、材料属性、实常数、边界条件，以及用来表现这个物理系统的特征，所有这些特征都反映在有限元网格及其设定上面。在 ANSYS 中，有限元模型的建立分为直接法和间接法，直接法是直接根据结构的几何外形建立节点和单元而得到有限元模型，它一般只适用于简单的结构系统；间接法是利用点、线、面和体等基本图元，先建立几何外形，再对该模型进行实体网格划分，以完成有限元模型的建立，因此它适用于节点及单元数目较多的复杂几何外形的结构系统。下面对间接法建立几何模型做简单的介绍。

2.1.1 自底向上创建几何模型

所谓自底向上，顾名思义就是由建立模型的最低单元的点到最高单元的体来创建实体模型，即首先定义关键点（keypoints），然后利用这些关键点定义较高级的实体图元，如线（lines）、面（areas）和体（volume），这就是所谓的自底向上的建模方法，如图 2-1 所示。一定要牢记，自底向上创建的有限元模型是在当前激活的坐标系内定义的。

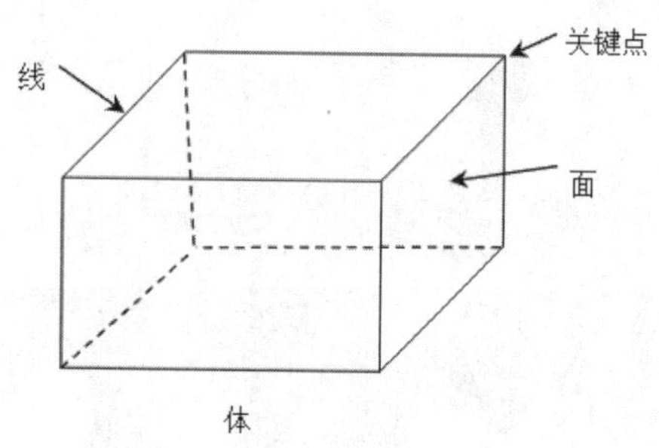

图 2-1 自底向上创建几何模型

2.1.2 自顶向下创建几何模型

ANSYS 软件允许通过汇集线、面、体等几何体素的方法创建模型。当生成一种体素时，ANSYS 程序会自动生成所有从属于该体素的较低级图元，这种一开始就从较高级的实体图元创建模型的方法就是所谓的自顶向下的建模方法，如图 2-2 所示。可以根据需要自由地组合自底向上和自顶向下的建模技术。注意，几何体素是在工作平面内建立的，而自底向上的建模技术是在激活的坐标系上定义的。如果混合使用这两种技术，那么应该考虑使用“CSYS，WP”或“CSYS，4”命令强迫坐标系跟随工作平面变化。另外，建议不要在环坐标系中进行实体建模操作，因为会生成其他不想要的面或体。

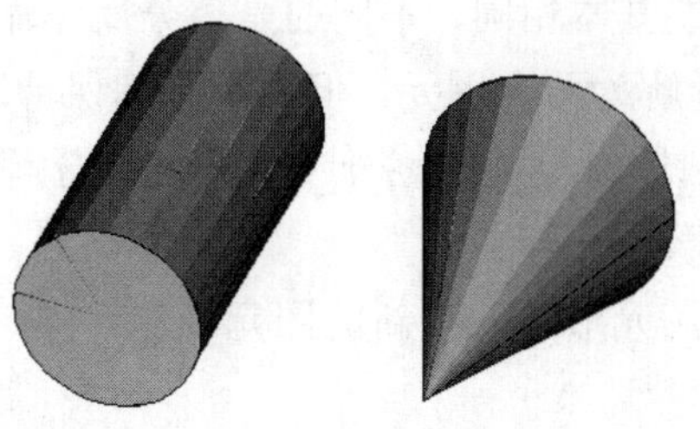

图 2-2 自顶向下创建几何模型（几何体素）

2.1.3 布尔运算操作

可以使用求交、相减或其他布尔运算操作来雕刻实体模型。通过布尔运算操作，可以直接用较高级的图元生成复杂的形体，如图 2-3 所示。布尔运算对于通过自底向上或自顶向下方法生成的图元均有效。

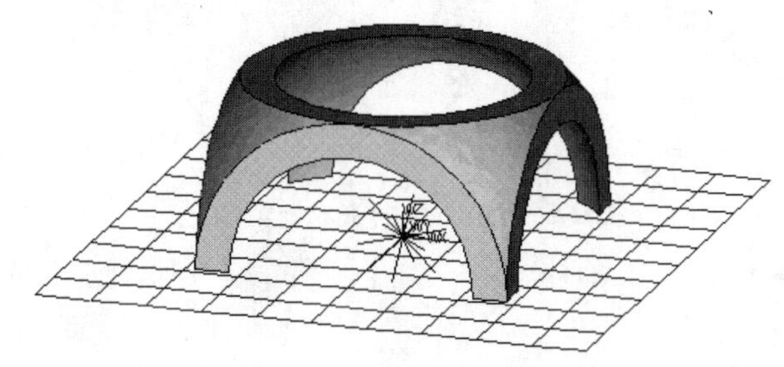

图 2-3 使用布尔运算生成的复杂形体

创建模型时要用到布尔操作，ANSYS 具有以下布尔操作功能：

- 加：把相同的几个体素（点、线、面、体）合在一起形成一个体素。
- 减：从相同的几个体素（点、线、面、体）中去掉相同的另外几个体素。
- 粘接：将两个图元连接到一起，并保留各自边界，如图 2-4 所示。

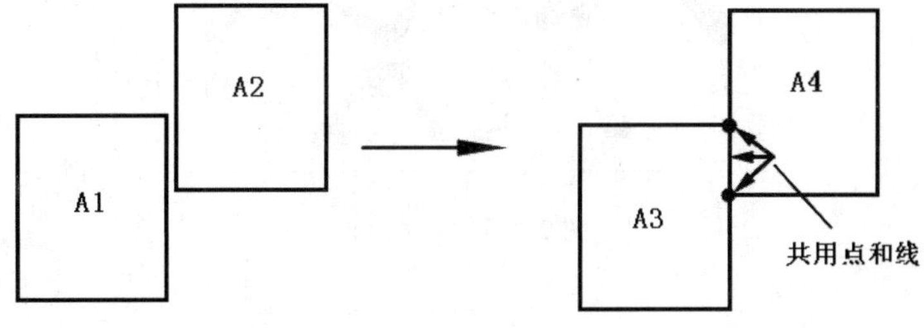

图 2-4 粘接操作

考虑到网格划分， 由于网格划分器划分几个小部件比划分一个大部件更加方便，因此粘接常常比加操作更加适合。

- 叠分：操作与粘接功能基本相同，不同的是叠分操作输入的图元具有重叠的区域。
- 分解： 将一个图元分解为两个图元，但两者之间保持连接。可用于将一个复杂体修剪剖切为多个规则体，为网格划分带来方便。分解操作的“剖切工具” 可以是工作平面、面或线。
- 相交：是把相重叠的图元形成一个新的图元。

2.1.4 拖拉和旋转

布尔运算尽管很方便，但一般需耗费较多的计算时间，所以在创建模型时，可以采用拖拉或者旋转的方法建模，如图 2-5 所示。它往往可以节省很多计算时间，提高效率。

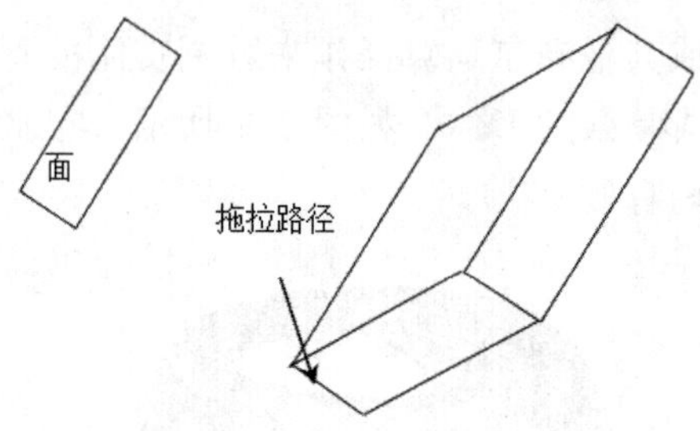

图 2-5 拖拉一个面生成一个体

2.1.5 移动和复制

一个复杂的面或体在模型中重复出现时仅需创建一次，之后可以移动、旋转或者复制到所需的地方，如图 2-6 所示。可以看出在方便之处生成几何体素再将其移动到所需之处，往往比直接改变工作平面生成所需体素更方便。图中黑色区域表示原始图元，其余都是复制生成的。

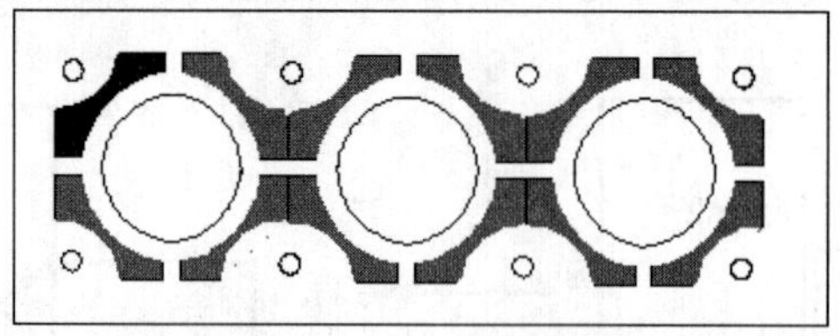

图 2-6 复制一个面

2.1.6 修改模型（清除和删除）

在修改模型时，需要知道实体模型和有限元模型中图元的层次关系，不能删除依附于较高级图元上的低级图元。例如，不能删除已划分网格的体，也不能删除依附于面上的线等。若一个实体已经加了载荷，那么删除或修改该实体时，附加在该实体上的载荷也将从数据库中删除。图元中的层次关系如下：

高级图元：

单元（包括单元载荷）
节点（包括节点载荷）
实体（包括实体载荷）
面（包括面载荷）
线（包括线载荷）
关键点（包括点载荷）

低级图元

在修改已划分网格的实体模型时，首先必须清楚该实体模型上所有的节点和单元，然后可以自顶而下地删除或者重新定义图元，以达到修改模型的目的，如图 2-7 所示。

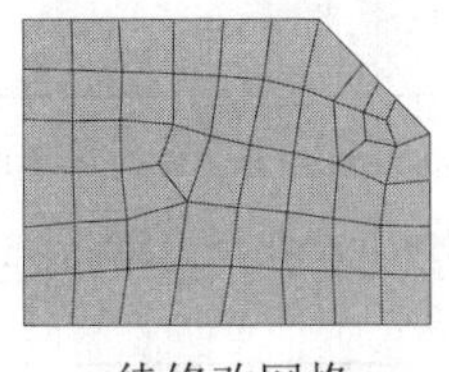
待修改网格

清除网格

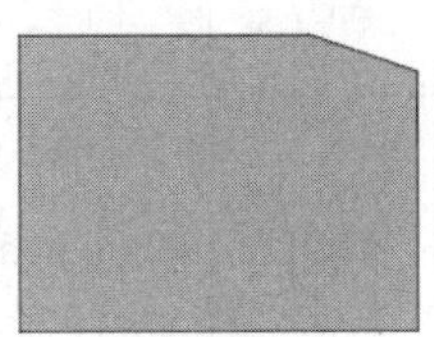
正几何模型

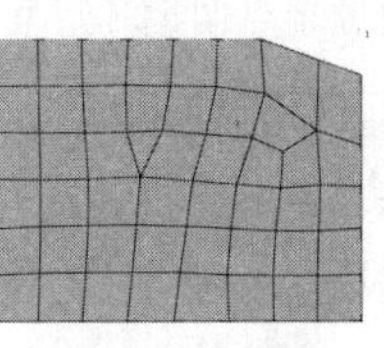
重新划分网格

图 2-7 修改已划分网格的模型

2.1.7 从 IGES 文件几何模型导入到 ANSYS

可以在 ANSYS 中直接建立模型，也可以先在 CAD 系统里建立实体模型，然后把模型存为 IGES 文件格式，再把这个模型输入到 ANSYS 系统中。一旦模型被成功地输入，就可以像在 ANSYS 中创建的模型那样对这个模型进行修改和划分网格。

2.2 自顶向下创建几何模型（体素）

几何体素是用单个 ANSYS 命令创建常用实体模型（如球，正棱柱等）。因为体素是高级图元，不用先定义任何关键点而形成，所以称利用体素进行建模的方法为自顶向下建模。当生成一个体素时，ANSYS 程序会自动生成所有属于该体素的必要的低级图元。

2.2.1 创建面体素

创建面体素的命令及 GUI 路径见表 2-1。

表 2-1 创建面体素的命令及 GUI 路径

用途	命令	GUI 路径
在工作平面上创建矩形面	RECTNG	Main Menu > Preprocessor > Modeling > Create > Areas > Rectangle > By Dimensions
通过角点创建矩形面	BLC4	Main Menu > Preprocessor > Modeling > Create > Areas > Rectangle > By 2 Corners
通过中心和角点创建矩形面	BLC5	Main Menu > Preprocessor > Modeling > Create > Areas > Rectangle > By Centr & Cornr
在工作平面上创建以其原点为圆心的环形面	PCIRC	Main Menu > Preprocessor > Modeling > Create > Circle > By Dimensions
在工作平面上创建环形面	CYL4	Main Menu > Preprocessor > Modeling > Create > Areas > Circle > Annulus or > Partial Annulus or > Solid Circle
通过端点创建环形面	CYL5	Main Menu > Preprocessor > Modeling > Create > Areas > Circle > By End Points
以工作平面原点为中心创建正多边形	RPOLY	Main Menu > Preprocessor > Modeling > Create > Areas >Polygon > By Circumscr Rad or > By Inscribed Rad or > By Side Length
在工作平面的任意位置创建正多边形	RPR4	Main Menu > Preprocessor > Modeling > Create > Areas >Polygon > Hexagon or > Octagon or > Pentagon or > Septagon or > Square or > Triangle
基于工作平面坐标对创建任意多边形	POLY	该命令没有相应的 GUI 路径

2.2.2 创建实体体素

创建实体体素的命令及 GUI 路径见表 2-2。

表 2-2 创建实体体素的命令及 GUI 路径

用途	命令	GUI 路径
在工作平面上创建长方体	BLOCK	Main Menu > Preprocessor > Modeling > Create > Volumes > Block > By Dimensions
通过角点创建长方体	BLC4	Main Menu > Preprocessor > Modeling > Create > Volumes > Block > By 2 Corners & Z
通过中心和角点创建长方体	BLC5	Main Menu > Preprocessor > Modeling > Create > Volumes > Block > By Centr,Cornr,Z
以工作平面原点为圆心创建圆柱体	CYLIND	Main Menu > Preprocessor > Modeling > Create > Volumes > Cylinder > By Dimensions

（续）

用途	命令	GUI 路径
在工作平面的任意位置创建圆柱体	CYL4	Main Menu > Preprocessor > Modeling > Create > Volumes > Cylinder > Hollow Cylinder or > Partial Cylinder or > Solid Cylinder
通过端点创建圆柱体	CYL5	Main Menu > Preprocessor > Modeling > Create > Volumes > Cylinder > By End Pts & Z
以工作平面的原点为中心创建正棱柱体	RPRISM	Main Menu > Preprocessor > Modeling > Create > Volumes > Prism > By Circumscr Rad or > By Inscribed Rad or > By Side Length
在工作平面的任意位置创建正棱柱体	RPR4	Main Menu > Preprocessor > Modeling > Create > Volumes > Prism > Hexagonal or > Octagonal or > Pentagonal or > Septagonal or > Square or > Triangular
基于工作平面坐标对创建任意多棱柱体	PRISM	该命令没有相应 GUI 路径
以工作平面原点为中心创建球体	SPHERE	Main Menu > Preprocessor > Modeling > Create > Volumes > Sphere > By Dimensions
在工作平面的任意位置创建球体	SPH4	Main Menu > Preprocessor > Modeling > Create > Volumes > Sphere > Hollow Sphere or > Solid Sphere
通过直径的端点创建球体	SPH5	Main Menu > Preprocessor > Modeling > Create > Volumes > Sphere > By End Points
以工作平面原点为中心创建圆锥体	CONE	Main Menu > Preprocessor > Modeling > Create > Volumes > Cone > By Dimensions
在工作平面的任意位置创建圆锥体	CON4	Main Menu > Preprocessor > Modeling > Create > Volumes > Cone > By Picking
创建环体	TORUS	Main Menu > Preprocessor > Modeling > Create > Volumes > Torus

图 2-8 所示是环形体素和环形扇区体素。

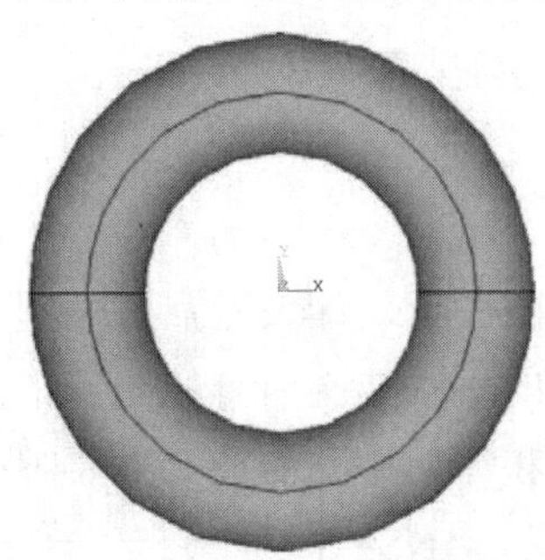

环形体素

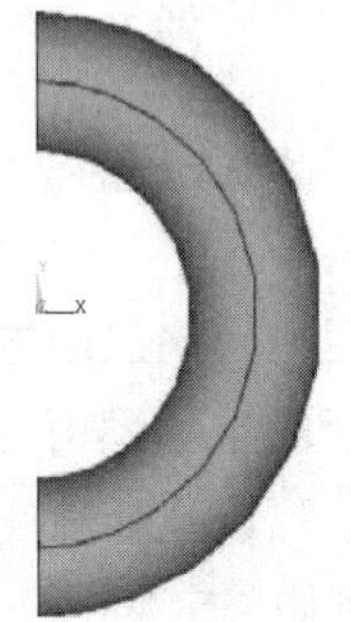

环形扇区体素

图 2-8 环形体素和环形扇区体素

如图 2-9 所示是空心圆球体素和圆台体素。

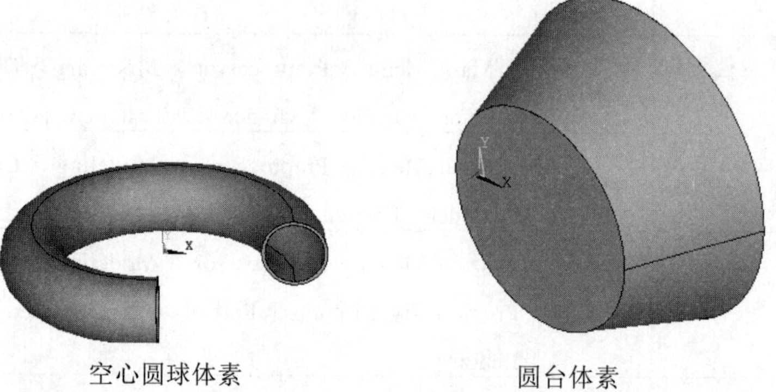

图 2-9 空心圆球体素和圆台体素

2.3 自底向上创建几何模型

无论是使用自底向上还是自顶向下的方法创建实体模型，均由关键点（keypoints）、线（lines）、面（areas）和体（volumes）组成，如图 2-10 所示。

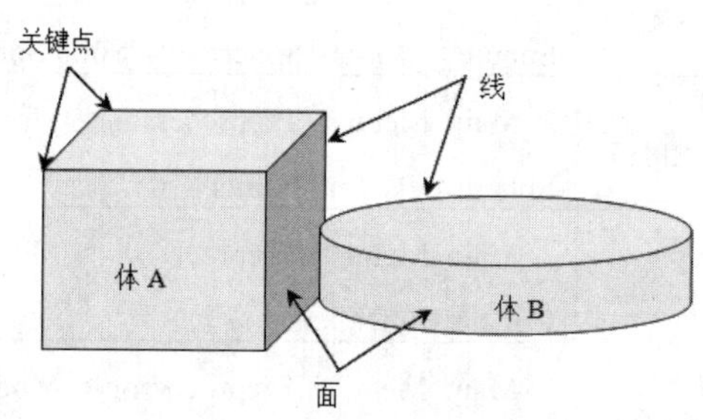

图 2-10 基本实体模型图元

顶点为关键点，边为线，表面为面，而整个物体内部为体。这些图元的层次关系是：最高级的体图元以次高级的面图元为边界，面图元又以线图元为边界，线图元则以关键点图元为端点。

2.3.1 关键点

用自底向上的方法创建模型时，首先定义最低级的图元，即关键点。关键点是在当前激活的坐标系内定义的。不必总是按从低级到高级的办法定义所有的图元来创建高级图元，可以直接在它们的顶点由关键点来直接定义面和体。中间的图元需要时可自动创建。例如，定义一个长方体可用 8 个角的关键点来定义，ANSYS 程序会自动地创建该长方体中所有的面和线。可以直接定义关键点，也可以从已有的关键点生成新的关键点。定义好关键点后，可以对它进行查看、选择和删除等操作。

1. 定义关键点

定义关键点的命令及 GUI 路径见表 2-3。

表 2-3 定义关键点的命令及 GUI 路径

位置	命令	GUI 路径
在当前坐标系下	K	Main Menu > Preprocessor > Modeling > Create > Keypoints > In Active CS Main Menu > Preprocessor > Modeling > Create > Keypoints > On Working Plane
在线上的指定位置	KL	Main Menu > Preprocessor > Modeling > Create > Keypoints > On Line Main Menu > Preprocessor > Modeling > Create > Keypoints > On Line w/Ratio

2. 从已有的关键点生成关键点

从已有的关键点生成关键点的的命令及 GUI 路径见表 2-4。

表 2-4 从已有的关键点生成关键点的命令及 GUI 路径

位置	命令	GUI 路径
在两个关键点之间创建一个新的关键点	KBETW	Main Menu > Preprocessor > Modeling > Create > Keypoints > KP between KPs
在两个关键点之间生成多个关键点	KFILL	Main Menu > Preprocessor > Modeling > Create > Keypoints > Fill between KPs
在三点定义的圆弧中心定义关键点	KCENTER	Main Menu > Preprocessor > Modeling > Create > Keypoints > KP at Center
由一种模式的关键点生成另外的关键点	KGEN	Main Menu > Preprocessor > Modeling > Copy > Keypoints
从已给定模型的关键点生成一定比例的关键点	KSCALE	该命令没有菜单模式
通过映像生成关键点	KSYMM	Main Menu > Preprocessor > Modeling > Reflect > Keypoints
将一种模式的关键点转到另外一个坐标系中	KTRAN	Main Menu > Preprocessor > Modeling > Move/Modify > Transfer Coord > Keypoints
给未定义的关键点定义一个默认位置	SOURCE	该命令没有菜单模式
计算并移动一个关键点到一个交点上	KMOVE	Main Menu > Preprocessor > Modeling > Move/Modify > Keypoint > To Intersect
在已有节点处生成一个关键点	KNODE	Main Menu > Preprocessor > Modeling > Create > Keypoints > On Node
计算两关键点之间的距离	KDIST	Main Menu > Preprocessor > Modeling > Check Geom > KP distances

（续）

位置	命令	GUI 路径
修改关键点的坐标系	KMODIF	MainMenu > Preprocessor > Modeling > Move/Modify > Keypoints > Set of KPs MainMenu > Preprocessor > Modeling > Move/Modify > Keypoints > Single KP
将一种模式的关键点转到另外一个坐标系中	KTRAN	Main Menu > Preprocessor > Modeling > Move/Modify > Transfer Coord > Keypoints

3．查看、选择和删除关键点

查看、选择和删除关键点的命令及 GUI 路径见表 2-5。

表 2-5 查看、选择和删除关键点的命令及 GUI 路径

用途	命令	GUI 路径
列表显示关键点	KLIST	Utility Menu > List > Keypoint > Coordinates +Attributes Utility Menu > List > Keypoint > Coordinates only Utility Menu > List > Keypoint > Hard Points
选择关键点	KSEL	Utility Menu > Select > Entities
屏幕显示关键点	KPLOT	Utility Menu > Plot > Keypoints > Keypoints Utility Menu > Plot > Specified Entities > Keypoints
删除关键点	KDELE	Main Menu > Preprocessor > Modeling > Delete > Keypoints

2.3.2 硬点

硬点实际上是一种特殊的关键点，它是网格必须通过的点。硬点不会改变模型的几何形状和拓扑结构，大多数关键点命令如 FK、KLIST 和 KSEL 等都适用于硬点，而且它还有自己的命令集和 GUI 路径。

如果执行更新图元几何形状的命令，例如布尔操作或者简化命令，任何与图元相连的硬点都将自动删除；不能用复制、移动或修改关键点的命令操作硬点；当使用硬点时，不支持映射网格划分。

1．定义硬点

定义硬点的命令及 GUI 路径见表 2-6。

2．选择硬点

选择硬点的命令及 GUI 路径见表 2-7。

3．查看和删除硬点

查看和删除硬点的命令及 GUI 路径见表 2-8。

表 2-6 定义硬点的命令及 GUI 路径

位置	命令	GUI 路径
在线上定义硬点	HP TCREATE LINE	Main Menu > Preprocessor > Modeling > Create > Keypoints > Hard PT on line > Hard PT by ratio Main Menu > Preprocessor > Modeling > Create > Keypoints > Hard PT on line > Hard PT by coordinates Main Menu > Preprocessor > Modeling > Create > Keypoints > Hard PT on line > Hard PT by picking
在面上定义硬点	HPTCREATE AREA	Main Menu > Preprocessor > Modeling > Create > Keypoints > Hard PT on area > Hard PT by coordinates Main Menu > Preprocessor > Modeling > Create > Keypoints > Hard PT on area > Hard PT by picking

表 2-7 选择硬点的命令及 GUI 路径

位置	命令	GUI 路径
硬点	KSEL	Utility Menu > Select > Entities
附在线上的硬点	LSEL	Utility Menu > Select > Entities
附在面上的硬点	ASEL	Utility Menu > Select > Entities

表 2-8 查看和删除硬点的命令及 GUI 路径

用途	命令	GUI 路径
列表显示硬点	KLIST	Utility Menu > List > Keypoint > Hard Points
列表显示线及附属的硬点	LLIST	Utility Menu > List > Lines
列表显示面及附属的硬点	ALIST	Utility Menu > List > Areas
屏幕显示硬点	KPLOT	Utility Menu > Plot > Keypoints > Hardpoints
删除硬点	HPTDELETE	Main Menu > Preprocessor > Modeling > Delete > Hard Points

2.3.3 线

线主要用于表示实体的边。像关键点一样，线是在当前激活的坐标系内定义的。并不总是需要明确地定义所有的线，因为 ANSYS 程序在定义面和体时，会自动生成相关的线。只有在生成线单元（如梁）或想通过线来定义面时，才需要专门定义线。

1．定义线

定义线的命令及 GUI 路径见表 2-9。

表 2-9 定义线的命令及 GUI 路径

用途	命令	GUI 路径
在指定的关键点之间创建直线（与坐标系有关）	L	Main Menu > Preprocessor > Modeling > Create > Lines > Lines > In Active Coord
通过 3 个关键点创建弧线（或者时通过两个关键点和指定半径创建弧线）	LARC	Main Menu > Preprocessor > Modeling > Create > Lines > Arcs > By End KPs & Rad Main Menu > Preprocessor > Modeling > Create > Lines > Arcs > Through 3 KPs
创建多义线	BSPLIN	Main Menu > Preprocessor > Modeling > Create > Lines > Splines > Spline thru KPs Main Menu > Preprocessor > Modeling > Create > Lines > Splines > Spline thru Locs Main Menu > Preprocessor > Modeling > Create > Lines > Splines > With Options > Spline thru KPs Main Menu > Preprocessor > Modeling > Create > Lines > Splines > With Options > Spline thru Locs
创建圆弧线	CIRCLE	Main Menu > Preprocessor > Modeling > Create > Lines > Arcs > By Cent & Radius Main Menu > Preprocessor > Modeling > Create > Lines > Arcs > Full Circle
创建分段式多义线	SPLINE	Main Menu > Preprocessor > Modeling > Create > Lines > Splines > Segmented Spline Main Menu > Preprocessor > Modeling > Create > Lines > Splines > With Options > Segmented Spline
创建与另一条直线成一定角度的直线	LANG	Main Menu > Preprocessor > Modeling > Create > Lines > Lines > At angle to line Main Menu > Preprocessor > Modeling > Create > Lines > Lines > Normal to Line
创建与另外两条直线成一定角度的直线	L2ANG	Main Menu > Preprocessor > Modeling > Create > Lines > Lines > Angle to 2 Lines Main Menu > Preprocessor > Modeling > Create > Lines > Lines > Norm to 2 Lines
创建一条与已有线共终点且相切的线	LTAN	Main Menu > Preprocessor > Modeling > Create > Lines > Lines > Tangent to Line
创建一条与两条线相切的线	L2TAN	Main Menu > Preprocessor > Modeling > Create > Lines > Lines > Tan to 2 Lines

（续）

用途	命令	GUI 路径
创建一个面上两关键点之间最短的线	LAREA	Main Menu > Preprocessor > Modeling > Create > Lines > Lines > Overlaid on Area
通过一个关键点按一定路径延伸成线	LDRAG	Main Menu > Preprocessor > Modeling > Operate > Extrude > Keypoins > Along Lines
使一个关键点按一条轴旋转创建线	LROTAT	Main Menu > Preprocessor > Modeling > Operate > Extrude > Keypoins > About Axis
在两相交线之间生成倒角线	LFILLT	Main Menu > Preprocessor > Modeling > Create > Lines > Line Fillet
创建与激活坐标系无关的直线	LSTR	Main Menu > Preprocessor > Modeling > Create > Lines > Lines > Straight Line

2．从已有线生成新线

从已有的线生成新线的命令及 GUI 路径见表 2-10。

表 2-10 生成新的线的命令及 GUI 路径

用途	命令	GUI 路径
通过已有线生成新线	LGEN	Main Menu > Preprocessor > Modeling > Copy > Lines Main Menu > Preprocessor > Modeling > Move/Modify > Lines
从已有线对称映像生成新线	LSYMM	Main Menu > Preprocessor > Modeling > Reflect > Lines
将已有线转到另一个坐标系	LTRAN	Main Menu > Preprocessor > Modeling > Move/Modify > Transfer Coord > Lines

3．修改线

修改线的命令及 GUI 路径见表 2-11。

表 2-11 修改线的命令及 GUI 路径

用途	命令	GUI 路径
将一条线分成更小的线段	LDIV	Main Menu > Preprocessor > Modeling > Operate > Booleans > Divide > Line into 2 Ln's Main Menu > Preprocessor > Modeling > Operate > Booleans > Divide > Line into N Ln's Main Menu > Preprocessor > Modeling > Operate > Booleans > Divide > Lines w/ Options
将一条线与另一条线合并	LCOMB	Main Menu > Preprocessor > Modeling > Operate > Booleans > Add > Lines
将线的一端延长	LEXTND	Main Menu > Preprocessor > Modeling > Operate > Extend Line

4．查看和删除线

查看和删除线的命令及 GUI 路径如表 2-12 所示。

表 2-12 查看和删除线的命令及 GUI 路径

用途	命令	GUI 路径
列表显示线	LLIST	Utility Menu > List > Lines
屏幕显示线	LPLOT	Utility Menu > Plot > Lines Utility Menu > Plot > Specified Entities > Lines
选择线	LSEL	Utility Menu > Select > Entities
删除线	LDELE	Main Menu > Preprocessor > Modeling > Delete > Line and Below Main Menu > Preprocessor > Modeling > Delete > Lines Only

2.3.4 面

平面可以表示二维实体（如平板和轴对称实体）。曲面和平面都可以表示三维的面，如壳、三维实体的面等。与线类似，只有用到面单元或由面生成体时，才需要专门定义面。定义面的命令将自动生成依附于该面的线和关键；同样，面也可以在定义体时自动生成。

1．定义面

定义面的命令及 GUI 路径见表 2-13。

表 2-13 定义面的命令及 GUI 路径

用途	命令	GUI 路径
通过顶点定义一个面（即通过关键点）	A	Main Menu > Preprocessor > Modeling > Create > Areas > Arbitrary > Through KPs
通过其边界线定义一个面	AL	Main Menu > Preprocessor > Modeling > Create > Areas > Arbitrary > By Lines
沿一条路径拖动一条线生成面	ADRAG	Main Menu > Preprocessor > Modeling > Operate > Extrude > Lines > Along Lines
沿一轴线旋转一条线生成面	AROTAT	Main Menu > Preprocessor > Modeling > Operate > Extrude > Lines > About Axis
在两面之间生成倒角面	AFILLT	Main Menu > Preprocessor > Modeling > Create > Areas > Area Fillet
通过引导线生成光滑曲面	ASKIN	Main Menu > Preprocessor > Modeling > Create > Areas > Arbitrary > By Skinning
通过偏移一个面生成新的面	AOFFST	Main Menu > Preprocessor > Modeling > Create > Areas > Arbitrary > By Offset

2．通过已有面生成新的面

通过已有面生成新的面的命令及 GUI 路径见表 2-14。

表 2-14 生成新的面的命令及 GUI 路径

用途	命令	GUI 路径
通过已有面生成另外的面	AGEN	Main Menu > Preprocessor > Modeling > Copy > Areas Main Menu > Preprocessor > Modeling > Move/Modify > Areas > Areas
通过对称映像生成面	ARSYM	Main Menu > Preprocessor > Modeling > Reflect > Areas
将面转到另外的坐标系下	ATRAN	Main Menu > Preprocessor > Modeling > Move/Modify > Transfer Coord > Areas
复制一个面的部分	ASUB	Main Menu > Preprocessor > Modeling > Create > Areas > Arbitrary > Overlaid on Area

3．查看、选择和删除面

查看、选择和删除面的命令及 GUI 路径见表 2-15。

表 2-15 查看、选择和删除面的命令及 GUI 路径

用途	命令	GUI 路径
列表显示面	ALIST	Utility Menu > List > Areas
屏幕显示面	APLOT	Utility Menu > Plot > Areas Utility Menu > Plot > Specified Entities > Areas
选择面	ASEL	Utility Menu > Select > Entities
删除面	ADELE	Main Menu > Preprocessor > Modeling > Delete > Area and Below Main Menu > Preprocessor > Modeling > Delete > Areas Only

2.3.5 体

体用于描述三维实体，仅当需要用体单元时才必须建立体，生成体的命令将自动生成低级的图元。

1．定义体

定义体的命令及 GUI 路径见表 2-16。

表 2-16 定义体的命令及 GUI 路径

用途	命令	GUI 路径
通过顶点定义体（即通过关键点）	V	Main Menu > Preprocessor > Modeling > Create > Volumes > Arbitrary > Through KPs
通过边界定义体（即用一系列的面来定义）	VA	Main Menu > Preprocessor > Modeling > Create > Volumes > Arbitrary > By Areas
将面沿某个路径拖拉生成体	VDRAG	Main Menu > Preprocessor > Modeling > Operate > Extrude > Areas > Along Lines

（续）

用途	命令	GUI 路径
将面沿某根轴旋转生成体	VROTAT	Main Menu > Preprocessor > Modeling > Operate > Extrude > Areas > About Axis
将面沿其法向偏移生成体	VOFFST	Main Menu > Preprocessor > Modeling > Operate > Extrude > Areas > Along Normal
在当前坐标系下对面进行拖拉和缩放生成体	VEXT	Main Menu > Preprocessor > Modeling > Operate > Extrude > Areas > By XYZ Offset

其中，命令“VOFFST”和“VEXT”的操作示意图如图 2-11 所示。

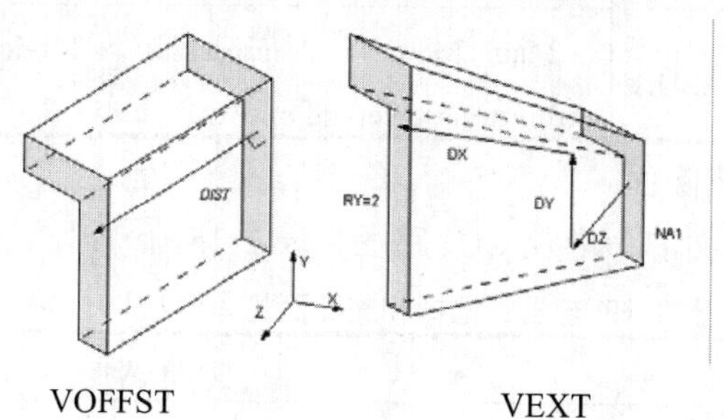

图 2-11 命令“VOFFST”和“VEXT”的操作

2．通过已有的体生成新的体

通过已有的体生成新的体的命令及 GUI 路径见表 2-17。

表 2-17 生成新的体的命令及 GUI 路径

用途	命令	GUI 路径
由一种模式的体生成另外的体	VGEN	Main Menu > Preprocessor > Modeling > Copy > Volumes Main Menu >Preprocessor > Modeling > Move/Modify > Volumes
通过对称映像生成体	VSYMM	Main Menu > Preprocessor > Modeling > Reflect > Volumes
将体转到另外的坐标系	VTRAN	Main Menu > Preprocessor > Modeling > Move/Modify > Transfer Coord > Volumes

3．查看、选择和删除体

查看、选择和删除体的命令及 GUI 路径见表 2-18。

表 2-18 查看、选择和删除体的命令及 GUI 路径

用途	命令	GUI 路径
列表显示体	VLIST	Utility Menu > List > Volumes
屏幕显示体	VPLOT	Utility Menu > Plot > Specified Entities > Volumes Utility Menu > Plot > Volumes
选择体	VSEL	Utility Menu > Select > Entities
删除体	VDELE	Main Menu > Preprocessor > Modeling > Delete > Volume and Below Main Menu > Preprocessor > Modeling > Delete > Volumes Only

2.4 工作平面的使用

尽管光标在屏幕上只表现为一个点，但它实际上代表的是空间中垂直于屏幕的一条线。为了能用光标选择一个点，首先必须定义一个假想的平面，当该平面与光标所代表的垂线相交时，能唯一地确定空间中的一个点，这个假想的平面就是工作平面。从另一种角度想象光标与工作平面的关系，可以描述为光标就像一个点在工作平面上来回游荡，工作平面因此就如同在上面写字的平板一样，工作平面可以不平行于显示屏，如图 2-12 所示。

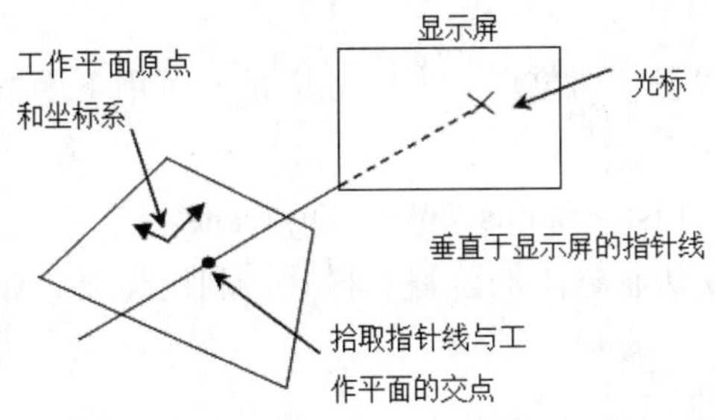

图 2-12 显示屏、光标、工作平面及选择点之间的关系

工作平面是一个无限平面，有原点、二维坐标系、捕捉增量和显示栅格。在同一时刻只能定义一个工作平面（当定义一个新的工作平面时就会删除已有的工作平面）。工作平面是与坐标系独立使用的。例如，工作平面与激活的坐标系可以有不同的原点和旋转方向。

进入 ANSYS 程序时，有一个默认的工作平面，即总体笛卡儿坐标系的 *X-Y* 平面。工作平面的 *X*、*Y* 轴分别取为总体笛卡儿坐标系的 *X* 轴和 *Y* 轴。

2.4.1 定义一个新的工作平面

可以用下列方法定义一个新的工作平面：

（1）由三点定义一个工作平面：

命令：WPLANE。

GUI：Utility Menu > WorkPlane > Align WP with > XYZ Locations。

（2）由三个节点定义一个工作平面：

命令：NWPLAN。

GUI： Utility Menu > WorkPlane > Align WP with > Nodes。

（3）由三个关键点定义一个工作平面：

命令：KWPLAN。

GUI：Utility Menu > WorkPlane > Align WP with > Keypoints。

（4）通过一指定线上的点的垂直于该直线的平面定义为工作平面：

命令：LWPLAN。

GUI：Utility Menu > WorkPlane > Align WP with > Plane Normal to Line。

（5）通过现有坐标系的 X-Y（或 R-θ）平面定义工作平面：

命令：WPCSYS。

GUI：Utility Menu > WorkPlane > Align WP with > Active Coord Sys。

Utility Menu > WorkPlane > Align WP with > Global Cartesian。

Utility Menu > WorkPlane > Align WP with > Specified Coord Sys。

2.4.2 控制工作平面的显示和样式

为获得工作平面的状态（即位置、方向、增量）可用下面的方法：

命令：WPSTYL,STAT。

GUI：Utility Menu > List > Status > Working Plane。

将工作平面重置为默认状态下的位置和样式，利用命令“WPSTYL，DEFA”。

2.4.3 移动工作平面

可以将工作平面移动到与原位置平行的新的位置，方法如下：

（1）将工作平面的原点移动到关键点：

命令：KWPAVE。

GUI：Utility Menu > WorkPlane > Offset WP to > Keypoints。

（2）将工作平面的原点移动到节点：

命令：NWPAVE。

GUI：Utility Menu > WorkPlane > Offset WP to > Nodes。

（3）将工作平面的原点移动到指定点：

命令：WPAVE。

GUI：Utility Menu > WorkPlane > Offset WP to > Global Origin。

Utility Menu > WorkPlane > Offset WP to > Origin of Active CS。

Utility Menu > WorkPlane > Offset WP to > XYZ Locations。

（4）偏移工作平面

命令：WPOFFS。

GUI：Utility Menu > WorkPlane > Offset WP by Increments。

2.4.4 旋转工作平面

可以将工作平面旋转到一个新的方向，可以在工作平面内旋转 *X-Y* 轴，也可以使整个工作平面都旋转到一个新的位置。如果不清楚旋转角度，利用前面的方法可以很容易地在正确的方向上创建一个新的工作平面。旋转工作平面的方法如下：

命令：WPROTA。

GUI：Utility Menu > WorkPlane > Offset WP by Increments。

2.4.5 还原一个已定义的工作平面

尽管实际上不能存储一个工作平面，但可以在工作平面的原点创建一个局部坐标系，然后利用这个局部坐标系还原一个已定义的工作平面。

在工作平面的原点创建局部坐标系的方法如下：

命令：CSWPLA。

GUI：Utility Menu > WorkPlane > Local Coordinate Systems > Create Local CS > At WP Origin。

利用局部坐标系还原一个已定义的工作平面的方法如下：

命令：WPCSYS。

GUI：Utility Menu > WorkPlane > Align WP with > Active Coord Sys。

Utility Menu > WorkPlane > Align WP with > Global Cartesian。

Utility Menu > WorkPlane > Align WP with > Specified Coord Sys。

2.4.6 工作平面的高级用途

用 WPSTYL 命令或前面讨论的 GUI 方法可以增强工作平面的功能，使其具有捕捉增量、显示栅格、恢复容差和坐标类型的功能，然后就可以迫使坐标系随工作平面的移动而移动，方法如下：

命令：CSYS。

GUI：Utility Menu > WorkPlane > Change Active CS to > Global Cartesian。

Utility Menu > WorkPlane > Change Active CS to > Global Cylindrical。

Utility Menu > WorkPlane > Change Active CS to > Global Spherical。

Utility Menu > WorkPlane > Change Active CS to > Specified Coordinate Sys。

Utility Menu > WorkPlane > Change Active CS to > Working Plane。

Utility Menu > WorkPlane > Offset WP to > Global Origin。

1．捕捉增量

如果没有捕捉增量功能，在工作平面上将光标定位到已定义的点上将是一件非常困难的事情。为了能精确地选择，可以用命令“WPSTYL”或相应的 GUI 建立捕捉增量功能。一旦建立了捕捉增量（snap increment），选择点（picked location）将定位在工作平面上最近的点，数学上表示如下：

当光标在区域（assigned location）：

N*SNAP - SNAP/2 ≤X < N*SNAP + SNAP/2

对任意整数 *N*，选择点的 *X* 坐标为：X_P= N*SNAP

在工作平面坐标系中的 *X*、*Y* 坐标均可建立捕捉增量，捕捉增量也可看成是个方框，选择到方框的点将定位于方框的中心，如图 2-13 所示。

2．显示栅格

可以在屏幕上建立栅格，以帮助用户观察工作平面上的位置。栅格的间距、状况和边界可由“WPSTYL”命令来设定（栅格与捕捉点无任何关系）。发出不带参量的命令“WPSTYL”控制栅格在屏幕上的打开和关闭。

3．恢复容差

需选择的图元可能不在工作平面上，而在工作平面的附近，这时通过“WPSTYL”命令和 GUI 路径指定恢复容差，在此容差内的图元将被认为是在工作平面上的。这种容差就如同在恢复选择时给了工作平面一个厚度。

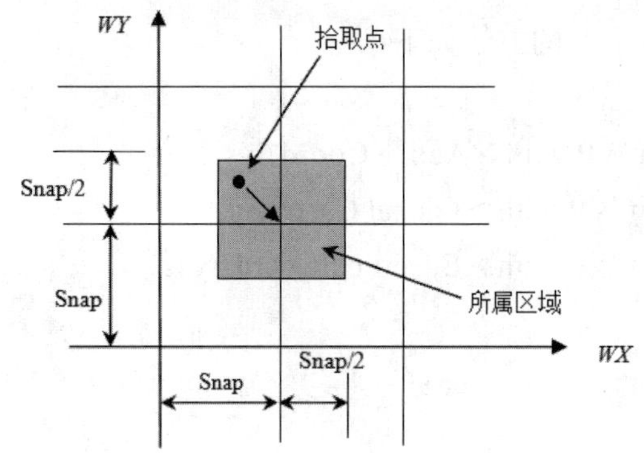

图 2-13 捕捉增量

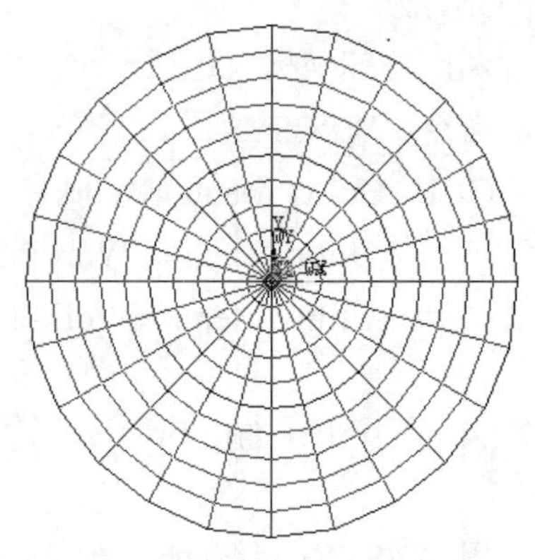

图 2-14 极坐标系工作平面栅格

4．工作平面类型

ANSYS 系统有两种可选的工作平面：笛卡儿坐标系工作平面和极坐标系工作平面。我们通常采用笛卡儿坐标系工作平面，但当几何体容易在极坐标（*r*，*θ*）系中表述时可能会用到极坐标系工作平面。图 2-14 所示为用命令“WPSTYL”激活的极坐标系工作平面的栅格。在极坐标系平面中选择操作与在笛卡儿坐标系工作平面中的是一致的。对捕捉参数进行定位的栅格点的标定是通过指定待捕捉点之间的径向距离（snap on wpstyl）和角度（snapang）来实现的。

5．工作平面的轨迹

如果采用坐标系工作平面定义几何体，可能会发现工作平面是完全与坐标系分离的。例如，当改变或移动工作平面时，坐标系并不做出反映新工作平面类型或位置的变化。这可能使用户结合使用拾取（靠工作平面）和键盘输入体如关键点（用激活的坐标系）变得无效。例如，将工作平面从默认位置移开，然后想在新的工作平面的原点用键盘输入定义一个关键点，即 K（1205，0，0），会发现关键点落在坐标系的原点而不是工作平面的原点。

如果想强迫激活的坐标系在建模时跟着工作平面一起移动，可以在用“CSYS”命令或相应的 GUI 路径时利用一个选项来自动完成。命令“CSYS，WP”或“CSYS，4”或者 GUI：Utility Menu > WorkPlane > Change Active CS to > Working Plane，将迫使激活的坐标系与工作平面有相同的类型（如笛卡儿）和相同的位置。那么，尽管用户离开了激活的坐标系 WP 或 4，在移动工作平面时，坐标系将随其一起移动。如果改变所用工作平面的类型，坐标系也将相应更新。例如，当将工作平面从笛卡儿坐标系转为极坐标系时，激活的坐标系也将从笛卡儿坐标系转到极坐标系。

如果重新来看上面讨论的例子，加入想在自己移动工作平面之后将一个关键点放置在工作平面的原点，但这次在移动工作平面之前激活跟踪工作平面，命令：CSYS，WP 或 GUI：Utility Menu > WorkPlane > Change Active CS to > Working Plane，然后像前面一样移动工作平面。现在，当使用键盘定义关键点，即（K，1205，0，0）时，这个关键点将被放在工作平面的原点，因为坐标系与工作平面的方位一致。

2.5 坐标系简介

ANSYS 有多种坐标系供选择：

1）总体坐标系和局部坐标系。用来定位几何形状参数（节点、关键点等）和空间位置。

2）显示坐标系。用于几何形状参数的列表和显示。

3）节点坐标系。定义每个节点的自由度和节点结果数据的方向。

4）单元坐标系。确定材料特性主轴和单元结果数据的方向。

5）结果坐标系。用来列表、显示或在通用后处理操作中将节点和单元结果转换到一个特定的坐标系中。

2.5.1 总体坐标系和局部坐标系

总体坐标系和局部坐标系用来定位几何体。默认地，当定义一个节点或关键点时，其坐标系为总体笛卡儿坐标系。可是对有些模型，定义为不是总体笛卡儿坐标系的另外坐标系可能更方便。ANSYS 程序允许用任意预定义的 3 种（总体）坐标系的任意一种来输入几何数据，或者在任何其他定义的（局部）坐标系中进行此项工作。

1．总体坐标系

总体坐标系被认为是一个绝对的参考系。ANSYS 程序提供了前面定义的 3 种总体坐标系：笛卡儿坐标系、柱坐标系和球坐标系，所有这 3 种坐标系都是右手系，而且有共同的原点。

图 2-15a 所示为笛卡儿坐标系；图 2-15b 所示为一类圆柱坐标系（其 Z 轴同笛卡儿坐标系的 Z 轴一致），坐标系统标号是 1；图 2-15c 所示为球坐标系，坐标系统标号是 2；

图 2-15d 所示为两类圆柱坐标系（Z 轴与笛卡儿坐标系的 Y 轴一致），坐标系统标号是 3。

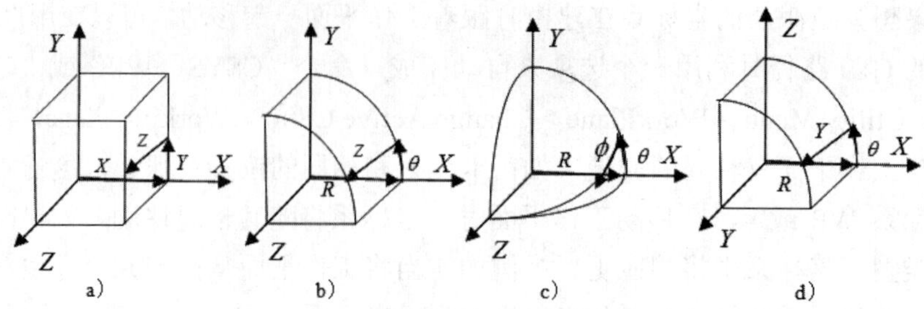

图 2-15 总体坐标系

2. 局部坐标系

在许多情况下，必须要建立自己的坐标系。其原点与总体坐标系的原点偏移一定距离，或者其方位不同于先前定义的总体坐标系。图 2-16 所示为一个局部坐标系的示例，它是通过用于局部、节点或工作平面坐标系旋转的欧拉旋转角来定义的。可以按以下方式定义局部坐标系。

1）按总体笛卡儿坐标定义局部坐标系：

命令：LOCAL。

GUI：Utility Menu > WorkPlane > Local Coordinate Systems > Create Local CS > At Specified Loc +。

2）通过已有节点定义局部坐标系：

命令：CS

GUI： Utility Menu > WorkPlane > Local Coordinate Systems > Create Local CS > By 3 Nodes +。

3）通过已有关键点定义局部坐标系：

命令：CSKP。

GUI：Utility Menu > WorkPlane > Local Coordinate Systems > Create Local CS > By 3 Keypoints +。

4）在当前定义的工作平面的原点为中心定义局部坐标系：

命令：CSWPLA。

GUI：Utility Menu > WorkPlane > Local Coordinate Systems > Create Local CS > At WP Origin。

在图 2-16 中，X、Y、Z 表示总体坐标系，然后通过旋转该总体坐标系来建立局部坐标系。图 2-16a 所示为将总体坐标系绕 Z 轴旋转一个角度得到 X_1、Y_1、Z（Z_1）；图 2-16b 所示为将 X_1、Y_1、Z（Z_1）绕 X_1 轴旋转一个角度得到 X_1（X_2）、Y_2、Z_2。

当定义了一个局部坐标系后，它就会被激活。当创建了局部坐标系后，分配给它一个坐标系号（必须是 11 或更大），可以在 ANSYS 程序中的任何阶段建立或删除局部坐标系。若要删除一个局部坐标系，可以利用下面方法：

命令：CSDELE。

GUI：Utility Menu > WorkPlane > Local Coordinate Systems > Delete Local CS。

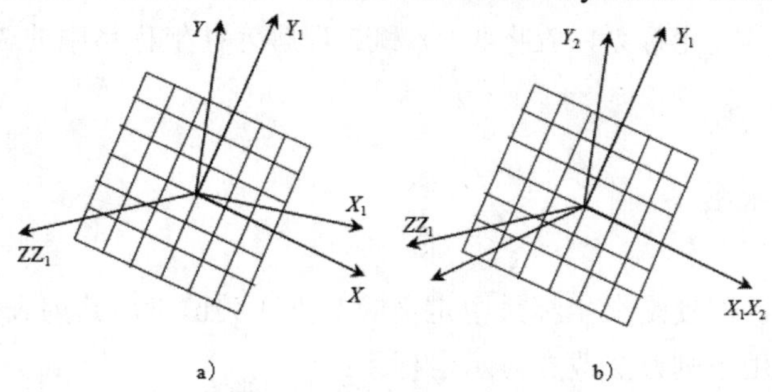

图 2-16 局部坐标系

若要查看所有的总体和局部坐标系，可以使用下面的方法：

命令：CSLIST。

GUI：Utility Menu > List > Other > Local Coord Sys。

与 3 个预定义的总体坐标系类似，局部坐标系可以是笛卡儿坐标系、柱坐标系或球坐标系。局部坐标系可以是圆的，也可以是椭圆的。另外，还可以建立环形局部坐标系，如图 2-17 所示。

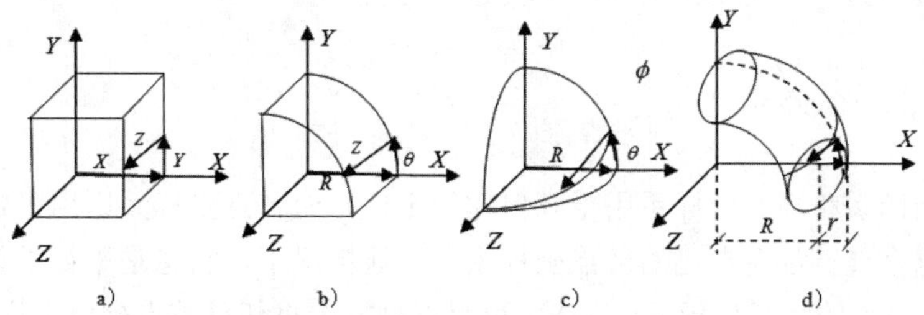

图 2-17 局部坐标系类型

图 2-17a 所示为局部笛卡儿坐标系；图 2-17b 所示为局部圆柱坐标系；图 2-17c 所示为局部球坐标系；图 2-17d 表示局部环坐标系。

3．坐标系的激活

可以定义多个坐标系，但某一时刻只能有一个坐标系被激活。激活坐标系的方法如下：首先自动激活总体笛卡儿坐标系，当定义一个新的局部坐标系时，这个新的坐标系就会自动被激活。如果要激活一个总体坐标系或以前定义的坐标系，可用下列方法：

命令：CSYS。

GUI：Utility Menu > WorkPlane > Change Active CS to > Global Cartesian。

Utility Menu > WorkPlane > Change Active CS to > Global Cylindrical。

Utility Menu > WorkPlane > Change Active CS to > Global Spherical。

Utility Menu > WorkPlane > Change Active CS to > Specified Coord Sys。

Utility Menu > WorkPlane > Change Active CS to > Working Plane。

在 ANSYS 程序运行的任何阶段都可以激活某个坐标系，若没有明确地改变激活的坐标系，当前激活的坐标系将一直保持不变。

当定义节点或关键点时，不管哪个坐标系是激活的，程序都将坐标标为 X、Y 和 Z，如果激活的不是笛卡儿坐标系，应将 X、Y 和 Z 理解为柱坐标系中的 R、θ、Z 或球坐标系中的 R、θ、ϕ。

2.5.2 显示坐标系

在默认情况下，即使是在坐标系中定义的节点和关键点，其列表都显示它们的总体笛卡儿坐标，可以用下列方法改变显示坐标系：

命令：DSYS。

GUI：Utility Menu > WorkPlane > Change Display CS to > Global Cartesian。

Utility Menu > WorkPlane > Change Display CS to > Global Cylindrical。

Utility Menu > WorkPlane > Change Display CS to > Global Spherical。

Utility Menu > WorkPlane > Change Display CS to > Specified Coord Sys。

改变显示坐标系也会影响图形显示。除非有特殊的需要，一般在用诸如“NPLOT，EPLOT”命令显示图形时，应将显示坐标系重置为总体笛卡儿坐标系。命令“DSYS”对命令“LPLOT”“APLOT”和“VPLOT”无影响。

2.5.3 节点坐标系

总体坐标系和局部坐标系用于几何体的定位，而节点坐标系则用于定义节点自由度的方向。每个节点都有自己的节点坐标系，默认情况下，它总是平行于总体笛卡儿坐标系（与定义节点的激活坐标系无关）。可用下列方法将任意节点坐标系旋转到所需方向，如图 2-18 所示。

1）将节点坐标系旋转到激活坐标系的方向。即节点坐标系的 X 轴转成平行于激活坐标系的 X 轴或 R 轴，节点坐标系的 Y 轴旋转到平行于激活坐标系的 Y 或 θ 轴，节点坐标系的 Z 轴转成平行于激活坐标系的 Z 或 ϕ 轴。

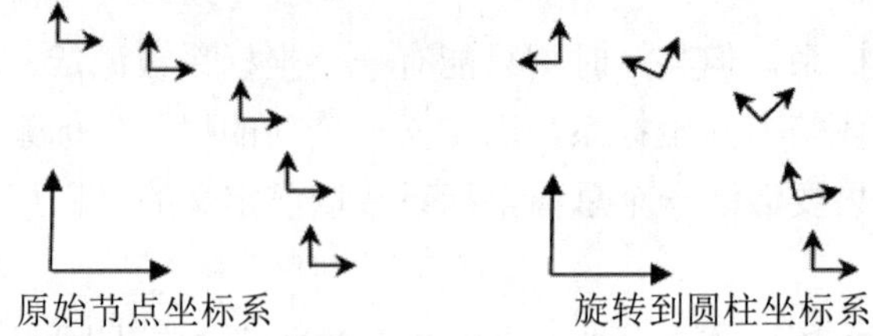

图 2-18 节点坐标系

命令：NROTAT。

GUI：Main Menu > Preprocessor > Modeling > Create > Nodes > Rotate Node CS > To Active CS。

Main Menu > Preprocessor > Modeling > Move/Modify > Rotate Node CS > To Active CS。

2)按给定的旋转角旋转节点坐标系(因为通常不易得到旋转角,因此命令"NROTAT"可能更有用),在生成节点时可以定义旋转角,或者对已有节点制定旋转角(命令"NMODIF")。

命令:N。

GUI:Main Menu > Preprocessor > Modeling > Create > Nodes > In Active CS。

命令:NMODIF。

GUI:Main Menu > Preprocessor > Modeling > Create > Nodes > Rotate Node > By Angles。

Main Menu > Preprocessor > Modeling > Move/Modify > Rotate Node > By Angles。

可以用下列方法列出节点坐标系相对于总体笛卡儿坐标系旋转的角度:

命令:NANG。

GUI:Main Menu > Preprocessor > Modeling > Create > Nodes > Rotate Node > By Vectors。

Main Menu > Preprocessor > Modeling > Move/Modify > Rotate Node > By Vectors。

命令:NLIST。

GUI:Utility Menu > List > Nodes。

2.5.4 单元坐标系

每个单元都有自己的坐标系,单元坐标系用于规定正交材料特性的方向,施加压力和显示结果(如应力、应变)的输出方向。所有的单元坐标系都是正交右手系。

大多数单元坐标系的默认方向遵循以下规则:

1)线单元的 X 轴通常从该单元的 I 节点指向 J 节点。

2)壳单元的 X 轴通常也取 I 节点到 J 节点的方向,Z 轴过 I 点且与壳面垂直,其正方向由单元的 I、J 和 K 节点按右手法则确定,Y 轴垂直于 X 轴和 Z 轴。

3)二维和三维实体单元的单元坐标系总是平行于总体笛卡儿坐标系。

并非所有的单元坐标系都符合上述规则,对于特定单元坐标系的默认方向可参考 ANSYS 帮助文件单元说明部分。许多单元类型都有选项(KEYOPTS,在命令"DT"或"KETOPT"命令中输入),这些选项用于修改单元坐标系的默认方向。对面单元和体单元而言,可用下列命令将单元坐标的方向调整到已定义的局部坐标系上。

命令:ESYS。

GUI:Main Menu > Preprocessor > Meshing > Mesh Attributes > Default Attribs。

Main Menu > Preprocessor > Modeling > Create > Elements > Elem Attributes。

如果既用了命令"KEYOPT"又用了命令"ESYS",则命令"KEYOPT"的定义有效。对某些单元而言,通过输入角度可相对先前的方向做进一步旋转,例如 SHELL63 单元中的实常数 THETA。

2.5.5 结果坐标系

在求解过程中，计算的结果数据有位移（UX、UY、ROTS）、梯度（TGX、TGY等）、应力（SX、SY、SZ）、应变（EPPLX、EPPLXY）等，这些数据存储在数据库和结果文件中，要么是在节点坐标系（初始或节点数据），要么是单元坐标系（导出或单元数据）。但是，结果数据通常是旋转到激活的坐标系（默认为总体坐标系）中来进行云图显示、列表显示和单元数据存储（命令“ETABLE”）等操作。

可以将活动的结果坐标系转到另一个坐标系（如总体坐标系或一个局部坐标系），或者转到在求解时所用的坐标系下（如节点坐标系和单元坐标系）。如果列表、显示或操作这些结果数据，则它们将首先被旋转到结果坐标系下。利用下列方法可改变结果坐标系：

命令：RSYS。

GUI：Main Menu > General Postproc > Options for Outp。

Utility Menu > List > Results > Options。

2.6 使用布尔运算来修正几何模型

在布尔运算中，对一组数据可用交、并、减等逻辑运算处理，ANSYS程序也允许对实体模型进行同样的操作，这样修改实体模型就更加容易。

无论是自顶向下还是自底向上创建的实体模型，都可以对它进行布尔运算操作。需注意的是，凡是通过连接生成的图元对布尔运算无效，对退化的图元也不能进行某些布尔运算。通常，完成布尔运算之后，紧接着就是实体模型的加载和单元属性的定义，如果用布尔运算修改了已有的模型，需注意重新进行单元属性和加载的定义。

2.6.1 布尔运算的设置

对两个或多个图元进行布尔运算时，可以通过以下的方式确定是否保留原始图元，如图2-19所示。

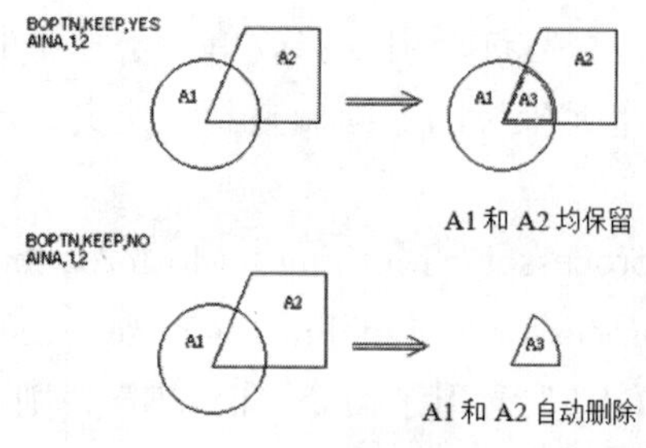

图2-19 布尔运算的保留操作示例

命令：BOPTN。

GUI：Main Menu > Preprocessor > Modeling > Operate > Booleans > Settings。

一般来说，对依附于高级图元的低级图元进行布尔运算是允许的，但不能对已划分网格的图元进行布尔运算，必须在执行布尔运算之前将网格清除。

2.6.2 布尔运算后的图元编号

ANSYS 的编号程序会对布尔运算输出的图元依据其拓扑结构和几何形状进行编号。例如，面的拓扑信息包括定义的边数，组成面的线数（即三边形面或四边形面）、面中的任何原始线（在布尔操作之前存在的线）的线号、任意原始关键点的关键点号等，面的几何信息包括形心的坐标、端点和其他一些相对于任意参考坐标系的控制点。控制点是由 NURBS 定义的描述模型的参数。

编号程序首先给输出图元按其拓扑结构分配唯一识别的编号（以下一个有效数字开始），任何剩余图元按几何编号。但需注意的是，按几何编号的图元顺序可能会与优化设计的顺序不一致，特别是在多重循环中几何位置发生改变的情况下。

2.6.3 交运算

布尔交运算的命令及 GUI 路径见表 2-19。

表 2-19 布尔交运算的命令及 GUI 路径

用途	命令	GUI 路径
线与线相交	LINL	Main Menu > Preprocessor > Modeling > Operate > Booleans > Intersect > Common > Lines
面与面相交	AINA	Main Menu > Preprocessor > Modeling > Operate > Booleans > Intersect > Common > Areas
体与体相交	VINV	Main Menu > Preprocessor > Modeling > Operate > Booleans > Intersect > Common > Volumes
线和面相交	LINA	Main Menu > Preprocessor > Modeling > Operate > Booleans > Intersect > Line with Area
面和体相交	AINV	Main Menu > Preprocessor > Modeling > Operate > Booleans > Intersect > Area with Volume
线和体相交	LINV	Main Menu > Preprocessor > Modeling > Operate > Booleans > Intersect > Line with Volume

图 2-20～图 2-24 所示为一些图元相交的示例。

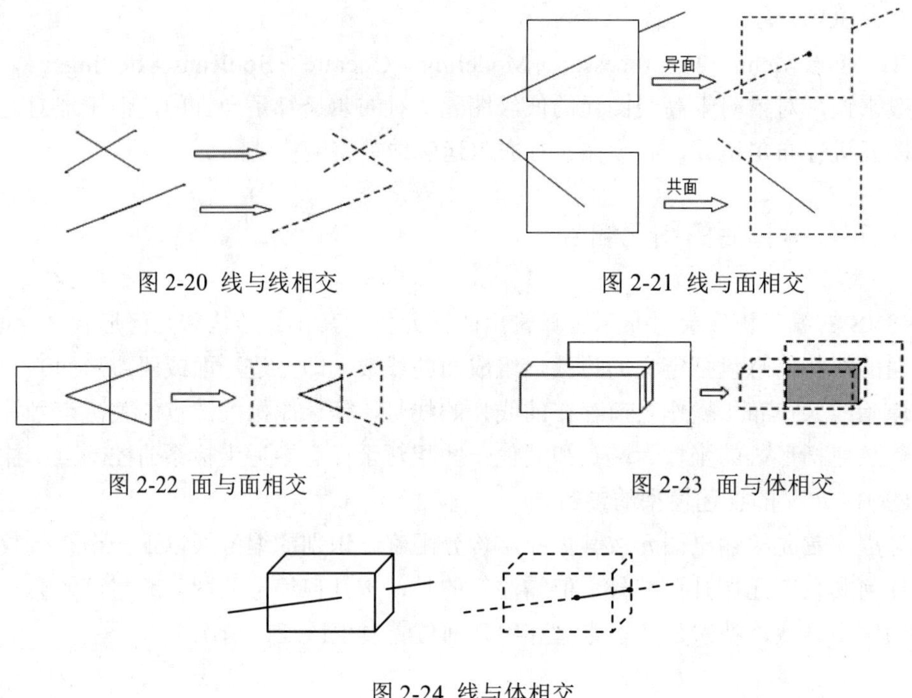

图 2-20 线与线相交

图 2-21 线与面相交

图 2-22 面与面相交

图 2-23 面与体相交

图 2-24 线与体相交

2.6.4 两两相交

两两相交时由图元集叠加而形成的一个新的图元集。就是说，两两相交表示至少任意两个原图元的相交区域。比如，线集的两两相交可能是一个关键点（或关键点的集合），或是一条线（或线的集合）。

布尔两两相交运算的命令及 GUI 路径见表 2-20。

表 2-20 两两相交的命令及 GUI 路径

用途	命令	GUI 路径
线两两相交	LINP	Main Menu > Preprocessor > Modeling > Operate > Booleans > Intersect > Pairwise > Lines
面两两相交	AINP	Main Menu > Preprocessor > Modeling > Operate > Booleans > Intersect > Pairwise > Areas
体两两相交	VINP	Main Menu > Preprocessor > Modeling > Operate > Booleans > Intersect > Pairwise > Volumes

图 2-25 和图 2-26 所示为一些两两相交的示例。

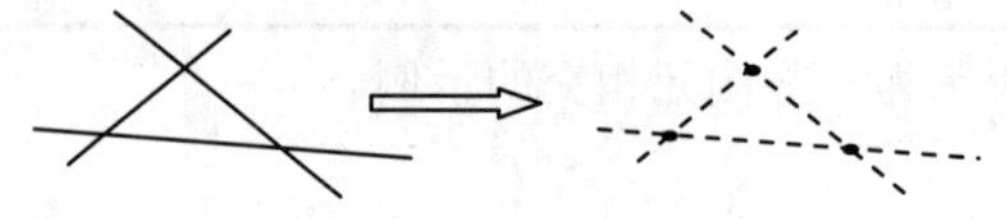

图 2-25 线的两两相交

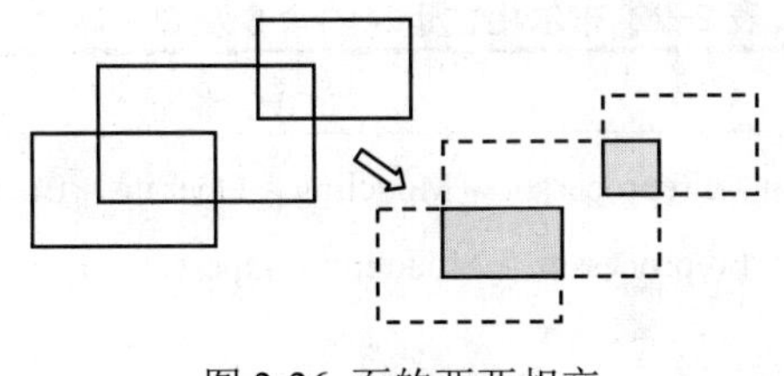

图 2-26 面的两两相交

2.6.5 相加

加运算的结果是得到一个包含各个原始图元所有部分的新图元，这样形成的新图元是一个单一的整体，没有接缝。在 ANSYS 程序中，只能对三维实体或二维共面的面进行加操作，面相加可以包含有面内的孔，即内环。

加运算形成的图元在网格划分时通常不如搭接形成的图元。

布尔相加运算的命令及 GUI 路径见表 2-21。

表 2-21 相加运算的命令及 GUI 路径

用途	命令	GUI 路径
面相加	AADD	Main Menu > Preprocessor > Modeling > Operate > Booleans > Add > Areas
体相加	VADD	Main Menu > Preprocessor > Modeling > Operate > Booleans > Add > Volumes

2.6.6 相减

如果从某个图元（E1）减去另一个图元（E2），其结果可能有两种情况：一种情况是生成一个新图元 E3（E1-E2=E3），E3 和 E1 有同样的维数，且与 E2 无搭接部分；另一种情况是 E1 与 E2 的搭接部分是个低维的实体，其结果是将 E1 分成两个或多个新的实体（E1-E2=E3,E4）。布尔相减运算的命令及 GUI 路径见表 2-22。

图 2-27 和图 2-28 所示为一些相减的示例。

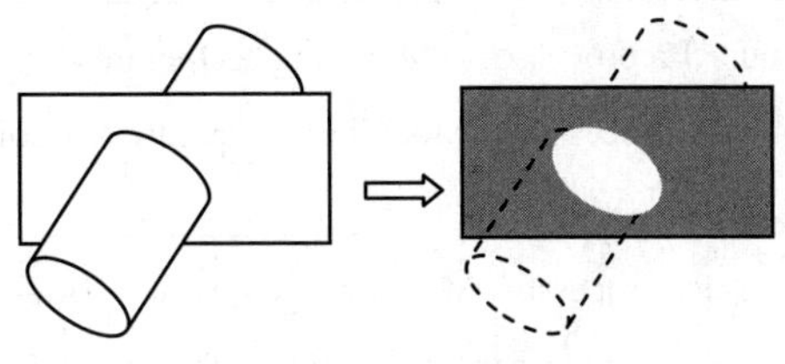

图 2-27　ASBV 面减去体

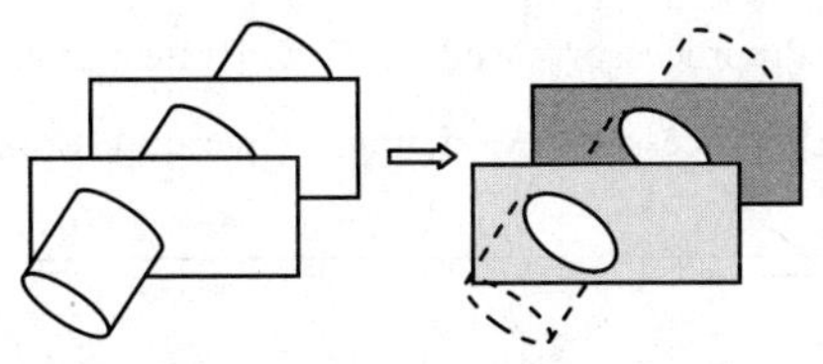

图 2-28　ASBV 多个面减去一个体

表 2-22 布尔相减运算的命令及 GUI 路径

用途	命令	GUI 路径
线减去线	LSBL	Main Menu > Preprocessor > Modeling > Operate > Booleans > Subtract > Lines Main Menu > Preprocessor > Modeling > Operate > Booleans > Subtract > With Options > Lines Main Menu > Preprocessor > Modeling > Operate > Booleans > Divide > Line by Line Main Menu > Preprocessor > Modeling > Operate > Booleans > Divide > With Options > Line by Line
面减去面	ASBA	Main Menu > Preprocessor > Modeling > Operate > Booleans > Subtract > Areas Main Menu > Preprocessor > Modeling > Operate > Booleans > Subtract > With Options > Areas Main Menu > Preprocessor > Modeling > Operate > Booleans > Divide > Area by Area Main Menu > Preprocessor > Modeling > Operate > Booleans > Divide > With Options > Area by Area
体减去体	VSBV	Main Menu > Preprocessor > Modeling > Operate > Booleans > Subtract > Volumes Main Menu > Preprocessor > Modeling > Operate > Booleans > Subtract > With Options > Volumes
线减去面	LSBA	Main Menu > Preprocessor > Modeling > Operate > Booleans > Divide > Line by Area Main Menu > Preprocessor > Modeling > Operate > Booleans > Divide > With Options > Line by Area
线减去体	LSBV	Main Menu>Preprocessor >Modeling > Operate > Booleans > Divide > Line by Volume Main Menu > Preprocessor > Modeling > Operate > Booleans > Divide > With Options > Line by Volume
面减去体	ASBV	Main Menu>Preprocessor>Modeling > Operate > Booleans > Divide > Area by Volume Main Menu > Preprocessor > Modeling > Operate > Booleans > Divide > With Options > Area by Volume
面减去线	ASBL[1]	Main Menu > Preprocessor > Modeling > Operate > Booleans > Divide > Area by Line Main Menu > Preprocessor > Modeling > Operate > Booleans > Divide > With Options > Area by Line
体减去面	VSBA	Main Menu>Preprocessor>Modeling > Operate > Booleans > Divide > Volume by Area Main Menu > Preprocessor > Modeling > Operate > Booleans > Divide > With Options > Volume by Area
线减去体	LSBV	Main Menu>Preprocessor >Modeling > Operate > Booleans > Divide > Line by Volume Main Menu > Preprocessor > Modeling > Operate > Booleans > Divide > With Options > Line by Volume

2.6.7 利用工作平面做减运算

工作平面可以用来作减运算，将一个图元分成两个或多个图元。可以将线、面或体利用命令或相应的 GUI 路径用工作平面去减。对于以下的每个减命令，“SEPO”用来确定生成的图元有公共边界或独立但恰好重合的边界，“KEEP”用来确定保留或者删除图元，而不管命令“BOPTN”（GUI：Main Menu > Preprocessor > Modeling > Operate > Booleans > Settings）的设置如何。

利用工作平面进行减运算的命令及 GUI 路径见表 2-23。

2-23 减运算的命令及 GUI 路径

用途	命令	GUI 路径
利用工作平面减去线	LSBW	Main Menu > Preprocessor > Modeling > Operate > Booleans > Divide > Line by WrkPlane Main Menu > Preprocessor > Modeling > Operate > Booleans > Divide > With Options > Line by WrkPlane
利用工作平面减去面	ASBW	Main Menu > Preprocessor > Operate > Divide > Area by WrkPlane Main Menu > Preprocessor > Modeling > Operate > Booleans > Divide > With Options > Area by WrkPlane
利用工作平面减去体	VSBW	Main Menu > Preprocessor > Modeling > Operate > Booleans > Divide > Volu by WrkPlane Main Menu > Preprocessor > Modeling > Operate > Booleans > Divide > With Options > Volu by WrkPlane

2.6.8 搭接

搭接命令用于连接两个或多个图元，以生成 3 个或更多新的图元的集合。搭接命令除了在搭接域周围生成了多个边界外，与加运算非常类似。也就是说，搭接操作生成的是多个相对简单的区域，加运算生成一个相对复杂的区域。因而，搭接生成的图元比加运算生成的图元更容易划分网格。

搭接区域必须与原始图元有相同的维数。

布尔搭接运算的命令及 GUI 路径如表 2-24 所示。

表 2-24 搭接运算

用途	命令	GUI 路径
线的搭接	LOVLAP	Main Menu>Preprocessor >Modeling > Operate > Booleans > Overlap > Lines
面的搭接	AOVLAP	Main Menu >Preprocessor>Modeling > Operate > Booleans > Overlap > Areas
体的搭接	VOVLAP	Main Menu>Preprocessor>Modeling>Operate>Booleans > Overlap > Volumes

2.6.9 分割

分割命令用于分割两个或多个图元，以生成 3 个或更多的新图元。如果分割区域与原始图元有相同的维数，那么分割结果与搭接结果相同。但是分割操作与搭接操作不同的是，没有参加分割命令的图元将不被删除。

布尔分割运算的命令及 GUI 路径见表 2-25。

表 2-25 布尔分割运算的命令及 GUI 路径

用途	命令	GUI 路径
线分割	LPTN	Main Menu >Preprocessor > Modeling > Operate > Booleans > Partition > Lines
面分割	APTN	Main Menu>Preprocessor > Modeling > Operate > Booleans > Partition > Areas
体分割	VPTN	Main Menu>Preprocessor>Modeling>Operate >Booleans > Partition > Volumes

2.6.10 粘接（或合并）

粘接命令与搭接命令类似，只是图元之间仅在公共边界处相关，且公共边界的维数低于原始图元的维数。这些图元之间在执行粘接操作后仍然相互独立，只是在边界上连接。

布尔粘接运算的命令及 GUI 路径见表 2-26。

表 2-26 布尔粘接运算的命令及 GUI 路径

用途	命令	GUI 路径
线的粘接	LGLUE	Main Menu > Preprocessor >Modeling > Operate > Booleans > Glue > Lines
面的粘接	AGLUE	Main Menu>Preprocessor > Modeling > Operate > Booleans > Glue > Areas
体的粘接	VGLUE	Main Menu>Preprocessor>Modeling>Operate> Booleans > Glue > Volumes

2.7 移动、复制和缩放几何模型

如果模型中相对复杂的图元重复出现，则仅需对重复部分创建一次，然后在所需的位置按所需的方位复制生成。例如，在一个平板上开几个细长的孔，只需生成一个孔，然后再复制该孔即可完成，如图 2-29 所示。

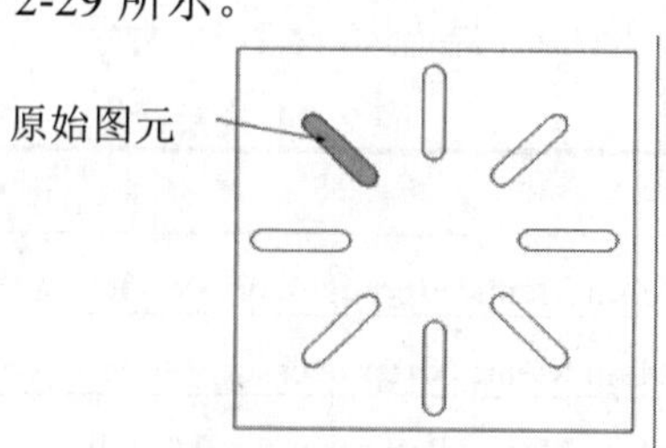

图 2-29 复制图元

生成几何体素时，其位置和方向由当前工作平面决定。因为对生成的每一个新体素都重新定义工作平面很不方便，允许体素在错误的位置生成，然后将该体素移动到正确的位置，可能使操作更简便。当然，这种操作并不局限于几何体素，任何实体模型图元都可以复制或移动。

对实体图元进行移动和复制的命令有“xGEN”“xSYM（M）”和“xTRAN”（相应的有 GUI 路径）。其中命令“xGEN”和“xTRAN”对复制的图元进行移动和旋转可能最为有用。另外需注意，复制一个高级图元将会自动把它所有附带的低级图元都一起复制，而且如果复制图元的单元（NOELEM=0 或相应的 GUI 路径），则所有的单元及其附属的低级图元都将被复制。在命令“xGEN”“xSYM（M）”和“xTRAN”中，设置 IMOVE=1 即可实现移动操作。

2.7.1 按照样本生成图元

（1）从关键点的样本生成另外的关键点：

命令：KGEN。

GUI：Main Menu > Preprocessor > Modeling > Copy > Keypoints。

（2）从线的样本生成另外的线：

命令：LGEN。

GUI：Main Menu > Preprocessor > Modeling > Copy > Lines。
Main Menu > Preprocessor > Modeling > Move/Modify > Lines。

（3）从面的样本生成另外的面：

命令：AGEN。

GUI：Main Menu > Preprocessor > Modeling > Copy > Areas。
Main Menu > Preprocessor > Modeling > Move/Modify > Areas > Areas。

（4）从体的样本生成另外的体：

命令：VGEN。

GUI：Main Menu > Preprocessor > Modeling > Copy > Volumes。
Main Menu > Preprocessor > Modeling > Move/Modify > Volumes。

2.7.2 由对称映像生成图元

（1）生成关键点的映像集：

命令：KSYMM。

GUI：Main Menu > Preprocessor > Modeling > Reflect > Keypoints。

（2）样本线通过对称映像生成线：

命令：LSYMM。

GUI：Main Menu > Preprocessor > Modeling > Reflect > Lines。

（3）样本面通过对称映像生成面：

命令：ARSYM。

GUI：Main Menu > Preprocessor > Modeling > Reflect > Areas。

（4）样本体通过对称映像生成体：

命令：VSYMM。

GUI：Main Menu > Preprocessor > Modeling > Reflect > Volumes。

2.7.3 将样本图元转换坐标系

（1）将样本关键点转到另外一个坐标系：

命令：KTRAN。

GUI：Main Menu > Preprocessor > Modeling > Move/Modify > Transfer Coord > Keypoints。

（2）将样本线转到另外一个坐标系：

命令：LTRAN。

GUI：Main Menu > Preprocessor > Modeling > Move/Modify > Transfer Coord > Lines。

（3）将样本面转到另外一个坐标系：

命令：ATRAN。

GUI：Main Menu > Preprocessor > Modeling > Move/Modify > Transfer Coord > Areas。

（4）将样本体转到另外一个坐标系：

命令：VTRAN。

GUI：Main Menu > Preprocessor > Modeling > Move/Modify > Transfer Coord > Volumes。

2.7.4 实体模型图元的缩放

对已定义的图元可以进行放大或缩小。命令“xSCALE”族可用来将激活的坐标系下的单个或多个图元进行比例缩放，如图 2-30 所示。

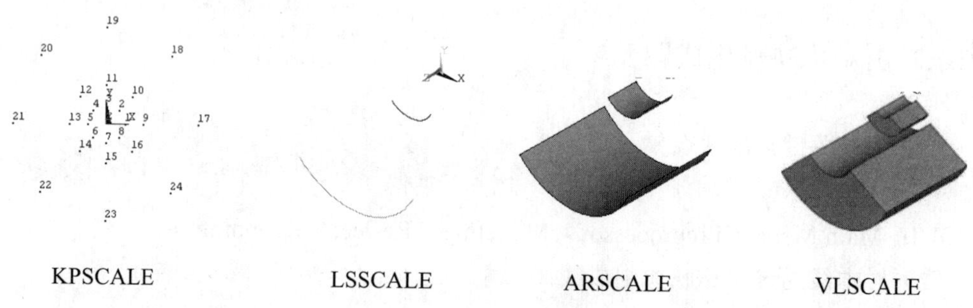

图 2-30 给图元定比例缩放

这 4 个定比例命令都是将比例因子用到关键点坐标 X、Y、Z 上。如果是柱坐标系，X、Y 和 Z 分别代表 R、θ 和 Z，其中 θ 是偏转角；如果是球坐标系，X、Y 和 Z 分别表示 R、θ 和 ϕ，其中 θ 和 ϕ 都是偏转角。

（1）从样本关键点（也划分网格）生成一定比例的关键点：

命令：KPSCALE。

GUI： Main Menu > Preprocessor > Modeling > Operate > Scale > Keypoints。

（2）从样本线生成一定比例的线：

命令：LSSCALE。

GUI： Main Menu > Preprocessor > Modeling > Operate > Scale > Lines。

（3）从样本面生成一定比例的面：

命令：ARSCALE。

GUI： Main Menu > Preprocessor > Modeling > Operate > Scale > Areas。

（4）从样本体生成一定比例的体：

命令：VLSCALE。

GUI： Main Menu > Preprocessor > Modeling > Operate > Scale > Volumes。

2.8 实例导航——导弹发动机药柱建模

2.8.1 自底向上创建药柱模型

由于药柱模型在横向上的剖面都一样，所以可以采用先建立横向的平面模型再拉伸得到。平面模型根据对称性可以先建立模型的 1/16（见图 2-31），然后通过镜像和复制得到。

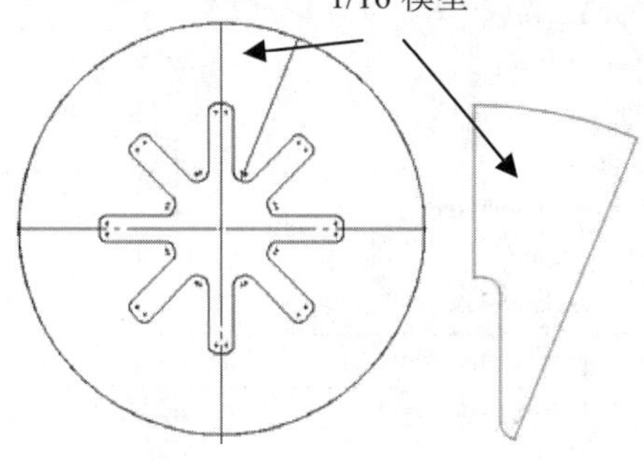

图 2-31 药柱模型

01 定义截面上的关键点。GUI 操作：Main Menu > Preprocessor > Modeling > Create > Keypoints > In Active CS，弹出图 2-32 所示的对话框。按照图示输入关键点 1（0，0.193，0）的坐标值，用同样的方法依次输入关键点 2（0，0.119，0）、关键点 3（0，0.050，0）、关键点 4（0.0125，0.119，0）和关键点 5（0.0125，0，0），然后将坐标系转换为柱坐标系（见图 2-33），用同样的方法再创建关键点 6（0.197，67.5，0）和关键点 7（0.050，

67.5，0），创建完关键点后将坐标系仍然转换到默认的笛卡儿坐标系。需要注意的是，ANSYS 对单位没有严格的区分，原则上建议用户按照国际单位转换输入，避免之后复杂的单位制转换。

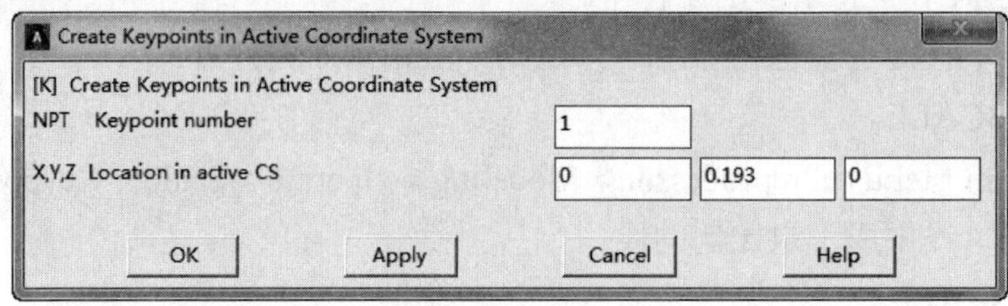

图 2-32 关键点输入

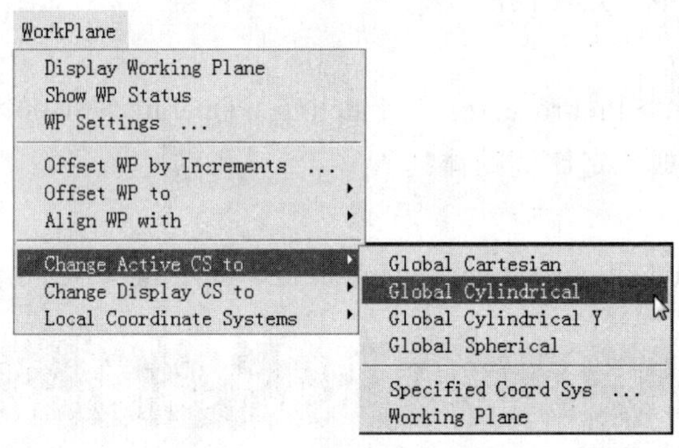

图 2-33 转换坐标系

02 由关键点创建线。为了能确切地显示各关键点、线以及后面要创建的面的编号，需要执行以下操作：PlotCtrls > Numbering，在弹出的对话框中按照如图 2-34 所示进行设置。

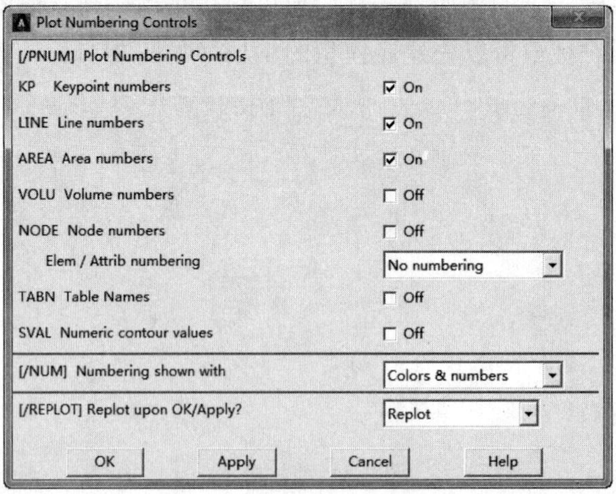

图 2-34 编号显示设置

接下来由关键点创建线，具体 GUI 操作为：Main Menu > Preprocessor > Modeling > Create > Lines > Lines > In Active Coord，在屏幕上分别单击关键点 1 和 2，将连接成线 1，依次将关键点 2 和 4，关键点 4 和 5，关键点 6 和 7 连接成线。下一步将创建圆弧，可以采用笛卡儿坐标系中的创建圆弧命令，也可以采用另外的方式，即在柱坐标系中创建线（该线也就是圆弧），在这里我们采用第二种方法。首先按图 2-33 的方法将笛卡儿坐标系转换为柱坐标系，然后继续操作 Main Menu > Preprocessor > Modeling > Create > Lines > Lines > In Active Coord，依次连接关键点 6 和 1、关键点 3 和 7，操作完成之后再将坐标系改为笛卡儿坐标系，创建线后的图形如图 2-35 所示。

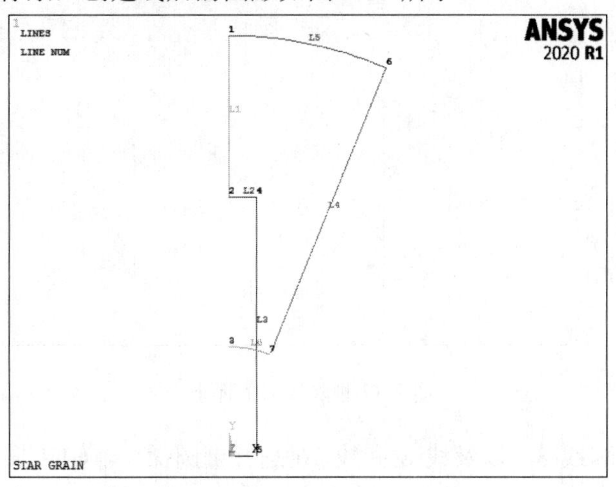

图 2-35 创建线后的图形界面

图 2-35 所示与实际的截面模型已经相差不大了，接下来需要将多余的线删除，以及在部分地方创建圆角。之前已经学过了删除线的方法，但该方法将会把整条线给删除掉，而这里需要删除的线的部分仍然依附在整条线上，所以要首先对该线进行搭接处理，GUI 操作：Main Menu > Preprocessor > Modeling > Operate > Booleans > Overlap > Lines。分别选择线 3 和线 6，单击“OK”按钮，线搭接后的图形如图 2-36 所示。可以发现，之前的线 3 和线 6 经过搭接操作后变成了线 7、8、9、10。之后对线 7、9 进行删除操作，就可以得到想要的图形了。删除操作的 GUI：Main Menu > Preprocessor > Modeling > Delete > Lines Only，分别选择线 7 和线 9，单击“OK”按钮，删除线后的图形如图 2-37 所示。

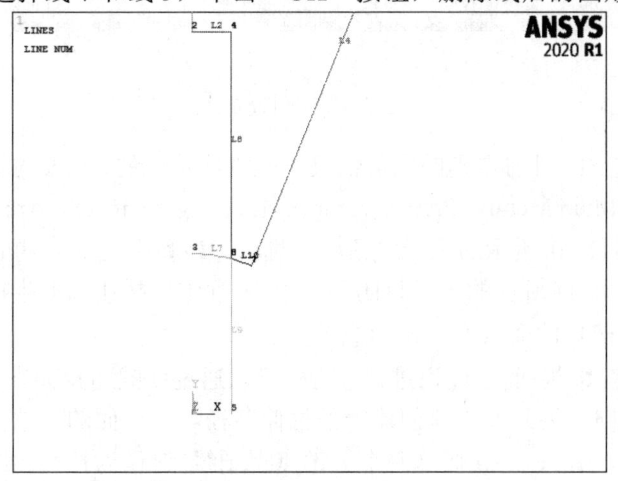

图 2-36 线搭接之后图形

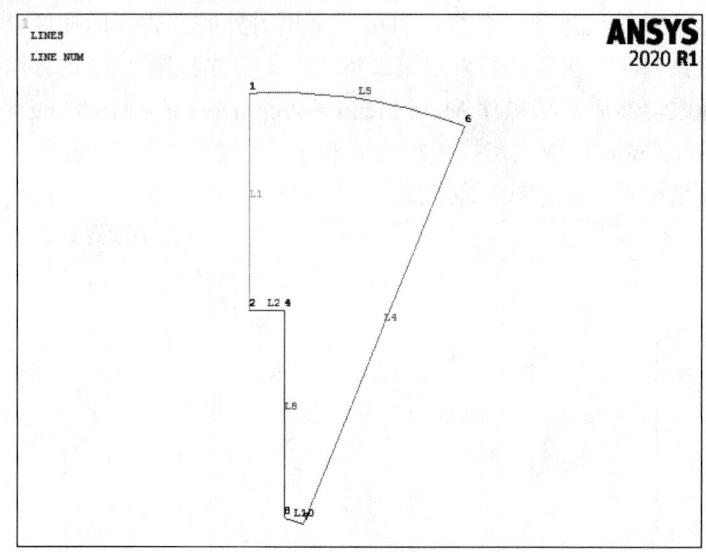

图 2-37 删除线后的图形

接下来对线 2 和线 8，以及线 8 和线 10 进行倒圆操作。GUI 操作：Main Menu > Preprocessor > Modeling > Create > Lines > Line Fillet。单击线 2 和线 8，单击“OK”按钮，在弹出的对话框中输入半径为 0.0075，如图 2-38 所示。用同样的操作在线 8 和线 10 之间倒一个半径为 0.0075 的圆角，这样药柱横截面的边界图形就已经形成了，如图 2-39 所示。

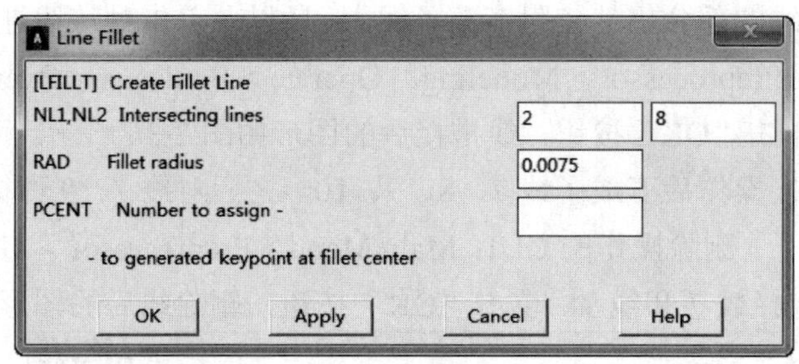

图 2-38 圆角设置

03 由线创建面。目前得到的图形仅仅只是由线构成的，需要对这些线进行生成面的操作，GUI 操作：Main Menu > Preprocessor > Modeling > Create > Areas > Arbitrary > By Lines，在弹出的图 2-40 所示的选择对话框中选择“Loop”选项，再任意选择一条线，ANSYS 将自动选择该线所在的一条封闭环，单击“OK”按钮，即生成了一个面，如图 2-41 所示。至此，药柱的横截面已经形成。

04 由面创建体。前面已经说过，该药柱可以通过横截面拉伸直接得到，因此首先需要确定拉伸的方向，为此要重新创建一条拉伸路径。用前面的方法先创建两个关键点（0，0，0）和（0，0，1），连接这两个关键点得到线 7 作为拉伸的路径。拉伸操作的 GUI 操作：Main Menu > Preprocessor > Modeling > Operate > Extrude > Areas > Along

Lines，在弹出的对话框中先选择面 1，单击“OK”按钮后，再选择刚刚生成的线 7，单击“OK”按钮后，将生成一个体。之后将临时形成的线 7 删除掉，至此药柱的模型已经完成创建，如图 2-42 所示。利用模型的对称性，可以将该 1/16 模型作为后续分析的原始模型。

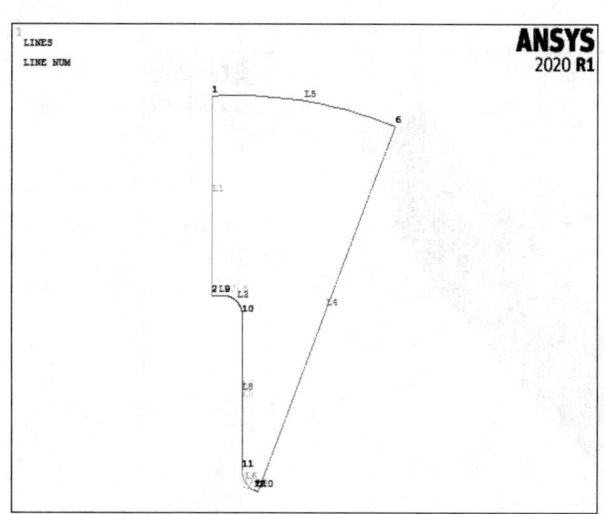

图 2-39 生成的横截面边界

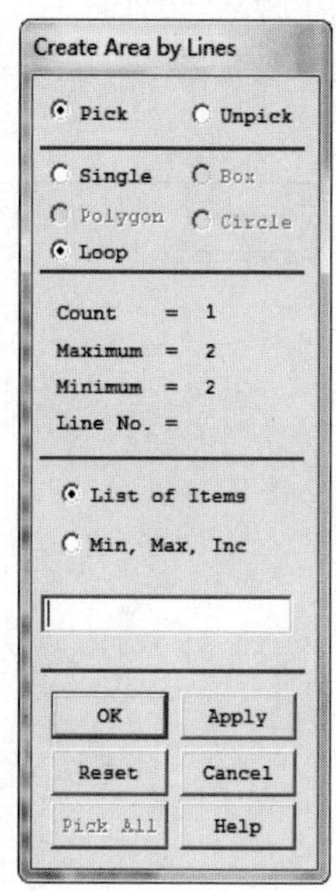

图 2-40 “Create Area By Lines”选择对话框

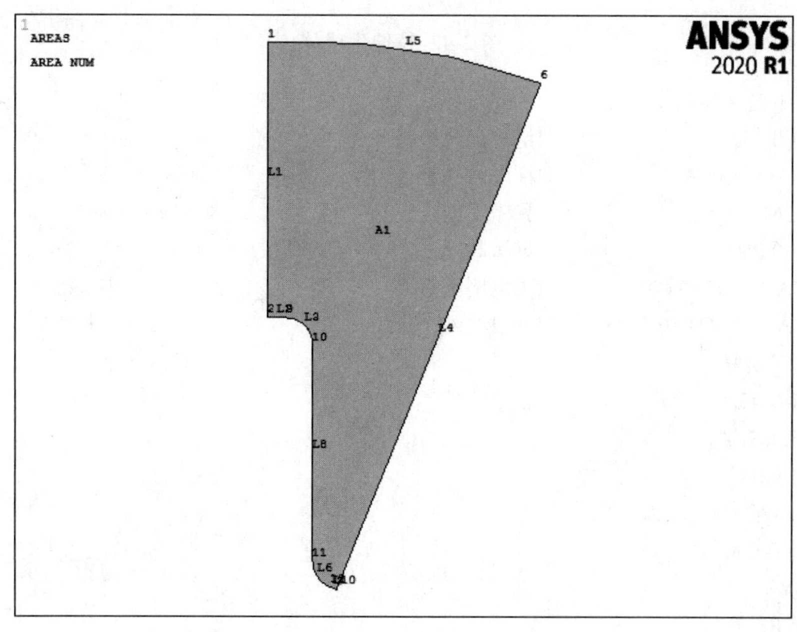

图 2-41 由线创建面

创建 1/16 模型的命令流：

```
/CLEAR
/FILENAME,GRAIN,1
/TITLE,STAR GRAIN
/PREP7
!定义变量名称
```

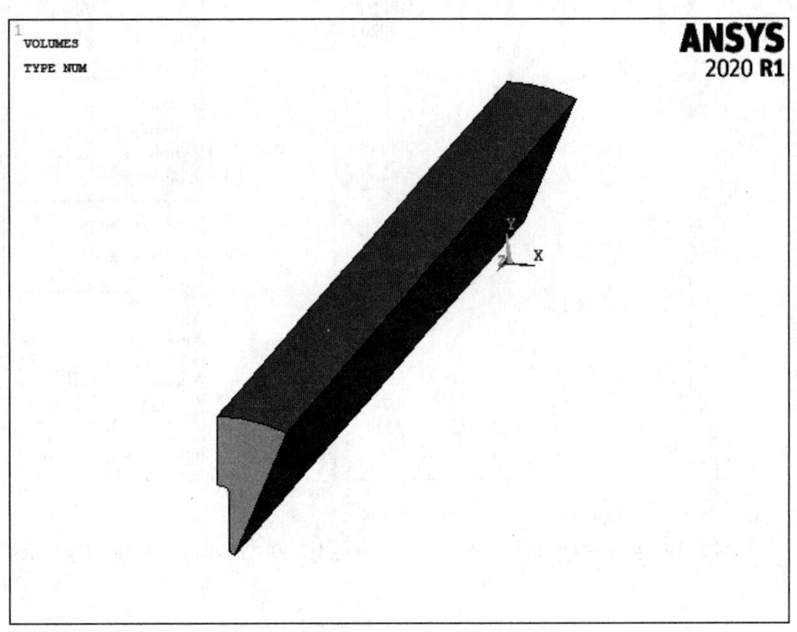

图 2-42 拉伸生成体

```
!以下定义药柱模型尺寸
R3=0.193                    !绝热层内半径（药柱外半径）
HCAO=0.119                  !柱段内孔直径
WCAO=0.0125                 !翼槽宽度
R4=0.050                    !翼槽高度
RCAO_TOP=0.0075             !翼尖倒圆
RCAO_ROOT=0.0075            !翼根倒圆
!建立模型
K,1,0,R3,
K,2,0,HCAO
K,3,0,R4
K,4,WCAO,HCAO
K,5,WCAO,0
CSYS,1
K,6,R3,67.5,
K,7,R4,67.5
CSYS,0
```

```
L,1,2
L,2,4
L,4,5
L,6,7
CSYS,1
L,1,6
L,3,7
CSYS,0
/PNUM,LINE,1
LOVLAP,3,6
LDELE,7
LDELE,9
LFILLT,2,8,RCAO_TOP
LFILLT,8,10,RCAO_ROOT
AL,ALL
!建立拉伸路径
K,100
K,101,0,0,1
L,100,101                    !线 7
!拉伸面成体
VDRAG,1,,,,,,7
LDELE,7
NUMCMP,ALL
/PNUM,LINE
/PNUM,VOLU,1
VPLOT,ALL
```

05 创建全药柱模型。为了熟悉镜像和复制操作，在此基础上对其进行镜像和复制。首先是镜像，GUI：Main Menu > Preprocessor > Modeling > Reflect > Volumes。选择刚刚生成的体 1，单击“OK”按钮，在弹出的对话框中将镜像面设置成 Y-Z 平面，如图 2-43 所示。单击“OK”按钮，镜像后的图形如图 2-44 所示。然后再将创建的两个体做复制操作。因为是沿着周向均布成 8 个，所以需要重新转换为柱坐标系，再做复制操作。复制操作的 GUI：Main Menu > Preprocessor > Modeling > Copy > Volumes 或 Main Menu > Preprocessor > Modeling > Move/Modify > Volumes，选择体 1，体 2，单击“OK”按钮，在弹出的对话框中进行复制设置，如图 2-45 所示，即沿环向偏移 45° 角均布 8 个。单击“OK”按钮，最终创建的全药柱模型如图 2-46 所示。

ANSYS 对图形的旋转和拖放操作可以通过工具条的“Dynamic Model Mode”按钮实现，当该按钮被激活时，按住鼠标左键可以平移模型，按住鼠标右键可以自由地旋转模型，大大方便了对模型的操作。

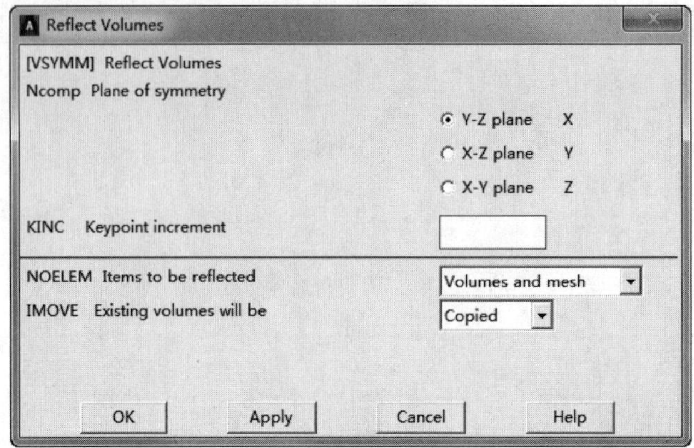

图 2-43 镜像设置

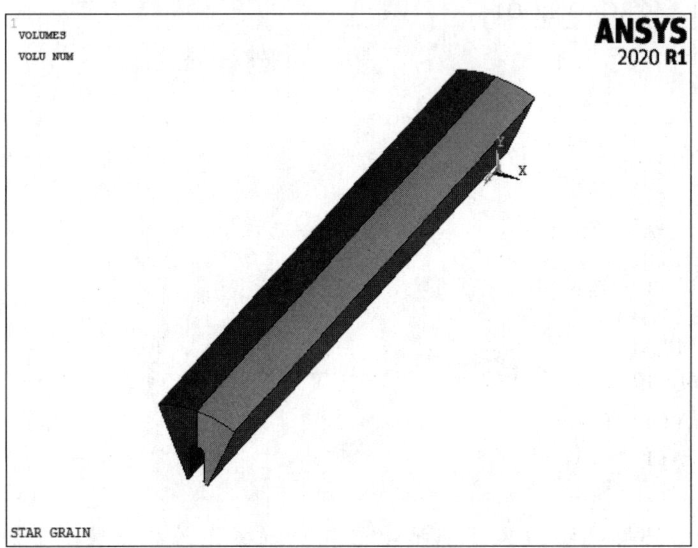

图 2-44 镜像后的图形

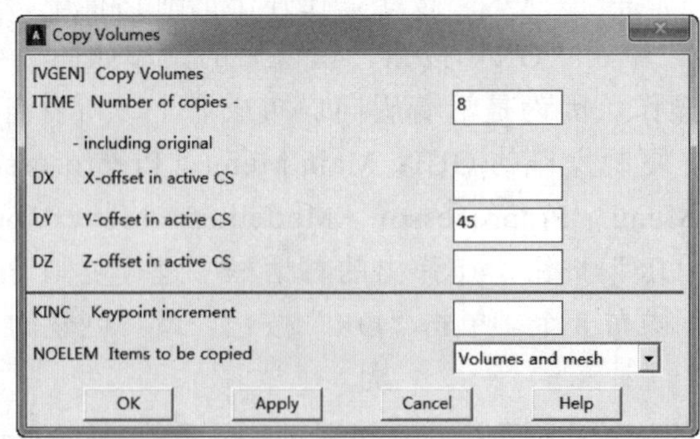

图 2-45 复制设置

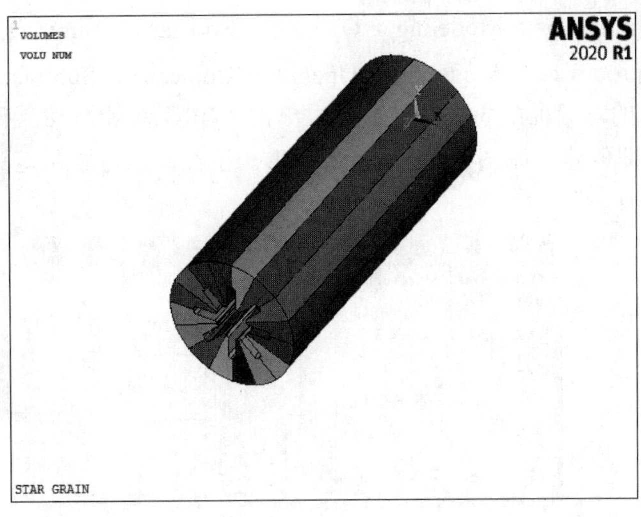

图 2-46 创建的全药柱模型

2.8.2 布尔运算创建药柱模型

该药柱模型可以通过两个实体进行布尔减运算来创建，如图 2-47 所示。

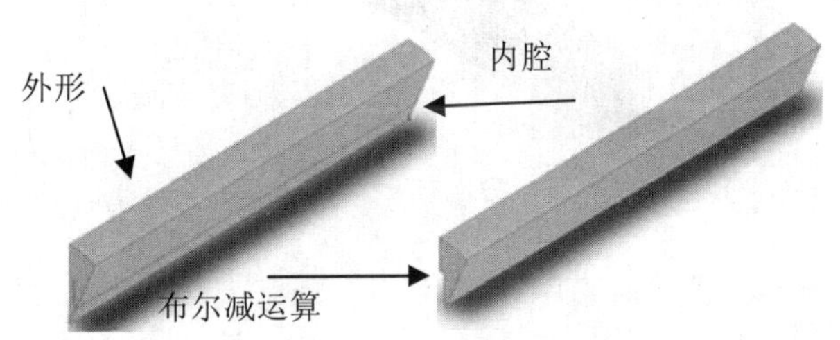

图 2-47 布尔减运算后的药柱

01 自顶向下方式创建药柱外形。由于外形为圆柱体的 1/16，所以采用自顶向下的方式创建。GUI：Main Menu > Preprocessor > Modeling > Create > Volumes > Cylinder > By Dimensions，创建圆柱体的设置如图 2-48 所示。其中，"Outer radius"表示外半径；"Optional inner radius"表示内半径，为 0 时表示为圆柱体；"Z-coordinates"表示圆柱两个端面的 Z 坐标；"Starting angle"表示起始角度；"Ending angle"表示终止角度。单击"OK"按钮，创建如图 2-49 所示的圆柱体。

02 自底向上方式创建药柱内腔。具体方法可参考前面章节，即先创建关键点，然后由关键点创建线，再由线围成面，最后对面通过拉伸成体，创建的内腔如图 2-50 所示。

03 布尔减运算创建药柱模型。将上述生成的两个体做布尔减运算，GUI 操作：

Main Menu > Preprocessor > Modeling > Operate > Booleans > Subtract > Volumes，或者 Main Menu > Preprocessor > Modeling > Operate > Booleans > Subtract > With Options > Volumes，在弹出的对话框中先选择外形体，单击“OK”按钮，然后再选择内腔体，单击“OK”按钮，即创建了如图 2-51 所示的图形。至此，通过布尔运算创建的药柱已经完成。

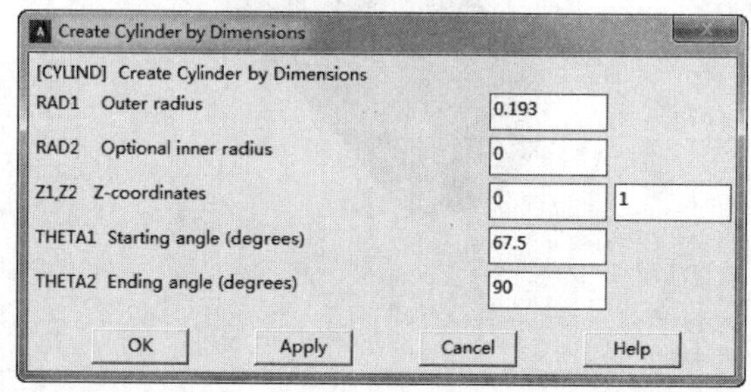

图 2-48 创建的圆柱体

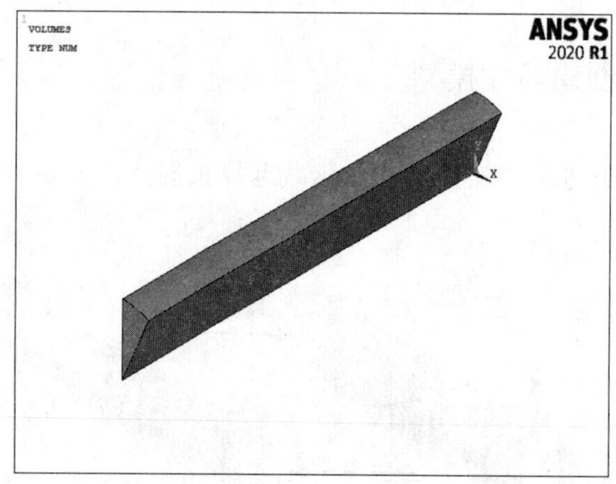

图 2-49 创建的圆柱体

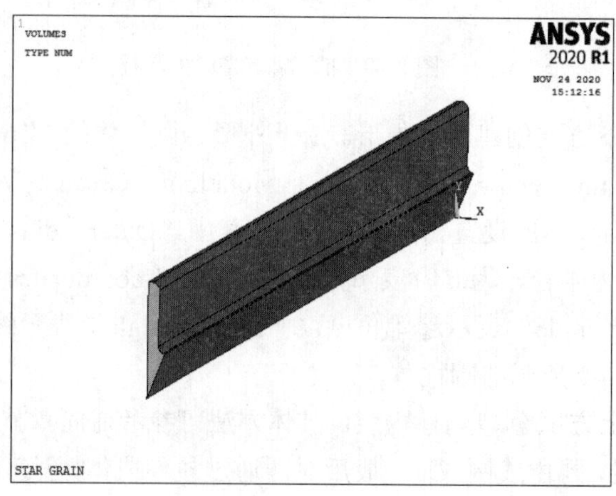

图 2-50 创建的内腔

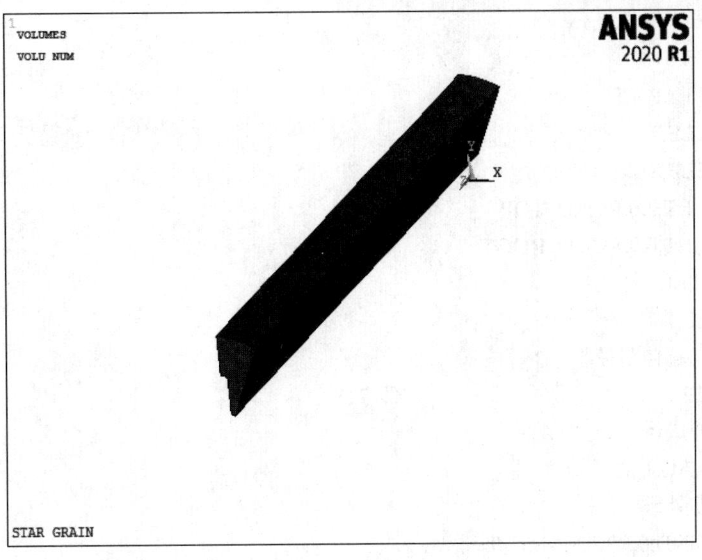

图 2-51 布尔减运算创建的图形

布尔减运算创建药柱模型的命令流：

```
/CLEAR
/FILENAME,GRAIN,1
/TITLE,STAR GRAIN
/PREP7
!定义变量名称
!以下定义药柱模型尺寸
R3=0.193                    !绝热层内半径（药柱外半径）
HCAO=0.119                  !柱段内孔直径
WCAO=0.0125                 !翼槽宽度
R4=0.050                    !翼槽高度
RCAO_TOP=0.0075             !翼尖倒圆
RCAO_ROOT=0.0075            !翼根倒圆
!建立模型
K,1,0,0
K,2,0,HCAO
K,3,WCAO,HCAO
K,4,WCAO,0
K,5,0,R4
CSYS,1
K,6,R4,67.5,
CSYS,0
L,1,2
L,2,3
L,4,3
L,6,1
CSYS,1
```

```
L,5,6
CSYS,0
LOVLAP,3,5
LDELE,7
LDELE,8
LFILLT,2,6,RCAO_TOP
LFILLT,6,9,RCAO_ROOT
AL,ALL
K,,0,0,1
!建立拉伸路径
L,1,12                    !线 7
!拉伸成体
VDRAG,1,,,,,,7
!建立外形
CYLIND,0,R3,0,1,67.5,90
/PNUM,VOLU,1
!布尔减运算
VSBV,2,1
VPLOT,ALL
```

2.8.3 导入 SolidWorks 中创建的药柱模型

前面提到了 ANSYS 中的几何模型还可以从 CAD 软件创建的模型导入，从而减少在 ANSYS 中的建模工作量。在这里，采用了在 SolidWorks 中创建药柱模型，然后导入到 ANSYS 中。

01 在 SolidWorks 中创建零件模型。由于 SolidWorks 是当今比较流行的实体造型三维绘图软件，对实体造型提供了很好的支持，所以先在 SolidWorks 中绘制药柱模型，具体过程可参考 SolidWorks 的相关帮助文件，得到如图 2-52 所示的药柱零件文件，然后另存为“parasolid”文件（后缀名为*.x_t）。假设文件名为“grain.x_t”，需要注意的是该文件名不要带汉字，否则导入 ANSYS 时会出错。

图 2-52　SolidWorks 中绘制的药柱零件文件

02 将模型文件导入到 ANSYS。将 SolidWorks 中创建的“grain.x_t”导入 ANSYS

的GUI路径：File > Import > PARA，在弹出的对话框中找到该文件的完整路径，单击“OK”按钮，就可以看见如图2-53所示的模型文件。可以看出，该图形的显示方式之前在ANSYS建模生成的不大一样，需要对其进行如下设置，GUI路径：PlotCtrls > Style > Solid Model Facets，在弹出的对话框中将显示方式设置为“Normal Faceting”，重新设置显示方式后的模型文件如图2-54所示。

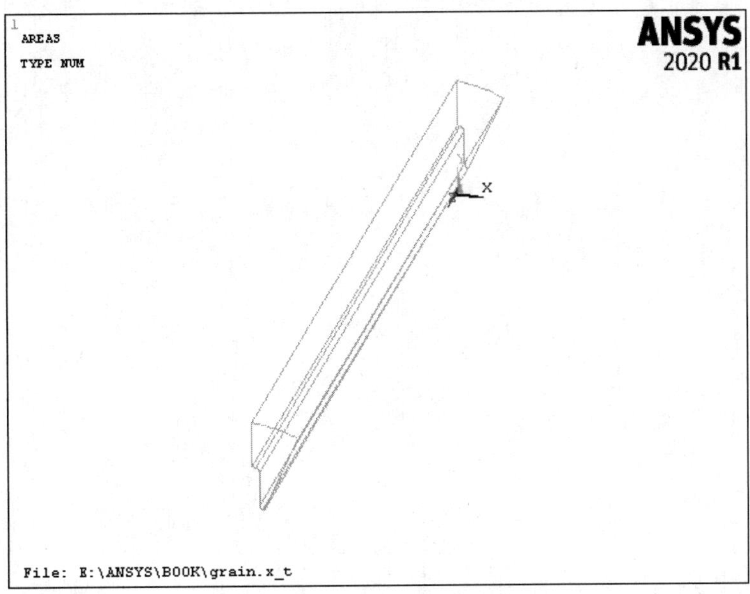

图2-53 导入到ANSYS中的模型文件

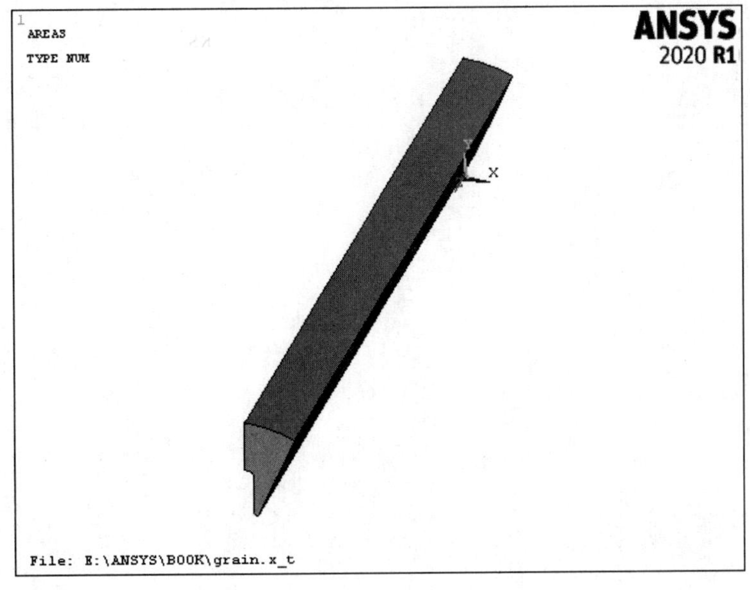

图2-54 重新设置显示方式后的模型文件

完整的命令流格式：

```
/CLEAR
/FILENAME,GRAIN,1
/TITLE,STAR GRAIN
/PREP7
~PARAIN,GRAIN,,E:\ANSYS\book   !假设该模型文件的路径为 E:\ANSYS\book\Grain.x_t
/FACET
```

建模实例

本章以实例的形式介绍建立有限元模型的两种方法，即输入法和创建法。其中创建法可以自顶向下，也可以自底向上。

通过本章学习，可以进一步掌握 ANSYS 建模的基本方法和技巧。

- 几何模型的输入实例
- 修改输入模型实例
- 自主建模实例

3.1 实例导航——几何模型的输入

建立有限元模型有输入法和创建法两种方法。输入法是直接输入由其他 CAD 软件创建好的实体模型，创建法是在 ANSYS 中从无到有地创建实体模型。两者并不是完全分开的。

3.1.1 输入 IGES 单一实体

01 清除 ANSYS 的数据库。

❶选择应用菜单 Utility Menu：File > Clear & Start New…。

❷在弹出的“Clear Database and Start New ”对话框中选择“Read file”，单击“OK”按钮，如图 3-1 所示。

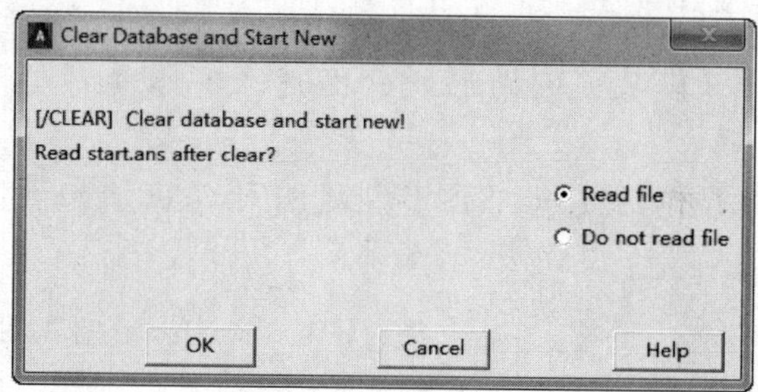

图 3-1 “Clear Database and Start New”对话框

❸在弹出的“Verify”对话框中单击“Yes”按钮，如图 3-2 所示。

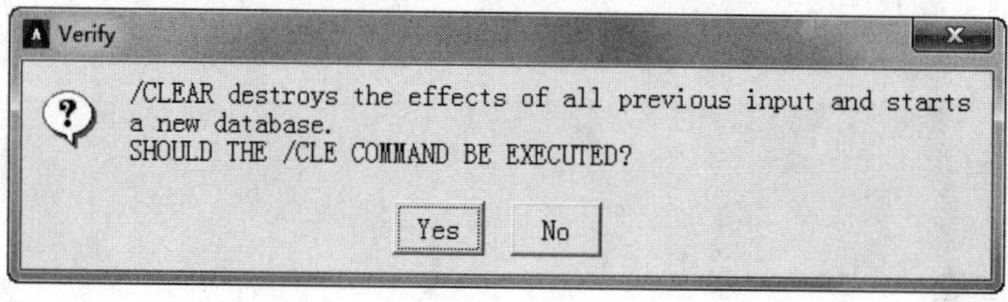

图 3-2 “Verify”对话框

02 改作业名为“actuator”。

❶选择应用菜单 Utility Menu：File > Change Jobname…。

❷弹出“Change Jobname”对话框，在文本框中输入“actuator”作为新的作业名，然后单击“OK”按钮，如图 3-3 所示。

03 用默认的设置输入“actuator.iges”IGES 文件。

❶选择应用菜单 Utility Menu：File > Import > Iges…。

❷在弹出的“Import IGES File”对话框中选择导入的参数，如图 3-4 所示，然后单击“OK”按钮。

Change Jobname
[/FILNAM] Enter new jobname
actuator
New log and error files?
No
OK
Cancel
Help

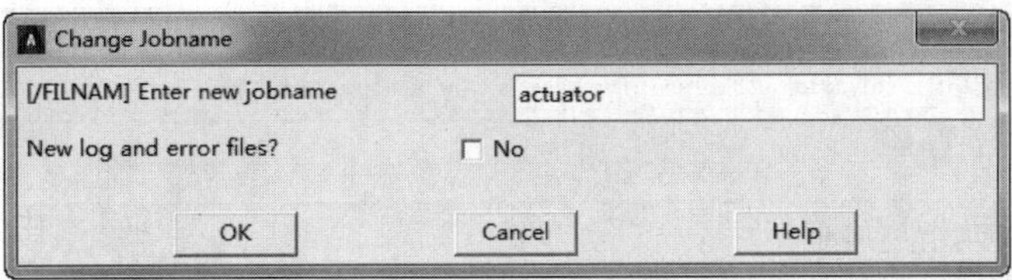

图 3-3 “Change Jobname”对话框

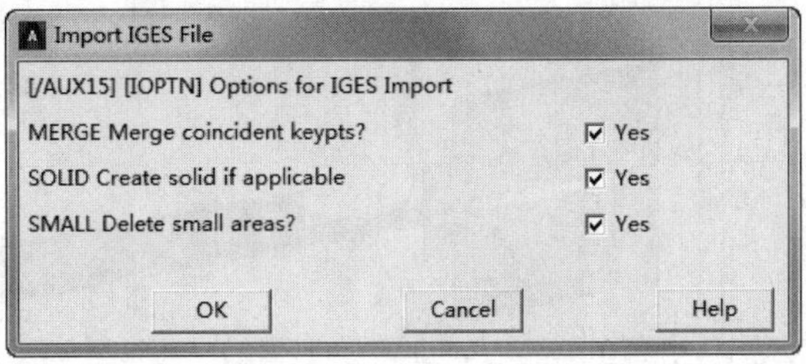

Import IGES File
[/AUX15] [IOPTN] Options for IGES Import
MERGE Merge coincident keypts?
Yes
SOLID Create solid if applicable
Yes
SMALL Delete small areas?
Yes
OK
Cancel
Help

图 3-4 “Import IGES File”对话框

❸弹出“Import IGES File”对话框，选择“Browse”按钮，如图 3-5 所示。

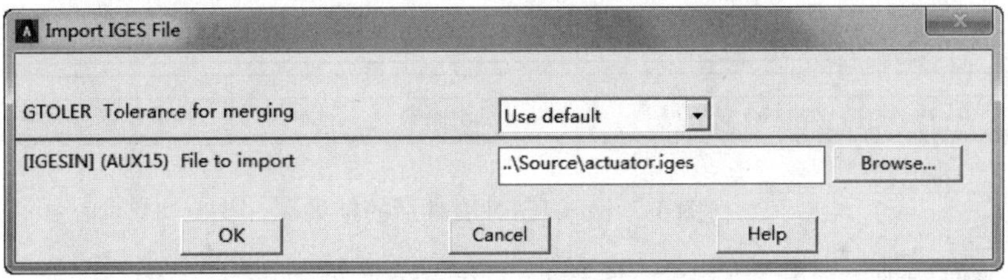

Import IGES File
GTOLER Tolerance for merging
Use default
[IGESIN] (AUX15) File to import
..\Source\actuator.iges
Browse...
OK
Cancel
Help

图 3-5 “Import IGES File”对话框

❹在 “File to import” 对话框中选择“actuator.iges”， 然后单击“弹出”按钮，如图 3-6 所示。

<IGESIN> (AUX15) File to import
Source
搜索 Source
组织
新建文件夹
收藏夹
OneDrive
下载
桌面
最近访问的位置
库
视频
图片
文档
名称
修改日期
类型
actuator.iges
2004/3/18 7:25
IGES 文件
文件名(N):
h_latch.igs
(*.*)
打开(O)
取消

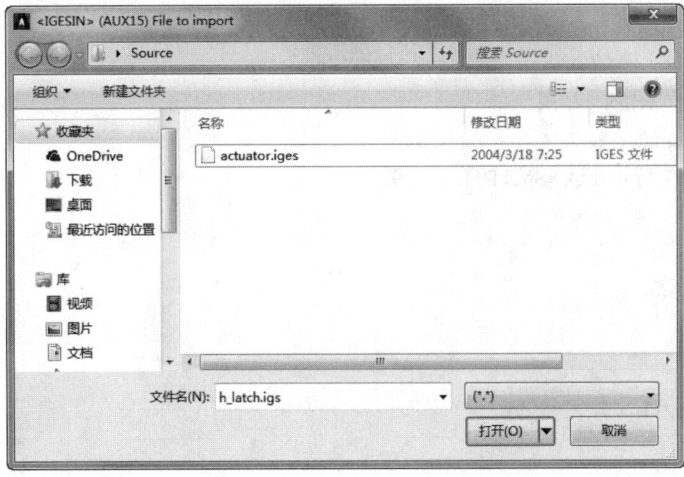

图 3-6 选择“actuator.iges”

❺输入 IGES 文件，结果如图 3-7 所示。

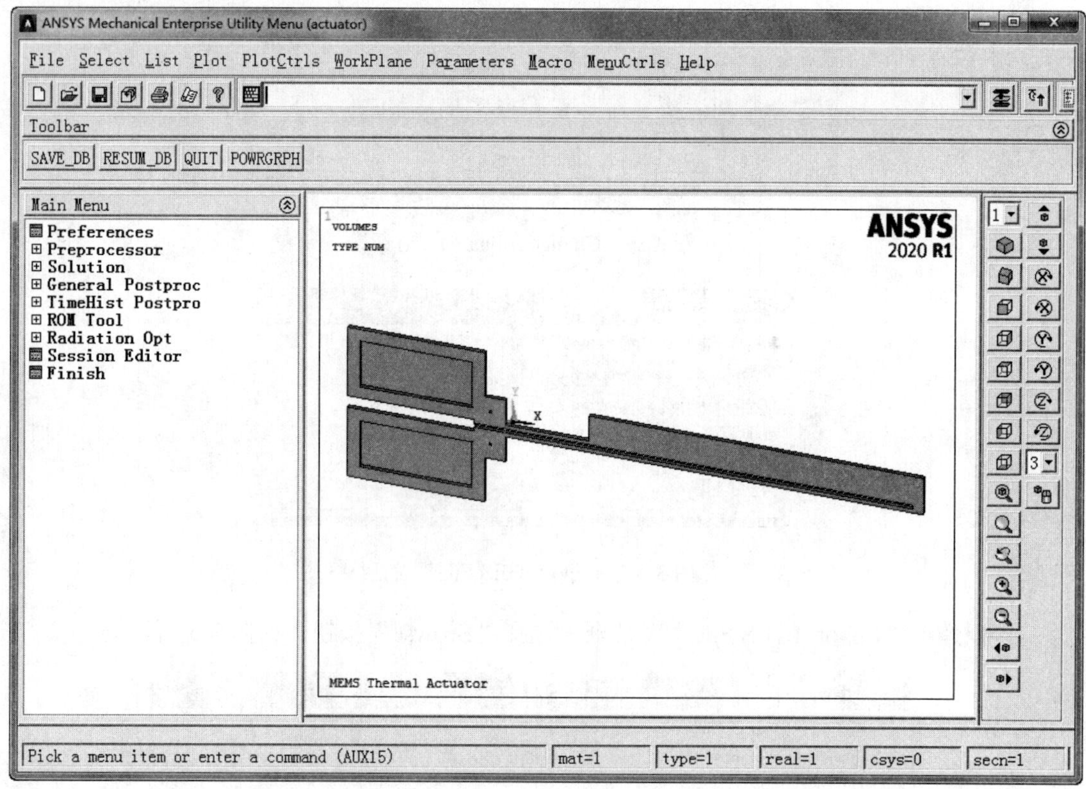

图 3-7 输入 IGES 文件后的结果

04 保存数据库。在工具栏上单击“SAVE_DB”按钮。

本例操作的命令流如下：

```
/CLEAR
! 清除 ANSYS 的数据库
/FILNAME,actuator,0
! 改作业名为“actuator”
/AUX15
!进入导入“IGES”模式
IGESIN,'actuator','iges',' '
!假设该模型位置在 ANSYS 的默认目录。
VPLOT
SAVE
! 保存数据库
FINISH
```

3.1.2 输入 SAT 单一实体

01 清除 ANSYS 的数据库。

❶选择应用菜单 Utility Menu：File > Clear & Start New…。

❷在弹出的“Clear Database and Start New” 对话框中选择“Read file”，单击“OK”按钮，如图 3-8 所示。

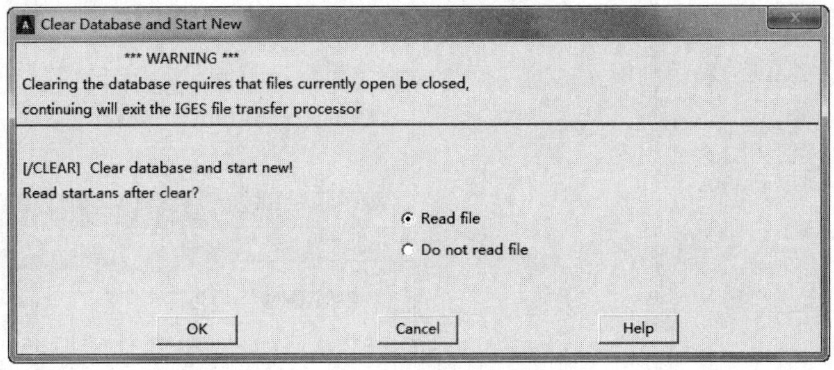

图 3-8 “Clear Database and Start New” 对话框

❸弹出“Verify”对话框，单击“Yes”按钮，如图 3-9 所示。

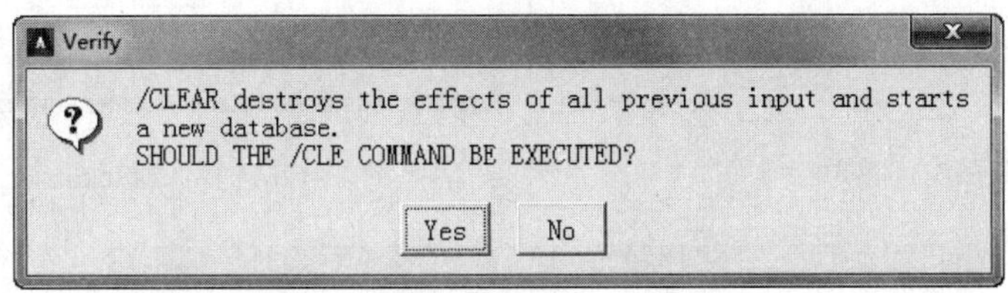

图 3-9 “Verify”对话框

02 改作业名为“bracket”。

❶选择应用菜单 Utility Menu：File > Change Jobname…。

❷弹出“Change Jobname”对话框，在文本框中输入“bracket” 作为新的作业名，然后单击“OK”按钮，如图 3-10 所示。

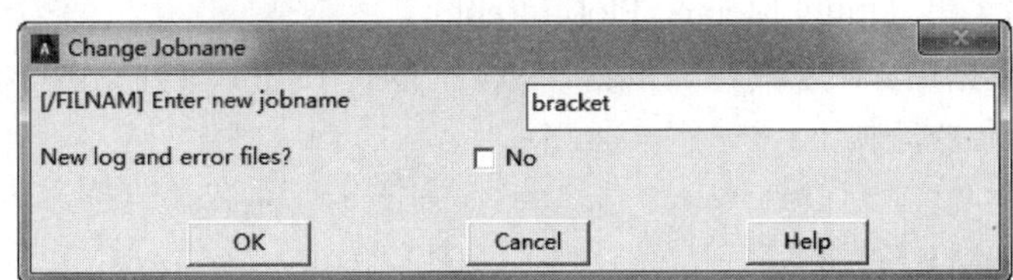

图 3-10 “Change Jobname”对话框

03 选择“bracket.sat”文件。

❶选择应用菜单 Utility Menu：File > Import > ACIS…，如图 3-11 所示。

❷在弹出的对话框中选择“bracket.sat”文件，然后单击“OK”按钮，如图 3-12 所示。

04 弹出“Normal Faceting”。

❶选择应用菜单 Utility Menu：PlotCtrls > Style > Solid Model Facets…。

❷在弹出的对话框中的下拉列表中选择“Normal Faceting”，然后单击“OK”按钮，

如图 3-13 所示。

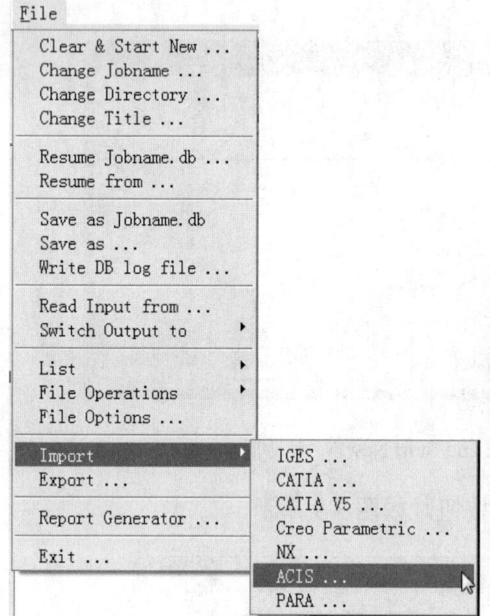

图 3-11 选择实用菜单

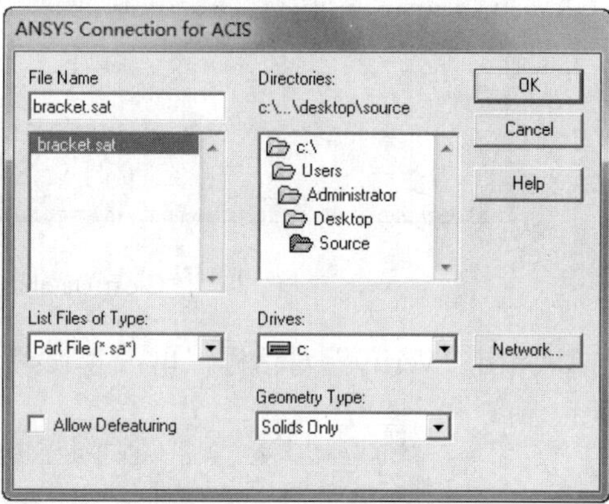

图 3-12 选择“bracket.sat”文件

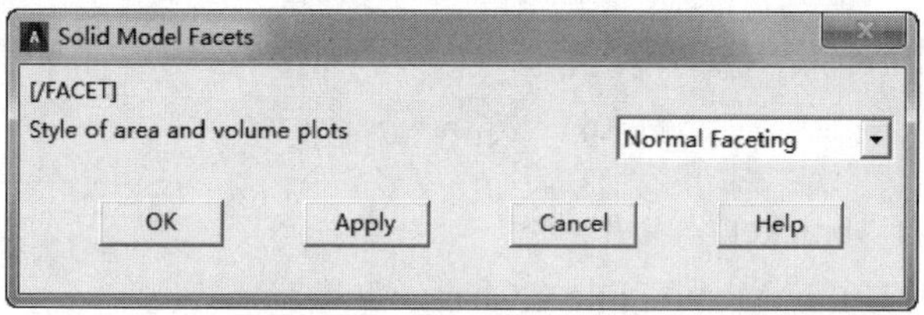

图 3-13 选择“Normal Faceting”

❸选择应用菜单 Utility Menu：Plot > Replot。

05 保存数据库。在工具栏上单击“SAVE_DB”按钮，得到如图 3-14 所示的结果。

本例操作的命令流如下：

```
/CLEAR
！清除 ANSYS 的数据库
/FILNAME,bracket,0
！改作业名为“bracket”
~SATIN,'E:\ANSYS\yuanwenjian\bracket','sat',,SOLIDS,0
!假设该模型文件的路径为“E:\ANSYS\yuanwenjian\bracket”
/FACET,NORML
！弹出“Normal Faceting”
/REPLOT
SAVE
！保存数据库
FINISH
```

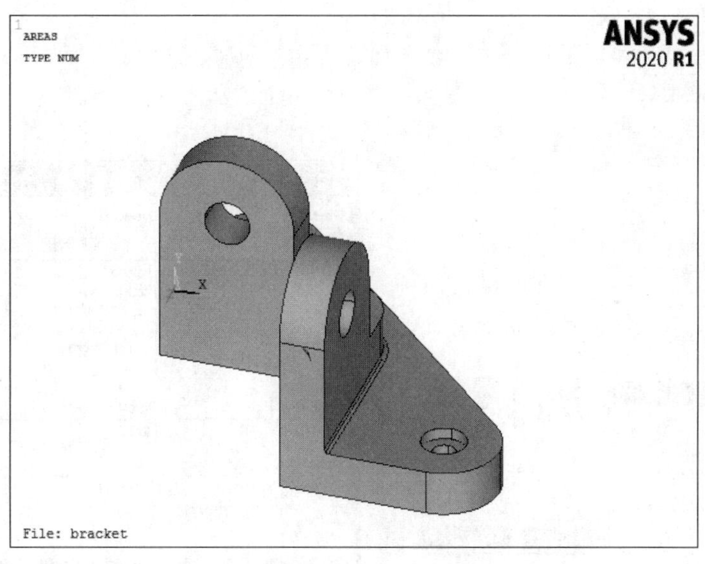

图 3-14 输入.sat 文件后的结果

3.1.3 输入 Parasolid 单一实体

01 清除 ANSYS 的数据库。

❶选择应用菜单 Utility Menu：File > Clear & Start New…。

❷在弹出的“Clear Database and Start New” 对话框中选择“Read file”，单击“OK”按钮。

❸弹出“Verify”对话框，单击“Yes”按钮。

02 改作业名为“replace”。

❶选择应用菜单 Utility Menu：File > Change Jobname…。

❷弹出“Change Jobname”对话框。在文本框中输入“replace”作为新的作业名，然后单击“OK”按钮。

03 选择“replace.x_t”实体参数文件。

❶选择应用菜单 Utility Menu：File > Import > PARA…，如图 3-15 所示。

❷在弹出的对话框中选择“replace.x_t”文件，然后单击“OK”按钮，如图 3-16 所示。

04 弹出“Normal Faceting”。

❶选择应用菜单 Utility Menu：PlotCtrls > Style > Solid Model Facets…。

❷在弹出的对话框中的下拉列表中选择“Normal Faceting”，然后单击“OK”按钮，如图 3-17 所示。

❸选择应用菜单 Utility Menu：Plot > Replot。

05 保存数据库。在工具栏上单击“SAVE_DB”按钮，得到如图 3-18 所示的结果。

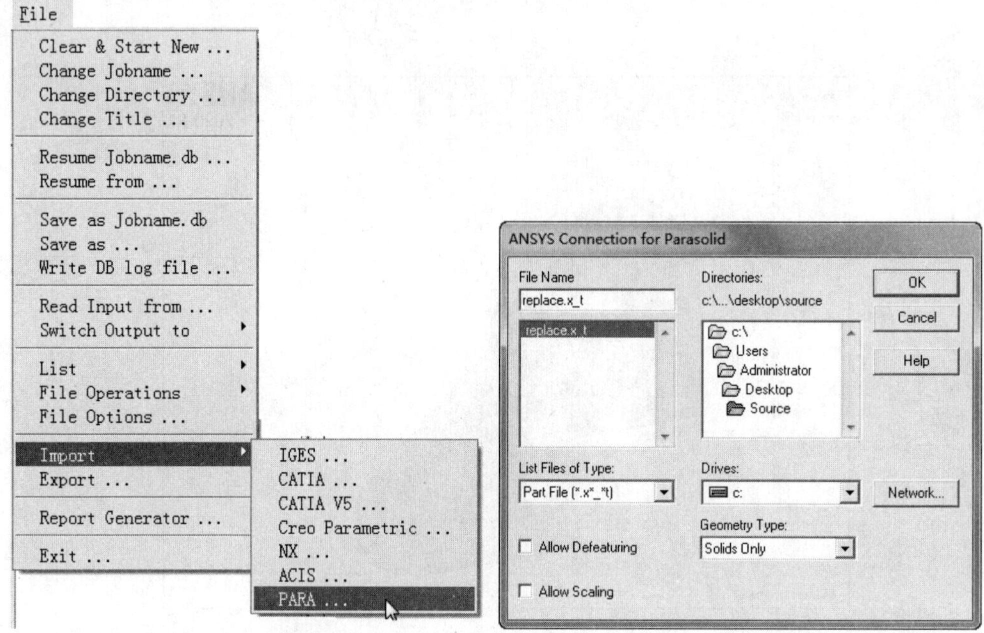

图 3-15 选择“PARA”选项　　　图 3-16 选择“replace.x_t”文件

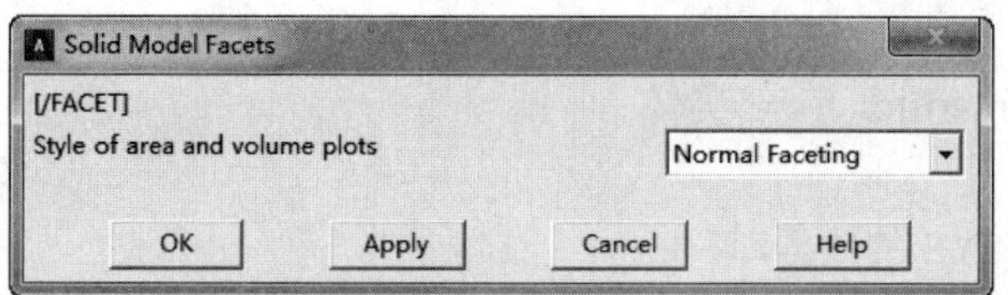

图 3-17 “Solid Model Facets”对话框

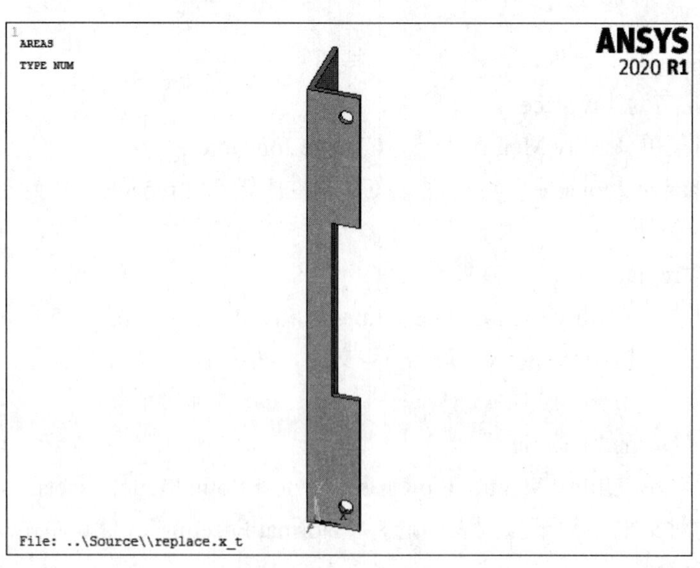

图 3-18 输入.x.t 文件后的结果

本例操作的命令流如下：

```
/CLEAR,START
! 清除 ANSYS 的数据库
/FILNAME,replace,0
! 改作业名为“replace”
~PARAIN,'replace','x_t',,SOLIDS,0,0
! 输入“replace.x_t”实体参数文件
/NOPR
/GO
/FACET,NORML
! 弹出“Normal Faceting”
/REPLOT
/USER,   1
/VIEW,   1,   0.839796772209      , -0.234843988588      , -0.489478990776
/ANG,    1,   -24.4882476303
/REPLO
/REPLOT,RESIZE
SAVE
FINISH
! 保存数据库
```

3.2 实例导航——修改输入模型

本节主要介绍通过对输入模型的修改来创建模型，这一操作是非常重要的。首先按照上节介绍的方法输入 IGES 文件：h_latch.iges。并用“h_latch”作为作业名。

01 偏移工作平面到给定位置。

❶从应用菜单中选择 Utility Menu：WorkPlane > Offset WP to > Keypoints +。

❷在 ANSYS 输入窗口选择底板右侧的内角点，单击“OK”按钮，如图 3-19 所示。

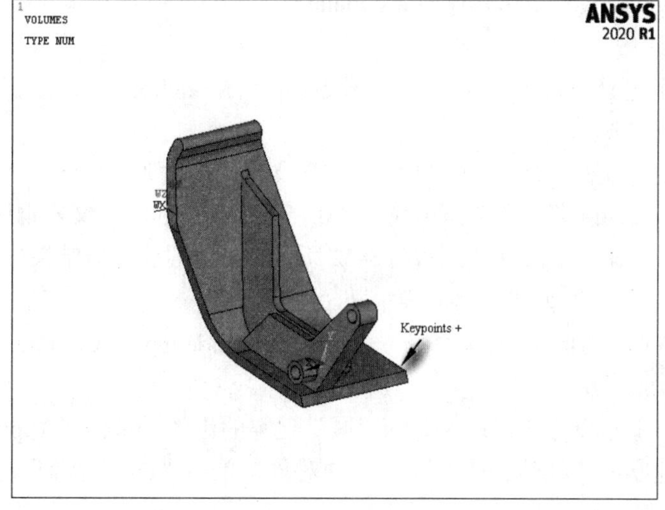

图 3-19 平移工作平面

02 旋转工作平面。

❶从应用菜单中选择 Utility Menu：WorkPlane > Offset WP by Increments。

❷弹出“Offset WP”选择对话框，如图 3-20 所示。在“XY,YZ,ZXAngles”文本框中输入“0,90,0”，单击“OK”按钮，旋转工作平面的结果如图 3-21 所示。

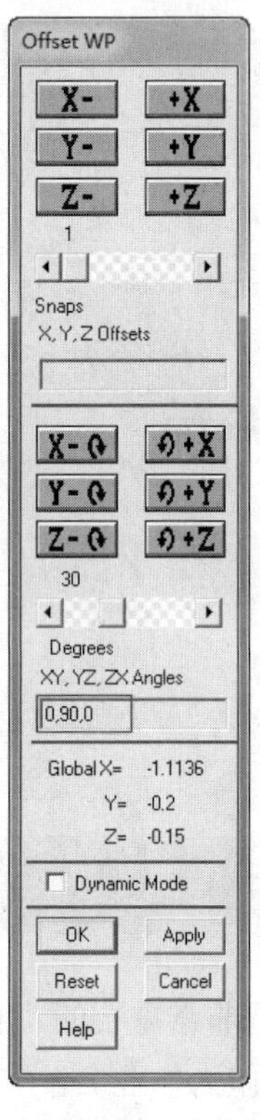

图 3-20 “Offset WP”选择对话框

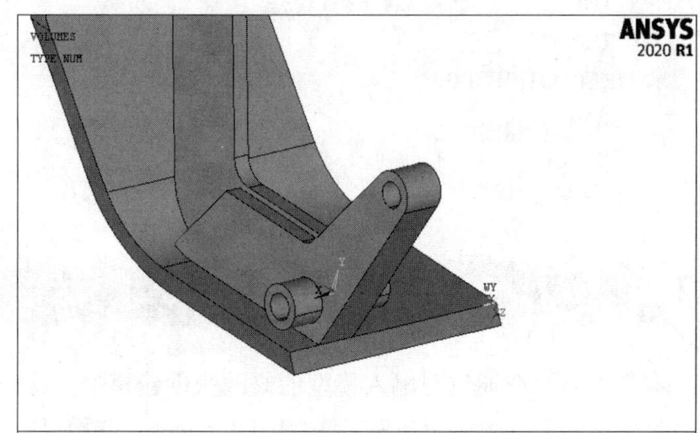

图 3-21 旋转工作平面的结果

03 将激活的坐标系设置为工作平面坐标系。从应用菜单中选择 Utility Menu：WorkPlane > Change Active CS to > Working Plane。

04 创建圆柱体。

❶从主菜单中选择 Main Menu：Preprocessor > Modeling > Create > Volumes > Cylinder > Solid Cylinder。

❷在“Solid Cylinder”对话框中的“WP X”文本框中输入“0.55”，“WP Y” 文本框中输入“0.55”，“Radius” 文本框中输入“0.15”， “Depth” 文本框中输入“0.3”，单击“OK”按钮，创建一个圆柱体，如图 3-22 所示。创建圆柱体的结果如图 3-23 所示。

05 从总体中“减”去圆柱体形成轴孔。

❶从主菜单中选择 Main Menu：Preprocessor > Modeling > Operate > Booleans > Subtract > Volumes。

❷在图形窗口中选择总体，作为布尔“减”运算的母体，单击“Apply”按钮。

❸选择刚刚建立的圆柱体作为“减”去的对象，单击“OK”按钮，体相减的结果如图 3-24 所示。

06 创建倒角面。

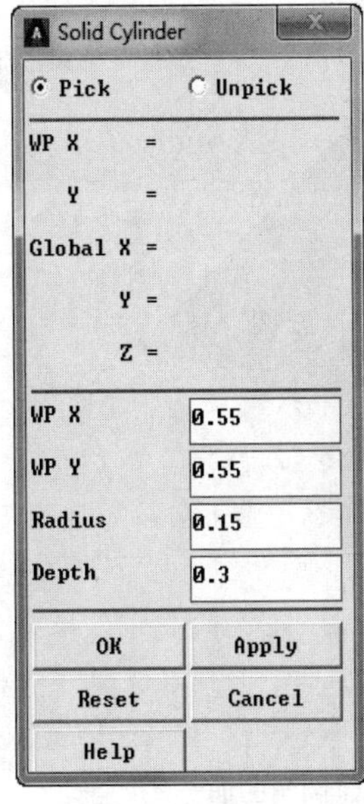

图 3-22 创建圆柱体

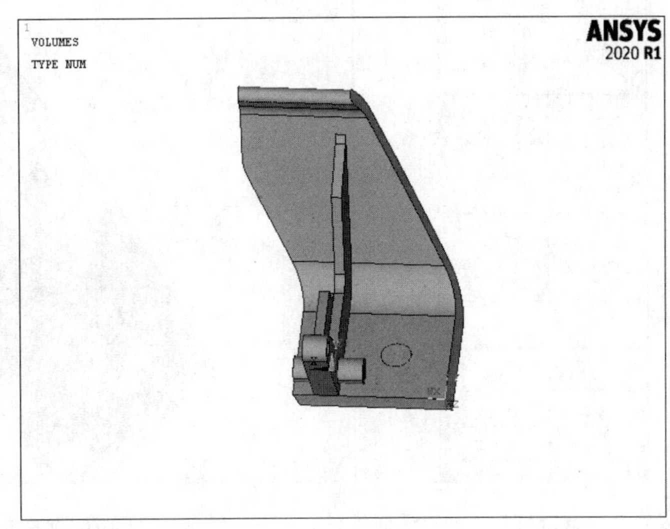

图 3-23 创建圆柱体的结果

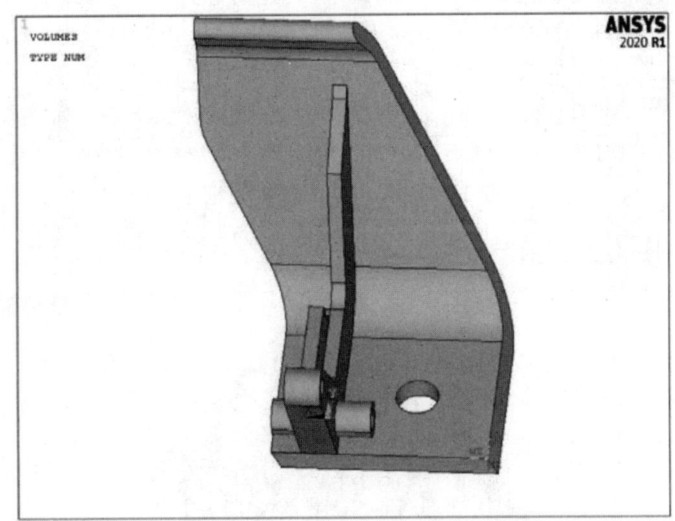

图 3-24 体相减的结果

❶从主菜单中选择 Main Menu：Preprocessor > Modeling > Create > Areas > Area Fillet。

❷弹出“Area Fillet”选择对话框，如图 3-25 所示。

❸在图形窗口中，选取图 3-26 所示加强肋的两个面作为要创建的倒角的面，单击“OK”按钮。

❹在“Area Fillet”对话框中的“Fillet radius”文本框中输入“0.1”，单击“OK”按钮，如图 3-27 所示。

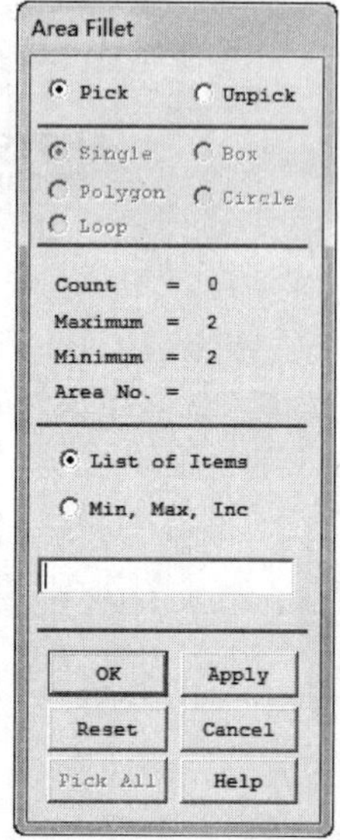

图 3-25 “Area Fillet”选择对话框

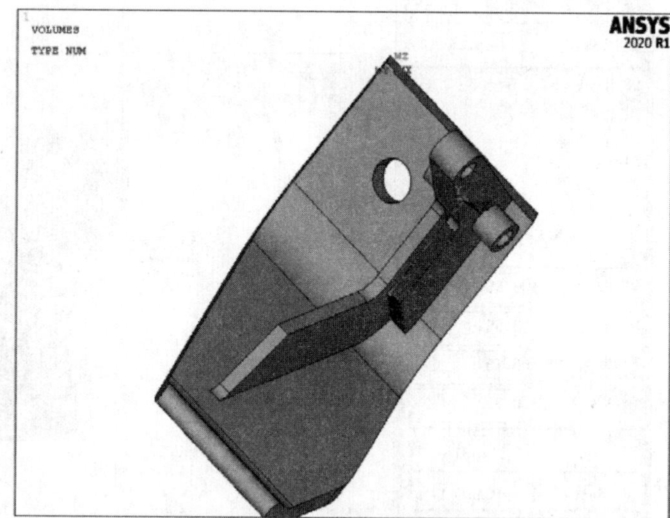

图 3-26 选择要创建倒角的面

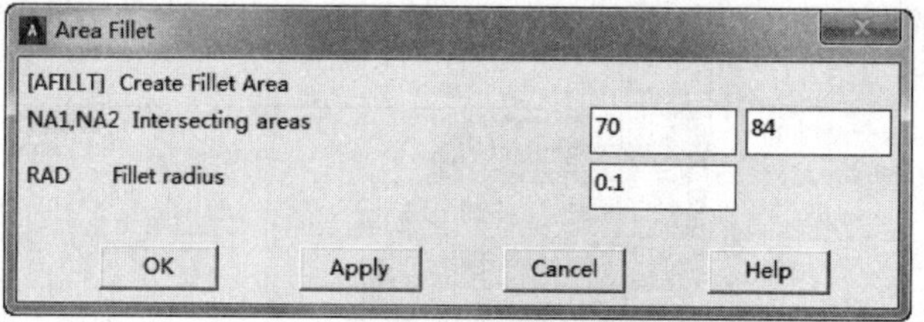

图 3-27 “Area Fillet”对话框

创建的倒角如图 3-28 所示。

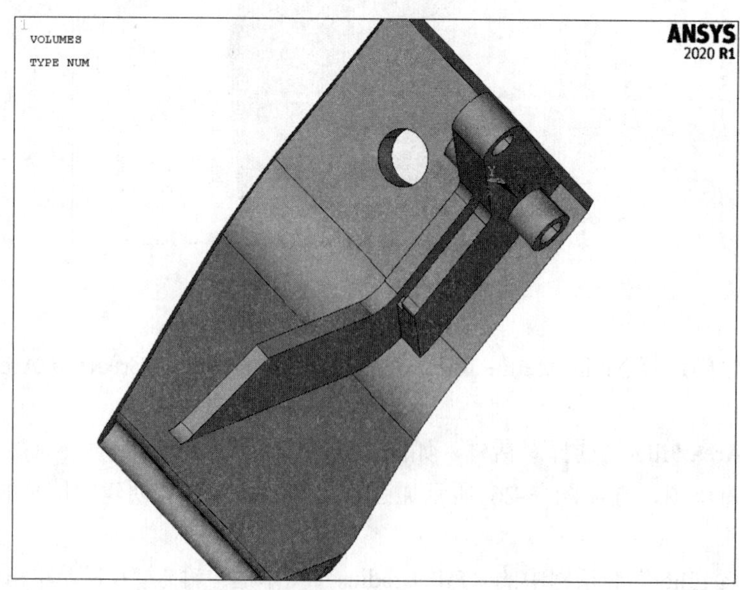

图 3-28 创建的倒角

本例操作的命令流如下：

```
KWPAVE,      247
！偏移工作平面到 247 点
wprot,0,90,0
！旋转工作平面
CSYS,4
！将激活的坐标系设置为工作平面坐标系
FINISH
/PREP7
CYL4,0.55,0.55,0.15, , , ,0.3
！创建圆柱体
VSBV,       1,       2
！从总体中“减”去圆柱体形成轴孔
AFILLT,84,70,0.1,
！创建倒角面
```

3.2.1 自顶向下建模实例

自顶向下的建立模型是指按照从体到面、从面到线、从线到点的顺序进行建模，因为线是由点构成，面是由线构成，而体是由面构成，所以称这个顺序为自顶向下建模。在建立模型的过程中，自顶向下并不是绝对的，有时也用到自底向上的方法。现在通过创建一个联轴体来介绍自顶向下建模的方法。需要创建的联轴体如图 3-29 所示。

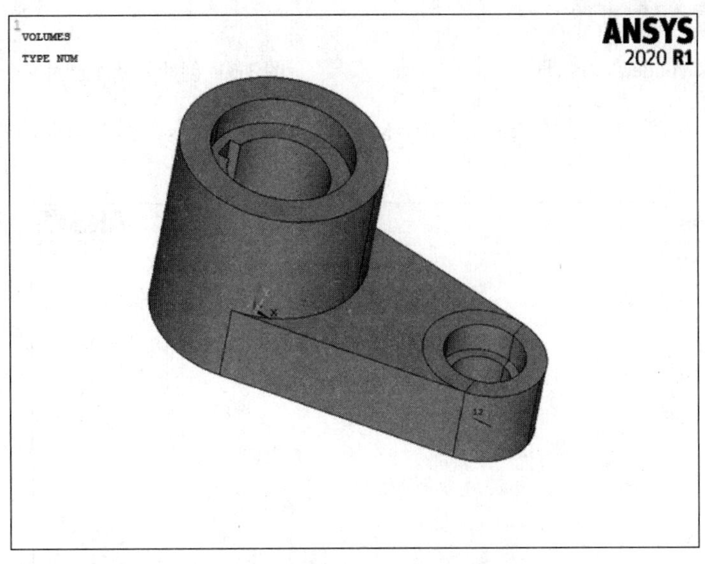

图 3-29 需要创建的联轴体

创建联轴体具体步骤如下：

首先进入 ANSYS 工作目录，选择 File > Change Jobname，将作业名改为“coupling”。

01 创建圆柱体。

❶从主菜单中选择 Main Menu：Preprocessor，进入前处理(/PREP7)。

❷从主菜单中选择 Main Menu：Preprocessor > Modeling > Create > Volumes > Cylinder > Solid Cylinder。

❸在弹出的“Solid Cylinder”对话框（见图 3-30）中的“WP　X”文本框中输入 0，“WP　Y”文本框中输入 0，“Radius” 文本框中输入 5，“Depth”文本框中输入 10，单击“Apply”按钮。

❹在“Solid Cylinder”对话框的“WP　X”文本框中输入“12”，“WP　Y”文本框中输入“0”，“Radius” 文本框中输入 3，“Depth”文本框中输入 4，单击“OK”按钮，创建的两个圆柱体如图 3-31 所示。

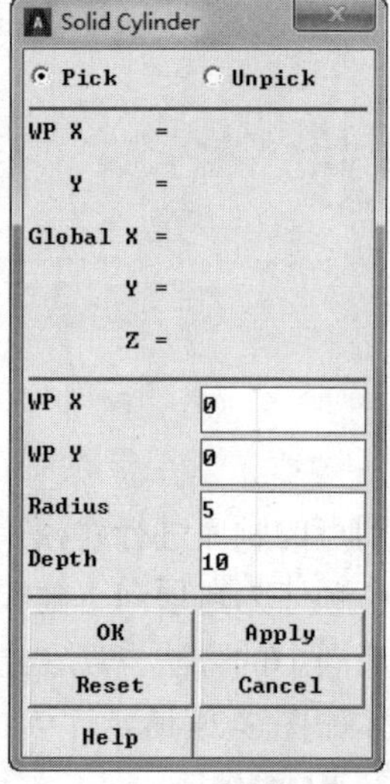

图 3-30 “Solid Cylinder”对话框

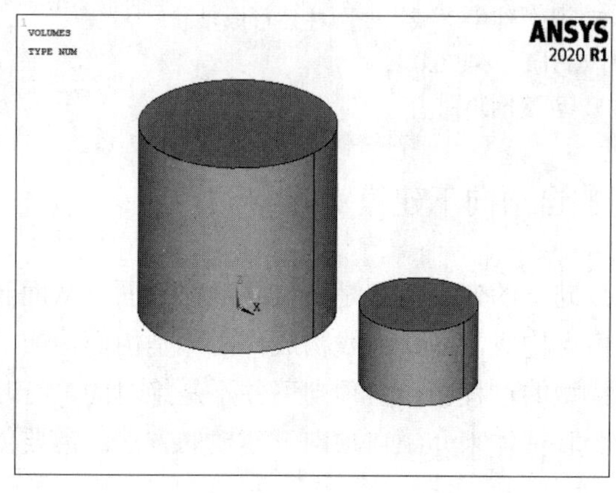

图 3-31 创建的两个圆柱体

❺显示线。从应用菜单中选择 Utility Menu：Plot > Lines，线显示结果如图 3-32 所示。

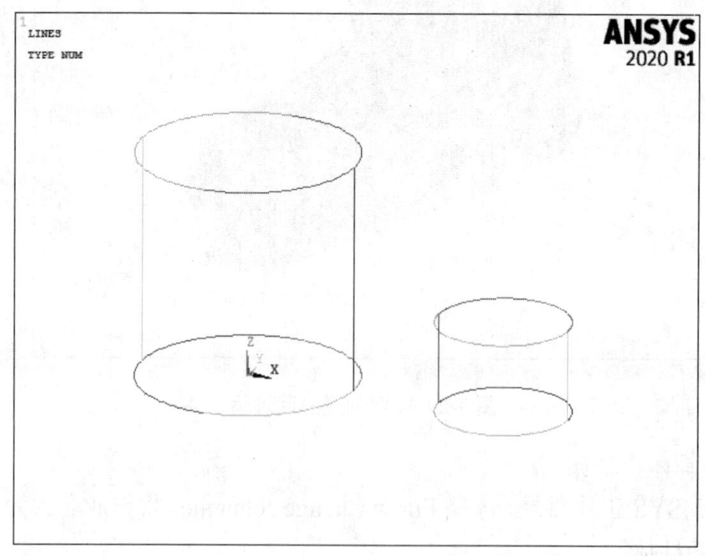

图 3-32 线显示结果

02 创建两个圆柱面相切的 4 个关键点。

❶创建局部坐标系。

①从应用菜单中选择 Utility Menu：WorkPlane > Local Coordinate Systems > Create Local CS > At Specified Loc +。

②在弹出的“Create CS at Location”选择对话框（见 3-33）中的“Global Cartesian”文本框中输入“0,0,0”然后单击“OK”按钮，弹出“Create Local CS at Specified Location”对话框，如图 3-34 所示。

③在“Ref number of new coord sys”文本框中输入 11，在“Type of coordinate system”下拉列表中选择“Cylindrical 1”，在“Origin of coord system”文本框中分别输入“0”“0”“0”，单击“OK”按钮。

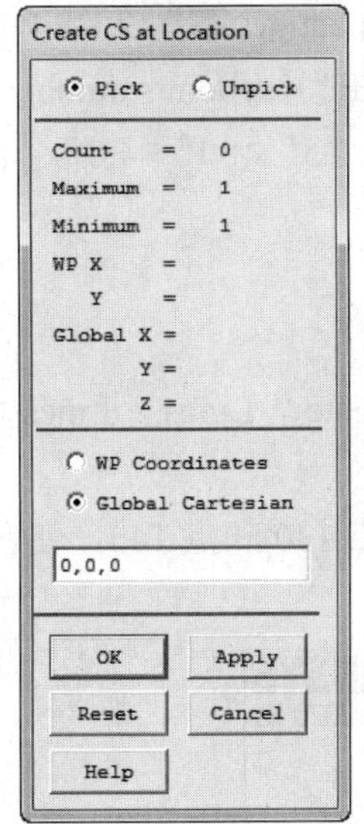

图 3-33 “Create CS at Location 选择”对话框

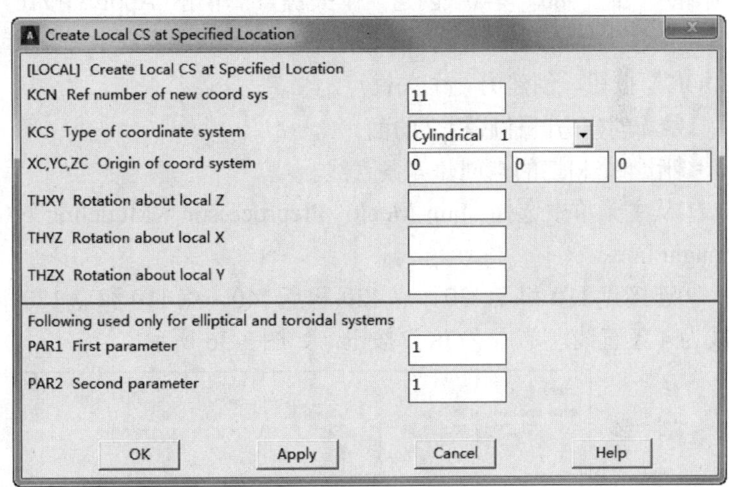

图 3-34 “Create Local CS at Specified Location”对话框

❷创建两圆柱面相切的 4 个关键点。

①从主菜单中选择 Main Menu：Preprocessor > Modeling > Create > Keypoints > In Active CS。

②在“Keypoints number”文本框中输入 110，在“Location in active CS”文本框中分别输入“5”“-80.4”“0”，创建一个关键点，如图 3-35 所示，单击“Apply”按钮，在“Keypoints number”文本框中输入 120，在“Location in active CS”文本框中分别输入“5”“-80.4”“0”，单击“OK”按钮，创建另一个关键点。

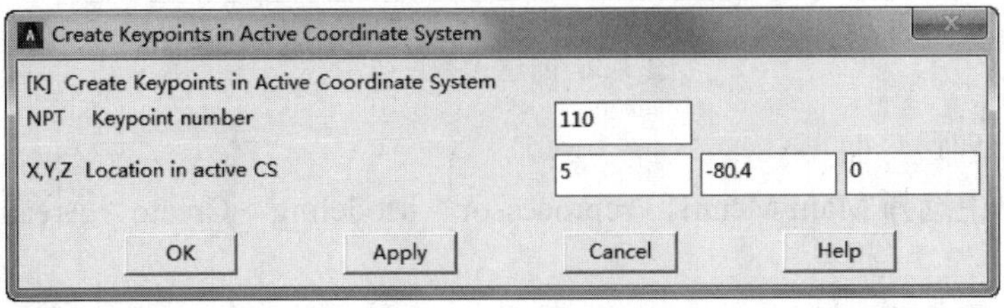

Create Keypoints in Active Coordinate System
[K] Create Keypoints in Active Coordinate System
NPT Keypoint number 110
X,Y,Z Location in active CS 5 -80.4 0
OK Apply Cancel Help

图 3-35 创建关键点

❸创建局部坐标系。

①从应用菜单中选择 Utility Menu：WorkPlane > Local Coordinate Systems > Create Local CS > At Specified Loc +。

②在“Global Cartesian”文本框中输入“12,0,0”然后单击“OK”按钮，弹出“Create Local CS At Specified Location”对话框。

③在“Ref number of new coord sys”文本框中输入 12，在“Type of coordinate system”下拉列表中选择“Cylindrical 1”，在“Origin of coord system”文本框中分别输入“12”“0”“0”，单击“OK”按钮。

④从主菜单中选择 Main Menu：Preprocessor > Modeling > Create > Keypoints > In Active CS。

⑤在“Keypoints number”文本框中输入 130，在“Location in active CS”文本框中分别输入“5”“-80”“4,0”创建一个关键点；单击“Apply”按钮，在“Keypoints number”文本框中输入 140，在“Location in active CS”文本框中分别输入“5”“80”“4,0”，单击“OK”按钮，创建另一个关键点。

03 创建与圆柱底相交的面。

❶用 4 个相切的点创建 4 条直线。

①从主菜单中选择 Main Menu：Preprocessor > Modeling > Create > Lines > Lines > Strainght lines。

②连接点 110 和点 130、点 120 和点 140、点 110 和点 120、点 130 和点 140，使它们成为 4 条直线，单击“OK”按钮，如图 3-36 所示。

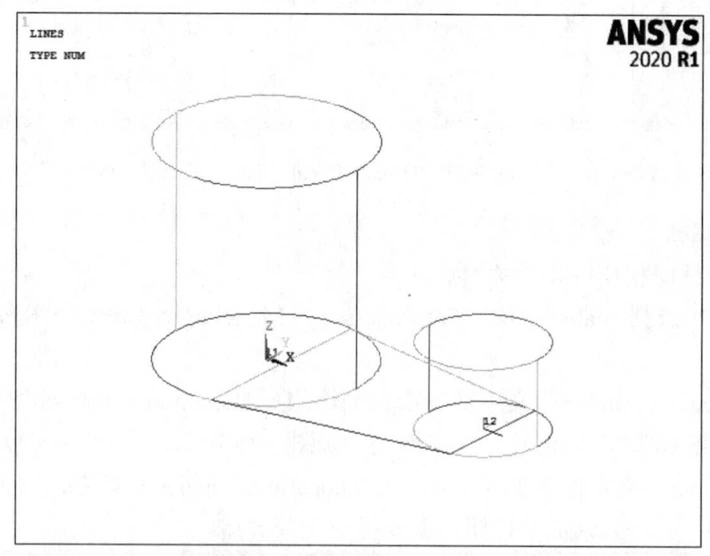

图 3-36 创建 4 条直线

❷创建一个四边形面。

①从主菜单中选择 Main Menu：Preprocessor > Modeling > Create > Areas > Arbitrary > By Lines。

②依次选择刚刚建立的 4 条直线，单击“OK”按钮，如图 3-37 所示。

创建的四边形面如图 3-38 所示。

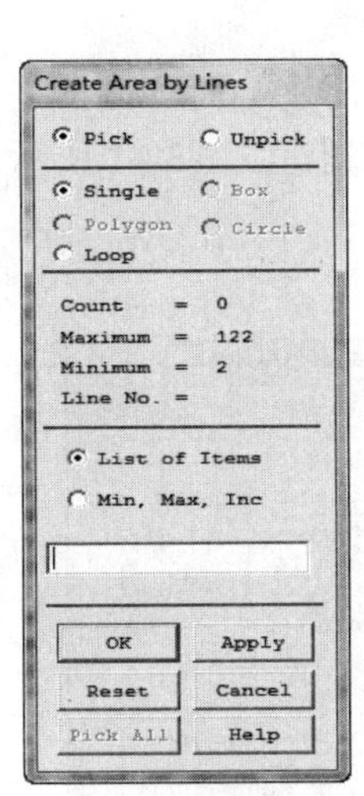

图 3-37 选择直线创建面

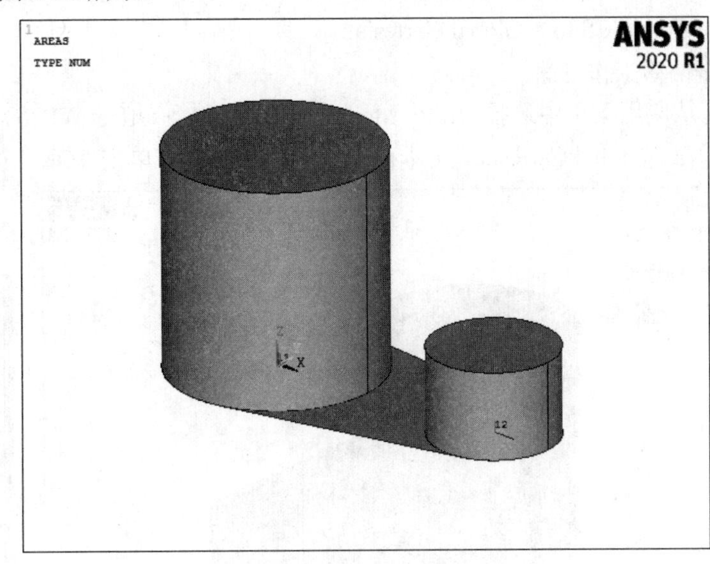

图 3-38 创建的四边形面

04 沿面的法向拖拉面形成一个四棱柱。

❶从主菜单中选择 Main Menu：Preprocessor > Modeling > Operate > Extrude > Areas > Along Normal。

❷在图形窗口中选择四边形面，单击“OK”按钮，如图 3-39 所示。

❸这时弹出“Extrude Area along Normal”对话框，如图 3-40 所示。市值“DIST”为-4，厚度的方向是向圆柱所在的方向，单击“OK”按钮。

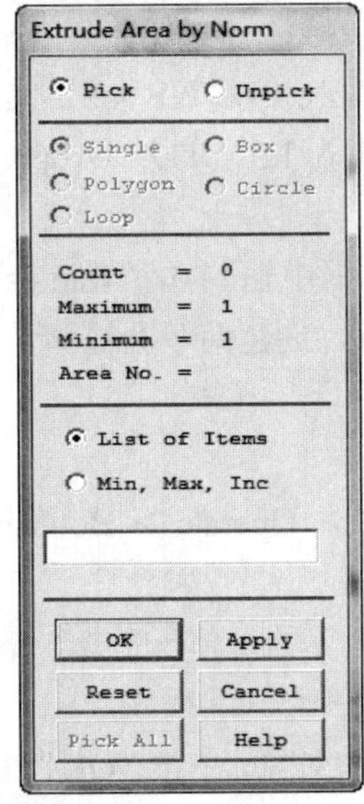

图 3-39 选择面创建体

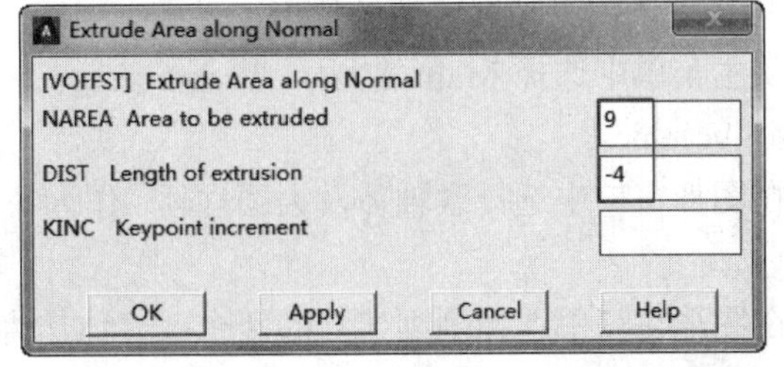

图 3-40 “Extrude Area along Normal”对话框

创建的四棱柱如图 3-41 所示。

05 创建轴孔。

❶将坐标系转到全局直角坐标系下。从应用菜单中选择 Utility Menu：WorkPlane > Change Active CS to > Global Cartesian。

❷偏移工作平面。

①从应用菜单中选择 Utility Menu：WorkPlane > Offset WP to > XYZ Locations + 。

②在“Global Cartesian”文本框中输入“0,0,8.5”，单击“OK”按钮，如图 3-42 所示。

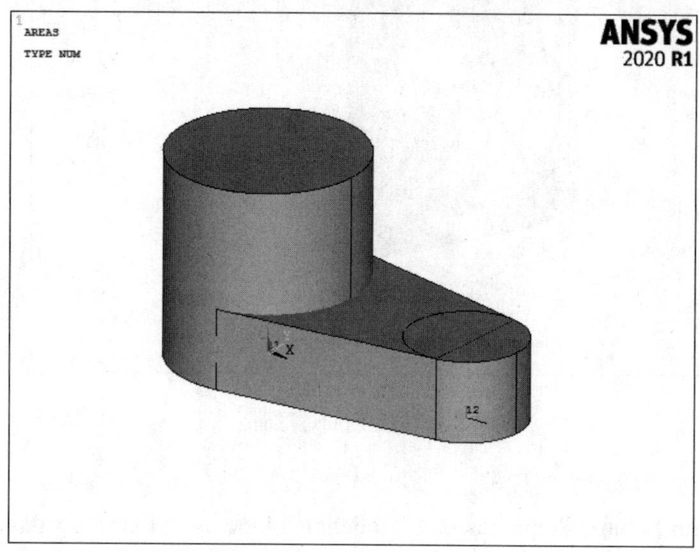

图 3-41 创建的四棱柱

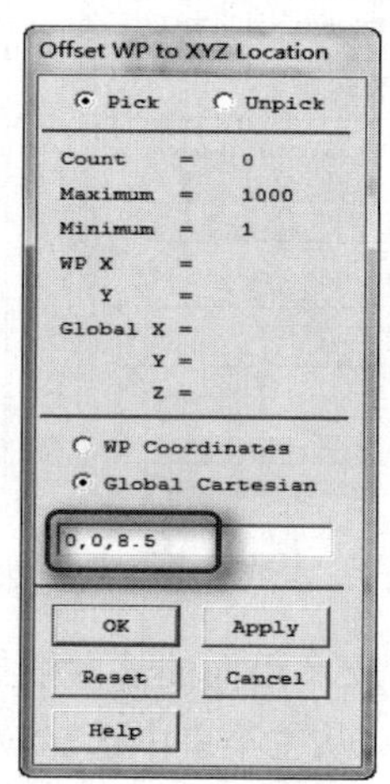

图 3-42 偏移工作平面

❸创建圆柱体。

①从主菜单中选择 Main Menu：Preprocessor > Modeling > Create > Volumes > Cylinder > Solid Cylinder。

②在“Solid Cylinder”对话框中的“WP X”文本框中输入 0，“WP Y”文本框中输入 0，“Radius”文本框中输入 3.5， “Depth”文本框中输入 1.5，单击“Apply”按钮。

③在“WP X”文本框中 WP X 输入 0，“WP Y”文本框中输入 0，“Radius”文本框中输入 2.5，“Depth”文本框中输入-8.5，单击“OK”按钮，创建两个圆柱体，如图 3-43 所示。

❹从联轴体中“减”去圆柱体形成轴孔。

①从主菜单中选择 Main Menu：Preprocessor > Modeling > Operate > Booleans > Subtract > Volumes。

②在图形窗口中选择联轴体及大圆柱体，作为布尔“减”运算的母体，单击“Apply”按钮。

③在图形窗口中选择刚刚建立的两个圆柱体作为“减”去的对象，单击“OK”按钮，创建轴孔，如图 3-44 所示。

❺偏移工作平面。

①从应用菜单中选择 Utility Menu：WorkPlane > Offset WP to > XYZ Locations + 。

②在“Global Cartesion”文本框中输入“0,0,0”，单击“OK”按钮。

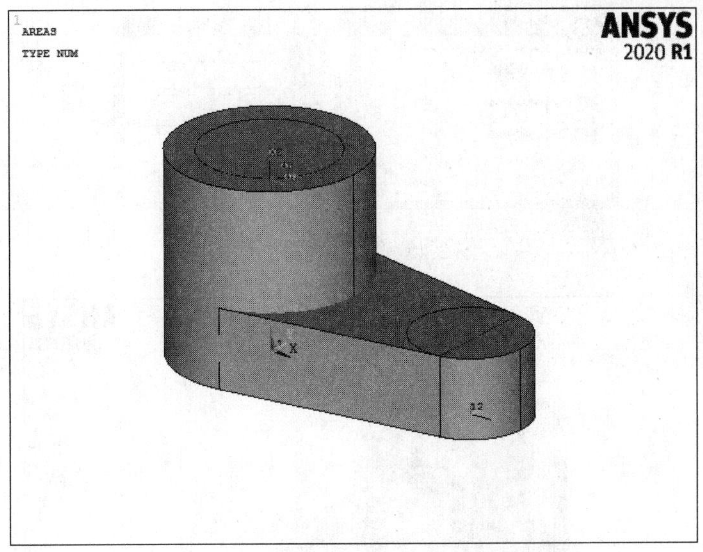

图 3-43 创建两个圆柱体

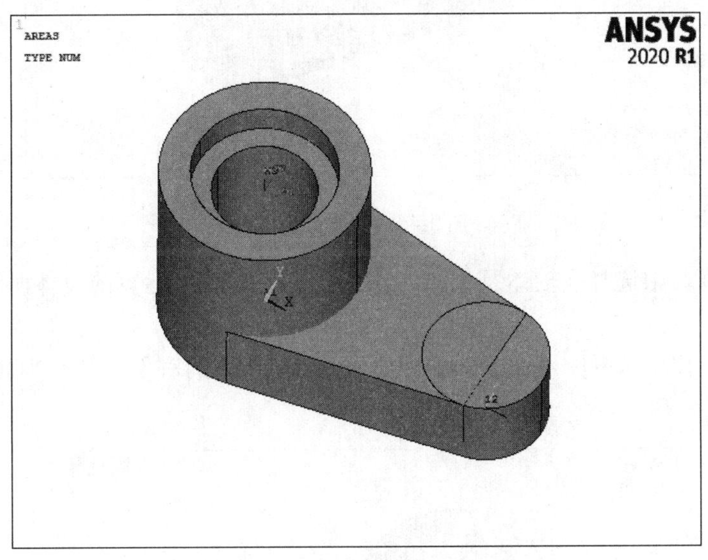

图 3-44 创建轴孔

❻生成长方体。

①从主菜单中选择 Main Menu: Preprocessor > Modeling > Create > Volumes > Block > By Dimensions。

②在文本框中分别输入 X1 为 0、X2 为-3、Y1 为-0.6、Y2 为 0.6、Z1 为 0、Z2 为 8.5，如图 3-45 所示。单击“OK”按钮，创建的长方体如图 3-46 所示。

❼从联轴体中再“减”去长方体形成完全的轴孔。

①从主菜单中选择 Main Menu：Preprocessor > Modeling > Operate > Booleans > Subtract > Volumes。

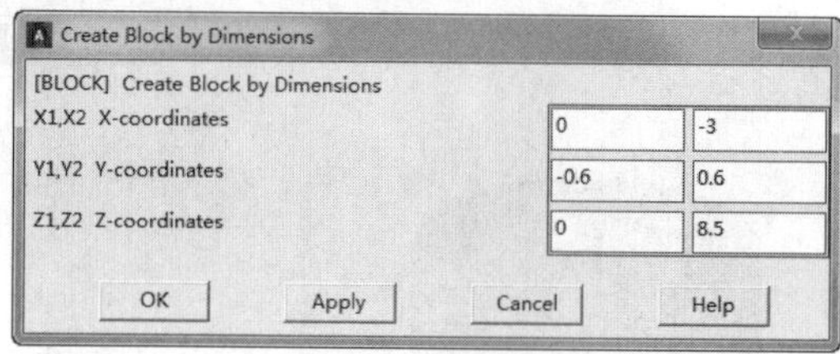

图 3-45 设置长方体参数

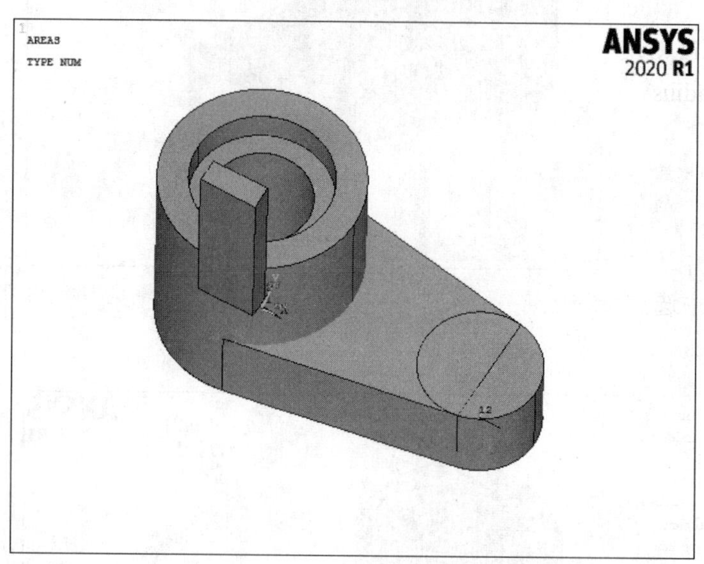

图 3-46 创建的长方体

②在图形窗口中选择联轴体及大圆柱体，作为布尔“减”运算的母体，单击“Apply”按钮。

③在图形窗口中选择刚刚建立的长方体作为“减”去的对象，单击“OK”按钮，如图 3-47 所示。

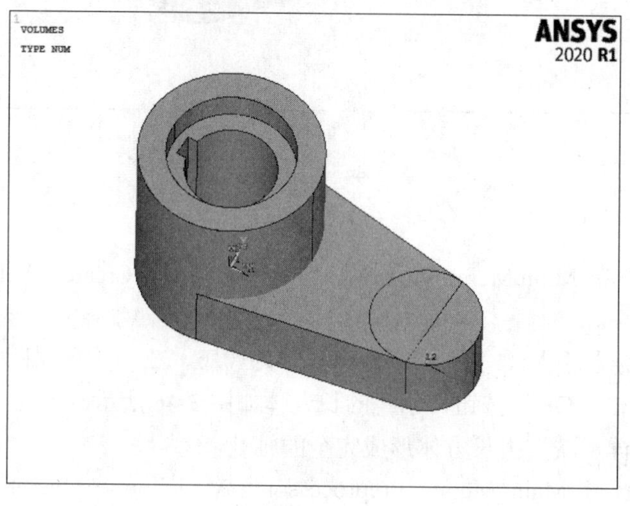

图 3-47 创建完全的轴孔

06 形成另一个轴孔。

❶偏移工作平面。

①从应用菜单中选择 Utility Menu：WorkPlane > Offset WP to > XYZ Locations + 。

②在“Global Cartesian”文本框中输入“12,0,2.5”，单击“OK”按钮。

❷创建圆柱体。

①从主菜单中选择 Main Menu：Preprocessor > Modeling > Create > Volumes > Cylinder > Solid Cylinder。

②弹出“Solid Cylinder”对话框。在“WP X”文本框中输入 0，“WP Y”文本框中输入 0，“Radius”文本框中输入 2，“Depth”文本框中输入 1.5，单击“Apply”按钮。

③在“WP X”文本框中输入 0，“WP Y”文本框中输入 0，“Radius”文本框中输入 1.5，“Depth”文本框中输入-2.5，单击“OK”按钮，创建两个圆柱体。

❸从联轴体中“减”去圆柱体形成轴孔。

①从主菜单中选择 Main Menu：Preprocessor > Modeling > Operate > Booleans > Subtract > Volumes 。

②选择联轴体，作为布尔“减”运算的母体，单击“Apply”按钮。

③选择刚建立的两个圆柱体作为“减”去对象，单击“OK”按钮，创建轴孔，如图 3-48 所示。

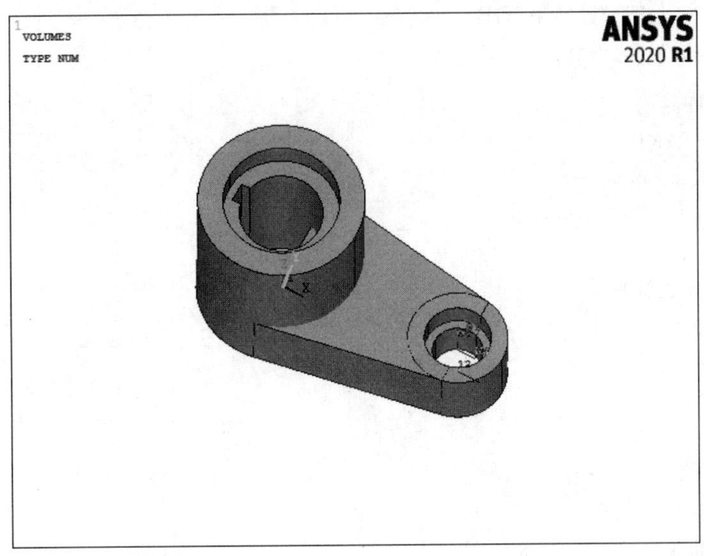

图 3-48 创建轴孔

07 连接所有体。

❶从主菜单中选择 Main Menu：Preprocessor > Modeling > Operate > Booleans > Add > Volumes。

❷在弹出的对话框中单击“Pick All”按钮。

❸弹出体号显示开关并画体。

①从应用菜单中选择 Utility Menu：PlotCtrls > Numbering。

②设置“Volume numbles”选项为“On”，单击“OK”按钮，体显示结果如图3-49所示。

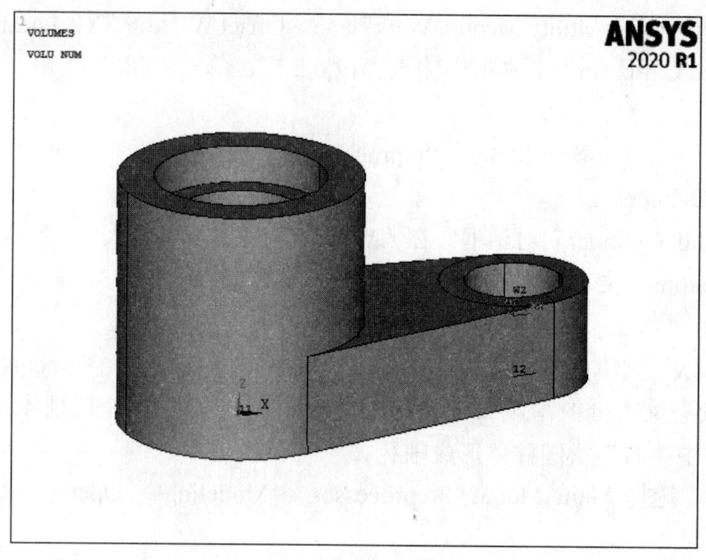

图3-49 体显示的结果

08 保存并退出ANSYS。

❶选择工具栏上的“SAVE_DB”。

❷选择工具栏上的“QUIT”。

本例操作的命令流如下：

```
/CLEAR,START
/FILNAME,coupling,0
！将“coupling”作为jobname
/PREP7
CYL4,0,0,5, , , ,10
CYL4,12,0,3, , , ,4
！创建圆柱体
LPLOT
！显示线
LOCAL,11,1,0,0,0, , , ,1,1,
！创建局部坐标系
K,110,5,-80.4,0,
K,120,5,80.4,0,
！建立左圆柱面相切的两个关键点
LOCAL,12,1,12,0,0, , , ,1,1,
！创建局部坐标系
K,130,3,-80.4,0,
K,140,3,80.4,0,
！建立右圆柱面相切的两个关键点
LSTR,       110,       130
```

```
LSTR,      120,      140
LSTR,      130,      140
LSTR,      120,      110
！用四个相切的点创建 4 条直线
FLST,2,4,4
FITEM,2,24
FITEM,2,21
FITEM,2,23
FITEM,2,22
AL,P51X
！创建一个四边形面
VOFFST,9,4, ,
！沿面的法向拖拉面形成一个四棱柱,厚度为 4
CSYS,0
！将坐标系转到全局直角坐标系下
FLST,2,1,8
FITEM,2,0,0,8.5
WPAVE,P51X
!偏移工作平面
CYL4,0,0,3.5, , , ,1.5
CYL4,0,0,2.5, , , ,-8.5
!创建两个圆柱体
FLST,2,2,6,ORDE,2
FITEM,2,1
FITEM,2,3
FLST,3,2,6,ORDE,2
FITEM,3,4
FITEM,3,-5
VSBV,P51X,P51X
！从联轴体中“减”去圆柱体形成轴孔
FLST,2,1,8
FITEM,2,0,0,0
WPAVE,P51X
！偏移工作平面
BLOCK,0,-3,-0.6,0.6,0,8.5,
！生成长方体
VSBV,      7,      1
！从联轴体中再“减”去长方体形成完全的轴孔
FLST,2,1,8
FITEM,2,12,0,2.5
WPAVE,P51X
！偏移工作平面
CYL4,0,0,2, , , ,1.5
CYL4,0,0,1.5, , , ,-2.5
```

```
!创建两个圆柱体
FLST,2,2,6,ORDE,2
FITEM,2,2
FITEM,2,6
FLST,3,2,6,ORDE,2
FITEM,3,1
FITEM,3,4
VSBV,P51X,P51X
! 从联轴体中“减”去圆柱体形成轴孔
FLST,2,3,6,ORDE,3
FITEM,2,3
FITEM,2,5
FITEM,2,7
VADD,P51X
! 连接所有体
SAVE
FINISH
! 保存并退出 ANSYS
```

3.2.2 自底向上建模实例

自底向上建模与自顶向下建模正好相反，是按照从点到线，从线到面，从面到体的顺序建立模型，因为线是由点构成，面是由线构成，而体是由面构成，所以称这个顺序为自底向上建模。在建立模型的过程中，自底向上并不是绝对的，有时也用到自顶向下的方法。现在通过建立一个平面体来介绍自底向上建模的方法。

01 修改工作目录。进入 ANSYS 工作目录，按照前面讲过的方法，将 “spacer” 作为“jobname”。

02 创建两个圆面。

①从主菜单中选择 Main Menu：Preprocessor > Modeling > Create > Areas > Circle > By Dimensions ...。

②弹出“Circular Area by Dimensions”对话框，如图 3-50 所示。设置“RAD1” = 10，“RAD2” = 6，“THETA1” = 0，“THETA2” = 180，单击“OK”按钮。

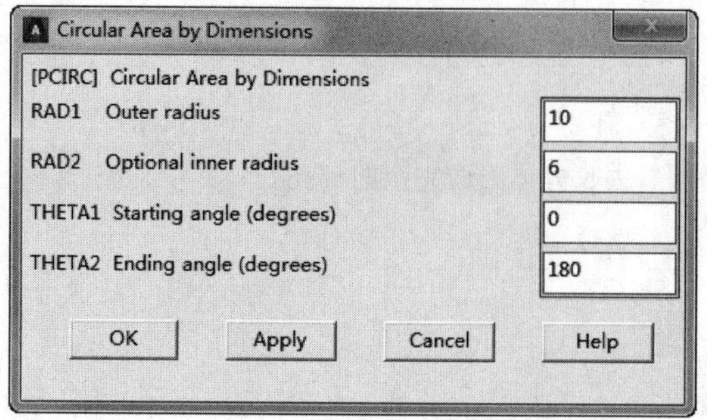

图 3-50 “Circular Area by Dimensions”对话框

创建如图3-51所示的圆面结果。

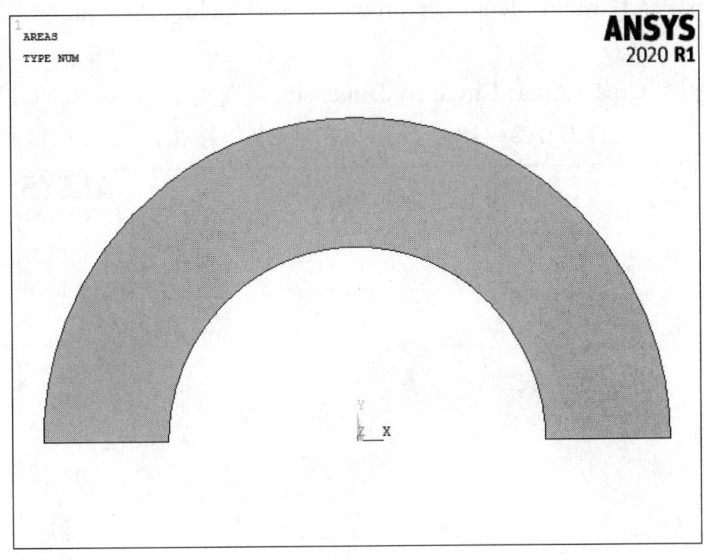

图3-51 创建圆面的结果

03 建立另外两个圆面。

❶偏移工作平面到给定位置。

①从应用菜单中选择Utility Menu：WorkPlane > Offset WP to > XYZ Locations +。

②弹出“Offset WP to XYZ Location”选择对话框，如图3-52所示。在文本框中输入“16,0,0”，单击“OK”按钮。

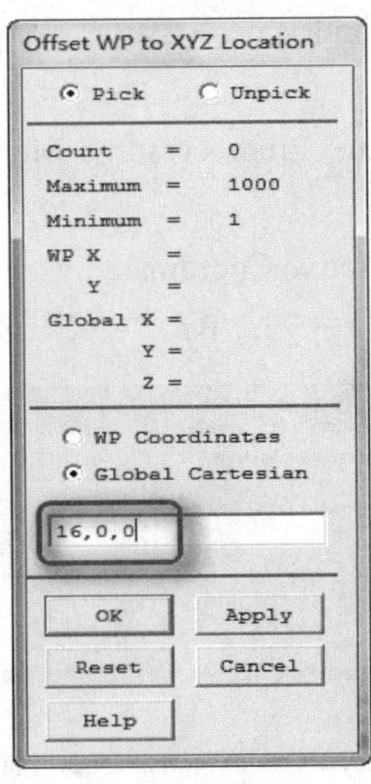

图3-52 “Offset WP to XYZ Location”对话框

❷将激活的坐标系设置为工作平面坐标系。从应用菜单中选择Utility Menu：WorkPlane > Change Active CS to > Working Plane。

❸创建另两个圆面。

①从主菜单中选择 Main Menu：Preprocessor > Modeling > Create > Areas > Circle > By Dimensions ...。

②这时会弹出“Create Areas Circle By Dimensions”对话框。设置“RAD1”= 5，“RAD2” = 3，“THETA1” = 0，THETA2 = 180，然后单击“OK”按钮，如图 3-53 所示。

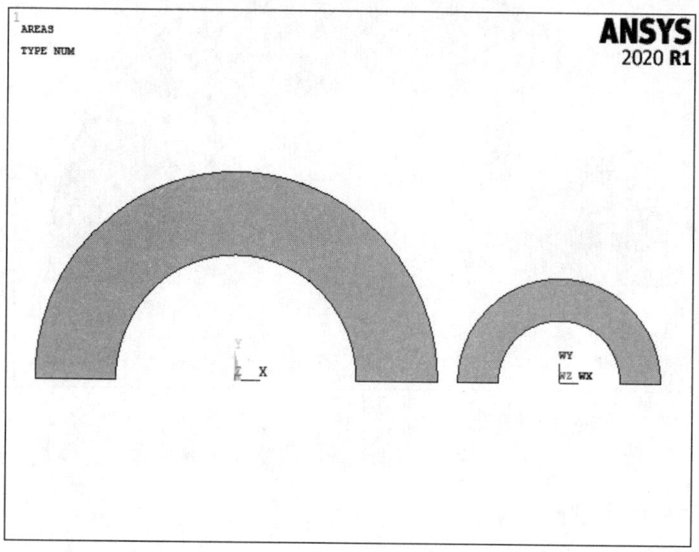

图 3-53 创建另两个圆面

04 创建两圆面的切线。

❶将激活的坐标系设置为总体柱坐标系。从应用菜单中选择 Utility Menu：WorkPlane > Change Active CS to > Global Cylindrical

❷定义一个新的关键点

①从主菜单中选择 Main Menu：Preprocessor > Modeling > Create > Keypoints > In Active CS ...。

②弹出“Create Keypoints in Active Coordinate System”对话框，如图 3-54 所示。设置“NPT”为 110，“X” =10，“Y” =73，单击“OK”按钮。

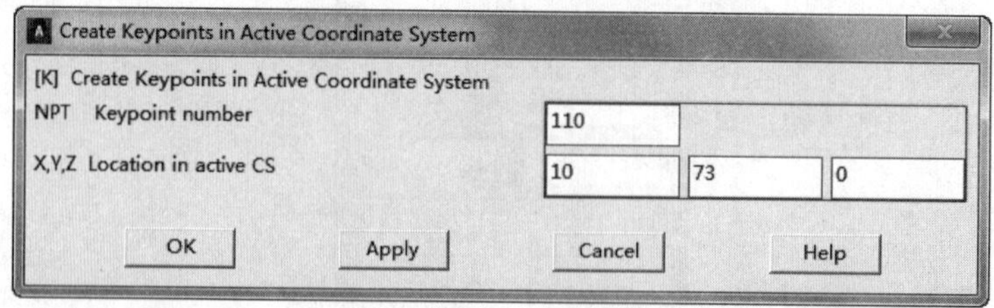

图 3-54 “Create Keypoints in Active Coordinate System”对话框

❸创建局部坐标系。

①从应用菜单中选择 Utility Menu：WorkPlane > Local Coordinate Systems > Create Local CS > At Specified Loc +。

②弹出“Create CS at Location”选择对话框，在“Global Cartesian”文本框中输入16,0,0，然后单击“OK”按钮，弹出“Create Local CS At Specified Location”对话框。

③在“Ref number of new coord sys”文本框中输入11，在“Type of coordinate system”下拉列表中选择“Cylindrical 1”，在“Origin of coord system”文本框中分别输入“16”“0”“0”，单击“OK”按钮，如图3-55所示。

❹定义另一个新的关键点。

①从主菜单中选择Main Menu：Preprocessor > Modeling > Create > Keypoints > In Active CS ...。

②弹出“Create Keypoints”对话框，设置“NPT”为120，“X”=5，“Y”=73，单击“OK”按钮。

❺将激活的坐标系设置为总体笛卡儿坐标系。从应用菜单中选择Utility Menu：WorkPlane > ChangeActive CS to > Global Cartesian。

❻在刚刚建立的关键点（110和120）之间创建直线。

①从主菜单中选择Main Menu：Preprocessor > Modeling > Create > Lines > Lines > Straight Line。

②在选择窗口中输入如图3-56所示的两个关键点的点号，然后单击“OK”按钮。

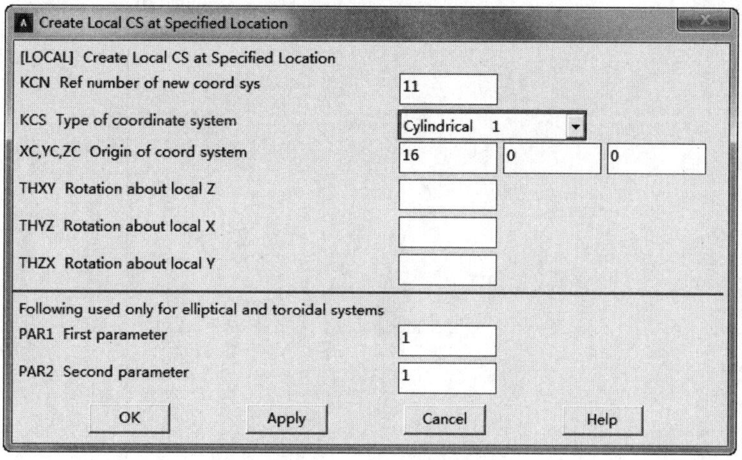

图3-55 创建局部坐标系

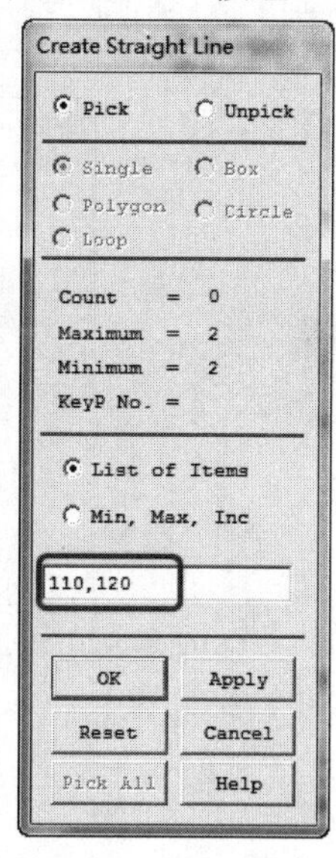

图3-56 创建直线

❼显示线。从应用菜单中选择Utility Menu： Plot > Lines。

创建切线的结果如图3-57所示。

05 创建两圆柱面之间的连接面。

❶将激活的坐标系设置为总体柱坐标系。从应用菜单中选择Utility Menu：WorkPlane > Change Active CS to > Global Cylindrical。

❷创建直线。

①从主菜单中选择Main Menu：Preprocessor > Modeling > Create > Lines > Lines > In Active Coord。

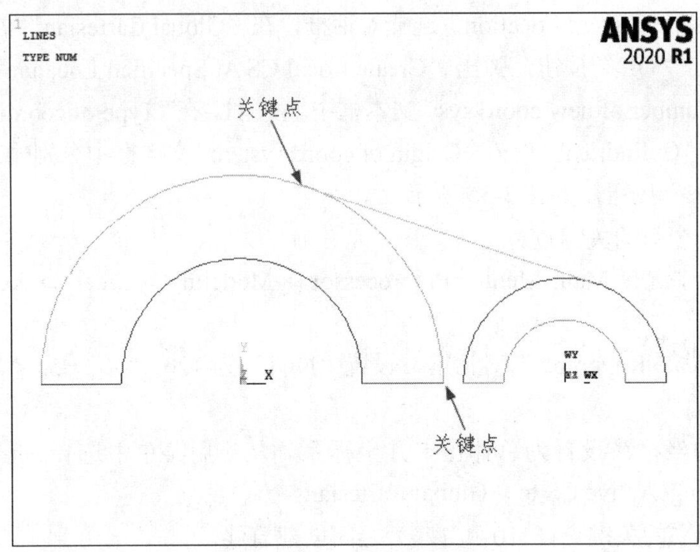

图 3-57 创建切线的结果

②选择如图 3-57 中大圆小段圆弧上的两个关键点，然后单击“OK”按钮，如图 3-58 所示。

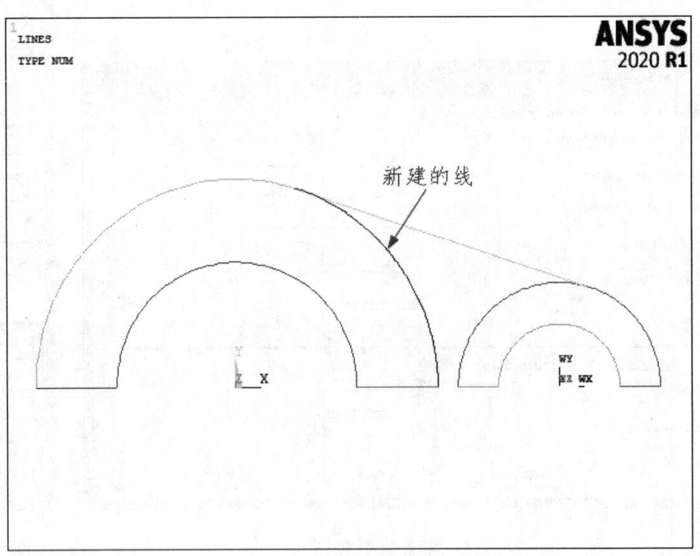

图 3-58 创建线

❸将激活的坐标系设置为局部柱面坐标系。

①从应用菜单中选择 Utility Menu：WorkPlane > Change Active CS to > Specified Coord Sys。

②在“Coordinate system number ”文本框中输入坐标系编号 11，单击“OK”按钮，如图 3-59 所示。

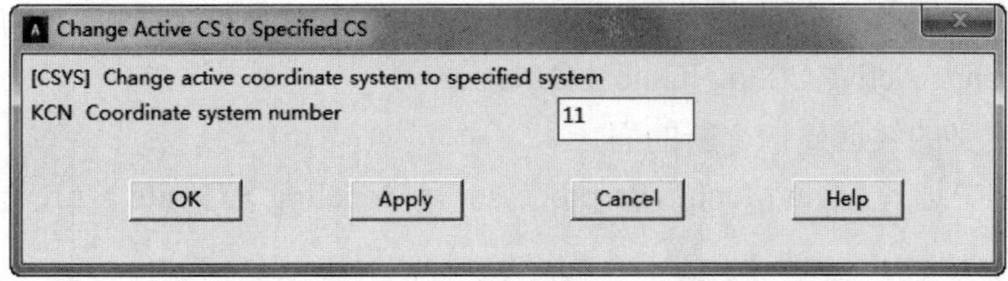

图 3-59 激活局部坐标系

❹在局部柱面坐标系中创建圆弧线。

①从主菜单中选择 Main Menu：Preprocessor > Modeling > Create > Lines > Lines > In Active Coord。

②选择如图 3-60 所示的关键点 6 和 120，关键点 1 和关键 6，然后单击“OK”按钮，结果如图 3-61 所示。

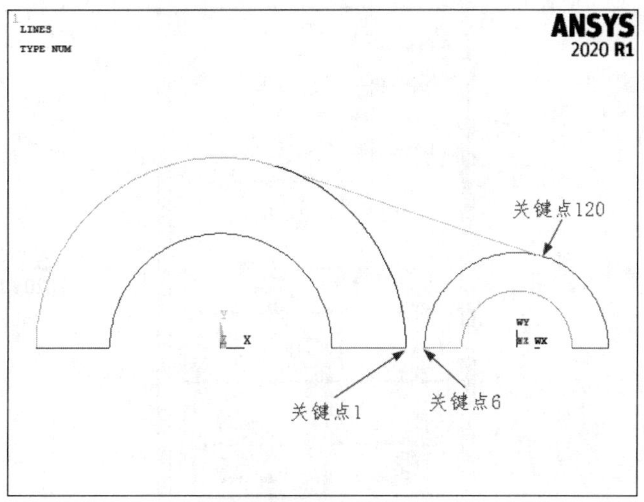

图 3-60 选择关键点线

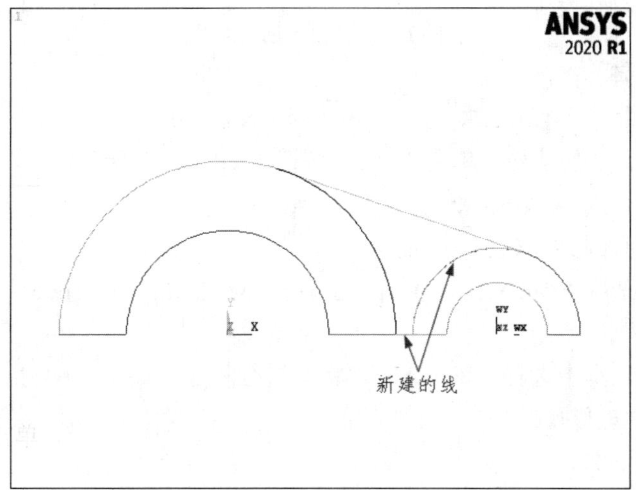

图 3-61 创建线的结果

❺将激活的坐标系设置为总体笛卡儿坐标系。从应用菜单中选择 Utility Menu：WorkPlane > Change Active CS to > Global Cartesian。

❻由前面定义的线创建一个新的面。

①从主菜单中选择 Main Menu：Preprocessor > Modeling > Create > Areas > Arbitrary > By Lines。

②选择刚刚建立的 4 条线，如图 3-62 所示，然后单击“OK”按钮。

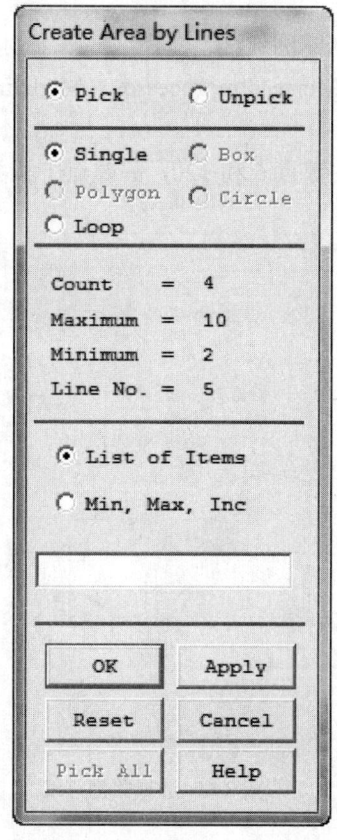

图 3-62 选择用于创建面的线

❼弹出面的编号并画面。

①从应用菜单中选择 Utility Menu：PlotCtrls > Numbering。

②弹出点、线、面的编号，单击“OK”按钮，如图 3-63 所示。

❽从应用菜单中选择 Utility Menu：Plot > Areas。

06 把所有面加起来形成一个面。

❶从主菜单中选择 Main Menu：Preprocessor > Modeling > Operate > Booleans > Add > Areas。

❷在弹出的对话框中选择“Pick All”，将面进行相加，如图 3-64 所示。

07 形成一个矩形孔。

❶创建一个矩形面。

①从应用菜单中选择 Utility Menu：WorkPlane > Offset WP to > Global Origin。

②从主菜单中选择 Main Menu：Preprocessor > Modeling > Create > Areas > Rectangle

> By Dimensions ...。

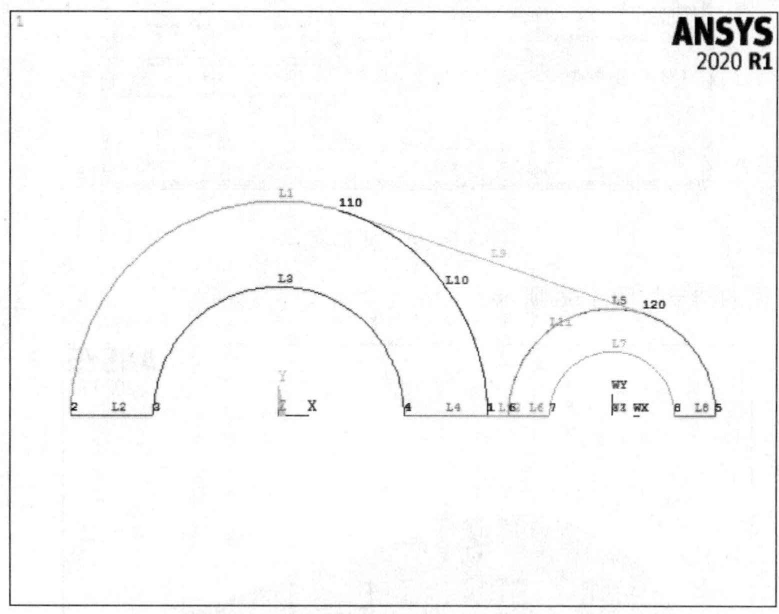

图 3-63 打开点、线、面的编号

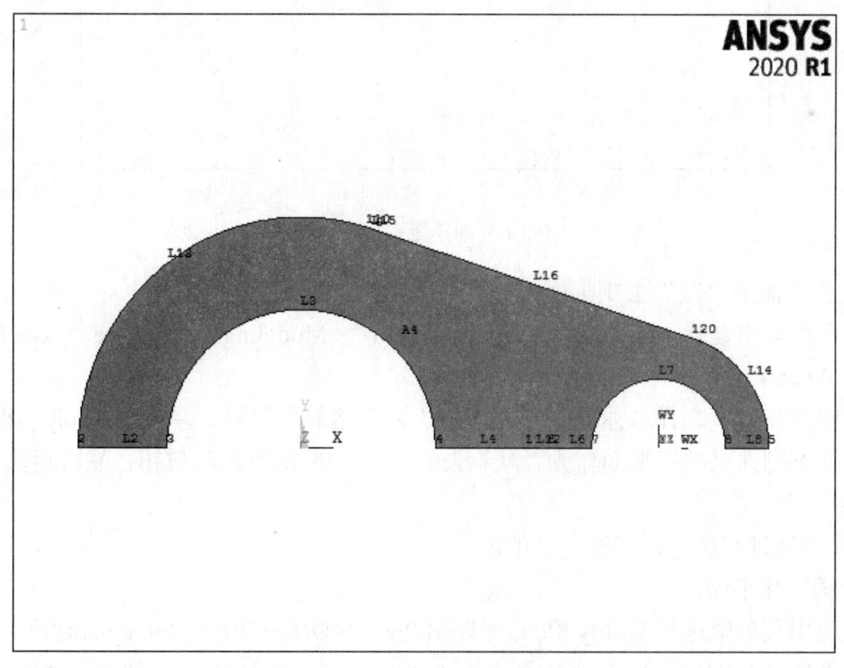

图 3-64 将面相加的结果

③在弹出的对话框中设置 X1 = -2，X2 = 2，Y1 = 0，Y2 = 8，单击“OK”按钮，如图 3-65 所示。

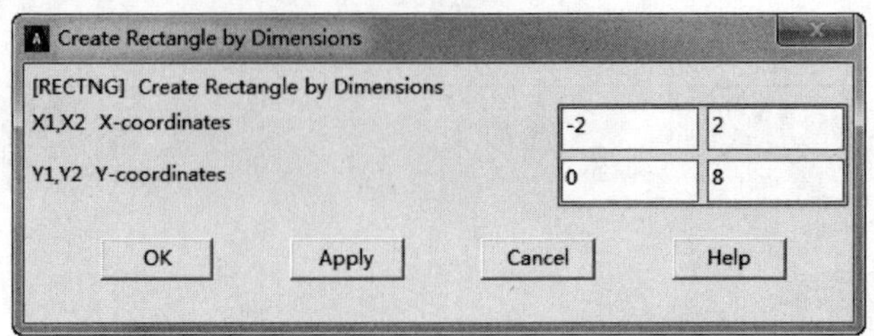

图 3-65 创建矩形面

创建矩形面的结果如图 3-66 所示。

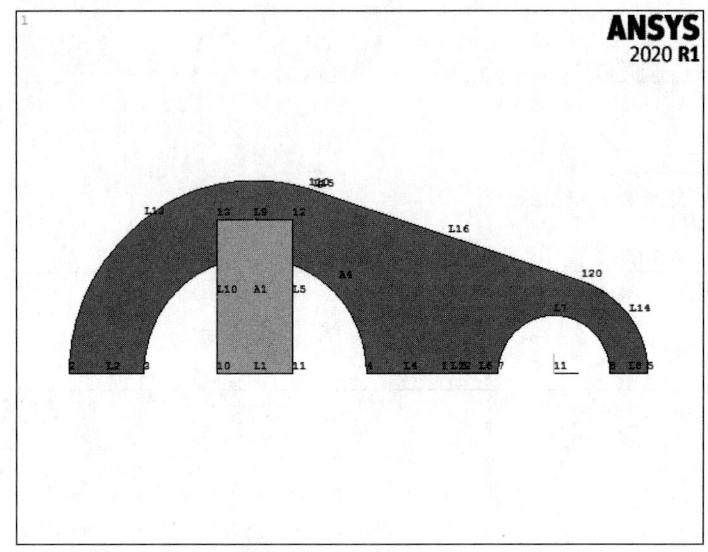

图 3-66 创建矩形面的结果

❷从总体面中“减”去矩形面形成孔。

①从主菜单中选择 Main Menu：Preprocessor > Modeling > Operate > Booleans > Subtract > Areas。

②在图形窗口中选择总体面，作为布尔“减”运算的母体，单击“Apply”按钮。

③选择刚刚建立的矩形面作为“减”去的对象，单击“OK”按钮，减去矩形面的结果如图 3-67 所示。

08 将面进行映射，得到完全的面。

❶旋转工作平面。

①从应用菜单中选择 Utility Menu：WorkPlane > Offset WP by Increments。

②在“XY,YZ,ZXAngles”文本框中输入“0,0,90”，单击“OK”按钮，如图 3-68 所示。

❷用工作平面切分面。

①从主菜单中选择 Main Menu：Preprocessor > Modeling > Operate > Booleans > Divide > Area by WrkPlane。

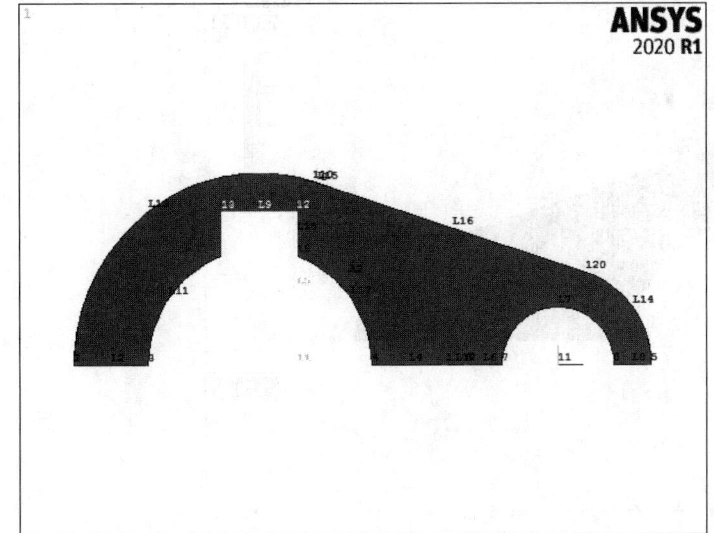

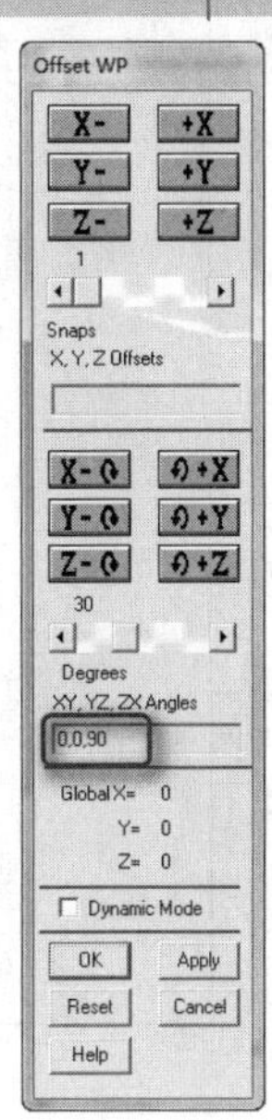

图 3-67 减去矩形面的结果 图 3-68 旋转工作平面

②在“Divide Area by WrkPlane”选择对话框中选择“Pick All”，如图 3-69 所示。切分面的结果如图 3-70 所示。

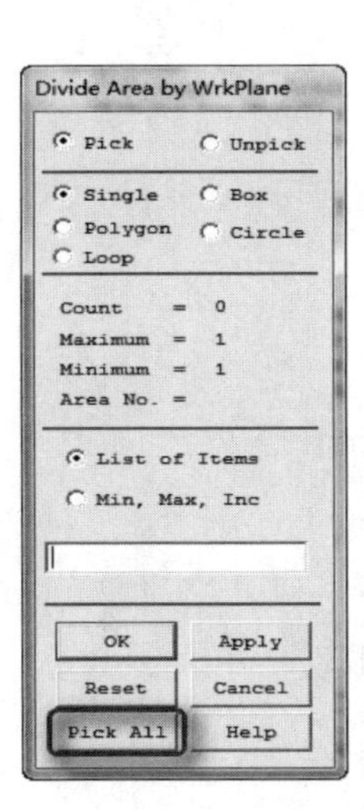

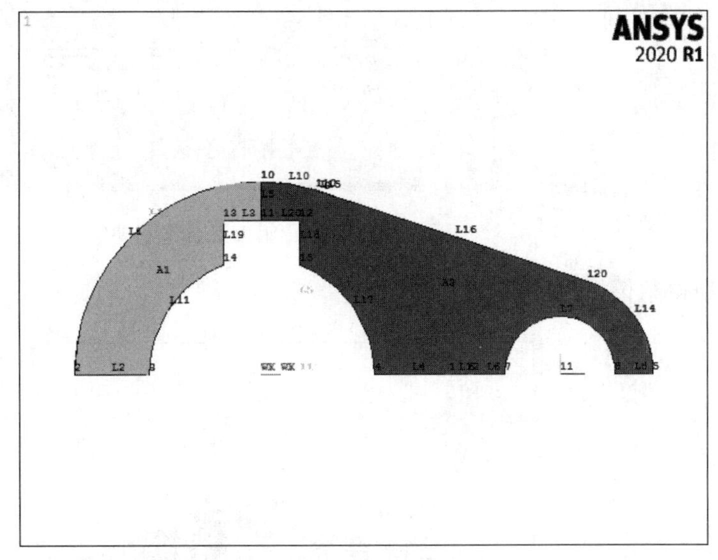

图 3-69 用工作平面切分面 图 3-70 切分面的结果

❸删除左侧的面。

①从主菜单中选择 Main Menu：Preprocessor > Modeling > Delete > Area and Below。

②选择左侧的面，单击“OK”按钮，如图 3-71 所示。

❹将面沿 Y－Z 面进行映射(在 X 方向)。

①从主菜单中选择 Main Menu：Preprocessor > Modeling > Reflect > Areas 。

②选择“Pick All”，选择“Y-Zplane”，单击“OK”按钮，如图 3-72 所示。

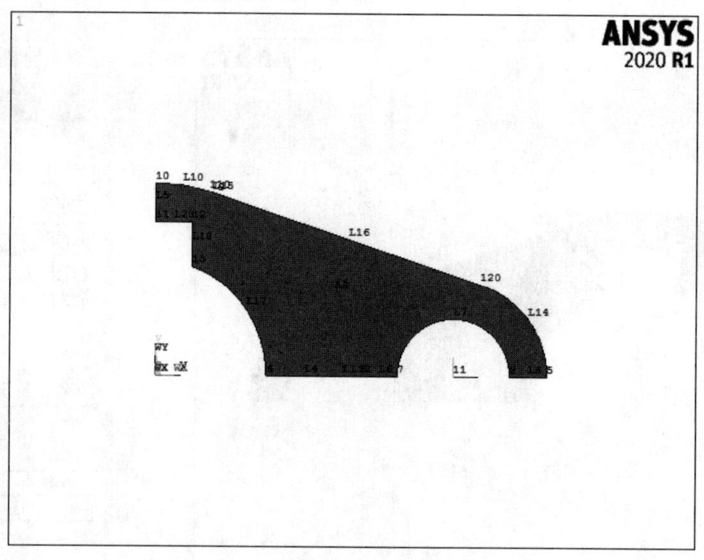

图 3-71 删除左侧的面

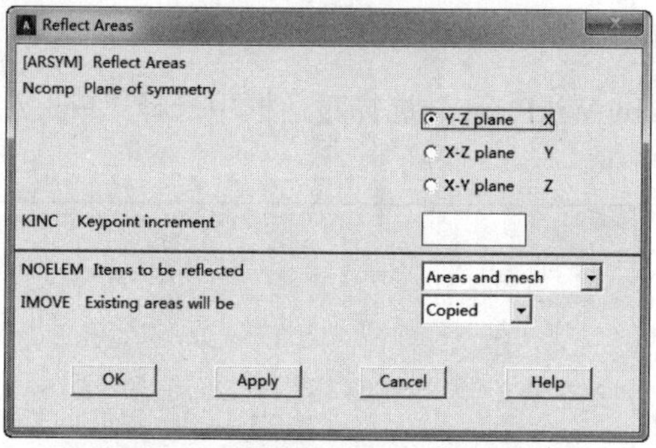

Reflect Areas
[ARSYM] Reflect Areas
Ncomp Plane of symmetry
◉ Y-Z plane X
○ X-Z plane Y
○ X-Y plane Z
KINC Keypoint increment
NOELEM Items to be reflected Areas and mesh
IMOVE Existing areas will be Copied
OK Apply Cancel Help

图 3-72 将面沿 Y-Z 面进行映射

所得结果如图 3-73 所示。

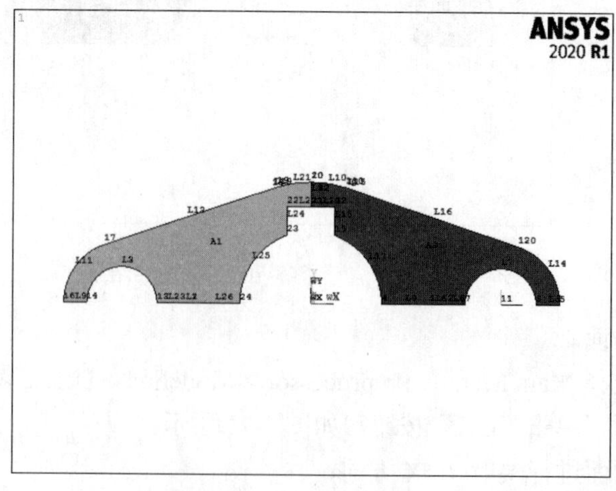

图 3-73 将面沿 Y-Z 面进行映射的结果

❺将面沿 X-Z 面进行映射 (在 Y 方向)。

①从主菜单中选择 Main Menu：Preprocessor > Modeling > Reflect > Areas。

②选择“Pick All”，选择“X-Zplane”，单击“OK”按钮，如图 3-74 所示。所得结果如图 3-75 所示。

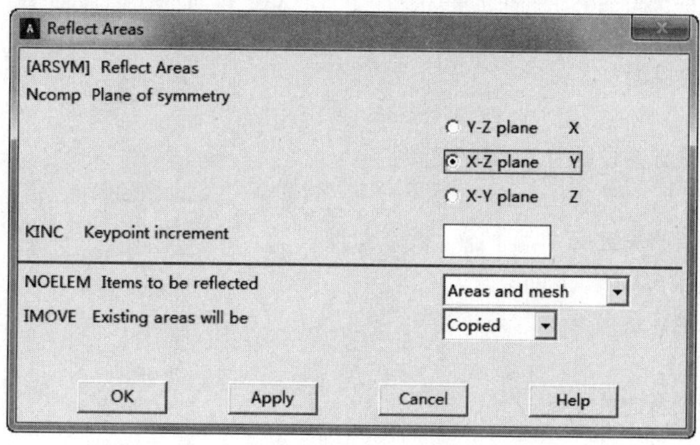

图 3-74 将面沿 X-Z 面进行映射图

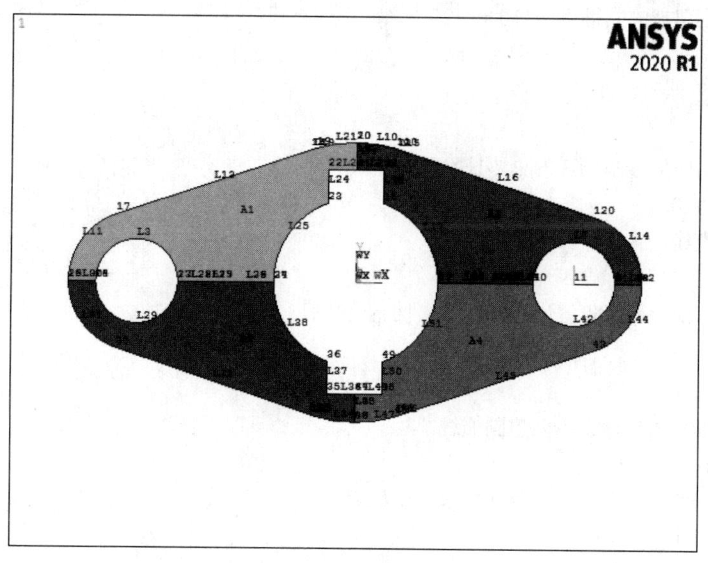

图 3-75 将面沿 X-Z 面进行映射的结果

09 存储数据库并退出 ANSYS。

❶在工具栏上选择 “SAVE_DB”。

❷选取工具栏上的 QUIT。

本例操作的命令流如下：

```
/PREP7
PCIRC,10,6,0,180,
! 创建两个圆面
FLST,2,1,8
```

```
FITEM,2,16,0,0
！偏移工作平面到给定位置
WPAVE,P51X
CSYS,4
！将激活的坐标系设置为工作平面坐标系
PCIRC,5,3,0,180,
！创建另两个圆面
CSYS,1
！将激活的坐标系设置为总体柱坐标系
K,110,10,73,,
！定义一个新的关键点
LOCAL,11,1,16,0,0, , , ,1,1,
！创建局部坐标系
K,120,5,73,,
！定义另一个新的关键点
CSYS,0
！将激活的坐标系设置为总体笛卡儿坐标系
LSTR,      110,      120
！在刚刚建立的关键点（110 和 120）之间创建直线
LPLOT
！显示线
CSYS,1
！将激活的坐标系设置为总体柱坐标系
L,      110,        1
！创建直线
CSYS,11,
！将激活的坐标系设置为局部柱面坐标系
L,        1,        6
L,        6,      120
！在局部柱面坐标系中创建圆弧线
CSYS,0
！将激活的坐标系设置为总体笛卡儿坐标系
FLST,2,4,4
FITEM,2,10
FITEM,2,11
FITEM,2,12
FITEM,2,9
AL,P51X
！由前面定义的线创建一个新的面
/PNUM,KP,1
/PNUM,LINE,1
/PNUM,AREA,1
/PNUM,VOLU,0
/PNUM,NODE,0
```

```
/PNUM,TABN,0
/PNUM,SVAL,0
/NUMBER,0
!*
/PNUM,ELEM,0
/REPLOT
!*
APLOT
! 弹出面的编号并画面
FLST,2,3,5,ORDE,2
FITEM,2,1
FITEM,2,-3
AADD,P51X
! 把所有面加起来形成一个面
CSYS,0
WPAVE,0,0,0
CSYS,0
RECTNG,-2,2,0,8,
! 创建一个矩形面
ASBA,       4,       1
! 从总体面中“减”去矩形面形成孔
wprot,0,0,90
! 旋转工作平面
ASBW,       2
! 用工作平面切分面
ADELE,       1, , ,1
! 删除右边的面
FLST,3,1,5,ORDE,1
FITEM,3,3
ARSYM,X,P51X, , , ,0,0
! 将面沿 Y-Z 面进行映射(在 X 方向)
FLST,3,2,5,ORDE,2
FITEM,3,1
FITEM,3,3
ARSYM,Y,P51X, , , ,0,0
! 将面沿 X-Z 面进行映射 (在 Y 方向)
/REPLOT,RESIZE
SAVE
FINISH
! 存储数据库并退出 ANSYS
```

第4章 网格划分

网格划分是进行有限元分析的基础，它要求考虑的问题较多，需要的工作量较大，所划分的网格形式对计算精度和计算规模将产生直接影响，因此需要学习正确合理的网格划分方法。

学习要点

- 设定单元属性
- 网格划分的控制
- 有限元网格模型生成
- 编号控制

4.1 有限元网格概述

生成节点和单元的网格划分过程包括 3 个步骤：

1）定义单元属性。

2）定义网格生成控制（非必须，因为默认的网格生成控制对多数模型生成都是合适的。如果没有指定网格生成控制，程序会用命令“DSIZE”使用默认设置生成网格。当然，也可以手动控制生成质量更好的自由网格），ANSYS 程序提供了大量的网格生成控制，可按需要选择。

3）生成网格。在对模型进行网格划分之前，甚至在建立模型之前，要明确是采用自由网格还是采用映射网格来分析。自由网格对单元形状无限制，并且没有特定的准则。而映射网格则对包含的单元形状有限制，而且必须满足特定的规则。映射面网格只包含四边形或三角形单元，映射体网格只包含六面体单元。另外，映射网格具有规则的排列形状，如果想要这种网格类型，所生成的几何模型必须具有一系列相当规则的体或面。自由网格和映射网格示意图如图 4-1 所示。

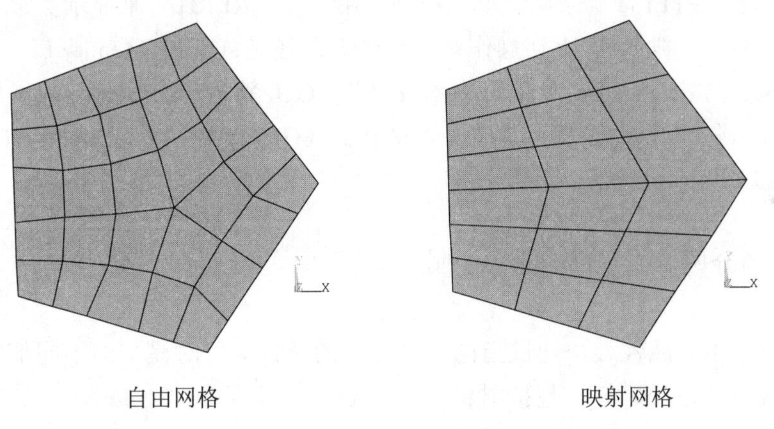

图 4-1 自由网格和映射网格

可用命令“MSHESKEY”或相应的 GUI 路径选择自由网格或映射网格。注意，所用网格控制将随自由网格或映射网格的划分而不同。

4.2 设定单元属性

在生成节点和单元网格之前，必须定义合适的单元属性，包括如下几项：

1）单元类型（如 BEAM3，SHELL61 等）。

2）实常数（如厚度和横截面积）。

3）材料性质（如弹性模量、热导率等）。

4）单元坐标系。

5）截面号（只对 BEAM44、BEAM188、BEAM189 单元有效）。

4.2.1 生成单元属性表

为了定义单元属性，首先必须建立一些单元属性表。典型的包括单元类型（命令“ET”或 GUI 路径：Main Menu > Preprocessor > Element Type > Add/Edit/Delete）、实常数（命令“R”或 GUI 路径：Main Menu > Preprocessor > Real Constants）、材料性质（命令“MP”和“TB”或 GUI 路径：Main Menu > Preprocessor > Material Props > material option）。

利用“LOCAL”“CLOCAL”等命令可以创建坐标系表（GUI 路径：Utility Menu > WorkPlane > Local Coordinate Systems > Create Local CS > At Specified Loc）。这个表用来给单元分配单元坐标系。

并非所有的单元类型都可用这种方式来分配单元坐标系。

对于用 BEAM44、BEAM188、BEAM189 单元划分的梁网格，可利用命令“SECTYPE”和“SECDATA”（GUI 路径：Main Menu > Preprocessor > Sections）创建截面号表格。

方向关键点是线的属性而不是单元的属性，不能创建方向关键点表格。

可以用命令“ETLIST”来显示单元类型，用命令“RLIST”来显示实常数，用命令“MPLIST”来显示材料属性，上述操作对应的GUI路径是：Utility Menu > List > Properties > property type。另外，还可以用命令“CSLIST”（GUI 路径：Utility Menu > List > Other > Local Coord Sys）来显示坐标系，用命令“SLIST”（GUI 路径：Main Menu > Preprocessor > Sections > List Sections）来显示截面号。

4.2.2 在划分网格之前分配单元属性

一旦建立了单元属性表，通过指向表中合适的条目即可对模型的不同部分分配单元属性。指针就是参考号码集，包括材料号（MAT）、实常数号（TEAL）、单元类型号（TYPE）、坐标系号（ESYS），以及使用“BEAM188”和“BEAM189”单元时的截面号（SECNUM）。可以直接给所选的实体模型图元分配单元属性，或者定义默认的属性在生成单元的网格划分中使用。

如前面所提到的，在给梁划分网格时，给线分配的方向关键点是线的属性而不是单元属性，所以必须是直接分配给所选线，而不能定义默认的方向关键点，以备后面划分网格时直接使用。

1．直接给实体模型图元分配单元属性

给实体模型分配单元属性时，允许对模型的每个区域预置单元属性，从而避免在网格划分过程中重置单元属性。清除实体模型的节点和单元不会删除直接分配给图元的属性。

利用下列命令和相应的 GUI 路径可直接给实体模型分配单元属性：

1）给关键点分配属性：

命令：KATT。

GUI：Main Menu > Preprocessor > Meshing > Mesh Attributes > All Keypoints。

Main Menu > Preprocessor > Meshing > Mesh Attributes > Picked KPs。

2）给线分配属性：

命令：LATT。

GUI：Main Menu > Preprocessor > Meshing > Mesh Attributes > All Lines。

Main Menu > Preprocessor > Meshing > Mesh Attributes > Picked Lines。

3）给面分配属性：

命令：AATT。

GUI：Main Menu > Preprocessor > Meshing > Mesh Attributes > All Areas。

Main Menu > Preprocessor > Meshing > Mesh Attributes > Picked Areas。

4）给体分配属性：

命令：VATT。

GUI：Main Menu > Preprocessor > Meshing > Mesh Attributes > All Volumes。

Main Menu > Preprocessor > Meshing > Mesh Attributes > Picked Volumes。

2．分配默认属性

可以通过指向属性表的不同条目来分配默认的属性，在开始划分网格时，ANSYS 程序会自动将默认属性分配给模型。直接分配给模型的单元属性将取代上述默认属性，而且当清除实体模型图元的节点和单元时，其默认的单元属性也将被删除。

可利用如下方式分配默认的单元属性：

命令：TYPE, REAL, MAT, ESYS, SECNUM。

GUI：Main Menu > Preprocessor > Meshing > Mesh Attributes > Default Attribs。

Main Menu > Preprocessor > Modeling > Create > Elements > Elem Attributes。

3．自动选择维数正确的单元类型

有些情况下，ANSYS 程序能对网格划分或拖拉操作选择正确的单元类型，当选择明显正确时，不必人为地转换单元类型。

特殊地，当未将单元属性（xATT）直接分配给实体模型时，或者默认的单元属性（TYPE）对于要执行的操作维数不对时，而且已定义的单元属性表中只有一个维数正确的单元，ANSYS 程序会自动的利用该种单元类型执行这个操作。

受此影响的网格划分和拖拉操作命令有：KMESH、LMESH、AMESH、VMESH、FVMESH、VOFFST、VEXT、VDRAG、VROTAT、VSWEEP。

4.3 网格划分的控制

网格划分控制能建立用在实体模型划分网格的因素，如单元形状、中间节点位置、单元大小等。此步骤是整个分析中最重要的步骤之一，因为此阶段得到的有限元网格将对分析的准确性和经济性起决定作用。

4.3.1 ANSYS 网格划分工具（MeshTool）

ANSYS 网格划分工具（GUI 路径：Main Menu > Preprocessor > Meshing > MeshTool）提供了最常用的网格划分控制和最常用的网格划分操作的便捷途径。其功能主要包括：

1）控制“SmartSizing”水平。

2）设置单元尺寸控制。

3）指定单元形状。

4）指定网格划分类型（自由或映射）。

5）对实体模型图元划分网格。

6）清楚网格。

7）细化网格。

4.3.2 单元形状

ANSYS 程序允许在同一个划分区域出现多种单元形状，如同一区域的面单元可以是四边形也可以是三角形，但建议尽量不要在同一个模型中混用六面体和四面体单元。

下面简单介绍一下单元形状的退化，如图 4-2 所示。在划分网格时，应该尽量避免使用退化单元。

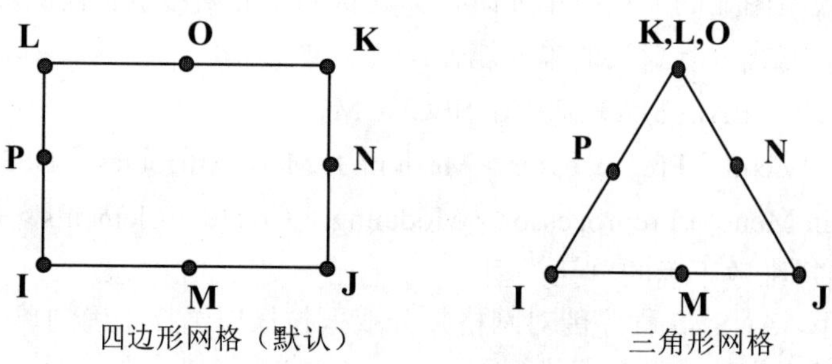

图 4-2 四边形单元形状的退化

用下列方法指定单元形状：

命令：MSHAPE,KEY,Dimension。

GUI：Main Menu > Preprocessor > Meshing > MeshTool。

Main Menu > Preprocessor > Meshing > Mesher Opts。

Main Menu > Preprocessor > Meshing > Mesh > Volumes > Mapped > 4 to 6 sided。

如果正在使用命令“MSHAPE”，维数（2D 或 3D）的值表明待划分的网格模型的维数，KEY 值（0 或 1）表示划分网格的形状：

KEY=0，如果 Dimension=2D，ANSYS 将用四边形单元划分网格；如果 Dimension=3D，ANSYS 将用六面体单元划分网格。

KEY=1，如果 Dimension=2D，ANSYS 将用三角形单元划分网格；如果 Dimension=3 D，ANSYS 将用四面体单元划分网格。

有些情况下，命令"MSHAPE"及合适的网格划分命令（"VMESH""YMESH"或相应的 GUI 路径：Main Menu > Preprocessor > Meshing > Mesh > meshing option）就是对模型划分网格的全部所需。每个单元的大小由指定的默认单元大小（AMRTSIZE 或 DSIZE）确定。例如，图 4-3 左边的模型是用命令"VMESH"生成右边的网格。

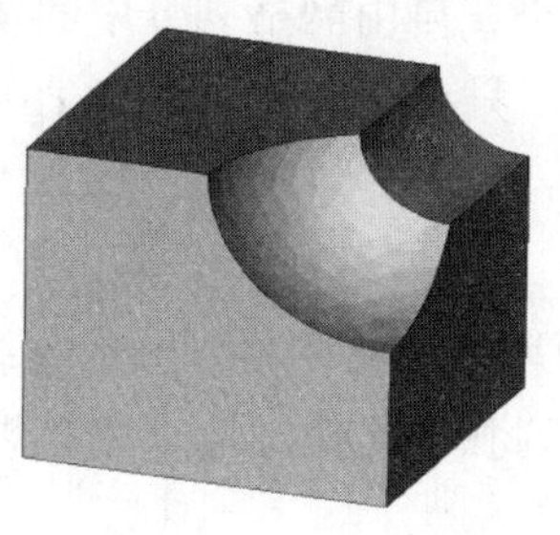
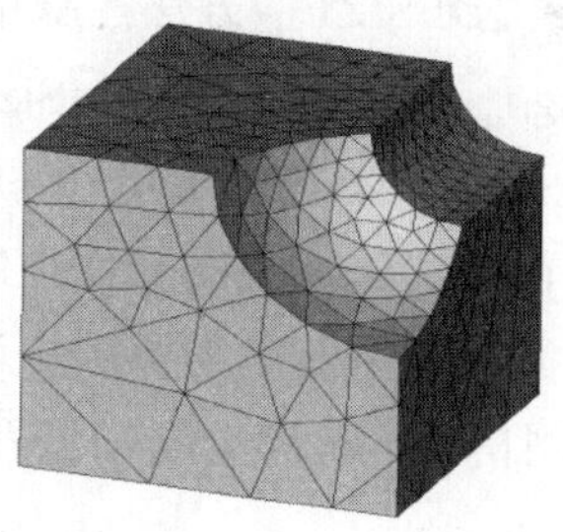

图 4-3 默认单元尺寸

4.3.3 选择自由或映射网格划分

除了指定单元形状之外，还需指定对模型进行网格划分的类型（自由划分或映射划分），方法如下：

命令：MSHKEY。

GUI：Main Menu > Preprocessor > Meshing > MeshTool。

Main Menu > Preprocessor > Meshing > Mesher Opts。

单元形状（MSHAPE）和网格划分类型（MSHEKEY）的设置共同影响网格的生成，表 4-1 列出了 ANSYS 程序支持的单元形状和网格划分类型。

表 4-1 ANSYS 程序支持的单元形状和网格划分类型

单元形状	自由划分	映射划分	既可以映射划分又可以自由划分
四边形	Yes	Yes	Yes
三角形	Yes	Yes	Yes
六面体	No	Yes	No
四面体	Yes	No	No

4.3.4 控制单元边中节点的位置

当使用二次单元划分网格时，可以控制中间节点的位置，有两种选择：

1）边界区域单元在中间节点沿着边界线或者面的弯曲方向，这是默认设置。

2）设置所有单元的中间节点且单元边是直的，此选项允许沿曲线进行粗糙的网格划分，但是模型的弯曲并不与之相配。

可用如下方法控制中间节点的位置：

命令：MSHMID。

GUI：Main Menu > Preprocessor > Meshing > Mesher Opts。

4.3.5 划分自由网格时的单元尺寸控制（SmartSizing）

默认的，命令“DESIZE”方法控制单元大小在自由网格划分中的使用，但一般推荐使用“SmartSizing”。为打开“SmartSizing”，只要在命令“SMRTSIZE”中指定单元大小即可。

ANSYS 中有两种“SmartSizing”控制：

1）基本的控制。利用基本的控制，可以简单地指定网格划分的粗细程度，从 1（细网格）到 10（粗网格），程序会自动设置一系列独立的控制值来生成想要的大小，方法如下：

命令：SMRTSIZE,SIZLVL。

GUI：Main Menu > Preprocessor > Meshing > MeshTool。

图 4-4 所示为对同一模型面“SmartSizing”的划分结果。

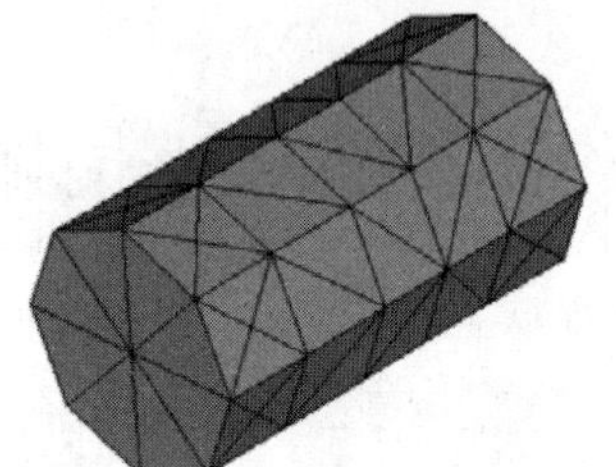

Level＝6（默认）

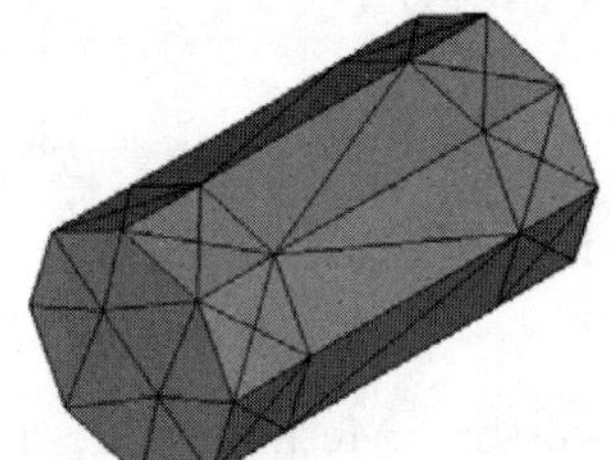

Level＝0（粗糙）

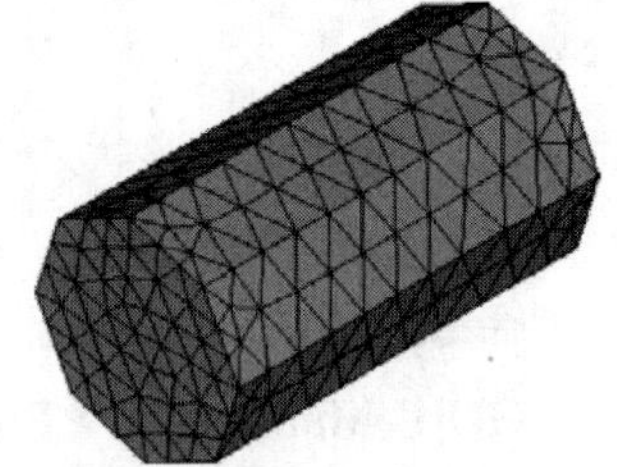

Level＝10（精细）

图 4-4 对同一模型面“SmartSizing”的划分结果

2）高级的控制。ANSYS 还允许使用高级方法专门设置人工控制网格质量，方法如下：

命令：SMRTSIZE and ESIZE。

GUI：Main Menu > Preprocessor > Meshing > Size Cntrls > SmartSize > Adv Opts。

4.3.6 映射网格划分中单元的默认尺寸

命令“DESIZE”（GUI 路径：Main Menu > Preprocessor > Meshing > Size Cntrls > ManualSize > Global > Other）常用来控制映射网格划分的单元尺寸，同时也用在自由网格划分的默认设置，但是，对于自由网格划分，建议使用“SmartSizing”（SMRTSIZE）。

对于较大的模型，通过命令“DESIZE”查看默认的网格尺寸是明智的，可通过显示线的分割来观察将要划分的网格情况。预查看网格划分的步骤如下：

1）建立实体模型。

2）选择单元类型。

3）选择容许的单元形状（MSHAPE）。

4）选择网格划分类型（自由或映射）（MSHKEY）。

5）键入“LESIZE，ALL”（通过 DESIZE 规定调整线的分割数）。

6）显示线（LPLOT）。下面用实例来说明。

如果觉得网格太粗糙，可通过改变单元尺寸或者线上的单元份数来加密网格，方法如下：

选择 GUI 路径：Main Menu > Preprocessor > Meshing > Size Cntrls > ManualSize > Layers > Picked Lines，弹出“Elements Sizes on Picked Lines”选择对话框，选择屏幕上的相应线段，如图 4-5 所示。单击“OK”按钮，弹出“Area Layer-Mesh Controls on Picked Lines”对话框，如图 4-6 所示。在“SIZE Element edge length”文本框输入具体数值（它表示单元的尺寸），或者是在“NDIV No of line divisions”文本框输入正整数（它表示所选择的线段上的单元份数），单击“OK”按钮，重新划分网格，如图 4-7 所示。

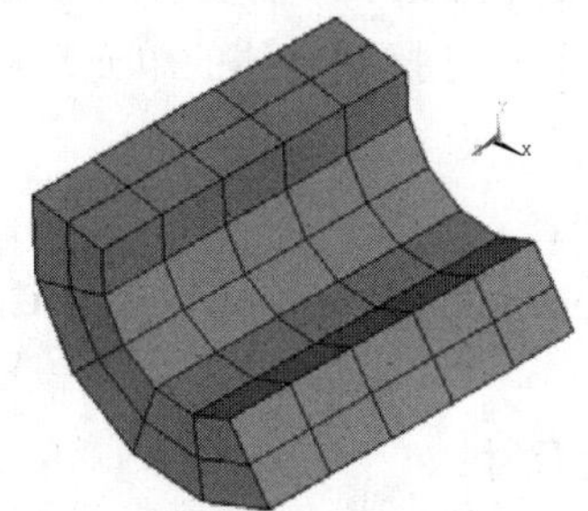

图 4-5 选择线段

Area Layer-Mesh Controls on Picked Lines

[LESIZE] Area Layer-Mesh controls on picked lines

SIZE Element edge length 0

-- or --

NDIV No. of line divisions 15

KYNDIV SIZE,NDIV can be changed ☑ Yes

SPACE Spacing ratio (Normal 1) 0

LAYER1 Inner layer thickness 0

Size factor must be > or = 1

Thickness input is: ◉ Size factor ○ Absolute length

(LAYER1 elements are uniformly-sized)

LAYER2 Outer layer thickness 0

Transition factor must be > 1

Thickness input is: ◉ Transition fact. ○ Absolute length

(LAYER2 elements transition from LAYER1 size to global size)

NOTE: Blank or zero settings remain the same.

OK Apply Cancel Help

图 4-6 “Area Layer-Mesh Controls on Picked Lines”对话框

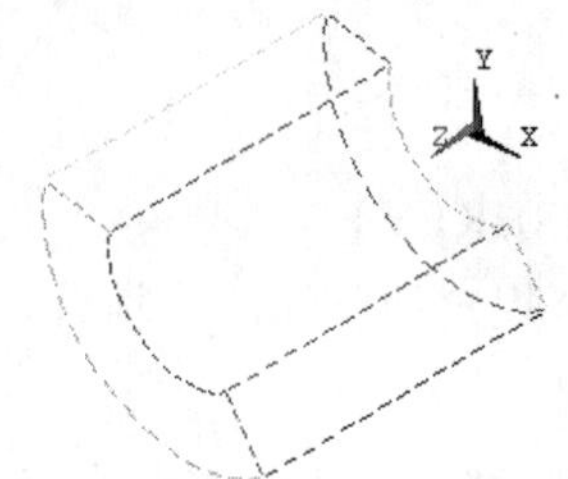

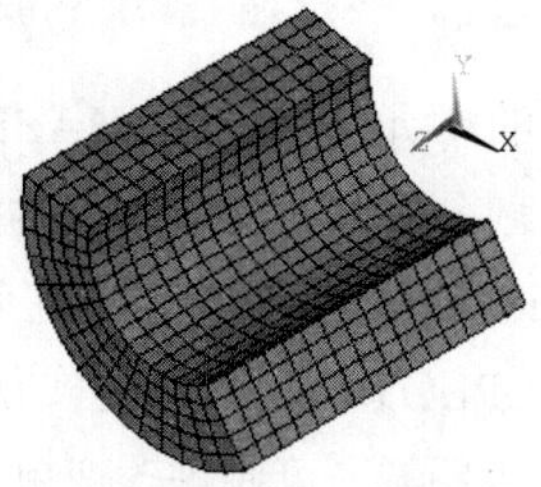

图 4-7 重新划分网格

4.3.7 局部网格划分控制

在许多情况下，对结构的物理性质来说，用默认单元尺寸生成的网格不太合适，如有应力集中或奇异的模型。在这种情况下，需要将网格局部细化，详细说明如下：

1）通过表面边界所用的单元尺寸控制总体的单元尺寸，或者控制每条线划分的单元数：

命令：ESIZE。

GUI：Main Menu > Preprocessor > Meshing > Size Cntrls > ManualSize > Global > Size。

2）控制关键点附近的单元尺寸：

命令：KESIZE。

GUI：Main Menu > Preprocessor > Meshing > Size Cntrls > ManualSize > Keypoints > All KPs。

Main Menu > Preprocessor > Meshing > Size Cntrls > ManualSize > Keypoints > Picked KPs。

Main Menu > Preprocessor > Meshing > Size Cntrls > ManualSize > Keypoints > Clr Size。

3）控制给定线上的单元数：

命令：LESIZE。

GUI：Main Menu > Preprocessor > Meshing > Size Cntrls > ManualSize > Lines > All Lines。

Main Menu > Preprocessor > Meshing > Size Cntrls > ManualSize > Lines > Picked Lines。

Main Menu > Preprocessor > Meshing > Size Cntrls > ManualSize > Lines > Clr Size。

上述所有定义尺寸的方法都可以一起使用，但遵循一定的优先级别，具体如下：

用“DESIZE”定义单元尺寸时，对任何给定线，沿线定义的单元尺寸优先级如下：用“LESIZE”指定的为最高级，“KESIZE”次之，“ESIZE”再次之，“DESIZE”最低级。

用“SMRTSIZE”定义单元尺寸时，优先级如下：“LESIZE”为最高级，“KESIZE”次之，“SMRTSIZE”为最低级。

📖4.3.8 内部网格划分控制

前面关于网格尺寸的讨论集中在实体模型边界的外部单元尺寸的定义（LESIZE、ESIZE 等），然而，也可以在面的内部（即非边界处）没有可以引导网格划分的尺寸线处控制网格划分，方法如下：

命令：MOPT。

GUI: Main Menu > Preprocessor > Meshing > Size Cntrls > ManualSize > Global > Area Cntrls。

1．控制网格的扩展

命令“MOPT”中的“Lab=EXPND”选项可以用来引导在一个面的边界处将网格划分较细，而内部则较粗，如图 4-8 所示。

在图 4-8 中，左边网格是由命令“ESIZE”（GUI 路径：Main Menu > Preprocessor > Meshing > Size Cntrls > ManualSize > Global > Size）对面进行设定生成的，右边网格是利用命令“MOPT”的扩展功能（Lab=EXPND）生成的，其区别显而易见。

2．控制网格过渡

图 4-8 中的网格还可以进一步改善，命令“MOPT”中的“Lab=TRANS”项可以用来控制网格从细到粗的过渡，如图 4-9 所示。

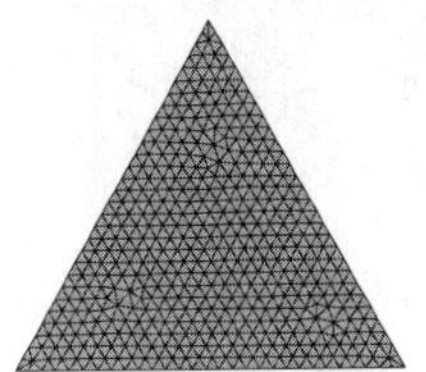

没有扩张网格

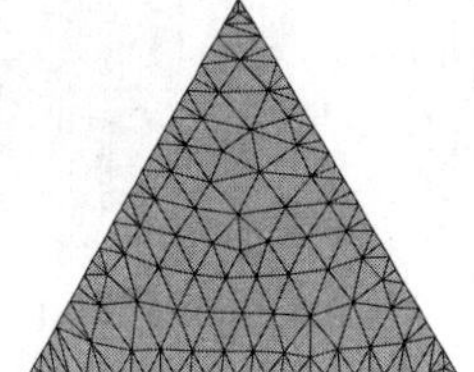

扩展网格（MOPT，EXPND，2.5）

图 4-8 网格扩展

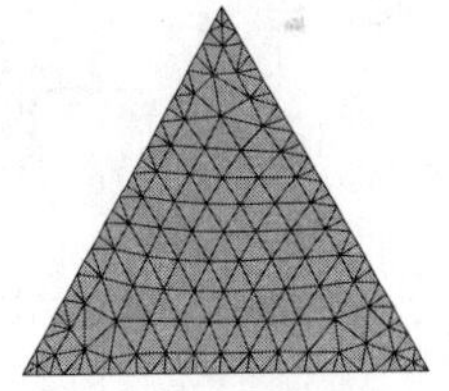

（MOPT，TRANS，1.5）

图 4-9 控制网格过渡

3．控制 ANSYS 的网格划分器

可用命令“MOPT”控制表面网格划分器（三角形和四边形）和四面体网格划分器，使 ANSYS 执行网格划分操作（AMESH、VMESH）。

命令：MOPT。

GUI：Main Menu > Preprocessor > Meshing > Mesher Opts。

弹出“Mesher Options”对话框，如图 4-10 所示。在该对话框中，“AMESH”下拉列表对应三角形表面网格划分，包括 Program choose（默认）、main、Alternate 和 Alternate 等 24 个选项；“QMESH”对应四边形表面网格划分，包括 Program choose（默认）、main 和 Alternate 3 个选项，其中 main 又称为 Q-Morph（quad-morphing）网格划分器，它在多数情况下能得到高质量的单元，如图 4-11 所示。另外，Q-Morph 网格划分器要求面的边界线的分割总数是偶数，否则将产生三角形单元；VMESH 对应四面体网格划分，包括 Program choose（默认）、Alternate 和 main 3 个选项。

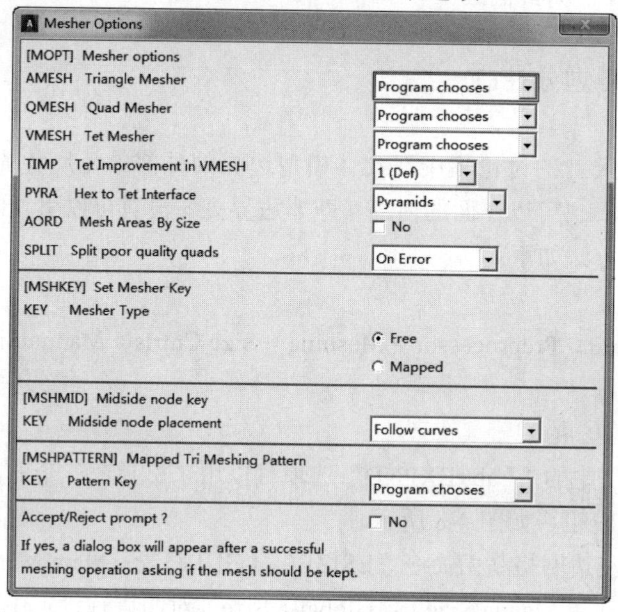

图 4-10 “Mesher Options”对话框

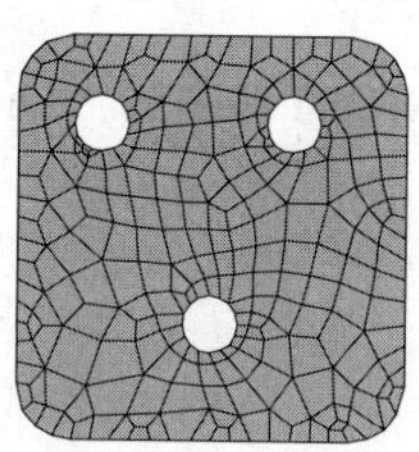

Alternate 网格划分器

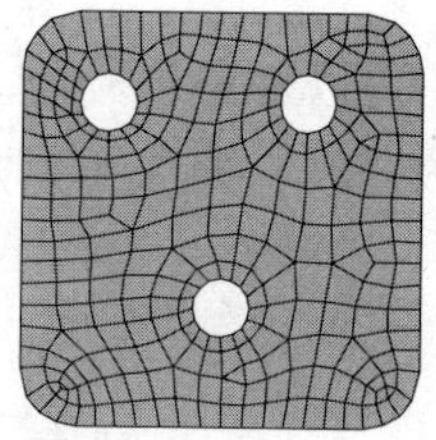

Q-Morph 网格划分器

图 4-11 网格划分器

4. 控制四面体单元的改进

ANSYS 程序允许对四面体单元做进一步改进，方法如下：

命令：MOPT,TIMP,Value。

GUI：Main Menu > Preprocessor > Meshing > Mesher Opts。

弹出“Mesher Options”对话框如图 4-10 所示。该对话框中，“TIMP”后面的下拉列表表示四面体单元改进的程度，从 1 到 6，1 表示提供最小的改进，5 表示对线性四面体单元提供最大的改进，6 表示对二次四面体单元提供最大的改进。

4.3.9 生成过渡棱锥单元

ANSYS 程序在下列情况下会生成过渡的棱锥单元：

1）准备对体用四面体单元划分网格，待划分的体直接与已用六面体单元划分网格的体相连。

2）准备用四面体单元划分网格，而目标体上至少有一个面已经用四边形网格划分。

图 4-12 所示为一个过渡网格的示例。

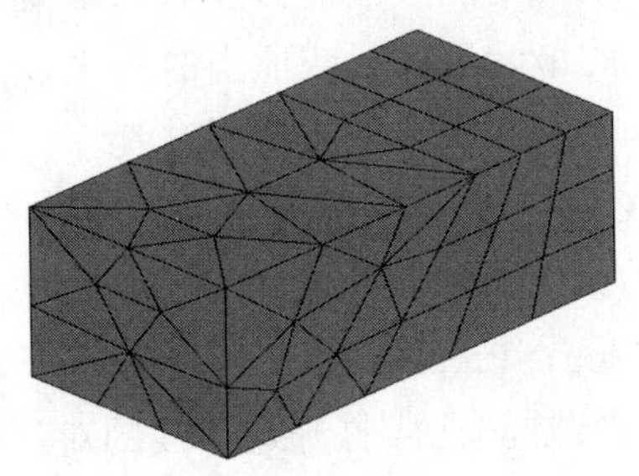

图 4-12 过渡网格示例

当对体用四面体单元进行网格划分时，为生成过渡棱锥单元，应事先满足的条件为：

1）设定单元属性时，需确定给体分配的单元类型可以退化为棱锥形状，这种单元包括 SOLID62、 VISCO89、SOLID90、SOLID95、SOLID96、SOLID97、SOLID117、HF120、SOLID122、FLUID142 和 SOLID186。ANSYS 对除此以外的任何单元都不支持过渡的棱锥单元。

2）设置网格划分时，激活过渡单元表面以让三维单元退化。激活过渡单元（默认）的方法如下：

命令：MOPT,PYRA,ON。

GUI：Main Menu > Preprocessor > Meshing > Mesher Opts。

生成退化三维单元的方法如下：

命令：MSHAPE,1,3D。

GUI：Main Menu > Preprocessor > Meshing > Mesher Opts。

4.3.10 将退化的四面体单元转化为非退化的形式

在模型中生成过渡的棱锥单元之后，可将模型中的 20 节点退化四面体单元转化成相应的 10 节点非退化单元，方法如下：

命令：TCHG,ELEM1,ELEM2,ETYPE2。

GUI：Main Menu > Preprocessor > Meshing > Modify Mesh > Change Tets。

不论是使用命令方法还是 GUI 路径，都将按表 4-2 转换合并的单元。

表 4-2 允许 ELEM1 和 ELEM2 单元合并

物理特性	ELEM1	ELEM2
结构	SOLID95 或 95	SOLID92 或 92
热学	SOLID90 或 90	SOLID87 或 87
静电学	SOLID122 或 122	SOLID123 或 123

执行单元转化的好处在于节省内存空间，加快求解速度。

4.3.11 执行层网格划分

ANSYS 程序的层网格划分功能（当前只能对二维面）能生成线性梯度的自由网格：

1）沿线方向只有均匀的单元尺寸（或适当的变化）。

2）垂直于线的方向单元尺寸和数量有急剧过渡。

这样的网格适于模拟 CFD（计算流体力学）边界层的影响及电磁表面层的影响等。

可以通过 ANSYS GUI，也可以通过命令对选定的线设置层网格划分控制。如果用 GUI 路径，则选择 Main Menu > Preprocessor > Meshing > Mesh Tool，显示网格划分工具控制器，单击“Layer”相邻的设置按钮，打开选择线的对话框；然后打开“Area Layer Mesh Controls on Picked Lines”对话框，可在其上指定单元尺寸（SIZE）和线分割数（NDIV）、线间距比率（SPACE）、内部网格的厚度（LAYER1）和外部网格的厚度（LAYER2）。

“LAYER1”的单元是均匀尺寸的，等于在线上给定的单元尺寸；“LAYER2”的单元尺寸会从“LAYER1”的尺寸缓慢增加到总体单元的尺寸；同时，“LAYER1”的厚度可以用数值指定，也可以利用尺寸系数（表示网格层数）指定。如果是数值，则应该大于或等于给定线的单元尺寸；如果是尺寸系数，则应该大于 1，图 4-13 所示为层网格的示例。

如果想删除选定线上的层网格划分控制，选择网格划分工具控制器上包含“Layer”的清除按钮即可，也可用命令“LESIZE”定义层网格划分控制和其他单元特性。

用下列方法可查看层网格划分尺寸规格：

命令：LLIST。

GUI：Utility Menu > List > Lines。

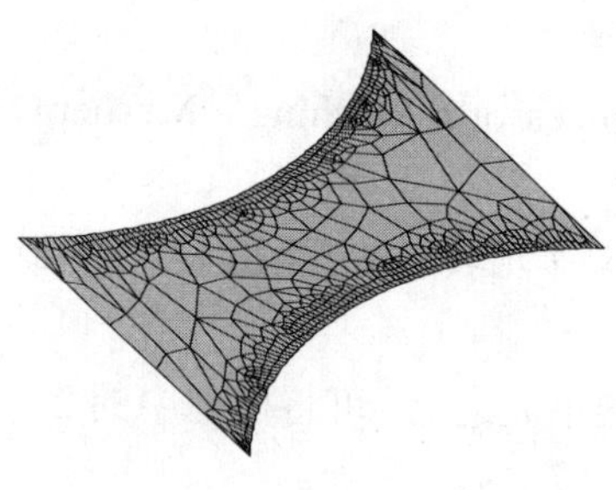

图 4-13 层网格示例

4.4 自由网格划分和映射网格划分控制

4.4.1 自由网格划分

自由网格划分对实体模型无特殊要求。对任何几何模型，尽管是不规则的，也可以进行自由网格划分。所用单元形状取决于是对面还是对体进行网格划分，对面时，自由网格可以是四边形，也可以是三角形，或两者混合；对体时，自由网格一般是四面体单元，棱锥单元作为过渡单元也可以加入到四面体网格中。

如果选择的单元类型严格限定为三角形或四面体（如 PLANE2 和 SOLID92），则程序划分网格时只用这种单元。但是，如果选择的单元类型允许多于一种形状（例如 PLANE82 和 SOLID95），则可通过下列方法指定用哪一种（或几种）形状：

命令：MSHAPE。

GUI：Main Menu > Preprocessor > Meshing > Mesher Opts。

另外，还必须指定对模型用自由网格划分：

命令：MSHKEY,0。

GUI：Main Menu > Preprocessor > Meshing > Mesher Opts。

对于支持多于一种形状的单元，默认地会生成混合形状（通常是四边形单元占多数）。可用“MSHAPE,1,2D”和“MSHKEY,0”来全部生成三角形网格。

可能会遇到全部网格都必须为四边形网格的情况。当面边界上总的线分割数为偶数时，面的自由网格划分会全部生成四边形网格，并且四边形单元质量还比较好。通过选择“SmartSizing”选项并让它来决定合适的单元数，可以增加面边界线的缝总数为偶数的几率（而不是通过命令“LESIZE”人工设置任何边界划分的单元数）。应保证四边形分裂项关闭“MOPT,SPLIT,OFF”，以使 ANSYS 不将形状较差的四边形单元分裂成三角形。

若想使体生成一种自由网格，应当选择只允许一种四面体形状的单元类型，或者利用支持多种形状的单元类型并设置四面体一种形状功能“MSHAPE,1,3D”和“MSHKEY,0”。

对自由网格划分，生成的单元尺寸取决于 DESIZ3E、ESIZE、KESIZE 和 LESIZE 的当前设置。如果选择“SmartSizing”，单元尺寸将由 AMRTSIZE 及 ESZIE、DESIZE 和 LESIZE 决定，对自由网格划分推荐使用“SmartSizing”。

另外，ANSYS 程序有一种成为扇形网格划分的特殊自由网格划分，适于涉及 TARGE170 单元对三边面进行网格划分的特殊接触分析。当三个边中有两个边只有一个单元分割数、，另外一边有任意单元分割数时，其结果为扇形网格，如图 4-14 所示。

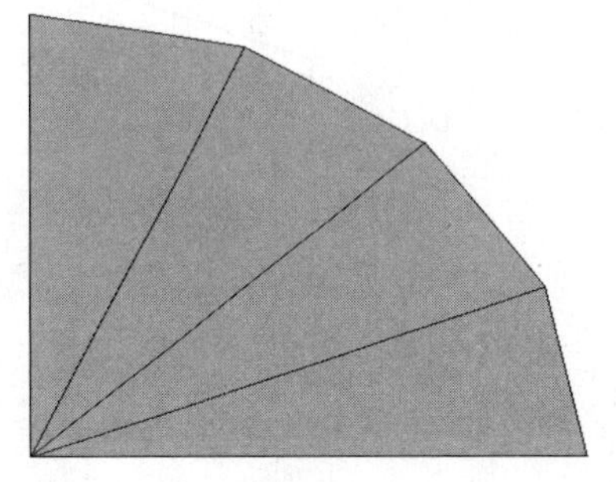

图 4-14 扇形网格划分

记住，使用扇形网格必须满足下列条件：

1）必须对三边面进行网格划分，其中两边必须只分一个网格，第三边分任何数目。

2）必须使用“TARGE170”单元进行网格划分。

3）必须使用自由网格划分。

4.4.2 映射网格划分

映射网格划分要求面或体有一定的形状规则，它可以指定程序全部用四边形面单元、三角形面单元或六面体单元生成网格模型。

对映射网格划分生成的单元尺寸取决于 DESIZE 及 ESIZE、KESZIE、LESIZE 和 AESIZE 的设置（或相应 GUI 路径：Main Menu > Preprocessor > Meshing > Size Cntrls > option）。

“SmartSizing（SMRTSIZE）”不能用于映射网格划分，硬点不支持映射网格划分。

1．面映射网格划分

面映射网格包括全部是四边形单元或全部是三角形单元，面映射网格须满足以下条件：

1）该面必须是 3 条边或 4 条边（有无连接均可）。

2）如果是 4 条边，面的对边必须划分为相同数目的单元，或者是划分一过渡型网格。如果是 3 条边，则线分割总数必须为偶数且每条边的分割数相同。

3）网格划分必须设置为映射网格。图 4-15 所示为一面映射网格示例。

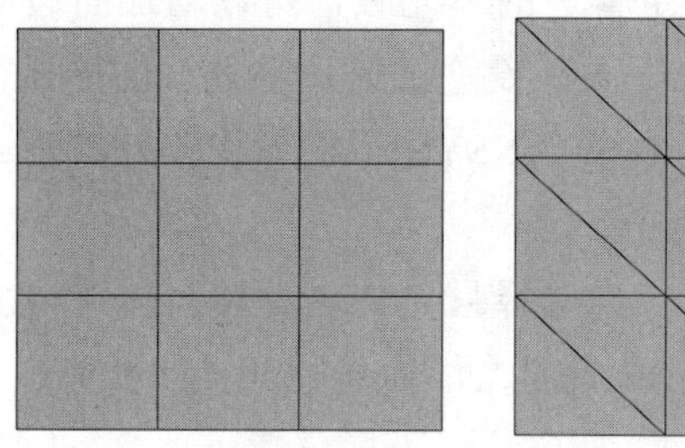
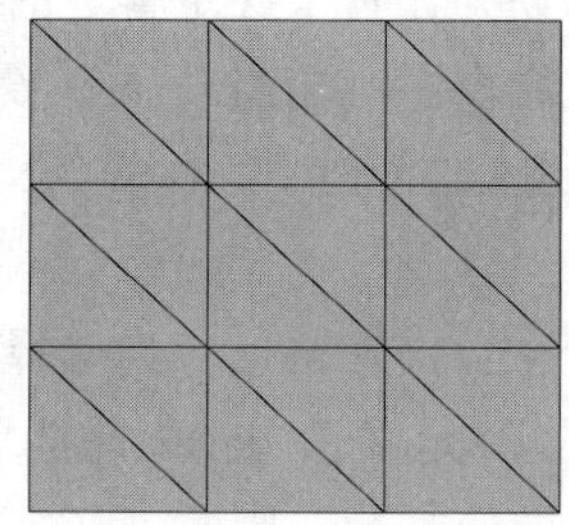

图 4-15 面映射网格

如果一个面多于 4 条边，不能直接用映射网格划分，但可以将某些线合并，或者连接使总线数减少到 4 条之后再用映射网格划分，如图 4-16 所示，方法如下：

① 连接线：

命令：LCCAT。

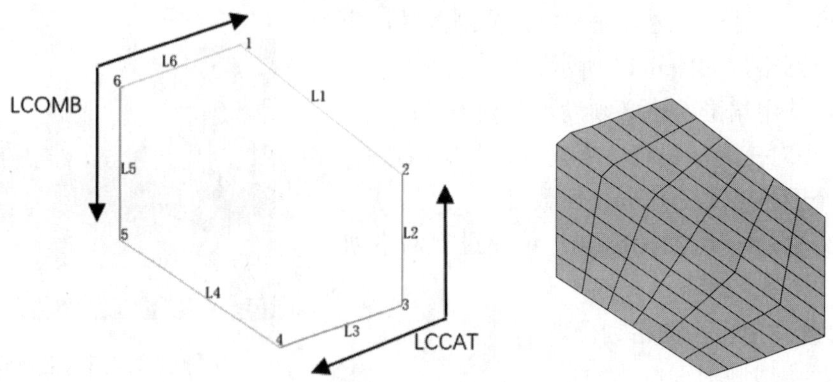

图 4-16 合并和连接线进行映射网格划分

GUI：Main Menu > Preprocessor > Meshing > Mesh > Areas > Mapped > Concatenate > Lines。

② 合并线：

命令：LCOMB。

GUI：Main Menu > Preprocessor > Modeling > Operate > Booleans > Add > Lines。

须指出的是，线、面或体上的关键点将生成节点，因此，一条连接线至少有线上已定义的关键点数同样多的分割数，而且，指定的总体单元尺寸（ESIZE）是针对原始线，而不是针对连接线，如图 4-17 所示。不能直接给连接线指定线分割数，但可以对合并线（LCOMB）指定分割数，所以合并线比连接线有一些优势。

命令“AMAP”（GUI：Main Menu > Preprocessor > Meshing > Mesh > Areas > Mapped > By Corners）提供了获得映射网格划分的最便捷途径，它使用所指定的关键点作为角点，并连接关键点之间的所有线，面自动地全部用三角形或四边形单元进行网格划分。

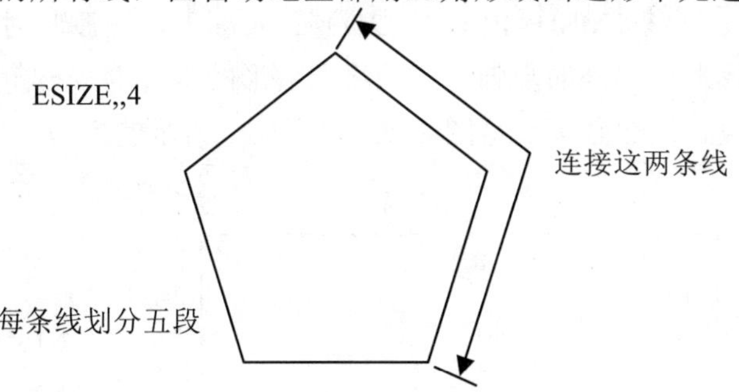

图 4-17 ESIZE 针对原始线而不是连接线

现利用“AMAP”方法进行网格划分。注意到在已选定的几个关键点之间有多条线，在选定面之后，已按任意顺序选择关键点 1、2、4 和 5，则得到映射网格，如图 4-18 所示。

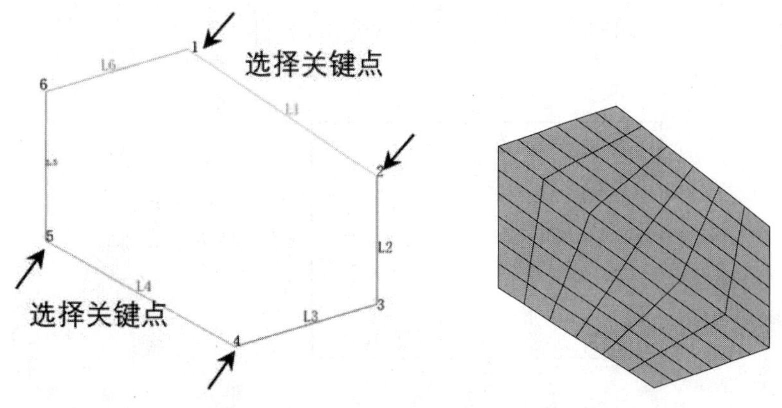

图 4-18 “AMAP”方法得到映射网格

另一种生成映射面网格的途径是指定面的对边的分割数，以生成过渡映射四边形网格，如图 4-19 所示。须指出的是，指定的线分割数必须与图 4-20 和图 4-21 所示的模型相对应。

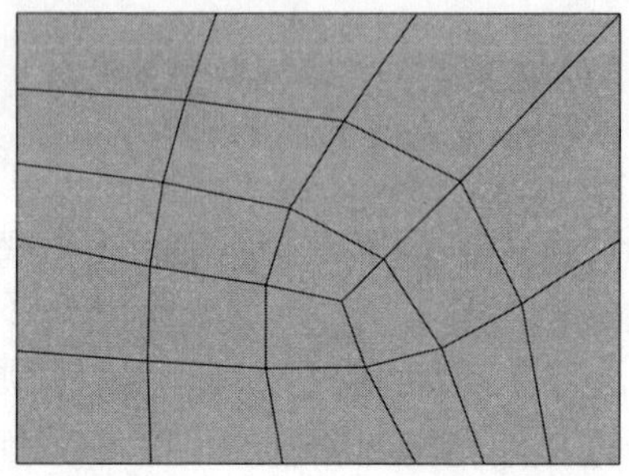
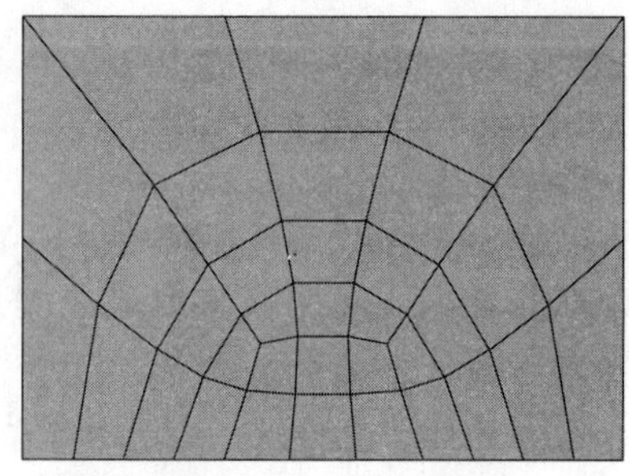

图 4-19 过渡映射网格

除了过渡映射四边形网格之外，还可以生成过渡映射三角形网格。为生成过渡映射三角形网格，必须使用支持三角形的单元类型，且须设定为映射划分（MSHKEY,1），并指定形状为容许三角形（MSHAPE，1，2D）。实际上，过渡映射三角形网格的划分是在过渡映射四边形网格划分的基础上自动将四边形网格分割成三角形，如图4-22所示，所以各边的线分割数目依然必须满足图 4-20 和图 4-21 所示的模型。

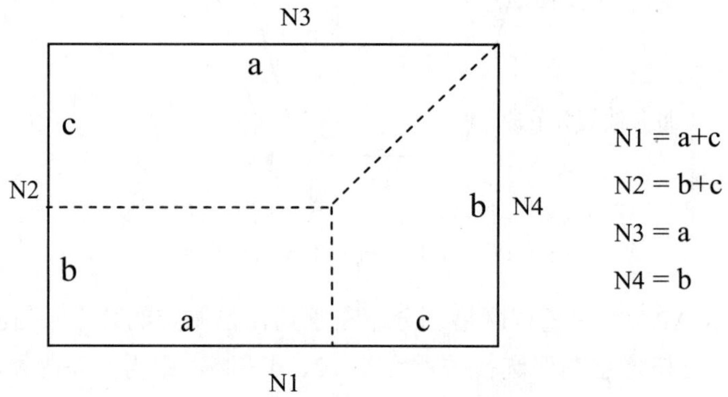

图 4-20 过渡四边形映射网格的线分割模型（1）

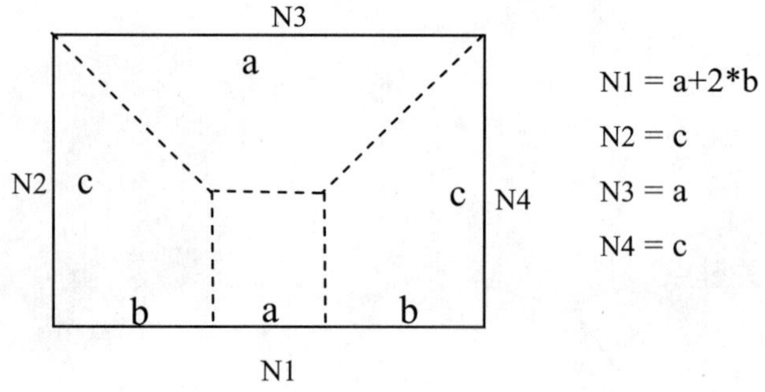

图 4-21 过渡四边形映射网格的线分割模型（2）

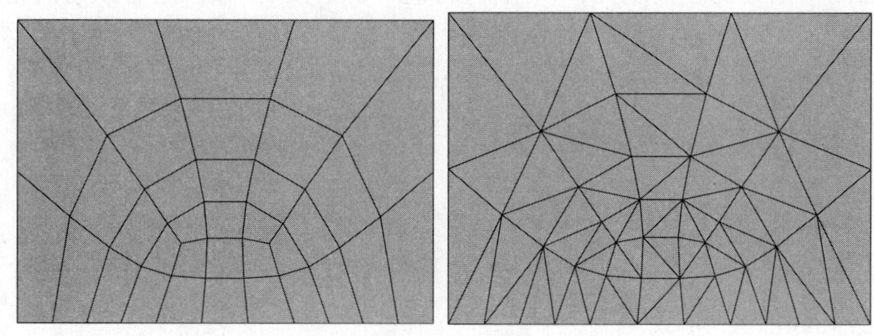

图 4-22 过渡映射三角形网格

2．体映射网格划分

要将体全部划分为六面体单元，必须满足以下条件：

1）该体的外形应为块状（6 个面）、楔形或棱柱（5 个面）、四面体（4 个面）。

2）对边上必须划分相同的单元数或分割符合过渡网格形式，适合六面体网格划分。

3）如果是棱柱或四面体，三角形面上的单元分割数必须是偶数。

图 4-23 所示为映射体网格划分示例。

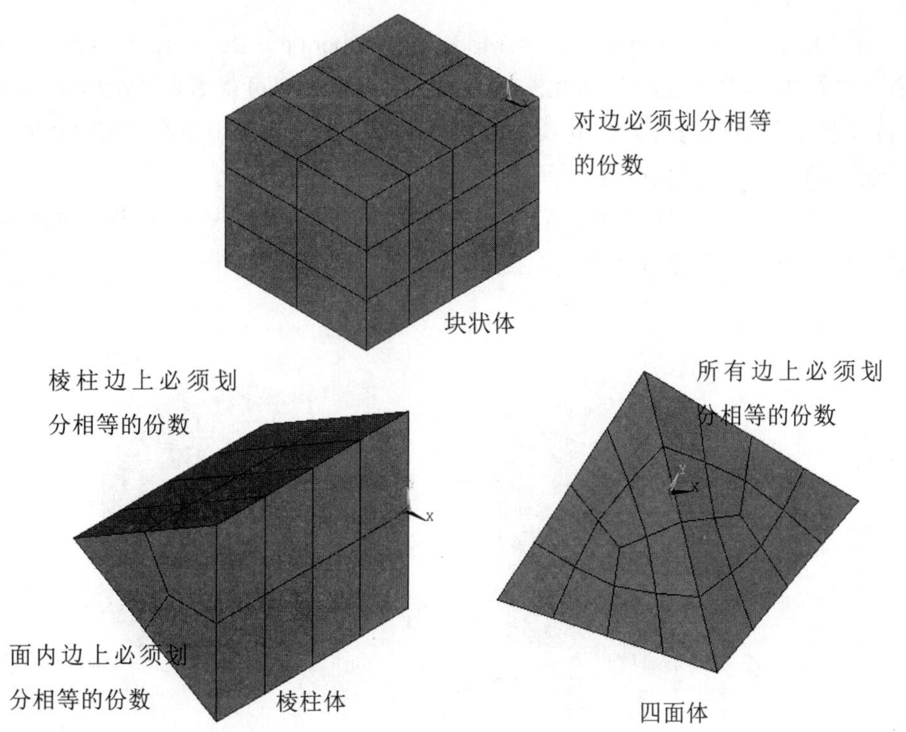

图 4-23 映射体网格划分示例

注：一般来说，AADD（面为平面或共面时）的连接效果优于 ACCAT。

与面网格划分的连接线一样，当需要减少围成体的面数以进行映射网格划分时，可以对面进行加（AADD）或连接（ACCAT）。如果连接面有边界线，线也必须连接在一起，必须线连接面，再连接线。举例如下（命令流方式）：

```
! first, concatenate areas for mapped volume meshing:
ACCAT,...
! next, concatenate lines for mapped meshing of bounding areas:
LCCAT,...
LCCAT,...
VMESH,...
```

如上所述，在连接面（ACCAT）之后一般需要连接线（LCCAT），但如果相连接的两个面都是由 4 条线组成（无连接线），则连接线操作会自动进行，如图 4-25 所示。另外须注意，删除连接面并不会自动删除相关的连接线。

连接面的方法：

命令：ACCAT。

GUI：Main Menu > Preprocessor > Meshing > Concatenate > Areas。

Main Menu > Preprocessor > Meshing > Mesh > Areas > Mapped。

将面相加的方法：

命令：AADD。

GUI：Main Menu > Preprocessor > Modeling > Operate > Booleans > Add > Areas。

命令“ACCAT”不支持用 IGES 功能输入的模型，但可用命令“ARMERGE”合并由 CAD 文件输入模型的两个或更多面。而且，当以此方法使用命令“ARMERGE”时，在合并线之间删除了关键点的位置而不会有节点。

与生成过渡映射面网格类似，ANSYS 程序允许生成过渡映射体网格。过渡映射体网格的划分只适合 6 个面的体（有无连接面均可），如图 4-25 所示。

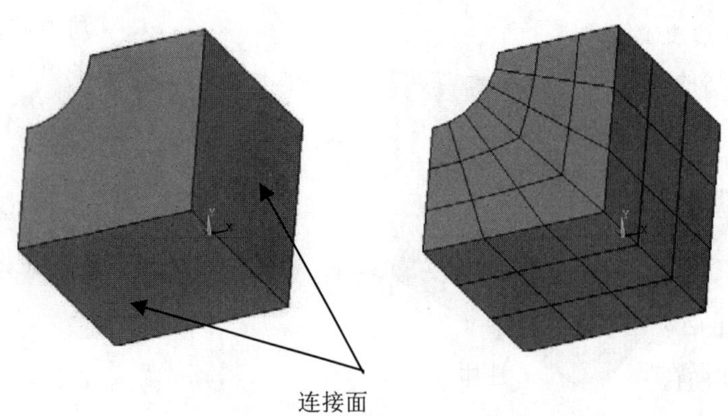

图 4-24 连接线操作自动进行

图 4-25 过渡映射体网格示例

4.5 给实体模型划分有限元网格

构造好几何模型，定义了单元属性和网格划分控制之后，即可生成有限元网格了，通常建议在划分网格之前先保存模型：

命令：SAVE。

GUI：Utility Menu > File > Save as Jobname.db。

4.5.1 用命令生成网格

为对模型进行网格划分，必须使用适合于待划分网格图元类型的网格划分，对关键点、线、面和体，分别使用下列命令和 GUI 途径进行网格划分。

1）在关键点处生成点单元(如 MASS21)：

命令：KMESH。

GUI：Main Menu > Preprocessor > Meshing > Mesh > Keypoints。

2）在线上生成线单元（如 LINK31）：

命令：LMESH。

GUI：Main Menu > Preprocessor > Meshing > Mesh > Lines。

3）在面上生成面单元（如 PLANE82）：

命令：AMESH, AMAP。

GUI：Main Menu > Preprocessor > Meshing > Mesh > Areas > Mapped > 3 or 4 sided。

Main Menu > Preprocessor > Meshing > Mesh > Areas > Free。

Main Menu > Preprocessor > Meshing > Mesh > Areas > Target Surf。

Main Menu > Preprocessor > Meshing > Mesh > Areas > Mapped > By Corners。

4）在体上生成体单元（如 SOLID90）：

命令：VMESH。

GUI：Main Menu > Preprocessor > Meshing > Mesh > Volumes > Mapped > 4 to 6 sided。

Main Menu > Preprocessor > Meshing > Mesh > Volumes > Free。

5）在分界线或者分界面处生成单位厚度的界面单元（如 INTER192）：

命令：IMESH。

GUI：Main Menu > Preprocessor > Meshing > Mesh > Interface Mesh > 2D Interface。

Main Menu > Preprocessor > Meshing > Mesh > Interface Mesh > 3D Interface。

另外还需说明的是，使用命令“xMESH”有如下几点注意事项：

1）有时需要对实体模型用不同维数的多种单元划分网格。例如，带筋的壳有梁单元（线单元）和壳单元（面单元），还有用表面作用单元（面单元）覆盖于三维实体单元（体单元）。这种情况可按任意顺序使用相应的网格划分（KMESH、LMESH、AMESH 和 VMESH），只需在划分网格之前设置合适的单元属性。

2）无论选取何种网格划分器（MOPT，VMESH，Value），在不同的硬件平台上对同一模型划分可能会得到不同的网格结果，这是正常的。

4.5.2 生成带方向节点的梁单元网格

可定义方向关键点作为线的属性对梁进行网格划分。方向关键点与待划分的线是独立的，在这些关键点位置，ANSYS 会沿着梁单元自动生成方向节点。支持这种方向节点的单元有 BEAM4、BEAM24、BEAM44、BEAM161、BEAM188 和 BEAM189。定义方向关键点的方法如下：

命令：LATT。

GUI：Main Menu > Preprocessor > Meshing > Mesh Attributes > All Lines。

Main Menu > Preprocessor > Meshing > Mesh Attributes > Picked Lines。

如果一条线由两个关键点（KP1 和 KP2）组成且两个方向关键点（KB 和 KE）已定义为线的属性，方向矢量在线的开始处 KP1 延伸到 KB，在线的末端从 KP2 延伸到 KE。ANSYS 通过上面给定两个方向矢量的插入方向计算方向节点，如图 4-26～图 4-29 所示。

下面简单介绍定义带方向节点梁单元的 GUI 路径。：

1）选择 GUI 路径：Main Menu > Preprocessor > Meshing > Mesh Attributes > Picked Lines，弹出“Line Attributes”对话框，如图 4-30 所示。在其中选择相应材料号（MAT）、实常数号（REAL）、单元类型号（TYPE）和梁截面号（SECT），然后选择“Pick Orientation

Keypoint(s)”后面单击复选框使其显示为“Yes”，单击“OK”按钮，弹出“Line Attributes”对话框，选择适当的关键点作为方向关键点。

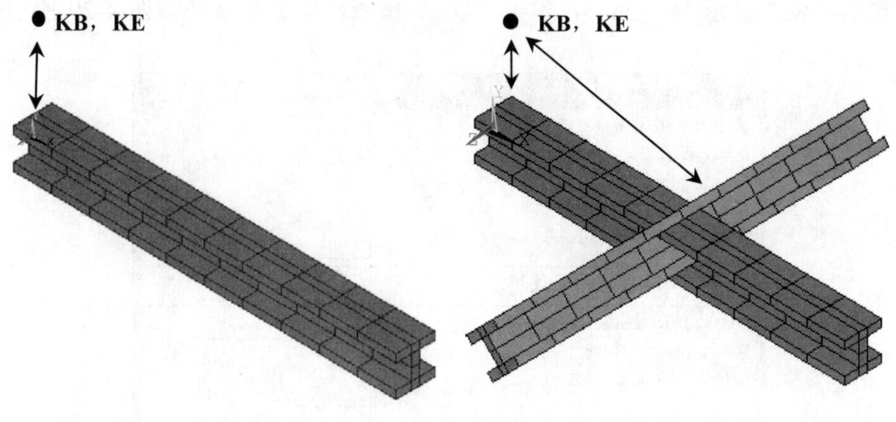

图 4-26 梁方向关键点（1）　　图 4-27 梁方向关键点（2）

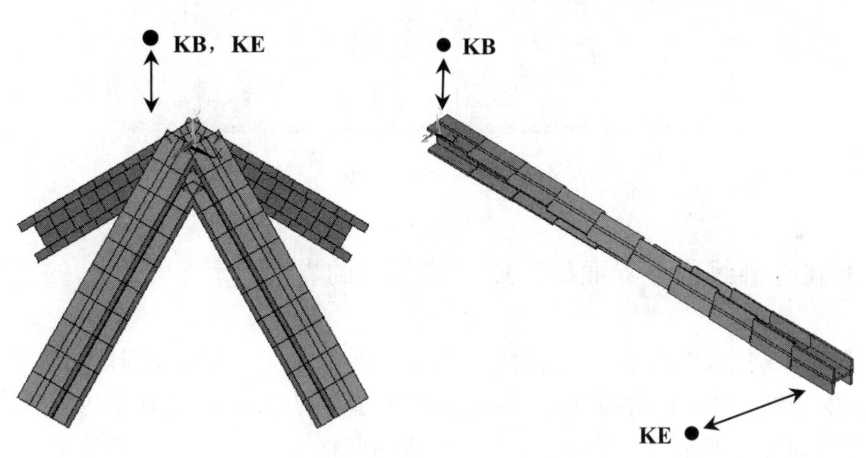

图 4-28 梁方向关键点（3）　　图 4-29 梁方向关键（4）

第一个选择的关键点将作为 KB，第二个将作为 KE，如果只选择了一个，那么 KE=KB。这之后就可以按普通的梁那样划分梁单元，在此不详述。

Line Attributes

[LATT] Assign Attributes to Picked Lines

MAT Material number　1

REAL Real constant set number　1

TYPE Element type number　2 BEAM189

SECT Element section　None defined

Pick Orientation Keypoint(s)　No

OK　Apply　Cancel　Help

图 4-30 “Line Attributes”对话框

2）如果想显示带方向点的梁单元，选择 GUI 路径：Utility Menu > PlotCtrls > Style > Size and Shape，弹出“Size and Shape”对话框，如图 4-31 所示。选择“ESHAPE”后面单击复选框，使其显示为“On”，单击“OK”按钮，即会显示类似图 4-29 所示的梁单元。

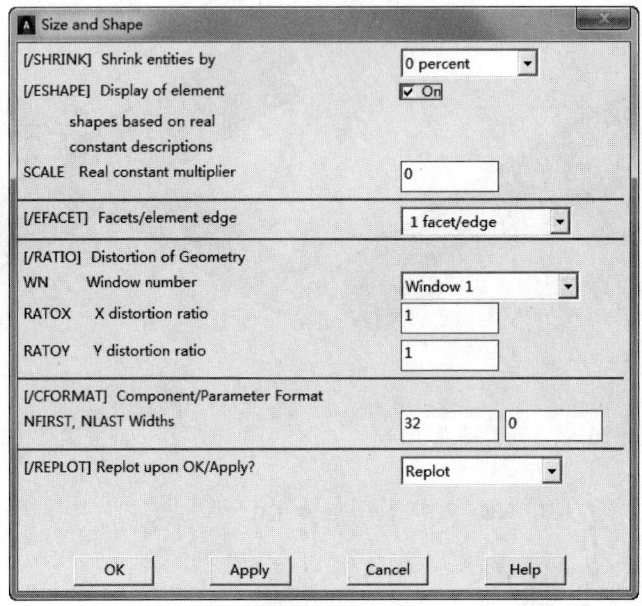

图 4-31 “Size and Shape”对话框

4.5.3 在分界线或分界面处生成单位厚度的界面单元

为了真实模拟模型的接缝，有时候必须划分界面单元，可以用线性的或者非线性的 4-D 或 3-D 分界面单元在结构单元之间的接缝层划分网格。图 4-32 所示为接缝模型示例，下面结合针对该模型简单介绍一下如何划分界面网格。

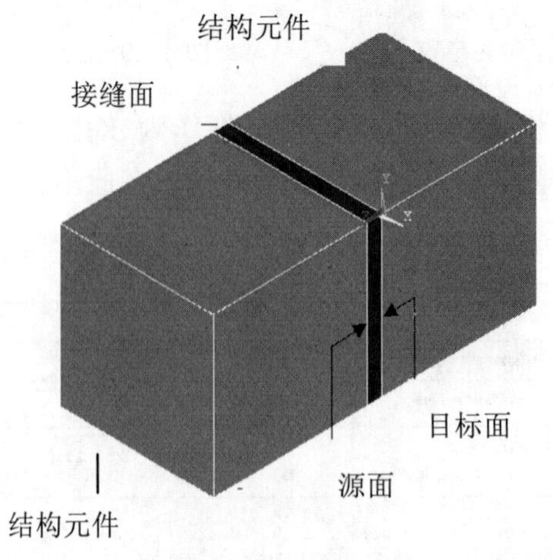

图 4-32 接缝模型示例

1）定义相应的材料属性和单元属性。

2）利用命令“AMESH”或者“VMESH”（或者相应的 GUI 路径）给包含源面（图 4-32 中的源面）的实体划分单元。

3）利用命令“IMESH，LINE”或“IMESH，AREA”或“VDRAG”（或者相应的 GUI 路径）给接缝面（即分界层）划分单元。

4）利用 AMESH 或者 VMESH（或者相应的 GUI 路径）给包含目标面（图 4-32 中的 Target face）的实体划分单元。

4.6 延伸和扫掠生成有限元模型

下面介绍一些相对上述方法而言更为简便的划分网格的方法，即延伸和扫掠生成有限元网格模。其中延伸方法主要用于利用二维模型和二维单元生成三维模型和三维单元，如果不指定单元，那么就只会生成三维几何模型，有时候它可以成为布尔运算的替代方法，而且通常更简便。扫掠方法是利用二维单元在已有的三维几何模型上生成三维单元，该方法对于从 CAD 中输入的实体模型通常特别有用。显然，延伸方法与扫掠方法最大的区别在于：前者能在二维几何模型的基础上生成新的三维模型的同时划分好网格，而后者必须是在完整的几何模型基础上来划分网格。

4.6.1 延伸生成网格

先用下面方法指定延伸（Extrude）的单元属性，如果不指定的话，后面的延伸操作都只会产生相应的几何模型而不会划分网格。，另外值得注意的是，：如果想生成网格模型，则在源面（或线）上必须划分相应的面网格（或线网格）。

命令：EXTOPT。

GUI：Main Menu > Preprocessor > Modeling > Operate > Extrude > Elem Ext Opts。

弹出“Element Extrusion Options”对话框，如图 4-33 所示。指定想要生成的单元类型（TYPE）、材料号（MAT）、实常数（REAL）、单元坐标系（ESYS）、单元数（VAL1）、单元比率（VAL2），以及是否要删除源面（ACLEAR）。

用以下命令可以执行具体的延伸操作：

1）面沿指定轴线旋转生成体：

命令：VROTAT。

GUI：Main Menu > Preprocessor > Modeling > Operate > Extrude > Areas > About Axis。

2）面沿指定方向延伸生成体：

命令：VEXT。

GUI：Main Menu > Preprocessor > Modeling > Operate > Extrude > Areas > By XYZ Offset。

Element Extrusion Options
[EXTOPT] Element Ext Options
[TYPE] Element type number 1 SOLID185
MAT Material number Use Default
[MAT] Change default MAT 1
REAL Real constant set number Use Default
[REAL] Change Default REAL None defined
ESYS Element coordinate sys Use Default
[ESYS] Change Default ESYS 0
Element sizing options for extrusion
VAL1 No. Elem divs 0
VAL2 Spacing ratio 0
ACLEAR Clear area(s) after ext No

图 4-33 “Element Extrusion Options”对话框

3）面沿其法线生成体：

命令：VOFFST。

GUI：Main Menu > Preprocessor > Modeling > Operate > Extrude > Areas > Along Normal。

另外，当使用“VEXT”或相应 GUI 时，弹出“Extrude Areas by XYZ Offset”对话框，如图 4-34 所示。其中，“DX，DY，DZ”表示延伸的方向和长度，而“RX，RY，RZ”表示延伸时的放大倍数，如图 4-35 所示。

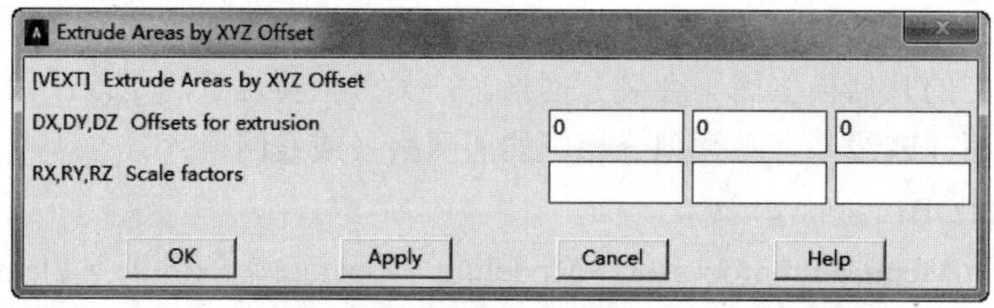

图 4-34 “Extrude Areas by XYZ Offset”对话框

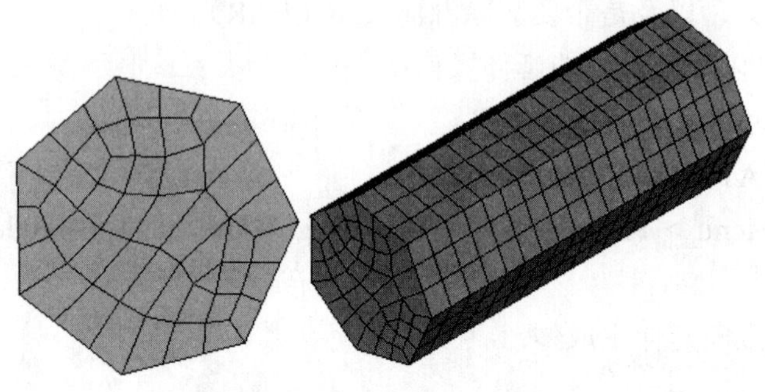

图 4-35 将网格面延伸生成网格体

4）面沿指定路径延伸生成体：

命令：VDRAG。

GUI：Main Menu > Preprocessor > Modeling > Operate > Extrude > Areas > Along Lines。

5）线沿指定轴线旋转生成面：

命令：AROTAT。

GUI：Main Menu > Preprocessor > Modeling > Operate > Extrude > Lines > About Axis。

6）线沿指定路径延伸生成面：

命令：ADRAG。

GUI：Main Menu > Preprocessor > Modeling > Operate > Extrude > Lines > Along Lines。

7）关键点沿指定轴线旋转生成线：

命令：LROTAT。

GUI：Main Menu > Preprocessor > Modeling > Operate > Extrude > Keypoints > About Axis。

8）关键点沿指定路径延伸生成线：

命令：LDRAG。

GUI：Main Menu > Preprocessor > Modeling > Operate > Extrude > Keypoints > Along Lines。

如果不在“EXTOPT”中指定单元属性，那么上述方法只会生成相应的几何模型，有时候可以将它们作为布尔运算的替代方法，如图 4-36 所示，可以将空心球截面绕直径旋转一定角度直接生成体。

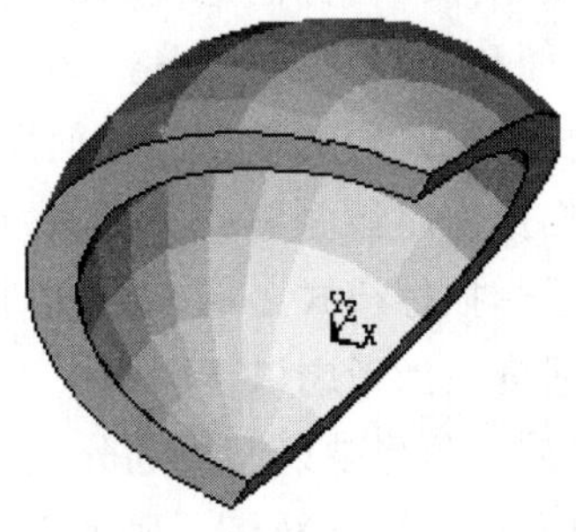

图 4-36 用延伸方法生成空心圆球

4.6.2 扫掠生成网格

1）确定体的拓扑模型能够进行扫掠，如果是下列情况之一则不能扫掠：体的一个或多个侧面包含多于一个环；体包含多于一个壳；体的拓扑源面与目标面不是相对的。

2）确定已定义合适的二维和三维单元类型。例如，如果对源面进行预网格划分，并想扫掠成包含二次六面体的单元，应当先用二次二维面单元对源面划分网格。

3）确定在扫掠操作中如何控制生成单元层数，即沿扫掠方向生成的单元数。可用如下方法控制：

命令：EXTOPT，ESIZE，Val1，Val2。

GUI：Main Menu > Preprocessor > Meshing > Mesh > Volume Sweep > Sweep Opts。

弹出“Sweep Options”对话框，如图 4-37 所示。该对话框中各选项的意义如下：是否清除源面的面网格，在无法扫掠处是否用四面体单元划分网格，程序自动选择源面和目标面还是手动选择，在扫掠方向生成多少单元数，在扫掠方向生成的单元尺寸比率。其中关于源面、目标面、扫掠方向和生成单元数的含义如图 4-38 所示。

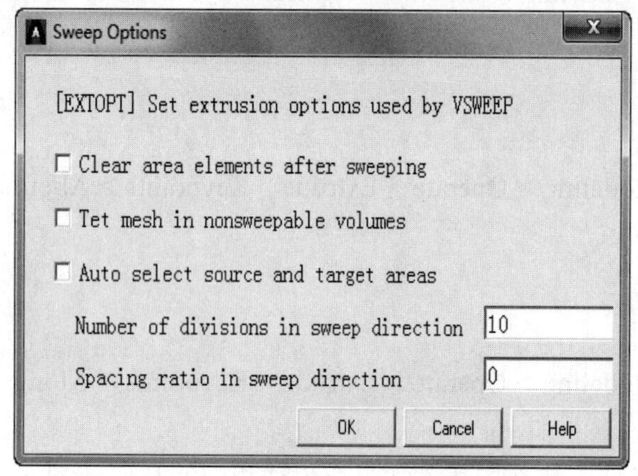

图 4-37 “Sweep Options”对话框

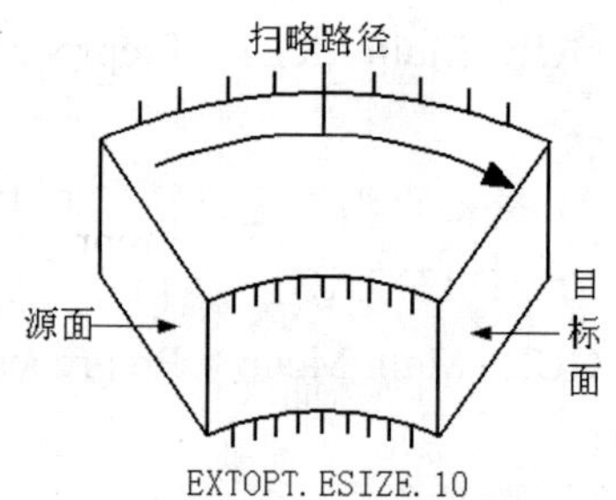

图 4-38 源面、目标面、扫掠方向和生成单元数

4）确定体的源面和目标面。ANSYS 在源面上使用的是面单元模式（三角形或者四边形），用六面体或楔形单元填充体。目标面是仅与源面相对的面。

5）有选择地对源面、目标面和边界面划分网格。

体扫掠操作的结果会因在扫掠前是否对模型的任何面（源面、目标面和边界面）划分网格而不同。典型情况是在扫掠前对源面划分网格，如果不划分，则 ANSYS 程序会自动生成临时面单元，在确定了体扫掠模式之后就会自动清除。

在扫掠前确定是否预划分网格应当考虑以下因素：

1）如果想让源面用四边形或三角形映射网格划分，那么应当预划分网格。

2）如果想让源面用初始单元尺寸划分网格，那么应当预划分网格。

3）如果不预划分网格，ANSYS 通常用自由网格划分。

4）如果不预划分网格，ANSYS 使用有“MSHAPE”设置的单元形状来确定对源面的网格划分。“MSHAPE，0，2D”生成四边形单元，“MSHAPE，1，2D”生成三角形单元。

5）如果与体关联的面或线上出现硬点则扫掠操作失败，除非对包含硬点的面或者线预划分网格。

6）如果源面和目标面都进行预划分网格，那么面网格必须相匹配。不过，源面和目标面并不要求一定都划分成映射网格。

7）在扫掠前，体的所有侧面（可以有连接线）必须是映射网格划分或四边形网格划分，如果侧面为划分网格，则必须有一条线在源面上，还有一条线在目标面上。

8）有时候，尽管源面和目标面的拓扑结构不同，但扫掠操作依然可以成功，只需采用适当的方法即可。如图 4-39 所示，将模型分解成两个模型，分别从不同方向扫掠就可生成合适的网格。

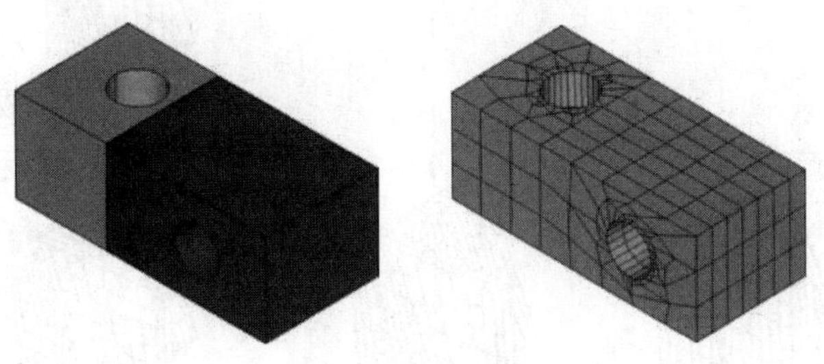

图 4-39 扫掠相邻体

可用如下方法激活体扫掠：

命令：VSWEEP,VNUM,SRCA,TRGA,LSMO。

GUI：Main Menu > Preprocessor > Meshing > Mesh > Volume Sweep > Sweep。

如果用命令“VSWEEP”扫掠体，须指定下列变量值：待扫掠体（VNUM）、源面（SRCA）、目标面（TRGA），也可选用“LSMO”变量指定 ANSYS 在扫掠体操作中是否执行线的光滑处理。如果采用 GUI 途径，则按下列步骤：

1）从主菜单中选择：Main Menu > Preprocessor > Meshing > Mesh > Volume Sweep > Sweep，弹出选择对话框。

2）选择待扫掠的体并单击“Apply”按钮。

3）选择源面并单击“Apply”按钮。

4）选择目标面，单击“OK”按钮。

图 4-40 所示为一个体扫掠网格示例。图 4-40a、c 表示没有预网格直接执行体扫掠的结果，图 4-40b、d 表示在源面上划分映射预网格然后执行体扫掠的结果，如果觉得这两种网格结果都不满意，则可以考虑图 4-40e、f、g 形式，步骤如下：

1）清除网格（VCLEAR）。

2）通过在想要分割的位置创建关键点，以对源面的线和目标面的线进行分割（LDIV），如图 4-40e 所示。

3）按图 4-40e 将源面上的增线分割复制到目标面的相应新增线上（新增线是步骤 2）产生的）。该步骤可以通过网格划分工具实现，从主菜单中选择：Main Menu > Preprocessor > Meshing > MeshTool。

4）手工对步骤 2）修改过的边界面划分映射网格，如图 4-40f 所示。

5）重新激活和执行体扫掠，结果如图 4-40g 所示。

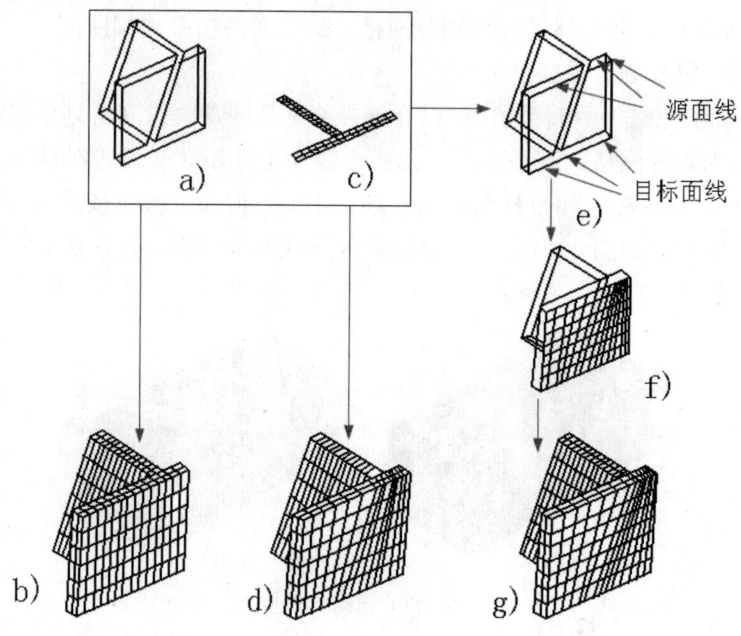

图 4-40 体扫掠网格示意图

4.7 修正有限元模型

本节主要叙述一些常用的修改有限元模型的方法，主要包括：

1）局部细化网格。

2）移动和复制节点和单元。

3）控制面、线和单元的法向。

4）修改单元属性。

4.7.1 局部细化网格

通常遇到下面两种情况时，需要考虑对局部区域进行网格细化。

1）已经将一个模型划分了网格，但想在模型的指定区域内得到更好的网格。

2）已经完成分析，同时根据结果想在感兴趣的区域得到更精确的解。

对于由四面体组成的体网格，ANSYS 程序允许在指定的节点、单元、关键点、线或面的周围进行局部细化网格，但非四面体单元（例如六面体、楔形、棱锥等）不能进行局部细化网格。

下面具体介绍利用命令或相应 GUI 路径来进行网格细化并设置细化控制：

1）围绕节点细化网格：

命令：NREFINE。

GUI：Main Menu > Preprocessor > Meshing > Modify Mesh > Refine At > Nodes。

2）围绕单元细化网格：

命令：EREFINE。

GUI：Main Menu > Preprocessor > Meshing > Modify Mesh > Refine At > Elements。

Main Menu > Preprocessor > Meshing > Modify Mesh > Refine At > All。

3）围绕关键点细化网格：

命令：KREFINE。

GUI：Main Menu > Preprocessor > Meshing > Modify Mesh > Refine At > Keypoints。

4）围绕线细化网格：

命令：LREFINE。

GUI：Main Menu > Preprocessor > Meshing > Modify Mesh > Refine At > Lines。

5）围绕面细化网格：

命令：AREFINE。

GUI：Main Menu > Preprocessor > Meshing > Modify Mesh > Refine At > Areas。

图 4-41～图 4-44 所示为一些网格细化的范例。从图中可以看出，控制网格细化时常用的 3 个变量为：LEVEL、DEPTH 和 POST。下面对这 3 个变量分别介绍，在此之前，先介绍在何处定义这 3 个变量值。

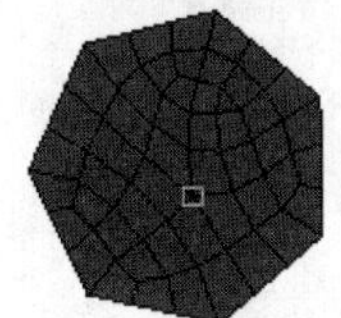
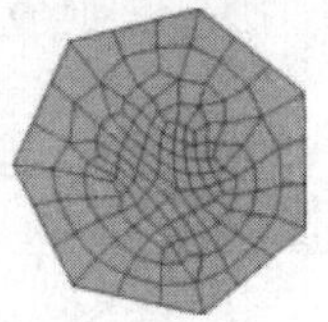

在节点处细化网格（NREFINE）

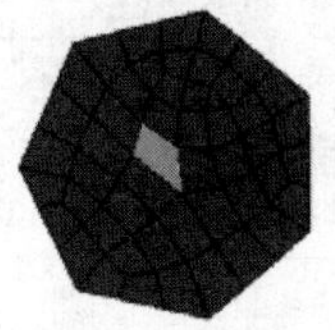
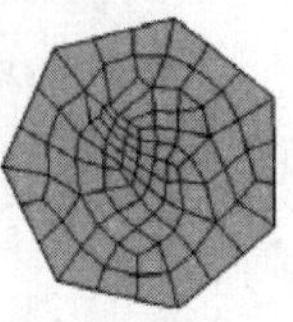

在单元处细化网格（EREFINE）

图 4-41 网格细化范例（1）

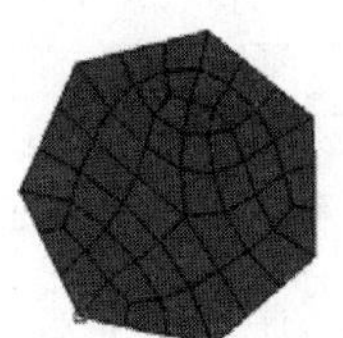
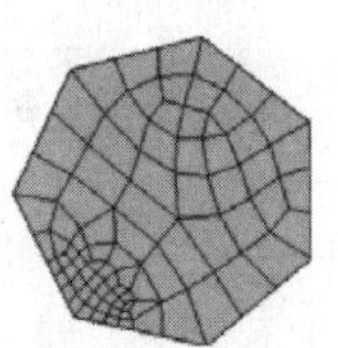

在关键点处细化网格（KREFINE）

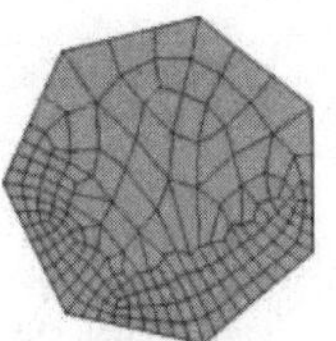

在线细化网格（LREFINE）

图 4-42 网格细化范例（2）

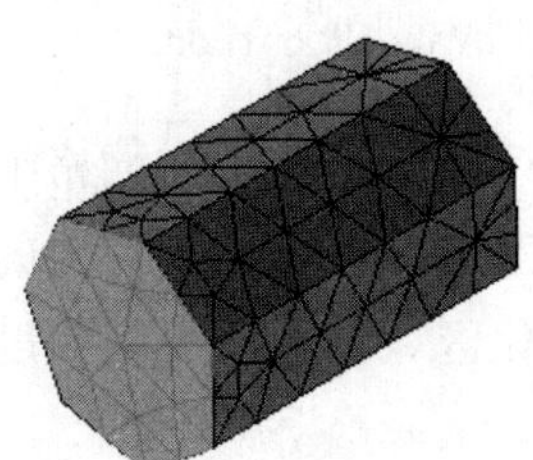
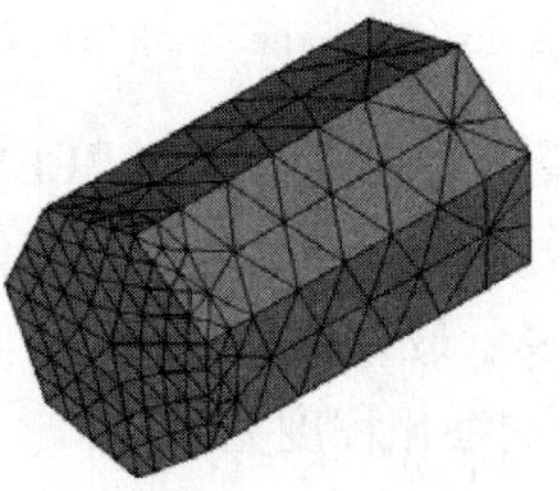

图 4-43 网格细化范例（3）

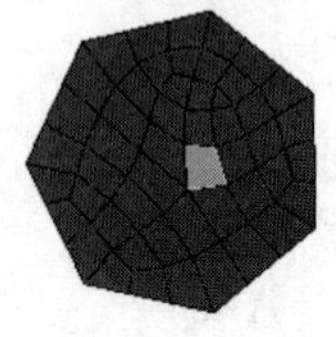

原始网格

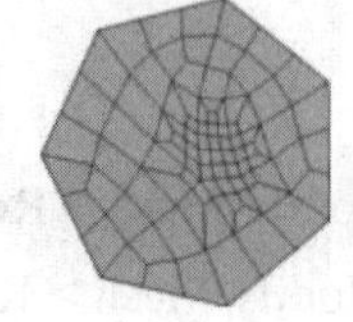

细化（不清除）（POST=OFF）

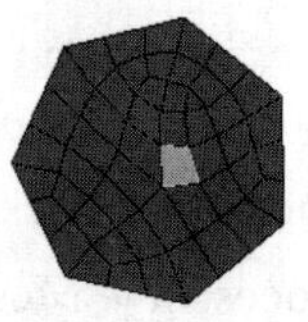

原始网格

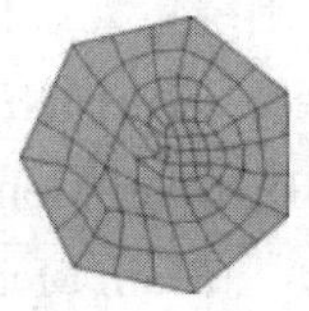

细化（清除）（POST=CLEAN）

图 4-44 网格细化范例（4）

以 GUI 路径围绕节点细化网格为例：

GUI：Main Menu > Preprocessor > Meshing > Modify Mesh > Refine At > Nodes。

弹出“Refine Mesh at Node”对话框，在模型上选择相应节点，弹出“Refine Mesh at Node”对话框，如图 4-45 所示。在“LEVEL”下拉列表选择合适的数值作为“LEVEL”值，选择“Advanced options”复选框，使其显示为“Yes”，单击“OK”按钮，弹出“Refine mesh at nodes advanced options”对话框，如图 4-46 所示。在“DEPTH”文本框中输入相应数值，在“POST”下拉列表中选择相应选项，其余默认，单击“OK”按钮，即可执行网格细化操作。

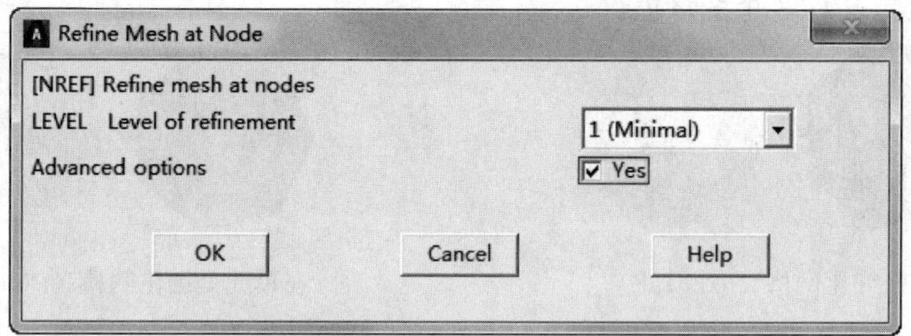

图 4-45 “Refine Mesh at Node”对话框

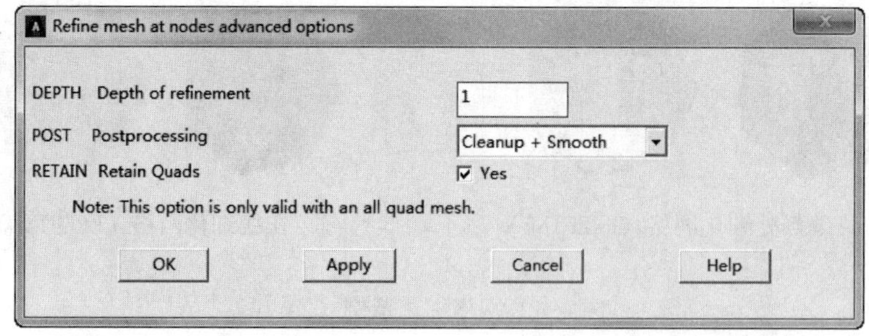

图 4-46 “Refine Mesh at Nodes advanced options”对话框

下面对 3 个变量分别介绍解释。“LEVEL”变量用来指定网格细化的程度，它必须是从 1 到 5 的整数，1 表示最低程度的细化，其细化区域单元边界的长度大约为原单元边界长度的 1/2，5 表示最大程度的细化，其细化区域单元边界的长度大约为原单元边界长度的 1/9，其余值的细化程度见表 4-3。

表 4-3 细化程度

LEVEL 值	细化后单元跟原单元边长的比值
1	1/2
2	1/3
3	1/4
4	1/8
5	1/9

"DEPTH"变量表示网格细化的范围，默认"DEPTH"=0，表示只细化选择点（或单元、线、面等）处一层网格。当然，"DEPTH"=0 时也可能细化一层之外的网格，那只是因为网格过渡的要求所致。

"POST"变量表示是否对网格细化区域进行光滑和清理处理。光滑处理表示调整细化区域的节点位置以改善单元形状，清理处理表示 ANSYS 程序对那些细化区域或者直接与细化区域相连的单元执行清理命令，通常可以改善单元质量。默认情况是进行光滑和清理处理。

4.7.2 移动和复制节点和单元

当一个已经划分了网格的实体模型图元被复制时，可以选择是否连同单元和节点一起复制，以复制面为例，在选择 GUI 路径 Main Menu > Preprocessor > Modeling > Copy > Areas 之后，将弹出"Copy Areas"对话框，如图 4-47 所示。可以在"NOELEM"后面的下拉列表中选择是否复制单元和节点。

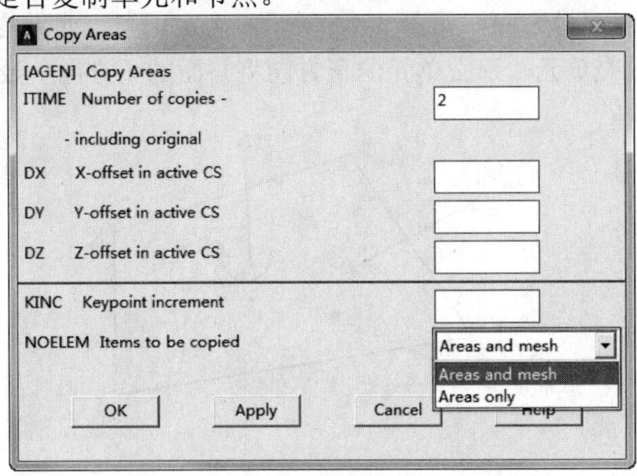

图 4-47 "Copy Areas"对话框

1）移动和复制面：

命令：AGEN。

GUI：Main Menu > Preprocessor > Modeling > Copy > Areas。

Main Menu > Preprocessor > Modeling > Move/Modify > Areas > Areas。

2）移动和复制体：

命令：VGEN。

GUI：Main Menu > Preprocessor > Modeling > Copy > Volumes。

Main Menu > Preprocessor > Modeling > Move/Modify > Volumes。

3）对称映像生成面

命令：ARSYM。

GUI：Main Menu > Preprocessor > Modeling > Reflect > Areas。

4）对称映像生成体：

命令：VSYMM。

GUI：Main Menu > Preprocessor > Modeling > Reflect > Volumes。

5）转换面的坐标系：

命令：ATRAN。

GUI：Main Menu > Preprocessor > Modeling > Move/Modify > Transfer Coord > Areas。

6）转换体的坐标系：

命令：VTRAN。

GUI：Main Menu > Preprocessor > Modeling > Move/Modify > Transfer Coord > Volumes。

4.7.3 控制面、线和单元的法向

如果模型中包含壳单元，并且添加的是面载荷，那么就需要了解单元面，以便能对载荷定义正确的方向。通常，壳的表面载荷将添加在单元的某一个面上，并根据右手法则（I、J、K、L 节点序号方向，如图 4-48 所示）确定正向。如果是用实体模型面进行网格划分的方法生成壳单元，那么单元的正方向将与面的正方向一致。

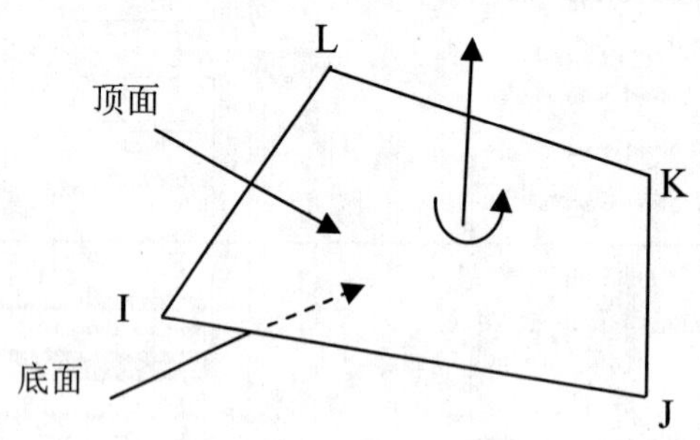

图 4-48 面的正方向

有以下几种方法可用于进行图形检查：

1）执行命令“/ NORMAL”（GUI：Utility Menu > PlotCtrls > Style > Shell Normals），接着再执行命令“EPLOT”（GUI：Utility Menu > Plot > Elements），该方法可以对壳单元的正法线方向进行快速的图形检查。

2）利用命令“/GRAPHICS，POWER”（GUI：Utility Menu > PlotCtrls > Style >

Hidden-Line Options，弹出“Hidden-Line Options”对话框，如图 4-49 所示）打开“PowerGraphics”选项（通常该选项是默认打开底面），“PowerGraphics”将用不同颜色来显示壳单元的底面和顶面。

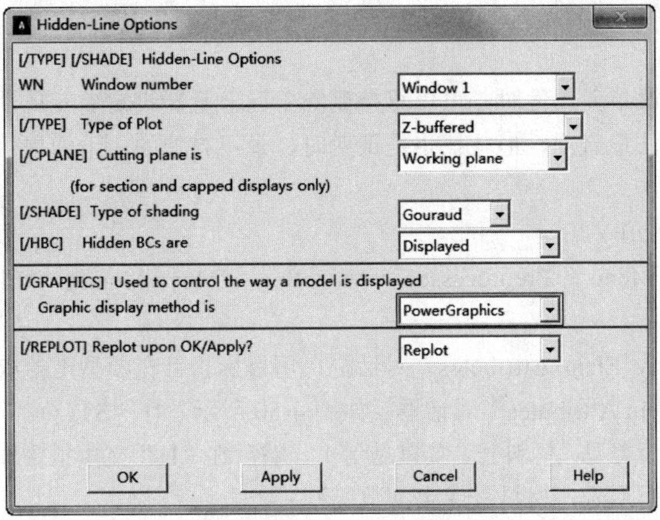

图 4-49 打开“PowerGraphics”选项

3）将假定正确底表面载荷加到模型上，然后在执行命令“EPLOT”之前先打开显示表面载荷符号的选项“[/PSF,Item,Comp,2]”（相应 GUI：Utility Menu > PlotCtrls > Symbols），以检验它们方向的正确性。

有时候需要修改，或者控制面、线和单元的法向，ANSYS 程序提供了如下方法：

1）重新设定壳单元的法向：

命令：ENORM。

GUI：Main Menu > Preprocessor > Modeling > Move/Modify > Elements > Shell Normals。

2）重新设定面的法向：

命令：ANORM。

GUI：Main Menu > Preprocessor > Modeling > Move/Modify > Areas > Area Normals。

3）将壳单元的法向反向：

命令：ENSYM。

GUI：Main Menu > Preprocessor > Modeling > Move/Modify > Reverse Normals > of Shell Elems。

4）将线的法向反向：

命令：LREVERSE。

GUI：Main Menu > Preprocessor > Modeling > Move/Modify > Reverse Normals > of Lines。

5）将面的法向反向：

命令：AREVERSE。

GUI：Main Menu > Preprocessor > Modeling > Move/Modify > Reverse Normals > of Areas。

4.7.4 修改单元属性

通常，要修改单元属性时，可以直接删除单元，重新设定单元属性后再执行网格划分操作，这个方法最直观，但往往也是最费时、最不方便的。下面提供另外一种不必删除网格的简便方法：

命令：EMODIFY。

GUI：Main Menu > Preprocessor > Modeling > Move/Modify > Elements > Modify Attrib。

弹出“Modify Elem Attributes”对话框，用鼠标指针在模型上拾取相应单元之后即弹出“Modify Elem Attributes”对话框，如图 4-50 所示。在“STLOC”下拉列表中选择适当选项（如单元类型，材料号，实常数等），然后在“I1”文本框中输入新的序号（表示修改后的单元类型号、材料号或实常数等）。

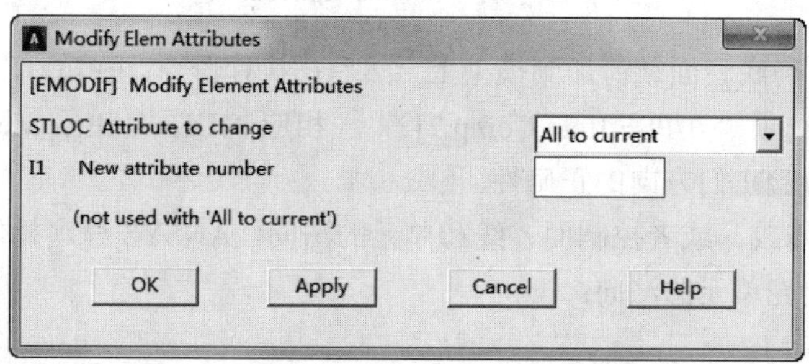

图 4-50 “Modify Elem Attributes”对话框

4.8 直接通过节点和单元生成有限元模型

如前所述，ANSYS 程序已经提供了许多方便的命令，用于通过几何模型生成有限元网格模型，以及对节点和单元进行复制、移动等操作，但同时，ANSYS 还提供了直接通过节点和单元生成有限元模型的方法，这种方法有时更便捷、更有效。由直接生成法生成的模型严格按节点和单元的顺序定义，单元必须在相应节点全部生成之后才能定义。

4.8.1 节点

（1）定义节点。

（2）从已有节点生成另外的节点。

（3）查看和删除节点。

（4）移动节点。

（5）读写包含节点数据的文本文件。

（6）旋转节点的坐标系。

可以按表 4-4～表 4-9 提供的方法执行上述操作。

表 4-4 定义节点

用法	命令	GUI 菜单路径
在激活的坐标系里定义单个节点	N	Main Menu > Preprocessor > Modeling > Create > Nodes > In Active CS or > On Working Plane
在关键点上生成节点	NKPT	Main Menu > Preprocessor > Modeling > Create > Nodes > On Keypoint

表 4-5 从已有节点生成另外的节点

用法	命令	GUI 菜单路径
在两节点连线上生成节点	FILL	Main Menu>Preprocessor>Modeling >Create>Nodes > Fill between Nds
由一种模式节点生成另外节点	NGEN	Main Menu > Preprocessor > Modeling > Copy > Nodes > Copy
由一种模式节点生成缩放节点	NSCALE	Main Menu > Preprocessor > Modeling > Copy > Nodes > Scale & Copy or > Scale & Move Main Menu > Preprocessor > Modeling > Operate > Scale > Nodes > Scale & Copy or > Scale Move
在三节点的二次线上生成节点	QUAD	Main Menu > Preprocessor > Modeling > Create > Nodes > Quadratic Fill
生成镜像映射节点	NSYM	Main Menu > Preprocessor > Modeling > Reflect > Nodes
将一种模式的节点转换坐标系	TRANSFER	Main Menu > Preprocessor > Modeling > Move/Modify > Transfer Coord > Nodes
在曲线的曲率中心定义节点	CENTER	Main Menu > Preprocessor > Modeling > Create > Nodes > At Curvature Ctr

表 4-6 查看和删除节点

用法	命令	GUI 菜单路径
列表显示节点	NLIST	Utility Menu > List > Nodes Utility Menu > List > Picked Entities > Nodes
屏幕显示节点	NPLOT	Utility Menu > Plot > Nodes
删除节点	NDELE	Main Menu > Preprocessor > Modeling > Delete > Nodes

表 4-7 移动节点

用法	命令	GUI 菜单路径
通过编辑节点坐标来移动节点	NMODIF	Main Menu > Modeling > Preprocessor > Create > Nodes > Rotate Node CS > By Angles Main Menu > Preprocessor > Modeling > Move/Modify > Rotate Node CS > By Angles or > Set of Nodes or > Single Node
移动节点到作表面的交点	MOVE	Main Menu > Preprocessor > Modeling > Move/Modify > Nodes > To Intersect

表 4-8 读写包含节点数据的文本文件

用法	命令	GUI 菜单路径
从文件中读取一部分节点	NRRANG	Main Menu > Preprocessor > Modeling > Create > Nodes > Read Node File
从文件中读取节点	NREAD	Main Menu > Preprocessor > Modeling > Create > Nodes > Read Node File
将节点写入文件	NWRITE	Main Menu > Preprocessor > Modeling > Create > Nodes > Write Node File

表 4-9 旋转节点的坐标系

用法	命令	GUI 菜单路径
旋转到当前激活的坐标系	NROTAT	Main Menu>Preprocessor >Modeling >Create > Nodes >Rotate Node CS>To Active CS Main Menu > Preprocessor>Modeling>Move/Modify > Rotate Node CS > To Active CS
通过方向余弦旋转节点坐标系	NANG	Main Menu > Preprocessor > Modeling > Create > Nodes > Rotate Node CS > By Vectors Main Menu > Preprocessor > Modeling > Move/Modify > Rotate Node CS > By Vectors
通过角度来旋转节点坐标系	N; NMODIF	Main Menu > Preprocessor > Modeling > Create > Nodes > In Active CS or > On Working Plane Main Menu > Modeling > Preprocessor > Create > Nodes > Rotate Node CS > By Angles Main Menu > Preprocessor > Modeling > Move/Modify > Rotate Node CS > By Angles or > Set of Nodes or > Single Node

4.8.2 单元

（1）组集单元表。

（2）指向单元表中的项。

（3）查看单元列表。

（4）定义单元。

（5）查看和删除单元。

（6）从已有单元生成另外的单元。

（7）利用特殊方法生成单元。

（8）读写包含单元数据的文本文件。

定义单元的前提条件是已经定义了该单元所需的最少节点，并且已指定合适的单元属性。可以按照表 4-10～表 4-17 提供的方法来执行上述操作。

表 4-10 组集单元表

用法	命令	GUI 菜单路径
定义单元类型	ET	Main Menu > Preprocessor > Element Type > Add/Edit/Delete
定义实常数	R	Main Menu > Preprocessor > Real Constants
定义线性材料属性	MP;MPDATA;MPTEMP	Main Menu> Preprocessor > Material Props > Material Models > analysis type

表 4-11 指向单元属性

用法	命令	GUI 菜单路径
指定单元类型	TYPE	Main Menu > Preprocessor > Modeling > Create > Elements > Elem Attributes
指定实常数	REAL	Main Menu > Preprocessor > Modeling > Create > Elements > Elem Attributes
指定材料号	MAT	Main Menu > Preprocessor > Modeling > Create > Elements > Elem Attributes
指定单元坐标系	ESYS	Main Menu > Preprocessor > Modeling > Create > Elements > Elem Attributes

表 4-12 查看单元列表

用法	命令	GUI 菜单路径
列表显示单元类型	ETLIST	Utility Menu > List > Properties > Element Types
列表显示实常数的设置	RLIST	Utility Menu > List > Properties > All Real Constants or > Specified Real Constants
列表显示线性材料属性	MPLIST	Utility Menu > List > Properties > All Materials or > All Matls, All Temps or > All Matls, Specified Temp or > Specified Matl, All Temps
列表显示数据表	TBLIST	Main Menu > Preprocessor > Material Props > Material Models Utility Menu > List > Properties > Data Tables
列表显示坐标系	CSLIST	Utility Menu > List > Other > Local Coord Sys

表 4-13 定义单元

用法	命令	GUI 菜单路径
定义单元	E	Main Menu > Preprocessor > Modeling > Create > Elements > Auto Numbered > Thru Nodes Main Menu > Preprocessor > Modeling > Create > Elements > User Numbered > Thru Nodes

表 4-14 查看和删除单元

用法	命令	GUI 菜单路径
列表显示单元	ELIST	Utility Menu>List > Elements Utility Menu > List > Picked Entities > Elements
屏幕显示单元	EPLOT	Utility Menu > Plot > Elements
删除单元	EDELE	Main Menu > Preprocessor > Modeling > Delete > Elements

表 4-15 从已有单元生成另外的单元

用法	命令	GUI 菜单路径
从已有模式的单元生成另外的单元	EGEN	Main Menu > Preprocessor > Modeling > Copy > Elements > Auto Numbered
手工控制编号从已有模式的单元生成另外的单元	ENGEN	Main Menu > Preprocessor>Modeling > Copy>Elements> User Numbered
镜像映射生成单元	ESYM	Main Menu>Preprocessor>Modeling >Reflect >Elements > Auto Numbered
手工控制编号镜像映射生成单元	ENSYM	Main Menu > Preprocessor > Modeling >Reflect>Elements> User Numbered Main Menu > Preprocessor > Modeling > Move/Modify > Reverse Normals > of Shell Elements

表 4-16 读写包含单元数据的文本文件

用法	命令	GUI 菜单路径
从单元文件中读取部分单元	ERRANG	Main Menu >Preprocessor > Modeling > Create > Elements > Read Elem File
从文件中读取单元	EREAD	Main Menu >Preprocessor > Modeling > Create > Elements > Read Elem File
将单元写入文件	EWRITE	Main Menu > Preprocessor >Modeling >Create > Elements > Write Elem File

表 4-17 利用特殊方法生成单元

用法	命令	GUI 菜单路径
在已有单元的外表面生成表面单元（SURF151 和 SURF152）	ESURF	Main Menu > Preprocessor > Modeling > Create > Elements > Surf/Contact > option
用表面单元覆盖于平面单元的边界上并分配额外节点作为最近的流体单元节点（SURF151）	LFSURF	Main Menu > Preprocessor > Modeling > Create > Elements > Surf/Contact > Surface Effect > Attach to Fluid > Line to Fluid
用表面单元覆盖于实体单元的表面上并分配额外的节点作为最近的流体单元的节点（SURF152）	AFSURF	Main Menu > Preprocessor > Modeling > Create > Elements > Surf/Contact > Surface Effect > Attach to Fluid > Area to Fluid
用表面单元覆盖于已有单元的表面并指定额外的节点作为最近的流体单元的节点（SURF151 和 SURF152）	NDSURF	Main Menu > Preprocessor > Modeling > Create > Elements > Surf/Contact > Surface Effect > Attach to Fluid > Node to Fluid
在重合位置处产生两节点单元	EINTF	Main Menu > Preprocessor > Modeling > Create > Elements > Auto Numbered > At Coincid Nd
产生接触单元	GCGEN	Main Menu > Preprocessor > Modeling > Create > Elements > Surf/Contact > Node to Surf

4.9 编号控制

本节主要叙述用于编号控制（包括关键点、线、面、体、单元、节点、单元类型、实常数、材料号、耦合自由度、约束方程、坐标系等）的命令和 GUI 路径。这种编号控制对于将模型的各个独立部分组合起来是相当有用和必要的。

布尔运算输出图元的编号并非完全可以预估，在不同的计算机系统中，执行同样的布尔运算，其生成图元的编号可能会不同。

4.9.1 合并重复项

如果两个独立的图元在相同或者非常相近的位置，可用下列方法将它们合并成一个图元：

命令：NUMMRG。

GUI：Main Menu > Preprocessor > Numbering Ctrls > Merge Items。

弹出“Merge Coincident or Equivalently Defined Items”对话框，如图 4-51 所示。在“Label”下拉列表中选择合适的项（如关键点、线、面、体、单元、节点、单元类型、实常数、材料号等）；在“TOLER”文本框中输入值表示条件公差（相对公差），在“GTOLER”文本框中输入值表示总体公差（绝对公差），通常采用默认值（即不输入具体数值）；“ACTION”变量表示是直接合并选择项还是先提示然后再合并（默认是直接合并）；“SWITCH”变量表示是保留合并图元中较高的编号还是较低的编号（默认是较低的编号）。

图 4-52 和图 4-53 给出了两个合并示例。

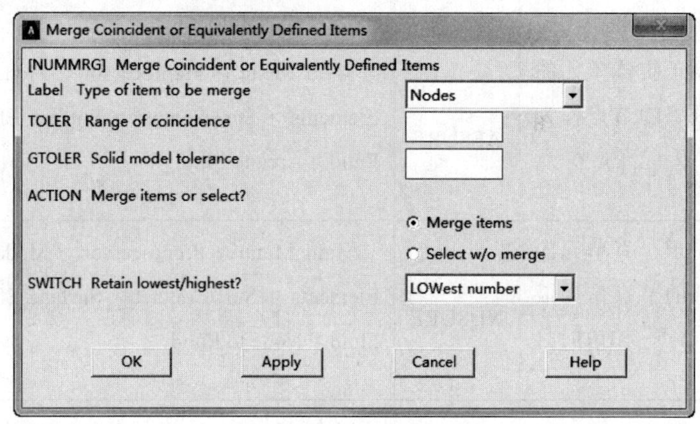

图 4-51 “Merge Coincident or Equivalently Defined Items”对话框

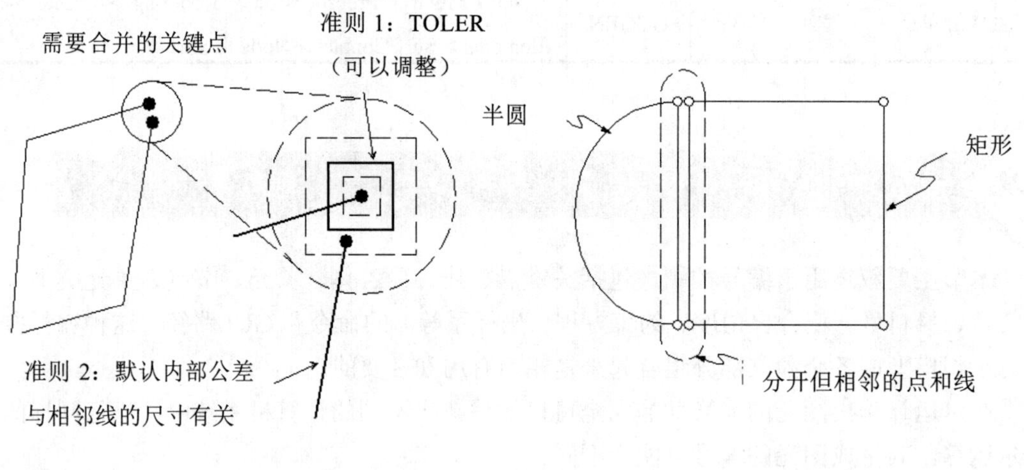

图 4-52 默认公差合并示例

图 4-53 合并示例

4.9.2 编号压缩

在构造模型时，由于删除、清除、合并或者其他操作可能在编号中产生许多空号，可采用如下方法清除空号并保证编号的连续性。

命令：NUMCMP。

GUI：Main Menu > Preprocessor > Numbering Ctrls > Compress Numbers。

弹出“Compress Numbers”对话框，如图 4-54 所示。在“Label”后面的下拉列表中选择适当的项（如关键点、线、面、体、单元、节点、单元类型、实常数、材料号等），即可执行编号压缩操作。

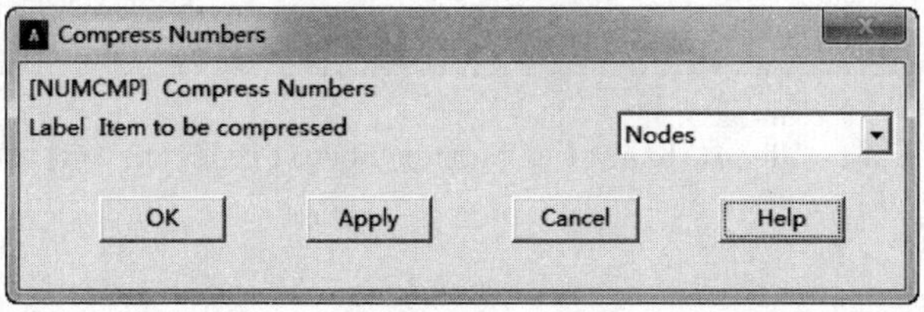

[NUMCMP] Compress Numbers
Label Item to be compressed Nodes
OK Apply Cancel Help

图 4-54 “Compress Numbers”对话框

4.9.3 设定起始编号

在生成新的编号项时，可以控制新生成的系列项的起始编号大于已有图元的最大编号。这样做可以保证新生成图元的连续编号，不会占用已有编号序列中的空号，这样做的另一个理由可以使生成的模型的某个区域在编号上与其他区域保持独立，从而避免将这些区域连接到一块导致编号冲突。设定起始编号的方法如下：

命令：NUMSTR。

GUI：Main Menu > Preprocessor > Numbering Ctrls > Set Start Number。

弹出“Starting Number Specifications”对话框，如图 4-55 所示。在节点、单元、关键点、线、面的文本框中指定相应的起始编号即可。

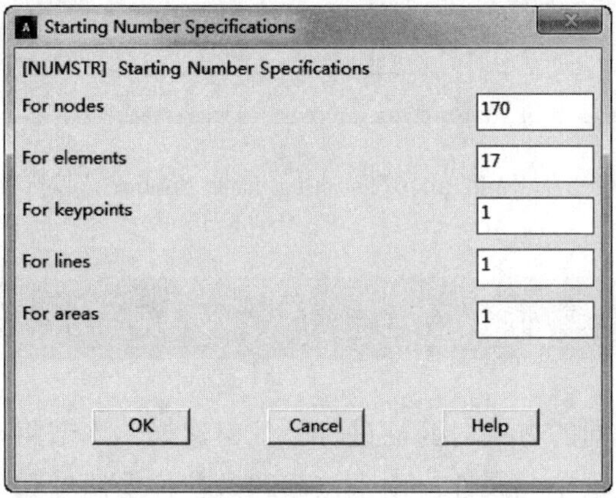

[NUMSTR] Starting Number Specifications
For nodes 170
For elements 17
For keypoints 1
For lines 1
For areas 1
OK Cancel Help

图 4-55 “Starting Number Specifications”对话框

如果想恢复默认的起始编号，可用如下方法：

命令：NUMSTR，DEFA。

GUI：Main Menu > Preprocessor > Numbering Ctrls > Reset Start Number。

弹出“Reset Starting Number Specifications”对话框，如图 4-56 所示。单击“OK”按钮即可。

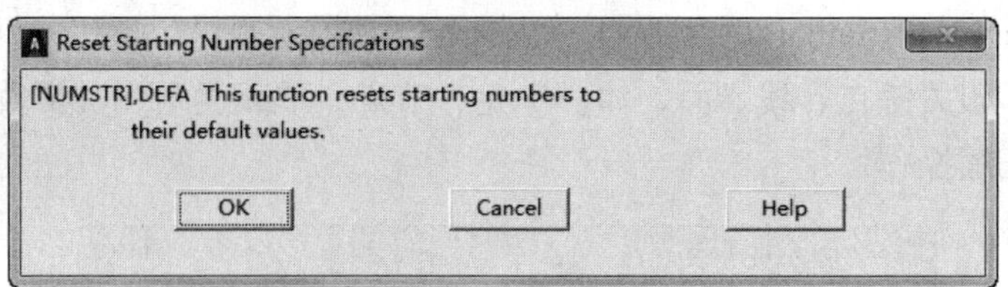

图 4-56 “Reset Starting Number Specifications”对话框

4.9.4 编号偏差

在连接模型中两个独立区域时，为避免编号冲突，可对当前已选取的编号加一个偏差值来重新编号，方法如下：

命令：NUMOFF。

GUI：Main Menu > Preprocessor > Numbering Ctrls > Add Num Offset。

弹出“Add an Offset to Item Numbers”对话框，如图 4-57 所示，在“Label”下拉列表中选择想要执行编号偏差的项（例如关键点、线、面、体、单元、节点、单元类型、时常数、材料号等），在“VALUE”文本框中输入具体数值即可。

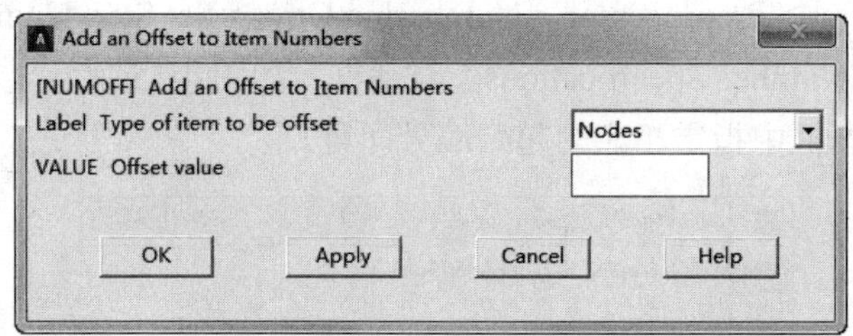

图 4-57 “Add an Offset to Item Numbers”对话框

4.10 实例导航——导弹发动机药柱模型网格划分

前面章节中采用不同的方式对药柱进行了几何建模，本节将在此基础上对星型药柱进行网格划分。首先设定单元属性，由于该问题是药柱受温度和内压载荷作用下的结构分析，所以在这里采用比较简单的 Solid185 单元，该单元是 8 节点且具有 3 个位移自由度的六面体单元。GUI 路径：Main Menu > Preprocessor > Element Type > Add/Edit/Delete，在弹出的“Library of Element Types”对话框（见图 4-58）中进行设置，单击“OK”按钮后在单元列表中可以发现增加了“Solid185”单元。

接下来设置材料属性，GUI 路径：Main Menu > Preprocessor > Material Props > Material Models，在弹出的图 4-59 所示的“Define Material Model Behavior”窗口中设置

材料的线弹性属性，在弹出的图 4-60 所示的“Linear Isotropic Properties for Material Number 1”对话框中设置药柱材料的线弹性参数。其中“EX”代表弹性模量，“PRXY”代表泊松比。除此之外还需要设定材料的热膨胀系数，如图 4-61 所示。在弹出的图 4-62 中，将参考温度设为 58，热膨胀系数设为“0.652e-4”，单击“OK”按钮后完成材料属性设置。

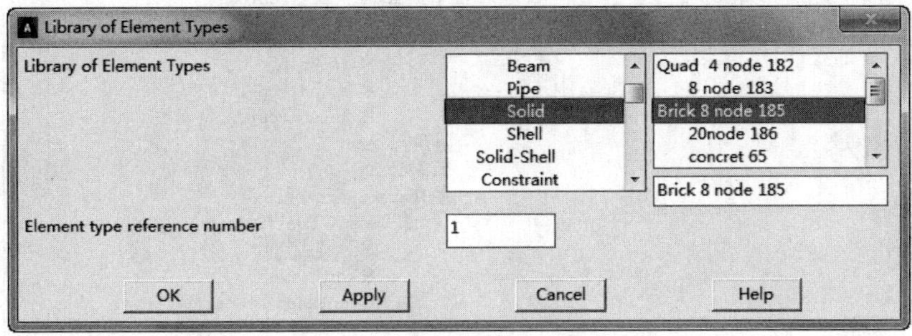

图 4-58 “Library of Element Types”对话框

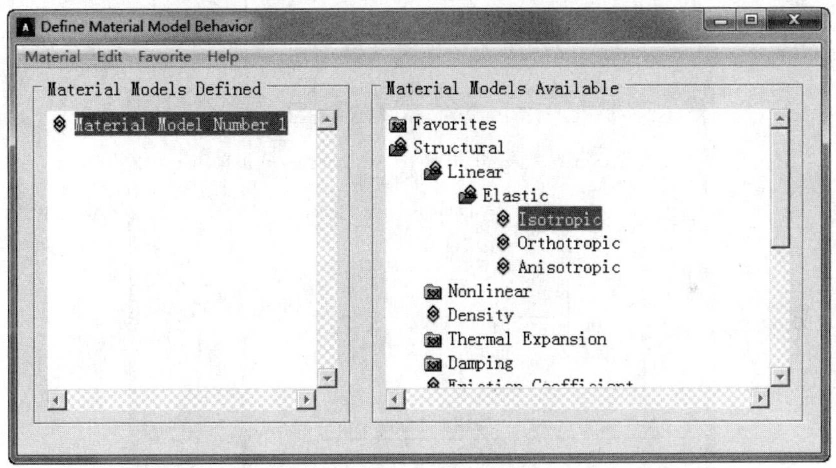

图 4-59“Define Material Model Behavior”窗口对话框

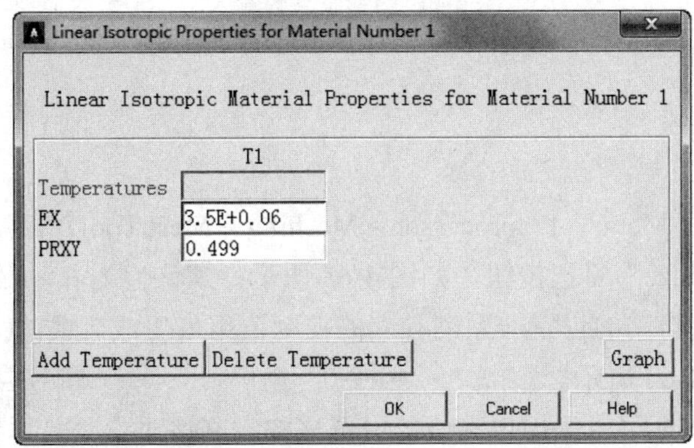

图 4-60 “Linear Isotropic Properties for Material Number 1”对话框

由于该模型只有药柱一种材料，也只采用一种单元，所以划分网格时系统将默认为将单元45和材料1分配给药柱模型，接下来将对模型进行划分网格。为了熟悉各种网格划分的方法和流程，我们分别采用了智能分网、扫掠分网和延伸分网3种方法。

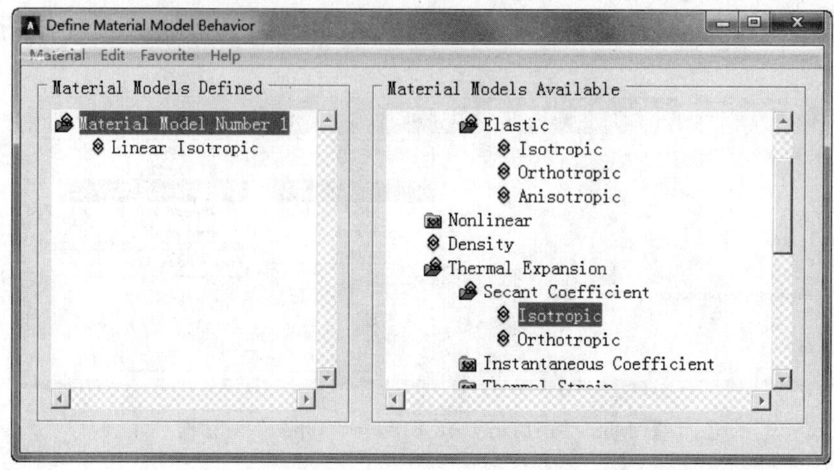

图4-61 热膨胀系数设置

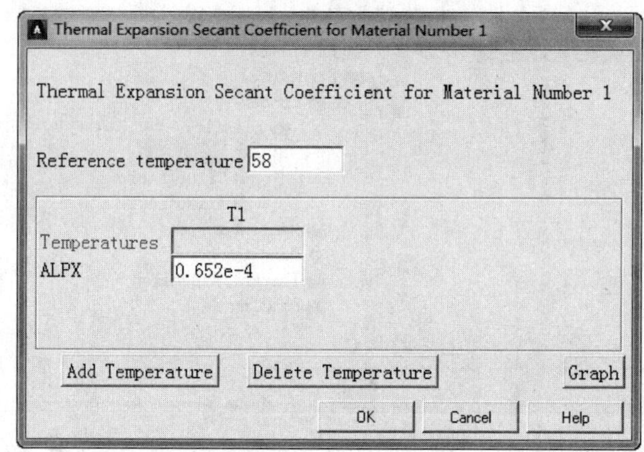

图4-62 热膨胀系数输入

4.10.1 智能分网

GUI路径：Main Menu > Preprocessor > Meshing > MeshTool，在弹出的“MeshTool”对话框选择“SmartSize”复选按钮，如图4-63所示。默认值为6，从1（细网格）到10（粗网格），程序会自动的设置一系列独立的控制值用来生成想要的大小。“SmartSize”分网后的模型如图4-64所示。

另外，智能分网还可以采用更高级的设置来控制网格质量，具体参照4.3.5节。

智能分网系统会根据模型的尺寸自动设置网格的大小，并在局部区域加密，所以智能程度较高，但往往不好控制网格的分布大小，划分不出自己所需要的网格。

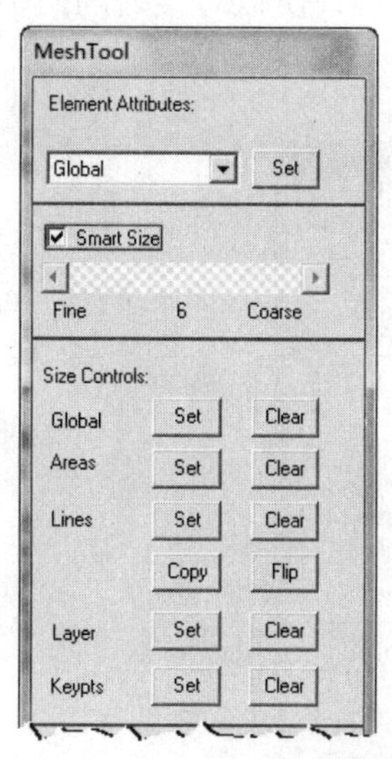
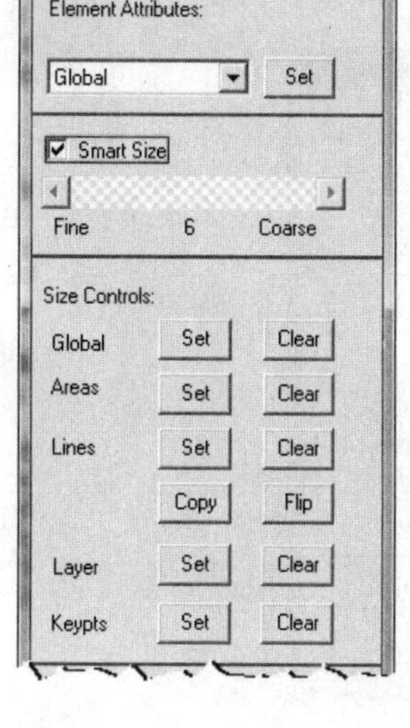

图 4-63 “MeshTool”对话框

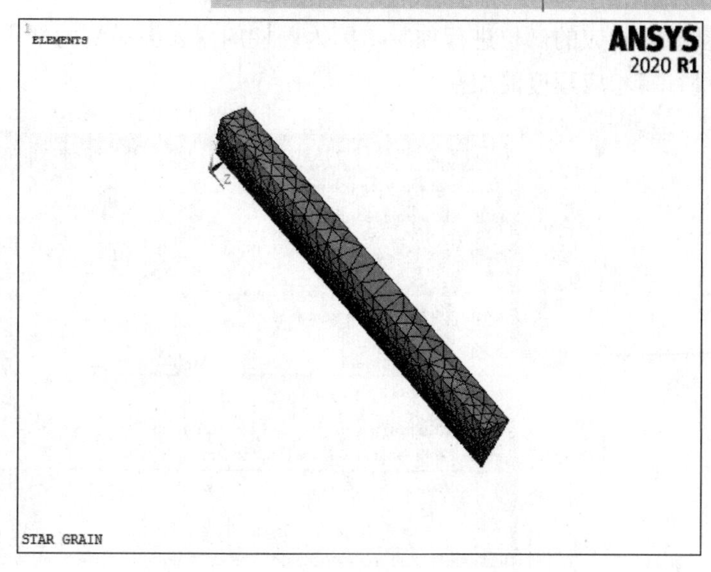

图 4-64 “SmartSize”分网后的模型

4.10.2 扫掠分网

根据之前生成模型的方法，可以先对横截面生成分网，然后再通过“vsweep”方式生成扫掠网格。由于横截面的网格单元必须是二维的，所以需再设置一种二维网格单元“Mesh200”，增加单元类型或输入命令“ET,2,Mesh200”。由于三维的网格单元为 8 节点的六面体单元，所以需要对“Mesh200”的属性做如下设置：选择“Mesh200”单元，单击“Option”选项，在弹出的“MESH200 elsment type options”对话框（见图 4-65）中将“K1”设置为“QUAD 4-NODE”。先用“Mesh200”单元对面 1 进行分网，在这里同样采用两种分网的方式，即自由分网和映射分网。

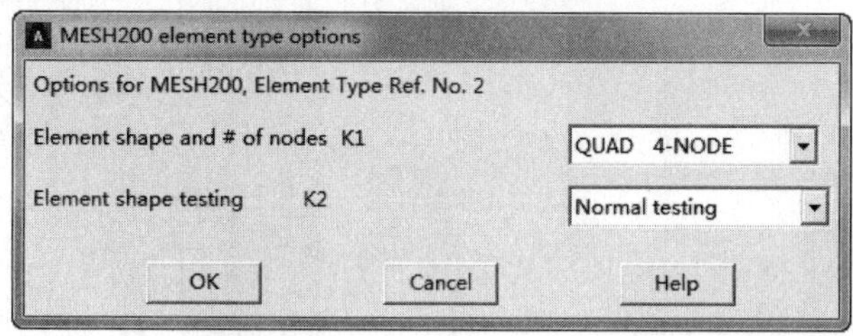

图 4-65 “MESH200 elsment type options”对话框

01 自由分网。

❶设置线的网格大小。在图 4-63 中，单击“Line”中的“Set”，选择线 1，单击“OK”按钮，弹出如图 4-66 所示的“Element Sizes on Picked Lines”对话框。将“NDIV”设置为 10（表示将该线划分成 10 份），也可以设置“SIZE”的大小。按同样的方法分别将线 2、3、7、6、9 的“SIZE”设置为 0.002，将线 5、10 的“NDIV”分别设置为 10 和 20。至此，完成了线的网格大小控制（注：并不是每一条线都需要设置，可以根据自己

需要对相应的部位进行控制，因为药柱的内表面是受力严重的部位，所以对该处的网格进行了相应程度的加密）。

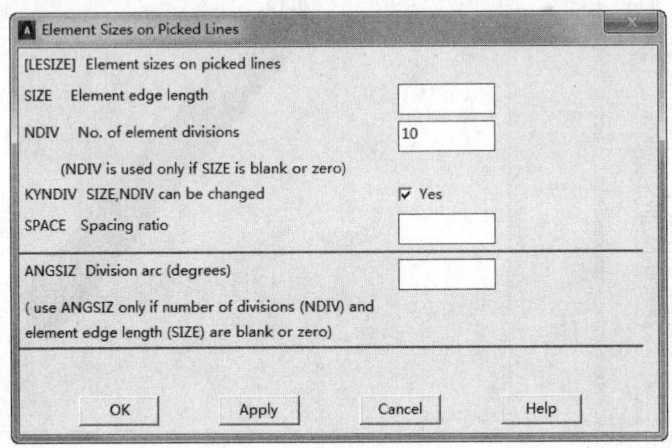

图 4-66 “Element Sizes on Picked Lines”对话框

❷设置总体网格大小。在图 4-63 中单击“Global”网格的设置“Set”，在弹出的对话框中“SIZE”文本框中输入 0.005，表示总体网格边长设置为 5，也可以对网格的总数量进行控制。

❸自由网格划分面。在“MeshTool”对话框中选择“Free”，“Mesh”的对象选择“Areas”，“Shape”选择“Quad“，如图 4-67 所示；然后单击“Mesh”按钮，在屏幕上选择面 1，即可对面 1 进行自由网格划分，自由分网后的结果如图 4-68 所示。因为重点需要研究药柱内表面的结构，所以对其进行了相应程度的加密。如果对网格不满意，可以重新设置网格的大小，或者在内表面进行局部细化网格，如图 4-69 所示。GUI 路径：Main Menu > Preprocessor > Meshing > Modify Mesh > Refine At > Lines，具体操作过程见 2.7.1 节。

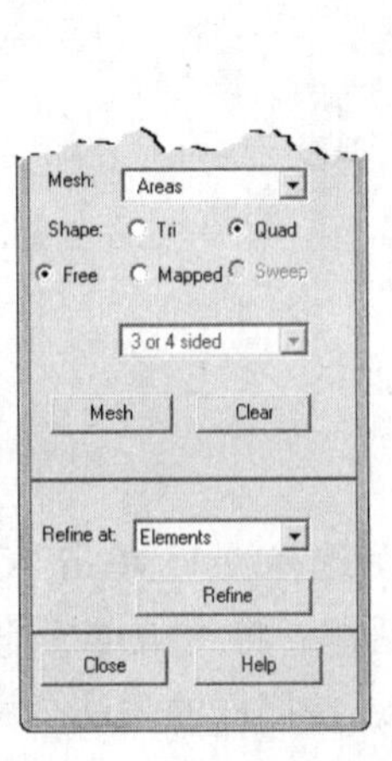

图 4-67 自由网格设置

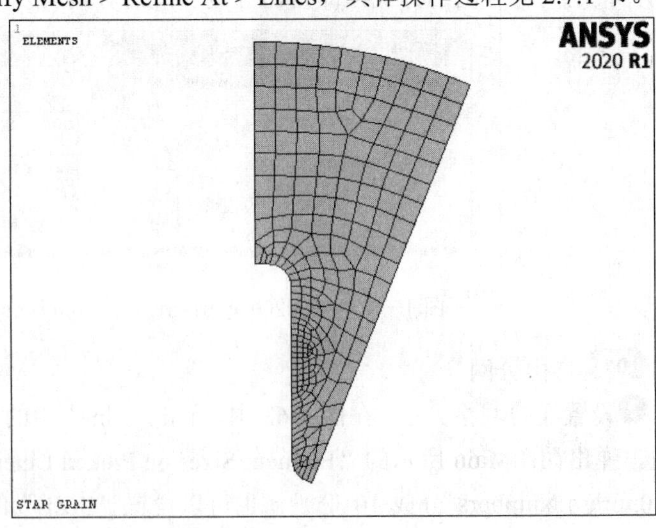

图 4-68 自由网格分网后的结果

❹扫掠生成体网格。GUI 路径：Main Menu > Preprocessor > Meshing > Mesh > Volume Sweep > Sweep Opts，在弹出的对话框中设置在扫掠的方向上分成 50 份。单击“OK”按钮后，先选择体 1，然后选择源面（面 1），单击“Apply”按钮，再选择目标面（面 10），单击“OK”按钮，将在体 1 上生成扫掠网格，如图 4-70 所示。

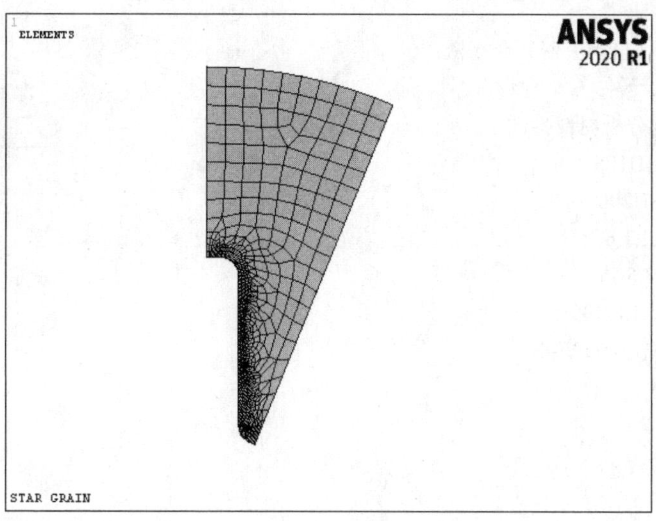

图 4-69 内表面局部细化后的分网

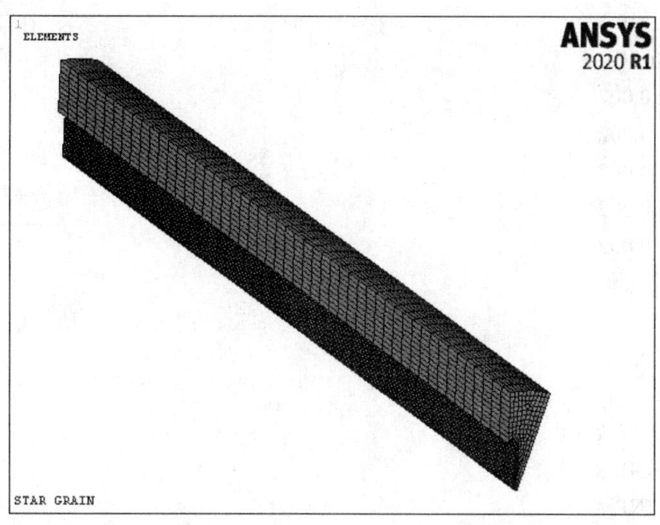

图 4-70 自由分网扫掠后的结果

❺编号压缩。

GUI 路径：Main Menu > Preprocessor > Numbering Ctrls > Compress Numbers，弹出“Compress Numbers”对话框，如图 4-71 所示，在“Label Item to be compressed”下拉列表中选择“All”，单击“OK”按钮即可。

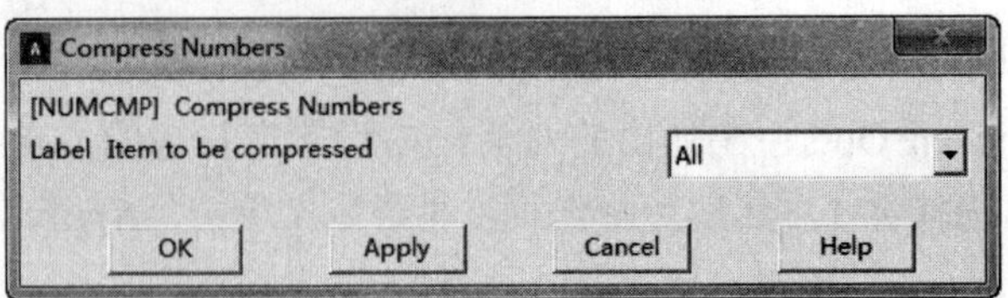

图 4-71 “Compress Numbers”对话框

扫掠分网（自由分网）命令流：

```
/PREP7
!定义结构分析材料特性
ET,1,SOLID185
ET,2,MESH200
KEYOPT,2,1,6
MP,EX,1,3.5E6
MP,PRXY,1,0.499
MP,ALPX,1,0.652E-4
!划分网格
TYPE,2
!划分网格
MAT,1
ESIZE,0.005
!线网格控制
LESIZE,1,,,10
LESIZE,5,,,10
LESIZE,4,,,20
LESIZE,2,0.002
LESIZE,3,0.002
LESIZE,7,0.002
LESIZE,6,0.002
LESIZE,9,0.002
!自由分网设置
MSHKEY,0
MSHAPE,0,2D
AMESH,1
LSEL,S,LINE,,2,3,1
LSEL,A,LINE,,6,7,1
LSEL,A,LINE,,9
CM,INTER,LINE
ALLSEL,ALL
LESIZE,10,,,50
!扫掠分网
EXTOPT,VSWE,AUTO,0
VSWEEP,1
NUMCMP,ALL
```

02 映射分网。由于映射分网对几何模型有特殊的限制，如对于平面来说，该面必须由 3 条线或 4 条线组成。如果是 4 条线，面的对边线必须划分为相同数目的单元，或者是划分一过渡型网格。如果是 3 条线，则线分割总数必须为偶数且每条边的分割数相同。可以看出，面 1 由 8 条线组成，为了采用映射分网，首先对线进行合并或连接，在这里采用了对线的连接处理。

❶连接面 1 的边线。连接 L2、L3、L7、L6、L9。GUI 路径：Main Menu > Preprocessor > Meshing > Mesh > Areas > Mapped > Concatenate > Lines，在弹出的对话框中连续选择线 2、3、6、7、9，单击“OK”按钮后可以发现，在原来线的基础上重新形成了一条线 L25，如图 4-72 所示。

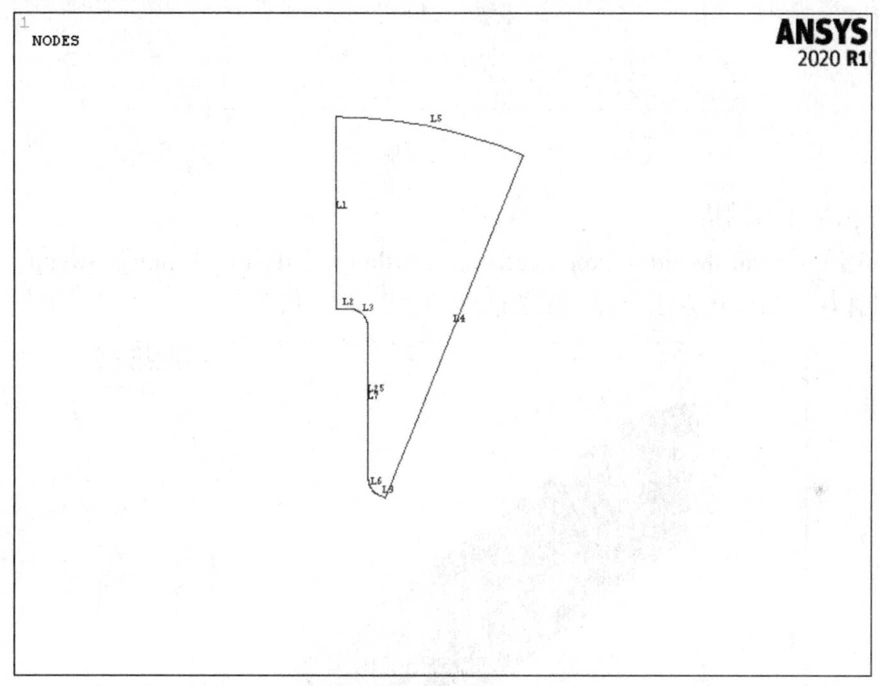

图 4-72 面上边线的连接

❷设置线的网格大小。可根据自由分网的操作，依次将 L1 和 L4 的“Esize”设置为 10，L5 的“Esize”设置为 20（注意划分的数量必须满足映射网格的要求），这样整体将被划分为 200 个网格单元。

❸映射网格划分面。在“MeshTool”对话框中选择“Mapped”，“Mesh”的对象选择“Areas，Shape”选择“Quad”，如图 4-67 所示。然后单击“Mesh”按钮，在屏幕上选择面 1，即可对面 1 进行映射网格划分，分网后的结果如图 4-73 所示。如果觉得网格质量太疏，可以调整整体网格尺寸大小，以及在内表面加密网格。

此外，对面映射分网之前我们还提到了命令“AMAP”，GUI 路径：Main Menu > Preprocessor > Meshing > Mesh > Areas > Mapped > By Corners，在弹出的对话框先选择面 1，然后分别选择 4 个顶点（关键点 1、2、6、7），生成的网格如图 4-73 所示。

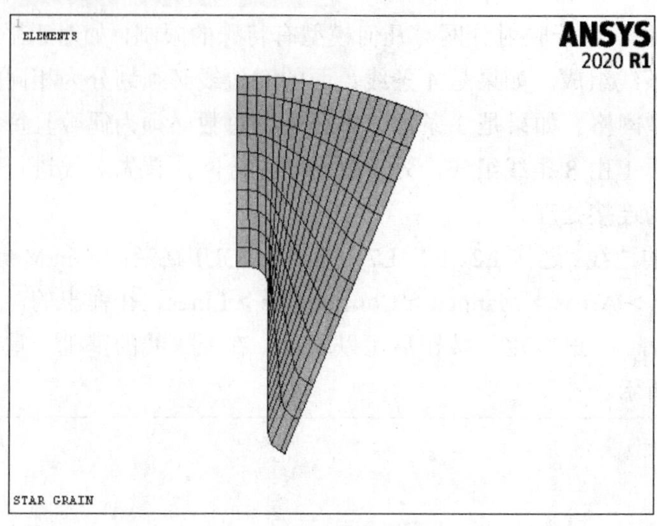

图 4-73 面的映射分网

❹扫掠生成体网格。

GUI 路径：Main Menu > Preprocessor > Meshing > Mesh > Volume Sweep > Sweep Opts，具体操作与前述方法一样，生成的网格如图 4-74 所示。

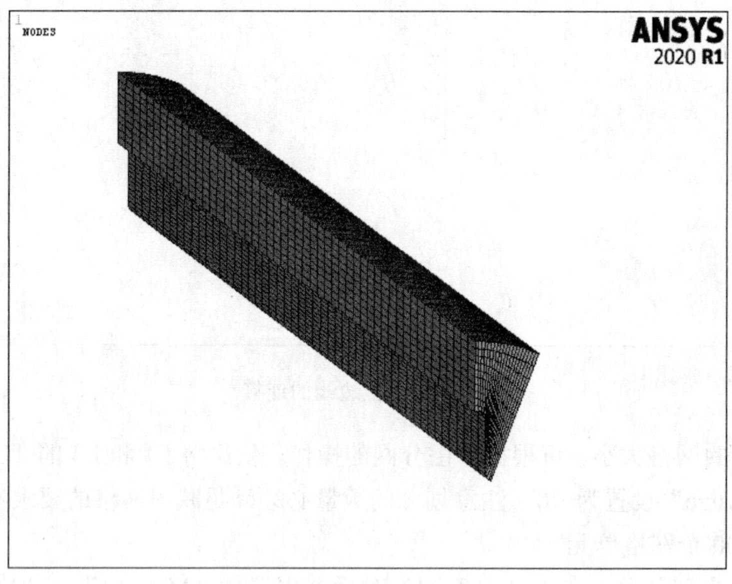

图 4-74 映射分网扫掠后的结果

❺编号压缩。GUI 路径：Main Menu > Preprocessor > Numbering Ctrls > Compress Numbers，弹出“Compress Numbers”对话框。在“Label”后面的下拉列表中选择“All”，单击“OK”按钮即可。

```
扫掠分网（映射分网）命令流：
/PREP7
!定义结构分析材料特性
```

```
ET,1,SOLID185
ET,2,MESH200
KEYOPT,2,1,6
MP,EX,1,3.5E6
MP,PRXY,1,0.499
MP,ALPX,1,0.652E-4
!划分网格
TYPE,2
!划分网格
MAT,1
!内表面线组件
LSEL,S,LINE,,2,3,1
LSEL,A,LINE,,6,7,1
LSEL,A,LINE,,9
CM,INTER,LINE
ALLSEL,ALL
LCCAT,INTER
!线网格控制
LESIZE,5,,,20

LESIZE,1,,,10
LESIZE,4,,,10
!映射分网
ESIZE,0.005
MSHKEY,1
MSHAPE,0,2D
AMESH,1
LESIZE,10,,,50
!扫掠分网
EXTOPT,VSWE,AUTO,0
VSWEEP,1
NUMCMP,ALL
```

采用映射分网时，如果对线进行连接或合并操作，需要注意线上的网格控制。必须满足映射分网的条件才能分网成功，否则划分网格将会失败。

4.10.3 采用延伸分网

延伸分网和扫掠分网都是通过二维网格拉伸成三维网格，两者最大的区别在于：前者能在二维几何模型的基础上生成新的三维模型同时划分好网格，而后者必须是在完整的几何模型基础上来划分网格。因此，采用延伸分网，必须在拉伸成三维模型之前就对二维面（面 1）进行分网，这里我们采用了另外一种方式对面 1 分网，即将面 1 分割成各种可用于映射分网的形状。

01 生成药柱横截面（面 1）。

02 对面进行分割。为了对面 1 进行映射分网，基本原则是要使得面 1 成为 3 条边或 4 条边围成的面，可以采用对边进行连接和合并处理。另外，也可以将该图形分割为许多由 3 条边或 4 条边围成的面。

通过对面 1 观察发现，药柱的内表面由 5 条线，即 L2、L3、L6、L7、L9 组成。因此，可分别将其作为一边分割整个面，设置相应的线网格控制，最后划分的面与生成的网格分别如图 4-75 和图 4-76 所示。

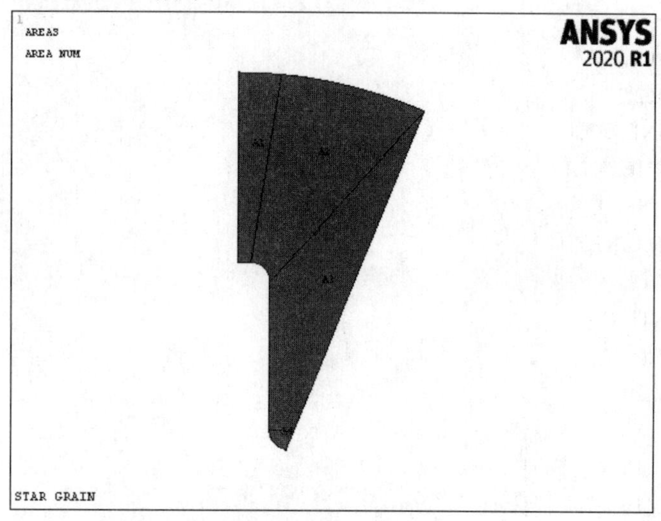

图 4-75 横截面的分割

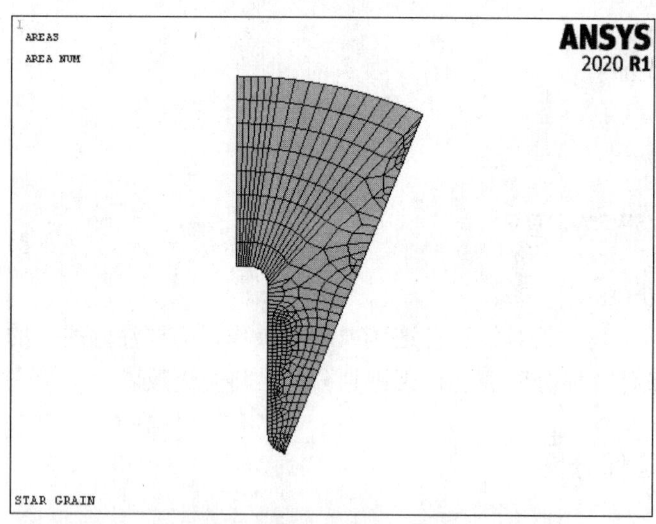

图 4-76 横截面的映射分网

03 对面进行延伸分网。由于横截面已经生成了二维网格，所以当对面进行拉伸操作（GUI 路径：Main Menu > Preprocessor > Operate > Extrude > Along Lines）时，生成的三维几何模型将同时生成三维网格（如图 4-77 所示）。

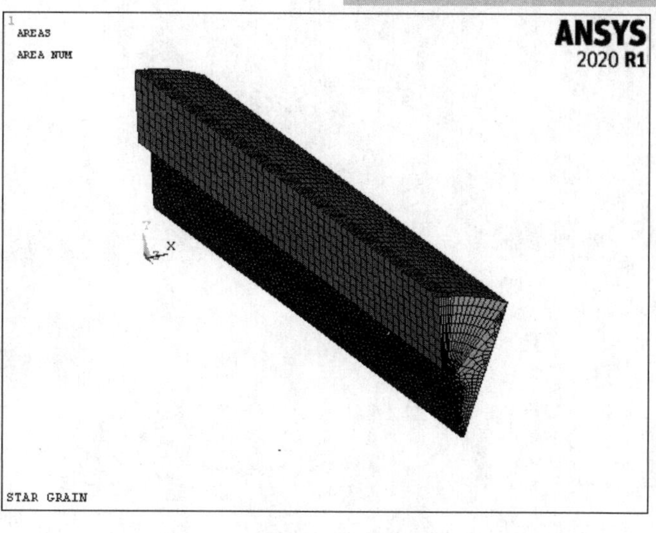

图 4-77 映射分网延伸后的结果

04 编号压缩。GUI 路径：Main Menu > Preprocessor > Numbering Ctrls > Compress Numbers，弹出“Compress Numbers”对话框。在“Label”后面的下拉列表中选择“All”，单击“OK”按钮即可。

```
延伸分网命令流：
/CLEAR
/FILENAME,GRAIN,1
/TITLE,STAR GRAIN
/PREP7
!定义变量名称
!以下定义药柱模型尺寸
R3=0.193
!绝热层内半径（药柱外半径）
HCAO=0.119
!柱段内孔直径
WCAO=0.0125
!翼槽宽度
R4=0.050
!翼槽高度
RCAO_TOP=0.0075
!翼尖倒圆
RCAO_ROOT=0.0075
!翼根倒圆
!建立药柱横截面模型
K,1,0,R3,
K,2,0,HCAO
K,3,0,R4
K,4,WCAO,HCAO
K,5,WCAO,0
```

```
CSYS,1
K,6,R3,67.5
K,7,R4,67.5
K,8,R3,85
CSYS,0
L,1,2
L,2,4
L,4,5
L,6,7
CSYS,1
L,1,8
L,8,6
L,3,7
CSYS,0
/PNUM,LINE,1
LOVLAP,3,7
LDELE,8
LDELE,10
LFILLT,2,9,RCAO_TOP
LFILLT,9,11,RCAO_ROOT
L,10,8
L,11,6
*GET,KP_X,KP,12,loc,x
*GET,KP_Y,KP,12,loc,x
K,,KP_X+1,KP_Y
L,12,14
LOVLAP,4,12
LDELE,16
!定义结构分析材料特性
ET,1,SOLID185
ET,2,MESH200
KEYOPT,2,1,6
MP,EX,1,3.5E6
MP,PRXY,1,0.499
!划分网格
TYPE,2
!划分网格
MAT,1
ESIZE,0.005
!线分网控制
LESIZE,1,,,8
LESIZE,8,,,8
LESIZE,10,,,8
LESIZE,15,,,6
```

```
LESIZE,11,,,4
LESIZE,7,,,6
LESIZE,14,,,6

LESIZE,2,,,6
LESIZE,5,,,6
LESIZE,6,,,10
LESIZE,3,,,10

LESIZE,9,,,40
LESIZE,13,,,40
AL,1,2,5,8
AL,3,8,6,10
AL,9,10,13,15
AL,7,11,14,15
!映射分网设置
MSHKEY,0
MSHAPE,0,2D
AMESH,1,4
!面网格划分完毕
K,,0,0,0
K,,0,0,1
L,16,17
LESIZE,4,,,50
!延伸成三维网格
VDRAG,1,2,3,4,,,4
NUMCMP,ALL
```

为了映射分网的需要，有时候需要将模型分割成许多规则的小块，从而可以得到更好的网格质量，不过同时在建模的时候需要耗费大量的精力，因此应该权衡考虑得失。

第5章 施加载荷

建立完有限元模型后，就可以在模型上施加载荷以此来检查结构或构件对一定载荷条件的响应。

本章将讲述ANSYS施加载荷的各种方法和应注意的相关事项。

- 施加载荷
- 设定载荷步选项

5.1 载荷概述

有限元分析的主要目的是检查结构或构件对一定载荷条件的响应。因此，在分析中指定合适的载荷条件是关键的一步。在 ANSYS 程序中，可以用各种方式对模型施加载荷，而且借助于载荷步选项，可以控制在求解中载荷的使用。

5.1.1 什么是载荷

在 ANSYS 术语中，载荷包括边界条件和外部或内部作用力函数，如图 5-1 所示。不同学科中的载荷为：

- 结构分析：位移、力、压力、温度（热应力）和重力。
- 热力分析：温度、热流速率、对流、内部热生成、无限表面。
- 磁场分析：磁势、磁通量、磁场段、电流密度、无限表面。
- 电场分析：电势（电压）、电流、电荷、电荷密度、无限面。
- 流体分析：速度、压力。

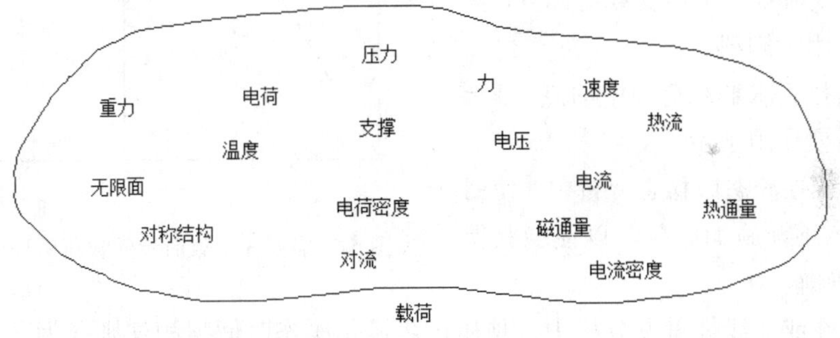

图 5-1 “载荷”包括边界条件和其他类型的载荷

载荷分为 6 类：

- DOF（约束自由度）：某些自由度为给定的已知值。例如，结构分析中指定节点位移或对称边界条件等；热分析中指定节点温度等。
- 力（集中载荷）：施加于模型节点上的集中载荷。例如，结构分析中的力和力矩；热分析中的热流率；磁场分析中的电流。
- 面载荷：施加于某个表面上的分布载荷。例如，结构分析中的压力；热力分析中的对流量和热通量。
- 体载荷：施加在体积上的载荷或场载荷。例如，结构分析中的温度；热力分析中的内部热源密度；磁场分析中为磁场通量。
- 惯性载荷：由物体惯性引起的载荷，如重力加速度引起的重力、角速度引起的离心力等，主要在结构分析中使用。

- 耦合场载荷：可以认为是以上载荷的一种特殊情况，从一种分析中得到的结果用作为另一种分析的载荷。例如，可将磁场分析中计算所得的磁力作为结构分析中的载荷，也可以将热分析中的温度结果作为结构分析的载荷。

5.1.2 载荷步、子步和平衡迭代

载荷步仅仅是为了获得解答的载荷配置。在线性静态或稳态分析中，可以使用不同的载荷步施加不同的载荷组合：在第一个载荷步中施加风载荷，在第二个载荷步中施加重力载荷，在第三个载荷步中施加风和重力载荷，以及一个不同的支承条件等。在瞬态分析中，多个载荷步加到载荷历程曲线的不同区段。

ANSYS 程序将为第一个载荷步选择的单元组用于随后的载荷步，而不论用户为随后的载荷步指定哪个单元组。要选择一个单元组，可使用下列两种方法之一。

GUI：Utility Menu > Select > Entities。

命令：ESEL。

图 5-2 所示为一个需要 3 个载荷步的载荷历程曲线：第一个载荷步用于线性载荷，第二个载荷步用于不变载荷部分，第三个载荷步用于卸载。

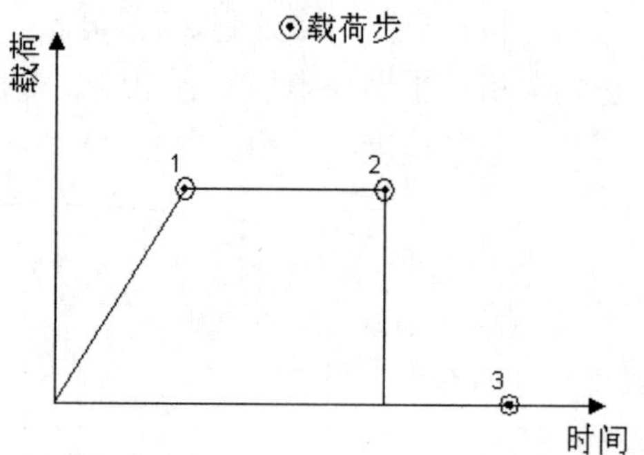

图 5-2 需要 3 个载荷步的载荷历程曲线

子步为执行求解载荷步中的点。基于以下原因需要使用子步。

- 在非线性静态或稳态分析中，使用子步逐渐施加载荷，以便能获得精确解。
- 在线性或非线性瞬态分析中，使用子步满足瞬态时间累积法则（为获得精确解通常规定一个最小累积时间步长）。
- 在谐波分析中，使用子步获得谐波频率范围内多个频率处的解。

平衡迭代是在给定子步下为了收敛而计算的附加解。仅用于收敛起着很重要的作用的非线性分析中的迭代修正。例如，对二维非线性静态磁场分析，为获得精确解，通常使用两个载荷步（如图 5-3 所示）。

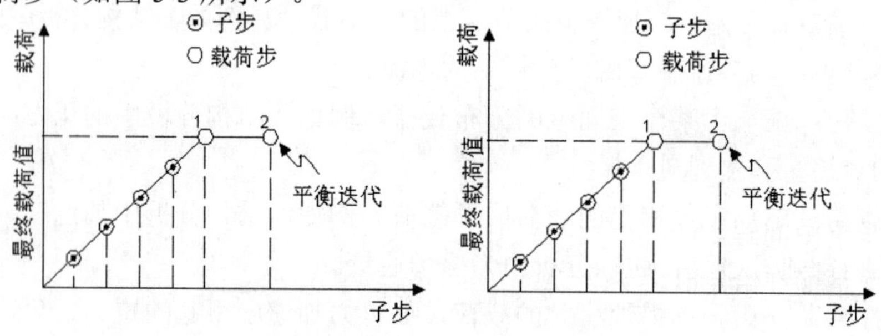

图 5-3 载荷步，子步和平衡迭代

- 第一个载荷步，将载荷逐渐加到 5～10 个子步以上，每个子步仅用一个平衡迭代。
- 第二个载荷步，得到最终收敛解，且仅有一个使用 15～25 次平衡迭代的子步。

5.1.3 时间参数

在所有静态和瞬态分析中，ANSYS 使用时间作为跟踪参数，而不论分析是否依赖于时间。其好处是：在所有情况下可以使用一个不变的“计数器”或“跟踪器”，不需要依赖于分析的术语。此外，时间总是单调增加的，且自然界中大多数事情的发生都经历一段时间，而不论该时间多么短暂。

显然，在瞬态分析或与速率有关的静态分析（蠕变或粘塑性）中，时间代表实际的，按年月顺序的时间，用 s、min 或 h 表示。在指定载荷历程曲线的同时（使用命令“TIME”），在每个载荷步的结束点赋予时间值。可使用如下方法之一赋予时间值：

GUI：Main Menu > Preprocessor > Load >Load Step Opts > Time/Frequenc > Time and Substps。

GUI：Main Menu > Preprocessor > Loads > Load Step Opts > Time/Frequenc > Time-Time Step。

GUI：Main Menu > Solution > Load Step Opts > Time/Frequenc > Time and Substps。

GUI：Main Menu > Solution > Load Step Opts > Time/Frequenc > Time-Time Step。

命令：TIME。

然而，在不依赖于速率的分析中，时间仅仅成为一个识别载荷步和子步的计数器。默认情况下，程序自动地对 time 赋值，在载荷步 1 结束时，赋 time＝1；在载荷步 2 结束时，赋 time＝2；依次类推。载荷步中的任何子步将被赋给合适的、用线性插值得到的时间值。在这样的分析中，通过赋给自定义的时间值，就可建立自己的跟踪参数。例如，若要将 1000 个单位的载荷增加到一载荷步上，可以在该载荷步的结束时将时间指定为 1000，以使载荷和时间值完全同步。

那么，在后处理器中，如果得到一个变形-时间关系图，其含义与变形-载荷关系相同，这种技术非常有用。例如，在大变形分析和屈曲分析中，其任务是跟踪结构载荷增加时结构的变形。

当求解中使用弧长方法时，时间还表示另一含义。在这种情况下，时间等于载荷步开始时的时间值加上弧长载荷系数（当前所施加载荷的放大系数）的数值。“ALLF”不必单调增加（即它可以增加、减少或甚至为负），且在每个载荷步的开始时被重新设置为 0。因此，在弧长求解中，时间不作为“计数器”。

载荷步为作用在给定时间间隔内的一系列载荷。子步为载荷步中的时间点，在这些时间点，求得中间解。两个连续的子步之间的时间差称为时间步长或时间增量。平衡迭代是为了收敛而在给定时间点进行计算的迭代求解。

5.1.4 阶跃载荷与坡道载荷

当在一个载荷步中指定一个以上的子步时，就会遇到载荷应为阶跃载荷或线性载荷的问题。

- 如果载荷是阶跃的，那么全部载荷施加于第一个载荷子步，且在载荷步的其余部分，载荷保持不变，如图 5-4 左图所示。
- 如果载荷是逐渐递增的，那么在每个载荷子步，载荷值逐渐增加，且全部载荷出现在载荷步结束时，如图 5-4 右图所示。

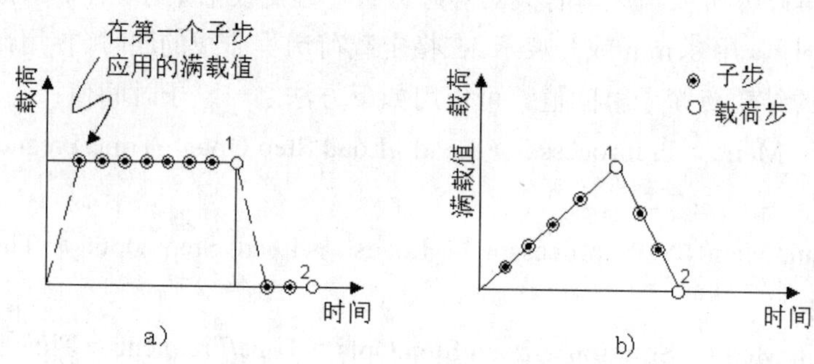

图 5-4 阶跃载荷与坡道载荷

可以通过如下方法表示载荷为坡道载荷还是阶跃载荷：

GUI：Main Menu > Solution > Load Step Opts > Time/Frequenc > Freq & Substeps。

GUI：Main Menu > Solution > Load Step Opts >Time/Frequenc>Time and Substps。

GUI：Main Menu > Solution > Load Step Opts > Time/Frequenc > Time & Time Step。

命令：KBC。

KBC，0 表示载荷为坡道载荷；KBC，1 表示载荷为阶跃载荷。默认值取决于学科和分析类型，以及“SOLCONTROL”处于“ON”或“OFF”的状态。

载荷步选项是用于表示控制载荷应用的各选项（如时间、子步数、时间步、载荷为阶跃或逐渐递增）的总称，其他类型的载荷步选项包括收敛公差（用于非线性分析）、结构分析中的阻尼规范和输出控制。

5.2 施加载荷

可以将大多数载荷施加于实体模型（如关键点、线和面）上或有限元模型（节点和单元）上。例如，可在关键点或节点施加指定集中载荷。同样地，可以在线和面或节点和单元面上指定对流（和其他表面载荷）。无论怎样指定载荷，求解器期望所有载荷应依据有限元模型。因此，如果将载荷施加于实体模型，当开始求解时，程序会自动将这些载荷转换到节点和单元上。

5.2.1 实体模型载荷与有限单元载荷

施加于实体模型上的载荷称为实体模型载荷，而直接施加于有限元模型上的载荷称为有限单元载荷。实体模型载荷有如下优缺点：

1. 优点

- 实体模型载荷独立于有限元网格，即可以改变单元网格而不影响施加的载荷。这就允许更改网格并进行网格敏感性研究，而不必每次重新施加载荷。
- 与有限元模型相比，实体模型通常包括较少的实体。因此，选择实体模型的实体并在这些实体上施加载荷要容易得多，尤其是通过图形选择时。

2. 缺点

- ANSYS 网格划分命令生成的单元处于当前激活的单元坐标系中。网格划分命令生成的节点使用整体笛儿尔坐标系。因此，实体模型和有限元模型可能具有不同的坐标系和加载方向。
- 在简化分析中，实体模型不太方便。此时，载荷施加于主自由度（仅能在节点而不能在关键点定义主自由度）。
- 施加关键点约束很棘手，尤其是当约束扩展选项被使用时（扩展选项允许将一约束特性扩展到通过一条直线连接的两关键点之间的所有节点上）。
- 不能显示所有实体模型载荷。

如前所述，当开始求解时，实体模型载荷将自动转换到有限元模型。ANSYS 程序改写任何已存在于对应的有限单元实体上的载荷。删除实体模型载荷将删除所有对应的有限元载荷。有限单元载荷有如下优缺点：

1. 优点

- 在简化分析中不会产生问题，因为可将载荷直接施加在主节点。
- 不必担心约束扩展，可简单地选择所有所需节点，并指定适当的约束。

2. 缺点

- 任何有限元网格的修改都使载荷无效，需要删除先前的载荷并在新网格上重新施加载荷。
- 不便使用图形选择施加载荷，除非仅包含几个节点或单元。

5.2.2 施加载荷

本节主要讨论如何施加 DOF 约束、集中载荷、面载荷、体载荷、惯性载荷和耦合场载荷。

1. DOF 约束

表 5-1 列出了每个学科中可用的 DOF 和相应的 ANSYS 标识符。标识符（如 UX、ROTZ、AY 等）所包含的任何方向都在节点坐标系中。

表 5-2 列出了用于施加、列表显示和删除 DOF 的命令。需要注意的是，可以将约束施加于节点、关键点、线和面上。

下面是一些可用于施加 DOF 约束的 GUI 路径的例子：

GUI：Main Menu > Preprocessor > Loads > Define Loads > Apply > load type > On Nodes。

GUI：Utility Menu > List > Loads > DOF Constraints > On All Keypoints。

GUI：Main Menu > Solution > Define Loads > Apply > load type > On Lines。

表 5-1 每个学科中可用的 DOF 和相应的 ANSYS 标识符

学科	DOF	ANSYS 标识符
结构分析	平移	UX、UY、UZ
	旋转	ROTX、ROTY、ROTZ
热力分析	温度	TEMP
磁场分析	矢量势	AX、AY、AZ
	标量势	MAG
电场分析	电压	VOLT
流体分析	速度	VX、VY、VZ
	压力	PRES
	湍紊流动能	ENKE
	湍流扩散速率	ENDS

表 5-2 用于施加、列表显示和删除 DOF 的命令

位置	基本命令	附加命令
节点	D，DLIST，DDELE	DSYM，DSCALE，DCUM
关键点	DK，DKLIST，DKDELE	
线	DL，DLLIST，DLDELE	
面	DA，DALIST，DADELE	
转换	SBCTRAN	DTRAN

2．集中载荷

表 5-3 列出了每个学科中可用的集中载荷和相应的 ANSYS 标识符。标识符（如 FX、MZ、CSGY 等）所包含的任何方向都在节点坐标系中。

表 5-4 列出了用于施加、列表显示和删除集中载荷的命令。需要注意的是，可以将集中载荷施加于节点和关键点上。

下面是一些用于施加集中载荷的 GUI 路径的例子：

GUI：Main Menu > Preprocessor > Loads > Define Loads > Apply > load type > On Nodes。

GUI：Utility Menu > List > Loads > Forces > On Keypoints。

GUI：Main Menu > Solution > Define Loads > Apply > load type > On Lines。

表 5-3 每个学科中可用的集中载荷和相应的 ANSYS 标识符

学科	集中载荷	ANSYS 标识符
结构分析	力	FX、FY、FZ
	力矩	MX、MY、MZ
热力分析	热流速率	HEAT
磁场分析	电磁	CSGX、CSGY、CSGZ
	磁通量	FLUX
电场分析	电流	AMPS
	电荷	CHRG
流体分析	流体流动速率	FLOW

表 5-4 用于施加、列表显示和删除集中载荷的命令

位置	基本命令	附加命令
节点	F，FLIST，FDELE	FSCALE，FCUM
关键点	FK，FKLIST，FKDELE	
转换	SBCTRAN	FTRAN

3．面载荷

表 5-5 列出了每个学科中可用的面载荷和相应的 ANSYS 标识符。

表 5-5 每个学科中可用的面载荷和相应的 ANSYS 标识符

学科	面载荷	ANSYS 标识符
结构分析	压力	PRES
热力分析	对流	CONV
	热流量	HFLUX
	无限表面	INF
磁场分析	麦克斯韦表面	MXWF
	无限表面	INF
电场分析	麦克斯韦表面	A MXWF
	表面电荷密度	CHRGS
	无限表面	INF
流体分析	流体结构界面	FSI
	阻抗	IMPD
所有学科	超级单元载荷矢	SELV

表 5-6 列出了用于施加、列表显示和删除面载荷的命令。需要注意的是，不仅可以将表面载荷施加在线和面上，还可以施加于节点和单元上。

表 5-6 用于施加、列表显示和删除面载荷的命令

位置	基本命令	附加命令
节点	SF，SFLIST，SFDELE	SFSCALE，SFCUM，SFFUN
单元	SFE，SFELIST，SFEDELE	SEBEAM，SFFUN，SFGRAD
线	SFL，SFLLIST，SFLDELE	SFGRAD
面	SFA，SFALIST，SFADELE	SFGRAD
转换	SFTRAN	

下面是一些用于施加面载荷的 GUI 路径的例子：

GUI：Main Menu > Preprocessor > Loads > Define Loads > Apply > load type > On Nodes。

GUI：Utility Menu > List > Loads > Surface Loads > On Elements。

GUI：Main Menu > Solution > Loads > Define Loads > Apply > load type > On Lines。

ANSYS 程序根据单元和单元面存储在节点上指定的面载荷。因此，如果对同一表面使用节点面载荷命令和单元面载荷命令，则使用最后的规定。

4．体载荷

表 5-7 显示了每个学科中可用的体积载荷和相应的 ANSYS 标识符。

表 5-7 每个学科中可用的体载荷和相应的 ANSYS 标识符

学科	体载荷	ANSYS 标识符
结构分析	温度	TEMP
	热流量	FLUE
热力分析	热生成速率	HGEN
磁场分析	温度	TEMP
	磁场密度	JS
	虚位移	MVDI
	电压降	VLTG
电场分析	温度	TEMP
	体积电荷密度	CHRGD
流体分析	热生成速率	HGEN
	力速率	FORC

表 5-8 列出了用于施加、列表显示和删除体载荷的命令。需要注意的是，可以将体载荷施加在节点、单元、关键点、线、面和体上。

表 5-8 用于施加、列表显示和删除体载荷的命令

位置	基本命令	附加命令
节点	BF，BFLIST，BFDELE	BFSCALE，BFCUM，BFUNIF
单元	BFE，BFELIST，BFEDELE	BFESCAL，BFECUM
关键点	BFK，BFKLIST，BFKDELE	
线	BFL，BFLLIST，BFLDELE	
面	BFA，BFALIST，BFADELE	
体	BFV，BFVLIST，BFVDELE	
转换	BFTRAN	

下面是一些用于施加体载荷的 GUI 路径的例子：

GUI：Main Menu > Preprocessor > Loads > Define Loads > Apply > load type > On Nodes。

GUI：Utility Menu > List > Loads > Body Loads > On Picked Elems。

GUI：Main Menu > Solution > Loads > Define Loads > Apply > load type > On Keypoints。

GUI：Utility Menu > List > Load > Body Loads > On Picked Lines。

GUI：Main Menu > Solution > Load > Apply > load type > On Volumes。

在节点指定的体载荷独立于单元上的载荷。对于一个给定的单元，ANSYS 程序按下列方法决定使用哪一载荷。

1）ANSYS 程序检查是否对单元指定体载荷。

2）如果不是，则使用指定给节点的体载荷。

3）如果单元或节点上没有体载荷，则通过“BFUNIF”命令指定的体载荷生效。

5. 惯性载荷

施加惯性载荷的命令和 GUI 路径见表 5-9。

表 5-9 施加惯性载荷的命令和 GUI 路径

命令	GUI 路径
ACEL	Main Menu > Preprocessor > Loads > Define Loads > Define Loads > Apply > Structural > Inertia > Gravity Main Menu > Preprocessor > Loads > Define Loads > Delete > Structural > Inertia > Gravity Main Menu > Solution > Define Loads > Define Loads > Apply > Structural > Inertia > Gravity Main Menu > Solution > Define Loads > Delete > Structural > Inertia > Gravity

（续）

命令	GUI 路径
CGLOC	Main Menu>Preprocessor>Loads>Define Loads>Apply>Structural>Inertia>Coriolis Effects Main Menu > Preprocessor > Loads > Define Loads > Delete > Structural > Inertia > Coriolis Effects Main Menu > Solution > Define Loads > Apply > Structural > Inertia > Coriolis Effects Main Menu > Solution > Define Loads > Delete > Structural > Inertia > Coriolis Effects
CGOMGA	Main Menu > Preprocessor>Loads>Define Loads>Define Loads>Apply>Structural> Inertia>Coriolis Effects Main Menu>Preprocessor>Loads>Define Loads>Delete>Structural>Inertia>Coriolis Effects Main Menu > Solution > Define Loads > Define Loads > Apply > Structural > Inertia > Coriolis Effects Main Menu > Solution > Define Loads > Delete > Structural > Inertia > Coriolis Effects
DCGOMG	Main Menu>Preprocessor >Loads >Define Loads>DefineLoads>Apply>Structural> Inertia>Coriolis Effects Main Menu > Preprocessor > Loads > Define Loads > Delete > Structural > Inertia > Coriolis Effects Main Menu > Solution > Define Loads > Define Loads > Apply > Structural > Inertia > Coriolis Effects Main Menu > Solution > Define Loads > Delete > Structural > Inertia > Coriolis Effects
DOMEGA	MainMenu > Preprocessor > Loads > DefineLoads > Define Loads > Apply > Structural > Inertia > AngularAccel > Global MainMenu > Preprocessor > Loads > DefineLoads > Delete > Structural > Inertia > AngularAccel > Global Main Menu > Solution > Define Loads > Define Loads > Apply > Structural > Inertia > Angular Accel > Global Main Menu>Solution>Define Loads>Delete>Structural>Inertia>Angular Accel> Global
IRLF	Main Menu > Preprocessor > Loads > Define Loads > Define Loads > Apply > Structural > Inertia > Inertia Relief Main Menu>Preprocessor>Loads > Load Step Opts > Output Ctrls > Incl Mass Summry Main Menu > Solution > Define Loads > Define Loads > Apply > Structural > Inertia > Inertia Relief Main Menu > Solution > Load Step Opts > Output Ctrls > Incl Mass Summry
OMEGA	MainMenu > Preprocessor > Loads > DefineLoads > Define Loads > Apply > Structural > Inertia > AngularVelocity > Global MainMenu > Preprocessor > Loads > DefineLoads > Delete > Structural > Inertia > AngularVelocity > Global

没有用于列表显示或删除惯性载荷的专门命令。要列表显示惯性载荷，执行“STAT”“INRTIA”（Utility Menu > List > Status > Soluion > Inerti Loads）。要删除惯性载荷，只要将载荷值设置为0。可以将惯性载荷设置为0，但不能删除惯性载荷。对逐步上升的载荷步，惯性载荷的斜率为0。

命令“ACEL”“OMEGA”和“DOMEGA”分别用于指定在整体笛儿尔坐标系中的加速度，角速度和角加速度。

命令“ACEL”用于对物体施加一加速场（非重力场）。因此，要施加作用于负 Y 方向的重力，应指定一个正 Y 方向的加速度。

使用“CGOMGA”和“DCGOMG”命令指定一旋转物体的角速度和角加速度，该物体本身正相对于另一个参考坐标系旋转。命令“CGLOC”用于指定参照系相对于整体笛儿尔坐标系的位置。例如，在静态分析中，为了得到“Coriolis”效果，可以使用这些命令。

惯性载荷当模型具有质量时有效。惯性载荷通常是通过指定密度来施加的（还可以通过使用质量单元，如“MASS21”，对模型施加质量，但通过密度的方法施加惯性载荷更常用、更有效）。对其他数据，ANSYS程序要求质量为恒定单位。如果习惯于寸制单位，为了方便起见，有时希望使用重力密度（lbf/in^3）来代替质量密度（lb /in^3）。

只有在下列情况下可以使用重量密度来代替质量密度：

1）模型仅用于静态分析。

2）没有施加角速度或角加速度。

3）重力加速度为单位值（g=1.0）。

为了能够以“方便的”重力密度形式或以“一致的”质量密度形式使用密度，指定密度的一种简便的方法是将重力加速度 g 定义为参数，见表5-10。

表5-10 指定密度的方式

方便形式	一致形式	说明
g=1.0	g=386.0	参数定义
MP，DENS，1，0.283/g	MP，DENS，1，0.283/g	钢的密度
ACEL，，g	ACEL，，g	重力载荷

6．耦合场载荷

在耦合场分析中，通常包含将一个分析中的结果数据施加于第二个分析作为第二个分析的载荷。例如，可以将热力分析中计算的节点温度施加于结构分析（热应力分析）中，作为体载荷。同样，可以将磁场分析中计算的磁力施加于结构分析中，作为节点力。要施加这样的耦合场载荷，用下列方法之一:

GUI：Main Menu > Preprocessor > Loads > Define Loads > Define Loads > Apply > load type > From source。

GUI：Main Menu > Solution > Define Loads > Apply > load type > From source。

命令：LDREAD。

5.2.3 利用表格施加载荷

通过一定的命令和GUI路径，能够利用表格参数来施加载荷，即通过指定列表参数名来代替指定特殊载荷的实际值。然而，并不是所有的边界条件都支持这种制表载荷，因此，在使用表格来施加载荷时，一般先参考一定的文件来确定指定的载荷是否支持表格参数。

当经由命令来定义载荷时，必须使用符号%： %表格名%。例如，当确定一描述对流值表格时，有如下命令表达式：

```
SF, all, conv, %sycnv%, tbulk
```

在施加载荷的同时，可以通过选择“new table”选项定义新的表格。同样，在施加载荷之前，还可以通过如下方式之一来定义一表格：

GUI：Utility Menu > Parameters > Array Parameters > Define/Edit。

命令：*DIM。

1．定义初始变量

当定义一个列表参数表格时，根据不同的分析类型，可以定义各种各样的初始变量。表5-11列出了不同分析类型的边界条件、初始变量及对应的命令。

表5-11 边界条件、初始变量及对应的命令

边界条件	初始变量	命令
热分析		
固定温度	TIME, X, Y, Z	D,,(TEMP, TBOT, TE2, TE3, . . ., TTOP)
热流	TIME, X, Y, Z, TEMP	F,,(HEAT, HBOT, HE2, HE3, . . ., HTOP)
对流	TIME, X, Y, Z, TEMP, VELOCITY	SF,,CONV
体积温度	TIME, X, Y, Z	SF,,,TBULK
热通量	TIME, X, Y, Z, TEMP	SF,,HFLU
热源	TIME, X, Y, Z, TEMP	BFE,,HGEN
结构分析		
位移	TIME, X, Y, Z, TEMP	D,(UX, UY, UZ, ROTX, ROTY, ROTZ)
力和力矩	TIME, X, Y, Z, TEMP, SECTOR	F,(FX, FY, FZ, MX, MY, MZ)
压力	TIME, X, Y, Z, TEMP, SECTOR	SF,,PRES
温度	TIME	BF,,TEMP
电场分析		
电压	TIME, X, Y, Z	D,,VOLT
电流	TIME, X, Y, Z	F,,AMPS
流体分析		
压力	TIME, X, Y, Z	D,,PRES
流速	TIME, X, Y, Z	F,,FLOW

单元 SURF151、SURF152 和单元 FLUID116 的实常数与初始变量相关联，见表 5-12。

表 5-12 实常数与相应的初始变量

实常数	初始变量
SURF151、SURF152	
旋转速率	TIME，X，Y，Z
FLUID116	
旋转速率	TIME，X，Y，Z
滑动因子	TIME，X，Y，Z

2．定义独立变量

当需要指定不同于列表显示的初始变量时，可以定义一个独立的参数变量。当指定独立参数变量同时，定义了一个附加表格来表示独立参数。这一表格必须与独立参数变量同名，并且同时是一个初始变量或另外一个独立参数变量的函数。能够定义许多必需的独立参数，但是所有的独立参数必须与初始变量有一定的关系。

例如，考虑一对流系数（HF），其变化为旋转速率（RPM）和温度（TEMP）的函数。此时，初始变量为 TEMP，独立参数变量为 RPM，而 RPM 是随着时间的变化而变化的。因此，需要两个表格：一个关联 RPM 与 TIME，另一个关联 HF 与 RPM 和 TEMP，其命令流如下：

```
*DIM,SYCNV,TABLE,3,3,,RPM,TEMP
SYCNV(1,0)=0.0,20.0,40.0
SYCNV(0,1)=0.0,10.0,20.0,40.0
SYCNV(0,2)=0.5,15.0,30.0,60.0
SYCNV(0,3)=1.0,20.0,40.0,80.0
*DIM,RPM,TABLE,4,1,1,TIME
RPM(1,0)=0.0,10.0,40.0,60.0
RPM(1,1)=0.0,5.0,20.0,30.0
SF,ALL,CONV,%SYCNV%
```

3．表格参数操作

可以通过如下方式对表格进行一定的数学运算，如加法、减法与乘法。

GUI：Utility Menu > Parameters > Array Operations > Table Operations。

命令：*TOPER

两个参与运算的表格必须具有相同的尺寸，每行、每列的变量名必须相同等。

4．确定边界条件

当利用列表参数来定义边界条件时，可以通过如下 5 种方式检验其是否正确。

1）检查输出窗口。当使用制表边界条件于有限单元或实体模型时，于输出窗口显示的是表格名称而不是一定的数值。

2）列表显示边界条件。当在前处理过程中列表显示边界条件时，列表显示表格名称；而当在求解或后处理过程中列表显示边界条件时，显示的却是位置或时间。

3）检查图形显示。在制表边界条件运用的地方，可以通过标准的 ANSYS 图形显示功能（/PBC，/PSF 等）显示出表格名称和一些符号（箭头），当然前提是表格编号显示处于工作状态（/PNUM，TABNAM，ON）。

4）在通用后处理中检查表格的代替数值。

5）通过命令“*STATUS”或者 GUI 路径（Utility Menu > List > Other > Parameters）可以重新获得任意变量结合的表格参数值。

5.2.4 轴对称载荷与反作用力

对约束，表面载荷，体载荷和 Y 方向加速度，可以像对任何非轴对称模型上定义这些载荷一样来精确地定义这些载荷。然而，对集中载荷的定义，过程有所不同。因为这些载荷大小及输入的力、力矩等数值是在 360°范围内进行的，即：根据沿周边的总载荷输入载荷值。例如，如果 1500lb/in 沿周的轴对称轴向载荷被施加到直径为 10in 的管上（见图 5-5），47124lb（1500×2π×5＝47124）的总载荷将按下列方法被施加到节点 N 上：

```
F, N, FY, 47124
```

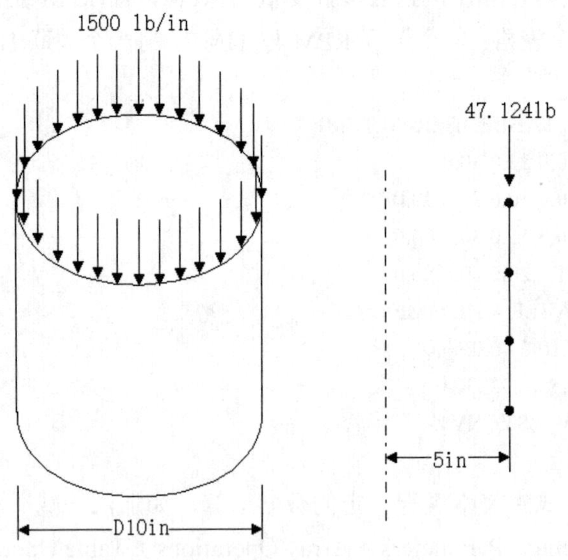

图 5-5 在 360°范围内定义集中轴对称载荷

轴对称结果也按对应的输入载荷相同的方式解释，即输出的反作用力，力矩等按总载荷（360°）计。轴对称协调单元要求其载荷表示成傅里叶级数形式来施加。对这些单元，要求用命令“MODE”（Main Menu > Preprocessor > Loads > Load Step Opts > Other > For Harmonic Ele 或 Main Menu > Solution > Load Step Opts > Other > For Harmonic Ele），以及其他载荷命令（D，F，SF 等）。一定要指定足够数量的约束以防止产生不期望的刚体运动、不连续或奇异性。例如，对实心杆这样的实体结构的轴对称模型，缺少沿对称轴的 UX 约束，在结构分析中就可能形成虚位移（不真实的位移），如图 5-6 所示。

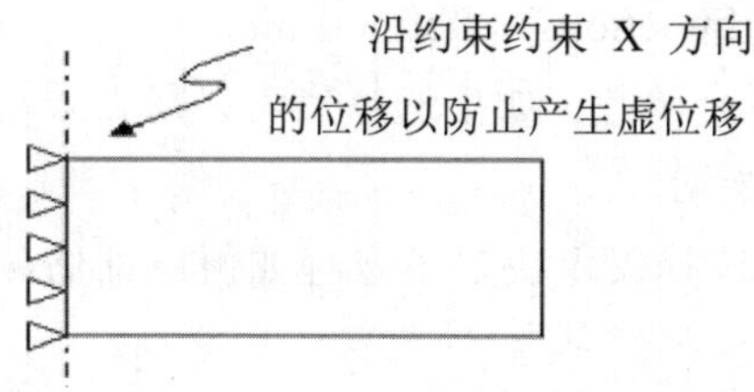

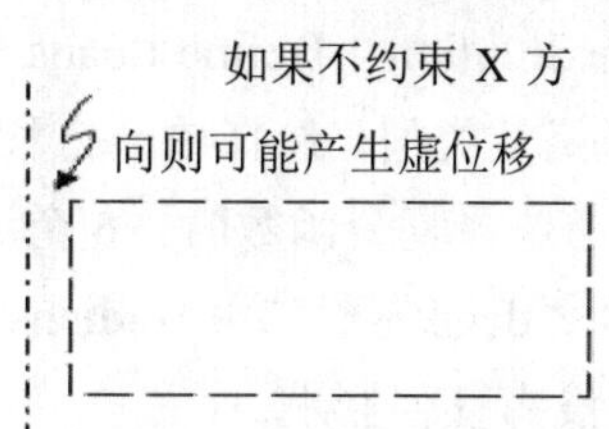

图 5-6 实体轴对称结构的中心约束

5.2.5 利用函数施加载荷和边界条件

可以通过一些函数工具对模型施加复杂的边界条件。函数工具包括两个部分：

1）函数编辑器：创建任意的方程或多重函数。

2）函数装载器：获取创建的函数并制成表格。可以分别通过两种方式进入函数编辑器和函数装载器：

GUI：Utility Menu > Parameters > Functions > Define/Edit，或者 GUI：Main Menu > Solution > Define Loads > Apply > Functions > Define/Edit。

GUI：Utility Menu > Parameters > Functions > Read from file，或者 GUI：Main Menu > Solution > Define Loads > Apply > Functions > Read From File。

当然，在使用函数边界条件之前，应该了解以下一些要点：

- 当数据能够方便地用一表格表示时，我们推荐使用表格边界条件。
- 在表格中，函数呈现等式的形式而不是一系列的离散数值。
- 不能够通过函数边界条件来避免一些限制性边界条件，并且这些函数对应的初始变量是被表格边界条件支持的。

同样的，当使用函数工具时，还必须熟悉如下几个特定的情况：

- 函数：一系列方程定义了高级边界条件。
- 初始变量：在求解过程中被使用和评估的独立变量。
- 域：以单一的域变量为特征的操作范围或设计空间的一部分。域变量在整个域中是连续的，每个域包含一个唯一的方程来评估函数。
- 域变量：支配方程用于函数的评估而定义的变量。
- 方程变量：在方程中指定的一个变量，此变量在函数装载过程中被赋值。

1. 函数编辑器的使用

函数编辑器定义了域和方程。通过一系列的初始变量，方程变量和数学函数来建立方程。能够创建一个单一的等式，也可以创建包含一系列方程等式的函数，而这些方程等式对应于不同的域。

使用函数编辑器的步骤如下：

1）打开函数编辑器：GUI：Utiltity Menu > Parameters > Functions > Define/Edit 或

Main Menu > Solution > Define Loads > Apply > Functions > Define/Edit。

2）选择函数类型。选择单一方程或一个复合函数。如果选择后者，则必须输入域变量的名称。当选择复合函数时，6 个域标签被激活。

3）选择“degrees ”或“radians”。这一选择仅仅决定了方程如何被评估，对命令“*AFUN”没有任何影响。

4）定义结果方程，或者使用初始变量和方程变量来描述域变量的方程。如果定义一个单一方程的函数，则跳到第 10）步。

5）单击第一个域标签，输入域变量的最小和最大值。

6）在此域中定义方程。

7）单击第二个域标签。注意，第二个域变量的最小值已被赋值，且不能被改变，这就保证了整个域的连续性。输入域变量的最大值。

8）在此域中定义方程。

9）重复这一过程直到最后一个域。

10）对函数进行注释。单击编辑器菜单栏 Editor > Comment，输入对函数的注释。

11）保存函数。单击编辑器菜单栏 Editor > Save 并输入文件名。文件名必须以.func 为扩展名。

一旦函数被定义且保存了，可以在任何一个 ANSYS 分析使用它们。为了使用这些函数，必须装载它们并对方程变量进行赋值，同时赋予其表格参数名称，以便在特定的分析中使用它们。

2．函数装载器的使用

当在分析中准备对方程变量进行赋值、对表格参数指定名称和使用函数时，需要把函数装入函数装载器中，其步骤如下：

1）打开函数装载器：GUI：Utility Menu > Parameters > Functions > Read From File。

2）打开保存函数的目录，选择正确的文件并打开。

3）在函数装载对话框中，输入表格参数名。

4)在对话框的底部将看到一个函数标签和构成函数的所有域标签以及每个指定方程变量的数据输入区，输入合适的数值。

在函数装载对话框中，仅数值数据可以作为常数值，而字符数据和表达式不能被作为常数值。

5）重复每个域的过程。

6）单击保存，直到已经为函数中每个域中的所有变量赋值后，才能以表格参数的形式来保存。

函数作为一个代码方程被制成表格。在 ANSYS 中，当表格被评估时，这种代码方程才起作用。

3．图形或列表显示边界条件函数

可以图形显示定义的函数，可视化当前的边界条件函数，还可以列表显示方程的结果。通过这种方式，可以检验定义的方程是否和所期待的一样。无论图形显示还是列表显示，都需要先选择一个要图形显示其结果的变量，并且必须设置其 X 轴的范围和图形显示点的数量。

5.3 设定载荷步选项

载荷步选项（Load step options）是各选项的总称，这些选项用于在求解选项中及其他选项（如输出控制、阻尼特性和响应频谱数据）中控制如何使用载荷。载荷步选项随载荷步的不同而异。有 6 种类型的载荷步选项：

- 通用选项。
- 非线性选项。
- 动态选项。
- 输出控制。
- Biot-Savart 选项。
- 谱分析选项。

5.3.1 通用选项

通用选项包括瞬态或静态分析中载荷步结束的时间、子步数或时间步大小、时间步自动阶跃、载荷阶跃或递增，以及热应力计算的参考温度。以下是对每个选项的简要说明。

1．时间选项

命令“TIME”用于指定在瞬态或静态分析中载荷步结束的时间。在瞬态或其他与速率有关的分析中，命令“TIME”用于指定实际的、按年月顺序的时间，并且要求指定一时间值。在与非速率无关的分析中，时间作为一跟踪参数。

在 ANSYS 分析中，决不能将时间设置为 0。如果执行命令“TIME，0”或“TIME，<空 > ”，或者根本就没有发出命令“TIME”，ANSYS 使用默认时间值：第一个载荷步为 1.0，其他载荷步为 1.0＋前一个时间。要在“0”时间开始分析，如在瞬态分析中，应指定一个非常小的值，如 TIME，1E-6。

2．子步数或时间步大小

对于非线性或瞬态分析，要指定一个载荷步中需要的子步数。指定子步的方法如下：

GUI：Main Menu > Preprocessor > Loads > Load Step Opts > Time/Frequenc > Time - Time Step。

GUI：Main Menu > Solution > Load Step Opts > Sol'n Control。

GUI：Main Menu > Solution > Load Step Opts > Time/Frequenc > Time - Time Step。

GUI：Main Menu > Solution > Load Step Opts > Time/Frequenc > Time - Time Step。

命令：DELTIM。

GUI：Main Menu > Preprocessor > Loads > Load Step Opts > Time/Frequenc > Time -

Time Step。

GUI：Main Menu > Solution > Load Step Opts > Sol'n Control。

GUI：Main Menu > Solution > Load Step Opts > Time/Frequenc > Time - Time Step。

命令：NSUBST。

命令“NSUBST”指定子步数，命令“DELTIM”用于指定时间步的大小。在默认情况下，ANSYS 程序在每个载荷步中使用一个子步。

3．时间步自动阶跃

命令“AUTOTS”用于激活时间步自动阶跃。

GUI：Main Menu > Preprocessor > Loads > Load Step Opts > Time/Frequenc > Time - Time Step。

GUI：Main Menu > Solution > Load Step Opts > Time/Frequenc > Time - Time Step。

GUI：Main Menu > Solution > Load Step Opts > Time/Frequenc > Time and Substeps。

当使用时间步自动阶跃时，根据结构或构件对施加载荷的响应，程序计算每个子步结束时最优的时间步。在非线性静态或稳态分析中使用时，命令“AUTOTS”确定了子步之间载荷增量的大小。

4．阶跃或递增载荷

当在一个载荷步中指定多个子步时，需要指明载荷是逐渐递增还是阶跃递增。命令“KBC”用于此目的：命令“KBC，0”用于指明载荷是逐渐递增；命令“KBC，1”用于指明载荷是阶跃载荷。默认值取决于分析的学科和分析类型（与命令“KBC”等价的GUI 路径与命令“DELTIM”和命令“NSUBST”等价的 GUI 路径相同）。

关于阶跃载荷和递增载荷的几点说明：

1）如果指定阶跃载荷，程序按相同的方式处理所有载荷（约束、集中载荷、面载荷、体载荷和惯性载荷）。根据情况，阶跃施加、阶跃改变或阶跃移去这些载荷。

2）如果指定递增载荷，那么：

- 在第一个载荷步施加的所有载荷，除了薄膜系数外，都是逐渐递增的（根据载荷的类型，从 0 或从命令“BFUNIF”或其等价的 GUI 路径所指定的值逐渐变化，参见表 5-13）。薄膜系数是阶跃施加的。

阶跃与线性加载不适用与温度相关的薄膜系数（在对流命令中，作为 N 输入），总是以温度函数所确定的值大小施加与温度相关的薄膜系数。

- 在随后的载荷步中，所有载荷的变化都是从先前的值开始逐渐变化。

在全谐波（ANTYPE，HARM 和 HROPT，FULL）分析中，面载荷和体载荷的逐渐变化与在第一个载荷步中的变化相同，并且不是从先前的值开始逐渐变化。除了PLANE2、SOLID45、SOLID92 和 SOLID95，是从先前的值开始逐渐变化外。

- 在随后的载荷步中新引入的所有载荷是逐渐变化的（根据载荷的类型，从 0 或从命令“BFUNIF”所指定的值递增，见表 5-13）。
- 在随后的载荷步中被删除的所有载荷，除了体载荷和惯性载荷外，都是阶跃移去的。体载荷逐渐递增到“BFUNIF”，不能被删除而只能被设置为 0 的惯性载荷，则逐渐变化到 0。

表 5-13 不同条件下递增载荷（KBC=0）的处理

载荷类型	施加于第一个载荷步	输入随后的载荷步
DOF（约束自由度）		
温度	从 TUNIF2 逐渐变化	从 TUNIF3 逐渐变化
其他	从 0 逐渐变化	从 0 逐渐变化
力	从 0 逐渐变化	从 0 逐渐变化
面载荷		
TBULK	从 TUNIF2 逐渐变化	从 TUNIF 逐渐变化
HCOEF	跳跃变化	从 0 逐渐变化 4
其他	从 0 逐渐变化	从 0 逐渐变化
体积载荷		
温度	从 TUNIF2 逐渐变化	从 TUNIF3 逐渐变化
其他	从 BFUNIF3 逐渐变化	从 BFUNIF3 逐渐变化
惯性载荷 1	从 0 逐渐变化	从 0 逐渐变化

- 在相同的载荷步中，不应删除或重新指定载荷。在这种情况下，逐渐变化不会按所期望的方式作用。

① 对惯性载荷，其本身为线性变化，因此产生的力在该载荷步上是二次变化。

② TUNIF 命令在所有节点指定一均布温度。

③ 在这种情况下，使用的“TUNIF”或“BFUNIF”值是先前载荷步的，而不是当前值。

④ 总是以温度函数所确定的值的大小施加与温度相关的膜层散热系数，而不论“KBC”的设置如何。

⑤ 命令“BFUNIF”仅是命令“TUNIF”的一个同类形式，用于在所有节点指定一均布体积载荷。

5. 其他通用选项

1）热应力计算的参考温度，其默认值为 0。指定该温度的方法如下：

GUI：Main Menu > Preprocessor > Loads > Load Step Opts > Other > Reference Temp。

GUI：Main Menu > Preprocessor > Loads > Define Loads > Settings > Reference Temp。

GUI：Main Menu > Solution > Load Step Opts > Other > Reference Temp。

GUI：Main Menu > Solution > Define Loads > Settings > Reference Temp。

命令：TREF。

2）对每个解（即每个平衡迭代）是否需要一个新的三角矩阵。仅在静态（稳态）分析或瞬态分析中使用下列方法之一，可用一个新的三角矩阵。

GUI：Main Menu > Preprocessor > Loads > Load Step Opts > Other > Reference Temp。

GUI：Main Menu > Solution > Load Step Opts > Other > Reference Temp。

命令：KUSE。

默认情况下，程序根据DOF约束的变化与温度相关材料的特性，以及“New-Raphson”选项确定是否需要一个新的三角矩阵。如果“KUSE”设置为1，程序再次使用先前的三角矩阵。

在重新开始过程中，该设置非常有用：对附加的载荷步，如果要重新进行分析，而且知道所存在的三角矩阵（在文件Jobname.TRI中）可再次使用，通过将“KUSE”设置为1，可节省大量的计算时机。命令“KUSE，-1”迫使在每个平衡迭代中三角矩阵再次用公式表示。在分析中很少使用它，主要用于调试中。

3）模式数（沿周边谐波数）和谐波分量是关于全局 X 坐标轴对称还是反对称。当使用反对称协调单元（反对称单元采用非反对称加载）时，载荷被指定为一系列谐波分量（傅里叶级数）。

要指定模式数，使用下列方法之一：

GUI：Main Menu > Preprocessor > Loads > Load Step Opts > Other > For Harmonic Ele。

GUI：Main Menu > Solution > Load Step Opts > Other > For Harmonic Ele

命令：MODE。

4）在3-D磁场分析中所使用的标量磁势公式的类型通过下列方法之一指定：

GUI：Main Menu > Preprocessor > Loads > Load Step Opts > Magnetics > potential formulation method。

GUI：Main Menu > Solution > Load Step Opts > Magnetics > potential formulation method。

命令：MAGOPT。

5）在缩减分析的扩展过程中，扩展的求解类型，通过下列方法之一指定：

GUI：Main Menu > Preprocessor > Loads > Load Step Opts > ExpansionPass > Single Expand > Range of Solu's。

GUI：Main Menu > Solution > Load Step Opts > ExpansionPass > Single Expand > Range of Solu's。

GUI：Main Menu > Preprocessor > Loads > Load Step Opts > ExpansionPass > Single Expand > By Load Step。

GUI：Main Menu > Preprocessor > Loads > Load Step Opts > ExpansionPass > Single Expand > By Time/Freq。

GUI：Main Menu > Solution > Load Step Opts > ExpansionPass > Single Expand > By Load Step。

GUI：Main Menu > Solution > Load Step Opts > ExpansionPass > Single Expand > By Time/Freq。

命令：NUMEXP，EXPSOL。

5.3.2 非线性选项

主要是用于非线性分析的选项见表 5-14。

表 5-14　用于非线性分析的选项

命令	GUI 路径	用途
NEQIT	Main Menu > Preprocessor > Loads > Load Step Opts > Nonlinear > Equilibrium Iter Main Menu > Solution > Analysis Type > Sol'n Control > Nonlinear Main Menu > Solution > Load Step Opts > Nonlinear > Equilibrium Iter	指定每个子步最大平衡迭代的次数（默认＝25）
CNVTOL	Main Menu > Preprocessor > Loads > Load Step Opts > Nonlinear > Convergence Crit Main Menu> Solution > Analysis Type > Sol'n Control >Nonlinear Main Menu > Solution > Load Step Opts > Nonlinear > Convergence Crit	指定收敛公差
NCNV	Main Menu > Preprocessor > Loads > Load Step Opts > Nonlinear > Criteria to Stop Main Menu > Solution > Analysis Type > Sol'n Control Main Menu > Solution > Load Step Opts > Nonlinear > Criteria to Stop	为终止分析提供选项

5.3.3 动态选项

用于动态和其他瞬态分析的选项见表 5-15。

表 5-15 用于动态和其他瞬态分析的选项

命令	GUI 路径	用途
TIMINT	MainMenu > Preprocessor > Loads > Load Step Opts > Time/Frequenc > Time Integration Main Menu > Solution > Analysis Type > Sol'n Control MainMenu > Solution > Load Step Opts > Time/Frequenc > Time Integration	激活或取消时间积分
HARFRQ	Main Menu > Preprocessor > Loads > Load Step Opts > Time/Frequenc > Freq and Substeps Main Menu > Solution > Load Step Opts > Time/Frequenc > Freq and Substeps	在谐波响应分析中指定载荷的频率范围

（续）

命令	GUI 路径	用途
ALPHAD	Main Menu > Preprocessor > Loads > Load Step Opts > Time/Frequenc > Damping Main Menu > Solution > Analysis Type > Sol'n Control Main Menu > Solution > Load Step Opts > Time/Frequenc > Damping	指定结构动态分析的阻尼
BETAD	Main Menu > Preprocessor > Loads > Load Step Opts > Time/Frequenc > Damping Main Menu > Solution > Analysis Type > Sol'n Control。 Main Menu > Solution > Load Step Opts > Time/Frequenc > Damping	
DMPRAT	Main Menu > Preprocessor > Loads > Load Step Opts > Time/Frequenc > Damping Main Menu > Solution > Load Step Opts > Time/Frequenc > Damping	
MDAMP	Main Menu > Preprocessor > Loads > Load Step Opts > Time/Frequenc > Damping Main Menu > Solution > Load Step Opts > Time/Frequenc > Damping	

5.3.4 输出控制

输出控制用于控制分析输出的数量和特性。表 5-16 列出了两个基本输出控制命令。

表 5-16 两个基本输出控制命令

命令	GUI 路径	用途
OUTRES	Main Menu > Preprocessor > Loads > Load Step Opts > Output Ctrls > DB/Results File Main Menu > Solution > Analysis Type > Sol'n Control Main Menu > Solution > Load Step Opts > Output Ctrls > DB/Results File	控制 ANSYS 写入数据库和结果文件的内容以及写入的频率
OUTPR	Main Menu > Preprocessor > Loads > Load Step Opts > Output Ctrls > Solu Printout Main Menu > Solution > Load Step Opts > Output Ctrls > Solu Printout	控制打印（写入解输出文件 Jobname.OUT）的内容以及写入的频率

下例说明了“OUTRES”和“OUTPR”命令的使用：

```
OUTRES,ALL,5        !    写入所有数据：每到第 5 子步写入数据
OUTPR,NSOL,LAST     !    仅打印最后子步的节点解
```

可以发出一系列“OUTPR”和“OUTRES”命令（达 50 个命令组合）以精确控制

解数据的输出。但必须注意，命令发出的顺序很重要。例如，下列所示的命令把每到第10子步的所有数据和第5子步的节点解数据被写入数据库和结果文件。

```
OUTRES,ALL,10
OUTRES,NSOL,5
```

然而，如果颠倒命令的顺序（如下所示），那么第二个命令优先于第一个命令，使每到第10子步的所有数据被写入数据库和结果文件，而每到第5子步的节点解数据则未被写入数据库和结果文件中。

```
OUTRES,NSOL,5
OUTRES,ALL,10
```

程序在默认情况下输出的单元解数据取决于分析类型。要限制输出的解数据，使用命令“OUTRES”有选择地抑制（FREQ＝NONE）解数据的输出，或者首先抑制所有解数据（OUTRES，ALL，NONE）的输出，然后通过随后的命令“OUTRES”有选择地打开数据的输出。

第三个输出控制命令“ERESX”允许在后处理中观察单元积分点的值。

GUI：Main Menu > Preprocessor > Loads > Load Step Opts > Output Ctrls > Integration Pt

GUI：Main Menu > Solution > Load Step Opts > Output Ctrls > Integration Pt

命令：ERESX。

默认情况下，对材料非线性（如非0塑性变形）以外的所有单元，ANSYS程序使用外推法并根据积分点的数值计算在后处理中观察的节点结果。通过执行命令“ERESX，NO”，可以关闭外推法，相反，将积分点的值复制到节点，使这些值在后处理中可用。另一个选项“ERESX，YES”，迫使所有单元都使用外推法，而不论单元是否具有材料非线性。

5.3.5 Biot-Savart选项

用于Biot-Savart选项的命令见表5-17。

表5-17 用于Biot-Savart选项的命令

命 令	GUI路径	用途
BIOT	Main Menu > Preprocessor > Loads > Load Step Opts > Magnetics > Options Only > Biot-Savart Main Menu > Solution > Load Step Opts > Magnetics > Options Only > Biot-Savart	计算由于所选择的源电流场引起的磁场密度
EMSYM	Main Menu > Preprocessor > Loads > Load Step Opts > Magnetics > Options Only > Copy Sources Main Menu > Solution > Load Step Opts > Magnetics > Options Only > Copy Sources	复制呈周向对称的源电流场

5.3.6 谱分析选项

这类选项中有许多命令，所有命令都用于指定响应谱数据和功率谱密度（PSD）数据。在频谱分析中使用这些命令，可参见帮助文件中的“ANSYS Structural Analysis Guide”说明。

5.3.7 创建多载荷步文件

所有载荷和载荷步选项一起构成了一个载荷步，程序用其计算该载荷步的解。如果有多个载荷步，可将每个载荷步存入一个文件，调入该载荷步文件，并从文件中读取数据求解。

命令“LSWRITE”用于写载荷步文件（每个载荷步一个文件，以 Jobname.S01，Jobname.S02，Jobname.S03 等识别）。可使用以下方法之一：

GUI：Main Menu > Preprocessor > Loads > Load Step Opts > Write LS File。

GUI：Main Menu > Solution > Load Step Opts > Write LS File。

命令：LSWRITE。

所有载荷步文件写入后，可以使用命令在文件中顺序读取数据，并求得每个载荷步的解。下例所示的命令组可用于定义多个载荷步：

```
/SOLU                          ! 输入 Solution
0
! 载荷步 1:
D, ...                         ! 载荷
SF，...
...
NSUBST，...                    ! 载荷步选项
KBC，...
OUTRES，...
OUTPR，...
...
LSWRITE                        ! 写入载荷步文件：Jobname.S01
!
! 载荷步 2:
D, ...                         ! 载荷
SF，...
...
NSUBST，...                    ! 载荷步选项
KBC，...
OUTRES，...
OUTPR，...
...
```

```
LSWRITE                               ! 写入载荷步文件：Jobname.S02
...
```

关于载荷步文件的几点说明：

1）载荷步数据根据 ANSYS 命令被写入文件。

2）命令“LSWRITE”不捕捉实常数（R）或材料特性（MP）的变化。

3）命令“LSWRITE”自动地将实体模型载荷转换为有限元模型，因此所有载荷按有限元载荷命令的形式被写入文件。特别地，面载荷总是按命令“SFE”（或“SFBEAM”）的形式被写入文件，而不论载荷是如何施加的。

4）要修改载荷步文件序号为 N 的数据，可执行命令“LSREAD，n”，在文件中读取数据，进行所需的改动；然后执行命令“LSWRITE，n”（将覆盖序号为 N 的旧文件）。还可以使用系统编辑器直接编辑载荷步文件，但这种方法一般不推荐使用。与命令“LSREAD”等价的 GUI 路径为：

GUI：Main Menu > Preprocessor > Loads > Load Step Opts > Read LS File。

GUI：Main Menu > Solution > Load Step Opts > Read LS File。

5）命令“LSDELE”允许从 ANSYS 程序中删除载荷步文件。与命令“LSDELE”等价的 GUI 路径为：

GUI：Main Menu > Preprocessor > Loads > Define Loads > Operate > Delete LS Files。

GUI：Main Menu > Solution > Define Loads > Operate > Delete LS Files。

6）与载荷步相关的另一个有用的命令是“LSCLEAR”，它允许删除所有载荷，并将所有载荷步选项重新设置为其默认值。例如，在读取载荷步文件进行修改前，可以使用它“清除”所有载荷步数据。与“LSCLEAR”命令等价的 GUI 路径为：

GUI：Main Menu > Preprocessor > Loads > Define Loads > Delete > All Load Data > data type。

GUI：Main Menu > Preprocessor > Loads > Reset Options。

GUI：Main Menu > Preprocessor > Loads > Define Loads > Settings > Replace vs Add。

GUI：Main Menu > Solution > Reset Options。

GUI：Main Menu > Solution > Define Loads > Settings > Replace vs Add > Reset Factors。

5.4 实例导航——导弹发动机药柱模型载荷施加

在前面章节中对药柱模型采用了不同的方法进行了网格划分，生成了可用于计算分析的有限元模型。接下来需要对药柱施加载荷，以此考虑其承受温度和内压载荷的影响。为了更有针对性地模拟发动机工作过程药柱承受内压的环境，只考查在点火升压段的工作情况，因为该阶段的压力变化剧烈是药柱经常发生破坏的环节。

假设发动机工作时的药柱温度已经保温到–40℃（零应力温度为 58℃），发动机燃烧室内压力载荷随时间的变化如图 5-7 所示。约束药柱外表面的所有位移和两端面的轴向位移，另外根据结构对称性施加对称约束条件，并且不考虑重力的影响。

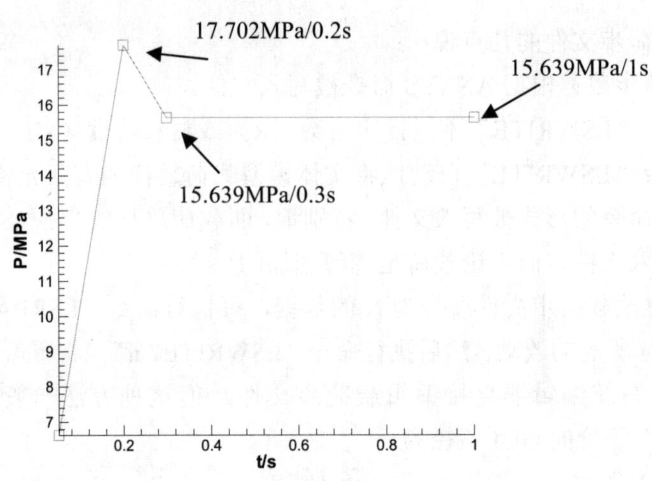

图 5-7 压力载荷随时间的变化

5.4.1 单载荷步的施加

为了让读者了解载荷的施加过程，先从一个最基本的分析开始，只考虑低温–40℃时药柱内部残余热应力情况。此时只存在一个温度载荷，施加载荷的步骤如下：

01 设定分析类型。GUI：Main Menu > Solution > Analysis Type > New Analysis。由于是做稳态分析，所以在弹出的“New Analysis”对话框中选择“Static”选项，如图 5-8 所示。

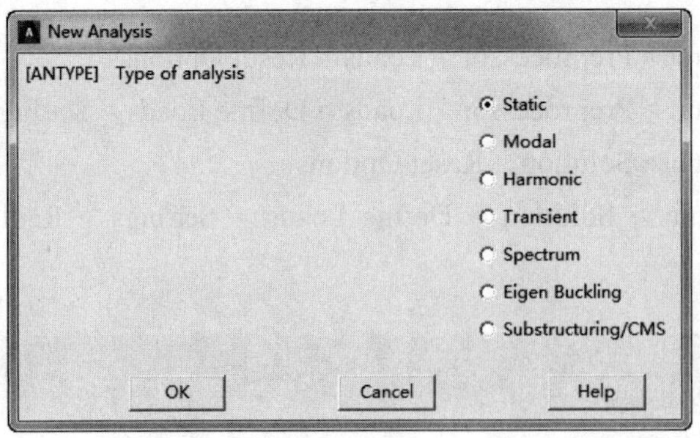

图 5-8 选择“Static”选项

02 施加约束条件。

❶外表面位移约束。GUI：Main Menu > Solution > Define Loads > Apply > Structural > Displacement > On Areas，然后选择药柱外表面（即表面 9），在弹出的“Apply U,ROT on Areas”对话框中约束掉所有位移（见图 5-9）中选择“All DOF”选项。

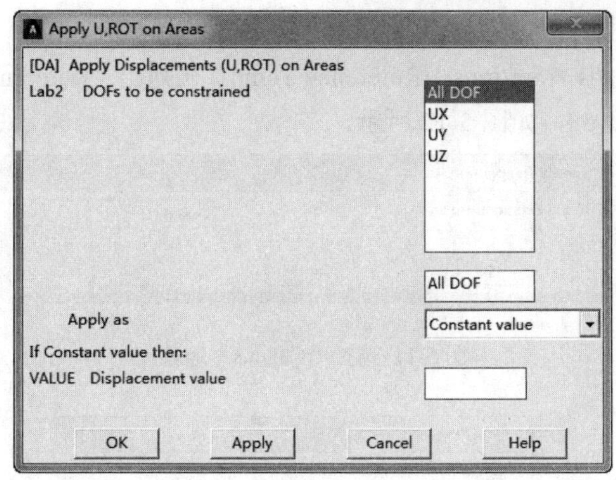

图 5-9 “Apply U,ROT on Areas”对话框

❷两端面位移约束。

GUI：Main Menu > Solution > Define Loads > Apply > Structural > Displacement > On Areas，然后选择药柱两端面（即表面 1 和 10），在弹出的“Apply U,ROT on Areas”对话框中对两端面的轴向位移（UZ）施加约束。

❸对称面约束。GUI：Main Menu > Solution > Define Loads > Apply > Structural > Displacement > Symmetry B.C. > On Areas，然后选择药柱的两个对称面（即面 2 和 8），单击“OK”按钮，完成对称约束设置。

施加约束设置后的药柱模型如图 5-10 所示。

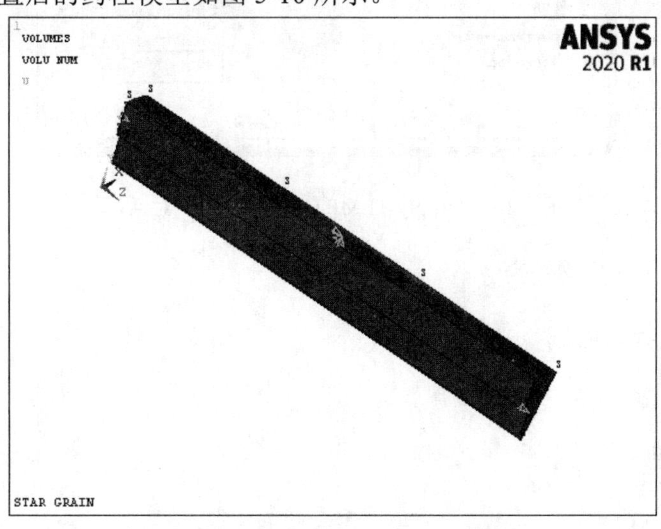

图 5-10 施加约束后的药柱模型

03 施加温度载荷。首先需要将温度的单位定义为摄氏温度，GUI：Main Menu > Prepocessor > Meterial Props > Tempreture Units，选择“Celsius”选项，如图 5-11 所示。

温度为体载荷，由于降温到-40℃，因此药柱会因为冷缩而在药柱内部产生残余热应力。施加温度载荷时，首先需要指定参考温度（零应力温度），执行 GUI：Main Menu > Solution > Define Loads > Settings > Reference Temp，在弹出“Reference Temperature”对话框中输入参考温度 58，如图 5-12 所示。

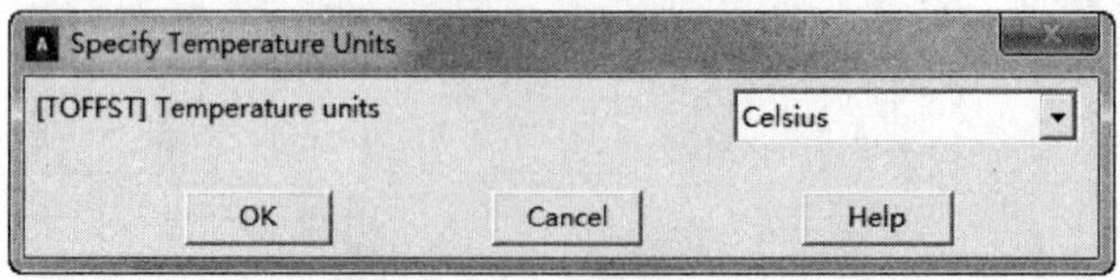

图 5-11 选择“Celsius”选项

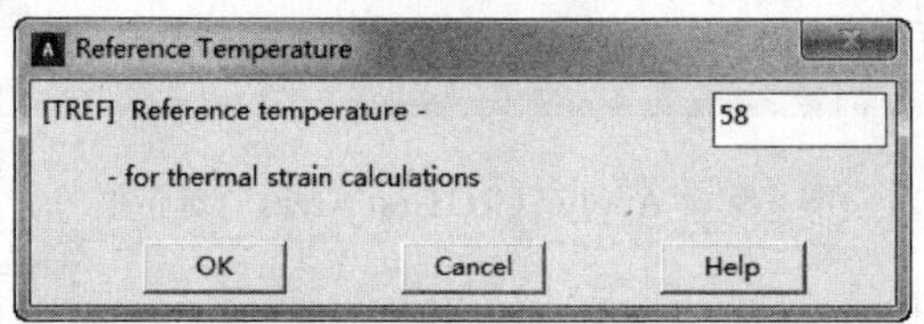

图 5-12 “Reference Temperature”对话框

GUI：Main Menu > Solution > Define Load > Apply > Structural > Temperature > On Volumes，在弹出的“Apply TEMP on Volumes”对话框（见图 5-13）输入温度载荷值为–40。至此，完成温度载荷的施加。

Apply TEMP on Volumes
[BFV] Apply Temperature (TEMP) on Volumes
Apply as Constant value
If Constant value then:
VAL1 Temperature -40
OK Apply Cancel Help

图 5-13 “Apply TEMP On Volumes”对话框

命令流格式：

```
/SOLU
ANTYPE,STATIC
!定义约束
DA,9,ALL
DA,1,UZ,0
DA,10,UZ,0
DA,2,SYMM
DA,8,SYMM
!载荷步
TOFFST, 273            !温度单位为摄氏度
BFV,ALL,TEMP,-40
TREF,58                !参考温度为 58
```

5.4.2 多载荷步的施加

下面介绍多载荷步的施加步骤。药柱除了承受温度载荷外，在点火过程中还承受内压载荷，如图 5-7 所示。

01 设定分析类型。GUI：Main Menu > Solution > Analysis Type > New Analysis。由于该问题是瞬态分析，所以在弹出的图 5-8 所示的对话框中选择“Transient”按钮。

02 施加约束条件。

❶外表面位移约束。GUI：Main Menu > Solution > Define Loads > Apply > Structural > Displacement > On Areas，然后选择药柱外表面（即表面 9），在弹出的对话框中选择“All DOF”选项，如图 5-9 所示。

❷两端面位移约束。GUI：Main Menu > Solution > Define Loads > Apply > Structural > Displacement > On Areas，然后选择药柱两端面（即表面 1 和 10），在弹出的“Apply U,ROT on Areas”对话框中对两端面的轴向位移（UZ）施加约束。

❸对称面约束。GUI：Main Menu > Solution > Define Loads > Apply > Structural > Displacement > Symmetry B.C. > On Areas，然后选择药柱的两个对称面（即面 2 和 8），单击“OK”按钮，完成对称约束设置。

03 施加温度载荷。因为是多载荷步，所以施加完之后需要将该载荷步保存。将该载荷步的结束时间设为“1e-6”，GUI：Main Menu > Solution > Analysis Type > Sol'n Control，在弹出的对话框中的“Time at end of loadstep”文本框中输入“1e-6”，在“Number of substeps”文本框中输入 1（表示只设定一个子步），如图 5-14 所示。

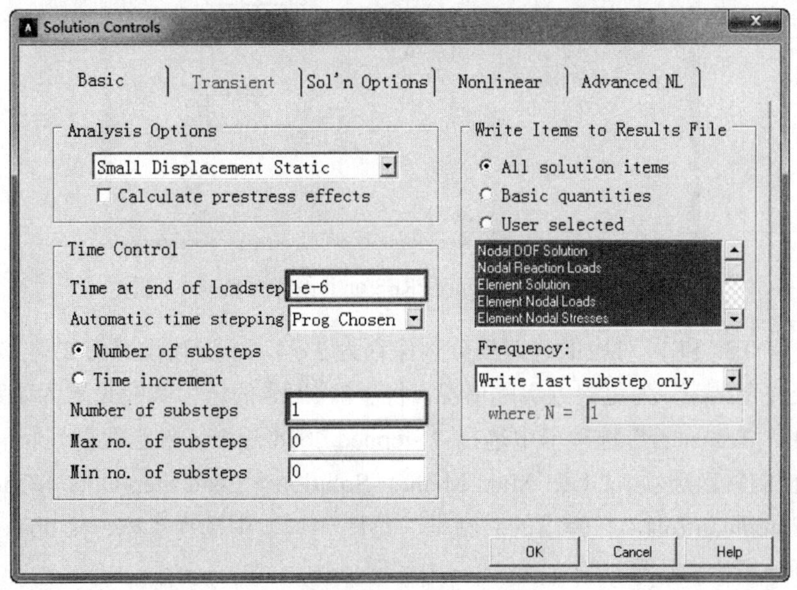

图 5-14 设置求解控制

按照 5.4.1 的步骤 **03** 对药柱施加–40℃温度载荷，然后保存载荷步。GUI：Main

Menu > Preprocessor > Loads > Load Step Opts > Write LS File，在弹出的“Write Load Step File”对话框（见图 5-15）“LSNUM”文本框中输入 1，这时可以发现文件夹中多出了一个“Grain.s01”文件，该文件保存了这一载荷步的信息。

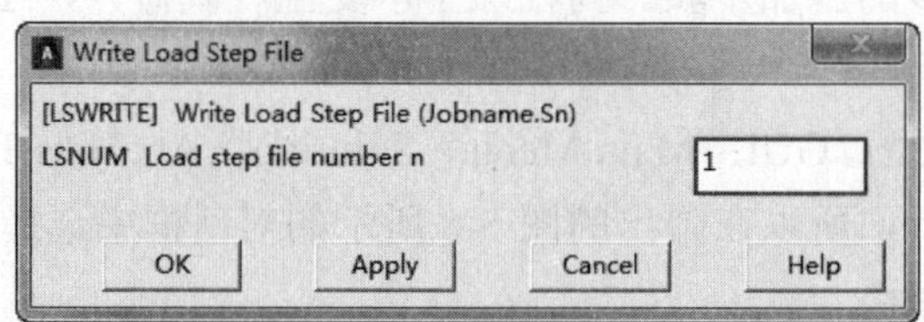

图 5-15 “Write Load Step File”对话框

04 施加压力载荷。根据本问题压力载荷的特点，可以分 3 个载荷步加载，分别对应于时间点 0.2s、0.3s 和 1s。

先定义 0.2s 时的载荷步。在图 5-14 的“Time at end of loadstep”中输入 0.2，在“Number of substeps”中输入 3（子步数）；在图 5-14 的“Transient”选项卡中选择“Ramped Loading”（坡度载荷）。施加压力载荷，GUI：Main Menu > Solution > Define Loads > Apply > Structrual > Pressure > On Areas，分别选择内腔的几个表面（即面 3～7），单击“OK”按钮，在弹出的“Apply PRES on lines”对话框（见图 5-16）的“VALUE”文本框中输入“17.702e6”，最后保存为载荷步 2。

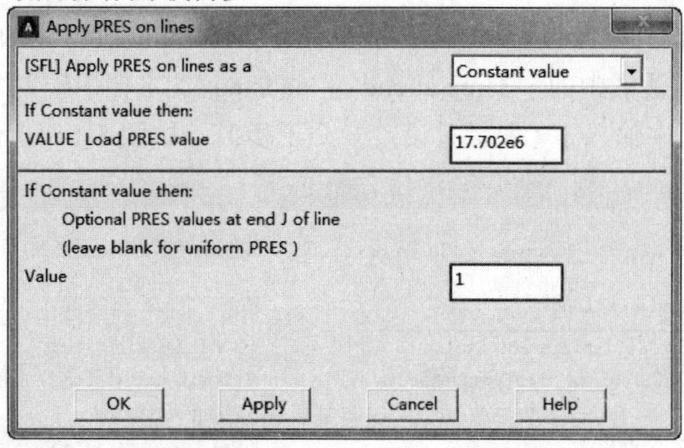

图 5-16 “Apply PRES on lines”对话框

同理，将 0.3s 和 1s 对应的载荷步分别保存为 3、4，子步数设置为 2 和 5。至此，施加载荷已经完全结束。为更接近实际情况，将步骤 **04** 的压力载荷设置为阶跃载荷，即在图 5-14 的“Transient”选项卡中选择“Stepped Loading”（阶跃载荷）。

05 控制输出选项。GUI：Main Menu > Solution > Load Step Opts > Output Ctrls > Solution Printoutcontrols，在弹出的对话框（见图 5-17）中选择“Everys ubstep”选项，表示输出每一子步的结果。

命令流格式：

```
/PREP7
!面组件
```

```
ASEL,S,AREA, ,3,7,1
CM,INTERAREA,AREA
ALLSEL,ALL
/SOLU
ANTYPE,TRANS
!定义约束
DA,9,ALL
DA,1,UZ,ALL
DA,10,UZ,ALL
DA,2,SYMM
DA,8,SYMM
!载荷步一
TIME,1E-6
NSUBST,1
TOFFST, 273              !温度单位为摄氏度
BFV,ALL,TEMP,-40
TREF,58                  !参考温度为 58
LSWRITE,1
!载荷步二
TIME,0.2
NSUBST,5
KBC,0
SFA,INTERAREA,,PRES,17.702E6
LSWRITE,2
!载荷步三
TIME,0.3
NSUBST,2
KBC,0
```

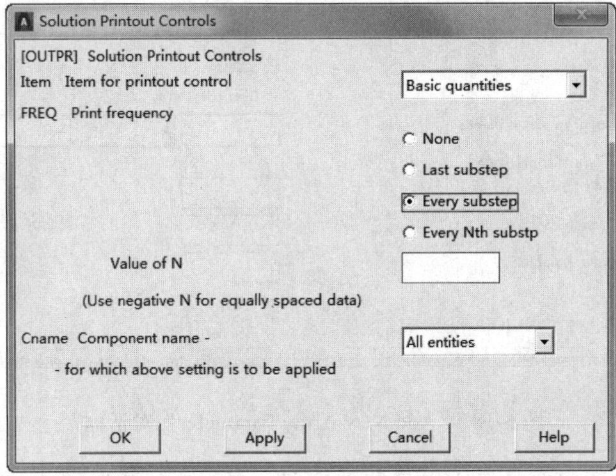

图 5-17 “Solution Printout Controls”对话框

```
SFA,INTERAREA,,PRES,15.639E6
LSWRITE,3
!载荷步四
TIME,1
NSUBST,5
KBC,1
SFA,INTERAREA,,PRES,15.639E6
LSWRITE,4
FINISH
```

5.4.3 表格及函数载荷的施加

压力载荷的变化见表 5-18。

表 5-18 压力载荷的变化

时间/s	0.2	0.3	1
压力/MPa	17.702	15.639	15.639

下面对压力载荷采用表格输入，之前约束和温度载荷的施加不再重复，对压力载荷的施加还可以通过如下操作来实现：

01 定义压力载荷函数。表 5-18 中压力函数有 3 个点，所以需要建立一个 3×1 的数组。GUI：Utility Menu > Parameters > Array Parameters > Define/Edit，单击“Add”按钮，在弹出的对话框建立一个 3×1 的数组，如图 5-18 所示。单击“OK”按钮后返回数组对话框，然后单击“Edit”按钮编辑该数组。在弹出的对话框中按照图 5-19 设定，将第 0 列设定为时间，第 1 列设定为压力值。

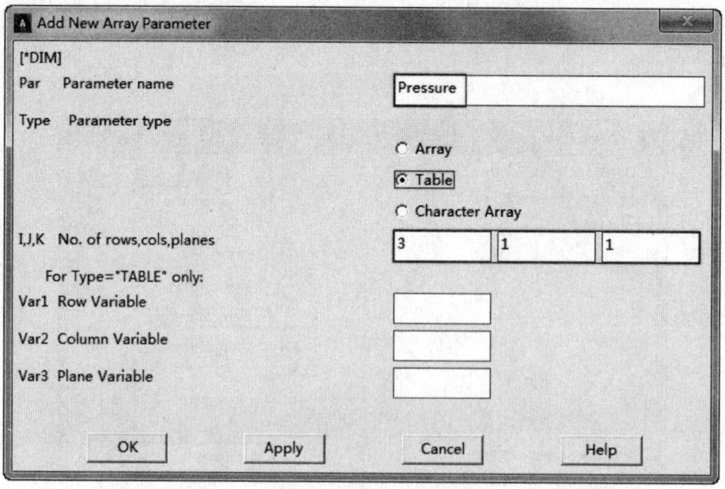

图 5-18 “Add New Array Parameter”对话框

02 施加载荷。现在已经定义了载荷历程，要加载并获得解答，需要构造一个如下所示的“DO”循环（通过使用命令“*DO”和“*ENDDO”）。

施加压力载荷的部分命令流：

```
TM_START=1E-6                          ! 开始时间（必须大于 0）
TM_END=1                               ! 瞬态结束时间
TM_INCR=0.1                            ! 时间增量
! 从 TM_START 开始到 TM_END 结束，步长 TM_INCR
*DO,TM,TM_START,TM_END,TM_INCR
TIME,TM                                ! 时间值
SFA,INTERAREA,,PRES,PRESSURE(TM)       ! 随时间变化的压力
BF,ALL,TEMP,-40                        ! 随时间变化的温度
SOLVE                                  ! 开始求解
*ENDDO
```

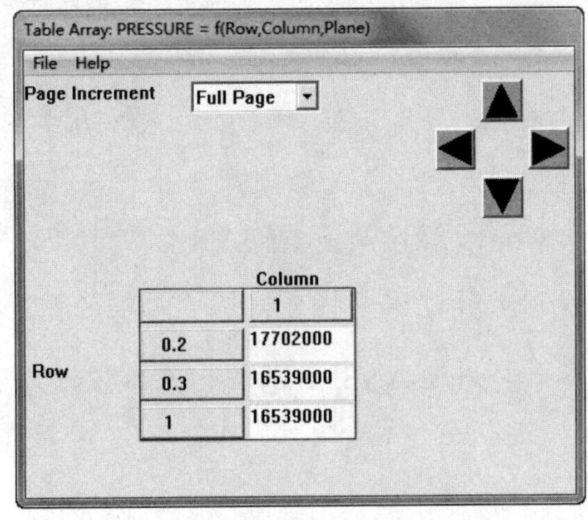

图 5-19 编辑数组

利用这种方法，可以非常容易地改变时间增量（TM_INCR 参数），而用其他方法改变如此复杂的载荷历程的时间增量将是很麻烦的。

第6章 求解

求解与求解控制是ANSYS分析中又一重要的步骤，正确地控制求解过程，将直接影响求解的精度和计算时间。

本章将讲述ANSYS求解的基本设置方法和相关技巧。”

- 利用特定的求解控制器来指定求解类型
- 多载荷步求解
- 重新启动分析
- 预测求解时间和估计文件大小

6.1 求解概述

ANSYS 能够求解由有限元方法建立的联立方程，求解的结果为：

1）节点的自由度值，为基本解。

2）原始解的导出值，为单元解。

单元解通常是在单元的公共点上计算出来的，ANSYS 程序将结果写入数据库和结果文件（Jobname.RST，RTH，RMG，RFL）。

ANSYS 程序中有几种求解联立方程的方法：直接求解法、稀疏矩阵直接解法、雅克比共轭梯度法（JCG）、不完全分解共轭梯度法（ICCG）、预条件共轭梯度法（PCG）、自动迭代法（ITER）和分块解法（DDS）。默认为直接解法，可用以下方法选择求解器。

GUI：Main Menu > Preprocessor > Loads > Analysis Type > Analysis Options。

GUI：Main Menu > Solution > Load Step Options > Sol'n Control。

GUI：Main Menu > Solution > Analysis Options。

命令：EQSLV。

如果没有“Analysis Options”选项，则需要完整的菜单选项，调出完整的菜单选项方法为 GUI：Main Menu > Solution > Unabridged Menu。

表 6-1 列出了求解器选择准则，有助于针对给定的问题选择合适的求解器。

表 6-1 求解器选择准则

解法	典型应用场合	模型尺寸	内存使用	硬盘使用
直接求解法	要求稳定性（非线性分析）或内存受限制时	自由度为低于 50000	低	高
稀疏矩阵直接求解法	要求稳定性和求解速度（非线性分析）；线性分析时迭代收敛很慢时（尤其对病态矩阵，如形状不好的单元）	自由度为 10000～500000	中	高
雅克比共轭梯度法	当单场问题（如热、磁、声，多物理问题）中求解速度很重要时	自由度为 50000～1000000	中	低
不完全分解共轭梯度法	当多物理模型应用中求解速度很重要时，处理其他迭代法很难收敛的模型（几乎是无穷矩阵）时	自由度为 50000～1000000	高	低
预条件共轭梯度法	当求解速度很重要时（大型模型的线性分析）尤其适合实体单元的大型模型	自由度为 50000～1000000	高	低
自动迭代法	类似于预条件共轭梯度法（PCG），不同的是它支持 8 台处理器并行计算	自由度为 50000～1000000	高	低
分块解法	该解法支持数 10 台处理器通过网络连接来完成并行计算	自由度为 1000000～ 10000000	高	低

6.1.1 使用直接求解法

ANSYS 直接求解法不组集整个矩阵，而是在求解器处理每个单元时，同时进行整体矩阵的组集和求解，其方法如下：

1）每个单元矩阵计算出后，求解器读入第一个单元的自由度信息。

2）程序通过写入一个方程到 TRI 文件，消去任何可以由其他自由度表达的自由度。该过程对所有单元重复进行，直到所有的自由度都被消去，只剩下一个三角矩阵在 TRIN 文件中。

3）程序通过回代法计算节点的自由度解，用单元矩阵计算单元解。

在直接求解法中经常提到“波前”这一术语，它是在三角化过程中因不能从求解器消去而保留的自由度数。当求解器处理每个单元及其自由度时，波前就会膨胀和收缩；当所有的自由度都处理过以后波前变为零。波前的最高值称为最大波前，而平均的、均方根值称为 RMS 波前。

一个模型的 RMS 波前值直接影响求解时间：其值越小，CPU 所用的时间越短，因此在求解前，可能希望能重新排列单元号，以获得最小的波前。ANSYS 程序在开始求解时会自动进行单元排序，除非已对模型重新排列过，或者已经选择了不需要重新排列。最大波前直接影响内存的需要，尤其是临时数据申请的内存量。

6.1.2 使用稀疏矩阵直接求解法求解器

稀疏矩阵直接求解法是建立在与迭代法相对应的直接消元法基础上的。迭代法通过间接的方法（也就是通过迭代法）获得方程的解。既然稀疏矩阵直接求解法是以直接消元为基础的，不良矩阵不会构成求解困难。

稀疏矩阵直接求解法不适用于 PSD 光谱分析。

6.1.3 使用雅克比共轭梯度法求解器

雅克比共轭梯度法也是从单元矩阵公式出发的，但是接下来的步骤就不同了，雅克比共轭梯度法不是将整体矩阵三角化，而是对整体矩阵进行组集，求解器通过迭代收敛法计算自由度的解（开始时假设所有的自由度值全为 0）。雅克比共轭梯度法求解器最适合于包含大型的稀疏矩阵三维标量场的分析，如三维磁场分析。

在有些场合，“1.0×10^{-8}”的公差默认值（通过命令“EQSLV，JCG”设置）可能太严格，会增加不必要的运算时间；在大多数场合，1.0E-5 的值就可满足要求。

雅克比共轭梯度法求解器只适用于静态分析、全谐波分析或全瞬态分析（可分别使用命令“ANTYPE，STATIC”“HROPT，FULL”“TRNOPT，FULL”指定分析类型）。

对所有的共轭梯度法，必须非常仔细地检查模型的约束是否恰当，如果存在任何刚体运动的话，将计算不出最小主元，求解器会不断迭代。

6.1.4 使用不完全分解共轭梯度法求解器

不完全分解共轭梯度法与雅克比共轭梯度法在操作上相似，除了以下几方面：

1）不完全分解共轭梯度法比雅克比共轭梯度对病态矩阵更具有稳固性，其性能因矩阵调整状况而不同。但总的来说，不完全分解共轭梯度法的性能与雅克比共轭梯度法的性能相当。

2）相对于雅克比共轭梯度法，不完全分解共轭梯度法使用更复杂的先决条件，需要大约两倍于雅克比共轭梯度法的内存。

不完全分解共轭梯度法适用于静态分析，全谐波分析或全瞬态分析（可分别使用命令“ANTYPE，STATIC”“HROPT，FULL”“TRNOPT，FULL”指定分析类型），对具有稀疏矩阵的模型很适用，对对称矩阵及非对称矩阵同样有效，比直接求解法速度更快。

6.1.5 使用预条件共轭梯度法求解器

预条件共轭梯度法与雅克比共轭梯度法在操作上相似，除了以下几方面：

1）使用预条件共轭梯度法求解实体单元模型比雅克比共轭梯度法快 4～10 倍，对壳体构件模型大约快 10 倍，存储量随着问题规模的增大而增大。

2）预条件共轭梯度法使用 EMAT 文件，而不是 FULL 文件。

3）雅克比共轭梯度法使用整体装配矩阵的对角线作为预条件矩阵，预条件共轭梯度法使用更复杂的预条件矩阵。

4）预条件共轭梯度法通常需要大约两倍于雅克比共轭梯度法的内存，因为在内存中保留了两个矩阵（预条件矩阵，它几乎与刚度矩阵大小相同；对称的、刚度矩阵的非零部分）。

可以使用命令“/RUNST”或 GUI（Main Menu > Run-Time Stas）来决定所需要的空间或波前的大小，需分配专门的内存。

预条件共轭梯度法所需的空间通常是直接求解法的四分之一，存储量随着问题规模大小而增减。

预条件共轭梯度法解大型模型（波前大于 1000）时通常比直接求解法要快。

预条件共轭梯度法最适合结构分析。它对具有对称、稀疏、有界和无界矩阵的单元有效，适用于静态或稳态分析和瞬态分析或子空间特征值分析（振动力学）。

预条件共轭梯度法主要解决位移/转动（在结构分析中）、温度（在热分析中）等问题，其他导出变量的准确度（如应力、压力、磁通量等）取决于原变量的预测精度。

直接求解的方法（如直接求解法，稀疏矩阵直接求解法）可获得非常精确的矢量解，而间接求解的方法（如预条件共轭梯度法）主要依赖于指定的收敛准则，因此放松默认公差将对精度产生重要影响，尤其对导出量的精度。

对具有大量的约束方程的问题或具有“SHELL150”单元的模型，建议不要采用预条件共轭梯度法，对这些类型的模型可以采用直接求解法。同样，预条件共轭梯度法不支持“SOLID63”和“MATRIX50”单元。

对所有的共轭梯度法，必须非常仔细地检查模型的约束是否合理，如果有任何刚体运动，将计算不出最小主元，求解器会不断迭代。

当预条件共轭梯度法遇到一个无限矩阵时，求解器会调用一种处理无限矩阵的算法，如果预条件共轭梯度法的无限矩阵算法也失败的话（这种情况出现在当方程系统是病态的，如子步失去联系或塑性链的发展），将会触发一个外部的“Newton-Raphson”循环，执行一个二等分操作。通常，刚度矩阵在二等分后将会变成良性矩阵，而且预条件共轭梯度法能够最终求解所有的非线性步。

6.1.6 使用自动迭代法选项

自动迭代法选项（通过命令“EQSLV，ITER”）将选择一种合适的迭代法（PCG，JCG 等），它基于正在求解的问题的物理特性。当使用自动迭代法时，必须输入精度水平，该精度必须是 1～5 之间的整数，用于选择迭代法的公差供检验收敛情况。精度水平 1 对应最快的设置（迭代次数少），而精度水平 5 对应最慢的设置（精度高、迭代次数多），ANSYS 选择公差是以选择精度水平为基础的。例如：

- 当进行线性静态或线性全瞬态结构分析时，精度水平为 1，相当于公差为 1.0E-4；精度水平为 5，相当于公差为 1.0E-8。
- 当进行稳态线性或非线性热分析时，精度水平为 1，相当于公差为 1.0E-5；精度水平为 5，相当于公差为 1.0E-9。
- 当进行瞬态线性或非线性热分析时，精度水平为 1，相当于公差为 1.0E-6；精度水平为 5，相当于公差为 1.0E-10。

该求解器选项只适用于线性静态或线性全瞬态的瞬态结构分析和稳态/瞬态线性或非线性热分析。

因解法和公差以待求解问题的物理特性和条件为基础进行选择，建议在求解前执行该命令。

当选择了自动迭代法选项且满足适当条件时，在结构分析和热分析过程中将不会产生“Jobname.EMAT”文件和“Jobname.EROT”文件，对包含相变的热分析，不建议使用该选项。当选择了该选项，但不满足恰当的条件时，ANSYS 将会使用直接求解的方法，并产生一个注释信息：告知求解时所用的求解器和公差。

6.1.7 获得解答

开始求解，进行以下操作：

GUI：Main Menu > Solution > Current LS or Run FLOTRAN。

命令：SOLVE。

因为求解阶段与其他阶段相比，一般需要更多的计算机资源，所以批处理（后台）模式要比交互式模式更适宜。

求解器将输出写入输出文件（Jobname.OUT）和结果文件中，如果以交互模式运行求解的话，输出文件就是屏幕。当执行命令“SOLVE”前使用下述操作，可以将输出送入一个文件而不是屏幕。

GUI：Utility Menu > File > Switch Output to > File or Output Window。

命令：/OUTPUT。

写入输出文件的数据由如下内容组成：

- 载荷概要信息。
- 模型的质量及惯性矩。
- 求解概要信息。
- 最后的结束标题，给出总的 CPU 时间和各过程所用的时间。
- 由命令“OUTPR”指定的输出内容及绘制云纹图所需的数据。

在交互模式中，大多数输出是被压缩的，结果文件（RST，RTH，RMG 或 RFL）包含所有的二进制方式的文件，可在后处理程序中进行浏览。

在求解过程中产生的另一有用文件是“Jobname.STAT”文件，它给出了解答情况。程序运行时可用该文件来监视分析过程，对非线性和瞬态分析的迭代分析尤其有用。

命令“SOLVE”还能对当前数据库中的载荷步数据进行计算求解。

6.2 利用特定的求解控制器来指定求解类型

当在求解某些结构分析类型时，可以利用如下两种特定的求解工具：

- “Abridged Solution”菜单选项：适用于静态，全瞬态，模态和屈曲分析类型。
- “Solution Controls”对话框：适用于静态和全瞬态分析类型。

6.2.1 使用菜单选项

当使用图形界面方式进行结构的静态、瞬态、模态或屈曲分析时，将选择是否使用“Abridged Solution”或“Unabridged Solution”菜单选项：

1）“Unabridged Solution”菜单选项列出了在当前分析中可能使用的所有求解选项，无论其是被推荐的还是可能的（如果在当前分析中不可能使用的选项，那么其将层现灰色）。

2）“Abridged Solution”菜单选项较为简单，仅仅列出了分析类型所必需的求解选项。例如，当进行静态分析时，选项“Modal Cyclic Sym”将不会出现在“Abridged Solution ”菜单选项中，只有那些有效且被推荐的求解选项才出现。

在结构分析中，当进入“SOLUTION”模块（GUI：Main Menu > Solution）时，“Abridged Solution ”菜单选项为默认值。

当进行的分析类型是静态或全瞬态时，可以通过这种菜单完成求解选项的设置。然而，如果选择了不同的一个分析类型，“Abridged Solution”菜单选项的默认值将被一个不同的 Solution 菜单选项所代替，而新的菜单选项将符合新选择的分析类型。

当进行分析后又选择一个新的分析类型时，将（默认地）得到和第一次分析相同的 Solution 菜单选项类型。例如，当选择使用“Unabridged Solution”菜单选项来进行一个静态分析后，又选择进行一个新的屈曲分析，此时将得到（默认）适用于屈曲分析“Unabridged Solution”菜单选项。但是，在分析求解阶段的任何时候，通过选择合适的菜单选项，都可以在“Unabridged”和“Abridged”菜单选项之间切换（GUI：Main Menu > Solution > Unabridged Menu 或 Main Menu > Solution > Abridged Menu）。

6.2.2 使用对话框

当进行一结构静态或全瞬态分析时，可以使用“Solution Controls”对话框来设置分析选项。“Solution Controls”对话框包括 5 个选项，每个选项包含一系列的求解控制。对于指定多载荷步分析中每个载荷步的设置，“Solution Controls”对话框是非常有用的。

只要是进行结构静态或全瞬态分析，那求解菜单必然包含“Solution Controls”对话框选项。当选择“Sol'n Control”菜单项，弹出如图 6-1 所示的“Solution Controls”对话框。该对话框提供了简单的图形界面，用以设置分析和载荷步选项。

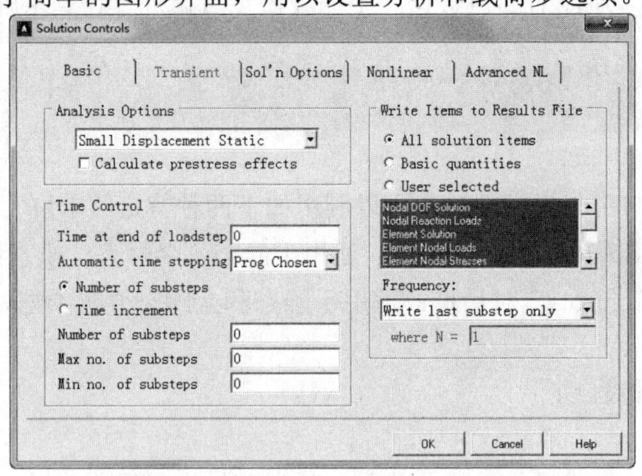

图 6-1 “Solution Controls”对话框

一旦打开“Solution Controls”对话框，“Basic”选项卡被激活，如图 6-1 所示。完整的标签页按顺序从左到右依次是 Basic、Transient、Sol'n Options、Nonlinear 和 Advanced NL。

每套控制逻辑上分在一个选项卡里，最基本的控制出现在第一个选项卡里，而后续的选项卡里提供了更高级的求解控制选项。“Transient”选项卡包含瞬态分析求解控制，仅当分析类型为瞬态分析时才可用，否则层现灰色。

每个“Solution Controls”对话框中的选项对应的 ANSYS 命令，见表 6-2。

表 6-2 求解控制对话框

选项卡	用途	对应的 ANSYS 命令
Basic	指定分析类型 控制时间设置 指定写入 ANSYS 数据库中结果数据	ANTYPE，NLGEOM，TIME，AUTOTS ， NSUBST ，DELTIM，OUTRES
Transient	指定瞬态选项 指定阻尼选项 定义积分参数	TIMINT，KBC，ALPHAD，BETAD，TINTP
Sol'n Options	指定方程求解类型 指定重新多个分析的参数	EQSLV，RESCONTROL
Nonlinear	控制非线性选项 指定每个子步迭代的最大次数 指明是否在分析中进行蠕变计算 控制二分法 设置收敛准则	LNSRCH，PRED，NEQIT，RATE ， CUTCONTROL ，CNVTOL
Advanced NL	指定分析终止准则 控制弧长法的激活与中止	NCNV，ARCLEN，ARCTRM

如果对“Basic”选项卡的设置满意，那么就不需要对其余的选项卡选项进行处理，除非想要改变某些高级设置。

无论对一个或多个选项卡进行改变，仅当单击“OK”按钮关闭对话框后，这些改变才被写入 ANSYS 数据库。

6.3 多载荷步求解

6.3.1 多重求解法

这种方法是最直接的，它包括在每个载荷步定义好后执行命令“SOLVE”。主要的缺点是，在交互使用时必须等到每一步求解结束后才能定义下一个载荷步，典型的多重求解法命令流如下：

```
/SOLU                     ! 进入 SOLUTION 模块
...
! Load step 1:            ! 载荷步 1
D,...
SF,...
0
SOLVE                     ! 求解载荷步 1
! Load step 2             ! 载荷步 2
```

```
F,...
SF,...
...
SOLVE                       ! 求解载荷步 2
Etc.
```

6.3.2 使用载荷步文件法

当想求解问题而又远离终端或 PC 时（如整个晚上），可以很方便地使用载荷步文件法。该方法包括写入每一载荷步到载荷步文件中（通过命令“LSWRITE”或相应的 GUI 方式），通过一条命令就可以读入每个文件并获得解答（见 5.3 节，了解产生载荷步文件的详细内容）。

要求解多载荷步，有如下两种方式：

GUI：Main Menu > Solution > From Ls Files。

命令：LSSOLVE。

命令“LSSOLVE”其实是一条宏指令，它按顺序读取载荷步文件，并开始每一载荷步的求解。载荷步文件法的示例命令输入如下：

```
/SOLU                       ! 进入求解模块
...
! Load Step 1:              ! 载荷步 1
D,...                       ! 施加载荷
SF,...
...
NSUBST,...                  ! 载荷步选项
KBC,...
OUTRES,...
OUTPR,...
...
LSWRITE                     ! 写载荷步文件：Jobname.S01
! Load Step 2:
D,...
SF,...
...
NSUBST,...                  ! 载荷步选项
KBC,...
OUTRES,...
OUTPR,...
...
LSWRITE                     ! 写载荷步文件：Jobname.S02
...
0
LSSOLVE,1,2                 ！ 开始求解载荷步文件 1 和 2
```

6.3.3 使用数组参数法（矩阵参数法）

数组参数法主要用于瞬态或非线性静态（稳态）分析，需要了解有关数组参数和 DO 循环的知识，这是 APDL（ANSYS 参数设计语言）中的部分内容，详细内容可以参考 ANSYS 帮助文件中的“APDL PROGRAMMER’S GUIDE”。数组参数法包括用数组参数法建立载荷-时间关系，下面给出了最好的解释。

假定有一组随时间变化的载荷，如图 6-2 所示。有 3 个载荷函数，所以需要定义 3 个数组参数。这 3 个数组参数必须是表格形式，力函数有 5 个点，所以需要一个 5×1 的数组，压力函数需要一个 6×1 的数组，而温度函数需要一个 2×1 的数组。注意，这 3 个数组都是一维的，载荷值放在第一列，时间值放在第 0 列（第 0 列、0 行，一般包含索引号；如果把数组参数定义为一张表格，则第 0 列、0 行必须改变，并且需填上单调递增的编号组）。

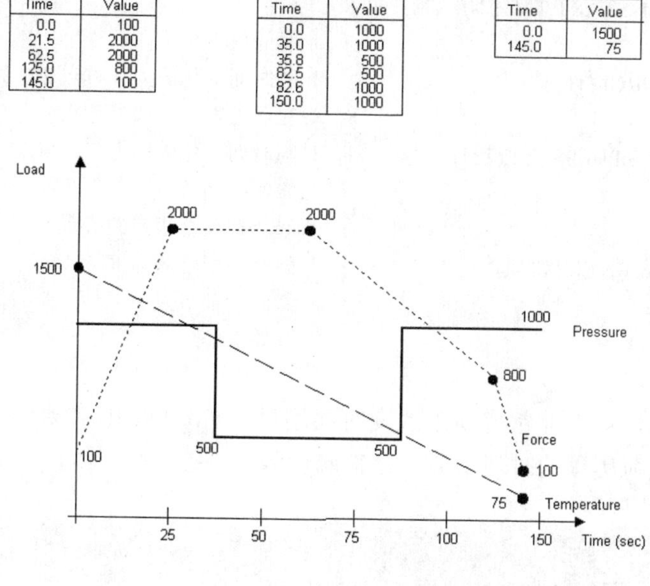

Force

Time	Value
0.0	100
21.5	2000
62.5	2000
125.0	800
145.0	100

Pressure

Time	Value
0.0	1000
35.0	1000
35.8	500
82.5	500
82.6	1000
150.0	1000

Temperature

Time	Value
0.0	1500
145.0	75

图 6-2 随时间变化的载荷示例

要定义 3 个数组参数，必须申明其类型和维数，要做到这一点，可以使用以下两种方式：

GUI：Utility Menu > Parameters > Array Parameters > Define/Edit。

命令：*DIM。

例如：

```
*DIM,FORCE,TABLE,5,1
*DIM,PRESSURE,TABLE,6,1
*DIM,TEMP,TABLE,2,1
```

可用数组参数编辑器（GUI：Utility Menu > Parameters > Array Parameters >

Define/Edit），或者一系列命令“＝”填充这些数组，后一种方法如下：

```
FORCE(1,1)=100,2000,2000,800,100        ！第 1 列力的数值
FORCE(1,0)=0,21.5,50.9,98.7,112         ！第 0 列对应的时间
FORCE(0,1)=1                            ！第 0 行
PRESSURE(1,1)=1000,1000,500,500,1000,1000
PRESSURE(1,0)=0,35,35.8,74.4,76,112
PRESSURE(0,1)=1
TEMP(1,1)=800,75
TEMP(1,0)=0,112
TEMP(0,1)=1
```

现在已经定义了载荷历程，要加载并获得解答，需要构造一个如下所示的 DO 循环（通过执行命令“*DO”和“*ENDDO”）：

```
TM_START=1E-6                       ！开始时间（必须大于 0）
TM_END=112                          ！瞬态结束时间
TM_INCR=1.5                         ！时间增量
！从 TM_START 开始到 TM_END 结束，步长 TM_INCR
*DO,TM,TM_START,TM_END,TM_INCR
TIME,TM                             ！时间值
F,272,FY,FORCE(TM)                  ！随时间变化的力（节点 272 处，方向 FY）
NSEL,...                            ！在压力表面上选择节点
SF,ALL,PRES,PRESSURE(TM)            ！随时间变化的压力
NSEL,ALL                            ！激活全部节点
NSEL,...                            ！选择有温度指定的节点
BF,ALL,TEMP,TEMP(TM)                ！随时间变化的温度
NSEL,ALL                            ！激活全部节点
SOLVE                               ！开始求解
*ENDDO
```

采用这种方法，可以非常容易地改变时间增量（TM_INCR 参数），而用其他方法改变如此复杂的载荷历程的时间增量将是很麻烦的。

6.4 重新启动分析

有时在第一次运行完成后也许要重新启动分析过程，如想将更多的载荷步加到分析中来，在线性分析中也许要加入别的加载条件，或者在瞬态分析中加入另外的时间历程加载曲线，或者在非线性分析收敛失败时需要恢复。

在了解重新开始求解之前，有必要知道如何中断正在运行的作业。通过系统的帮助函数，如系统中断，发出一个删除信号，或者在批处理文件队列中删除项目。然而，对于非线性分析，这不是一个好的方法。因为以这种方式中断的作业将不能重新启动。

当在一个多任务操作系统中完全中断一个非线性分析时，会产生一个放弃文件，名称为“Jobname.ABT”（在一些区分大小的系统上，文件名为“Jobname.abt”）。第一行的第一列开始含有单词“非线性”。当平衡方程迭代开始时，如果 ANSYS 程序发现

在工作目录中有这样一个文件，分析过程将会停止，并能在以后重新启动。

若通过指定的文件来读取命令“/INPUT”（GUI 路径：Main Menu > Preprocessor > Material Props > Material Library 或 Utility Menu > File > Read Input from），那么放弃文件将会中断求解，但程序依然继续从这个指定的输入文件中读取命令。于是，任何包含在这个输入文件中的后处理命令将会被执行。

要重新启动分析，模型必须满足如下条件：

1）分析类型必须是静态（稳态）、谐波（二维磁场）或瞬态（只能是全瞬态）的，其他的分析不能被重新启动。

2）在初始运算中至少已完成了一次迭代。

3）初始运算不能因“删除”作业、系统中断或系统崩溃而中断。

4）初始运算和重新启动必须在相同的 ANSYS 版本下进行。

6.4.1 重新启动一个分析

通常一个分析的重新启动要求初始运行作业的某些文件，并要求在命令“SOLVE”前没有进行任何的改变。

1．重新启动一个分析的要求

在初始运算时必须得到以下文件：

1）Jobname.DB 文件：在求解后，POST1 后处理之前保存的数据库文件，必须在求解以后保存这个文件，因为许多求解变量是在求解程序开始以后设置的，在进入 POST1 前保存该文件。因为在后处理过程中，命令“SET”（或功能相同的 GUI 路径）将用这些结果文件中的边界条件改写存储器中的已经存在的边界条件，接下来的命令“SAVE”将会存储这些边界条件（对于非收敛解，数据库文件是自动保存的）。

2）Jobname.EMAT 文件：单元矩阵。

3）Jobname.ESAV 或 Jobname.OSAV 文件：Jobname.ESAV 文件保存单元数据，Jobname.OSAV 文件保存旧的单元数据。Jobname.OSAV 文件只有当 Jobname.ESAV 文件丢失、不完整或由于解答发散，或因位移超出了极限，或因主元为负引起 Jobname.ESAV 文件不完整或出错时才用到（见表 6-2）。在命令“NCNV”中，如果“KSTOP”被设为 1（默认值）或 2，或者自动时间步长被激活，数据将写入 Jobname.OSAV 文件中。如果需要 Jobname.OSAV 文件，必须在重新启动时把它改名为 Jobname.ESAV 文件。

4）结果文件：不是必须的，但如果有，重新启动运行得出的结果将通过适当的有序的载荷步和子步号追加到这个文件中。如果因初始运算结果文件的结果设置数超出而导致中断的话，需在重新启动前将初始结果文件名改为另一个不同文件名。这可以通过执行命令“ASSIGN”（或 GUI：Utility Menu > File > ANSYS File Options）实现。

如果由于不收敛、时间限制、中止执行文件（Jobname.ABT）或其他程序诊断错误引起程序中断的话，数据库会自动保存，求解输出文件（Jobname.OUT 文件）会列出这些文件和其他一些在重新启动时所需的信息。中断原因和重新启动所需的保存的单元数据文件见表 6-3。

如果在先前运算中产生扩展名为.RDB, .LDHI 或.Rnnn 的文件，那么必须在重新启动前删除它们。

在交互模式中，已存在的数据库文件会首先写入备份文件（Jobname.DBB）中。在批处理模式中，已存在的数据库文件会被当前的数据库信息所替代，不进行备份。

表 6-3 非线性分析重新启动信息

中断原因	保存的单元数据库文件	所需的正确操作
正常	Jobname.ESAV	在作业的末尾添加更多载荷步
不收敛	Jobname.OSAV	定义较小的时间步长，改变自适应衰减选项或采取其他措施加强收敛，在重新启动前把 Jobname.OSAV 文件名改为 Jobname.ESAV 文件
因平衡迭代次数不够引起的不收敛	Jobname.ESAV	如果解正在收敛，允许更多的平衡方程式（命令“ENQIT”）
超出累积迭代极限（命令“NCNV”）	Jobname.ESAV	在命令“NCNV”中增加 ITLIM
超出时间限制（NCNV 命令）	Jobname.ESAV	无（仅需要重新启动分析）
超出位移限制（命令“NCNV”）	Jobname.OSAV	与不收敛情况相同
主元为负	Jobname.OSAV	与不收敛情况相同
Jobname.ABT 文件 解是收敛的 解是分散的	Jobname.EMAV, Jobname.OSAV	做任何必要的改变，以便能访问引起主动中断分析的行为
结果文件“满”（超过 1000 子步），时间步长输出	Jobname.ESAV	检查 CNVTOL，DELTIM 和 NSUBST 或 KEYOPT(7)中的接触单元的设置，或者在求解前在结果文件（/CONFIG，NRES）中指定允许的较大的结果数，或者减少输出的结果数，还要为结果文件改名（/ASSIGN）
“删除”操作（系统中断），系统崩溃或系统超时	不可用	不能重新启动

2．重新启动一个分析的过程

1）进入 ANSYS 程序，给定与第一次运行时相同的文件名（执行命令“/FILNAME”或 GUI：Utility Menu > File > Change Jobname）。

2）进入求解模块（执行命令“/SOLU”或 GUI：Main Menu > Solution），然后恢复数据库文件（执行命令 RESUME 或 GUI 菜单路径：Utility Menu > File > Resume

Jobname.db）。

3）说明这是重新启动分析（执行命令“ANTYPE,,REST”或 GUI: Main Menu > Solution > Restart）。

4）按需要规定修正载荷或附加载荷，从前面的载荷值调整坡道载荷的起始点，新加的坡道载荷从零开始增加，新施加的体载荷从初始值开始。删除的重新加上的载荷可视为新施加的负载，而不用调整。待删除的面载荷和体载荷，必须减小至零或到初始值，以保持“Jobname.ESAV”文件和“Jobname.OSAV”文件的数据库一样。

如果是从收敛失败重新启动的话，务必采取所需的正确操作。

5）指定是否要重新使用三角化矩阵（Jobname.TRI 文件），可用以下操作：

GUI：Main Menu > Preprocessor > Loads > Other > Reuse Tri Matrix。

GUI：Main Menu > Solution > Other > Reuse Tri Matrix。

命令：KUSE

默认时，ANSYS 为重新启动第一载荷步计算新的三角化矩阵，通过执行命令“KUSE，1”，可以迫使允许再使用已有的矩阵，这样可节省大量的计算时间。然而，仅在某些条件下才能使用“Jobname.TRI”文件，尤其当规定的自由度约束没有发生改变且为线性分析时。

通过执行命令“KUSE，-1”，可以使 ANSYS 重新形成单元矩阵，这样对调试和处理错误是有用的。

有时，可能需根据不同的约束条件来分析同一模型，如一个四分之一对称的模型（具有对称-对称（SS），对称-反对称（SA），反对称-对称（AS）和反对称-反对称（AA）条件）。在这种情况下，必须牢记以下几点：

- 4 种情况（SS, SA, AS, AA）都需要新的三角形矩阵。
- 可以保留 Jobname.TRI 文件的副本用于各种不同工况，在适当时候使用。
- 可以使用子结构（将约束节点作为主自由度）以减少计算时间。

6）发出命令“SOLVE”，初始化重新启动求解。

7）对附加的载荷步（若有的话）重复步骤 4）、5）和 6），或者使用载荷步文件法产生和求解多载荷步。可使用下述命令：

GUI：Main Menu > Preprocessor > Loads > Write LS File。

GUI：Main Menu > Solution > Write LS File。

命令：LSWRITE

GUI：Main Menu > Solution > From LS Files。

命令：LSSOLVE

8）按需要进行后处理，然后推出 ANSYS。

重新启动输入列表示例如下：

```
!   Restart run:
/FILNAME,...                          ! 工作名
RESUME
/SOLU
```

```
ANTYPE,,REST                    ! 指定为前述分析的重新启动
!
! 指定新载荷、新载荷步选项等
! 对非线性分析，采用适当的正确操作
!
SOLVE                           ! 开始重新求解
SAVE                            ! SAVE 选项供后续可能进行的重新启动使用
FINISH
! 按需要进行后处理
/EXIT,NOSAV
```

3．从不兼容的数据库重新启动非线性分析

有时后处理过程先于重新启动，如果在后处理期间执行命令“SET”或命令“SAVE”的话，数据库中的边界条件会发生改变，变成与重新启动分析所需的边界条件不一致。默认条件下，程序在退出前会自动保存文件。当求解的结束时，数据库存储器中存储的是最后的载荷步的边界条件（数据库只包含一组边界条件）。

POST1 中的命令“SET”（不同于 SET，LAST）为指定的结果将边界条件读入数据库，并改写存储器中的数据库。如果接下来保存或推出文件，ANSYS 会从当前的结果文件开始，通过 D'S 和 F'S 改写数据库中的边界条件。然而，要从上一求解子步开始执行边界条件变化的重新启动分析，需有求解成功的上一求解子步边界条件。

要为重新启动重建正确的边界条件，首先要运行“虚拟”载荷步，步骤如下：

1）将“Jobname.OSAV”文件改名为“Jobname.ESAV”文件。

2)进入 ANSYS 程序，指定使用与初始运行相同的文件名(可执行命令“/FILNAME ”或 GUI：Utility Menu > File > Change Jobname）。

3）进入求解模块（执行命令“/SOLU”或 GUI：Main Menu > Solution），然后恢复数据库文件（执行命令“RESUME”或 GIU：Utility Menu > File > Resume Jobname.db）。

4)说明这是重新启动分析(执行命令“ANTYPE,,REST”或 GUI 菜单路径：Main Menu > Solution > Restart）。

5）从上一次已成功求解过的子步开始重新规定边界条件，因解答能够立即收敛，故一个子步就够了。

6）执行命令“SOLVE”或 GUI：Main Menu > Solution > Current LS 或 Main Menu > Solution > Run FLOTRAN。

7）按需要施加最终载荷及加载步选项。若加载步为前面（在虚拟前）加载步的延续，需调整子步的数量（或时间步步长），时间步长编号可能会发生变化，与初始意图不同。若需要保持时间步长编号（如瞬态分析），可在步骤 6 中使用一个小的时间增量。

8）重新开始一个分析的过程。

6.4.2 多载荷步文件的重启动分析

当进行一个非线性静态或全瞬态结构分析时，ANSYS 程序在默认情况下为多载荷步

文件的重启动分析建立参数。多载荷步文件的重启动分析允许在计算过程中的任一子步保存分析信息，然后在这些子步中一个处重新启动。在初始分析之前，应该执行命令“RESCONTROL”来指定在每个运行载荷子步中重新启动文件的保存频率。

当需要重启动一个作业时，使用命令“ANTYPE”来指定重新启动分析的点及其分析类型。可以继续作业从重启动点（进行一些必要的纠正）或者在重启动点终止一个载荷步（重新施加这个载荷步的所有载荷）然后继续下一个载荷步。

如果想要终止这种多载荷步文件的重新启动分析特性而改用一个文件的重新启动分析，执行命令“RESCONTROL,DEFINE,NONE”，接着如上所述进行单个文件重新启动分析（命令“ANTYPE,,REST”），当然保证.LDHI，.RDB 和.Rnnn 文件已经从当前目录中被删除。

如果使用求解控制对话框进行静态或全瞬态分析，那么就能够在求解对话框选项标签页中指定基本的多载荷重新启动分析选项。

1．多载荷步文件重新启动分析的要求

1）Jobname.RDB：它是 ANSYS 程序数据库文件，在第一载荷步，第一工作子步的第一次迭代中被保存。此文件提供了对于给定初始条件的完全求解描述，无论对作业重新启动分析多少次，它都不会改变。当运行一作业时，在执行命令“SOLVE”前应该输入所有需要求解的信息，包括参数语言设计（APDL）、组分、求解设置信息）。在执行第一个命令“SOLVE”前，如果没有指定参数，那么参数将被保存在.RDB 文件中。这种情况下，必须在开始求解前执行命令“PARSAV”并且在重新启动分析时执行“PARRES”命令来保存并恢复参数。

2）Jobname.LDHI：此文件是指定作业的载荷历程文件，是一个 ASCII 文件，类似于用命令“LSWRITE”创建的文件，并存储每个载荷步所有的载荷和边界条件。载荷和边界条件以有限单元载荷的形式被存储。如果载荷和边界条件是施加在实体模型上的，则载荷和边界条件将先被转化为有限单元载荷，然后存入“Jobname.LDHI”文件。当进行多载荷重新启动分析时，ANSYS 程序从此文件读取载荷和边界条件（类似于命令“LSREAD”）。此文件在每个载荷步结束或遇到“ANTYPE,,REST，LDSTEP，SUBSTEP，ENDSTEP”这些命令时被修正。

3）Jobname.Rnnn：与.ESAV 或.OSAV 文件相似，.Rnnn 文件也是保存单元矩阵的信息包含了载荷步中特定子步的所有求解命令及状态。所有的.Rnnn 文件都是在子步运算收敛时被保存，因此所有的单元信息记录都是有效的。如果一个子步运算不收敛，那么对应于这个子步，没有.Rnnn 文件被保存，代替的是先前一子步运算的.Rnnn 文件。

多载荷步文件的重新启动分析有以下几个限制：

1）不支持命令“KUSE”。一个新的刚度矩阵和相关.TRI 文件产生。

2）在“.Rnnn”文件中没有保存命令“EKILL”和“EALIVE”，如果命令“EKILL”或“EALIVE”在重新启动过程中需要执行，那么必须自己执行这些命令。

3）“.RDB”文件仅仅保存在第一载荷步的第一个子步中可用的数据库信息。

4）不能在求解水平下重启作业（如 PCG 迭代水平）。作业能够被重新启动分析在更低的水平（如瞬时或“Newton-Raphson”循环）。

5）当使用弧长法时，多载荷文件重新启动分析不支持命令“ANTYPE”的“ENDSTEP”选项。

6）所有的载荷和边界条件存储在“Jobname.LDHI”文件中，因此删除实体模型的载荷和边界条件将不会影响从有限单元中删除这些载荷和边界条件。必须直接从单元或节点中删除这些条件。

2．多载荷步文件重新启动分析的过程

1）进入 ANSYS 程序，指定与初始运行相同的工作名（执行命令“/FILNAME”或 GUI：Utility Menu > File > Change Jobname）。进入求解模块（执行命令“/SOLU”或 GUI：Main Menu > Solution）。

2）通过执行命令“RESCONTROL，FILE_SUMMARY”决定从哪个载荷步和子步重新启动分析。这一命令将在.Rnnn 文件中记录载荷步和子步的信息。

3）恢复数据库文件并表明这是重新启动分析（执行命令“ANTYPE,,REST，LDSTEP，SUBSTEP，Action”或 GUI：Main Menu > Solution > Restart）。

4）指定修正或附加的载荷。

5）开始重新求解分析（执行命令“SOLVE”）。必须执行命令“SOLVE”，当进行任一重新启动行为时，包括命令“ENDSTEP”或“RSTCREATE”。

6）进行需要的后处理，然后推出 ANSYS 程序。

在分析中，对特定的子步创建结果文件示例如下：

```
！ Restart run:
/solu
antype,,rest,1,3,rstcreate                 ！创建.RST 文件
！ step 1, substep 3
outres,all,all                             ！存储所有的信息到.RST 文件中
outpr,all,all                              ！选择打印输出
solve                                      ！执行.RST 文件生成
finish
/post1
set,,1,3                                   ！从载荷步 1 获得结果
！ substep 3
prnsol
finish
```

6.5 实例导航——导弹发动机药柱模型求解

接 5.4 节中的实例，对药柱模型施加载荷后，本节主要对求解选项进行相关设定。

6.5.1 单载荷步求解

对于单载荷步，在施加完载荷后，就可以直接求解。GUI：Main Menu > Solution > Solve > Current LS，在弹出的“Solve Current Load Step”对话框中单击“OK”按钮，即可以进行求解，如图 6-3 所示。

命令流：

```
SOLVE
```

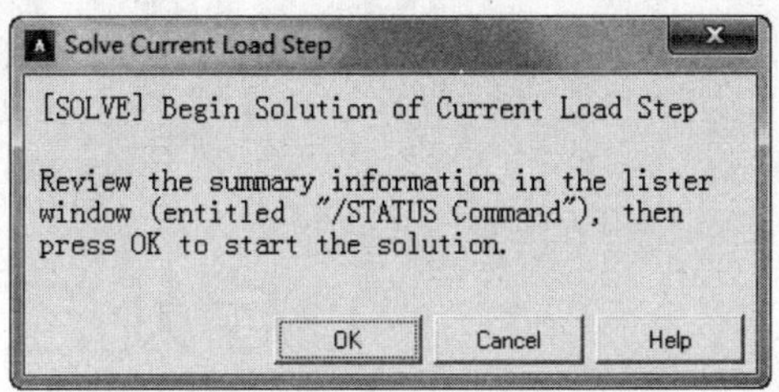

图 6-3 “Solve Current Load Step”对话框

6.5.2 多载荷步求解

如前所述，多载荷步求解法有 3 种方法，这里只针对应用最广也是最方便的载荷步文件法进行举例说明。对于多载荷步，因为之前在施加载荷时已经分别保存了每一个载荷步的信息，所以进行求解时需要将之前的载荷步文件重新读入，GUI：Main Menu > Solution > Solve > From Ls Files，在弹出的“Solve Load Step Files”对话框中，将“LSMIN”设定为 1（起始载荷步），“LSMAX”设定为 4（终止载荷步），“LSINC”设定为 1（载荷步递增数），如图 6-4 所示，单击“OK”按钮，即可以进行多载荷步文件的求解。

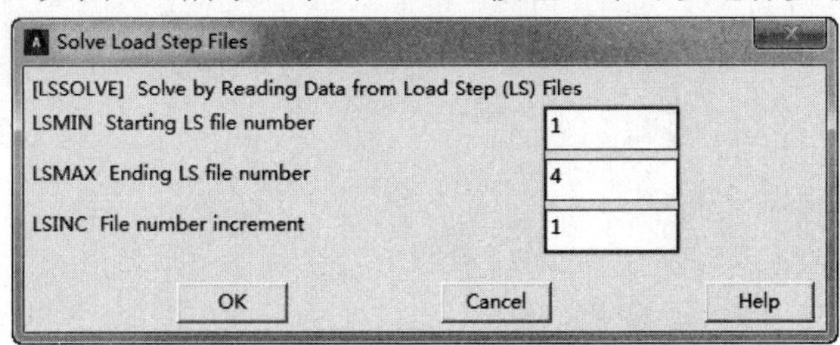

图 6-4 “Solve Load Step Files”对话框

命令流：

```
LSSOLVE,1,4,1
```

对于采用表格施加载荷和求解因为前一章已经介绍过，故本节不再重述。

第7章 后处理

后处理用于检阅ANSYS分析的结果，这是ANSYS分析中最重要的一个模块。通过后处理的相关操作，可以有针对性地得到分析过程所感兴趣的参数和结果，更好地为实际服务。

学习要点

- 后处理概述
- 通用后处理器（POST1）
- 时间历程后处理器（POST26）

7.1 后处理概述

建立有限元模型并求解后，你可能希望得到一些关键问题答案：该设计投入使用时，是否真的可行？某个区域的应力有多大?零件的温度如何随时间变化？通过表面的热损失有多少？磁力线是如何通过该装置的？物体的位置是如何影响流体的流动的？ANSYS 软件的后处理会帮助回答这些问题和其他相关的问题。

7.1.1 什么是后处理

后处理是指检查分析的结果。这可能是分析中最重要的一环，因为你总是试图搞清楚作用载荷如何影响设计、单元划分好坏等。

检查分析结果可使用两个后处理器，即通用后处理器 POST1 和时间历程后处理器 POST26。POST1 允许检查整个模型在某一载荷步和子步（或对某一特定时间点或频率）的结果。例如，在静态结构分析中，可显示载荷步 3 的应力分布；在热力分析中，可显示 time=100s 时的温度分布。图 7-1 所示的等值线图是一种典型的 POST1 图。

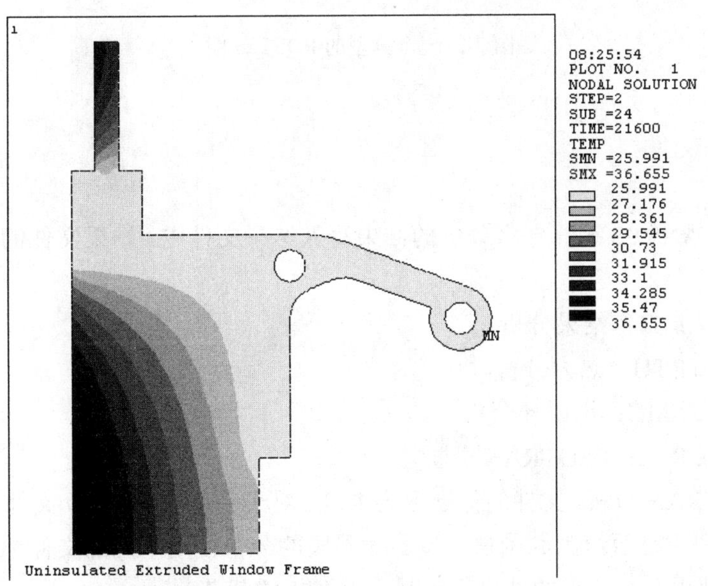

图 7-1 一个典型的 POST1 等值线图

POST26 可以检查模型的指定点的特定结果相对于时间、频率或其他结果项的变化。例如，在瞬态磁场分析中，可以用图形表示某一特定单元的涡流与时间的关系；或在非线性结构分析中，可以用图形表示某一特定节点的受力与其变形的关系。图 7-2 中的曲线图是一典型的 POST26 图。

ANSYS 的后处理器仅是用于检查分析结果的工具，仍然需要使用你的工程判断能力来分析解释结果。例如，一等值线显示可能表明模型的最高应力为 37800Pa，必须由你确定这一应力水平对你的设计是否允许。

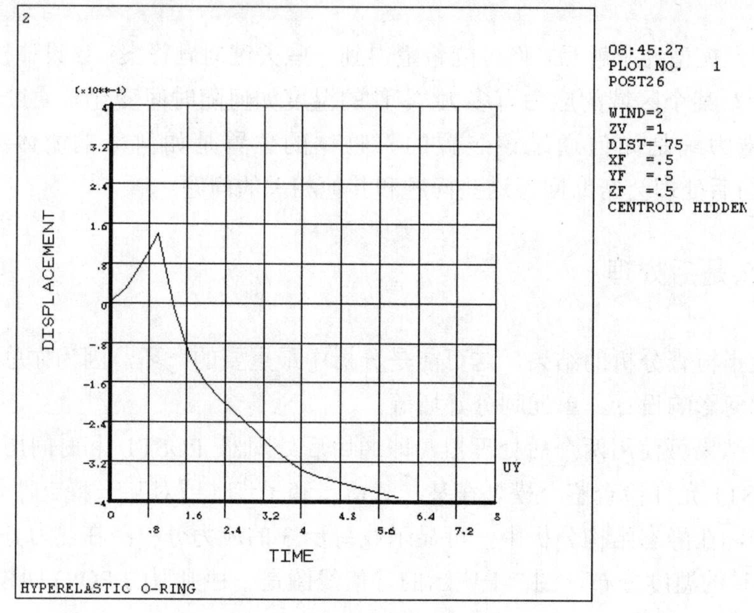

图 7-2 一个典型的 POST26 图

7.1.2 结果文件

在求解中，ANSYS 运算器将分析的结果写入结果文件中，结果文件的名称取决于分析类型：

1）Jobname.RST：结果分析。

2）Jobname.RTH：热力分析。

3）Jobname.EMG：电磁场分析。

4）Jobname.RFL：FLOTRAN 分析。

对于 FLOTRAN 分析，文件的扩展名为.RFL；对于其他流体分析，文件扩展名为.RST 或.RTH，这取决于是否给出结构自由度。对不同的分析使用不同的文件标识，有助于在耦合场分析中使用一个分析的结果作为另一个分析的载荷。

7.1.3 后处理可用的数据类型

后处理可用的数据类型包括：

1）基本数据。包含每个节点计算自由度解：结构分析的位移、热力分析的温度、磁场分析的磁势等（见表 7-1），这些被称为节点解数据。

2）派生数据。由基本数据计算得到的数据，如结构分析中的应力和应变，热力分析中的热梯度和热流量，磁场分析中的磁通量等。派生数据又称为单元数据，它通常出现在单元节点、单元积分点及单元质心等位置。

表 7-1 不同分析的基本数据和派生数据

学科	基本数据	派生数据
结构分析	位移	应力、应变、反作用力
热力分析	温度	热流量、热梯度等
磁场分析	磁势	磁通量、磁流密度等
电场分析	标量电势	电场、电流密度等
流体分析	速度、压力	压力梯度、热流量等

7.2 通用后处理器（POST1）

使用 POST1（通用后处理器）可观察整个模型或模型的一部分在某一个时间（或频率）上针对特定载荷组合时的结果。POST1 有许多功能，包括从简单的图像显示到针对更为复杂数据操作的列表，如载荷工况的组合。

要进入 ANSYS 通用后处理器，执行命令“/POST1”或 GUI 路径：Main Menu > General Postproc 即可。

7.2.1 将数据结果读入数据库

POST1 的第一步是将数据从结果文件读入数据库。要这样做，数据库中首先要有模型数据（节点，单元等）。若数据库中没有模型数据，执行命令“RESUME”（或 GUI 路径：Utility Menu > File > Resume Jobname.db）读入数据文件“Jobname.db”。数据库包含的模型数据应该与计算模型相同，包括单元类型、节点、单元、单元实常数、材料特性和节点坐标系。

数据库中被选择用于进行计算的节点和单元应属同一组，否则会出现数据不匹配。

一旦模型数据存在数据库中，执行命令“SET”“SUBSET”和“APPEND”，均可从结果文件中读入结果数据。

1. 读入结果数据

执行命令“SET”（Main Menu > General PostProc > Read Results），可在一特定的载荷条件下将整个模型的结果数据从结果文件中读入数据库，覆盖数据库中以前存在的数据。边界条件信息（约束和集中力）也被读入，但这仅限于存在单元节点载荷和反作用力的情况，详情请见命令“OUTERS”。若不存在边界条件信息，则不列出或显示边界条件。加载条件依靠载荷步和子步或时间（或频率）来识别。命令或路径方式指定的变元可以识别读入数据库的数据。

例如，SET,2,5 读入结果表示将载荷步为 2、子步为 5 的结果。同理，SET,,,,,3.89 表示时间为 3.89 时的结果（或频率为 3.89，取决于所进行的分析类型）。若指定了尚无结果的时刻，程序将使用线性插值计算出该时刻的结果。

结果文件（Jobname.RST）中默认的最大子步数为 1000，当超出该界限时，需要输入 SET,Lstep，LAST 引入第 1000 个载荷步，使用命令“/CONFIG”增加界限。

对于非线性分析，在时间点间进行插值常常会降低精度。因此，要使解答可用，务必在可求时间值处进行后处理。

对于命令“SET”有一些便捷标号：

- SET，FIRST。读入第一子步，等价的 GUI 方式为 First Set。
- SET，NEXT。读入第二子步，等价的 GUI 方式为 NextSet。
- SET，LAST。读入最后一子步，等价的 GUI 方式为 LastSet。
- “SET”命令中的“NSET”字段（等价的 GUI 方式为 SetNumber）可恢复对应于特定数据组号的数据，而不是载荷步号和子步号。当有载荷步和子步号相同的多组结果数据时，这对 FLOTRAN 的结果非常有用。因此，可用其特定的数据组号来恢复 FLOTRAN 的计算结果。
- “SET”命令的“LIST”（或 GUI 中的 List Results）选项列出了其对应的载荷步和子步数，可在接下来的“SET”命令的“NSET”字段输入该数据组号，以申请处理正确的一组结果。
- “SET”命令中的“ANGLE”字段规定了谐调元的周边位置（结构分析—PLANE25，PLANE83 和 SHELL61；温度场分析—PLANE75 和 PLANE78）。

2．其他恢复数据的选项

其他 GUI 路径和命令也可用于恢复结果数据。

1）定义待恢复的数据。POST1 处理器中的命令“INRES”（Main Menu > General Postproc > Data & File Opts）与 PREP7 和 SOLUTION 处理器中的命令“OUTRES”是姐妹命令，命令“OUTRES”用于控制写入数据库和结果文件的数据，而命令“INRES”用于定义要从结果文件中恢复的数据类型，通过命令“SET”“SUBSET”和“APPEND”等命令写入数据库。尽管不需对数据进行后处理，但命令“INRES”限制了恢复写入数据库的数据量。因此，对数据进行后处理也许占用的时间更少。

2）读入所选择的结果信息。为了只将所选模型部分的一组数据从结果文件读入数据库，可用命令“SUBSET”(或 GUI 路径：Main Menu > General Postproc > By characteristic)。结果文件中未用命令“INRES”指定恢复的数据，将以零值列出。

“SUBSET”命令与“SET”命令大致相同，差别在于“UBSETS”只恢复所选模型部分的数据，可方便地看到模型的一部分结果数据。例如，若只对表层的结果感兴趣，可以选择外部节点和单元，然后用命令“SUBSET”恢复所选部分的结果数据。

3）向数据库追加数据。每次使用命令“SET”“SUBSET”或等价的 GUI 方式时，ANSYS 就会在数据库中写入一组新数据并覆盖当前的数据。命令“APPEND”(Main Menu > General Postproc > By characteristic）从结果文件中读入数据组，并将与数据库中已有的数据合并（这只针对所选的模型而言）。当已有的数据库非零（或全部被重写时），允许将被查询的结果数据并入数据库。

可用命令“SET”“SUBSET”“APPEND”中的任一命令从结果文件将数据读入数据库。命令方式之间或路径方式之间的唯一区别是所要恢复的数据数量及类型。当追加数据时，务必不要造成数据不匹配。例如，请看下一组命令：

```
/POST1
INRES,NSOL                        ! 节点 DOF 求解的标志数据
NSEL,S,NODE,,1,5                  ! 选节点 1 至 5
SUBSET,1                          ! 从载荷步 1 开始将数据写入数据库
! 此时载荷步 1 内节点 1 到 5 的数据就存在于数据库中了
NSEL,S,NODE,,6,10                 ! 选节点 6 至 10
APPEND,2                          ! 将载荷步 2 的数据并入数据库中
NSEL,S,NODE,,1,10                 ! 选节点 1 至 10
PRNSOL,DOF                        ! 打印节点 DOF 求解结果
```

当前数据库就包含载荷步 1 和载荷步 2 的数据。这样数据就不匹配。当使用命令“PRNSOL”（或 GUI 路径：Main Menu > General Postproc > List Results > Nodal Solution）时，程序将从第二个载荷步中取出数据，而实际上数据是从现存于数据库中的两个不同的载荷步中取得的。程序列出的是与最近一次存入的载荷步相对应的数据。当然，若希望比较不同载荷步的结果，将数据加入数据库中是很有用的。但若有目的地混合数据，要特别注意跟踪追加数据的来源。

当求解曾用不同单元组计算过的模型子集时，为避免出现数据不匹配，可按下列方法进行。

- 不要重选解答在后处理中未被选择的单元。
- 从 ANSYS 数据库中删除以前的解答，可从求解中间退出 ANSYS 或在求解中间存储数据库。

若想清空数据库中所有以前的数据，可使用下列任一方式：

GUI：Main Menu > General PostProc > Load Case > Zero Load Case。

命令：LCZERO。

上述两种方法均会将数据库中所有以前的数据置零，因而可重新进行数据存储。若在向数据库追加数据之前将数据库置零，其结果与使用 SUBSET 命令或等价的 GUI 路径也是一样的（该处假设命令“SUBSET”“APPEND”中的变元一致）。

命令“SET”可用的全部选项，命令“SUBST”和“APPEND”也完全可用。

默认情况下，命令“SET”“SUBSET”“APPEND”将寻找这些文件中的一个，即 Jobname.RST、Jobname.RTH、Jobname.RMG、Jobname.RFL。在使用命令“SET”“SUBSET”“APPEND”之前，用命令“FILE”可指定其他文件名（GUI 路径：Main Menu > General Postproc > Data &File Opts）。

3．创建单元表

ANSYS 程序中的单元表有两个功能：第一，它是在结果数据中进行数学运算的工具；第二，它能够访问其他方法无法直接访问的单元结果，如从结构一维单元派生的数据（尽

管命令“SET”“SUBSET”“APPEND”将所有申请的结果项读入数据库中，但并非所有的数据均可直接用命令“PRNSOL”和“PLESON”等访问）。

将单元表作为扩展表，每行代表一单元，每列则代表单元的特定数据项。例如，一列可能包含单元的平均应力 SX，而另一列则代表单元的体积，第三列则包含各单元质心的 Y 坐标。

可使用下列任一命令创建或删除单元表：

GUI：Main Menu > General Postproc > Element Table > Define Table or Erase Table。

命令：ETABLE。

1）填上按名称来识别变量的单元表。为识别单元表的每列，在 GUI 方式下使用“Lab”字段或在命令“ETABLE”中使用“Lab”变元给每列分配一个标识，该标识将作为以后所有的包括该变量的命令“POST1 的”识别器。进入列中的数据根据“Item”名和“Comp”名，以及命令“ETABLE”中的其他两个变元来识别。例如，对上面提及的 SX 应力，SX 是标识，S 将是“Item”变元，X 将是“Comp”变元。

有些项，如单元的体积，不需“Comp”变元。在这种情况下，“Item”为“VOLU”，而“Comp”为空白。按“Item”和“Comp”（必要时）识别数据项的方法称为填写单元表的“元件名”法。对于大多数单元类型而言，使用“元件名”法访问数据通常是那些单元节点的结果数据。

命令“ETABLE”的文档通常列出了所有的“Item”和 Comp 的组合情况。要清楚何种组合有效，见 ANSYS 单元参考手册中每种单元描述中的“单元输出定义”。

表 7-2 列出了三维 BEAM4 单元输出定义。可在表中“名称”列中的冒号后面使用任意名称，通过“元件名”法填写单元表。冒号前面的名字部分应输入作为命令“ETABLE”的 Item 变元，冒号后的部分（如果有的话）应输入作为命令“ETABLE”的“Comp”变元。O 列与 R 列表示在 Jobname.OUT 文件（O）中或结果文件（R）中该项是否可用：“Y”表示该项总可用，数字（如 1、2）则表示有条件的可用（具体条件详见表注），而“-”则表示该项不可用。

表 7-2 三维 BEAM4 单元输出定义

名 称	定 义	O	R
EL	单元号	Y	Y
NODES	单元节点号	Y	Y
MAT	单元的材料号	Y	Y
VOLU:	单元体积	–	Y
CENT: X，Y，Z	单元质心在整体坐标中的位置	–	Y
TEMP	积分点处的温度 T1、T2、T3、T4、T5、T6、T7、T8	Y	Y
PRES	节点（1，J）处的压力 P1，OFFST1；P2，OFFST2；P3，OFFST3； I 处的压力 P4，J 处的压力 P5	Y	Y

（续）

名　称	定　义	O	R
SDIR	轴向应力	1	1
SBYT	梁单元+Y 侧弯曲应力	1	1
SBYB	梁上单元-Y 侧弯曲应力	1	1
SBZT	梁上单元+Z 侧弯曲应力	1	1
SBZB	梁上单元-Z 侧弯曲应力	1	1
SMAX	最大应力（正应力+弯曲应力）	1	1
SMIN	最小应力（正应力-弯曲应力）	1	1
EPELDIR	端部轴向弹性应变	1	1
EPTHDIR	端部轴向热应变	1	1
EPINAXL	单元初始轴向应变	1	1
MFOR：（X，Y，Z）	单元坐标系 X、Y、Z 方向的力	2	Y
MMOM：（X，Y，Z）	单元坐标系 X、Y、Z 方向的力矩	2	Y

注：1. 1—若单元表项目经单元 I 节点、中间节点及 J 节点重复进行。

2. 2—若 KEYOPT（2）＝1。

2）填充按序号识别变量的单元表。可对每个单元加上非平均的或非单值载荷，将其填入单元表中。该数据类型包括积分点的数据、从结构一维单元（如杆、梁、管单元等）和接触单元派生的数据，从一维温度单元派生的数据和从层状单元中派生的数据等。这些数据将列在“单元对于命令“ETABLE”和“ESOL”的项目和序号”表中，而 ANSYS 帮助文件中对于每一单元类型都有详细的描述。表 7-列出了 BEAM4 单元对于命令“ETABLE”和“ESOL”的项目和序号。

表 7-3　BEAM4 单元对于命令“ETABLE”和“ESOL”的项目和序号

KEYOPT（9）＝0				
名　称	项　目	E	I	J
SDIR	LS	–	1	6
SBYT	LS	–	2	7
SBYB	LS	–	3	8
SBZT	LS	–	4	9
SBZB	LS	–	5	10
EPELDIR	LEPEL	–	1	6
SMAX	NMISC	–	1	3
SMIN	NMISC	–	2	4
EPTHDIR	LEPTH	–	1	6

（续）

KEYOPT（9）= 0				
名　称	项　目	E	I	J
EPTHBYT	LEPTH	–	2	7
EPTHBYB	LEPTH	–	3	8
EPTHBZT	LEPTH	–	4	9
EPTHBZB	LEPTH	–	5	10
EPINAXL	LEPTH	11	–	–
MFORX	SMISC	–	1	7
MMOMX	SMISC	–	4	10
MMOMY	SMISC	–	5	11
MMOMZ	SMISC	–	6	12
P1	SMISC	–	13	14
OFFST1	SMISC	–	15	16
P2	SMISC	–	17	18
OFFST 2	SMISC	–	19	20
P3	SMISC	–	21	22
OFFST32	SMISC	–	23	24

表中的数据分成项目组（如：LS,LEPEL,SMISC 等），项目组中每一项都有用于识别的序列号（表 7-3 中 E，I，J 对应的数字）。将项目组（如：LS,LEPEL,SMISC 等）作为 ETABLE 命令的 Item 变元，将序列号（如：1，2，3 等）作为 Comp 变元，将数据填入单元表中，称之为填写单元表的“序列号”法。

例如，BEAM4 单元的 J 点处的最大应力为 Item=NMISC 及 Comp=3。而单元（E）的初始轴向应变（EPINAXL）为 Item=LEPYH，Comp=11。

对于某些一维单元，如 BEAM4 单元，KEYOPT 设置控制了计算数据的量，这些设置可能改变单元表项目对应的序号，因此针对不同的 KEYOPT 设置，存在不同的“单元项目和序号表格”。表 7-4 和表 7-3 一样显示了关于 BEAM4 的相同信息，但表 7-4 列出的为 KEYOPT（9）=3 时的序号（3 个中间计算点），而表 7-3 列出的是对应于 KEYOPT（9）=0 时的序号。

例如，当 KEYOPT（9）=0 时，单元 J 端 Y 向的力矩（MMOMY）在表 7-3 中是序号 11（SMISC 项），而当 KEYOPT（9）=3 时，其序号（表 7-4）为 29。

3）定义单元表的注释。

- 命令“ETABLE”仅对选择的单元起作用，即只将所选单元的数据送入单元表中，在命令“ETABLE”中改变所选单元，可以有选择地填写单元表的行。

表 7-4 命令“ETABLE”和“ESOL”的 BEAM4 的项目和序号

KEYOPT（9）=3							
标号	项目	E	I	IL1	IL2	IL3	J
SDIR	LS	–	1	6	11	16	21
SBYT	LS	–	2	7	12	17	22
SBYB	LS	–	3	8	13	18	23
SBZT	LS	–	4	9	14	19	24
SBZB	LS	–	5	10	15	20	25
EPELDIR	LEPEL	–	1	6	11	16	21
EPELBYT	LEPEL	–	2	7	12	17	22
EPELBYB	LEPEL	–	3	8	13	18	23
EPELBZT	LEPEL	–	4	9	14	19	24
EPELBZB	LEPEL	–	5	10	15	20	25
EPINAXL	LEPTH	26	–	–	–	–	–
SMAX	NMISC	–	1	3	5	7	9
SMIN	NMISC	–	2	4	6	8	10
EPTHDIR	LEPTH	–	1	6	11	16	21
MFORX	SMISC	–	1	7	13	19	25
MMOMX	SMISC	–	4	10	16	22	28
MMOMY	SMISC	–	5	11	17	23	29
P1	SMISC	–	31	–	–	–	32
OFFST1	SMISC	–	33	–	–	–	34
P2	SMISC	–	35	–	–	–	36
OFFST2	SMISC	–	37	–	–	–	38
P3	SMISC	–	39	–	–	–	40
OFFST3	SMISC	–	41	–	–	–	42

- 相同序号的组合表示对不同单元类型有不同数据。例如，组合 SMISC，1 对梁单元表示 MFOR（X）（单元 X 向的力），对 SOLID45 单元表示 P1（面 1 上的压力），对 CONTACT48 单元表示 FNTOT（总的法向力）。因此，若模型中有几种单元类型的组合，务必要在使用命令“ETABLE”前选择一种类型的单元（用 ESEL 命令或 GUI 路径：Utility Menu > Select > Entities）。
- ANSYS 程序在读入不同组的结果（例如对不同的载荷步）或在修改数据库中的结果（如在组合载荷工况）时，不能自动刷新单元表，如假定模型由提供的样本单元组成，在 POST1 中发出下列命令：

```
SET,1                    !读入载荷步 1 结果
ETABLE,ABC,1S,6          !在以 ABC 开头的列下将 J 端 KEYOPT（9）=0 的 SDIR
```

```
!移入单元表中
SET,2                          !读入载荷步 2 中结果
```

此时，单元表“ABC”列下仍含有载荷步 1 的数据。当采用载荷步 2 中的数据更新该列数据时，应用命令“ETABLE，KEFL”或通过 GUI 方式指定更新项。

- 可将单元表当作一个“工作表”，对结果数据进行计算。
- 执行 POST1 中的命令“SAVE”“FNAME”“EXT”或命令“/EXIT，ALL”，那么在退出 ANSYS 程序时，可以对单元表进行存盘（若使用 GUI 方式，选择 Utility Menu > File > Save as 或 Utility > File > Exit 后按照对话框内的提示进行）。这样可将单元表及其余数据存到数据库文件中。
- 若需要从内存中删除整个单元表，可用命令“ETABLE，ERASE”（或 GUI 路径：Main Menu > General Postproc > Element Table > Erase Table），或者用命令“ETABLE”“LAB”“ERASE”删去单元表中的 Lab 列。可用命令“RESET”（或 GUI 路径：Main Menu > General Postproc > Reset）可自动删除 ANSYS 数据库中的单元表。

4．对主应力的专门研究

在 POST1 中，SHELL61 单元的主应力不能直接得到，默认情况下，可得到其他单元的主应力，除以下两种情况之外：

1）在命令“SET”中要求进行时间插值或定义了某一角度。

2）执行了载荷工况操作。

在上述任意一种情况下，必须用 GUI 路径：Main Menu > General Postproc > Load Case > Line Elem Stress 或执行“LCOPER，LPRIN”命令以计算主应力，然后通过命令“ETABLE”或用其他适当的打印或绘图命令访问该数据。

5．数据库复位

“RESET”命令（或 GUI 路径：Main Menu > General Postproc > Reset）可在不脱离 POST1 情况下初始化命令“POST1”的数据库默认部分，该命令在离开或重新进入 ANSYS 程序时的效果相同。

7.2.2 列表显示结果

将结果存档的有效方法（如报告、呈文等）是在 POST1 中制表。列表选项对节点、单元、反作用力等求解数据可用。

下面给出一个样表（对应于命令“PRESOL,ELEM”）：

```
PRINT ELEM ELEMENT SOLUTION PER ELEMENT
 ***** POST1 ELEMENT SOLUTION LISTING *****
LOAD STEP      1   SUBSTEP=      1
TIME=      1.0000           LOAD CASE=   0
EL=   1   NODES=   1    3        MAT=   1
BEAM3
TEMP =      0.00      0.00      0.00      0.00
```

```
LOCATION    SDIR           SBYT          SBYB
1 (I)       0.00000E+00    130.00        -130.00
2 (J)       0.00000E+00    104.00        -104.00
LOCATION    SMAX           SMIN
1 (I)       130.00         -130.00
2 (J)       104.00         -104.00
LOCATION    EPELDIR        EPELBYT       EPELBYB
1 (I)       0.000000       0.000004      -0.000004
2 (J)       0.000000       0.000003      -0.000003
LOCATION    EPTHDIR        EPTHBYT       EPTHBYB
1 (I)       0.000000       0.000000      0.000000
2 (J)       0.000000       0.000000      0.000000
EPINAXL =   0.000000
EL=    2  NODES=    3    4  MAT=  1
BEAM3
TEMP =   0.00    0.00    0.00    0.00
LOCATION    SDIR           SBYT          SBYB
1 (I)       0.00000E+00    104.00        -104.00
2 (J)       0.00000E+00    78.000        -78.000
LOCATION    SMAX           SMIN
1 (I)       104.00         -104.00
2 (J)       78.000         -78.000
LOCATION    EPELDIR        EPELBYT       EPELBYB
1 (I)       0.000000       0.000003      -0.000003
2 (J)       0.000000       0.000003      -0.000003
LOCATION    EPTHDIR        EPTHBYT       EPTHBYB
1 (I)       0.000000       0.000000      0.000000
2 (J)       0.000000       0.000000      0.000000
EPINAXL =   0.000000
```

1．列出节点、单元求解数据

用下列方式可以列出指定的节点求解数据（原始解及派生解）：

命令：PRNSOL。

GUI：Main Menu > General Postproc > List Results > Nodal Solution。

用下列方式可以列出所选单元的指定结果：

命令：PRNSEL。

GUI：Main Menu > General Postproc > List Results > Element Solution。

要获得一维单元的求解输出，在命令“PRNSOL”中指定“ELEM”选项，程序将列出所选单元的所有可行的单元结果。

下面给出一个样表（对应于命令“PRNSOL，S”）：

```
PRINT S     NODAL SOLUTION PER NODE
***** POST1 NODAL STRESS LISTING *****
LOAD STEP=      5   SUBSTEP=      2
```

TIME= 1.0000 LOAD CASE= 0

THE FOLLOWING X,Y,Z VALUES ARE IN GLOBAL COORDINATES

NODE	SX	SY	SZ	SXY	SYZ	SXZ
1	148.01	-294.54	.00000E+00	-56.256	.00000E+00	.00000E+00
2	144.89	-294.83	.00000E+00	56.841	.00000E+00	.00000E+00
3	241.84	73.743	.00000E+00	-46.365	.00000E+00	.00000E+00
4	401.98	-18.212	.00000E+00	-34.299	.00000E+00	.00000E+00
5	468.15	-27.171	.00000E+00	.48669E-01	.00000E+00	.00000E+00
6	401.46	-18.183	.00000E+00	34.393	.00000E+00	.00000E+00
7	239.90	73.614	.00000E+00	46.704	.00000E+00	.00000E+00
8	-84.741	-39.533	.00000E+00	39.089	.00000E+00	.00000E+00
9	3.2868	-227.26	.00000E+00	68.563	.00000E+00	.00000E+00
10	-33.232	-99.614	.00000E+00	59.686	.00000E+00	.00000E+00
11	-520.81	-251.12	.00000E+00	.65232E-01	.00000E+00	.00000E+00
12	-160.58	-11.236	.00000E+00	40.463	.00000E+00	.00000E+00
13	-378.55	55.443	.00000E+00	57.741	.00000E+00	.00000E+00
14	-85.022	-39.635	.00000E+00	-39.143	.00000E+00	.00000E+00
15	-378.87	55.460	.00000E+00	-57.637	.00000E+00	.00000E+00
16	-160.91	-11.141	.00000E+00	-40.452	.00000E+00	.00000E+00
17	-33.188	-99.790	.00000E+00	-59.722	.00000E+00	.00000E+00
18	3.1090	-227.24	.00000E+00	-68.279	.00000E+00	.00000E+00
19	41.811	51.777	.00000E+00	-66.760	.00000E+00	.00000E+00
20	-81.004	9.3348	.00000E+00	-63.803	.00000E+00	.00000E+00
21	117.64	-5.8500	.00000E+00	-56.351	.00000E+00	.00000E+00
22	-128.21	30.986	.00000E+00	-68.019	.00000E+00	.00000E+00
23	154.69	-73.136	.00000E+00	.71142E-01	.00000E+00	.00000E+00
24	-127.64	-185.11	.00000E+00	.79422E-01	.00000E+00	.00000E+00
25	117.22	-5.7904	.00000E+00	56.517	.00000E+00	.00000E+00
26	-128.20	31.023	.00000E+00	68.191	.00000E+00	.00000E+00
27	41.558	51.533	.00000E+00	66.997	.00000E+00	.00000E+00
28	-80.975	9.1077	.00000E+00	63.877	.00000E+00	.00000E+00

MINIMUM VALUES

NODE	11	2	1	18	1	1
VALUE	-520.81	-294.83	.00000E+00	-68.279	.00000E+00	.00000E+00

MAXIMUM VALUES

NODE	5	3	1	9	1	1
VALUE	468.15	73.743	.00000E+00	68.563	.00000E+00	.00000E

2．列出反作用载荷及作用载荷

在 POST1 中，有几个选项用于列出反作用载荷（反作用力）及作用载荷（外力）。PRRSOL 命令（GUI：Menu > General Postproc > List Results > Reaction Solu）列出了所选节点的反作用力。命令“FORCE”可以指定哪一种反作用力（包括合力、静力、阻尼力或惯性力）数据被列出。“PRNLD”命令（GUI：Main Menu > General Postproc > List > Nodal Loads）可以列出所选节点处的合力，值为零的除外。

列出反作用载荷及作用载荷是检查平衡的一种好方法。也就是说，在给定方向上所加的作用力应总等于该方向上的反力（若检查结果跟预想的不一样，那么就应该检查加载情况，看加载是否恰当）。

耦合自由度和约束方程通常会造成载荷不平衡，由命令“CPINTF”生成的耦合自由度（组）和由命令“CEINTF”或命令“CERIG”生成的约束方程几乎在所有情况下都能保持实际的平衡。

如前所述，如果对给定位移约束的自由度建立了约束方程，那么该自由度的反力不包括过该约束方程的外力，所以最好不要对给定位移约束的自由度建立约束方程。同样，对属于某个约束方程的节点，其节点力的合力也不应该包含该处的反力。在批处理求解中(用命令“OUTPR”请求)，可得到约束方程反力的单独列表，但这些反力不能在POST1中进行访问。对大多数适当的约束方程，*X*、*Y*、*Z* 方向的合力应为零，但合力矩可能不为零，因为合力矩本身必须包含力的作用效果。

可能出现载荷不平衡的其他情况有：

- 4 节点壳单元，其 4 个节点不是位于同一平面内。
- 有弹性基础的单元。
- 发散的非线性求解。

另外，几个常用的命令是“FSUM”，“NFORCE”和“SPOINT”，下面分别说明。

命令“FSUM”对所选的节点进行力、力矩求和运算和列表显示。

命令：FSUM。

GUI：Main Menu > General Postproc > Nodal Calcs > Total Force Sum。

下面给出一个关于命令“FSUM”的输出样本：

```
*** NOTE ***
Summations based on final geometry and will not agree with solution reactions.
***** SUMMATION OF TOTAL FORCES AND MOMENTS IN GLOBAL COORDINATES
*****
FX=     .1147202
FY=     .7857315
FZ=     .0000000E+00
MX=     .0000000E+00
MY=     .0000000E+00
MZ=     39.82639
SUMMATION POINT=   .00000E+00   .00000E+00   .00000E+00
```

命令“NFORCE”除了总体求和外，还可对每一个所选的节点进行力、力矩求和。

命令：NFORCE

GUI：Main Menu > General Postproc > Nodal Calcs > Sum @ Each Node。

下面给出一个关于命令“NFORCE”的输出样本：

```
***** POST1 NODAL TOTAL FORCE SUMMATION *****
LOAD STEP=       3    SUBSTEP=      43
THE FOLLOWING X,Y,Z FORCES ARE IN GLOBAL COORDINATES
```

```
NODE        FX           FY           FZ
   1  -.4281E-01    .4212       .0000E+00
   2   .3624E-03    .2349E-01   .0000E+00
   3   .6695E-01    .2116       .0000E+00
   4   .4522E-01    .3308E-01   .0000E+00
   5   .2705E-01    .4722E-01   .0000E+00
   6   .1458E-01    .2880E-01   .0000E+00
   7   .5507E-02    .2660E-01   .0000E+00
   8  -.2080E-02    .1055E-01   .0000E+00
   9  -.5551E-03   -.7278E-02   .0000E+00
  10   .4906E-03   -.9516E-02   .0000E+00
*** NOTE ***
Summations based on final geometry and will not agree with solution reactions.
***** SUMMATION OF TOTAL FORCES AND MOMENTS IN GLOBAL COORDINATES
*****
FX=    .1147202
FY=    .7857315
FZ=    .0000000E+00
MX=     .0000000E+00
 MY=     .0000000E+00
 MZ=    39.82639
 SUMMATION POINT=   .00000E+00   .00000E+00   .00000E+00
```

命令“SPOINT”定义在哪些点（除原点外）求力矩和。

GUI：Main Menu > General Postproc > Nodal Calcs > Summation Pt > At Node。

GUI：Main Menu > General Postproc > Nodal Calcs > Summation Pt > At XYZ Loc。

3．列出单元表数据

用下列命令可列出存储在单元表中的指定数据：

命令：PRETAB。

GUI：Main Menu > General Postproc > Element Table > List Elem Table。

GUI：Main Menu > General Postproc > List Results > Elem Table Data。

为列出单元表中每一列的和，可执行命令“SSUM”（GUI：Main Menu > General Postproc > Element Table > Sum of Each Item）。

下面给出一个关于命令“PRETAB”和“SSUM”输出示例：

```
***** POST1 单元数据列表 *****
STAT    CURRENT      CURRENT      CURRENT
ELEM   SBYTI       SBYBI         MFORYI
   1  .95478E-10 -.95478E-10   -2500.0
   2  -3750.0       3750.0      -2500.0
   3  -7500.0       7500.0      -2500.0
   4  -11250.       11250.      -2500.0
   5  -15000.       15000.      -2500.0
   6  -18750.       18750.      -2500.0
```

```
    7  -22500.       22500.      -2500.0
    8  -26250.       26250.      -2500.0
    9  -30000.       30000.      -2500.0
   10  -33750.       33750.      -2500.0
   11  -37500.       37500.       2500.0
   12  -33750.       33750.       2500.0
   13  -30000.       30000.       2500.0
   14  -26250.       26250.       2500.0
   15  -22500.       22500.       2500.0
   16  -18750.       18750.       2500.0
   17  -15000.       15000.       2500.0
   18  -11250.       11250.       2500.0
   19  -7500.0       7500.0       2500.0
   20  -3750.0       3750.0       2500.0
MINIMUM VALUES
ELEM          11            1            8
VALUE    -37500.     -.95478E-10    -2500.0
MAXIMUM VALUES
ELEM           1           11           11
VALUE     .95478E-10    37500.       2500.0
SUM ALL THE ACTIVE ENTRIES IN THE ELEMENT TABLE
TABLE LABEL        TOTAL
SBYTI            -375000.
SBYBI             375000.
MFORYI           .552063E-09
```

4．其他列表

用下列命令可列出其他类型的结果：

1）命令“PREVECT”（GUI：Main Menu > General Postproc > List Results > Vector Data）：列出所有被选单元指定的矢量大小及其方向余弦。

2）命令“PRPATH”（GUI：Main Menu > General Postproc > List Results > Path Items）：计算然后列出在模型中沿预先定义的几何路径的数据。注意，必须事先定义一路径并将数据映射到该路径上。

3）命令“PRSECT”（GUI：Main Menu > General Postproc > List Results > Linearized Strs）计算然后列出沿预定路径线性变化的应力。

4）命令“PRERR”（GUI：Main Menu > General Postproc > List Results > Percent Error）列出所选单元的能量级百分比误差。

5）命令“PRITER”（GUI：Main Menu > General Postproc > List Results > Iteration Summry）列出迭代次数概要数据。

5．对单元、节点排序

默认情况下，所有列表通常按节点号或单元号的升序来进行排序。可根据指定的结果项先对节点、单元进行排序来改变它。命令“NSORT”（GUI：Main Menu > General

Postproc > List Results > Sorted Listing > Sort Nodes）基于指定的节点求解项进行节点排序，命令“ESORT”（GUI：Main Menu > General Postproc > List Results > Sorted Listing > Sort Elems）基于单元表内存入的指定项进行单元排序。例如，

```
NSEL,...                                  !选节点
NSORT,S,X                                 !基于 SX 进行节点排序
PRNSOL,S,COMP                             !列出排序后的应力分量
```

下面给出执行命令“NSORT”及“PRNSOL,S”后的列表示例：

```
PRINT S     NODAL SOLUTION PER NODE
***** POST1 NODAL STRESS LISTING *****
LOAD STEP=       3   SUBSTEP=     43
TIME=     6.0000        LOAD CASE=    0
THE FOLLOWING X,Y,Z VALUES ARE IN GLOBAL COORDINATES
NODE     SX          SY          SZ          SXY          SYZ          SXZ
   111  -.90547     -1.0339     -.96928     -.51186E-01  .00000E+00  .00000E+00
    81  -.93657     -1.1249     -1.0256     -.19898E-01  .00000E+00  .00000E+00
    51  -1.0147     -.97795     -.98530      .17839E-01  .00000E+00  .00000E+00
    41  -1.0379     -1.0677     -1.0418     -.50042E-01  .00000E+00  .00000E+00
    31  -1.0406     -.99430     -1.0110      .10425E-01  .00000E+00  .00000E+00
    11  -1.0604     -.97167     -1.0093     -.46465E-03  .00000E+00  .00000E+00
    71  -1.0613     -.95595     -1.0017      .93113E-02  .00000E+00  .00000E+00
    21  -1.0652     -.98799     -1.0267      .31703E-01  .00000E+00  .00000E+00
    61  -1.0829     -.94972     -1.0170      .22630E-03  .00000E+00  .00000E+00
   101  -1.0898     -.86700     -1.0009     -.25154E-01  .00000E+00  .00000E+00
     1  -1.1450     -1.0258     -1.0741      .69372E-01  .00000E+00  .00000E+00
MINIMUM VALUES
NODE          1          81           1          111          111          111
VALUE   -1.1450     -1.1249     -1.0741     -.51186E-01  .00000E+00  .00000E+00
MAXIMUM VALUES
NODE        111         101         111            1          111          111
VALUE   -.90547     -.86700     -.96928      .69372E-01  .00000E+00  .00000E+00
```

使用下述命令可恢复到原来的节点或单元顺序

命令：NUSORT。

GUI：Main Menu > General Postproc > List Results > Sorted Listing > Unsort Nodes。

命令：EUSORT。

GUI：Main Menu > General Postproc > List Results > Sorted Listing > Unsort Elems。

6．用户化列表

在有些场合，需要根据要求来定制结果列表。命令“/STITLE”（无对应的 GUI 路径）可定义多达 4 个子标题，与主标题一起在输出列表中显示。输出用户可用的其他命令为“/FORMAT”，“/HEADER”，和“/PAGA”（同样无对应的 GUI 路径）。

命令“PRRSOL”“PRNSOL”“PRESOL”“PRETAB”“PRPATH”用于控制重要数字的编号、列表顶部的表头输出打印页中的行数等。

7.2.3 图像显示结果

一旦所需结果存入数据库，可通过图像显示和表格方式观察。另外，可映射沿某一路径的结果数据。图像显示可能是观察结果最有效的方法。POST1 可显示下列类型图像：

1）梯度线显示。

2）变形后的形状显示。

3）矢量图显示。

4）路径绘图。

5）反作用力显示。

6）粒子流轨迹。

1．梯度线显示

梯度线显示表现了结果项（如应力、温度、磁场磁通密度等）在模型上的变化。梯度线显示中有 4 个可用命令：

命令：PLNSOL。

GUI：Main Menu > General Postproc > Plot Results > Nodal Solu。

命令：PLESOL。

GUI：Main Menu > General Postproc > Plot Results > Element Solu。

命令：PLETAB。

GUI：Main Menu > General Postproc > Plot Results > Elem Table。

命令：PLLS。

GUI：Main Menu > General Postproc > Plot Results > Line Elem Res。

命令“PLNSOL”生成连续的过整个模型的梯度线。该命令或 GUI 方式可用于原始解或派生解。对典型的单元间不连续的派生解，在节点处进行平均，以便可显示连续的梯度线。图 7-3 和所示为执行命令“PLNSOL”得到的原始解（TEMP）和派生解（TGX）梯度线。

```
PLNSOL,TEMP                              ! 原始解：自由度 TEMP
```

若有 PowerGraphics（性能能优化的增强型 RISC 体系图形），可用下面任一命令求得对派生数据的平均值。

命令：AVRES。

GUI：Main Menu > General Postproc > Options for Outp。

GUI：Utility Menu > List > Results > Options。

上述任一命令均可确定在材料及（或）实常数不连续的单元边界上是否对结果进行平均。

若 PowerGraphics 无效（对大多数单元类型而言，这是默认值），不能用命令“AVRES”控制平均计算。平均算法则不管连接单元的节点属性如何，均会在所选单元上的所有节点处进行平均操作，这对材料和几何形状不连续处是不合适的。当对派生数据进行梯度线显示时（这些数据在节点处已做过平均），务必选择相同材料、相同厚度（对板单元）、相同坐标系等的单元。

```
PLNSOL,TG,X                        !派生数据：温度梯度函数 TGX
```

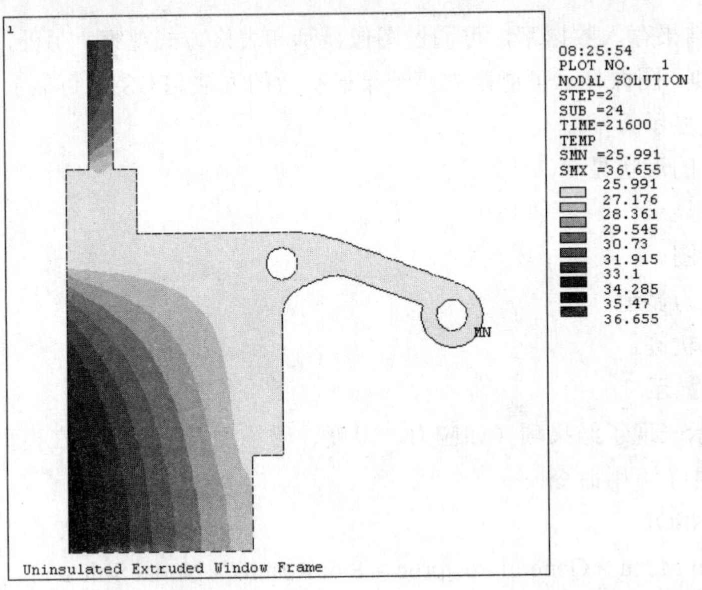

图 7-3 执行命令“PLNSOL”得到的原始解的梯度线

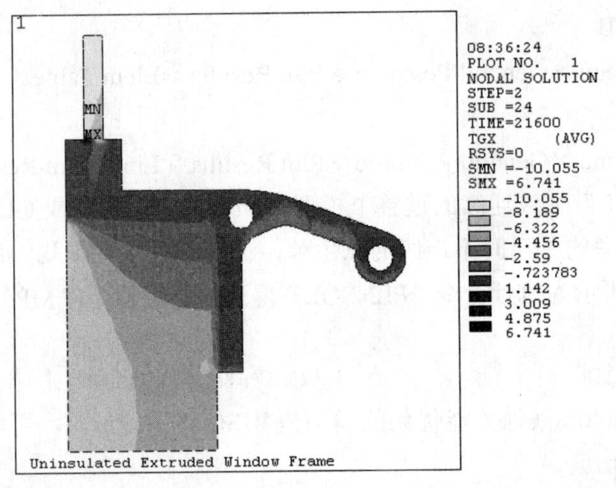

图 7-4 执行命令“PLNSOL”得到的派生解的梯度线

命令“PLESOL”在单元边界上生成不连续的梯度线（见图 7-5），适用于派生解的数据。命令流示例如下：

```
PLESOL，TG，X
```

命令“PLETAB”可以显示单元表中数据的梯度线（也可称云纹图或者云图）。在命令“PLETAB”中的“AVGLAB”字段提供了是否对节点处数据进行平均的选择项（默认状态下：对连续梯度线做平均，对不连续梯度线不做平均）。如图 7-6 和图 7-7 所示为针对 SHELL99 单元（层状壳）模型执行命令“PLETAB”得到的平均和不平均梯度线，相应的命令流如下：

```
ETABLE,SHEARXZ,SMISC,9          !在第二层底部存在层内剪切 （ILSXZ）
PLETAB,SHEARXZ,AVG              !SHEARXZ 的平均梯度线
PLETAB,SHEARXZ,NOAVG            !SHEARXZ 的未平均（默认值）的梯度线
```

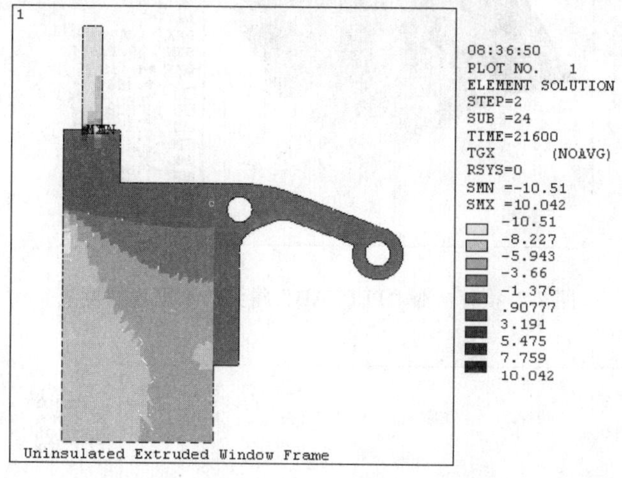

图 7-5 命令“PLETAB”在单元边界上生成不连续的梯度线

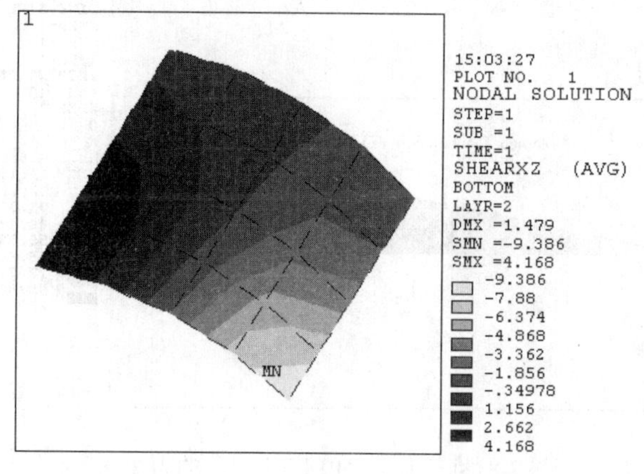

图 7-6 执行命令“PLETAB”得到的平均梯度线

命令“PLLS”用梯度线的形式显示一维单元的结果，该命令也要求数据存储在单元表中，该命令常用于梁分析中显示剪力图和力矩图。图 7-8 所示为针对 BEAM3 模型[KEYOPT（9）＝1）]执行命令“PLLS”得到的力矩图，命令流如下：

```
ETABLE,IMOMENT,SMISC,6          !I 端的弯矩，命名为 IMOMENT
ETABLE,JMOMENT,SMISC,18         !J 端的弯矩，命名为 JMOMENT
PLLS,IMOMENT,JMOMENT            !显示 IMOMENT，JMOMENT 结果
```

命令“PLLS”将线性显示单元的结果，即用直线将单元 I 节点和 J 节点的结果数值连起来，而无论结果沿单元长度是否是线性变化。另外，可用负的比例因子将图形倒过来。

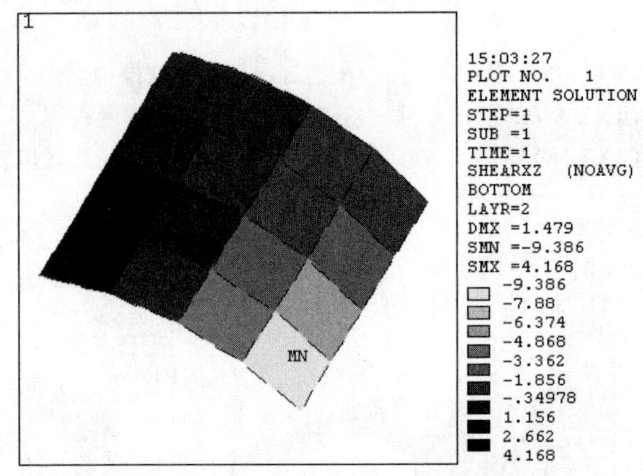

图 7-7 执行命令“PLETAB”得到的不平均梯度线

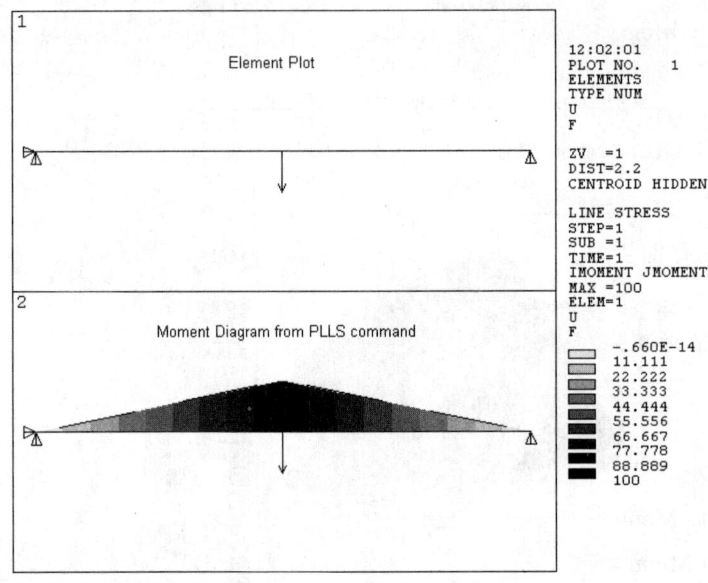

图 7-8 执行命令“PLLS”得到的力矩图

需要注意如下几个方面：

1）可用命令“/CTYPE”（GUI：Utility Menu > Plot Ctrls > Style > Contours > Contour Style）首先设置 KEY 为 1 来生成等轴侧的梯度线显示。

2）平均主应力：默认情况下，各节点处的主应力根据平均分应力计算。也可反过来进行，首先计算每个单元的主应力，然后在各节点处进行平均。其命令和 GUI 路径如下：

命令：AVPRIN。

GUI：Main Menu > General Postproc > Options for Outp。

GUI：Utility Menu > List > Results > Options。

该法不常用，但在特定情况下很有用。需注意的是，在不同材料的结合面处不应采用平均算法。

3）矢量求和：与主应力的做法相同。默认情况下，在每个节点处的矢量和的模（平方和的开方）是按平均后的分量来求的。用命令“AVPRIN”可反过来计算，先计算每单元矢量和的模，然后在节点处进行平均。

4）壳单元或分层壳单元：默认情况下，壳单元和分层壳单元得到的计算结果是单元上表面的结果。要显示上表面、中部或下表面的结果，用命令“SHELL”（GUI：Main Menu > General Postproc > Options for Outp）。对于分层单元，使用命令“LAYER”（GUI：Main Menu > General Posrproc > Options for Outp）指明需显示的层号。

5）Von Mises 当量应力（EQV）：使用命令“AVPRIN”可以改变用来计算当量应力的有效泊松比。

命令：AVPRIN。

GUI：Main Menu > General Postproc > Plot Results > -Contour Plot-Nodal Solu。

GUI：Main Menu > General Postproc > Plot Results > -Contour Plot-Element Solu。

GUI：Utility Menu > Plot > Results > Contour Plot > Elem Solution。

典型情况下，对当量弹性应变（EPEL，EQV），可将有效泊松比设为输入泊松比；对非弹性应变（EPPL，EQV 或 EPCR，EQV），将泊松比设为 0.5；对整个当量应变（EPTOT，EQV），应在输入的泊松比和 0.5 之间选用一有效泊松比。另一种方法是，用命令“ETABLE”存储当量弹性应变，使有效泊松比等于输入泊松比，在另一张表中用 0.5 作为有效泊松比存储当量塑性应变，然后用命令“SADD”将两张表合并，得到整个当量应变。

2．变形后的形状显示

在结构分析中，可用以下显示命令观察结构在施加载荷后的变形情况。其命令及相应的 GUI 路径如下：

命令：PLDISP。

GUI：Utitity Menu > Plot > Results > Deformed Shape。

GUI：Main Menu > General Postproc > Plot Results > Deformed Shape。

例如，输入如下命令，变形后的形状与原始形状一起显示，如图 7-9 所示。

```
PLDISP,1                    !变形后的形状与原始形状叠加在一起
```

另外，可用命令“/DSCALE”来改变位移比例因子，对变形图进行缩小或放大显示。

需提醒的一点是，在用户进入 POST1 时，通常所有载荷符号被自动关闭，以后再次进入“PREP7”或“SOLUTION”处理器时仍不会见到这些载荷符号。若在 POST1 中打开所有载荷符号，那么将会在变形图上显示载荷。

3．矢量显示

矢量显示是指用箭头显示模型中某个矢量大小和方向的变化。通常所说的矢量包括：平移（U）、转动（ROT）、磁力矢量势（A）、磁通密度（B）、热通量（TF）、温度梯度（TG）、液流速度（V）和主应力（S）等。

用下列方法可进行矢量显示：

命令：PLVECT。

GUI：Main Menu > General Postproc > Plot Results > Vector Plot > Predefined Or User-Defined。

可用下列方法改变矢量箭头长度比例：

命令：/VSCALE。

GUI：Utility Menu > PlotCtrls > Style > Vector Arrow Scaling。

例如，输入下列命令，图形界面将可矢量显示磁通密度，如图 7-10 所示。

```
PLVECT,B                    !磁通密度（B）的矢量显示
```

说明：在命令“PLVECT”中定义两个或两个以上分量，可以生成自己所需的矢量值。

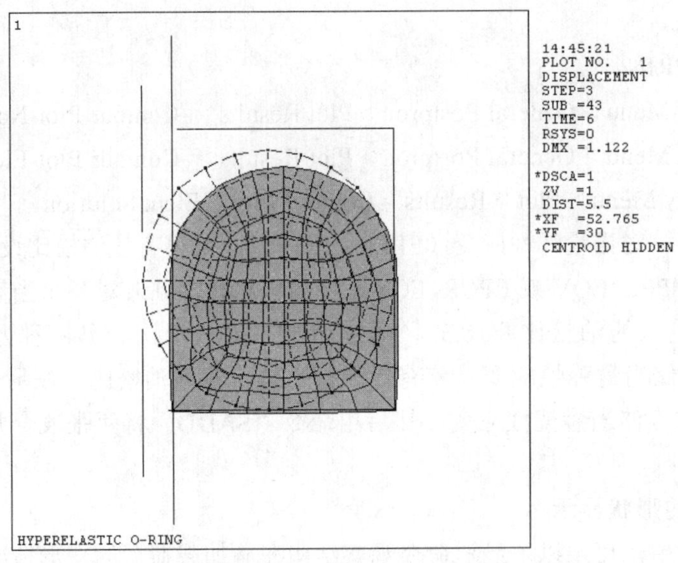

图 7-9 变形后的形状与原始形状一起显示

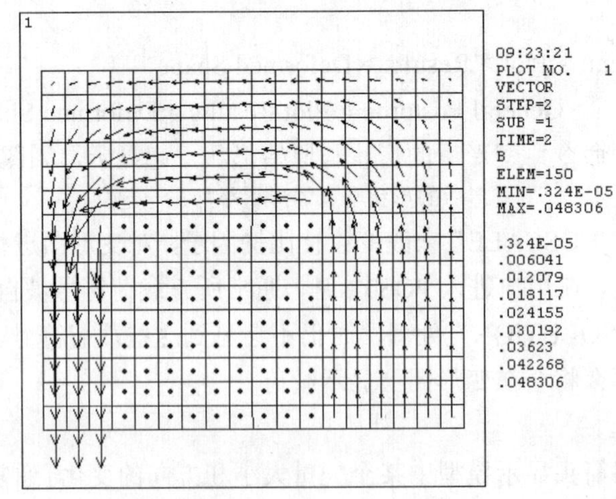

图 7-10 矢量显示磁通密度

4. 路径图

路径图是显示某个变量（如位移、应力、温度等）沿模型上指定路径的变化图。要

生成路径图，执行下述步骤：

1）执行命令“PATH”（GUI：Main Menu > General Postproc > Path Operations > Define Path > Path Status > Defined Paths），定义路径属性。

2)执行命令“PPATH”(GUI: Main Menu > General Postproc > Path Operations > Define Path），定义路径点。

3）执行命令“PDEF”（GUI：Main Menu > General Postproc > Path Operations > Map Onto Path），将所需的量映射到路径上。

4）执行命令“PLPATH”和“PLPAGM”（GUI：Main Menu > General Postproc > Path Operations > Plot Path Items），显示结果。

5．反作用力显示

用命令“/PBC”下的“RFOR”或“RMOM”来激活反作用力显示。以后的任何显示（由“NPLOT”，“EPLOT”或“PLDISP”命令生成）将在定义了DOF约束的点处显示反作用力。约束方程中某一自由度节点力之和不应包含过该节点的外力。

与反作用力一样，也可用命令“/PBC”（GUI：Utility Menu > PlotCtrls > Symbols）中的“NFOR”或“NMOM”项显示节点力，这是单元在其节点上施加的外力。每一节点处这些力之和通常为0，约束点处或加载点除外。

默认情况下，打印出的或显示出的力（或力矩）的数值代表合力（静力、阻尼力和惯性力的总和）。命令“FORCE”(GUI: Main Menu > General Postproc > Options for Outp）可将合力分解成各分力。

6．粒子流和带电粒子轨迹

粒子流轨迹是一种特殊的图像显示形式，用于描述流动流体中粒子的运动情况。带电粒子轨迹是显示带电子粒子在电场、磁场中如何运动的图像。

粒子流或带电粒子轨迹显示常用的有以下两组命令及相应的GUI路径：

1）命令“TRPOIN”（GUI：Main Menu > General Postproc > Plot Results > Defi Trace Pt）。在路径轨迹上定义一个点（起点、终点或者两点中间的任意一点）。

2）命令“PLTRAC”（GUI：Main Menu > General Postproc > Plot Results > Particle Trace）。在单元上显示流动轨迹，能同时定义和显示多达50点。

命令“PLTRAC”显示的粒子流轨迹示例，如图7-11所示。

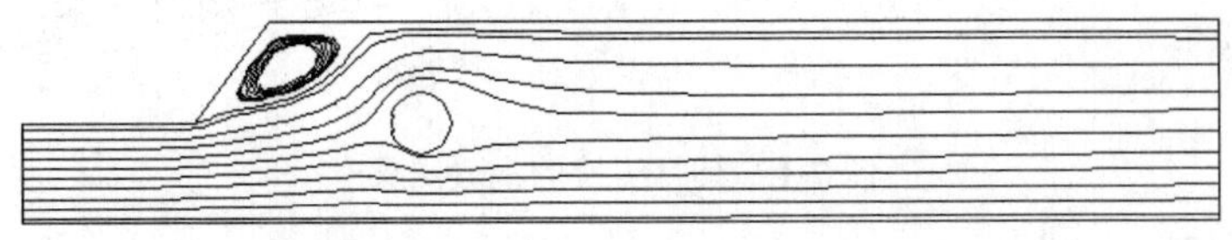

图7-11 粒命令“PLTRAC”显示的子流轨迹示例

命令“PLTRAC”中的“Item字段和“comp”字段能使用户看到某一特定项的变化情况（如对于粒子流动而言，其轨迹”为速度、压力和温度；对于带电粒子而言，其轨迹为电荷）。项目的变化情况沿路径用彩色的梯度线显示出来。

另外，与粒子流或带电粒子轨迹相关的还有如下命令：

- 命令“TRPLIS”（GUI：Main Menu > General Postproc > Plot Results > List Trace Pt）：列出轨迹点。
- 命令“TRPDEL”（GUI：Main Menu > General Postproc > Plot Results > Dele Trace Pt）：删除轨迹点。
- 命令“TRTIME”（GUI：Main Menu > General Postproc > Plot Results > Time Interval）：定义流动轨迹时间间隔。
- 命令“ANFLOW”（GUI：Utility Menu > PlotCtrls > Animate > Particle Flow）：生成粒子流的动画序列。

图像需要注意以下 3 个方面：

1）粒子流轨迹偶尔会无明显原因地停止。在靠近管壁处的静止流体区域，或者当粒子沿单元边界运动时，会出现这种情况。为解决这个问题，可在流线交叉方向轻微调整粒子初始点。

2）带电粒子轨迹，用命令“TRPOIN”（GUI：Main Menu > General Posproc > Plot Results > Defi Trace Pt）输入的变量“Chrg”和“Mass”在 mks 单位制中具有相应的单位“库仑”和“千克”。

3）粒子轨迹跟踪算法会导致死循环，如某一带电粒子轨迹会导致无限循环。要避免出现死循环，可用命令“PLTRAC”的“MXLOOP”变元设置极限值。

7．破碎图

若在模型中有“SOLID65”单元，可用命令“PLCRACK”（GUI：Main Menu > General Postproc > Plot Results > Crack/Crash）确定哪些单元已断裂或裂缝。以小圆圈标出已断裂，以八边形表示混凝土已裂缝（见图 7-12）。在使用不隐藏矢量显示的模式下，可见断裂和压碎的符号，为指定这一设备，可执行命令“/DEVICE，VECTOR，ON”（GUI：Utility Menu > PlotCtrls > Device Options）。

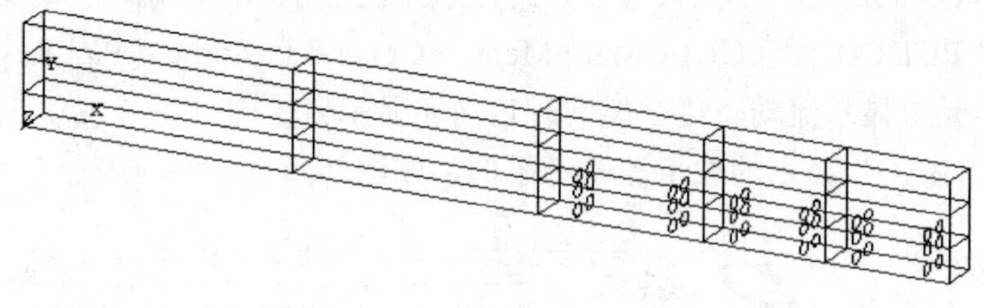

图 7-12 具有裂缝的混凝土梁

7.2.4 映射结果到某一路径上

POST1 后处理器的一个最实用的功能是将结果数据映射到模型的任意路径上。这样一来，就可沿该路径执行许多数学运算（如微积分运算），从而得到有意义的计算结果，如裂缝处的应力强度因子和 J-积分，通过该路径的热量、磁场力等。另外一个好处是，能以图形或列表方式观察结果项沿路径的变化情况。

只能在包含实体单元（二维或三维）或板壳单元的模型中定义路径，一维单元不支持该功能。

通过路径观察结果可按以下步骤进行：

1）定义路径属性（命令“PATH”）。

2）定义路径点（命令“PPATH”）。

3）沿路径插值（映射）结果数据（命令“PDEF”）。

一旦进行了数据插值，可用图像显示（命令“PLPATH”或“PLPAGM”）和列表方式观察，或执行算术运算，如加、减、乘、除、积分等。命令“PMAP”（在命令“PDEF”前发出该命令）中提供了处理材料不连续及精确计算的高级映射技术，详情可参考ANSYS在线帮助文档。

另外，图像也可以将路径结果存入文档文件或数组参数中，以便调用，下面详细介绍利用路径观察结果的方法和步骤。

1．定义路径

要定义路径，首先要定义路径环境，然后定义单个路径点。通过在工作平面上拾取节点、位置或填写特定坐标位置表来决定是否定义路径，然后通过拾取或使用下列命令、GUI路径中的任一种方式生成路径：

命令：PATH

PPATH

GUI：Main Menu > General Postproc > Path Operations > Define Path > By Nodes。

GUI：Main Menu > General Postproc > Path Operations > Define Path > On Working Plane。

GUI：Main Menu > General Postproc > Path Operations > Define Path > By Location。

关于命令“PATH”有下列信息：

- 路径名（不多于8个字符）。
- 路径点数（2～1000）仅在批处理模式或用“By Location”选项定义路径点时需要；当使用拾取时，路径点数等于拾取点数。
- 映射到该路径上的数据组数（最小为4，默认值为30，无最大值）。
- 路径上相临点的分段数（默认值为20，无最大值）。
- 用“By Location”选项时，会弹出一个单独的对话框，用于定义路径点（命令“PPATH”），输入路径点的整体坐标值，插值过的路径的几何形状依据激活的CSYS坐标系。另外，也可定义一坐标系用于几何插值（用PPATH命令中的CS变元）。

利用命令“PATH，STATUS”观察路径设置的状态。

命令“PATH”和“PPATH”可以在激活的CSYS坐标系中定义路径的几何形状。若路径是直线或圆弧，只需两个端点（除非想高精度插值，那将需要更多的路径点或子分点）。必要时，图像可以在定义路径前，利用命令“CSCIR”（GUI：Utility Menu > Work plane > Local Coordinate Systems > Move Singularity）移动奇异坐标点。

要显示已定义的路径，需首先沿路径插值数据，然后输入命令“/PBC,PATH,,1”（GUI: Utility Menu > PlotCtrls > Symbols），接着输入命令“EPLOT”或“NPLOT”（GUI: Utility Menu > Plot > Elements 或 Utility Menu > Plot > Nodes），ANSYS 将延路径用云纹图的形式显示结果数值。图 7-13 所示为在柱坐标系中显示路径的节点图。

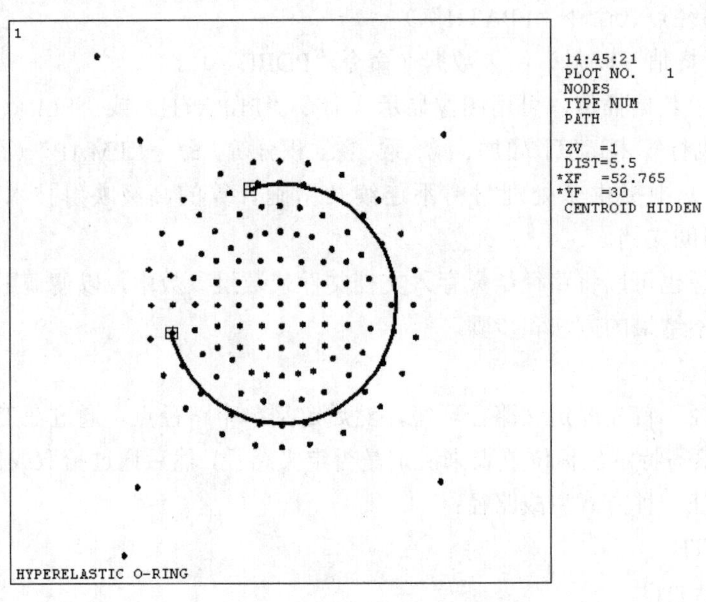

图 7-13 显示路径的节点图

2．使用多路径

一个模型中并不限制路径数目，但一次只有一个路径为当前路径（即只有一个路径是激活的），图像可以利用命令“PATH，NAME”改变当前激活的路径，在命令“PATH”中不用定义其他变元，已命名的路径将成为新的当前路径。

3．沿路径插值数据

用下列命令可达到该目的：

命令：PDEF。

GUI：Main Menu > General Postproc > Path Operations > Map onto Path。

命令：PVECT。

GUI：Main Menu > General Postproc > Path Operations > Unit Vector。

这些命令要求路径被预先定义好。

用命令“PDEF”可在激活的结果坐标系中沿着路径插值任何结果数据：原始数据（节点自由度解）、派生数据（应力、通量、梯度等）、单元表数据、FLOTRAN 节点结果数据等。本次讨论的余下部分（及在其他文档中）将插值项称为路径项。

例如，沿着 X 路径方向插值热通量，命令如下：

```
PDEF,XFLUX,TF,X
```

XFLUX 值是图像定义的分配给路径项的任意名字，TF 和 X 放在一起识别该项为 X

方向的热通量。

图像可以利用下列命令，使结果坐标系与激活的坐标系（用于定义路径）相配。

```
*GET,ACTSYS,ACTIVE,CSYS
RSYS,ACTSYS
```

第一条命令创建了一个用户定义参数（ACTSYS），该参数表征了定义当前激活的坐标系的值。第二条命令则设置结果坐标系到由 ACTSYS 指定的坐标系上。

4. 映射路径数据

POST1 用[nDiv（nPts-1） + 1]个插值点将数据映射到路径上，这里 nPts 是路径上的点数，nDiv 是在点间的子分数（或者说分段数）[EPATH]。当创建第一条路径项时，程序自动插值下列几项，即 XG、YG、ZG 和 S，前 3 项是插值点的 3 个整体坐标值，S 是距起始节点的路径长度。当用路径项执行数学运算时这些项是有用的，如 S 可用于计算线积分。若要在材料不连续处精确映射数据，可在命令“PMAP”中使用“DISCON=MAT”选项（GUI：Main Menu > General Postproc > Path Operations > Define Path > Path Options）。

要从路径上删除路径项（除 XG，YG，ZG 和 S），可执行命令“PDEF，CLEAR”。而命令“PCALC”（GUI：Main Menu > General Postproc > Path Operations > Operations）则可以从一个路径存储路径项、定义一平行路径及计算两路径间路径项之差。

命令“PVECT”可以定义沿路径的法矢量、切矢量或正向矢量。如果要使用该命令，需激活笛卡儿坐标系。下面给出一个命令“PVECT”的应用实例－－定义在每个插值点处与路径相切的单位矢量：

```
PVECT,TANG,TTX,TTY,TTZ。
```

TTX，TTY 和 TTZ 是用户定义的分配给矢量的 X，Y，Z 分量的名称。在数学上的 J 积分、点积和叉积等运算中可使用这些矢量。为精确映射法矢量和切矢量，在命令“PMAP”中使用“ACCURATE”选项，在映射数据之前用命令“PMAP”。

5. 观察路径项

要得到指定路径项与路径距离的关系图，可使用下述方法之一：

命令：PLPATH。

GUI：Main Menu > General Postproc > Path Operations > Plot Path Items。

要得到指定路径项的列表，可使用下述方法之一：

命令：PRPATH。

GUI：Main Menu > General Postproc > List Results > Path Items。

可利用命令“PLPATH”“PRPATH”或“PRANGE”（GUI：Main Menu > General Postproc > Path Operations > Plot Path Item > Path Range）控制路径距离范围。在路径显示的横坐标项中的路径定义变量也能用来取代路径距离。

图像也可以用另外两个命令“PLSECT”（GUI：Mian Menu > General Posproc > Path Operations > Linearized Strs）和“PRSECT”（GUI：Main Menu > General Postproc > List Results > Linearized Strs）来计算和观察在命令“PATH”中由最初两个节点定义的沿某

一路径的线性应力，尤其在分析压力容器时，可用该命令将应力分解成几种应力分量，如膜应力，剪应力和弯曲应力等。另外，还需说明的一点是，路径必须在激活的显示坐标系中定义。

可用下列命令（GUI）沿路径用彩色梯度线显示数据项，从而可以直观的清晰度量路径上的数据项。

命令：PLPAGM。

GUI：Main Menu > General Postproc > Plot Results > Plot Path Items > On Geometry。

6. 在路径项中执行算术运算

下列 3 个命令可用于在路径项中执行算术运算：

1）命令“PCALC”（GUI：Main Menu > General Postproc > Path Operations > Operations）：对路径进行＋、×、/、求幂、微分、积分。

2）命令“PDOT”（GUI：Main Menu > General Postproc > Path Operations > Dot Product）：计算两路径矢量的点积。

3）命令“PCROSS”（GUI：Main Menu > General Postproc > Path Operations > Cross Product）：计算两路径矢量的叉积。

7. 将路径数据在一文件中存档或恢复

若想在离开“POST1”时保留路径数据，必须将其存入文件或数组参数中，以便于以后恢复。首先可选一条或多条路径，然后将当前路径写入一文件中。

命令：PASAVE。

GUI：Main Menu > General Postproc > Path Operations > Archive Path > Store > Paths in file。

要从一个文件中取出路径信息及将该数据存为当前激活的路径数据，可用下列方法：

命令：PARESU。

GUI：Main Menu > General Postproc > Path Operations > Archive Path > Retrieve > Paths from file。

可选择仅存档或取出路径数据（用命令“PDEF”映射到路径上的数据）或路径点（用命令“PPATH”定义的点）。当恢复路径数据时，它变为当前激活的路径数据（已存在的激活路径数据被取代）。若用命令“PHRESH”并有多路径时，列表中的第一条路径成为当前激活路径。

输入输出示例如下：

```
/post1
path,radial,2,30,35          !定义路径名，点号，组号，分组号
ppath,1,,.2                  !由位置来定义路径
ppath,2,,.6
pmap,,mat                    !在材料不连续处进行映射数据
pdef,sx,s,x                  !描述径向应力
pdef,sz,s,z                  !描述周向应力
plpath,sx,sz                 !绘应力图
```

```
pasave                      !在文件中存储所定义的路径
finish
/post1
paresu                      !从文件中恢复路径数据
plpagm,sx,,node             !绘制路径上径向应力
finish
```

7.2.5 表面操作

在通用后处理 POST1 中，图像可以映射节点结果数据到用户定义的表面上，然后可以对表面结果进行数学运算，从而获得如下这些有意义的量，即集中力、横截面的平均应力、流体速率、通过任意截面的热流等。图像同样可以画出这些映射结果的轮廓线。

图像可以通过 GUI 方式或命令流方式进行表面操作，表 7-5 列出了表面操作的命令，相应的 GUI 路径为 Main Menu > General Postproc > Surface Operations area。

表 7-5 表面操作的命令

命令	用途
SUCALC	通过操作指定表面上的两个存在结果数据库来创建新的结果数据
SUCR	定义表面
SUDEL	删除几何信息，一旦对指定的表面或选择表面映射结果
SUEVAL	对映射选项进行操作，并以标准参数的形式存储结果
SUGET	移动表面并映射结果到一列参数
SUMAP	映射结果数据到表面
SUPL	图形显示映射的结果数据
SUPR	列表显示映射的结果数据
SURESU	从指定的文件中恢复表面定义
SUSAVE	保存定义的表面到一文件
SUSEL	选择一子表面
SUVECT	对两个结果矢量进行操作

只有在包含 3D 实体单元的模型中，图像才能定义表面。壳体、梁和 2D 单元类型均不支持该功能。

表面操作的具体步骤如下：

1）通过执行命令“SUCR”定义表面。

2）通过执行命令“SUSEL”和“SUMAP”映射结果数据到选择的表面。

3）通过执行命令“SUEVAL”，“SUCALC”和“SUVECT”处理结果。

一旦映射数据到表面，图像就可以通过执行命令“SUPL”或“SUPR”以图形显示或列表显示结果数据。

1．定义表面

通过执行命令“SUCR”可以定义表面，表面名称不超过 8 个字符。表面一般有两种类型：

1）基于当前工作平面的横截面。

2）在当前工作平面坐标系下，由图像指定半径的封闭球面。

对于 SurfType = CPLANE，nRefine 指出了定义表面的点的数量。如果 SurfType = CPLANE，并且 nRefine = 0，那么这些点在截断单元的截面之中。当提高 nRefine 到 1 时，每个表面将被分成 4 个子面，而加入结果的点数也同样地增加。nRefine 可以在 0 和 3 之间变化，当然提高 nRefine 对表面操作速度的影响是十分明显的。

说明：该处提到的 SurfType 和 nRefine 是表 7-5 中命令（如 SUCR 等）的操作项，详情可查阅 ANSYS 帮助文档。

执行命令“/EFACET”将增加这种细化，超过 1 的数值将增强 nRefine 的效果。命令“/EFACET”可以把单元划分为几个子单元，而 nRefine 则定义了子单元的小平面。

对于 SurfType = SPHERE，nRefine 指出了沿球面某个角度（最小 10°，最大 90°，默认值为 90°）弧长的等分数。

一旦图像定义了“表面”，ANSYS 将会自动计算以下几个预定义的几何量并保存：

1）GCX、GCY、GCZ ：表面上每个点的全局笛卡儿坐标。

2）NORMX、NORMY、NORMZ：表面上每个点的单位法向矢量的分量。

3）DA：每个点的共享面积（即表面总面积/表面节点总数）。

这些量都是用来进行表面数据的数学运算（如 DA 就是用来进行表面积分）。 一旦图像建立了表面，这些量就可以（通过使用预定义标签）为后续的数学运算所使用。

执行命令“SUPL，SurfName”可以显示用户定义的表面。一个模型中最多可以存在 100 个表面，而所有的操作（映射结果数据，数学运算等）将在所选择的表面上进行。图像可以通过命令“SUSEL”来改变选择的表面设置。

2．映射结果数据

一旦图像定义了表面，通过使用命令“SUMAP”可以映射结果数据到该表面。节点结果数据（在当前激活的结果坐标系中）加入到表面并作为结果可以执行各种图像操作。结果数据由原始数据（如节点自由度）、派生数据（如应力、流量、梯度等）、“FLOTRAN”节点解及其他结果值构成。

当图像使用命令“SUMAP”映射数据时，要先给结果设置提供名称，并指定数据类型和特性。

通过执行以下命令，图像可以使结果坐标系符合当前激活的坐标系（通常用来定义路径）：

1）*GET，ACTSYS，ACTIVE，CSYS。

2）RSYS，ACTSYS。

第一条命令创建了图像定义的一个参数（ACTSYS），这一参数拥有定义当前激活坐标系的值。第二条命令设置结果坐标系为用参数（ACTSYS）指定的坐标系。

执行命令“SUMAP,RSetname,CLEAR”可以清除选择表面的结果设置（除了 GCX、

GCY、GCZ、NORMX、NORMY、NORMZ、DA），而执行命令“SUEVAL”“SUVECT”或“SUCALC”可以操作表面的结果设置，从而形成附加的标签结果。

3．检查表面结果

通过使用命令“SUPL”，图像可以图形显示表面结果，而通过使用命令“SUPR”，图像可以列表显示表面结果。同样的，图像也能够通过使用特殊的结果设置获得矢量显示（如流体速度矢量显示）。例如，如果指定“SetName”为“vector prefix”，那么 ANSYS 程序将以箭头的方式显示这些矢量。

说明：上面所说的“SetName”是命令“SUPR”和“SUPL”的操作变量，详情可以查阅 ANSYS 帮助文档。

矢量显示示例：

```
SUCREATE,SURFACE1,CPLANE          ! 创建名称为"SURFACE1"的一表面
SUMAP,VELX,V,X                    ! 映射 x,y,z 方向的速度
SUMAP,VELY,V,Y
SUMAP,VELZ,V,Z
SUPLOT,SURFACE1,VEL               ! 矢量显示速度
```

命令“/EDGE”可控制子平面的云图显示，与后面处理图形显示的其他命令很相似。

4．对映射的表面结果数据进行数学运算

对映射的表面结果数据可以进行 3 种数学运算：

1）命令“SUCALC”可以对所选择的表面进行加、乘、除、指数和三角函数运算。

2）命令“SUVECT”可以对所选择表面的矢量进行点积和差积运算。

3）命令“SUEVAL”可以对所选择的表面进行表面积分、平均和求和运算。

5．保存表面数据到一个文件

图像可以存储表面数据到文件，因此图像在下次重新进入“POST1”后处理器时，这些数据可以被恢复。命令“SUSAVE”用来保存数据，而命令“SURESU”则用来恢复数据。

当图像保存表面数据到文件时，可以只保存一个表面，也可以保存所有选择的表面，还可以保存所有定义的表面（包括未选择的表面）。当图像恢复表面数据时，保存的表面就成为当前激活的表面，而此前的激活表面则被自动清除。

保存表面到一个文件并恢复数据示例：

```
/post1
! 在工作平面坐标原点处定义半径 0.75 的球面，10 等分每个 90⁰ 弧长
sucreate,surf1,sphere,0.75,10
wpoff,,,-2                     ! 平移工作平面
!定义与工作平面相交的一平面并选择单元
sucreate,surf2,cplane

susel,s,surf1                  ! 选择表面 surf1
sumap,psurf1,pres              ! 映射压力数据到 surf1，名称为"psurf1"
susel,all                      ! 选择所有的表面
sumap,velx,v,x                 ! 映射 VX 到所有的表面，名称为"velx"
```

```
sumap,vely,v,y                  ! 映射 VY 到所有的表面，名称为"vely"
sumap,velz,v,z                  ! 映射 VZ  到所有的表面，名称为"velz"

supr                            ! 当前表面数据的全局状态
supl,surf1,sxsurf1              !云图显示 sxsurf1
supl,all,velx,1                 ! 云图显示 velx
supl,surf2,vel                  !矢量显示速度矢量

suvect, vdotn,vel,dot,normal    !  表面法向与速度矢量的点积
! 结果存储在"vdotn"
sueval, flowrate, INTG, vdotn   ! 面积积分"vdotn" 获得 apdl 参数"flow rate"
susave,all,file,surf            ! 保存数据
finish
```

6. 以数组参数的形式保存表面数据

把表面结果写入数组参数之后，图像便可以对结果数据进行“APDL”操作。利用 命令“SUGET”，图像可以把结果数据写入自定义的数组参数中。另外，还可把几何信息也同时写入。

7. 删除表面

使用命令“SUDEL”可以删除一个或多个表面，而这些表面上映射的结果数据也同时被删除。图像可以选择删除所有的表面，也可以通过指定的表面名称来有选择地删除单个或多个表面。使用命令“SUPR”可以列表检查当前的表面名。

7.2.6 将结果旋转到不同坐标系中显示

在求解计算中，计算结果数据包括位移（UX，UY，ROTX 等）、梯度（TGX，TGY 等）、应力（SX，SY，SZ 等）、应变（EPPLX，EPPLXY 等）等，这些数据以节点坐标系（基本数据或节点数据）或任意单元坐标系（派生数据或单元数据）的分量形式存入数据库和结果文件中。然而，结果数据通常需要转换到激活的结果坐标系（默认情况下为整体直角坐标系中）来显示、列表和单元表格数据存储操作，这正是本小节要介绍的内容。

使用命令“RSYS”（GUI：Main Menu > General Postproc > Options For Outp），可以将激活的结果坐标系转换成整体柱坐标系（RSYS，1）、整体球坐标系（RSYS，2）、任何存在的局部坐标系（RSYS，N，这里 N 是局部坐标系序号），或者求解中所使用的节点坐标系和单元坐标系（RSYS，SOLU）。若对结果数据进行列表、显示或操作，首先将它们变换到结果坐标系。当然，也可将这些结果坐标系设置为整体坐标系（RSYS,0）。

图 7-14 所示为在几种不同的坐标系设置下，位移是如何被输出的。位移通常是根据节点坐标系（一般总是笛卡儿坐标系）给出，但用命令“RSYS”可使这些节点坐标系变换为指定的坐标系。例如，RSYS，1 可使结果变换到与整体柱坐标系平行的坐标系，使 UX 代表径向位移，UY 代表切向位移。类似地，在磁场分析中的 AX 和 AY 及在流场分

析中 VX 和 VY 也用 RSYS，1 变换的整体柱坐标系径向、切向值输出。

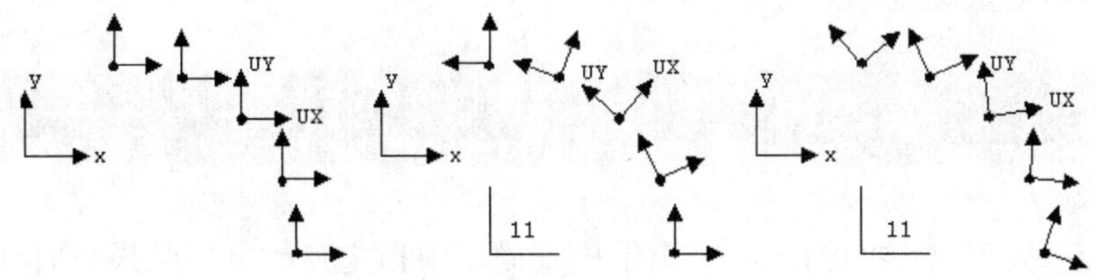

笛卡儿坐标系（C.S.0） 局部柱坐标 （RSYS,11） 整体柱坐标（RSYS,1）

图 7-14 不同的坐标系下位移输出

某些单元结果数据总是以单元坐标系输出，而不论激活的结果坐标系为何种坐标系。这些仅用单元坐标系表述的结果项包括力、力矩、应力及梁、管和杆单元的应变，以及一些壳单元的分布力和分布力矩。

在多数情况下，如当在单个载荷或多载荷的线性叠加情况下，将结果数据变换到结果坐标系中并不影响最后结果值，但大多数模型叠加技术（PSD，CQC，SRSS 等）是在求解坐标系中进行且涉及开方运算的。由于开方运算去掉了与数据相关的符号，叠加结果在被转换到结果坐标系后，可能会与所期望的值不同。在这些情况下，可用命令“RSYS,SOLU”来避免变换，使结果数据保持在求解坐标系中。

下面用圆柱壳模型来说明如何改变结果坐标系。在此模型中，图像可能会对切向应力结果感兴趣，所以需转换结果坐标系，命令流如下：

```
PLNSOL,S,Y      !显示如图 7-15 所示，SY 是在整体笛卡儿坐标系中（默认值）
RSYS,1
PLNSOL,S,Y      !显示如图 7-16 所示，SY 是在整体柱坐标系中
```

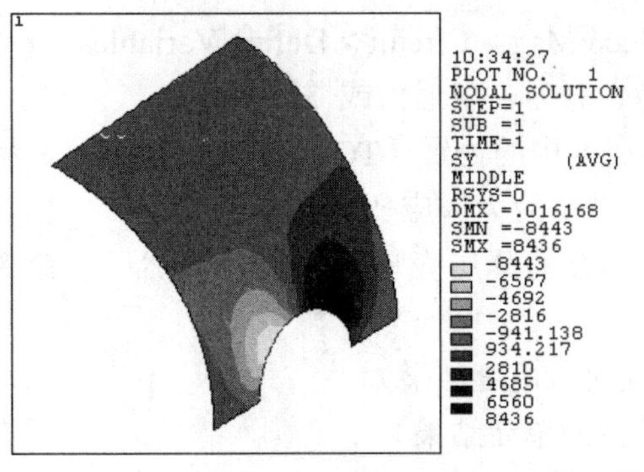

图 7-15 SY 在整体笛卡儿坐标系中

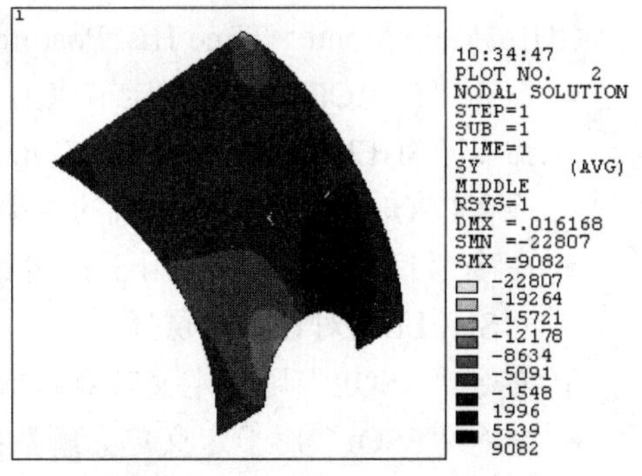

图 7-16 SY 在整体柱坐标系中

在大变形分析中（用命令“NLGEOM，ON”打开大变形选项，并且单元支持大变形），单元坐标系首先按单元刚体转动量旋转，因此各应力、应变分量及其他派生出的单元数据包含有刚体旋转的效果。用于显示这些结果的坐标系是按刚体转动量旋转的特定结果坐标系，但 HYPER56、HYPER58、HYPER74、HYPER84、HYPER86 和 HYPER158 单元例外，这些单元总是在指定的结果坐标系中生成应力、应变，没有附加刚体转动。

另外，在大变形分析中的原始解，如位移，是并不包括刚体转动效果的，因为节点坐标系不会按刚体转动量旋转。

7.3 时间历程后处理器（POST26）

时间历程后处理器（POST26）可用于检查模型中指定点的分析结果与时间、频率等的函数关系。它有许多分析能力，如从简单的图形显示和列表到诸如微分和响应频谱生成的复杂操作。POST26 的一个典型用途是在瞬态分析中以图形表示结果项与时间的关系，或者在非线性分析中以图形表示作用力与变形的关系。

使用下列方法之一进入 ANSYS 时间历程后处理器：

命令：POST26。

GUI：Main Menu > Time Hist Postpro。

7.3.1 定义和储存 POST26 变量

POST26 的所有操作都是对变量而言的，是结果项与时间（或频率）的简表。结果项可以是节点处的位移、单元的热流量、节点处产生的力、单元的应力、单元的磁通量等。图像对每个 POST26 变量任意指定大于或等于 2 的参考号，参考号 1 用于时间（或频率）。因此，POST26 的第一步是定义所需的变量，第二步是存储变量，这些内容在下面描述。

1．定义变量

可以使用下列命令定义 POST26 变量。所有这些命令与下列 GUI 路径等价：

GUI：Main Menu > Time Hist Postproc > Define Variables。

GUI：Main Menu > Time Hist Postproc > Elec&Mag > Circuit > Define Variables。

- 命令“FORCE”用于指定节点力（合力、分力、阻尼力或惯性力）。
- 命令“SHELL”用于指定壳单元（分层壳）中的位置（TOP、MID、BOT），命令“ESOL”将定义该位置的结果输出（节点应力、应变等）。
- 命令“LAYERP26L”用于指定结果待储存的分层壳单元的层号，然后，命令“SHELL”对该指定层操作。
- 命令“NSOL”用于定义节点解数据（仅对自由度结果）。
- 命令“ESOI”用于定义单元解数据（派生的单元结果）。
- 命令“RFORCER”用于定义节点反作用数据。
- 命令“GAPF”用于定义简化的瞬态分析中间隙条件中的间隙力。
- 命令“SOLU”用于定义解的总体数据（如时间步长、平衡迭代数和收敛值）。

例如，下列命令用于定义两个 POST26 变量：

```
NSOL,2,358,U,X
ESOL,3,219,47,EPEL,X
```

变量 2 为节点 358 的 UX 位移（针对第一条命令），变量 3 为 219 单元的 47 节点的弹性约束的X分力（针对第二条命令）。对于这些结果项，系统将给它们分配参考号，如果用相同的参考号定义一个新的变量，则原有的变量将被替换。

2．存储变量

当定义了POST26变量和参数时，就相当于在结果文件的相应数据建立了指针。存储变量就是将结果文件中的数据读入数据库。当发出显示命令或POST26数据操作命令（包括表7-6所列命令）或选择与这些命令等价的GUI路径时，程序自动存储数据。

表7-6 存储变量的命令

命令	GUI 路径
PLVAR	Main Menu > Time Hist Postproc > Graph Variables
PRVAR	Main Menu > Time Hist Postproc > List Variable
ADD	Main Menu > Time Hist Postproc > Math Operations > Add
DERIV	Main Menu > Time Hist Postproc > Math Operations > Derivate
QUOT	Main Menu > Time Hist Postproc > Math Operations > Divde
VGET	Main Menu > Time Hist Postproc > Table Operations > Variable to Par
VPUT	Main Menu > Time Hist Postproc > Table Operations > Parameter to Var

在某些场合，需要使用命令"STORE"（GUI：Main Menu > Time Hist Postproc > Store Data）直接请求变量存储。这些情况将在下面的命令描述中解释。如果在发出命令"TIMERANGE"或"NSTORE"（这两个命令等价的 GUI 路径为 Main Menu > Time Hist Postpro > Settings > Data）之后使用命令"STORE"，那么默认情况为"STORE，NEW"。由于命令"TIMERANGE"和"NSTORE"为存储数据重新定义了时间或频率点或时间增量，因而需要改变命令的默认值。

可以使用下列命令操作存储数据：

- 命令"MERGE"。将新定义的变量增加到先前的时间点变量中，即更多的数据列被加入数据库。在某些变量已经存储（默认）后，如果希望定义和存储新变量，这是十分有用的。
- 命令"NEW"。替代先前存储的变量，删除先前计算的变量，并存储新定义的变量及其当前的参数。
- 命令"APPEND"。添加数据到先前定义的变量中，即如果将每个变量看作一数据列，"APPEND"操作就为每一列增加行数。当要将两个文件（如瞬态分析中两个独立的结果文件）中相同变量集中在一起时，这是很有用的。使用命令"FILE"（GUI：Main Menu > Time Hist Postpro > Settings > File）指定结果文件名。
- 命令"ALLOC，N"。为顺序存储操作分配N个点（N行）空间，此时如果存在先前定义的变量，那么将被自动清零。由于程序会根据结果文件自动确定所需的点数，所以正常情况下不需用该选项。

使用命令"STORE"的一个实例如下：

```
/POST26
NSOL,2,23,U,Y                    !变量2=节点23处的UY值
```

```
SHELL,TOP                  !指定壳的顶面结果
ESOL,3,20,23,S,X           !变量 3=单元 20 的节点 23 的顶部 SX
PRVAR,2,3                  !存储并打印变量 2 和 3
SHELL,BOT                  !指定壳的底面为结果
ESOL,4,20,23,S,X           !变量 4=单元 20 的节点 23 的底部 SX
STORE                      !使用命令默认，将变量 4 和变量 2、3 置于内存
PLESOL,2,3,4               !打印变量 2，3，4
```

图像应该注意以下几个方面：

1）默认情况下，可以定义的变量数为 10 个。使用命令“NUMVAR”（GUI：Main Menu > Time Hist Postpro > Settings > File）可增加该限值（最大值为 200）。

2）默认情况下，POST26 在结果文件寻找其中的一个文件。可使用命令“FILE”（GUI：Main Menu > Time Hist Postpro > Settings > File）指定不同的文件名（RST、RTH、RDSP 等）。

3）默认情况下，力（或力矩）值表示合力（静态力、阻尼力和惯性力的合力）。命令“FORCE”允许对各个分力操作。

壳单元和分层壳单元的结果数据假定为壳或层的顶面。命令“SHELL”允许指定是顶面、中间面或底面。对于分层单元，可通过命令“LAYERP26”指定层号。

4）定义变量的其他有用命令：

- NSTORE（GUI：Main Menu > Time Hist Postpro > Settings > Data），用于定义待存储的时间点或频率点的数量。
- TIMERANGE（GUI：Main Menu > Time Hist Postpro > Settings > Data），用于定义待读取数据的时间或频率范围。
- TVAR（GUI：Main Menu > Time Hist Postpro > Settings > Data），用于将变量 1（默认是表示时间）改变为表示累积迭代号。
- VARNAM（GUI：Main Menu > Time Hist Postpro > Settings > Graph 或 Main Menu > Time Hist Postpro > List），用于给变量赋名称。
- RESET（GUI：Main Menu > Time Hist Postpro > Reset Postproc），用于所有变量清零，并将所有参数重新设置为默认值。

5）使用命令“FINISH”（GUI：Main Menu > Finish）退出 POST26，删除 POST26 变量和参数，如“FILE”“PRTIME”“NPRINT”等，由于它们不是数据库的内容，故不能存储，但这些命令均存储在 LOG 文件中。

7.3.2 检查变量

一旦定义了变量，可通过图形或列表的方式检查这些变量。

1．产生图形输出

命令“PLVAR”（GUI：Main Menu > Time Hist Postpro > Graph Variables）可在一个图框中显示多达 9 个变量的图形。默认的横坐标（X 轴）为变量 1（静态或瞬态分析

时表示时间，谐波分析时表示频率）。使用命令“XVAR”（GUI：Main Menu > Time Hist Postpro > Setting > Graph）可指定不同的变量号（如应力、变形等）作为横坐标。图 7-17 和图 7-18 所示为图形输出的两个示例。

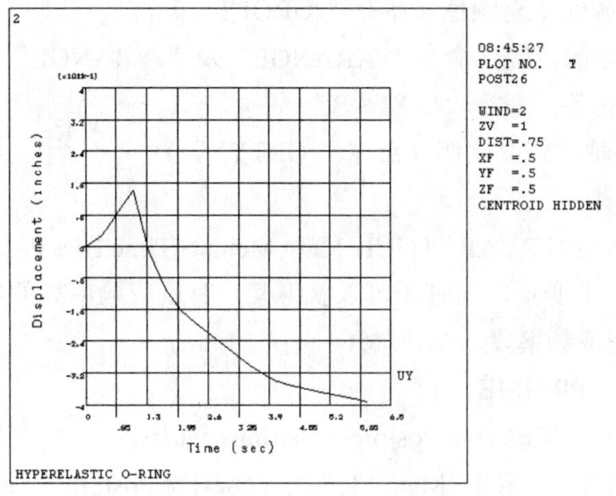

图 7-17 使用 XVAR＝1（时间）作为横坐标的 POST26 输出

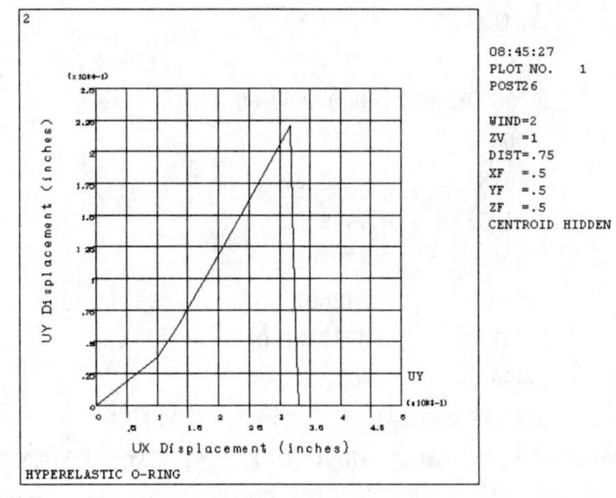

图 7-18 使用 XVAR＝0，1 指定不同的变量号作为横坐标时的 POST26 输出

如果横坐标不是时间，可显示三维图形（用时间或频率作为 Z 坐标），使用下列方法之一改变默认的 X-Y 视图：

命令：/VIEW。

GUI：Utility Menu > PlotCtrs > Pan,Zoom,Rotate。

GUI：Utility Menu > PlotCtrs > View Setting > Viewing Direction。

在非线性静态分析或稳态热力分析中，子步为时间，也可采用这种图形显示。

当变量包含由实部和虚部组成的复数数据时，默认情况下，命令“PLVAR”显示的为幅值。使用命令“PLCPLX”（GUI：Main Menu > Time Hist Postpro > Setting > Graph）切换到显示相位、实部和虚部。

图形输出可使用许多图形格式参数。可通过选择 GUI：Utility Menu > PlotCtrs > Style > Graphs 或下列命令实现该功能：

1）激活背景网格（命令“/GRID”）。

2）曲线下面区域的填充颜色（命令“/GROPT”）。

3）限定 X、Y 轴的范围（命令“/XRANGE”及“/YRANGE”）。

4）定义坐标轴标签（命令“/AXLAB”）。

5）使用多个 Y 轴的刻度比例（命令“/GRTYP”）

2．计算结果列表

图像可以通过命令“PRVAR”（GUI：Main Menu > Time Hist Postpro > List Variables）在表格中列出多达 6 个变量，同时还可以获得某一时刻或频率处的结果项的值，也可以控制打印输出的时间或频率段。操作如下：

命令：NPRINT，PRTIME。

GUI：Main Menu > TimeHist Postpro > Settings > List。

通过命令“LINES”（GUI：Main Menu > TimeHist Postpro > Settings > List）可对列表输出的格式进行微量调整。下面是命令“PRVAR”的一个输出示例：

```
***** ANSYS time-history VARIABLE LISTING *****
   TIME          51 UX         30 UY
                 UX            UY
 .10000E-09    .000000E+00   .000000E+00
 .32000        .106832       .371753E-01
 .42667        .146785       .620728E-01
 .74667        .263833       .144850
 .87333        .310339       .178505
 1.0000        .356938       .212601
 1.3493        .352122       .473230E-01
 1.6847        .349681      -.608717E-01
time-history SUMMARY OF VARIABLE EXTREME VALUES
VARI TYPE  IDENTIFIERS  NAME   MINIMUM     AT TIME     MAXIMUM   AT TIME
  1 TIME     1 TIME     TIME   .1000E-09   .1000E-09   6.000     6.000
  2 NSOL    51 UX       UX     .0000E+00   .1000E-09   .3569     1.000
  3 NSOL    30 UY       UY     -.3701      6.000       .2126     1.000
```

对于由实部和虚部组成的复变量，命令“PRVAR”的默认列表是实部和虚部。可通过命令“PRCPLX”选择实部、虚部、幅值、相位中的任何一个。

另一个有用的列表命令是“EXTREM”（GUI：Main Menu > TimeHist Postpro > List Extremes），可用于打印设定的 X 和 Y 范围内 Y 变量的最大和最小值，也可通过命令“*GET”（GUI：Utility Menu > Parameters > Get Scalar Data）将极限值指定给参数。下面是命令“EXTREM”的一个输出示例：

```
Time-History SUMMARY OF VARIABLE EXTREME VALUES
VARI TYPE  IDENTIFIERS  NAME   MINIMUM     AT TIME     MAXIMUM   AT TIME
  1 TIME    1 TIME      TIME   .1000E-09  . 1000E-09   6.000     6.000
```

```
2 NSOL    50 UX    UX    .0000E+00   . 1000E-09 .   4170    6.000
3 NSOL    30 UY    UY    -.3930      6.000          .2146   1.000
```

7.3.3 POST26 后处理器的其他功能

1．进行变量运算

POST26 可对原先定义的变量进行数学运算，下面给出两个应用实例。

实例 1：在瞬态分析时定义了位移变量，可让该位移变量对时间求导，得到速度和加速度.命令流如下：

```
NSOL,2,441,U,Y,UY441          !定义变量 2 为节点 441 的 UY，名称=UY441
DERIV,3,2,1,,BEL441           !变量 3 为变量 2 对变量 1(时间)的一阶导数，名称为 BEL441
DERIV,4,3,1,,ACCL441          !变量 4 为变量 3 对变量 1（时间）的一阶导数，名称为
ACCL441
```

实例 2：将谐响应分析中的复变量（$a+ib$）分成实部和虚部，再计算它的幅值（$\sqrt{a^2+b^2}$）和相位角。命令流如下：

```
REALVAR,3,2,,,REAL2           !变量 3 为变量 2 的实部，名称为 REAL2
IMAGIN,4,2,,IMAG2             !变量 4 为变量 2 的虚部，名称为 IMAG2
PROD,5,3,3                    !变量 5 为变量 3 的平方
PROD,6,4,4                    !变量 6 为变量 4 的平方
ADD,5,5,6                     !变量 5（重新使用）为变量 5 和变量 6 的和
SQRT,6,5,,,AMPL2              !变量 6（重新使用）为幅值
QUOT,5,3,4                    !变量 5（重新使用）为（b / a）
ATAN,7,5,,,PHASE2             !变量 7 为相位角
```

可通过下列方法之一创建自己的 POST26 变量

- 命令“FILLDATA”（GUI：Main Menu > TimeHist Postpro > Table Operations > Fill Data）：用多项式函数将数据填入变量。
- 命令“DATA”将数据从文件中读出。该命令无对应的 GUI，被读文件必须在第一行中含有命令“DATA”，第二行括号内是格式说明，数据从接下去的几行读取。然后通过命令“/INPUT”（GUI：Urility Menu > File > Read lnput from）读入。

另一个创建 POST26 变量的方法是使用命令“VPUT”，它允许将数组参数移入一变量。逆操作命令为“VGET”，它将 POST26 变量移入数组参数。

2．产生响应谱

该方法允许在给定的时间历程中生成位移、速度、加速度响应谱，频谱分析中的响应谱可用于计算结构的整个响应。

POST26 的命令“RESP”用来产生响应谱：

命令：RESP。

GUI：Main Menu > TimeHist Postpro > Generate Spectrm。

命令“RESP”需要先定义两个变量：一个含有响应谱的频率值（“LFTAB”字段），另一个含有位移的时间历程（“LDTAB”字段）。“LFTAB”的频率值不仅代表响应谱曲线的横坐标，而且也是用于产生响应谱的单自由度激励的频率。可通过命令“FILLDATA”或“DATA”产生“LFTAB”变量。

“LDTAB”中的位移时间历程值常产生于单自由度系统的瞬态动力学分析。通过命令“DATA”（位移时间历程在文件中时）和命令“NSOL”（GUI：Main Menu > TimeHist Postpro > Define Variables）创建“LDTAB”变量。系统采用数据时间积分法计算响应谱。

7.4 实例导航——导弹发动机药柱模型结果后处理

为了使读者对 ANSYS 的后处理操作有个比较清楚的认识和掌握，以下实例将对第 4 章的有限元计算结果进行后处理，以此分析药柱在温度和内压载荷作用下的受力情况，从而分析研究其危险部位。

7.4.1 通用后处理器

由于该问题共有 4 个载荷步，所以对应的分析结果也有多个。为了让读者对通用后处理器的使用有深刻的印象，本节只取第二个载荷步进行后处理分析，其他载荷步的分析结果的后处理分析类似。进入通用后处理器的 GUI 操作：Main Menu > General Postproc。

01 读入载荷步分析结果。GUI：Main Menu > General Postproc > Read Results > By Load Step，弹出如图 7-19 所示的“Read Results by load Step Number”对话框。在“Load step number”中输入 2（第二个载荷步），单击“OK”按钮，即将第二个载荷步的分析结果读入数据库中。

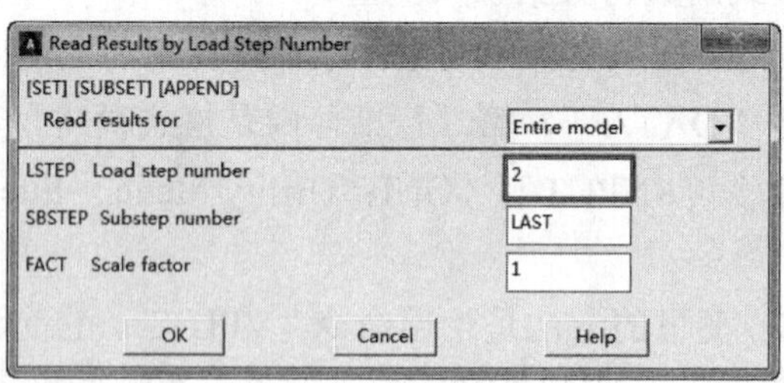

图 7-19“Read Results by load Step Number”对话框

另外，也可以用其他的方式读入载荷步分析结果，所用的 GUI 操作分别位于 Main Menu > General Postproc > Read Results 中，如“First Set”表示读入第一个载荷步分析结果，“Next Set”表示读入当前载荷步的下一个载荷步分析结果等。“By Time/Freq”表示读入指定时间处的分析结果，例如，我们知道第二个载荷步的结束时间为 0.2s，则图 7-20 设置读入的分析结果是一样的。“By Pick”可以列出结果文件里的所有载荷步，选择指定的载荷步，如图 7-21 所示，单击“Read”按钮后，读入的也将是第二个载荷步的分析结果。

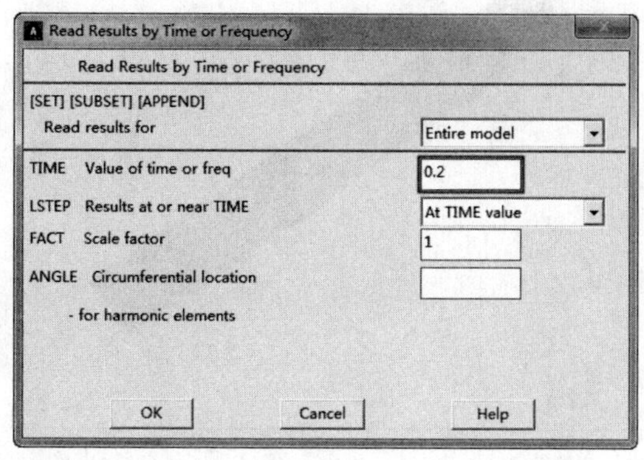

图 7-20“Read Results by Time or Frequency”对话框

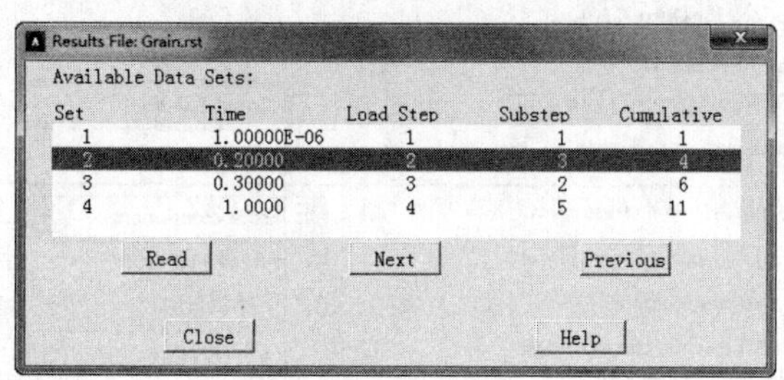

图 7-21 “Results File：Grain.rsr”对话框

02 绘制结构变形图。GUI：Utitity Menu > Plot Results > Deformed Shape，弹出图 7-22 所示的“Plot Deformed Shape”对话框。其中，“Def shape only”表示只显示变形后的图形，“Def+undeformed”表示显示变形后和变形前的图形，“Def+undef edge”表示显示变形后和变形前的轮廓。在这里选择“Def+ undef edge”来对比受力前后的结构，单击“OK”按钮，放大后的变形图如图 7-23 所示。

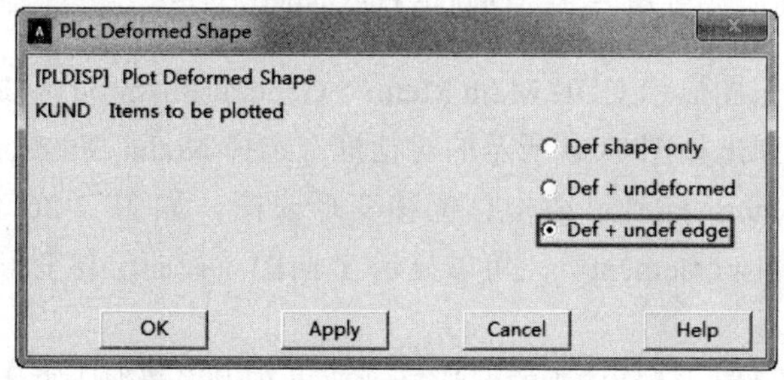

图 7-22 “Plot Deformed Shape”对话框

03 云图显示结果。为了更形象地显示整个分析结果，可将结果放到柱坐标系中。GUI：Main Menu > General Postproc > Options For Outp，弹出如图 7-24 所示的“Options For Output”对话框。将“Result coord system”设置为“Global cylindric”。

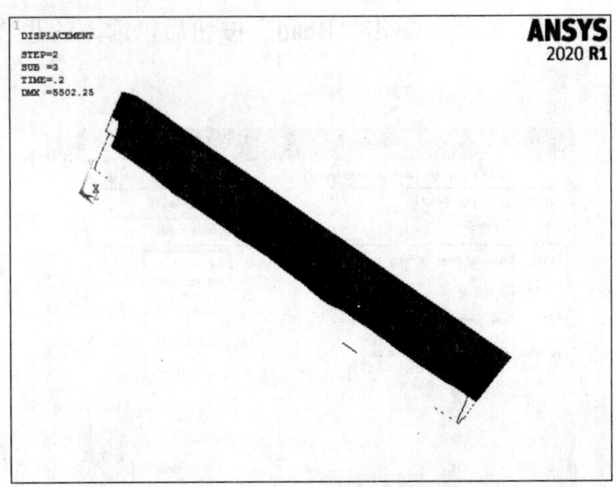

图 7-23 放大后的变形图

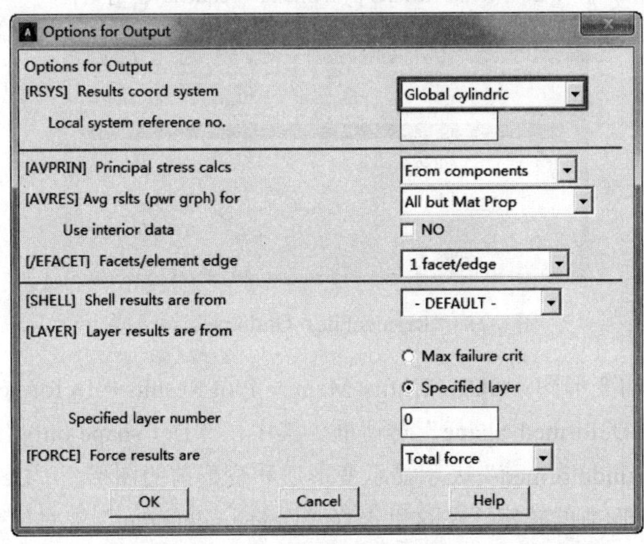

图 7-24 “Options For Output”对话框

04 节点解的云图显示.GUI：Main Menu > General Postproc > Plot Results > Contour Plot > Nodal Solu，弹出如图 7-25 所示的对话框。选择 Nodal Solution > DOF Solution > Displacment vector sum 将显示结构总位移变形云图，如图 7-26 所示。同理，选择“Y-Component of displacement”，可以显示 Y 向图（径向位移变形云图），如图 7-27 所示。

05 云图显示设置。ANSYS 的默认显示效果在很多情况下并不能满足个性化的要求。为了得到适合的显示效果，需要对显示设置进行一些基本的调整。

❶窗口设置。GUI：Plot Ctrls > Window Controls，弹出如图 7-28 所示的“Window Options”对话框。可以在该对话框中进行窗口内容显示设置，如图 7-28 设置后，窗口中只显示云图标签和文件名。

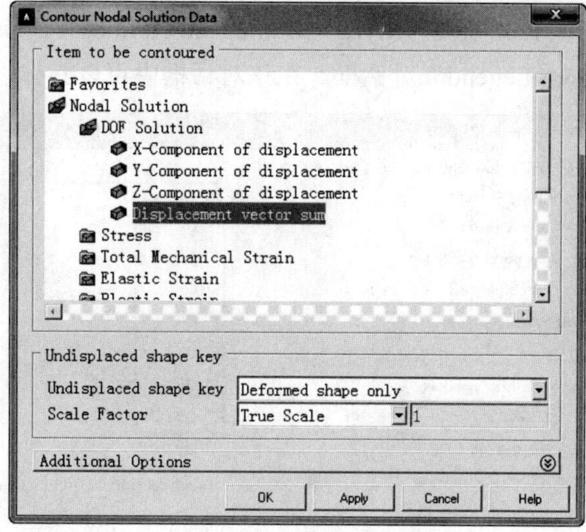

图 7-25 对话框设置

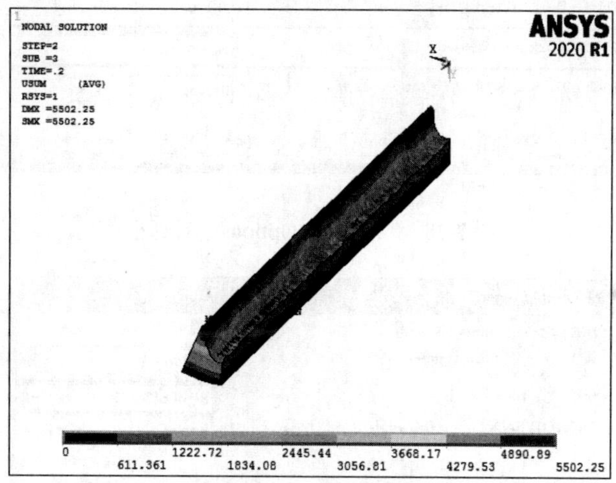

图 7-26 结构总位移变形云图

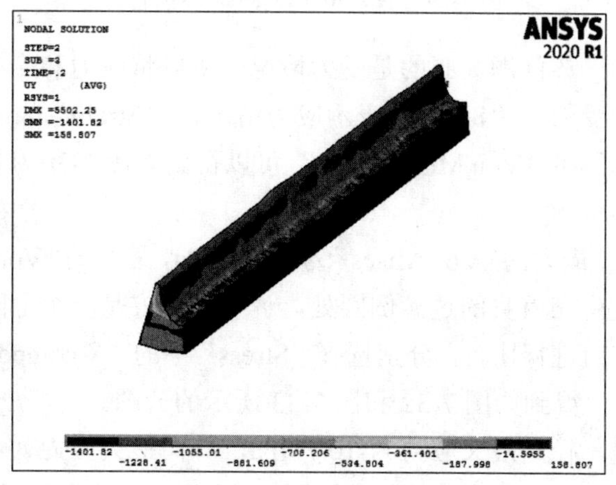

图 7-27 径向位移变形云图

❷标签设置。GUI：Plot Ctrls > Style > Mutilegend Options > Coutour Legend，弹出如图 7-29 所示的“Contour Legend”对话框。在该对话框中可以具体设置标签的位置。

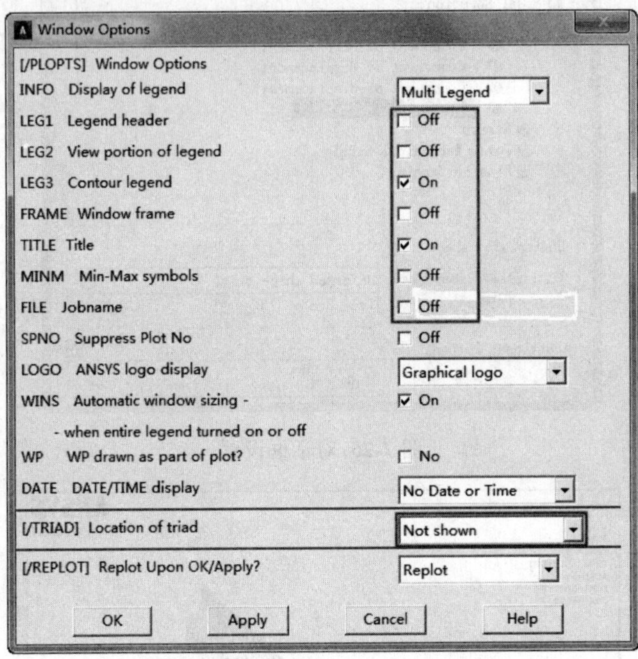

图 7-28 “Window Options”对话框

Contour Legend
[/UDOC] Contour Legend
WN Window number — Window 1
Loc Location — Right of Window
[/REPLOT] Replot upon OK/Apply? — Replot
OK Apply Cancel Help

图 7-29 “Contour Legend”对话框

❸云图设置。由于该问题关心的是受力情况，所以将应力和应变云图显示出来，以便于具体分析结构的受力。“Stress”表示应力情况，“Strain”表示应变情况，分别选择“Von Mises Stress”和“Von Mises Strain”可以得到如图 7-30 和图 7-31 所示的应力、应变云图。

从图中可以看出，最大的“Von Mises”为 448249Pa，最大的“Von Mises elastic strain”为 24.5%，并且都发生在翼尖的过渡倒圆处，说明该地方是一个危险部位。我们也可以显示径向和环向的应力进行比较，分别选择“Stress”中的“X componets of stress”和“Y componets of stress”，得到如图 7-32 和图 7-33 所示的云图。

从图中可以看出，径向最大应力为-10.7MPa，环向最大应力为-10.5MPa，且都发生在翼尖处，数值为负说明该处受压，是因为在点火升压过程中药柱承受相当大的压应力。

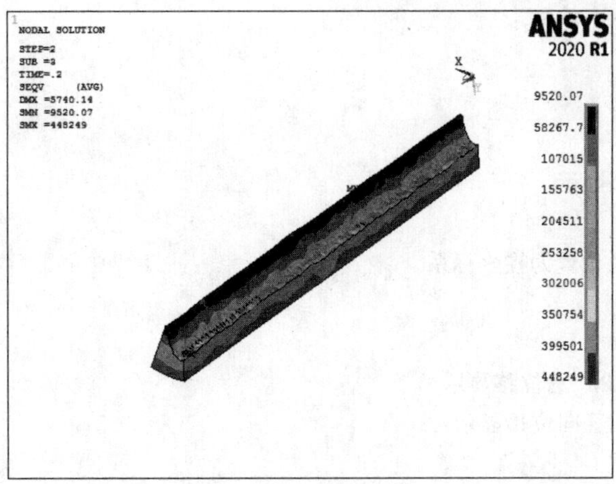

图 7-30 “Von Mises Stress”应力云图

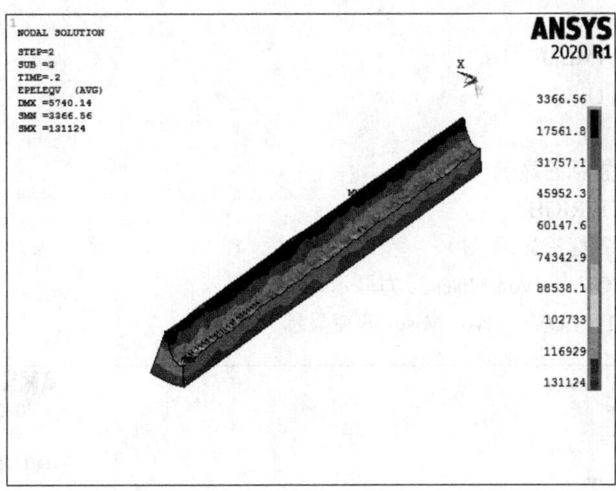

图 7-31 “Von Mises Strain”应变云图

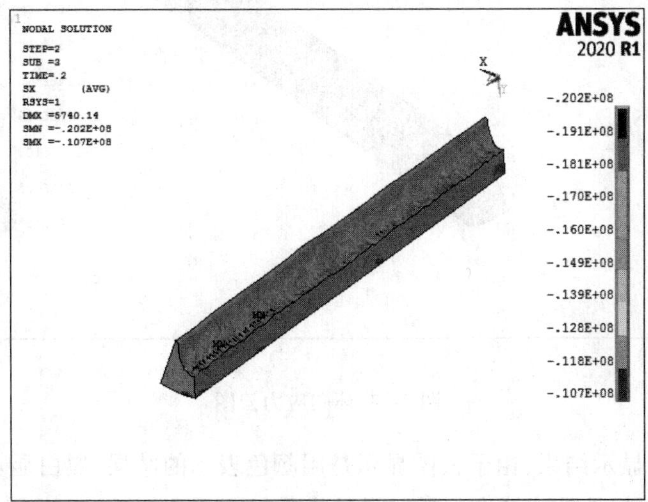

图 7-32 径向应力云图

云图显示的命令流格式：

```
/POST1
!读入载荷步 2
SET,2
!设置变形结果显示
PLDISP，2
!将结果坐标系设置为柱坐标系
RSYS,1
!云图显示结果
PLNSOL,U,SUM !总位移显示
PLNSOL,U,Y !径向位移显示
!云图显示设置
!****以下设置窗口显示
/PLOPTS,LEG1,0
/PLOPTS,LEG2,0
/PLOPTS,FRAME,0
/PLOPTS,DATE,0
/TRIAD,OFF
!****以下设置标签显示
/UDOC,,CNTR,RIGHT
!****以下设置标签显示
PLNSOL,S,EQV     !von Mises 应力显示
PLNSOL,EPTO,EQV     !von Mises 应变显示
```

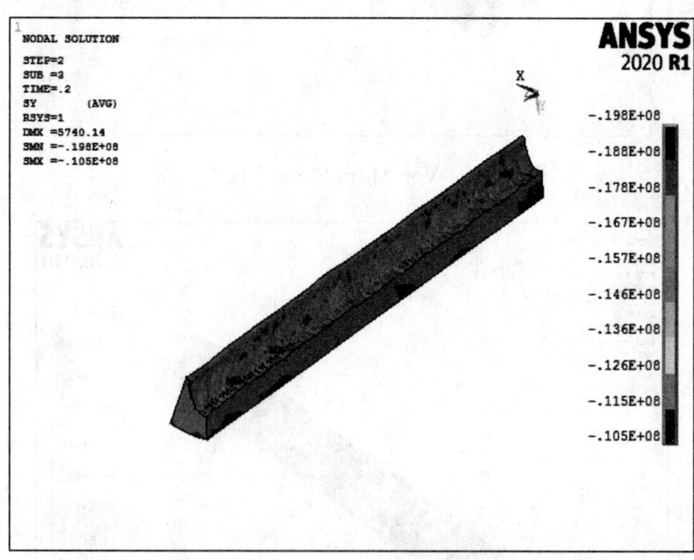

图 7-33 环向应力云图

06 等高线显示结果。由于云图显示是用颜色表示的结果，黑白显示效果并不明显，而等高线图可以很好地解决这个问题。具体步骤如下：

❶GUI：Plot Ctrls > Device Options，在弹出的如图 7-34 所示的对话框中将“Vector Mode（wireframe）”设置为“On”，可以发现在每条等应力线边上产生许多字母，可以在第 2 步进行修改。

❷GUI：Plot Ctrls > Style > Contours > Contour Labeling，弹出如图 7-35 所示的对话框。在“Key vector mode countour labels”中选择“on every Nth els”，在“N=”文本框中输入一个数字并观察效果，直到每条等应力线边上的字母数差不多为止。

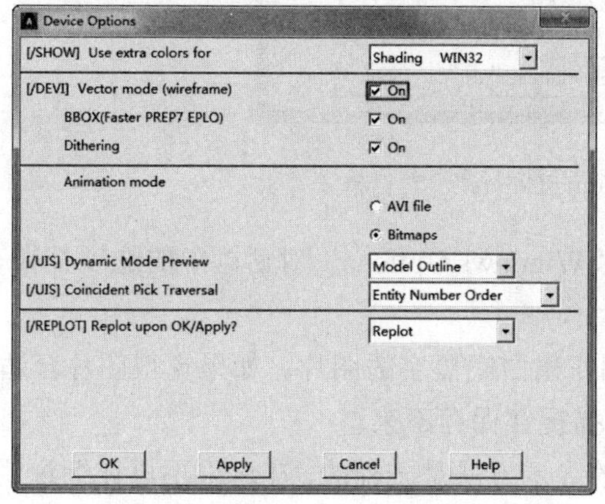

图 7-34 显示设置

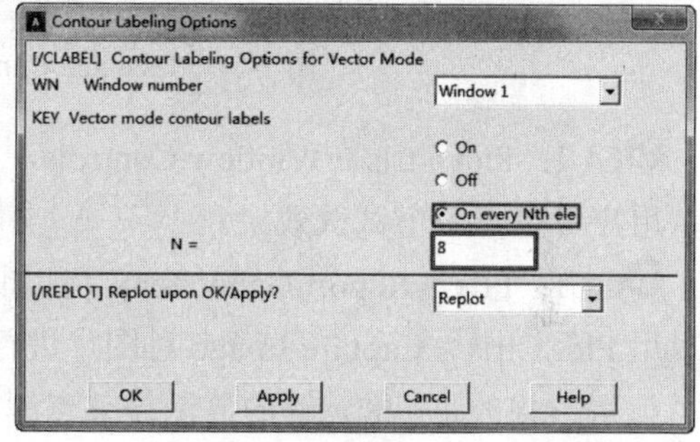

图 7-35 云图标签选项

❸GUI：Plot Crtls > Style > Contours > Uniform Contours，弹出如图 7-36 所示的“Uniform Contours”对话框。在“NCONT Number of contours”文本框中输入等份数的数量。

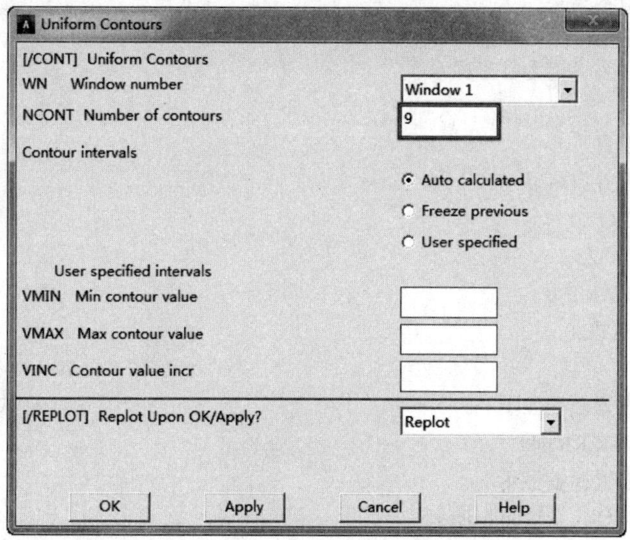

图 7-36 “Uniform Contours”对话框

❹GUI：Plot Ctrls > Style > Colors > Banded Contours Colors，弹出图 7-37 所示的对话框。在“band color”下拉列表中选择等应力线的颜色，选定等应力线由“N1”“N2”“INC”中的数值决定。

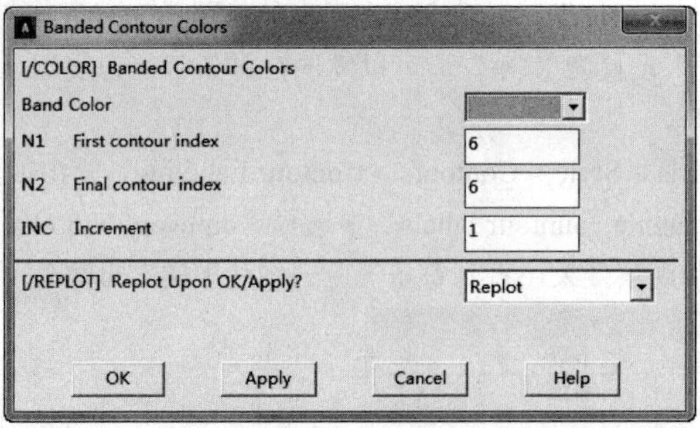
Banded Contour Colors
[/COLOR] Banded Contour Colors
Band Color
N1 First contour index
6
N2 Final contour index
6
INC Increment
1
[/REPLOT] Replot Upon OK/Apply?
Replot
OK
Apply
Cancel
Help

图 7-37 “Banded Contours Colors” 对话框

❺GUI：Plot Ctrls > Window Controls，“Windows Options”对话框中的选项都很有用，用户可以一个个试试效果。

❻GUI：File > Report Generator，可以制作出白底黑字的图片。如果觉得图片合适，可以用 Plot Ctrls > Capture Image 对图片进行捕捉并保存下来。

值得一提的是，单元解的显示与节点解的显示方法是一样的，在这里不再详细说明，用户可参照之前的节点解显示方法。

```
等高线显示的命令流：
/POST1
!读入载荷步 2
SET,2
!设置变形结果显示
PLDISP，2
!将结果坐标系设置为柱坐标系
RSYS,1
!云图显示设置
!****以下设置窗口显示
/PLOPTS,LEG1,0
/PLOPTS,LEG2,0
/PLOPTS,FRAME,0
/PLOPTS,DATE,0
/TRIAD,OFF
!****以下设置标签显示
/UDOC,,CNTR,RIGHT
!****以下设置标签显示
PLNSOL,S,EQV    !von Mises 应力显示
PLNSOL,EPTO,EQV    !von Mises 应变显示
!等高线显示
/DEVICE,VECTOR,1
/CLABEL,,8
```

07 列表显示结果。

❷求解：Main Menu > Solution > Solve > Current LS，弹出一个信息提示框和“Note”对话框，浏览完毕后选择 File > Close，单击弹出的对话框中的“OK”按钮，开始求解运算。当出现一个 Solution is done 的提示信息时，单击“Close”按钮，完成求解运算。

05 检查结果。

❶读取结果：Main Menu > General Postproc > Read Results > Last Set，读取最后一步的计算结果。

❷定义最大切应力表格参数：Main Menu > General Postproc > Element Table > Define Table，弹出如图 8-26 所示的“Element Table Data”对话框。单击“Add”按钮，弹出如图 8-27 所示的“Define Additonal Element Table Items”对话框。在“User label for item”文本框中输入“ILSXZ”，在“Item，Comp Results data item”列表框中选择“By sequence num”和“SMISC”，在文本框中输入“SMISC，68”，单击“Apply”按钮。

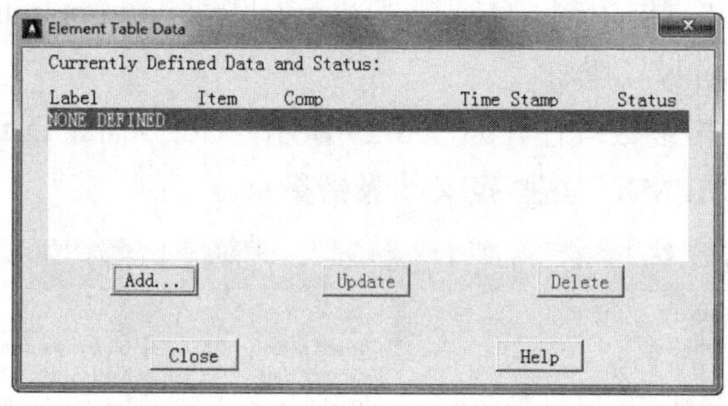

图 8-26 “Element Table Data”对话框

❸定义其他表格参数：打开如图 8-28 所示的“Element Table Data”对话框，重复上述步骤，定义“SXZ”和“ILMX”这些参数。单击“OK”按钮。

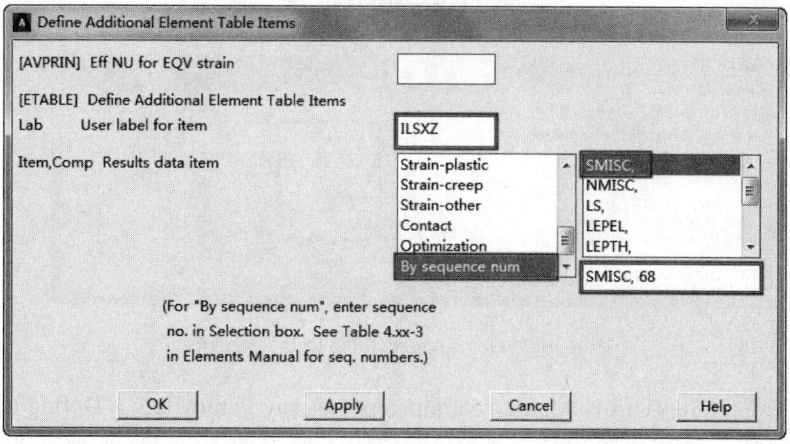

图 8-27 “Define Additonal Element Table Items”对话框

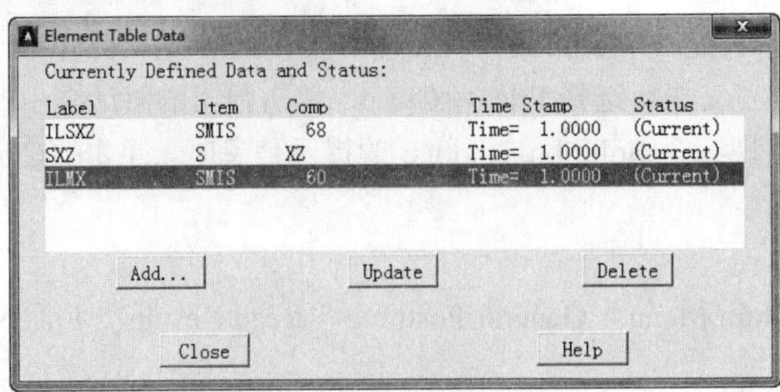

图 8-28 “Element Table Data”对话框

❹获取定义的 SXZ 表格参数：Utility Menu > Parameters > Get Scalar Data，弹出如图 8-29 所示的“Get Scalar Data”对话框。在列表框中分别选择“Results data”和“Elem table data”，单击“OK”按钮，弹出如图 8-30 所示的“Get Element Table Data”对话框。在“Name of parameter to be defined”文本框中输入“SIGXZ1”，在“Element number N”文本框中输入 4，在“Elem table data to be retrieved”下拉列表中选择“SXZ”，单击“Apply”按钮。

❺获取其他定义表格参数：打开如图 8-29 所示“Get Scalar Data”对话框，重复第❹步，获取“ILSXZ”“ILMX”这些定义的表格参数。

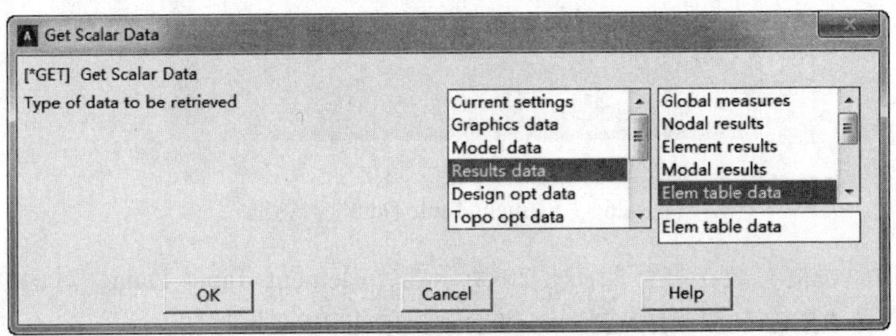

图 8-29 “Get Scalar Data”对话框

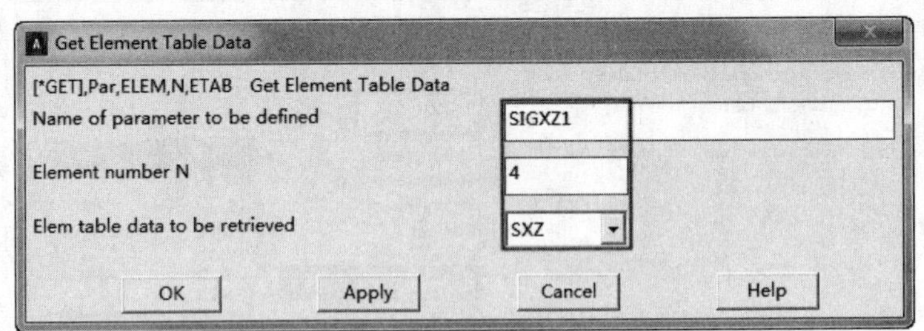

图 8-30 “Get Element Table Data”对话框

❻定义参数数组：Utility Menu > Parameters > Array Parameters > Define/Edit，弹出“Array Parameter”对话框。单击“Add”按钮，弹出如图 8-31 所示的“Add New Array Parameter”对话框。在“Parameter name”文本框中输入“VALUE”，在“I，J，K No. of rows，cols，planes”文本框中分别输入 4、3、0。单击“OK”按钮，单击

“Close”按钮。

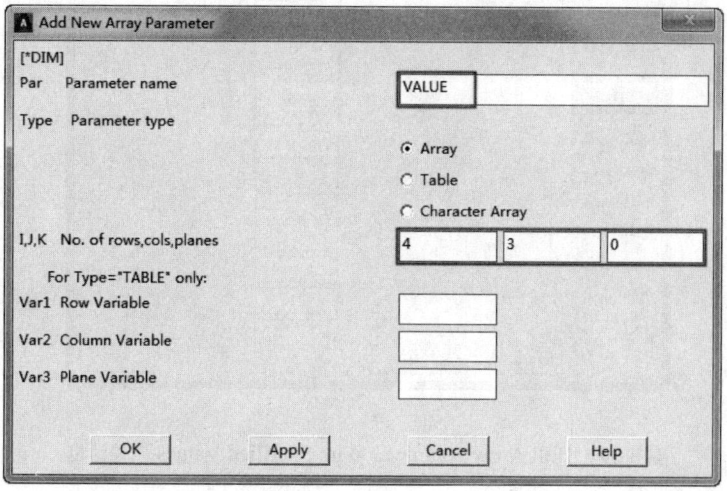

图 8-31 “Add New Array Parameter”对话框

❼对定义数组的第一列赋值：Utility Menu > Parameters > Array Parameters > Fill，弹出如图 8-32 所示的“Fill Array Parameter”对话框。选择“Specified values”选项，单击“OK”按钮，弹出如图 8-33 所示的“Fill Array Parameter with Sperified Values”对话框。在“Result array parameter”文本框中输入“VALUE(1,1)”，在“Value1”“Value2”“Value3”“Value4”文本框中依次输入 0、5625、7500、225，单击“Apply”按钮。

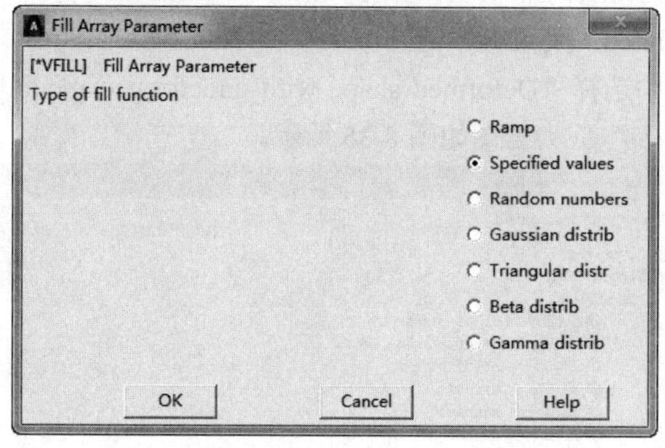

图 8-32 “Fill Array Parameter”对话框

❽对定义数组的第二列赋值：打开如图 8-32 所示“Fill Array Parameter”对话框。选择“Specified values”选项，单击“OK”按钮，弹出如图 8-33 所示“Fill Array Parameter With Sperified Values”对话框，在“Result array parameter”文本框中输入“VALUE(1,2)”，在“Value1”“Value2”“Value3”“Value4”文本框中依次输入“SIGXZ1”“SIGXZ2”“SIGXZ3”“FC3”，单击“Apply”按钮。

Fill Array Parameter with Specified Values

[*VFILL],ParR,DATA ParR(i,j,k) = (CON1, CON2, CON3, ..., CON10)

ParR	Result array parameter	VALUE(1,1)
CON1	Value 1	0
CON2	Value 2	5625
CON3	Value 3	7500
CON4	Value 4	225
CON5	Value 5	
CON6	Value 6	
CON7	Value 7	
CON8	Value 8	
CON9	Value 9	
CON10	Value 10	

OK Apply Cancel Help

图 8-33 “Fill Array Parameter With Sperified Values”对话框

❾对定义数组的第三列赋值：打开如图 8-32 所示“Fill Array Parameter”对话框，单击选择“Specified values”选项，单击“OK”按钮，弹出如图 8-33 所示“Fill Array Parameter With Sperified Values”对话框。在“Result array parameter”文本框中输入“VALUE(1,3)”，在“Value1” “Value2”“Value3”“Value4”文本框中依次输入“0”“ABS(SIGXZ2/5625) ”“ABS(SIGXZ3/7500) ”“ABS(FC3/225)”，单击“OK”按钮。

❿将结果输出到文件：Utility Menu > File > Switch Output to > File，在文本框中输入“beam.vrt”。单击“OK”按钮。

⓫Von-mises 应力云图显示：Main Menu > General Postproc > Plot Results > Contour Plot > Element Solu，弹出如图 8-34 所示的“Contour Element Solution Data”对话框。在“Item to be contoured”列表框中选择 Stress > Von Mises Stress，在“Undisplaced shape key”下拉列表中选择“Deformed shape with undeformed model”，单击“OK”按钮，生成的“Von-Mises”应力云图如图 8-35 所示。

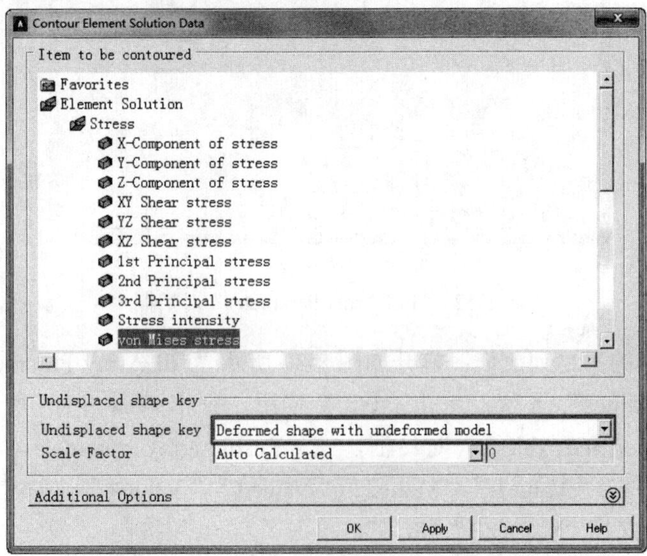

图 8-34 “Contour Element Solution Data”对话框

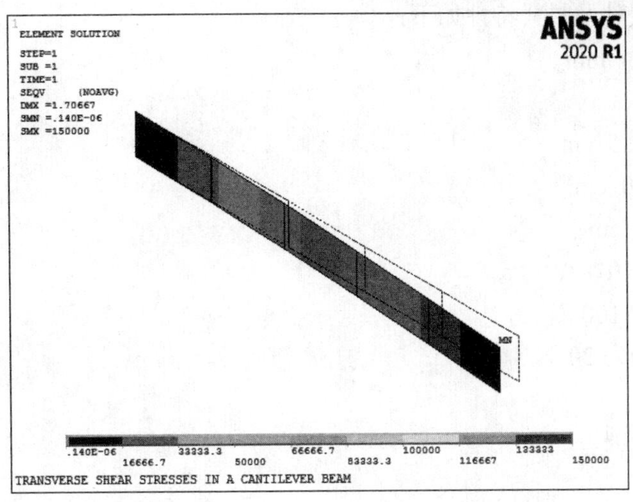

图 8-35 “Von-Mises”应力云图显示

06 退出 ANSYS。单击工具栏上的“QUIT”，在弹出的对话框中选择“QUIT－No Save”，单击“OK”按钮。

8.2.3 命令流方式

略，见随书电子资料包。

8.3 实例导航——内六角扳手的静态分析

8.3.1 问题的描述

本实例为一个内六角扳手的静力分析。它通过扭矩施加对螺纹的作用力，大大降低了使用者的用力强度，是工业制造业中不可或缺的得力工具。我们要分析的样本规格为公制 10mm。如图 8-36 所示，内六角扳手柄脚长度为 7. 5cm，手柄长度为 20cm，弯曲半径为 1cm。在长端端部施加 100N 的扭转力，端部顶面施加 20N 向下的压力，试确定扳手在这两种载荷条件下应力的强度。

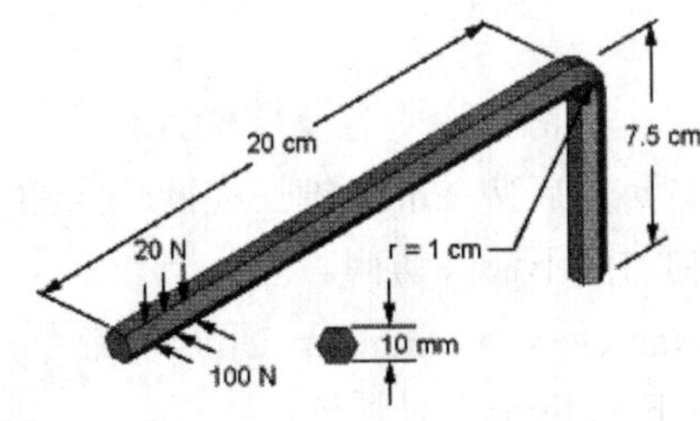

图 8-36 内六角扳手示意图

扳手的主要尺寸及材料特性如下：

扳手规格为 10 mm

配置为六角

柄脚长度为 7.5 cm

手柄长度为 20 cm

弯曲半径为 1 cm

弹性模量为 2.07×10^{11} Pa

施加扭转力为 100 N

施加向下的力为 20 N

8.3.2 建立模型

01 设置分析标题。

❶定义工作文件名：Utility Menu > File > Change Jobname，弹出如图 8-37 所示的"Change Jobname"对话框。在"Enter new jobname"文本框中输入"Allen wrench"，并将"New Log and error files"复选框选为"Yes"，单击"OK"按钮。

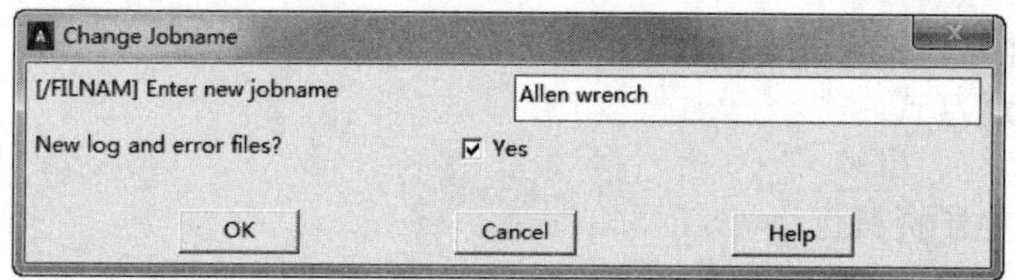

图 8-37 "Change Jobname"对话框

❷定义工作标题：Utility Menu > File > Change Title，弹出"Change Title"对话框，如图 8-38 所示。在文本框中输入"Static Analysis of an Allen Wrench"，单击"OK"按钮。

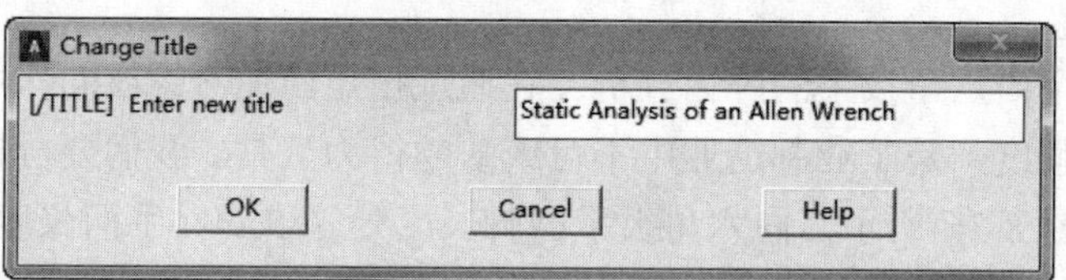

图 8-38 "Change Title"对话框

02 设置单位系统。

❶在输入窗口命令行中单击，激活命令行文字输入。

❷输入命令"/UNITS,SI"，然后按 Enter 键。在此输入的命令会存储在历史缓冲区中，可通过单击输入窗口右侧的向下箭头访问。

❸在菜单栏中选择"Parameters > Angular Units"命令，弹出如图 8-39 所示的"Angular Units for Parametric Functions"对话框。

❹在角参数功能下拉列表中选择 "Degrees DEG"。然后单击"OK"按钮。

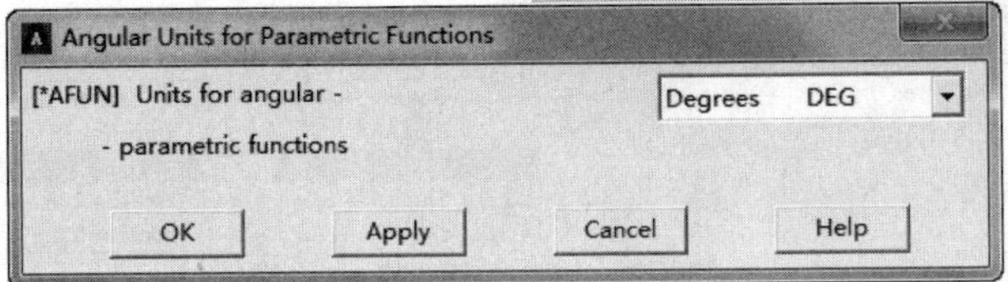

图 8-39　“Angular Units for Parametric Functions”对话框

03 定义参数。

❶在菜单栏中选择 Parameters > Scalar Parameters，弹出“Scalar Parameters”对话框，如图 8-40 所示。在“Selection”文本框中依次输入以下参数：

```
EXX=2. 07E+11
W_HEX=0. 01
W_FLAT=0. 0058
L_SHANK=0. 075
L_HANDLE=0. 2
BENDRAD=0. 01
L_ELEM=0. 0075
NO_D_HEX=2
TOL=25E-6
```

❷单击“Close”按钮，关闭“Scalar Parameters”选择对话框。

❸单击工具栏中的“ SAVE_DB”按钮，保存数据文件。.

04 定义单元类型

❶从主菜单中选择 Main Menu > Preprocessor > Element Type > Add/Edit/Delete，弹出“Element Types”对话框，如图 8-41 所示。

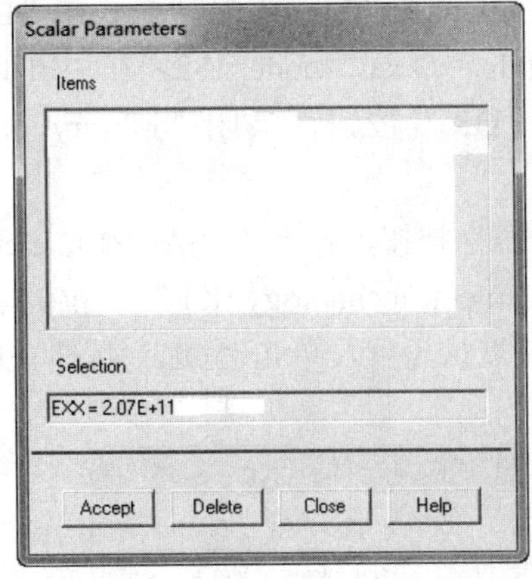

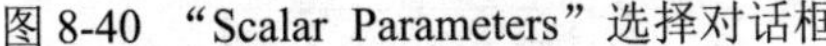

图 8-40　“Scalar Parameters”选择对话框

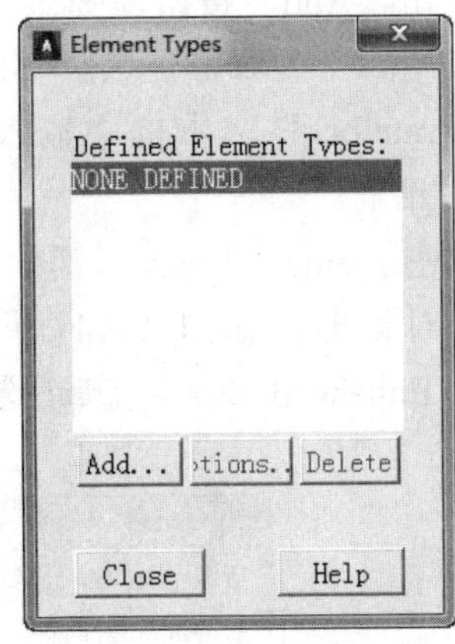

图 8-41　“Element Types”对话框

❷单击“Add”按钮，弹出“Library of Element Types”对话框，如图 8-42 所示。在“Library of Element Types”列表框中选择 Structural Solid > Brick 8node 185，在“Element type reference number”文本框中输入 1，单击“OK”按钮，关闭“Library of Element Types”对话框。

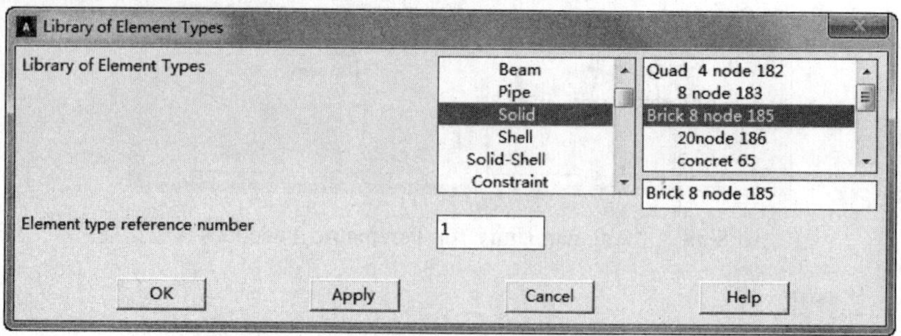

图 8-42 “Library of Element Types”对话框

❸单击“Element Types”对话框中的“Options”按钮，弹出“SOLID185 element type options”对话框，如图 8-43 所示。在“Element technology K2”下拉列表中选择“Simple Enhanced Strn”，其余选项采用系统默认设置，单击“OK”按钮，关闭该对话框。

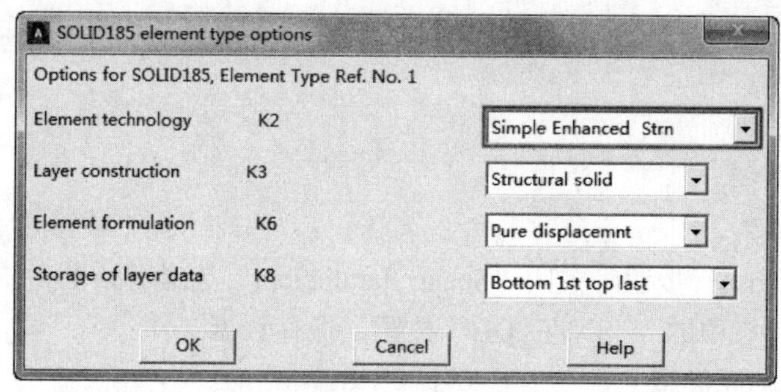

图 8-43 “SOLID185 element type options”对话框

❹单击“Add”按钮，弹出“Library of Element Types”对话框。在“Library of Element Types”列表框中选择 Structural Solid > Quad 4node 182，在“Element type reference number”文本框中输入 2，单击“OK”按钮，关闭“Library of Element Types”对话框。

❺单击 Element Types 对话框中的“Options”按钮，弹出“PLANE182 element type options”对话框，如图 8-44 所示。在“Element technology K1”下拉列表中选择“Simple Enhanced Strn”，其余选项采用系统默认设置，单击“OK”按钮关闭该对话框。

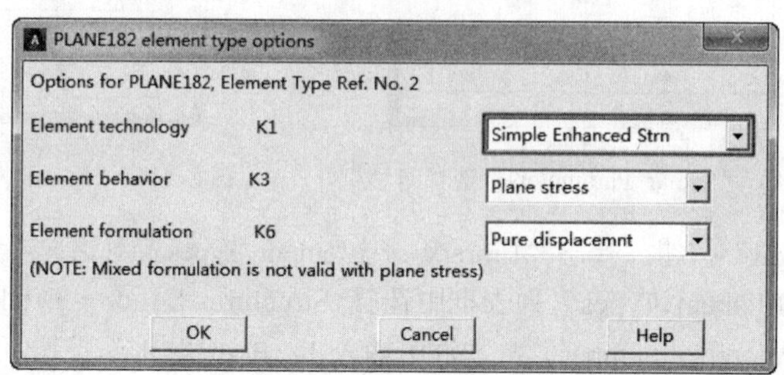

图 8-44 PLANE182 element type options 对话框

❻单击“Close”按钮，关闭“Element Types”对话框。

05 定义材料性能参数。

❶从主菜单中选择 Main Menu > Preprocessor > Material Props > Material Models，弹出“Define Material Model Behaviar”对话框。

❷在“Material Models Available”列表框中依次选择 Structural > Linear > Elastic > Isotropic，打开“Linear Isotropic Properties for Material Number 1”对话框，如图 8-45 所示。在“EX”文本框输入“EXX”，在“PRXY”文本框输入 0.3，单击“OK”按钮，关闭该对话框。

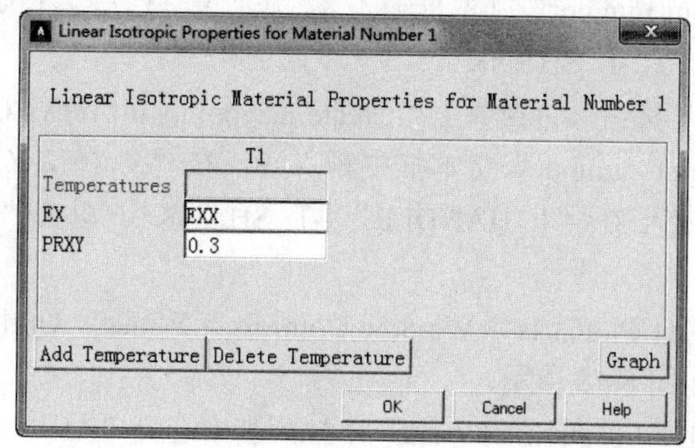

图 8-45　“Linear Isotropic Properties for Material Number 1”对话框

❸在“Define Material Model Behaviar”对话框中选择 Material > Exit，关闭该对话框。

06 创建模型。

❶从主菜单中选择 Main Menu > Preprocessor > Modeling > Create > Areas > Polygon > By Side Length，弹出“Polygon by Side Length”对话框，如图 8-46 所示。在“Number of sides”文本框中输入 6，在“Length of each side”文本框中输入“W_FLAT”，单击“OK”按钮，关闭该对话框。

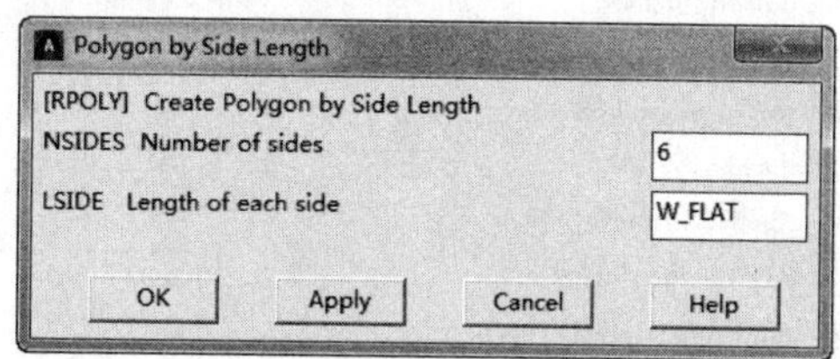

图 8-46　“Polygon by Side Length”对话框

❷从主菜单中选择 Main Menu > Preprocessor > Modeling > Create > Keypoints > In Active CS，弹出“Create Keypoints in Active Coordinate Systems”对话框，如图 8-47 所示。

❸在“Keypoint number”文本框中输入 7，在“X，Y，Z Location in active CS”文本框中依次输入 0、0、0。

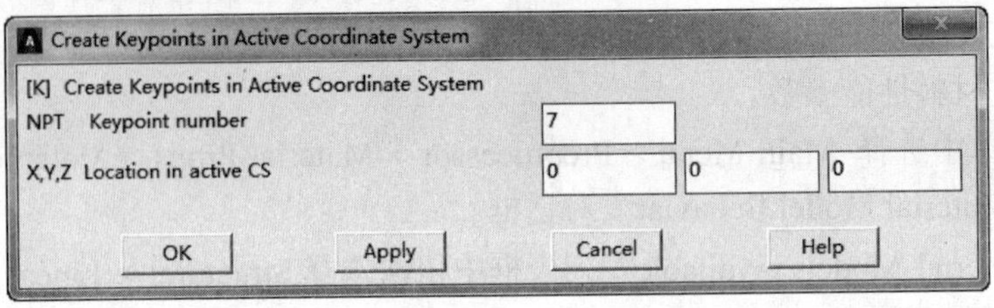

Create Keypoints in Active Coordinate System
[K] Create Keypoints in Active Coordinate System
NPT Keypoint number 7
X,Y,Z Location in active CS 0 0 0
OK Apply Cancel Help

图 8-47 “Create Keypoints in Active Coordinate Systems”对话框

❹单击“Apply”按钮，再次弹出“Create Keypoints in Active Coordinate Systems”对话框，在“Keypoint number”文本框输入 8，在“X，Y，Z Location in active CS”文本框依次输入 0、0、“-L_SHANK”。

❺单击“Apply”按钮，再次弹出“Create Keypoints in Active Coordinate Systems”对话框，在“Keypoint number”文本框中输入 9，在“X，Y，Z Location in active CS”文本框中依次输入 0、“L_HANDLE”“-L_SHANK”。单击“OK”按钮，关闭该对话框。

❻在菜单栏中选择 PlotCtrls > Window Controls > Window Options，弹出“Window Options”对话框，如图 8-48 所示。

❼在“ [/TRIAD] Location of triad”下拉列表中选择“At top left”，即在 ANSYS 窗口的左上显示整体坐标系，单击“OK”按钮，关闭该对话框。

❽从应用菜单中选择 Utility Menu：PlotCtrls > Pan, Zoom, Rotate，弹出“Pan, Zoom, Rotate”对话框。选择视角方向为“iso”，可以在（1,1,1）方向观察模型，单击“Close”按钮，关闭该对话框。

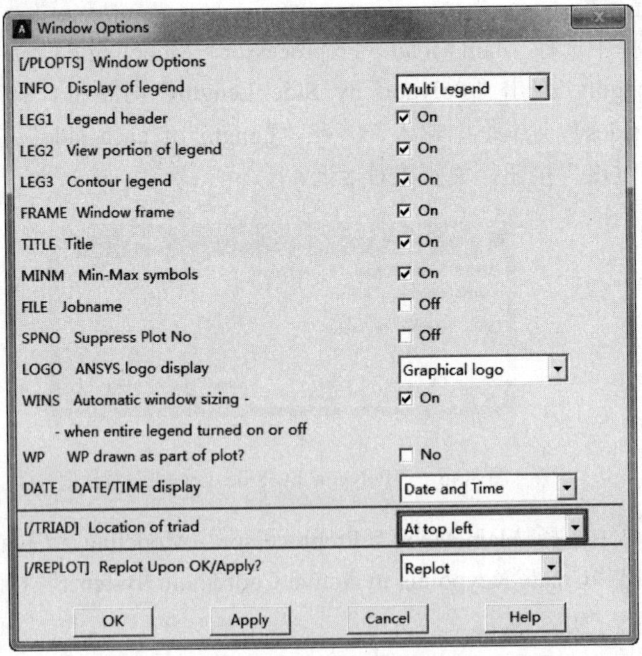

Window Options
[/PLOPTS] Window Options
INFO Display of legend Multi Legend
LEG1 Legend header ☑ On
LEG2 View portion of legend ☑ On
LEG3 Contour legend ☑ On
FRAME Window frame ☑ On
TITLE Title ☑ On
MINM Min-Max symbols ☑ On
FILE Jobname ☐ Off
SPNO Suppress Plot No ☐ Off
LOGO ANSYS logo display Graphical logo
WINS Automatic window sizing - ☑ On
- when entire legend turned on or off
WP WP drawn as part of plot? ☐ No
DATE DATE/TIME display Date and Time
[/TRIAD] Location of triad At top left
[/REPLOT] Replot Upon OK/Apply? Replot
OK Apply Cancel Help

图 8-48 “Window Options”对话框

❾在菜单栏中选择 PlotCtrls > View Settings > Angle of Rotation，弹出“Angle of Rotation”对话框，如图 8-49 所示。在“Angle in degrees”文本框中输入 90，在“Axis of rotation”下拉列表中选择“Global Cartes X”，其余选项采用系统默认设置，单击“OK”按钮，关闭该对话框。

❿从主菜单中选择 Main Menu：Preprocessor > Modeling > Create > Lines > Lines > Strainght Lines。

⓫连接点 4 和点 1、点 7 和点 8，点 8 和点 9，使它们成为 3 条直线，如图 8-50 所示。单击“OK”按钮。

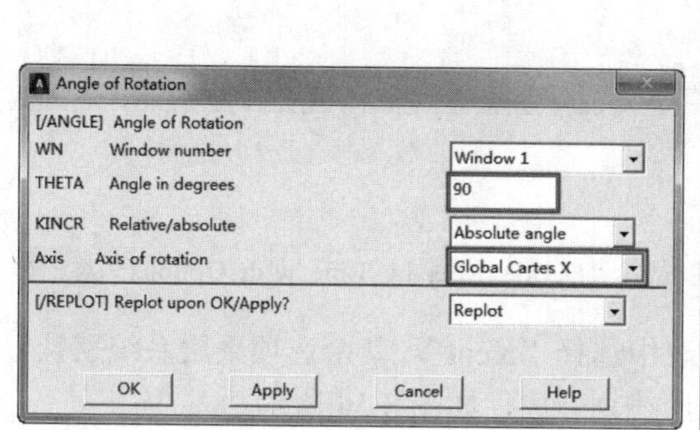

图 8-49 “Angle of Rotation”对话框

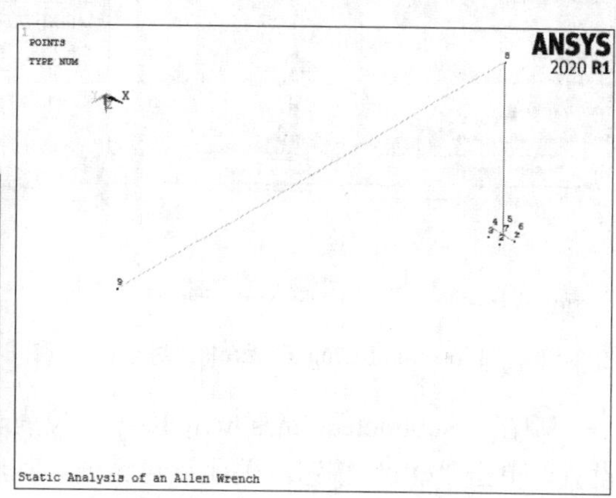

图 8-50 创建 3 条直线

⓬从主菜单中选择 Main Menu > Preprocessor > Modeling > Create > Lines > Line Fillet 命令，.弹出“Line Fillet”选择对话框。

⓭选择刚刚建立的 8、9 号线，然后单击“OK”按钮，弹出如图 8-51 所示的“Line Fillet”对话框。

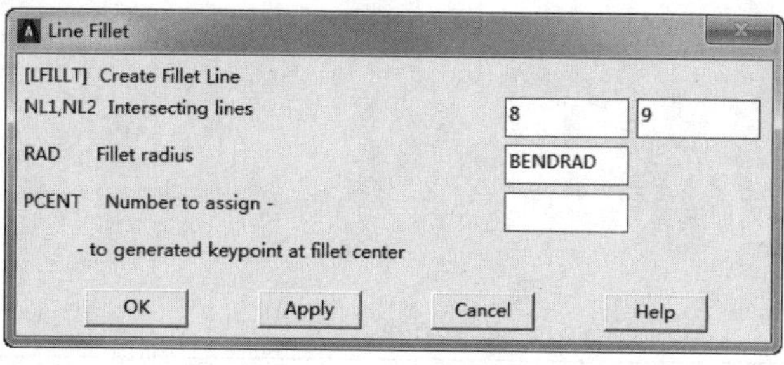

图 8-51 “Line Fillet”对话框

⓮在“Fillet radius”文本框中输入“BENDRAD”，单击“OK”按钮，完成倒角的操作。

⓯在应用菜单中选择 Utility Menu > PlotCtrls > Numbering，弹出“Plot Numbering Controls”对话框，如图 8-52 所示。选择“Line numbers”复选框，使其状态从“Off”变为“On”，其余选项采用默认设置。单击“OK”按钮，关闭对话框。

⓰从应用菜单中选择 Utility Menu：Plot > Areas。

⑰从主菜单中选择 Main Menu > Preprocessor > Modeling > Operate > Booleans > Divide > With Options > Area by Line，弹出“Divide Area by Line”选择对话框，选择六边形面，单击“OK”按钮。

⑱从应用菜单中选择 Utility Menu: Plot > Lines，选择 7 号线，单击“OK”按钮，弹出如图 8-53 所示的“Divide Area by Line with Options”对话框。

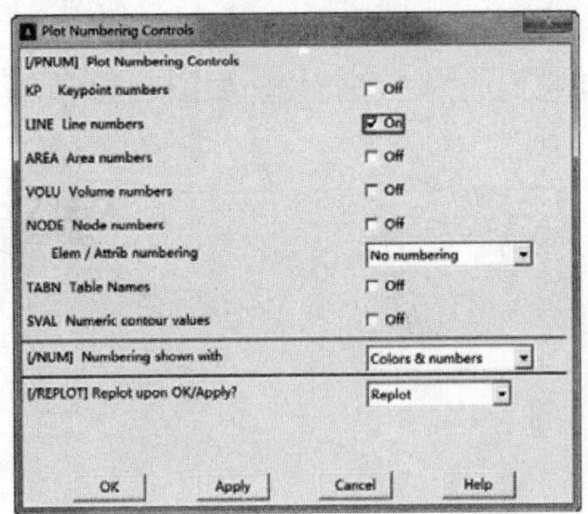

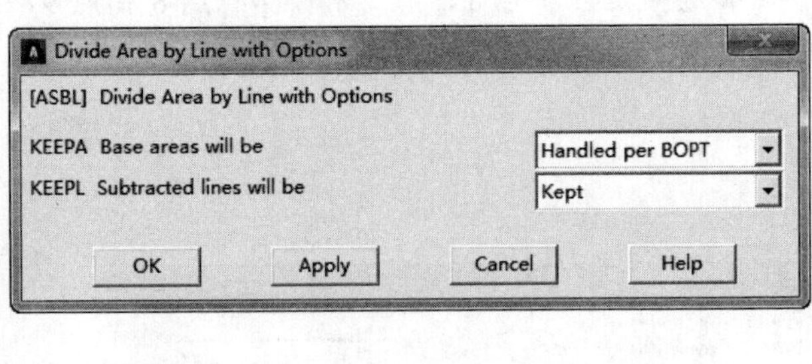

图 8-52 “Plot Numbering Controls”对话框　图 8-53 “Divide Area by Line with Options”对话框

⑲在“Subtracted lines will be”下拉列表中选择“Kept”，其余选项采用系统默认设置。单击“OK”按钮，关闭该对话框。利用线划分面，如图 8-54 所示。

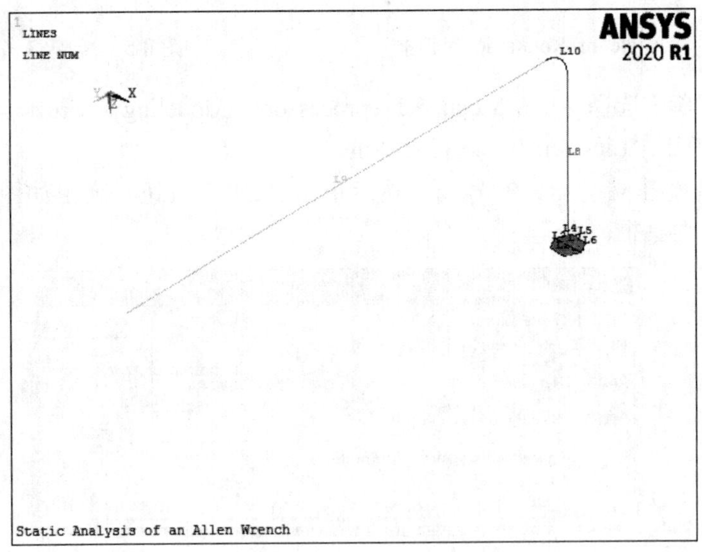

图 8-54 利用线划分面

⑳从应用菜单中选择 Utility Menu: Select > Comp/Assembly > Create Component，弹出如图 8-55 所示“Create Component”对话框。在“Component name”文本框中输入“BOTAREA”，在实体类型下拉列表中选中“Areas”，单击“OK”按钮，完成了组件的创建。

07 设置网格。

❶从主菜单中选择 Main Menu > Preprocessor > Meshing > Size Cntrls > ManualSize

> Lines > Picked Lines，弹出“Element Sizes on Picked Lines”选择对话框，在文本框中输入“1,2,6”，然后然后单击“OK”按钮，弹出如图 8-56 所示的“Element Sizes on Picked Lines”对话框。

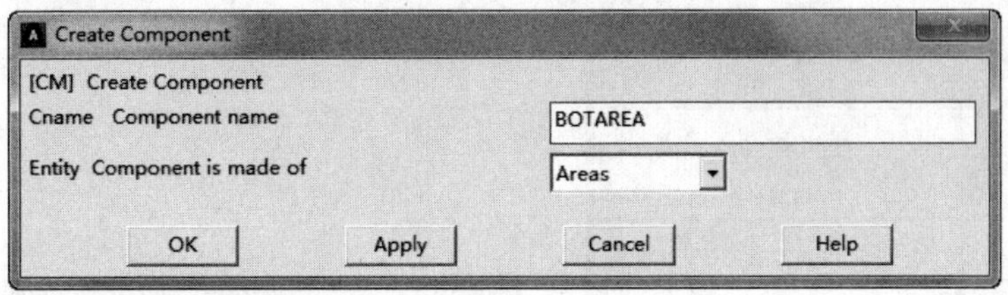

图 8-55 “Create Component”对话框

❷在“No. of element divisions”文本框中输入“NO_D_HEX”，单击“OK”按钮，完成 3 条线的网格划分。

❸从主菜单中选择 Main Menu > Preprocessor > Modeling > Create > Elements > Elem Attributes，弹出如图 8-57 所示的“Element Attributes”对话框。在“Element type number”下拉列表中选择“2 PLANE182”，其余采取默认设置，单击“OK”按钮。

Element Sizes on Picked Lines
[LESIZE] Element sizes on picked lines
SIZE Element edge length
NDIV No. of element divisions NO_D_HEX
(NDIV is used only if SIZE is blank or zero)
KYNDIV SIZE,NDIV can be changed ☑ Yes
SPACE Spacing ratio
ANGSIZ Division arc (degrees)
(use ANGSIZ only if number of divisions (NDIV) and element edge length (SIZE) are blank or zero)
Clear attached areas and volumes ☐ No
OK Apply Cancel Help

图 8-56 “Element Sizes on Picked Lines”对话框

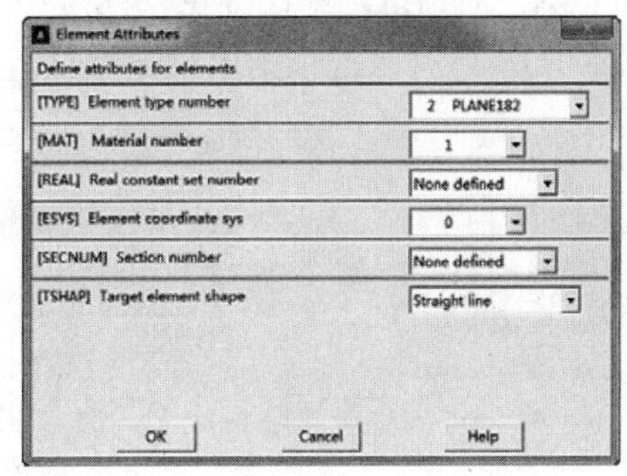

图 8-57 “Element Attributes ”对话框

❹从主菜单中选择 Main Menu > Preprocessor > Meshing > Mesher Opts，弹出如图 8-58 所示的“Mesher Options"对话框。在“Mesher Type”列表框中选择“Mapped”，然后单击“OK”按钮。

❺系统弹出如图 8-59 所示的“Set Element Shape”对话框，采取默认的“Quad”网格形状，单击“OK”按钮。

❻从主菜单中选择 Main Menu > Preprocessor > Meshing > Mesh > Areas > Mapped > 3 or 4 sided，弹出“Mesh Areas”对话框。单击“Pick All”按钮，完成面网格的划分。

❼从主菜单中选择 Main Menu > Preprocessor > Modeling > Create > Elements > Elem Attributes 命令，弹出“Element Attributes”对话框。在“Element type number”下拉列表中选择“1 SOLID185”，其余采取默认设置，单击“OK”按钮。

❽从主菜单中选择 Main Menu > Preprocessor > Meshing > Size Cntrls > Manual Size > Global > Size，弹出如图 8-60 所示的“Global Element Sizes”对话框。

❾在“Element edge length”文本框中输入“L_ELEM”，然后单击“OK”按钮。

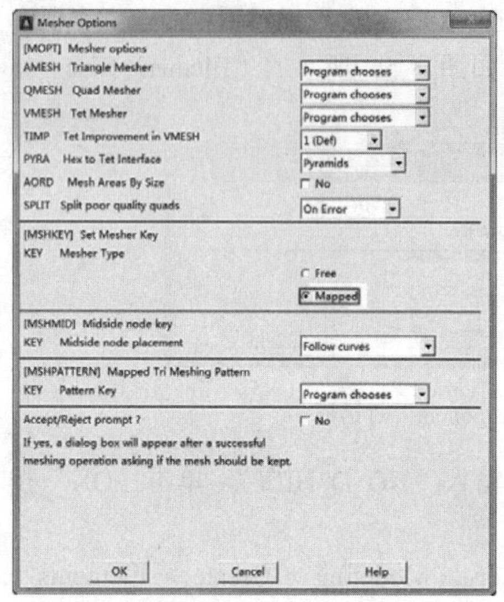

图 8-58 “Mesher Options ”对话框

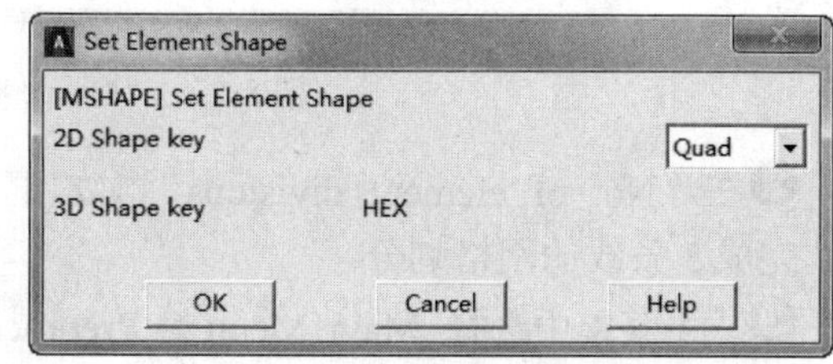

图 8-59 “Set Element Shape ”对话框

⑩从应用菜单中选择 Utility Menu > PlotCtrls > Numbering，弹出“Plot Numbering Controls”对话框，如图 8-61 所示。选择“Line numbers”复选框，使其状态从“Off”变为“On”，其余选项采用默认设置，单击“OK”按钮，关闭该对话框。

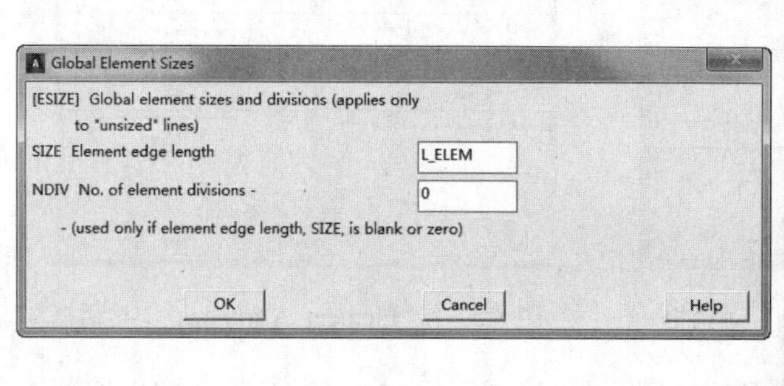

图 8-60 “Global Element Sizes”对话框

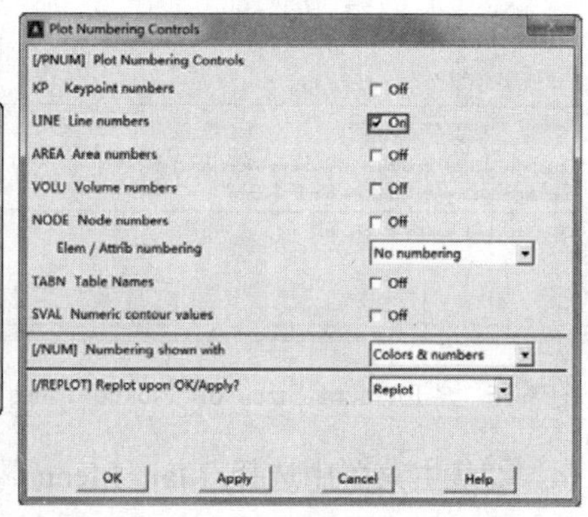

图 8-61 “Plot Numbering Controls”对话框

⑪选择菜单栏中的 Plot > Lines，窗口会重新显示整体几何模型。

⑫从主菜单中选择 Main Menu > Preprocessor > Modeling > Operate > Extrude > Areas > Along Lines，弹出“Sweep Areason along Lines”对话框。单击“Pick All”按钮，然后依次选择 8 号线、10 号线和 9 号线，单击“OK”按钮，完成模型的创建，如图 8-62 所示。

⑬从应用菜单中选择 Utility Menu：Plot > Elements.

⑭单击工具栏中的“SAVE_DB”按钮，保存数据文件。

⑮从应用菜单中选择 Utility Menu：Select > Comp/Assembly > Select Comp/Assembly，弹出“Select Component or Assembly”对话框，连续单击“OK”按钮，接受默认的 BOTAREA 组件。

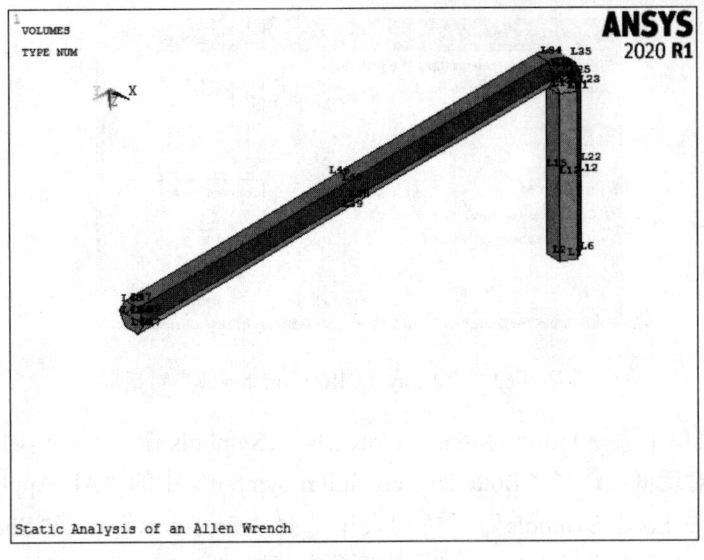

图 8-62　创建模型

⑯从主菜单中选择 Main Menu > Preprocessor > Meshing > Clear > Areas，弹出“Clear Areas”对话框。单击“Pick All”按钮。

⑰从应用菜单中选择 Utility Menu：Select > Everything。

⑱从用菜单中选择 Utility Menu：Plot > Elements。

8.3.3 定义边界条件并求解

01 施加载荷。

❶从应用菜单中选择 Utility Menu：Select > Comp/Assembly > Select Comp/Assembly，弹出“Select Component or Assembly”对话框。连续单击“OK”按钮，接受默认的 BOTAREA 组件。

❷从应用菜单中选择 Utility Menu：Select > Entities，弹出“Select Entities”对话框，在顶部的下拉列表中选择“Lines”，在第二个下拉列表中选择“Exterior”，然后单击“Apply”按钮。

❸再次弹出“Select Entities”对话框。在顶部的下拉列表中选择“Nodes”，在第二个下拉列表中选择“Attached to”，选择“Lines, all”选项，单击“OK”按钮。

❹从主菜单中选择 Main Menu > Solution > Define Loads > Apply > Structural > Displacement > On Nodes，弹出“ApplyU，ROT on Nodes”选择对话框。单击“Pick All”按钮，系统弹出如图 8-63 所示的“Apply U,ROT on Nodes”对话框。

❺在“DOFs to be constrained”列表框中选择“ALL DOF”，然后单击“OK”按钮。

❻从应用菜单中选择 Utility Menu：Select > Entities，弹出“Select Entities”对话框。在顶部的下拉列表中选择“Lines”，单击“Sele All”按钮，然后单击“Cancel”按钮。

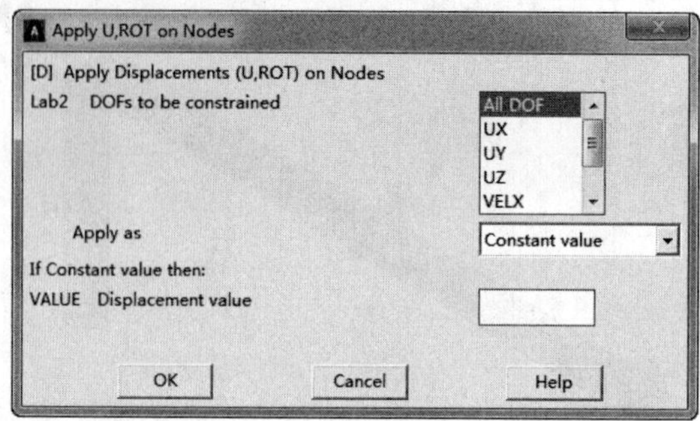

图 8-63 “Apply U, ROT on Nodes”对话框

❼从应用菜单中选择 Utility Menu：PlotCtrls > Symbols 命令，弹出如图 8-64 所示的“Symbols”对话框。选择“Boundary condition symbol”中的“All Applied BCs”选项，在“Surface Load Symbols”下拉列表中选择“Pressures”，在“Show pres and convect as”下拉列表中选择“Arrows”，然后单击“OK”按钮。

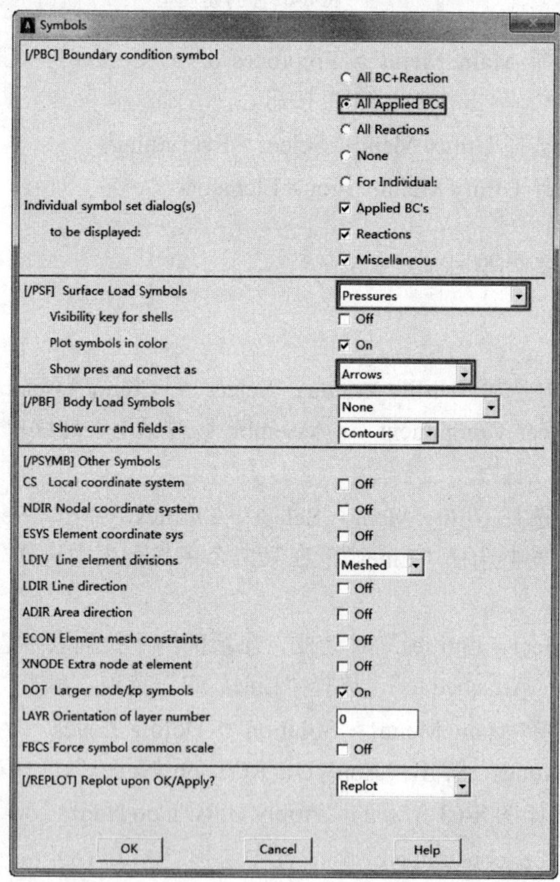

图 8-64 “Symbols”对话框

02 在手柄上施加压力。

❶从应用菜单中选择 Utility Menu：Select > Entities 命令，弹出“Select Entities”

对话框。在顶部的下拉列表中选择“Areas”，在第二个下拉列表中选择“By Location”，选择“Y coordinates”选项，在“Min, Max”文本框中输入“BENDRAD,L_HANDLE”，单击“Apply”按钮。

❷选择“X coordinates”选项和“Reselect”选项，在“Min, Max”文本框中输入“W_FLAT/2,W_FLAT”，单击“Apply”按钮。

❸在顶部的下拉列表中选择“Nodes”，在第二个下拉列表中选择“Attached to”，选择“Areas, all”选项和“From Full”选项，单击“Apply”按钮。

❹在第二个下拉列表中选择“By Location”，选择“Y coordinates”选项和“Reselect”选项，在“Min, Max”文本框中输入“L_HANDLE+TOL,L_HANDLE-(3.0*L_ELEM)-TOL”，单击“OK”按钮。

❺从应用菜单中选择 Utility Menu：Parameters > Get Scalar Data，弹出如图 8-65 所示的“Get Scalar Data”对话框。.

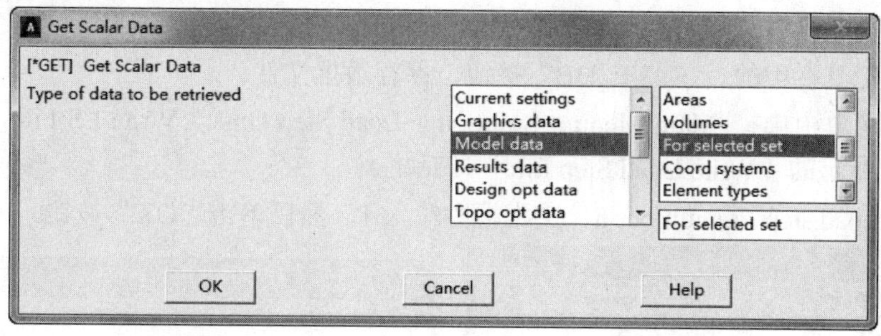

图 8-65 “Get Scalar Data”对话框

❻在“Type of data to be retrieved”列表框中选择“Model data”和“For selected set”，单击“OK”按钮。

❼在弹出的“Get Data for Selected Entity Set”对话框（见图 8-66）中的“Name of parameter to be defined”文本框中输入“minyval”，在“Data to be retrieved”列表框中选择“Current node set”和“Min Y coordinate”，单击“Apply”按钮。弹出“Get Scalar Data”对话框。在“Type of data to be retrieved”列表框中选择“Model data”和“For selected set”，单击“OK”按钮。

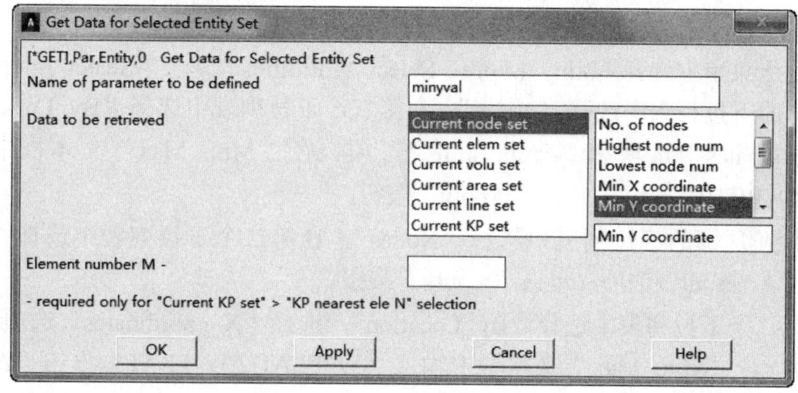

图 8-66 “Get Data for Selected Entity Set”对话框

❽在弹出的“Get Data for Selected Entity”对话框中的“Name of parameter to be defined”文本框中输入“maxyval”，在“Data to be retrieved”列表框中选择“Current node set”和“Max Y coordinate”，单击“OK”按钮。

❾选择菜单栏中的 Parameters > Scalar Parameters，弹出“Scalar Parameters”选择对话框。在“Selection”文本框中输入以下参数：

```
PTORQ=100/(W_HEX*(MAXYVAL-MINYVAL))
```

❿单击“Close”按钮，关闭“Scalar Parameters”选择对话框。

⓫从主菜单中选择 Main Menu > Solution > Define Loads > Apply > Structural > Pressure > On Nodes，弹出“Apply PRES on Nodes”选择对话框。单击“Pick All”按钮，系统弹出如图 8-67 所示的“Apply PRES on nodes”对话框。

⓬在“Load PRES value”文本框中输入“PTORQ”，然后单击“OK”按钮。

⓭从应用菜单中选择 Utility Menu：Select > Everything。

⓮从应用菜单中选择 Utility Menu：Plot > Nodes，显示模型的节点。.

⓯单击工具栏中的“ SAVE_DB”按钮，保存数据文件。.

⓰从主菜单中选择 Main Menu > Solution > Load Step Opts > Write LS File，系统弹出如图 8-68 所示的“Write Load Step File”对话框。

⓱在“Load step file number n”文本框中输入 1，然后单击“OK”按钮。

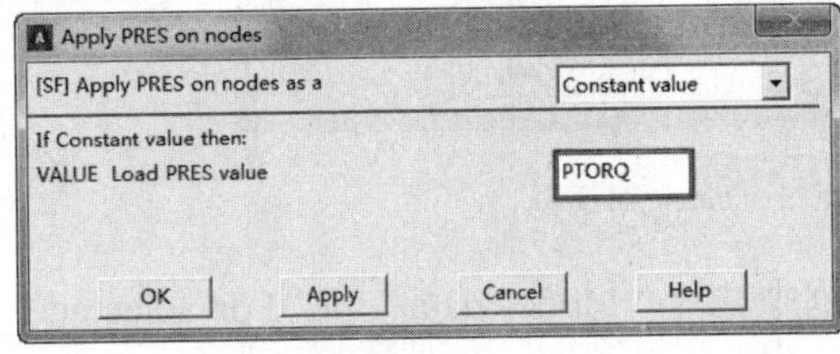

图 8-67 “Apply PRES on Nodes”对话框

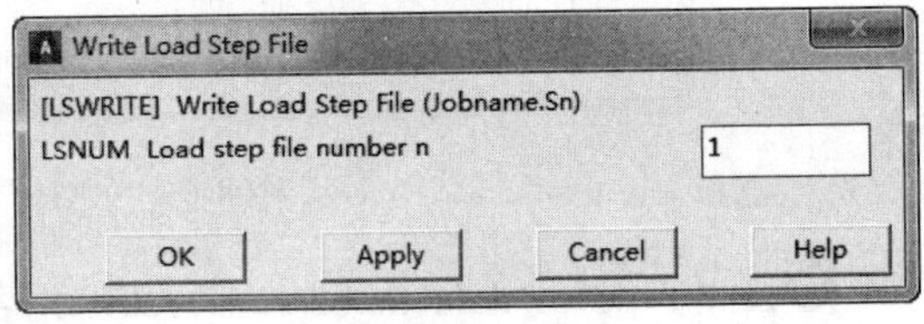

图 8-68 “Write Load Step File”对话框

03 定义向下的压力。

❶在菜单栏中选择 Parameters > Scalar Parameters，弹出“Scalar Parameters”选择对话框。在“Select”文本框中输入以下参数：

```
PDOWN=20/(W_FLAT*(MAXYVAL-MINYVAL))
```

❷单击“Close”按钮，关闭“Scalar Parameters”选择对话框。

❸从用于菜单中选择 Utility Menu：Select > Entities，弹出“Select Entities”对话框。在顶部的下拉列表中选择“Areas”，在第二个下拉列表中选择“By Location”，选择“Z coordinates”选项和“From Full”选项，在“Min, Max”文本框中输入“-(L_SHANK+(W_HEX/2))”，单击“Apply”按钮。

❹然后在顶部的下拉列表中选择“Nodes”，在第二个下拉列表中选择“Attached to”，选择“Areas,all”选项，单击“Apply”按钮。

❺在第二个下拉列表中选择“By Location”，选择“X coordinates”选项和“From Full”选项，在“Min, Max”文本框中输入“W_FLAT/2,W_FLAT”单击“Apply”按钮。

❻在第二个下拉列表中选择“By Location”，选择单击“Y coordinates”选项和

“Reselect”选项，在“Min, Max”文本框中输入“L_HANDLE+TOL,L_HANDLE-(3.0*L_ELEM)-TOL”单击“OK”按钮。

❼从主菜单中选择 Main Menu > Solution > Define Loads > Apply > Structural > Pressure > On Nodes 命令，弹出“Apply PRES on nodes”选项对话框。单击“Pick All”按钮，系统弹出“Apply PRES on nodes”对话框。

❽在“Load PRES value”文本框中输入“PDOWN”，然后单击“OK”按钮。

❾从应用菜单中选择 Utility Menu：Select > Everything。

❿从应用菜单中选择 Utility Menu：Plot > Nodes，显示模型的节点，施加载荷，如图 8-69 所示。.

⓫单击工具栏中的“ SAVE_DB”按钮，保存数据文件。.

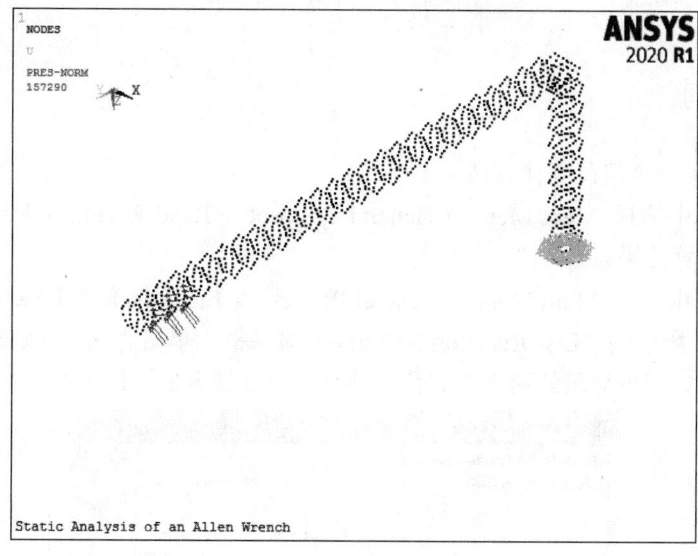

图 8-69　施加载荷

⓬从主菜单中选择 Main Menu > Solution > Load Step Opts > Write LS File，系统弹出 “Write Load Step File”对话框。

⓭在“Load step file number n”文本框中输入 2，然后单击“OK”按钮。

⓮单击工具栏中的“SAVE_DB”按钮，保存数据文件。.

04 求解。

❶从主菜单中选择 Main Mcnu > Solution > Solve > From LS Files，系统弹出如图 8-70 所示的“Solve Load Step Files”对话框。

Solve Load Step Files

[LSSOLVE] Solve by Reading Data from Load Step (LS) Files

LSMIN Starting LS file number　1

LSMAX Ending LS file number　2

LSINC File number increment　1

OK　Cancel　Help

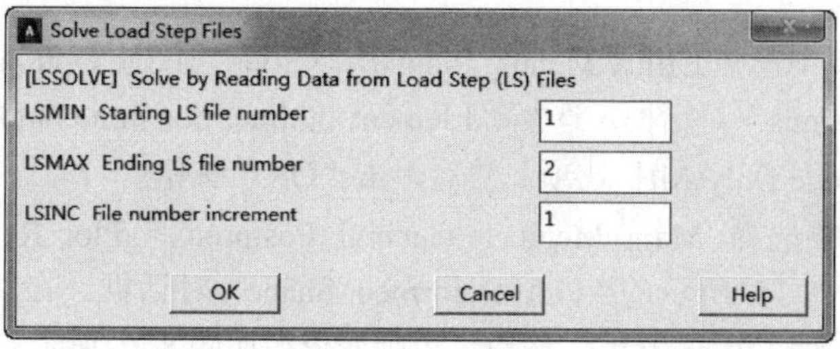

图 8-70　“Solve Load Step Files”对话框

❷在“Starting LS file number”文本框中输入1，在“Ending LS file number”文本框中输入2，然后单击“OK”按钮，开始求解。

❸求解完成后打开如图8-71所示的“Note”对话框。

❹单击“Close”按钮，关闭该对话框。

图8-71 “Note”对话框

8.3.4 后处理

01 读取第一个载荷步计算结果。

❶从主菜单中选择 Main Menu > General Postproc > Read Results > First Set，读取第一个载荷步计算结果。

❷从主菜单中选择 Main Menu > General Postproc > List Results > Reaction Solu，系统弹出如图8-72所示的“List Reaction Solution”对话框。单击“OK”按钮，接受默认的显示所有选项。列表显示的第一个载荷步计算结果如图8-73所示。

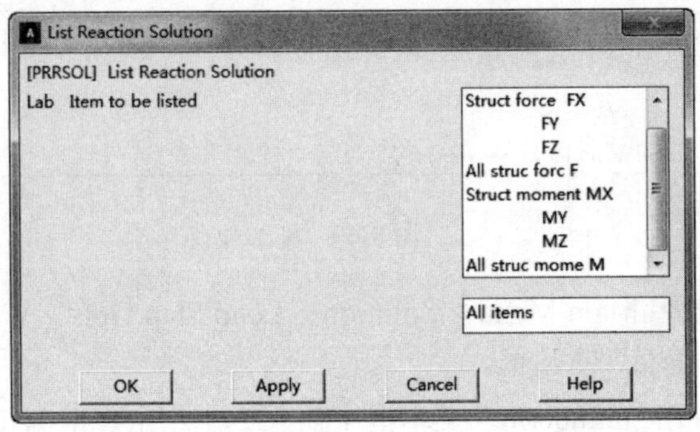

图8-72 “List Reaction Solution”对话框

❸从应用菜单中选择 Utility Menu：PlotCtrls > Symbols，弹出“Symbols”对话框。选择“Boundary condition symbol”列表框中的“None”选项，然后单击“OK”按钮。

❹从应用菜单中选择 Utility Menu：PlotCtrls > Style > Edge Options，弹出如图8-74所示的“Edge Options”对话框。选择“Element outlines for non-contour/contour plots”下拉列表中的“Edge Only/All”选项，然后单击“OK”按钮。

❺从主菜单中选择 Main Menu > General Postproc > Plot Results > Deformed Shape，弹出如图8-75所示的“Plot Deformed Shape”对话框。在“KUND”中选择“Def + undeformed”，单击“OK”按钮。扳手变形图如图8-76所示。

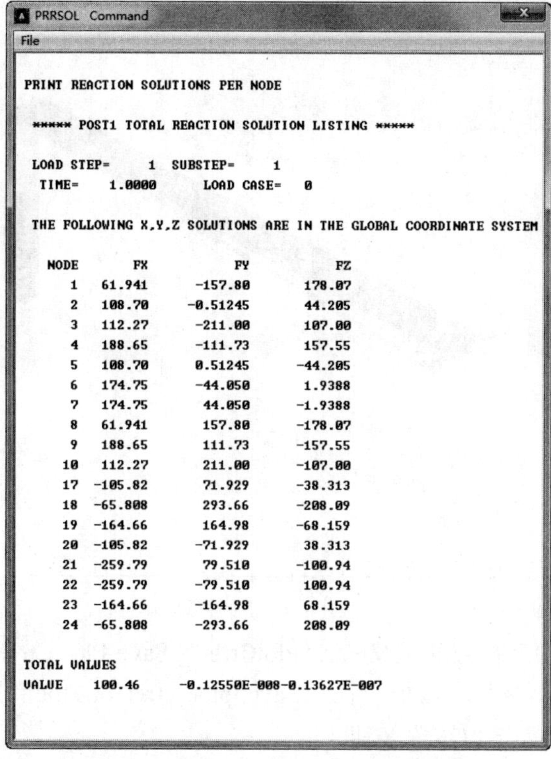

PRRSOL Command

File

```
PRINT REACTION SOLUTIONS PER NODE

 ***** POST1 TOTAL REACTION SOLUTION LISTING *****

 LOAD STEP=     1  SUBSTEP=     1
  TIME=    1.0000      LOAD CASE=   0

 THE FOLLOWING X,Y,Z SOLUTIONS ARE IN THE GLOBAL COORDINATE SYSTEM

   NODE       FX           FY           FZ
      1   61.941      -157.80       178.07
      2   108.70     -0.51245       44.205
      3   112.27      -211.00       107.00
      4   188.65      -111.73       157.55
      5   108.70      0.51245      -44.205
      6   174.75      -44.050       1.9388
      7   174.75       44.050      -1.9388
      8   61.941       157.80      -178.07
      9   188.65       111.73      -157.55
     10   112.27       211.00      -107.00
     17  -105.82       71.929      -38.313
     18  -65.808       293.66      -208.09
     19  -164.66       164.98      -68.159
     20  -105.82      -71.929       38.313
     21  -259.79       79.510      -100.94
     22  -259.79      -79.510       100.94
     23  -164.66      -164.98       68.159
     24  -65.808      -293.66       208.09

TOTAL VALUES
VALUE    100.46     -0.12550E-008-0.13627E-007
```

图 8-73 列表显示的第一个载荷步结果

Edge Options

[/EDGE] [/GLINE] Edge Options

WN Window number — Window 1

[/EDGE] Element outlines for non-contour/contour plots — Edge Only / All

Edge tolerance angle — 45

[/GLINE] Element outline style — Solid

[/REPLOT] Replot upon OK/Apply? — Do not replot

OK Apply Cancel Help

图 8-74 “Edge Options”对话框

Plot Deformed Shape

[PLDISP] Plot Deformed Shape

KUND Items to be plotted

○ Def shape only

◉ Def + undeformed

○ Def + undef edge

OK Apply Cancel Help

图 8-75 “Plot Deformed Shape”对话框

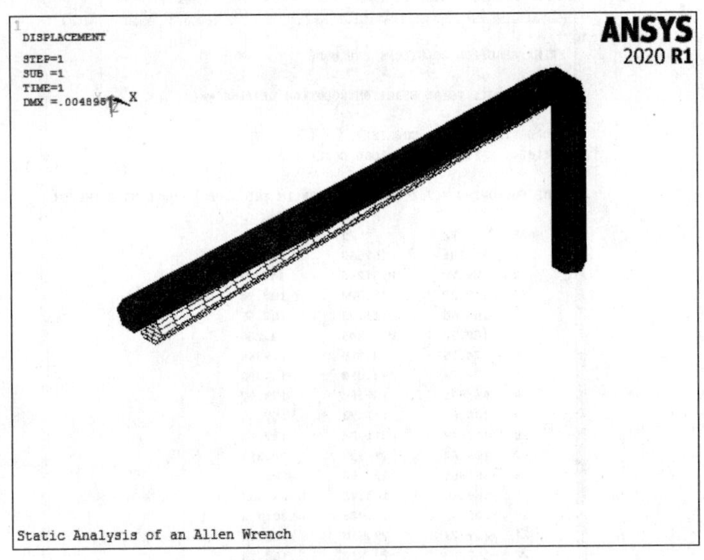

图 8-76　扳手变形图

❻从应用菜单中选择 Utility Menu：PlotCtrls > Save Plot Ctrls，弹出如图 8-77 所示的“Save Plot Controls”对话框。在“Save plot ctrls on file”后面的文本框中输入“pldisp.gsa”，然后单击“OK”按钮。

图 8-77　“Save Plot Controls”对话框

❼从应用菜单栏中选择 PlotCtrls > View Settings > Angle of Rotation，弹出“Angle of Rotation”对话框。在“Angle in degrees”文本框中输入 120，在“Relative/absolute”下拉列表中选择“Relative angle”，在“Axis of rotation”下拉列表中选择“Global Cartes Y”，其余选项采用系统默认设置，单击“OK”按钮，关闭该对话框。

❽从主菜单中选择 Main Menu > General Postproc > Plot Results > Contour Plot > Nodal Solu，弹出如图 8-78 所示的“Contour Nodal Solution Data”对话框。选择“Stress”和“Stress intensity”，单击“OK”按钮，得到的第一个载荷步应力强度分布图如图 8-79 所示。

❾从应用菜单中选择 Utility Menu：PlotCtrls > Save Plot Ctrls，弹出“Save Plot Controls”对话框。在“Save plot ctrls on file”后面的文本框中输入“plnsol.gsa”，然后单击“OK”按钮。

02 读取第二载荷步计算结果。

❶从主菜单中选择 Main Menu > General Postproc > Read Results > Next Set 命令，读取第二个载荷步计算结果。

❷从主菜单中选择 Main Menu > General Postproc > List Results > Reaction Solu，弹

出“List Reaction Solution”对话框。单击“OK”按钮，接受默认的显示所有选项。列表显示的第二个载荷步计算结果如图 8-80 所示。

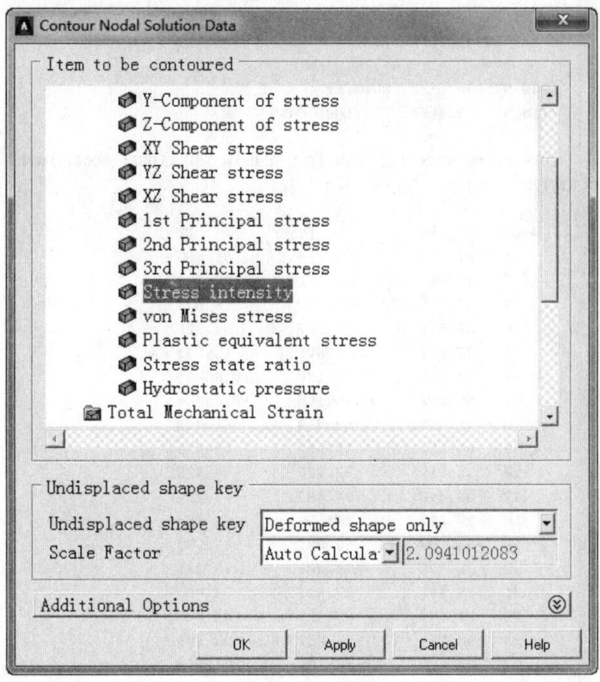

图 8-78 “Contour Nodal Solution Data”对话框

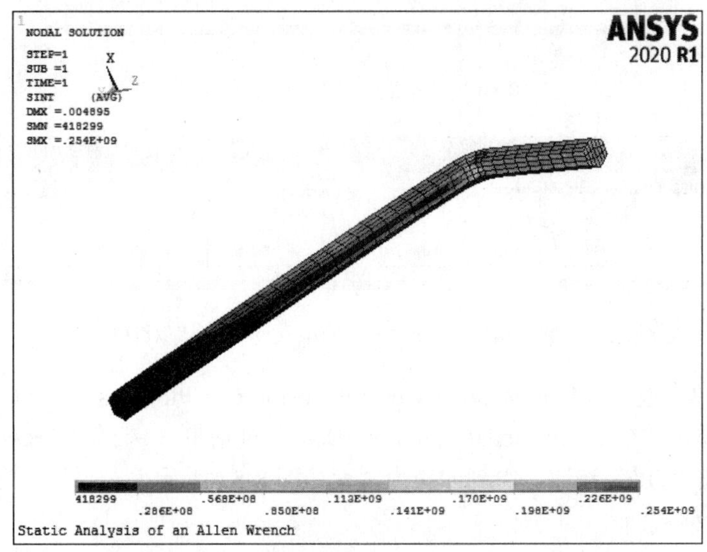

图 8-79 第一个载荷步应力强度分布云图

❸从应用菜单中选择 Utility Menu：PlotCtrls > Restore Plot Ctrls，弹出 “Restore Plot Controls”对话框，如图 8-81 所示。在“Restore plot ctrls from”后面的文本框中输入“plnsol.gsa”，然后单击“OK”按钮。

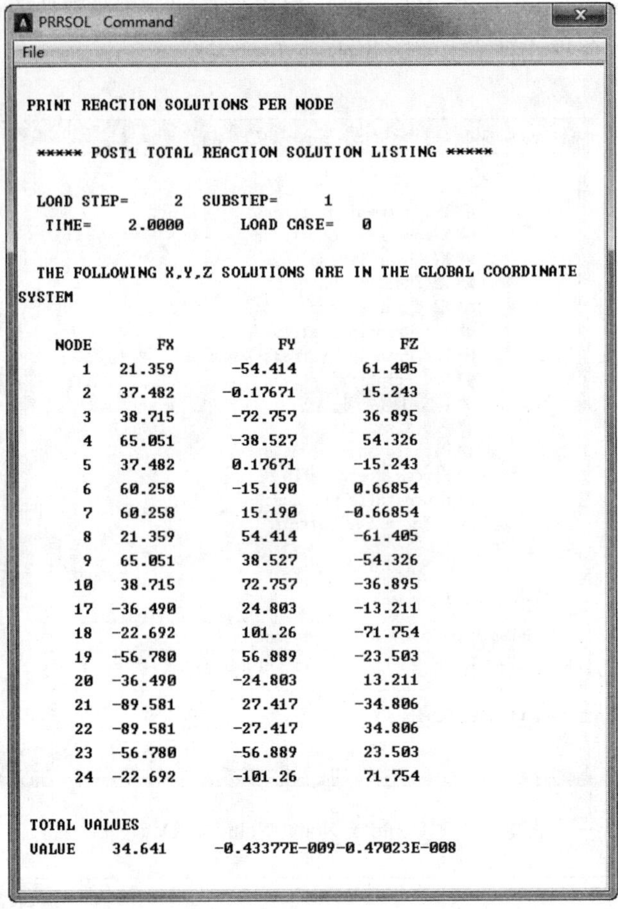

PRRSOL Command

File

PRINT REACTION SOLUTIONS PER NODE

***** POST1 TOTAL REACTION SOLUTION LISTING *****

LOAD STEP= 2 SUBSTEP= 1
TIME= 2.0000 LOAD CASE= 0

THE FOLLOWING X,Y,Z SOLUTIONS ARE IN THE GLOBAL COORDINATE SYSTEM

NODE	FX	FY	FZ
1	21.359	-54.414	61.405
2	37.482	-0.17671	15.243
3	38.715	-72.757	36.895
4	65.051	-38.527	54.326
5	37.482	0.17671	-15.243
6	60.258	-15.190	0.66854
7	60.258	15.190	-0.66854
8	21.359	54.414	-61.405
9	65.051	38.527	-54.326
10	38.715	72.757	-36.895
17	-36.490	24.803	-13.211
18	-22.692	101.26	-71.754
19	-56.780	56.889	-23.503
20	-36.490	-24.803	13.211
21	-89.581	27.417	-34.806
22	-89.581	-27.417	34.806
23	-56.780	-56.889	23.503
24	-22.692	-101.26	71.754

TOTAL VALUES
VALUE 34.641 -0.43377E-009-0.47023E-008

图 8-80 列表显示的第二个载荷步计算结果

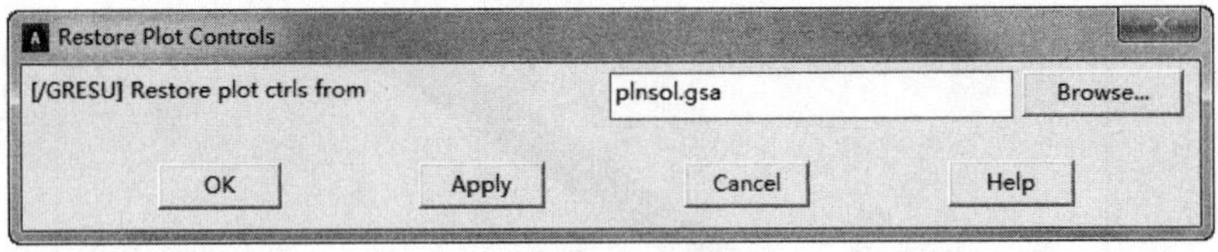

图 8-81 “Restore Plot Controls”对话框

❹从主菜单中选择 Main Menu > General Postproc > Plot Results > Contour Plot > Nodal Solu，弹出“Contour Nodal Solution Data”对话框。选择“Stress”和“Stress intensity”，单击“OK”按钮，得到的应力强度如图 8-82 所示。

03 放大横截面

❶从应用菜单中选择 Utility Menu：WorkPlane > Offset WP by Increments，弹出如图 8-83 所示的“Offset WP”选择对话框。

❷在“X,Y,Z Offset”文本框中输入“0,0,-0.067”，单击“OK”按钮。

❸从应用菜单中选择 Utility Menu：PlotCtrls > Style > Hidden Line Options，弹出如图 8-84 所示的“Hidden-Line Options”对话框。在“Type of Plot”下拉列表中选择

“Capped hidden”，在“Cutting plane is”下拉列表中选择“Working plane”，然后单击“OK”按钮。

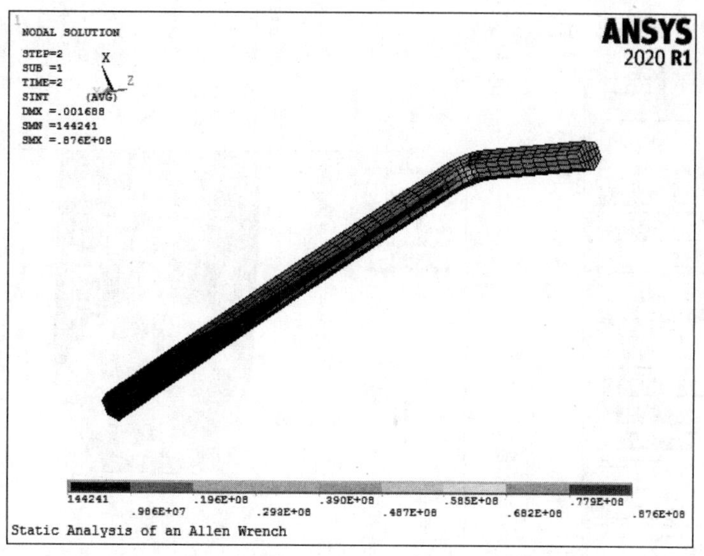

图 8-82　第二个载荷步应力强度分布云图

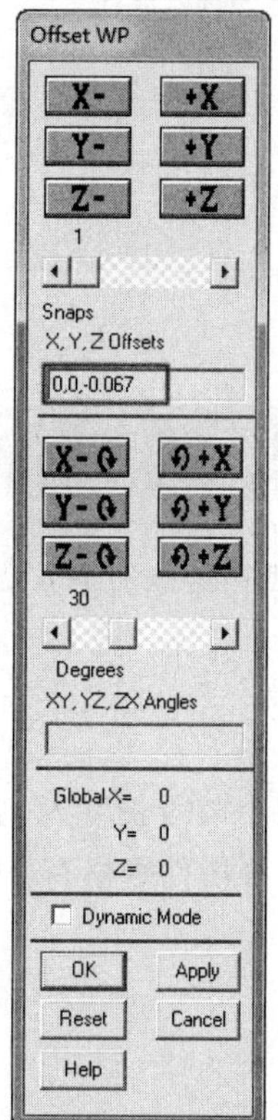

图 8-83　“Offset WP”选择对话框

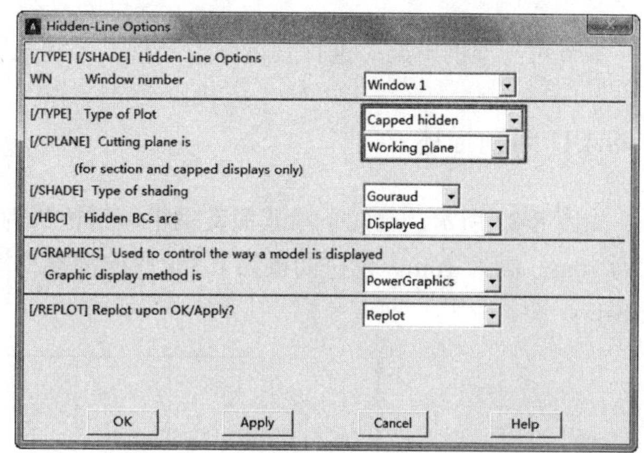

图 8-84　“Hidden-Line Options ”对话框

❹从应用菜单中选择 Utility Menu：PlotCtrls > Pan-Zoom-Rotate，弹出如图 8-85 所

示的“Pan-Zoom-Rotate”选择对话框。

❺单击“WP”按钮，拖动 Rate 滑动条到 10，然后多次单击大点按钮，直到截面清晰显示，如图 8-86 所示。

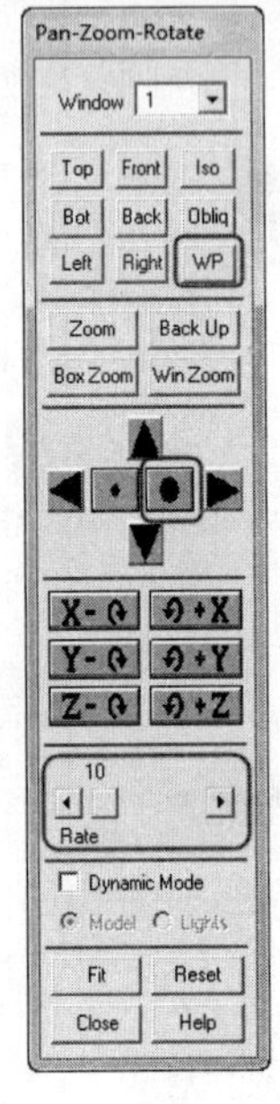

图 8-85 “Pan-Zoom-Rotate”选择对话框

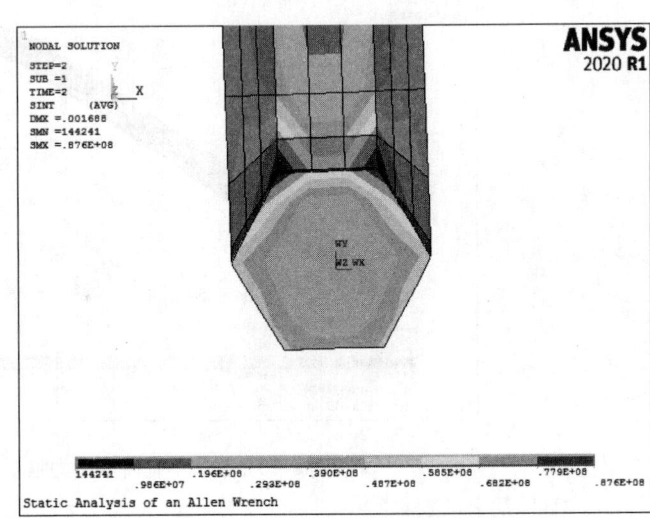

图 8-86 放大截面云图

8.3.5 命令流方式

略，见随书电子资料包。

8.4 实例导航——钢桁架桥的静力分析

本节对一架钢桁架桥进行具体静力分析，分别采用 GUI 模式和命令流方式。

8.4.1 问题描述

如图 8-87 所示，已知下承式简支钢桁架桥桥长为 72 m，每个节段长度为 12m，桥宽为 10m，高为 16m。设桥面板为 0.3m 厚的混凝土板。钢桁架杆桥件规格有 3 种，见表 8-1。

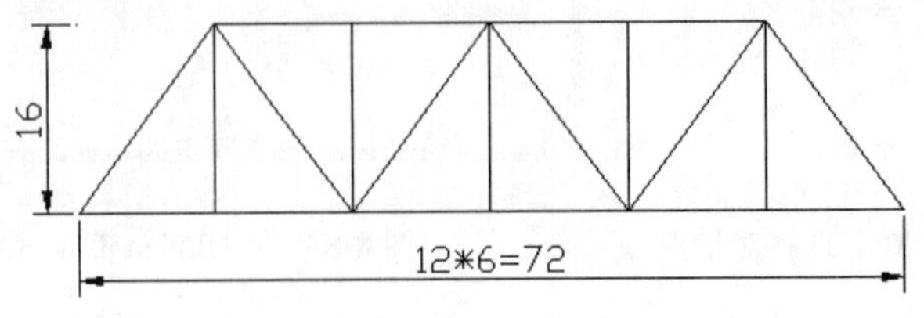

图 8-87 钢桁架桥简图

表 8-1　钢桁架桥杆件规格

杆件	截面号	形状	规格/mm
端斜杆	1	工字形	400×400×16×16
上下弦	2	工字形	400×400×12×12
横向连接梁	2	工字形	400×400×12×12
其他腹杆	3	工字形	400×300×12×12

所用的材料属性见表 8-2。

表 8-2　材料属性

参数	钢材	混凝土
弹性模量 EX/Pa	2.1×10^{11}	3.5×10^{10}
泊松比 PRXY	0.3	0.1667
密度 DENS/（kg/m^3）	7850	2500

8.4.2 GUI 模式

01 创建物理环境。

❶过滤图形界面。GUI：Main Menu > Preferences，弹出“Preferences for GUI Filtering”对话框。选择“Structural”以对后面的分析进行菜单及相应的图形界面过滤。

❷定义工作标题。GUI：Utility Menu > File > Change Title，在弹出的“Change Title”对话框（见图 8-88）的文本框中输入“Truss Bridge Static Analysis”，单击“OK”按钮。

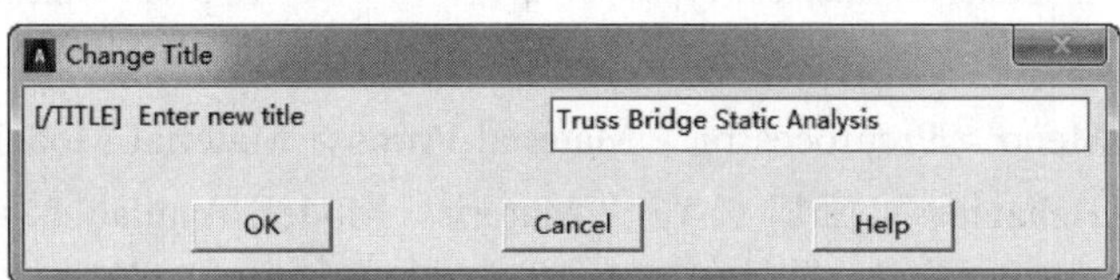

图 8-88　“Change Title”对话框

❸指定工作名。GUI：Utility Menu > File > Change Jobname，弹出一个“Change Jobname”对话框，如图 8-89 所示。在“Enter new job Name”文本框中输入“Structural”，“New log and error files”选择 Yes，单击“OK”按钮。

Change Jobname
[/FILNAM] Enter new jobname　Structural
New log and error files?　☑ Yes
OK　Cancel　Help

图 8-89　“Change Jobname”对话框

❹定义单元类型和选项。GUI：Main Menu > Preprocessor > Element Type > Add/Edit/Delete，弹出“Element Types”对话框，单击“Add”按钮，弹出“Library of Element Types”单元类型库对话框，如图 8-90 所示。在“Library of Element Types”列表框中选择“Structural Beam”和“2 node 188”，单击“OK”按钮，完成“BEAM188”单元的定义。

继续单击“Element Types”对话框中的“Add”按钮，弹出“Library of Element Types”对话框。在该对话框的列表框中选择“Structural Shell”和“3D 4node 181”，单击“OK”按钮，完成“SHELL181”单元的定义。在“Element Types”对话框中选择“SHELL 188”单元，单击“Options”按钮，弹出“SHELL188 element type options”对话框。将其中的“K3”设置为“Cubic Form”，单击“OK”按钮。选择“BEAM181”单元，单击“Options”按钮，弹出“BEAM181 element type options”对话框，将其中的“K3”设置为“Full w/incompatible”，单击“OK”按钮，得到如图 8-91 所示的结果。最后单击“Close”按钮，关闭该对话框。

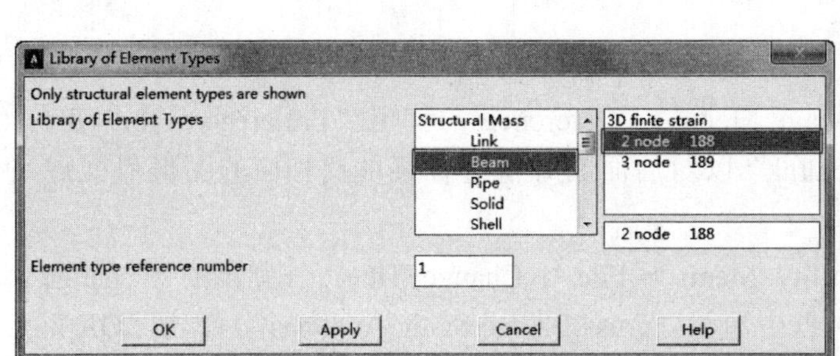

图 8-90 “Library of Element Types”对话框

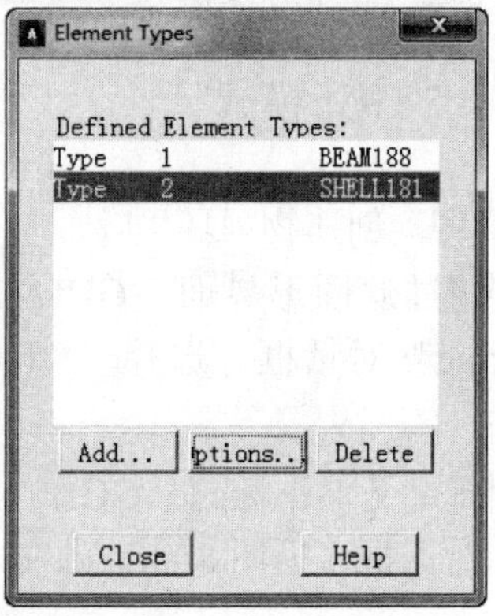

图 8-91 “Element Types”对话框

❺定义材料属性。

GUI：Main Menu > Preprocessor > Material Props > Material Models，弹出“Define Material Model Behavior”窗口。在“Material Model Available”列表框中选择“Structural > Linear > Elastic > Isotropic”，弹出“Linear Isotropic Properties for Material Number 1”对话框，如图 8-92 所示，在该对话框中“EX”文本框中输入“2.1E11”，在“PRXY”文本框中输入 0.3，单击“OK”按钮。

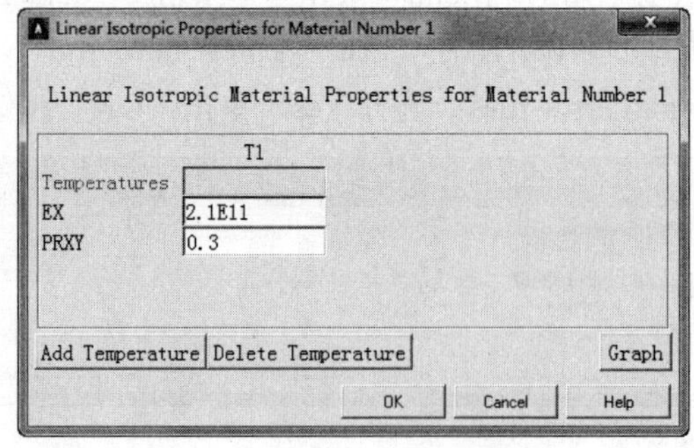

图 8-92 “Linear Isotropic Properties for Material Number 1”对话框

在“Define Material Model Behavior”窗口，在“Material Model Available”列表框中选择“Structural > Density”，弹出“Density for Material Number 1”对话框，如图 8-93 所示。在该对话框中“DENS”文本框中输入 7850，单击“OK”按钮。

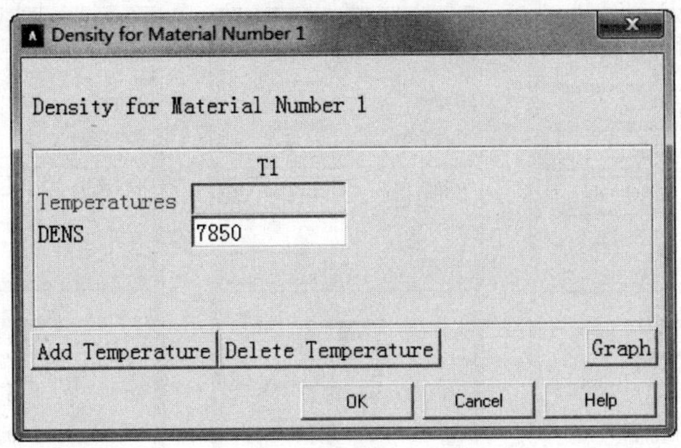

图 8-93 “Density for Material Number 1”对话框

定义完第 1 种钢材材料属性后，还要定义完第 2 种混凝土桥面板材料属性。在“Define Material Model Behavior”窗口的“Material”选项卡中选择“New model”，按照默认的材料编号，单击“OK”按钮，这时“Define Material Model Behavior”窗口（见图 8-94）左侧出现“Material Model Number 2”。与第一种材料的设置方法一样，在“Linear Isotropic”对话框中的“EX”文本框中输入 3.5E10，在“PRXY”中输入 0.1667；在“DENS”中输入 2500，单击“OK”按钮。最后关闭“Define Material Model Behavior”窗口。

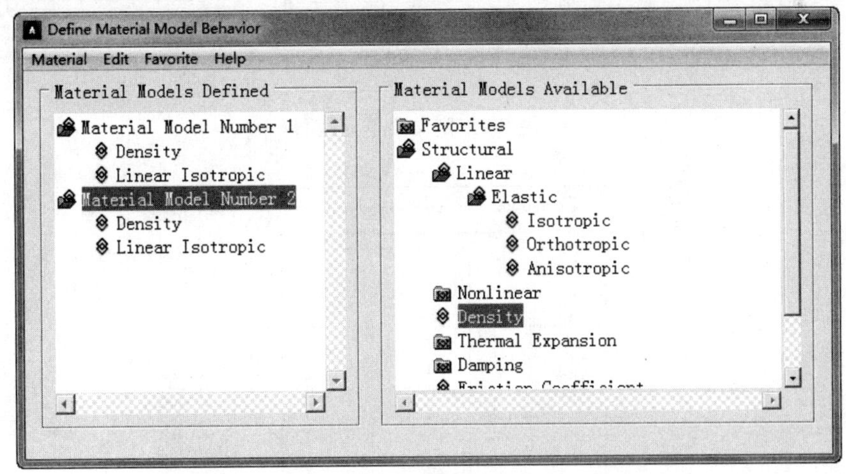

图 8-94 “Define Material Model Behavior”对话框

❻定义梁单元截面。

GUI：Main Menu > Preprocessor > Sections > Beam > Common Sections，弹出“Beam Tool”对话框。按图 8-95a 所示填写；然后单击“Apply”按钮，按图 8-95b 所示填写；单击“Apply”按钮，按图 8-95c 所示填写；最后单击“OK”按钮，完成三种梁的截面定义。

每次定义好截面之后，单击“Preview”按钮，可以观察截面特性。在本模型中，三种工字钢的截面及截面特性如图 8-96 所示。

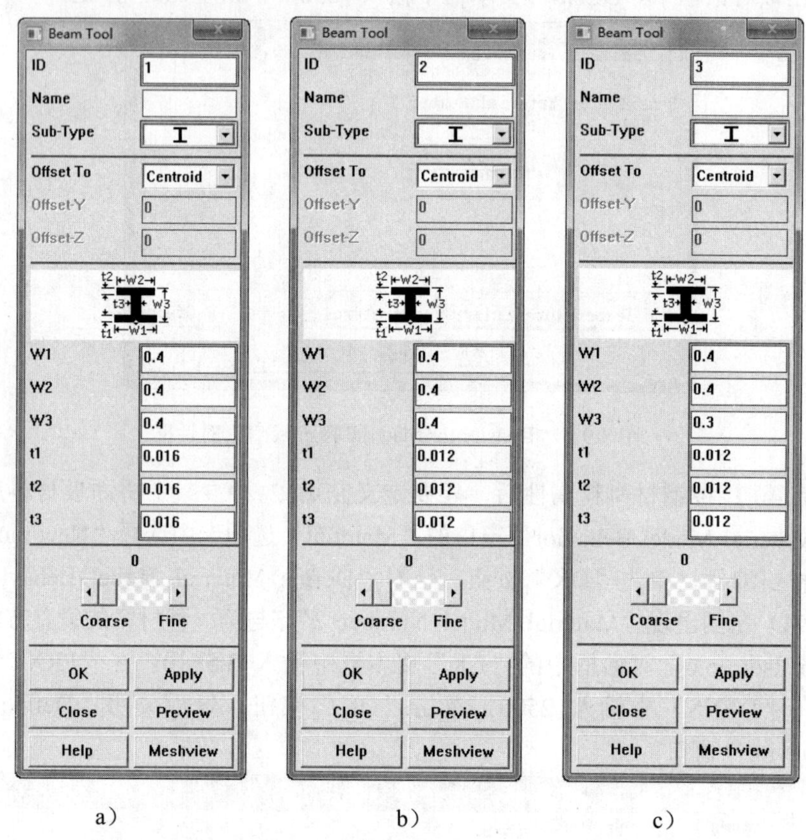

a） b） c）

图 8-95 定义梁单元截面

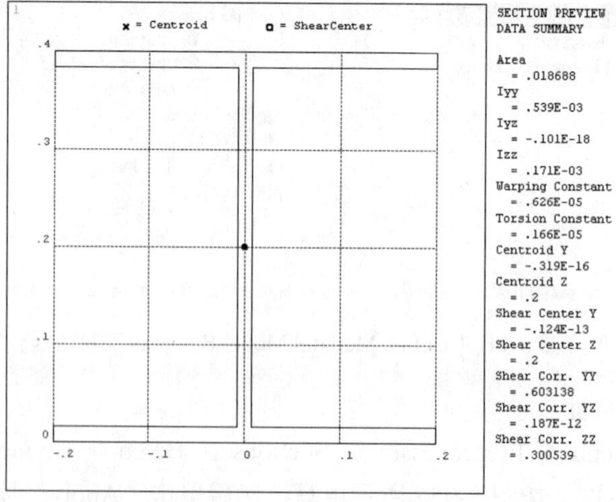

图 8-96 三种工字钢的截面及截面特性

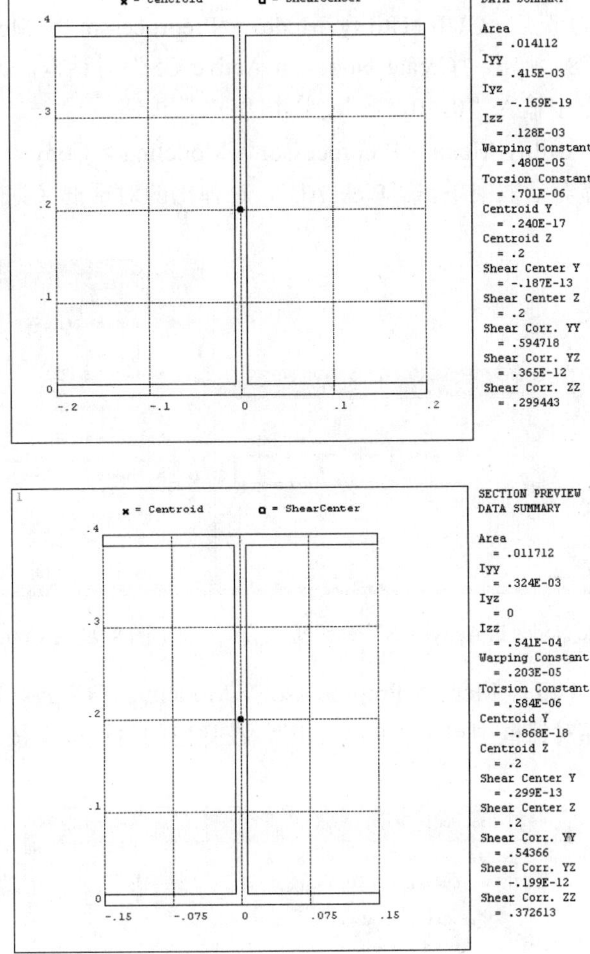

图 8-96 三种工字钢的截面及截面特性（续）

❼定义壳单元厚度。GUI：Main Menu > Preprocessor > Sections > Shell > Lay-up > Add / Edit，弹出如图 8-97 所示的“Create and Modify Shell Sections”对话框。设置“Thickness” 为 0.3，单击“OK”按钮。

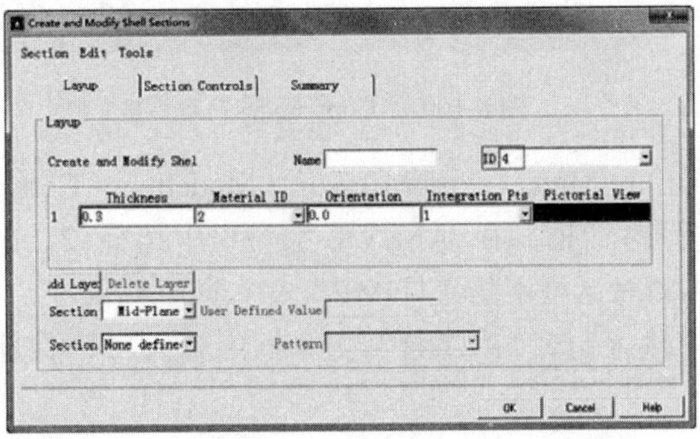

图 8-97 Create and Modify Shell Sections 对话框

02 建立有限元模型。

❶生成半跨桥的节点。GUI：Utility Menu > Preprocessor > Modeling > Create > Nodes > In Active CS，弹出“Create Nodes in Active CS”对话框，如图 8-98 所示。在“X，Y，Z”文本框中输入“0，0，-5”，单击“OK”按钮。

继续执行 GUI：Utility Menu > Preprocessor > Modeling > Copy > Nodes > Copy，在“Copy nodes”选择对话框中单击“Pick All”，在弹出的对话框（见图 8-99）中设置相应的参数。

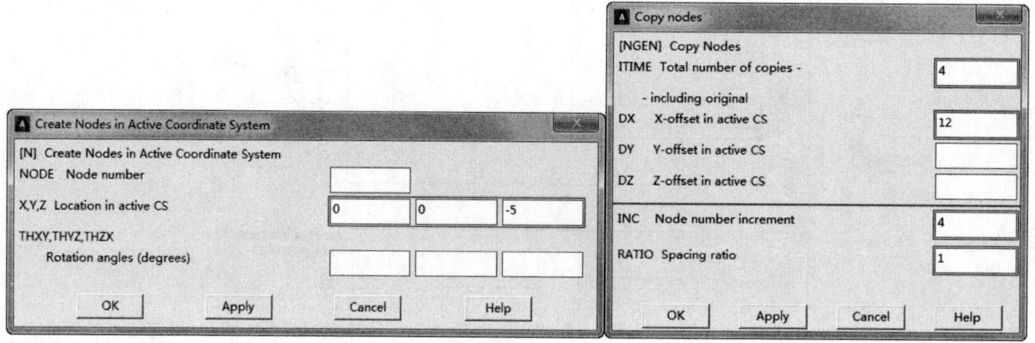

图 8-98 “Create Nodes in Active CS”对话框　　图 8-99 “Copy nodes”对话框

继续执行 GUI：Utility Menu > Preprocessor > Modeling > Copy > Nodes > Copy，在“Copy nodes”选择对话框中单击“Pick All”，在弹出的对话框中按图 8-100 所示进行设置。

图 8-100 “Copy nodes”对话框

继续执行 GUI：Utility Menu > Preprocessor > Modeling > Copy > Nodes > Copy，弹出“Copy nodes”选择对话框。在 ANSYS 主窗口中选择 2、6、10 号节点，单击“OK”按钮，在弹出的对话框中的“ITIME”文本框中输入 2，“DY”文本框中输入 16，“INC”文本框中输入 1，“RATIO”文本框中输入 1，其他选项不填写。单击“OK”按钮。

继续执行 GUI：Utility Menu > Preprocessor > Modeling > Copy > Nodes > Copy，弹出“Copy nodes”选择对话框。在 ANSYS 主窗口拾取 3、7、11 号节点，单击“OK”

按钮，在弹出的对话框中的“ITIME”文本框中输入 2，“DZ” 文本框中输入-10，“INC”输入 1，“RATIO” 文本框中输入 1，其他选项不填写。单击“OK”按钮，生成半跨桥的节点，如图 8-101 所示。

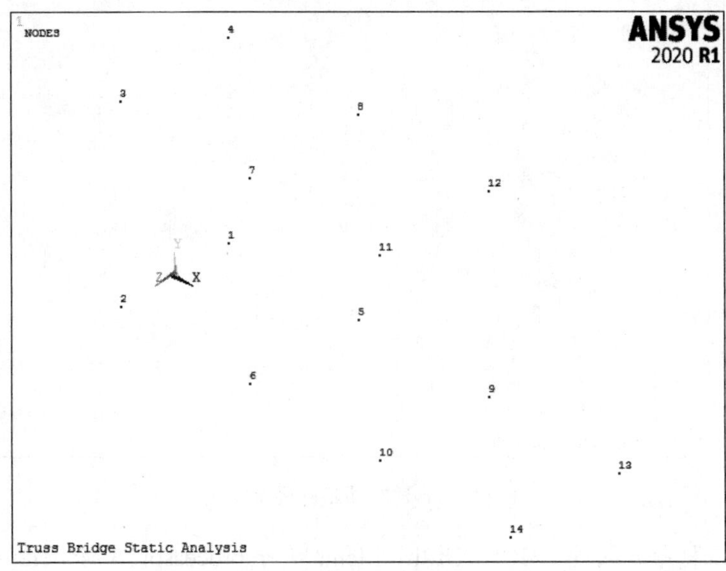

图 8-101 半跨桥模型的节点

❷生成半桥跨单元。选择第一种单元属性。GUI：Utility Menu > Preprocessor > Modeling > Create > Elements > Elem Attributes，弹出“Element Attributes”对话框，如图 8-102 所示。单击“OK”按钮，关闭该对话框。

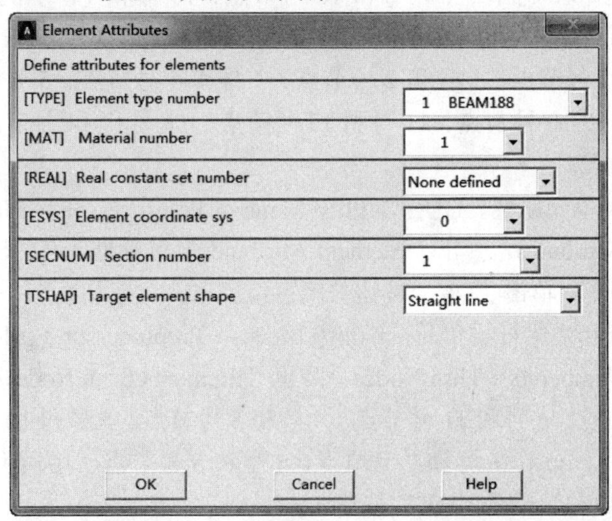

图 8-102 “Element Attributes”对话框

❸建立端斜杆梁单元。GUI：Utility Menu > Preprocessor > Modeling > Create > Elements > Auto Numbered > Thru Nodes，弹出“Elem from Nodes”选择对话框。分别选择 11 号和 14 号节点，单击“Apply”按钮。再选择 12 号和 13 号节点，单击“OK”

按钮，如图 8-103 所示。

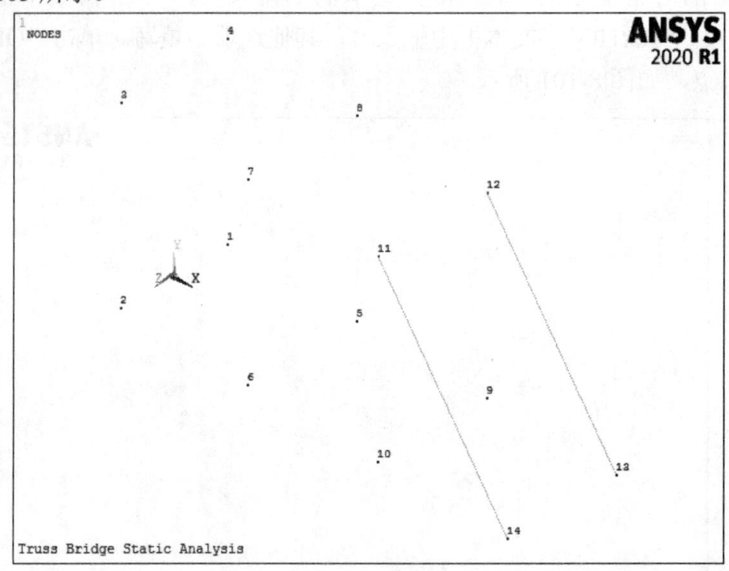

图 8-103 建立端斜杆梁单元

❹选择第二种单元属性。GUI：Utility Menu > Preprocessor > Modeling > Create > Elements > Elem Attributes，弹出“Element Attributes”对话框，“SECNUM”项中选择 2，其他选项不变。单击“OK”按钮关闭窗口。

❺建立上下弦杆和横梁杆梁单元。GUI：Utility Menu > Preprocessor > Modeling > Create > Elements > Auto Numbered > Thru Nodes，弹出“Elements from Nodes”选择对话框，分别在 2 号和 6 号节点、6 号和 10 号节点、10 号和 14 号节点、1 号和 5 号节点、5 号和 9 号节点、9 号和 13 号节点、3 号和 7 号节点、7 号和 11 号节点、4 号和 8 号节点、8 号和 12 号节点、1 号和 2 号节点、3 号和 4 号节点、5 号和 6 号节点、7 号和 8 号节点、9 号和 10 号节点、11 号和 12 号节点、13 号和 14 号节点建立单元。单击“OK”按钮关闭窗口。

❻选择第三种单元属性。GUI：Utility Menu > Preprocessor > Modeling > Create > Elements > Elem Attributes，弹出“Element Attributes”对话框。在“SECNUM”项中选择 3，其他选项不变。单击“OK”按钮关闭窗口。

建立上下弦杆和横梁杆梁单元：Utility Menu > Preprocessor > Modeling > Create > Elements > Auto Numbered > Thru Nodes，弹出“Elements from Nodes”选择对话框。分别在 3 号和 6 号节点、6 号和 11 号节点、4 号和 5 号节点、5 号和 12 号节点、号 2 和 3 号节点、1 号和 4 号节点、6 号和 7 号节点、5 号和 8 号节点、10 号和 11 号节点、9 号和 12 号节点建立单元。单击“OK”按钮。

❼选择第四种单元属性。GUI：Utility Menu > Preprocessor > Modeling > Create > Elements > Elem Attributes，弹出“Element Attributes”对话框。在“TYPE”项选择“2 SHELL181”，“MAT”下拉列表中选择 2，“SECNUM”下拉列表中选择 4，“TSHAP”下拉列表中选择“4 node quad”，其他选项不变。单击“OK”按钮。

❽建立桥面板单元。GUI：Utility Menu > Preprocessor > Modeling > Create >

Elements > Auto Numbered > Thru Nodes，弹出“Elements from Nodes”选择对话框。依次选择 1 号、2 号、6 号、5 号节点、5 号、6 号、10 号、9 号节点和 9 号、10 号、14 号、13 号节点，建立三个壳单元。单击“OK”按钮，如图 8-104 所示。

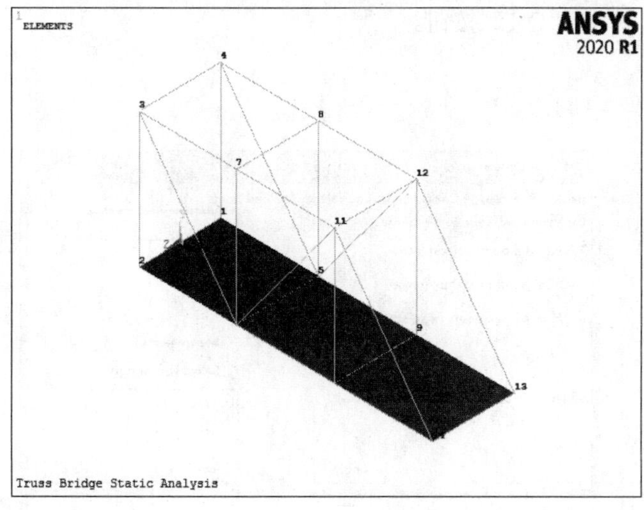

图 8-104 半桥单元

❾ 生成全桥有限元模型。

① 生成对称节点。GUI：Main Menu > Preprocessor > Modeling > Reflect > Nodes，弹出“Reflect Nodes”选择对话框。单击“Pick All”，在弹出的对话框中选择“Y-Z plane”，在“INC”文本框中输入 14。单击“OK”按钮，关闭该对话框。

② 生成对称单元。GUI：Main Menu > Preprocessor > Modeling > Reflect > Elements > Auto Numbered，弹出“Reflect Elems”选择对话框，单击“Pick All”，在弹出的对话框中的“NINC”文本框中输入 14。单击“OK”按钮，得到的全桥单元如图 8-105 所示。

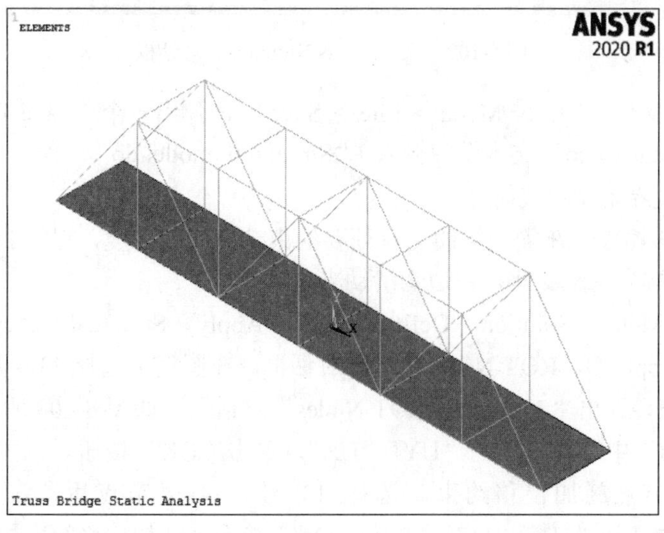

图 8-105 全桥单元

❿ 合并重合节点、单元。

① GUI：Main Menu > Preprocessor > Numbering Ctrls > Merge Items，弹出“Merge Coincident or Equivalently Defined Items”对话框，如图 8-106 所示。在“Label”下拉列表中选择“All”，单击“OK”按钮。

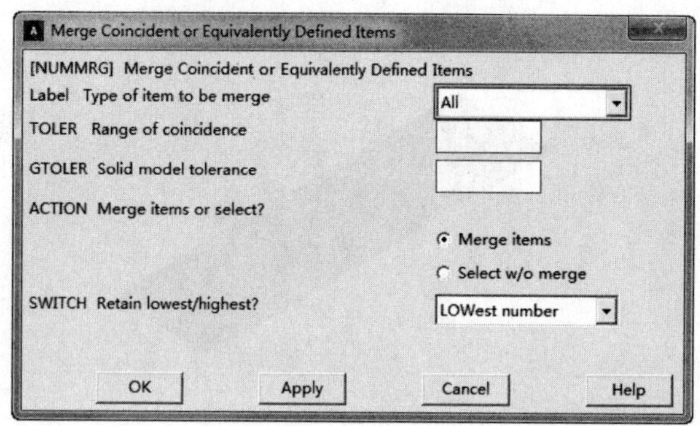

图 8-106 “Merge Coincident or Equivalently Defined Items”对话框

② 压缩编号。GUI：Main Menu > Preprocessor > Numbering Ctrls > Compress Number，弹出“Compress Numbers”对话框，如图 8-107 所示。在“Label”下拉列表中选择“All”，单击“OK”按钮。

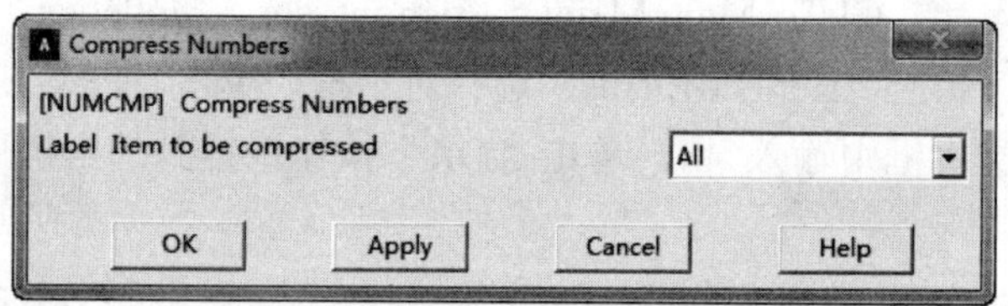

图 8-107 “Compress Numbers”对话框

⓫保存模型文件。Utility Menu > File > Save as，弹出一个“Save Database”对话框。在“Save Database to”文本框中输入 “Structural_model.db”，单击“OK”按钮。

03 施加边界条件和载荷。

❶ 施加位移约束。在简支梁的支座处要约束节点的自由度，以达到模拟铰支座的目的。假定梁左端为固定支座，右边为滑动支座。

GUI：Main Menu > Solution > Define Losads > Apply > Structual > Displacement > On Nodes，弹出“Apply U，ROT Nodes”选择对话框。在图形中选择 23 号和 24 号节点，单击“OK”按钮，弹出“Apply U，ROT Nodes”对话框，如图 8-108 所示。在“DOFs to be constrained”中选择“UX”“UY”“UZ”，单击“OK”按钮。以同样的方法，在 13 号和 14 号节点施加位移约束。选择 13 号、14 号节点后，在“DOFs to be constrained”项中选择“UY”“UZ”，单击“OK”按钮。施加位移约束如后的模型图 8-109 所示。

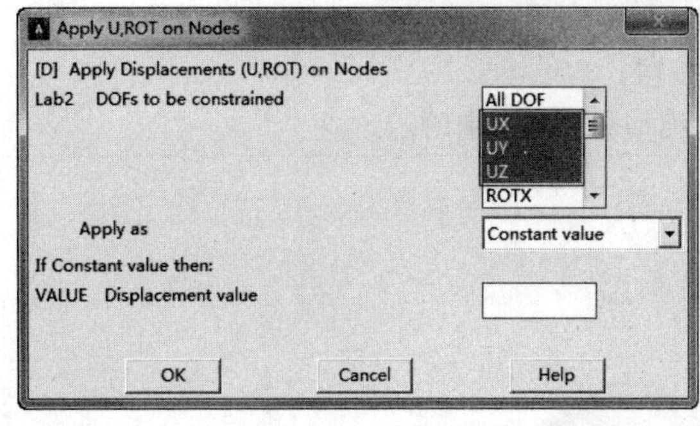

图 8-108 “Apply U，ROT Nodes”对话框

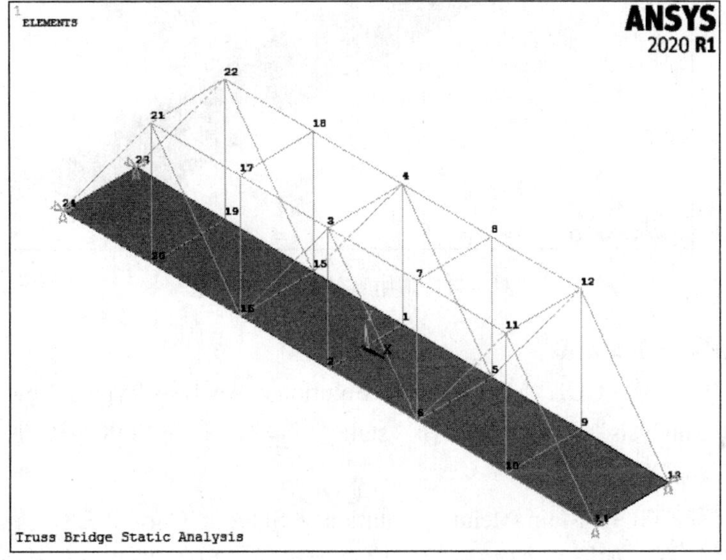

图 8-109 施加位移约束后的模型

❷施加集中力。在跨中两节点处施加集中力荷载。

GUI：Main Menu > Solution > Define Losads > Apply > Structual > Force/Moment > On Nodes，弹出对话框。在图形中选择 1 和 2 号节点，单击“OK”按钮，弹出“Apply F/M on Nodes”对话框，如图 8-110 所示。在“Lab”下拉列表中选择“FY”，在“VALUE”文本框中输入-100000。单击“OK”按钮。

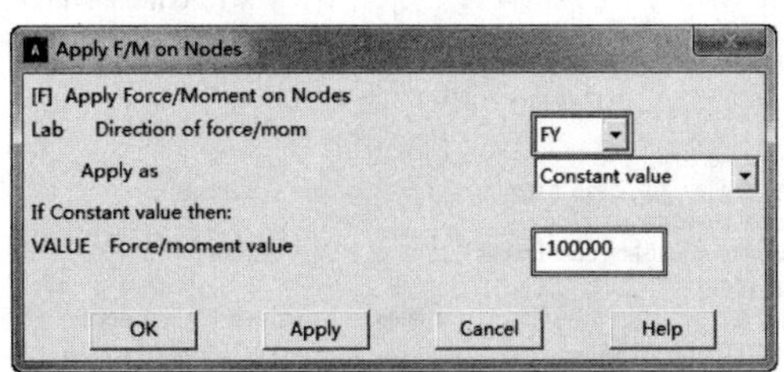

图 8-110 “Apply F/M on Nodes”对话框

❸施加重力。GUI：Main Menu > Solution > Define Losads > Apply > Structual >

Inertia > Gravity > Global，弹出“Apply Acceleration”对话框。在“ACELY”文本框中输入 10，单击“OK”按钮。

施加所有荷载后的模型如图 8-111 所示。

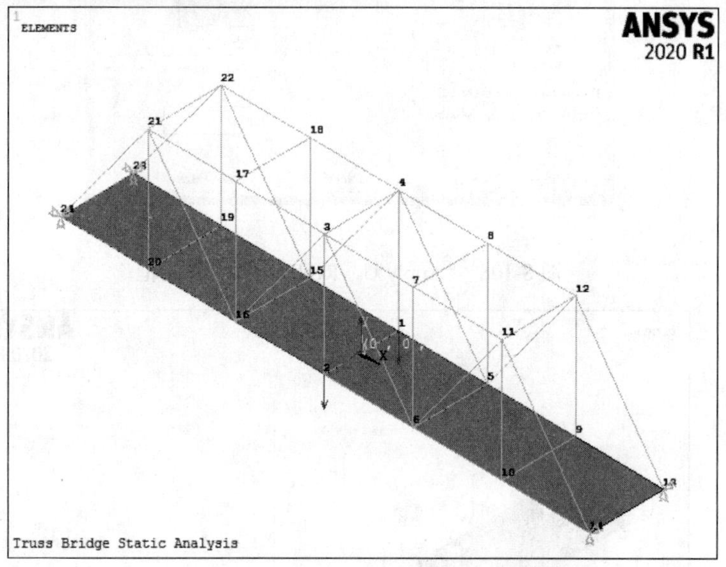

图 8-111 施加所有荷载后的模型

04 求解。

❶选择分析类型。GUI：Main Menu > Solution > Analysis Type > New Analysis，在弹出的“New Analysis”对话框中选择“static”选项，单击“OK”按钮，关闭该对话框。

❷开始求解。GUI：Main Menu > Solution > Solve > Current LS，弹出“/STATUS Command”对话框，如图 8-112 所示。检查无误后，单击“Close”按钮，在弹出的“Solve Current Load Step”对话框中单击“OK”按钮。求解结束后，关闭“Note”对话框。

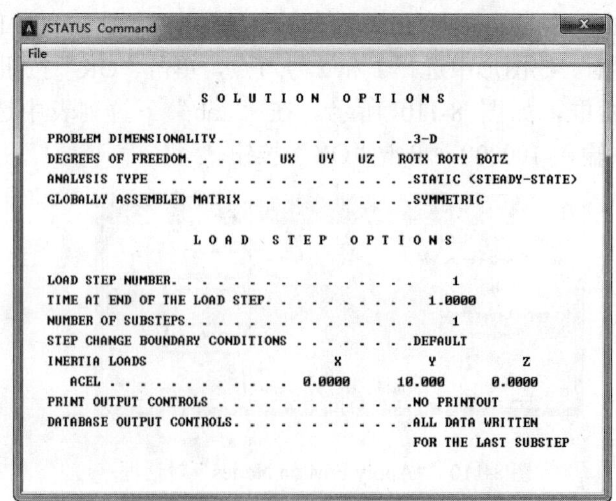

```
/STATUS Command
File

                    S O L U T I O N   O P T I O N S

   PROBLEM DIMENSIONALITY. . . . . . . . . . . . .3-D
   DEGREES OF FREEDOM. . . . . . UX   UY   UZ   ROTX ROTY ROTZ
   ANALYSIS TYPE . . . . . . . . . . . . . . . . .STATIC (STEADY-STATE)
   GLOBALLY ASSEMBLED MATRIX . . . . . . . . . . .SYMMETRIC

                    L O A D   S T E P   O P T I O N S

   LOAD STEP NUMBER. . . . . . . . . . . . . . . .    1
   TIME AT END OF THE LOAD STEP. . . . . . . . . .  1.0000
   NUMBER OF SUBSTEPS. . . . . . . . . . . . . . .    1
   STEP CHANGE BOUNDARY CONDITIONS . . . . . . . .DEFAULT
   INERTIA LOADS                      X             Y             Z
     ACEL . . . . . . . . . . . .  0.0000       10.000        0.0000
   PRINT OUTPUT CONTROLS . . . . . . . . . . . . .NO PRINTOUT
   DATABASE OUTPUT CONTROLS. . . . . . . . . . . .ALL DATA WRITTEN
                                                   FOR THE LAST SUBSTEP
```

图 8-112 “/STATUS Command”对话框

05 查看计算结果。

❶查看结构变形图。GUI：Main Menu > General Postproc > Plot Results > Deformed Shape，弹出一个如图 8-113 所示的“Plot Deformed Shape”对话框，单击“OK”按钮，结构变形情况如图 8-114 所示。

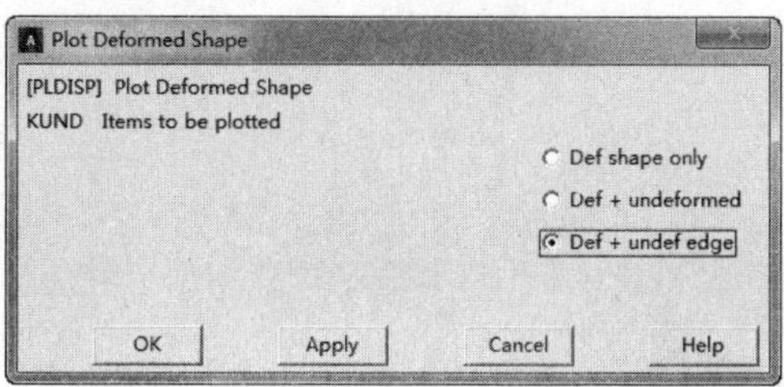

图 8-113 “Plot Deformed Shape”对话框

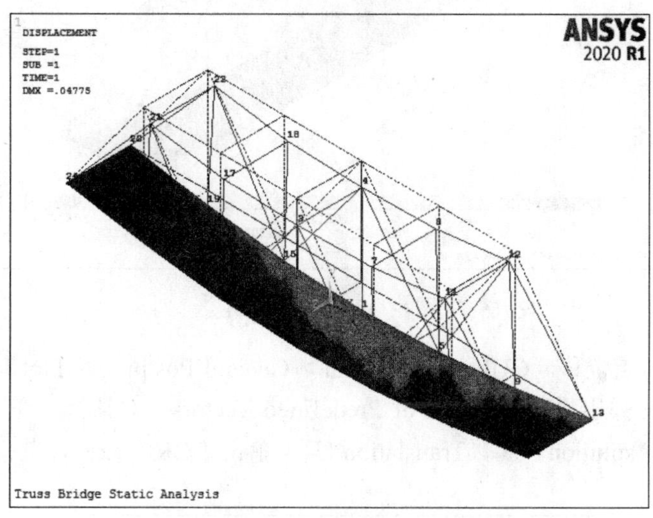

图 8-114 结构变形情况

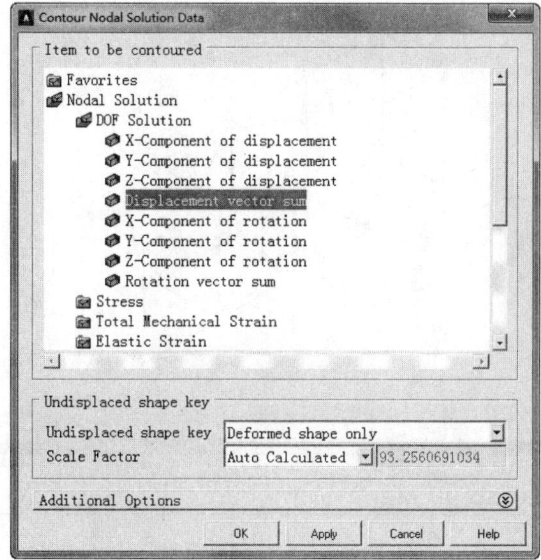

图 8-115 “Contour Nodal Solution Data”对话框

❷云图显示位移。GUI：Main Menu > General Postproc > Plot Results > Contour Plot > Nodal Solu，弹出如图 8-115 所示的“Contour Nodal Solution Data”对话框，选择“Nodal Solution-DOF Solution-”中的选项，其中包括 X、Y、Z 各个方向的位移和总体位移，以及 X、Y、Z 各个方向的转角和总体转角。单击“OK”按钮，总位移云图如图 8-116 所示。

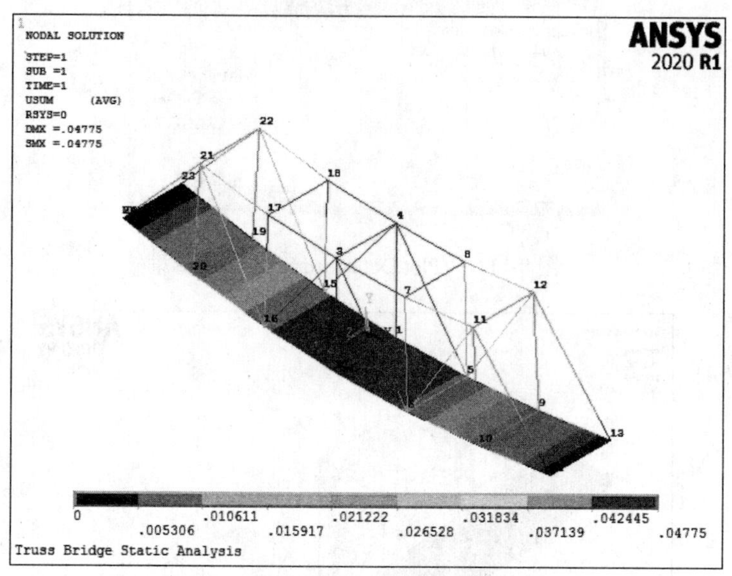

图 8-116 总位移云图

❸矢量显示节点位移。GUI：Main Menu > General Postproc > Plot Results > Vector Plot > Predefined，弹出“Vector Plot of Predefined Vectors”对话框。在“PLVECT”列表框中选择“DOF solution”和“Translation U”，单击“OK”按钮，节点位移矢量显示如图 8-117 所示。

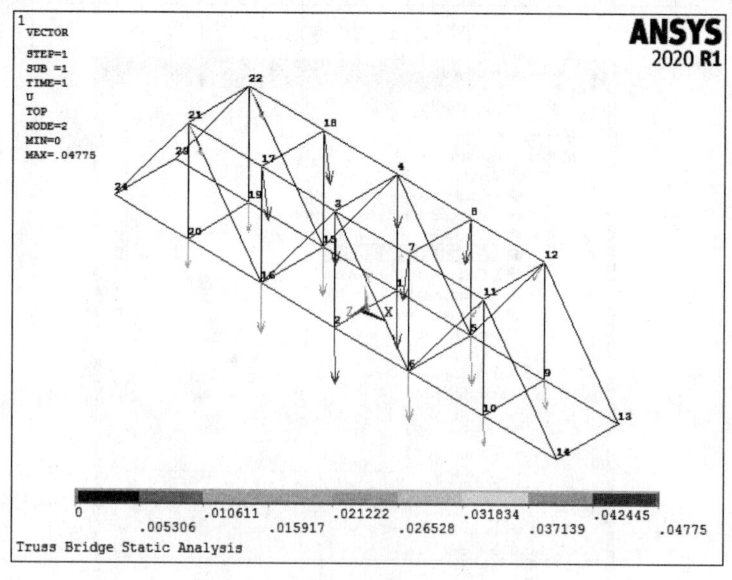

图 8-117 节点位移矢量显示

❹显示结构内力图。

① 定义单元表。GUI：Main Menu > General Postproc > Element Table > Define Table，弹出“Element Table Data”对话框。单击“Add”按钮，弹出“Define Additional Element Table Items”对话框，如图 8-118 所示。在“Lab”文本框中输入“zhou_i”（定义单元 i 节点轴力名称）；在“Item，Comp”列表框中输入“By sequence num”和“SMISC”，在“Item，Comp”列表框中输入“SMISC，1”，单击“Apply”按钮，继续定义单元 j 节点轴力。在“Lab” 文本框中输入“zhou_j”，在“Item，Comp”列表框中输入“SMISC，7”。单击“Apply” 按钮，继续定义单元 i 节点切应力。在“Lab”文本框中输入“jian_i”，在“Item，Comp”列表框中输入“SMISC，2”，单击“Apply”按钮，继续定义单元 j 节点切应力。在“Lab”文本框中输入“jian_j”，在“Item，Comp”列表框中输入“SMISC，8”，单击“Apply”按钮，继续定义单元 i 节点弯矩。在“Lab” 文本框中输入“wan_i”，在“Item，Comp”列表框中输入“SMISC，6”。单击“Apply”按钮，继续定义单元 j 节点轴力，在“Lab”文本框中输入“wan_j”，在“Item，Comp”列表框中输入“SMISC，12”。单击“OK”按钮，关闭该对话框。单击“Close”按钮，关闭“Element Table Data”对话框。

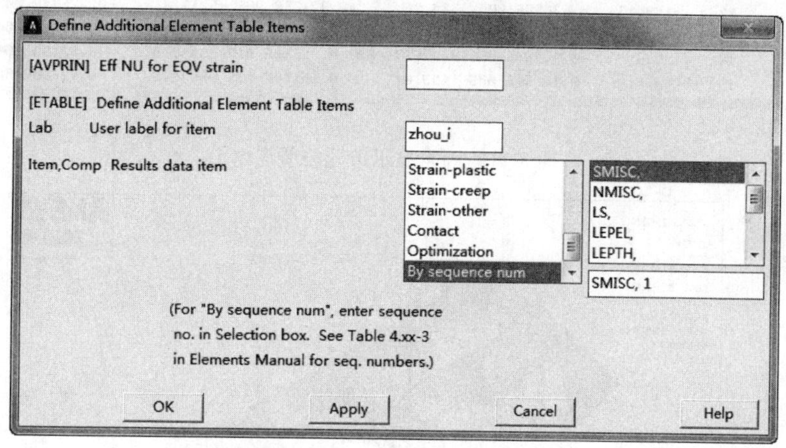

图 8-118 “Define Additional Element Table Items”对话框

② 列表单元表结果。GUI：Main Menu > General Postproc > Element Table > List Elem Table，弹出一个“List Element Table Data”对话框，选择刚才定义的内力名称“ZHOU_I”“ZHOU_J”“JIAN_I”“JIAN_J”“WAN_I”“WAN_J”,单击“OK”按钮，弹出文本列表“PRETAB Command”对话框，其中列表显示了每个单元的节点内力，如图 8-119 所示。

列表的最后还列出了每项最大值和最小值，以及它们所在的单元。

③ 显示线单元结果。GUI：Main Menu > General Postproc > Plot Results > Contour Plot > Line Elem Res，弹出“Plot Line-Element Results”对话框。在“LabI”“LabJ”中分别选择“ZHOU_I”和“ZHOU_J”，“Fact”用于设置显示比例（默认值是 1），“KUND”用于选择是否显示变形。单击“OK”按钮，显示轴力图，如图 8-120 所示。重新执行 GUI，在“LabI”“LabJ”中分别选择“JIAN_I”和“JIAN_J”，显示切应

力图。重新执行 GUI，在“LabI”“LabJ”中分别选择“WAN_I”和“WAN_J”，显示弯矩图。由于本算例中的结构属于桁架杆系结构，杆件的切应力与弯矩很小，结果不做重点考虑。

PRETAB Command

File

PRINT ELEMENT TABLE ITEMS PER ELEMENT

***** POST1 ELEMENT TABLE LISTING *****

STAT ELEM	CURRENT ZHOU_I	CURRENT ZHOU_J	CURRENT JIAN_I	CURRENT JIAN_J	CURRENT WAN_I	CURRENT WAN_J
1	-0.16402E+007	-0.41794E-003	4325.1	0.38241E-004	-10524.	-0.11823E-004
2	-0.16402E+007	-0.41794E-003	-4325.1	-0.38241E-004	-10524.	-0.11823E-004
3	95974.	0.32385E-004	-216.65	-0.24885E-005	-6666.8	-0.99163E-005
4	53183.	0.17946E-004	169.26	0.19441E-005	-5786.4	-0.86067E-005
5	52775.	0.17808E-004	-990.49	-0.11377E-004	-8540.2	-0.12703E-004
6	95974.	0.32385E-004	216.65	0.24885E-005	-6666.8	-0.99163E-005
7	53183.	0.17946E-004	-169.26	-0.19441E-005	-5786.4	-0.86067E-005
8	52775.	0.17808E-004	990.49	0.11377E-004	-8540.2	-0.12703E-004
9	-0.15905E+007	-0.53668E-003	97.367	0.11184E-005	-7189.1	-0.10693E-004
10	-1590153.	-0.53658E-003	-324.96	-0.37325E-005	-5219.8	-0.77639E-005
11	-0.15905E+007	-0.53668E-003	-97.367	-0.11184E-005	-7189.1	-0.10693E-004
12	-1590153.	-0.53658E-003	324.96	0.37325E-005	-5219.8	-0.77639E-005
13	-24584.	-0.82956E-005	-0.25658E-009	-0.29452E-017	-5539.0	-0.82180E-005
14	-1117.4	-0.37704E-006	-0.27529E-009	-0.31610E-017	-5539.0	-0.82180E-005
15	-5084.0	-0.17155E-005	123.62	0.14199E-005	-5539.0	-0.82180E-005

图 8-119 列表显示单元的节点内力

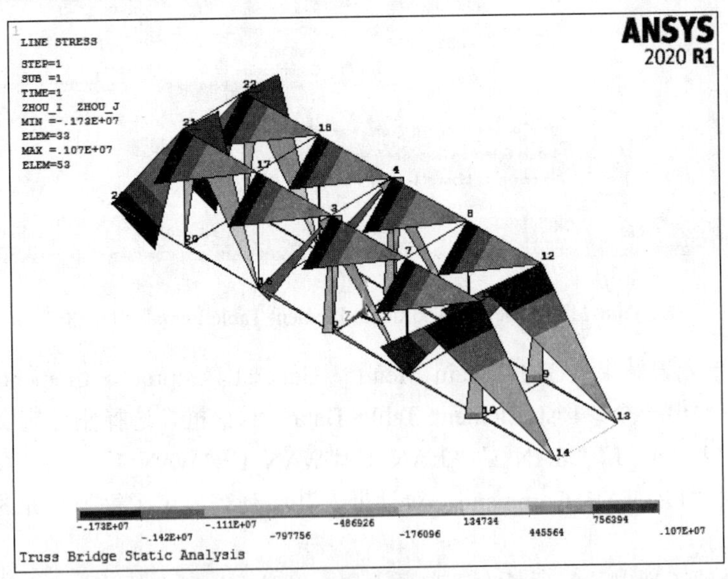

图 8-120 轴力图

❺列表节点结果。GUI：Main Menu > General Postproc > List Results > Nodal Solution，弹出“List Nodal Solution”对话框。选择“Nodal Solution > DOF Solution > Displacement vector sum”，单击“OK” 按钮，弹出每个节点的位移列表文本，其中包括每个节点的 X、Y、Z 方向位移和总位移，最后还列有每项最大值及出现最大值的节

点。

06 退出程序。选择工具条上的“Quit”，弹出一个如图 8-121 所示的对话框，选取一种保存方式，单击“OK”按钮，即可退出 ANSYS 软件。

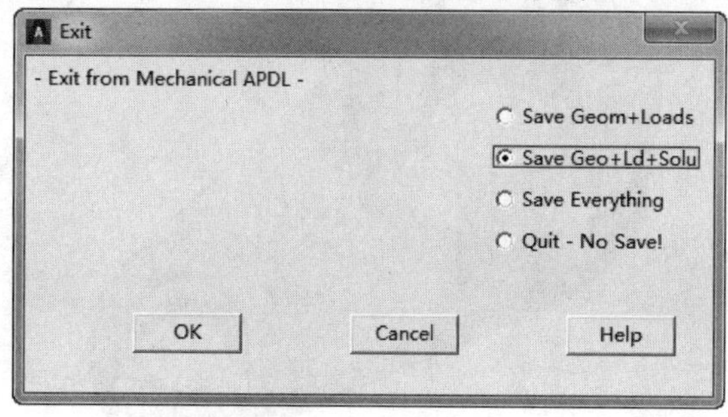

图 8-121 “Exit”对话框

8.4.3 命令流实现

略，见随书电子资料包。

8.5 实例导航——联轴体的静力分析

本节将介绍工程中最常见的问题，即三维问题。在实际问题中，任何一个物体严格地说都是空间物体,它所受的载荷一般都是空间的，任何简化分析都会带来误差。

本节通过对联轴体的静力分析，介绍 ANSYS 三维问题的分析过程。

8.5.1 问题描述

考虑联轴体在工作时发生的变形和产生的应力。如图 8-122 所示，联轴体在底面的四周边界不能发生上下运动，即不能发生沿轴向的位移；在底面的两个圆周上不能发生任何方向的运动；在小轴孔的孔面上分布有 10^6Pa 的压力；在大轴孔的孔台上分布有 10^7Pa 的压力；在大轴孔的键槽的一侧受到 10^5Pa 的压力。

8.5.2 建立模型

01 设定分析作业名和标题。当进行一个新的有限元分析时，通常需要修改数据库名，并在图形输出窗口中定义一个标题来说明当前进行的工作内容。另外，对于不同的分析范畴（结构分析、热分析、流体分析、电磁场分析等），ANSYS 所用的主菜单内容不尽相同，为此，需要在分析开始时选定分析内容的范畴，以便 ANSYS 显示出与其相对应的菜单选项。其具体步骤为：

❶从应用菜单中选择 Utility Menu：File > Change Jobname，弹出“Change Jobname”对话框，如图 8-123 所示。

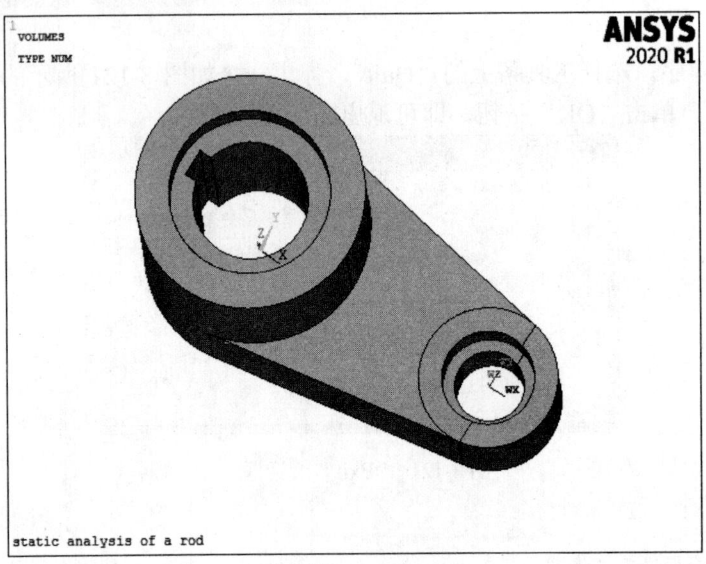

图 8-122 联轴体

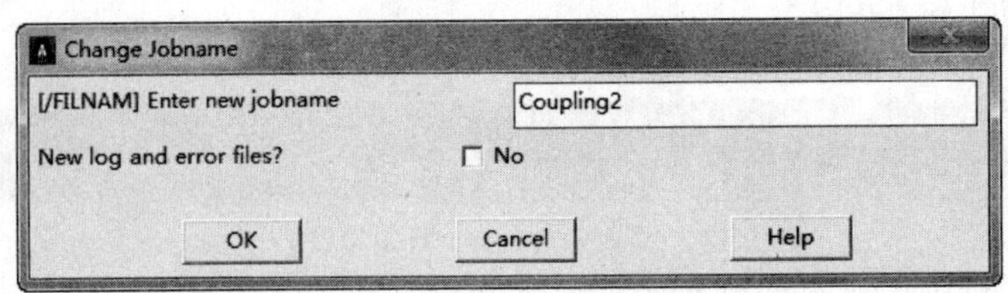

图 8-123 “Change Jobname”对话框

❷在“Enter new jobname”文本框中输入文字“Coupling2”，为本分析实例的数据库文件名。

❸单击“OK”按钮，完成数据库文件名的修改。

❹从应用菜单中选择 Utility Menu：File > Change Title 命令，弹出“Change Title”对话框，如图 8-124 所示。

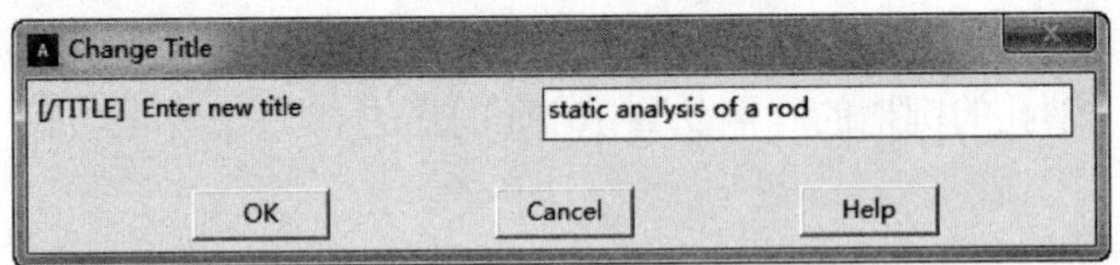

图 8-124 “Change Title”对话框

❺在“Enter new title”文本框中输入文字“static analysis of a rod”，为本分析实例的标题名。

❻单击“OK”按钮，完成对标题名的指定。

❼从应用菜单中选择 Utility Menu：Plot > Replot，指定的标题“static analysis of a rod”将显示在图形窗口的左下方。

❽从主菜单中选择 Main Menu：Preference，弹出“Preference of GUI Filtering”对

话框，如图 8-125 所示。选择“Structural”复选框，单击“OK”按钮。

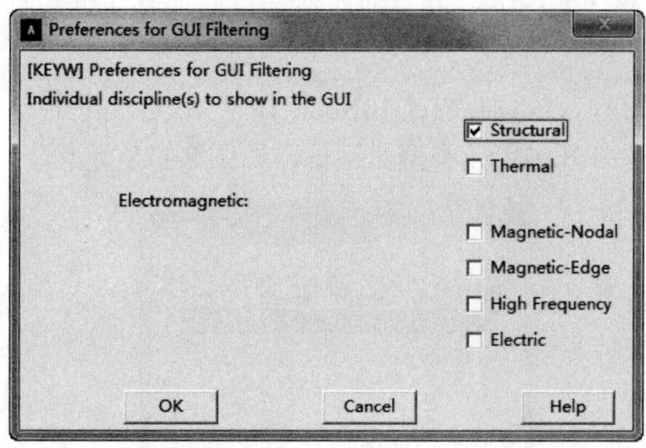

图 8-125“Preference of GUI Filtering”对话框

02 定义单元类型。当进行有限元分析时，首先应根据分析问题的几何结构、分析类型和所分析的问题精度要求等，选定适合具体分析的单元类型。本例中选用十节点四面体实体结构单元 Tet 10Node 187。Tet 10Node 187 可用于计算三维问题。

❶从主菜单中选择 Main Menu：Preprocessor > Element Type > Add/Edit/Delete，弹出“Element Types”对话框，如图 8-126 所示。

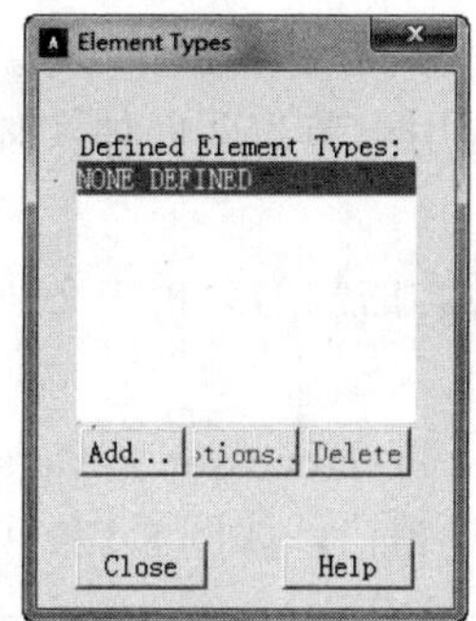

图 8-126 “Element Type”对话框

❷单击“Add...”按钮，弹出“Library of Element Types”对话框，如图 8-127 所示。

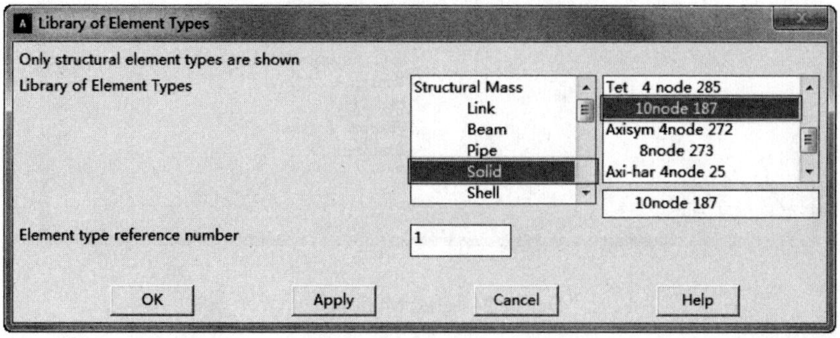

图 8-127 “Library of Element Types”对话框

❸选择“Structural Solid”选项，即选择实体单元类型。

❹在列表框中选择“Tet 10Node 187”选项，即选择十节点四面体实体结构单元“Tet 10Node 187”。

❺单击“OK”按钮，将添加“Tet 10Node 187”单元，并关闭“Element Type”对话框，同时返回第❶步打开的单元类型对话框，如图 8-128 所示。

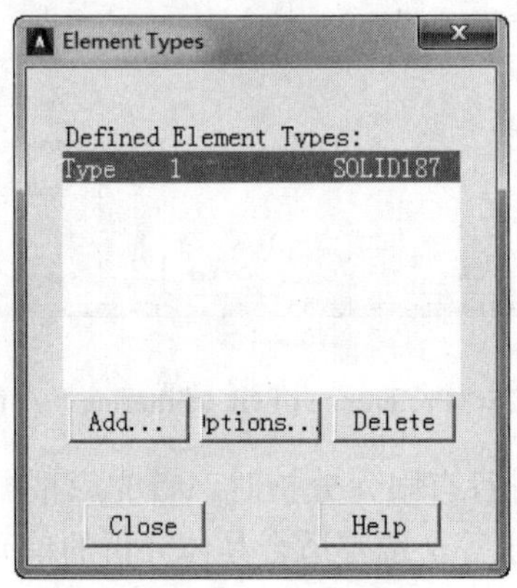

图 8-128 添加单元后的“Element Types”对话框

❻该单元不需要进行单元选项设置，单击“Close”按钮，关闭该对话框，结束单元类型的添加。

03 定义实常数。在实例中选用十节点四面体实体结构单元“Tet 10Node 187”单元，不需要设置实常数。

04 定义材料属性。考虑惯性力的静力分析中必须定义材料的弹性模量和密度，其具体步骤如下：

❶从主菜单中选择 Main Menu：Preprocessor > Material Props > Materia Model，弹出“Define Material Model Behavior”窗口，如图 8-129 所示。

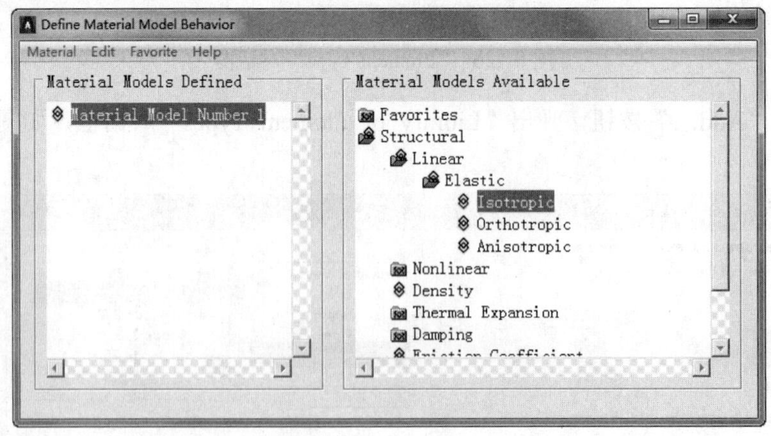

图 8-129 “Define Material Model Behavior”窗口

❷依次选择 Structural > Linear > Elastic > Isotropic，展开材料属性的树形结构，同

时弹出如图 8-130 所示的对话框，。

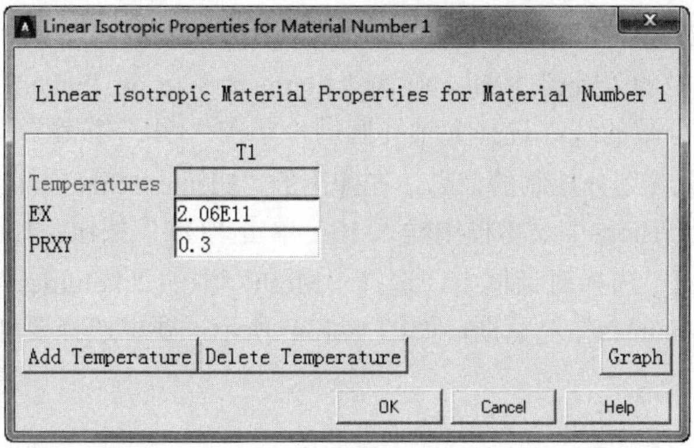

图 8-130 定义各向同性材料的弹性模量和泊松比

❸在对话框的“EX”文本框中输入弹性模量“2.06E11”，在“PRXY”文本框中输入泊松比 0.3。

❹单击“OK”按钮，关闭该对话框，并返回“Define Material Model Behavior”窗口，在“Define Material Model Behavior”窗口列表框中显示刚刚定义的参考号为 1 的材料属性。

❺在“Material Models Defined”窗口中，从菜单选择 Material > Exit 命令，或者单击窗口后上方按钮 X，退出该窗口，完成对材料模型属性的定义。

05 建立联轴体的三维实体模型。按照前面章节介绍的方法建立联轴体的三维实体模型，如图 8-131 所示。

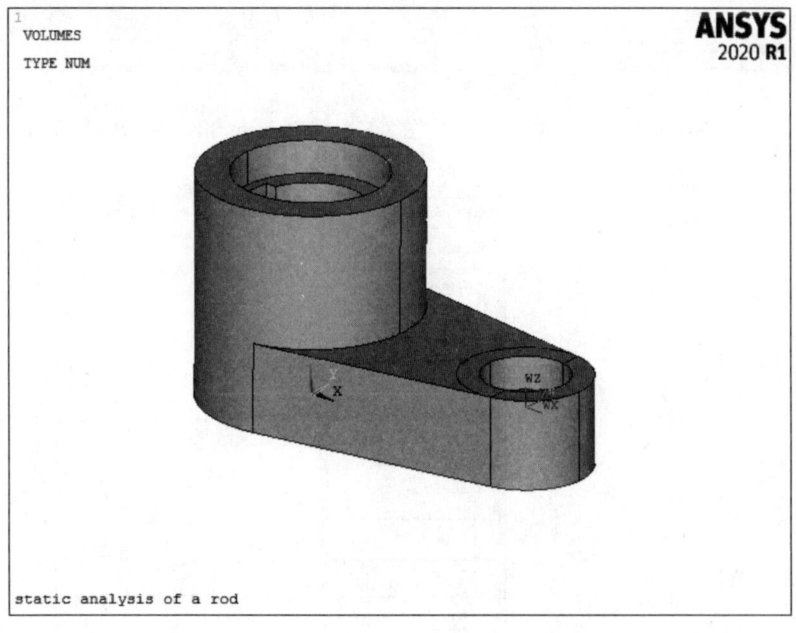

图 8-131 建立联轴体的三维模型

06 划分网格。本节选用 Tet 10Node 187 单元对三维实体划分自由网格。

❶从主菜单中选择 Main Menu：Preprocessor > Meshing > Mesh Tool，弹出“Mesh Tool”选择对话框，如图 8-132 所示。

❷单击“Line”中的“Set”按钮，弹出“Element Size on Picked Lines”对话框，要求选择定义单元划分数的线。选择大轴孔圆周，单击“OK”按钮。

❸ANSYS 会提示线划分控制的信息，在弹出的“Element Size on Picked Lines”对话框的“No.of element divisions”文本框中输入 10，单击“OK”按钮，如图 8-133 所示。

❹在“Mesh Tool”选择对话框中，选择“Mesh”中的“Volumes”，单击“Mesh”按钮，弹出“Mesh Volumes”对话框，如图 8-134 所示，要求选择要划分数的体。单击“Pick All”按钮。

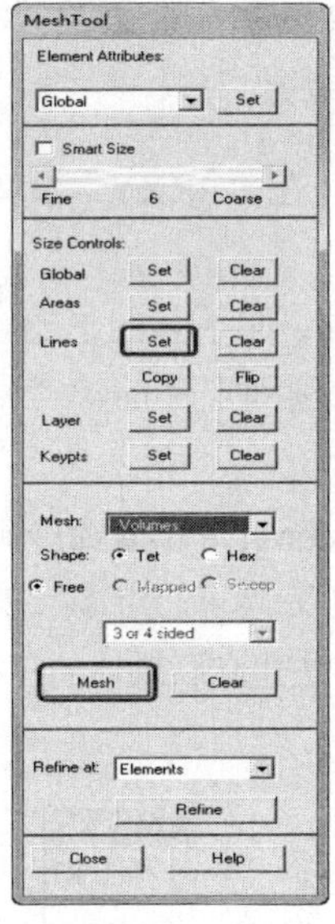

图 8-132 “Mesh Tool”选择对话框

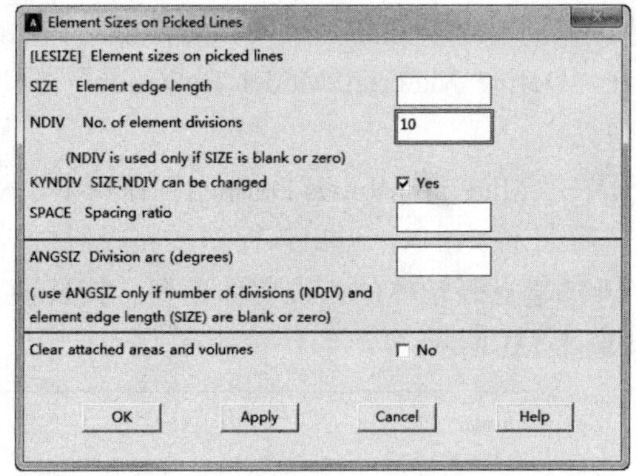

图 8-133 “Element Size on Picked Lines”对话框

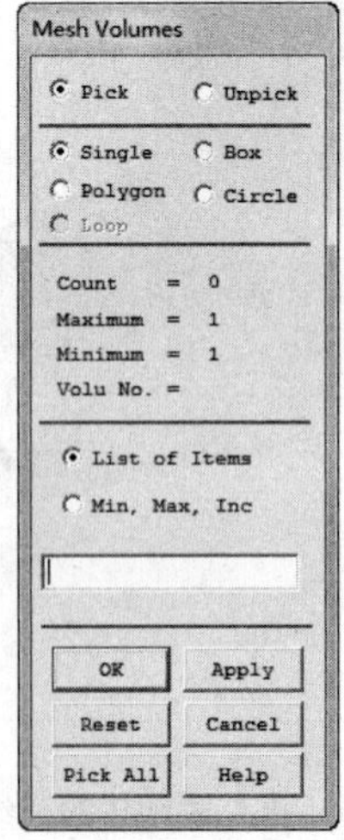

图 8-134 “Mesh Volumes”对话框

❺ANSYS 会根据进行的线控制划分体，划分后的体如图 8-135 所示。

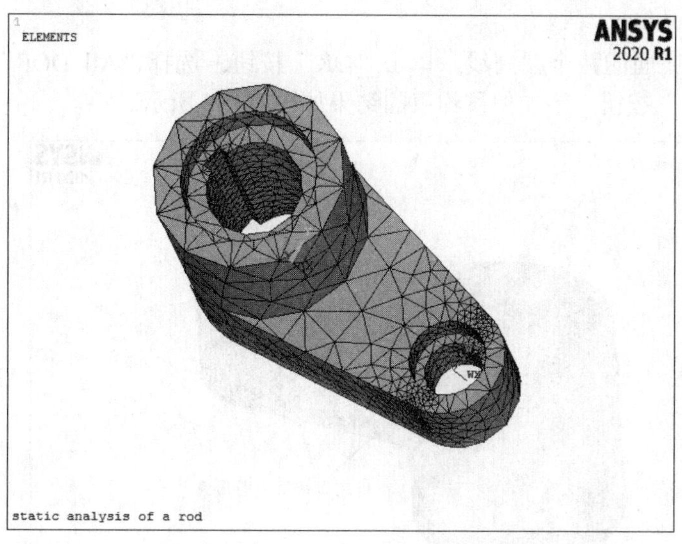

图 8-135 划分后的体

8.5.3 定义边界条件并求解

建立有限元模型后，就需要定义分析类型和施加边界条件及载荷，然后求解。其具体步骤如下。

01 在基座的底部施加位移约束。

❶从主菜单中选择 Main Menu：Solution > Define Loads > Apply > Structural > Displacement > on Lines。弹出“ApplyU，ROT on Lines”选择对话框，如图 8-136 所示。

❷选择基座底面的所有外边界线，单击“OK”按钮。

❸在对话框中选择“UZ”作为约束自由度，如图 8-137 所示，单击“OK”按钮。

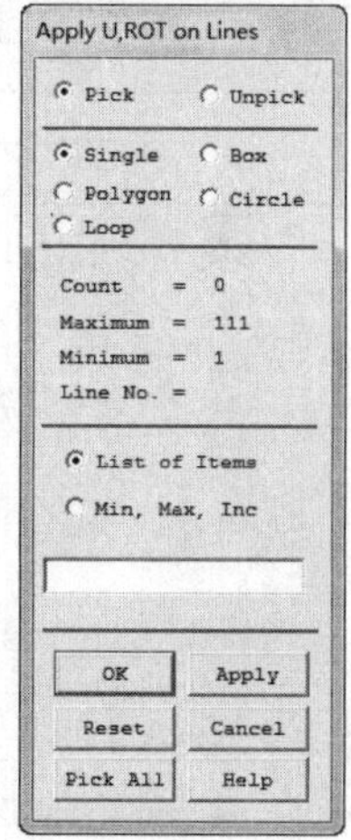

图 8-136 “ApplyU，ROT on Lines”选择对话框

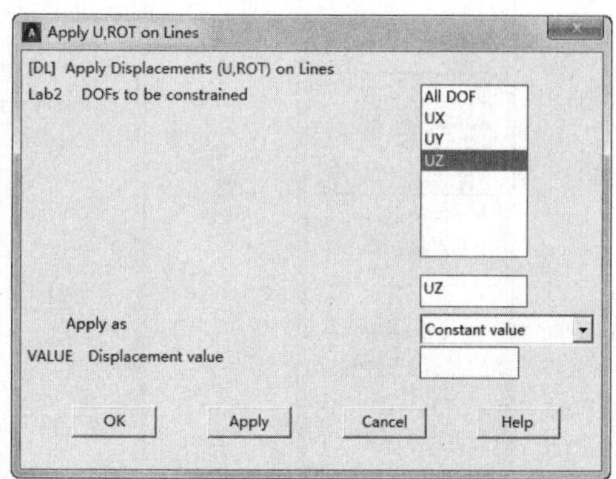

图 8-137 施加 Z 方向位移

❹从主菜单中选择 Main Menu：Solution > Define Loads > Apply > Structural > Displacement > on Lines

❺选择基座底面的两个圆周线，单击“OK”按钮。选择“All DOF”作为约束自由度，单击“OK”按钮，施加位移约束的结果如图 8-138 所示。

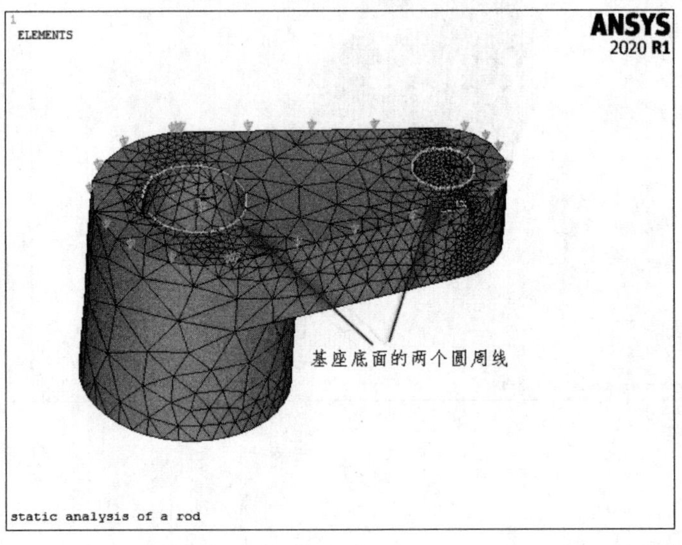

图 8-138 施加位移约束的结果

02 在小轴孔圆周面上、大轴孔轴台上和键槽的一侧施加压力载荷。

❶从主菜单中选择 Main Menu：Solution > Define Loads > Apply > Structural > Pressure > On Areas，弹出“Apply PRES On Areas”选择对话框，如图 8-139 所示。

❷选择小轴孔的内圆周面和小轴孔的圆台，单击“OK”按钮。

❸弹出“Apply PRES on Areas”对话框，如图 8-140 所示。在“Load PRES value”文本框中输入“1E6”，单击“OK”按钮。

在圆周上施加压力的结果如图 8-141 所示。

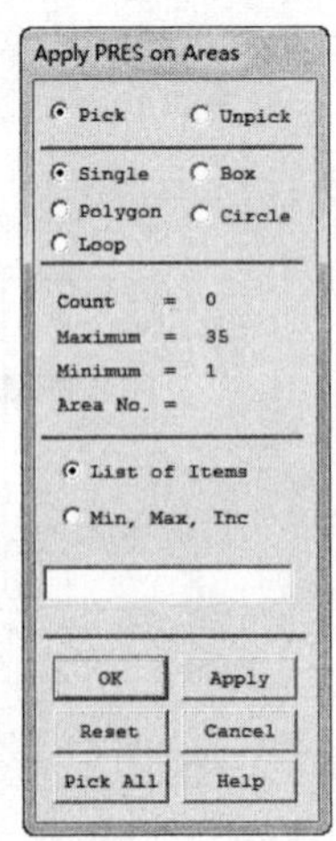

图 8-139 “Apply PRES on Areas”选择对话框

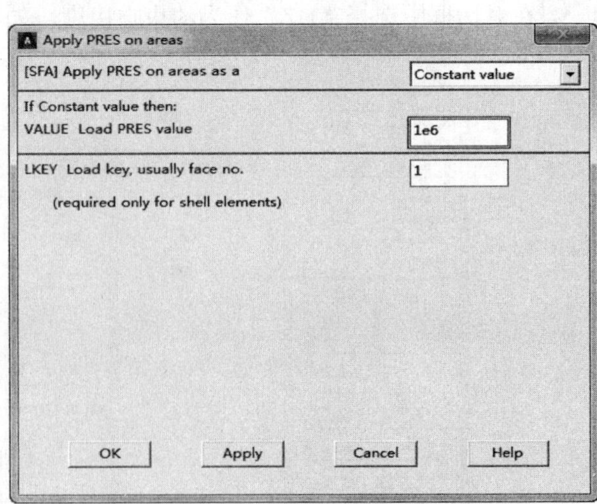

图 8-140 “Apply PRES on areas”对话框

❹用同样方法在大轴孔轴台上和键槽的一侧施加分别施加大小为 10^7 和 10^5 压力载荷。

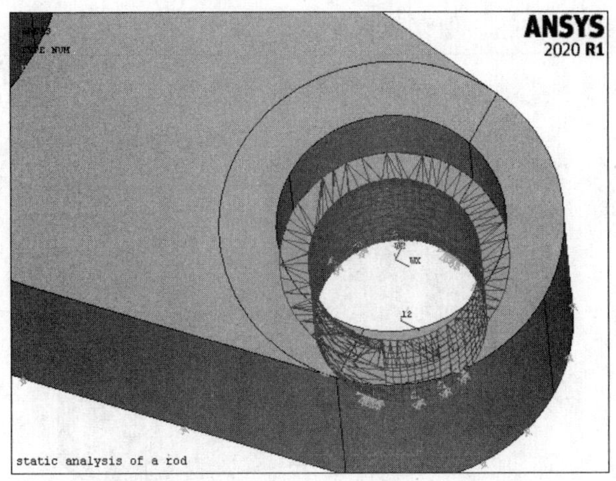

图 8-141 在圆周面上施加压力的结果

❺从应用菜单中选择 Utility Menu：PlotCtrls > Symbols，弹出“Symbols”对话框，如图 8-142 所示。在“Show pres and convect as”下拉列表中选择“Face outlines”，单击“OK”按钮。

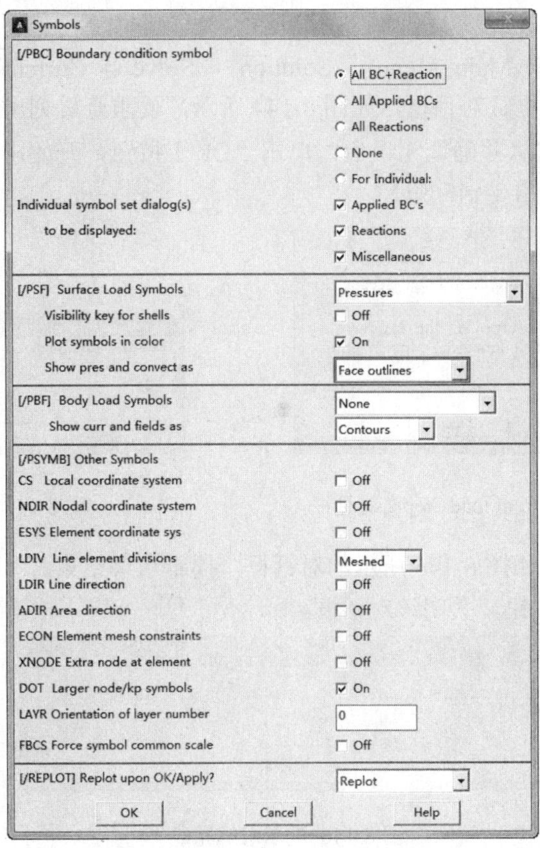

图 8-142 “Symbols”对话框

❻从应用菜单中选择 Utility Menu：Plot > Areas，显示施加载荷，如图 8-143 所示。

❼单击“SAVE-DB”按钮，保存数据库。

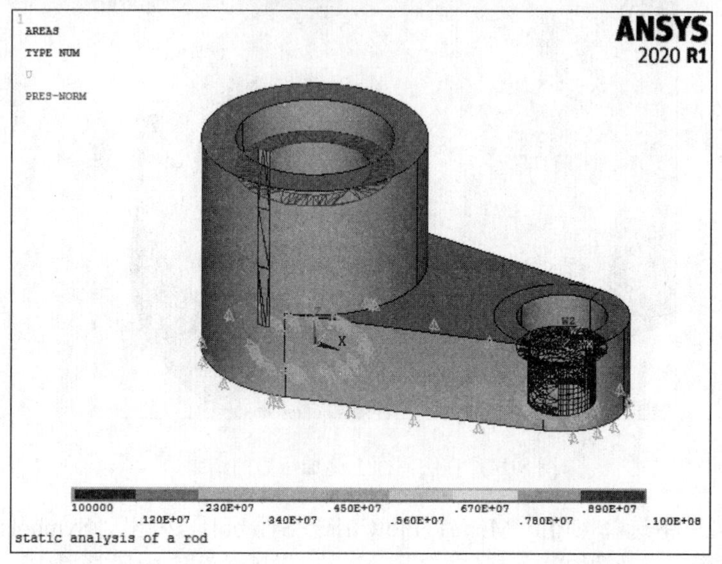

图 8-143 显示施加载荷

03 进行求解。

❶从主菜单中选择 Main Menu： Solution > Solve > Current LS，弹出“Solve Current load Step”对话框认对话框，如图 8-144 所示，要求查看列出的求解选项。

❷查看列表中的信息并确认无误后，单击“OK”按钮，开始求解。求解过程中会有一些进度的显示，如图 8-145 所示。

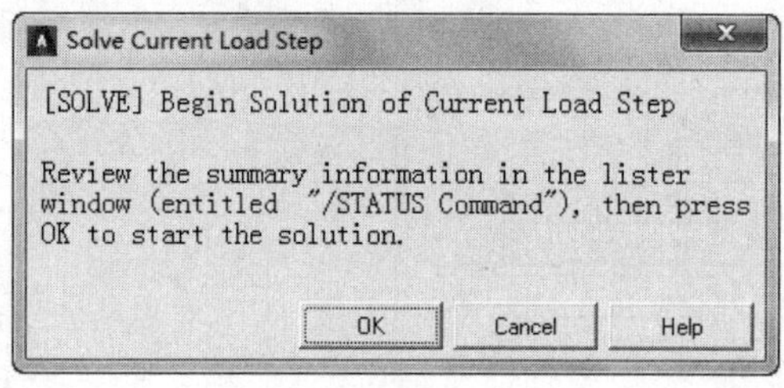

图 8-144 “Solve Current load Step”对话框

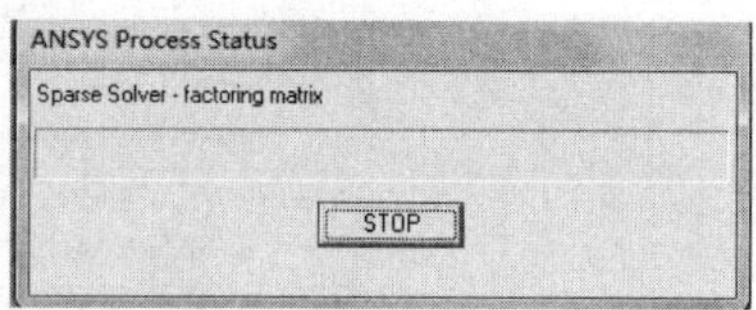

图 8-145 进度显示

❸求解完成后弹出如图 8-146 所示的对话框，提示求解结束。

❹单击“Close”按钮，关闭该对话框。

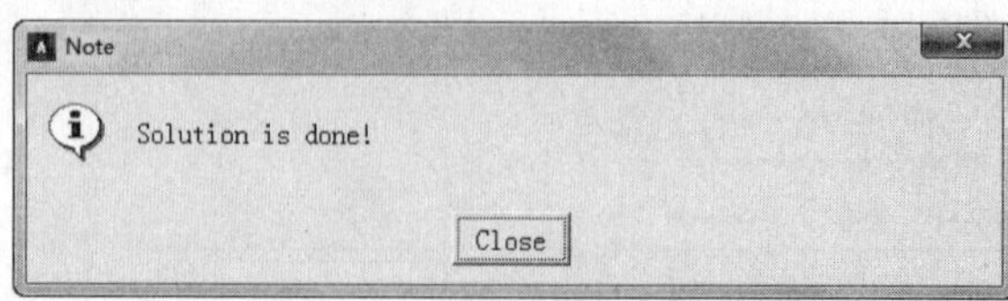

图 8-146 提示求解完成

8.5.4 后处理

求解完成后，就可以对 ANSYS 软件生成的结果文件（对于静力分析，就是 Jobname.RST）进行后处理。在静力分析中，通常采用 POST1 后处理器就可以处理和显示大多数感兴趣的结果数据。

01 查看变形。三维实体需要查看 3 个方向的位移和总的位移。

❶从主菜单中选择 Main Menu： General Postproc > Plot Result > Contour Plot > Nodal Solu 命令，弹出“Contour Nodal Solution Data（等值线显示节点解数据）对话框，如图 8-147 所示。

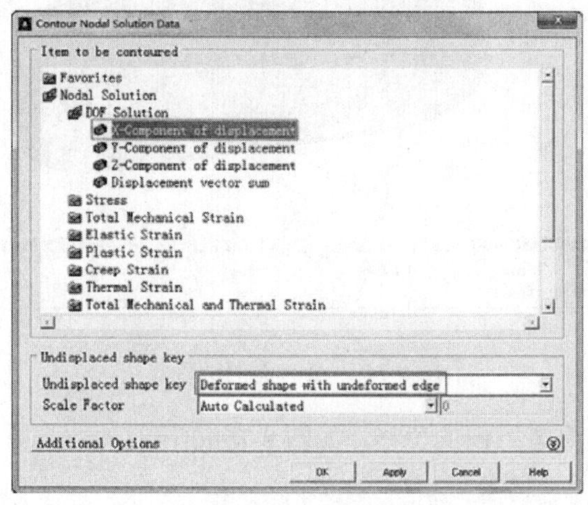

图 8-147 “Contour Nodal Solution Data”对话框

❷在“Item to be contoured”列表框中选择“DOF solution”（自由度解）选项。

❸在列表框中选择“X-Component of displacement”选项。

❹选择“Deformed shape with undeformed edge”选项。

❺单击“OK”按钮，在图形窗口中显示变形图，包含变形前的轮廓线，如图 8-148 所示。图中下方的色谱表明不同的颜色对应的数值（带符号）。

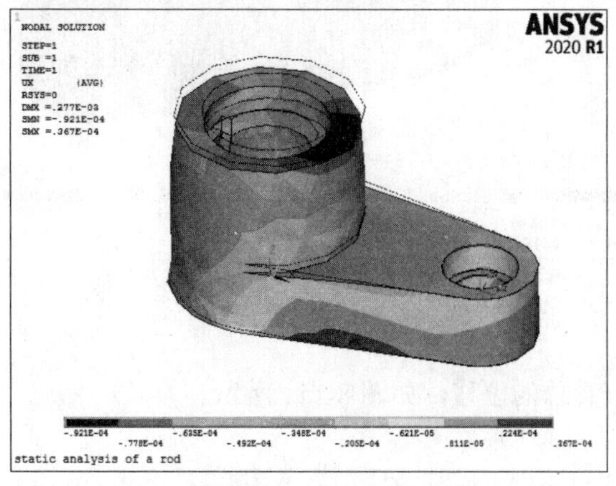

图 8-148 X 方向的位移

❻用同样的方法查看 Y 方向的位移，如图 8-149 所示。

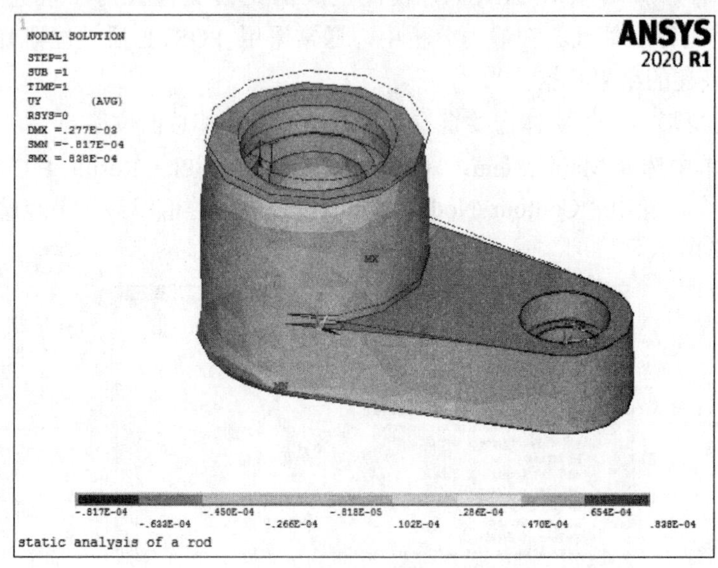

图 8-149　Y 方向的位移

❼用同样的方法查看 Z 方向的位移，如图 8-150 所示。

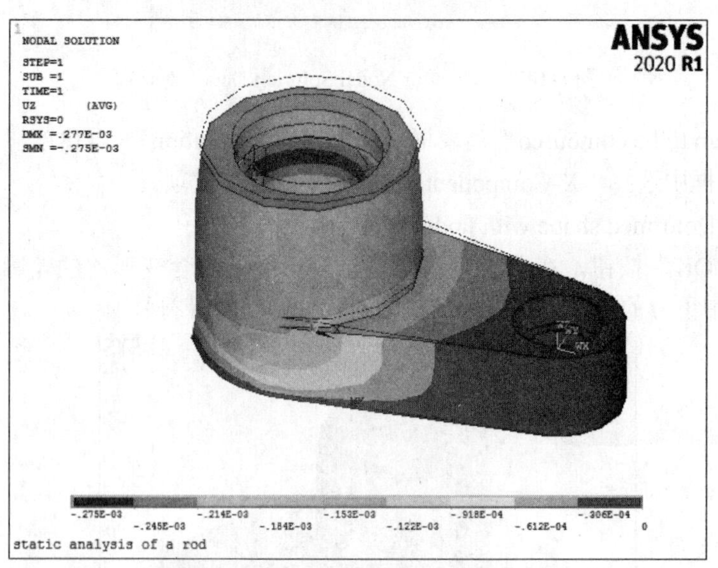

图 8-150　Z 方向的位移

❽用同样的方法查看总的位移，如图 8-151 所示。

02 查看应力。

❶从主菜单中选择 Main Menu： General Postproc > Plot Results > Contour Plot > Nodal Solu，弹出“Contour Nodal Solution Data”对话框，如图 8-152 所示。

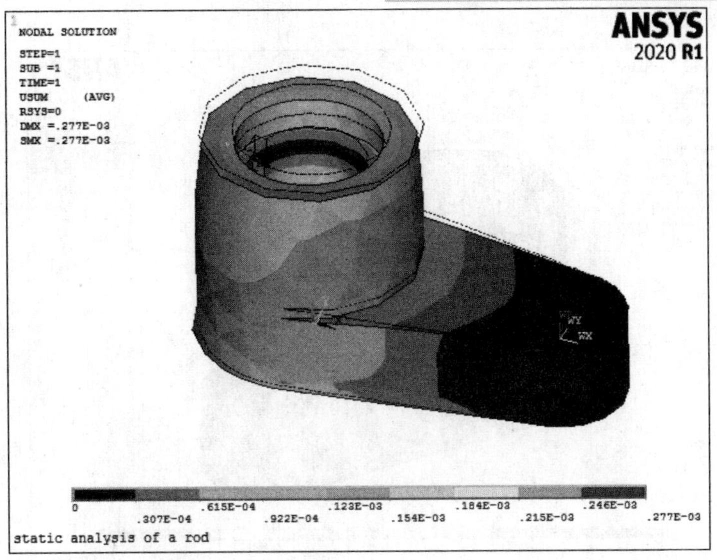

图 8-151 总的位移

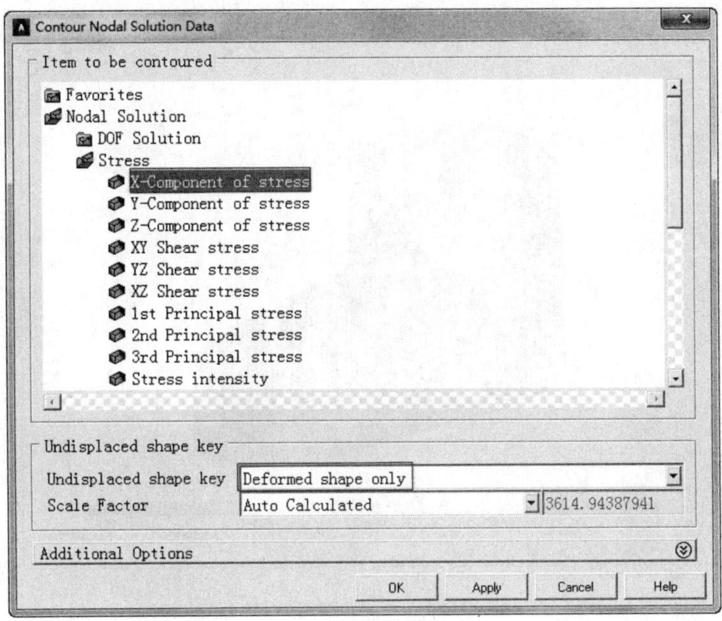

图 8-152 “Contour Nodal Solution Data”对话框

❷在“Item to be contoured”列表框中选择“Stress”选项。

❸在列表框中选择“X-Component of stress”选项。

❹选择“Deformed shape only”选项。

❺单击“OK”按钮，图形窗口中显示出 X 方向（径向）的应力分布，如图 8-153 所示。

❻用同样的方法查看 Y 方向的应力分布，如图 8-154 所示。

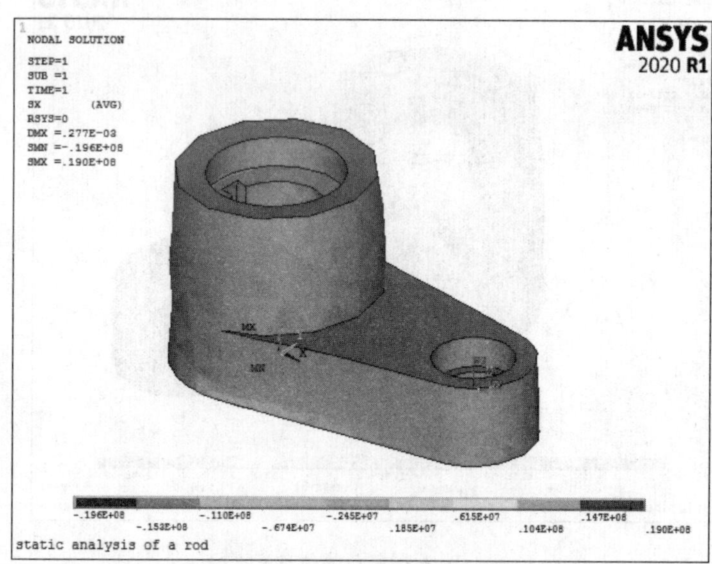

图 8-153　X 方向的应力分布

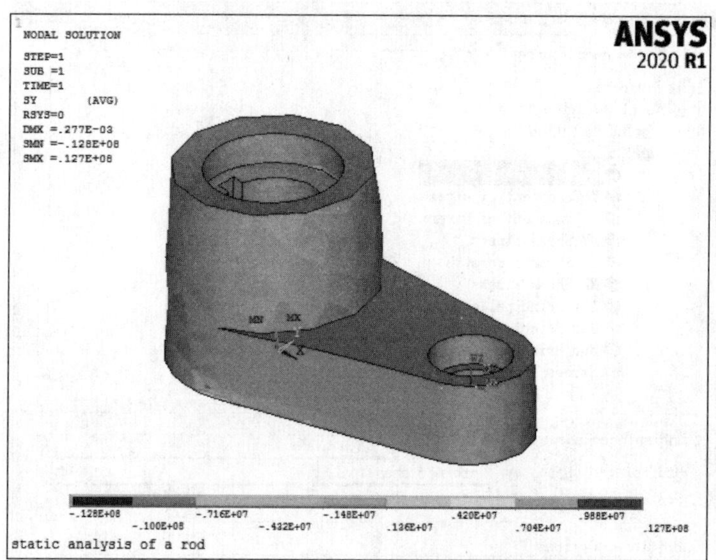

图 8-154　Y 方向的应力分布

❼用同样的方法查看 Z 方向的应力分布，如图 8-155 所示。

❽从主菜单中选择 Main Menu：General Postproc > Plot Results > Contour Plot > Nodal Solu，弹出“Contour Nodal Solution Data ”对话框。

❾在“Item to be contoured”列表框中选择“Stress”选项。

❿在列表框中选择“von Mises SEQ”选项。

⓫选择“Deformed shape only”选项。

⓬单击“OK”按钮，图形窗口中显示出“von Mises”等效应力分布，如图 8-156 所示。

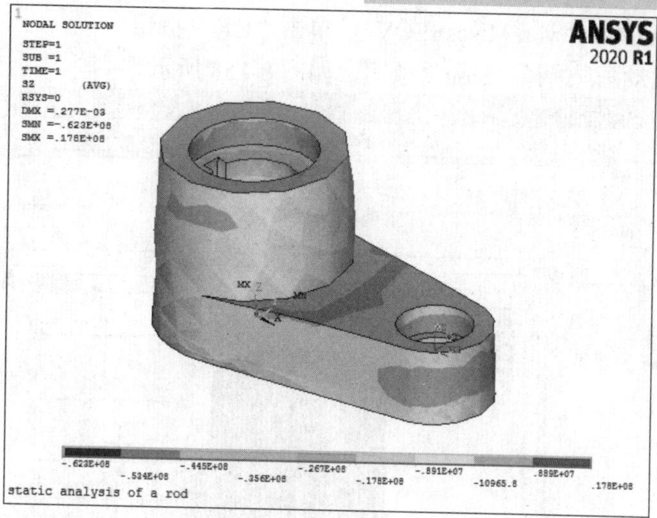

图 8-155 Z 方向的应力分布

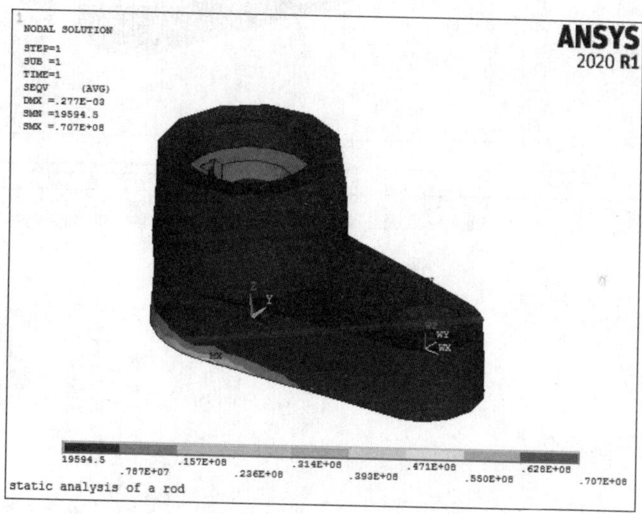

图 8-156 “von Mises”等效应力分布

03 应力动画。

❶从应用菜单中选择 Utility Menu：PlotCtrls > Animate > Deformed Results，弹出“Animate Nodal Solution Data”对话框，如图 8-157 所示。

Animate Nodal Solution Data
Animation data
No. of frames to create 10
Time delay (seconds) 0.5
[PLNSOL] Contour Nodal Solution Data
Item,Comp Item to be contoured
DOF solution
Stress
Strain-total
Energy
Strain ener dens
Strain-elastic
2nd principal S2
3rd principal S3
Intensity SINT
von Mises SEQV
PlasEqvStrs SEPL
von Mises SEQV
OK Cancel Help

图 8-157 “Animate Nodal Solution Data”对话框

❷选择“Stress”和“von MisesSEQV”，单击“OK”按钮。

❸要停止播放动画，选择“Stop”按钮，如图 8-158 所示。

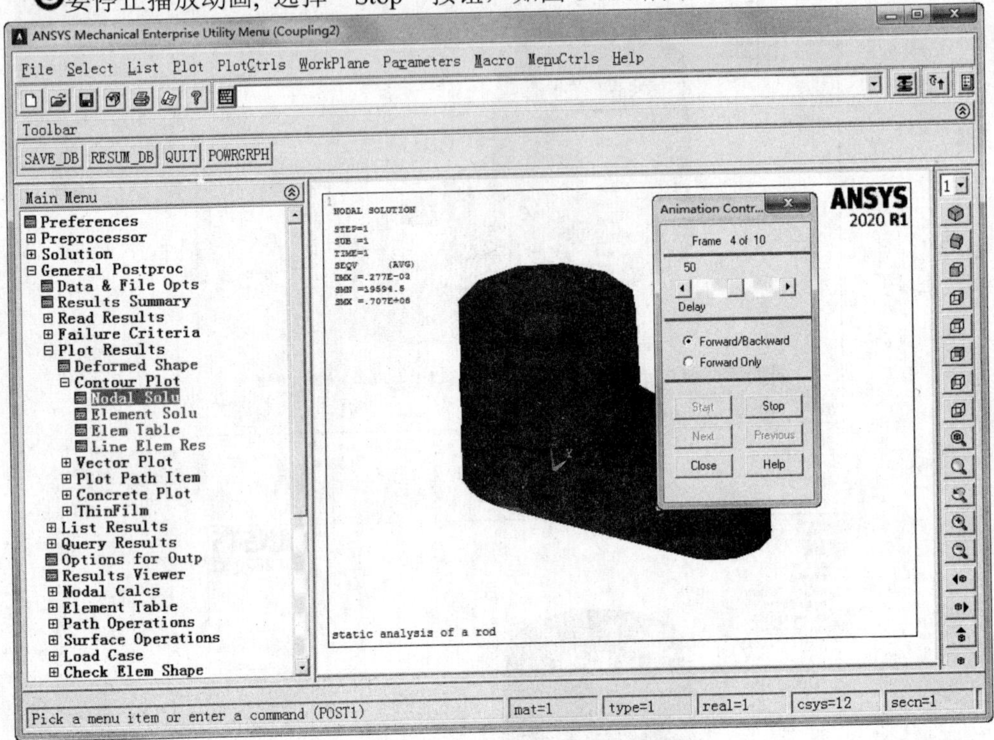

图 8-158 播放动画

8.4.5 命令流方式

略，见随书电子资料包。

第9章 模态分析

模态分析是所有动力学分析中最基础内容。本章介绍了ANSYS模态分析的基本步骤，详细讲解了其中各种参数的设置方法与功能，最后通过钢桁架桥、小型发电机转子和压电变换器模态分析实例对ANSYS模态分析进行了具体演示。

通过本章的学习，可以完整深入地掌握ANSYS模态分析的各种功能和应用方法。

学习要点

- 模态分析概述
- 模态分析的基本步骤
- 钢桁架桥模态分析
- 小型发电机转子模态分析
- 压电变换器的自振频率分析

9.1 模态分析概述

模态分析是用来确定结构振动特性的一种技术，通过它可以确定自然频率、振型和振型参与系数（即在特定方向上某个振型在多大程度上参与了振动）。

进行模态分析有许多好处：可以使结构设计避免共振或以特定频率进行振动（如扬声器）；使工程师认识到结构对于不同类型的动力载荷是如何响应的；有助于在其他动力分析中估算求解控制参数（如时间步长）。由于结构的振动特性决定结构对于各种动力载荷的响应情况，所以在准备进行其他动力分析之前首先要进行模态分析。

可以使用 ANSYS 的模态分析来决定一个结构或机器部件的振动频率（固有频率和振形），也可以是另一个动力学分析的出发点，如瞬态动力学分析、谐响应分析或者谱分析等。

利用模态分析可以确定一个结构的固有频率和振型。固有频率和振型是承受动态载荷结构设计中的重要参数。如果要进行模态叠加法谐响应分析或瞬态动力学分析，固有频率和振型也是必要的。

可以对有预应力的结构进行模态分析，如旋转的涡轮叶片。另一个有用的分析功能是循环对称结构模态分析，该功能允许通过只对循环对称结构的一部分进行建模，从而分析产生整个结构的振型。

ANSYS 产品家族的模态分析是线性分析。任何非线性特性，如塑性和接触（间隙）单元，即使定义了也将被忽略。可选的模态提取方法有 6 种，即 Block Lanczos (默认)、subspace、PCG Lanczos、Supernode、unsymmetric、damped 和 QR damped。Damped 和 QR damped 方法允许结构中包含阻尼。

9.2 模态分析的基本步骤

9.2.1 建立模型

在这一步中要指定项目名和分析标题，然后用前处理器 PREP7 定义单元类型、单元实常数、材料性以及几何模型。这些工作对大多数分析是相似的，在此不再详细介绍。

需要记住如下要点：

1）模态分析中只有线性行为是有效的，如果指定了非线性单元，它们将被认为是线性的。例如，如果分析中包含了接触单元，则系统取其初始状态的刚度值，并且不再改变此刚度值。

2）必须指定弹性模量 EX（或某种形式的刚度）和密度 DENS（或某种形式的质量）。材料性质可以是线性的或非线性的，各向同性或正交各向异性的，恒定的或与温度有关的，非线性特性将被忽略。必须对某些指定的单元（COMBIN7、COMBIN14、COMBIN37）

进行实常数的定义。

9.2.2 加载及求解

在这一步中要定义分析类型和分析选项，施加载荷，指定加载阶段选项，并进行固有频率的有限元求解。在得到初始解后，应该对模态进行扩展以供查看。扩展模态在下一步的“扩展模态”中详细介绍。

1．进入 ANSYS 求解器

命令：/SOLU。

GUI：Main Menu > Solution。

2．指定分析类型和分析选项

ANSYS 提供的用于模态分析的选项、命令和 GUI 路径见表 9-1。

表 9-1 用于分析的选项、命令和 GUI 路径

选项	命令	GUI 路径
New Analysis	ANTYPE	Main Menu > Solution > Analysis Type > New Analysis
Analysis Type: Modal (见下文注释)	ANTYPE	Main Menu > Solution > Analysis Type > New Analysis > Modal
Mode Extraction Method	MODOPT	Main Menu > Solution > Analysis Type > Analysis Options
Number of Modes to Extract	MODOPT	Main Menu > Solution > Analysis Type > Analysis Options
No. of Modes to Expand (见下文注释)	MXPAND	Main Menu > Solution > Analysis Type > Analysis Options
Mass Matrix Formulation	LUMPM	Main Menu > Solution > Analysis Type > Analysis Options
Prestress Effects Calculation	PSTRES	Main Menu > Solution > Analysis Type > Analysis Options

1）New Analysis [ANTYPE]：用于创建新的分析类型。

2）Analysis Type: Modal [ANTYPE]：用此选项指定分析类型为模态分析。

3）Mode Extraction Method [MODOPT]：可以选择不同的的模态提取方法，其对应选项如图 9-1 所示。

4）Number of Modes to Extract [MODOPT]：指定模态提取的阶数。

注意 除了“Supernode”法，其他所有的模态提取方法都必须设置具体的模态提取的阶数。

5）Number of Modes to Expand [MXPAND]：此选项只在采用“Supernode”法、“Unsymmetric”法和“Damped”法时要求设置，但如果想得到单元的求解结果，则不论采用何种模态提取方法都需打开“Calculate elem results”项。

6）Mass Matrix Formulation [LUMPM]：使用该选项可以选定采用默认的质量矩阵形成方式（与单元类型有关）或集中质量矩阵近似方式。建议在大多数情况下应采用默认形成方式，但对有些包含“薄膜”结构的问题，如细长梁或非常薄的壳，采用集中质量

矩阵近似经常产生较好的结果。另外，采用集中质量矩阵求解时间短，需要内存少。

7)Prestress Effects Calculation [PSTRES]: 选用该选项可以计算有预应力结构的模态。默认的分析过程不包括预应力，即结构是处于无应力状态的。

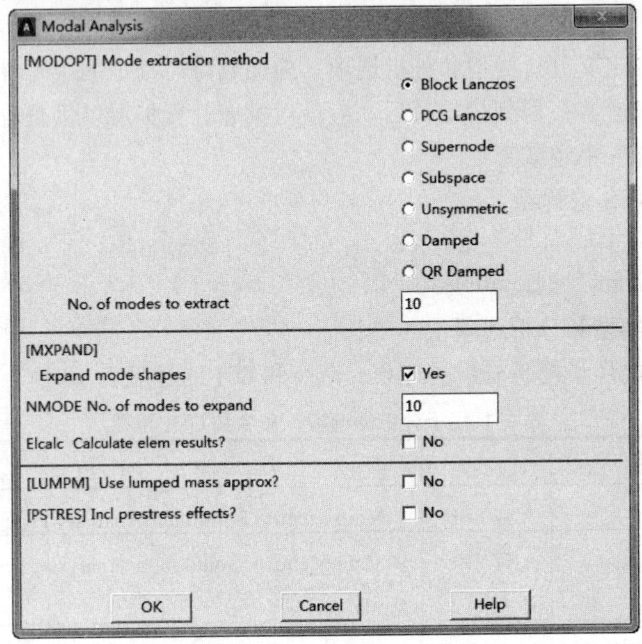

图 9-1 模态分析选项

8）其他模态分析选项：完成了“Modal Analysis Option”对话框中选项的选择后，单击“OK”按钮。一个相应指定的模态提取方法的对话框将会出现，以选择兰索斯模态提取法（Block Lanczos）为例，将弹出“Block Lanczos Method”对话框，如图 9-2 所示，其中，“Start Freq（initial shift）”对应项表示需要提取模态的最小频率，“FREQE End Frequency”对应项表示需要提取模态的最大频率，一般按默认选项即可（即不设定最小和最大频率）。

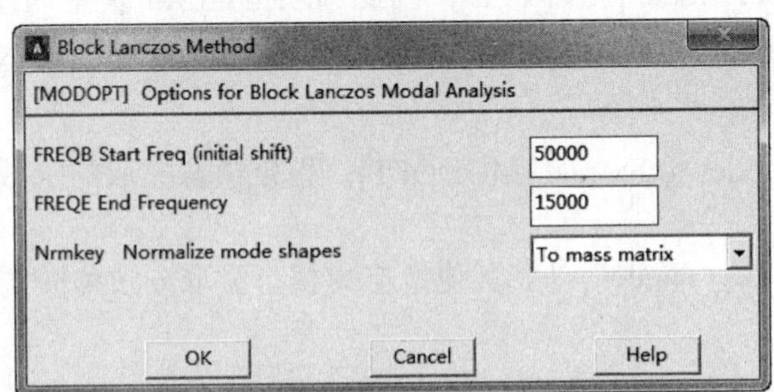

图 9-2 “Block Lanczos Method”对话框

3. 定义主自由度

只有采用“Supernode”模态提取法时需要定义主自由度。主自由度（MDOF）是结构动力学行为的特征自由度，它的个数至少要是所关心模态数的两倍，这里推荐读者根据自己对结构动力学特性的了解尽可能地多定义主自由度（命令“M,MGEN”），并且允许 ANSYS 软件根据结构刚度与质量的比值定义一些额外的主自由度[命令：TOTAL]。读者可以列表显示定义的主自由度（命令“MLIST”），也可以删除无关的主自由度（命令“MDELE”），参考 ANSYS 在线帮助的相关章节可获得更详细的说明。

命令：M。

GUI：Main Menu > Solution > Master DOFs > Define。

4．在模型上施加载荷

在典型的模态分析中，唯一有效的“载荷”是零位移约束。如果在某个 DOF 处指定了一个非零位移约束，程序将以零位移约束替代该 DOF 处的设置。可以施加除位移约束之外的其他载荷，但它们将被忽略（见下面的说明）。在未施加约束的方向上，程序将解算刚体运动（零频）和高频（非零频）自由体模态。表 9-2 列出了施加位移约束的命令和 GUI 路径。载荷可以施加在实体模型（点，线，面）上或有限元模型（点和单元）上。

注意 其他类型的载荷（力、压力、温度、加速度等）可以在模态分析中指定，但模态提取时将被忽略。程序会计算出相应所有载荷的载荷矢量，并将这些矢量写到振型文件 Jobname.MODE 中，以便在模态叠加法谐响应分析或瞬态分析中使用。在分析过程中，可以增加、删除载荷，或者进行载荷列表，载荷间运算。

表 9-2 施加位移载荷约束的命令和路径

载荷类型	命令	GUI 路径
Displacement (UX、UY、UZ、ROTX、ROTY、ROTZ)	D	Main Menu > Solution > DefineLoads > Apply > Structural > Displacement

5．指定载荷步选项

模态分析中可用的载荷步选项见表 9-3。表中左边第一列相应说明了各选项的用途。

表 9-3 载荷步选项

选项	命令	GUI 路径
Alpha（质量）阻尼	ALPHAD	Main Menu > Solution > Load Step Opts > Time/Frequenc > Damping
Beta（刚度）阻尼	BETAD	Main Menu > Solution > Load Step Opts > Time/Frequenc > Damping
恒定阻尼比	DMPRAT	Main Menu > Solution > Load Step Opts > Time/Frequenc > Damping
材料阻尼比	MP，DAMP	Main Menu > Solution > Load Step Opts > Other > Change Mat Props > Polynomial
单元阻尼比	R	MainMenu > Solution > LoadStepOpts > Other > RealConstants > Add/Edit/Delete
输出	OUTPR	Main Menu> Solution > Load StepOpts > Output Ctrls > Solu Printout

注意 阻尼只在用“Damped”模态提取法时有效（在其他模态提取法中阻尼将被忽略）。如果包含阻尼，并且采用“Damped”模态提取法，则计算的特征值是复数解。

6．开始求解计算

命令：SOLVE。

GUI：Main Menu > Solution > Solve > Current LS。

7．退出求解器（SOLUTION）

命令：FINISH。

GUI：Main Menu > Finish。

9.2.3 扩展模态

从严格意义上来说，“扩展”这个词意味着将减缩解扩展到完整的DOF集上。“减缩解”常用主DOF表达。而在模态分析中，“扩展”这个词指将振型写入结果文件，即“扩展模态”不仅适用于“Supernode”模态提取方法得到的减缩振型，而且也适用于其他模态提取方法得到的完整振型。因此，如果希望在后处理器中查看振型，必须先对其扩展（即将振型写入结果文件）。

注意 模态扩展要求振型文件Jobname.MODE，文件Jobname.EMAT、Jobname.ESAV及Jobname.TRI（如果采用“Supernode”法）必须存在；数据库中必须包含与计算模态时完全相同的分析模型。

扩展模态的具体操作步骤如下：

1．进入ANSYS求解器

命令：/SOLU。

GUI：Main Menu > Solution。

注意 在扩展处理前，必须明确地退出“SOLUTION”（用命令FINISH和相应GUI路径）并重新进入(/SOLU)。

2．激活扩展处理及相关选项

ANSYS提供的扩展处理选项见表9-4。

表9-4 扩展处理选项

选项	命令	GUI路径
Expansion Pass On/Off	EXPASS	Main Menu > Solution > Analysis Type > Expansion Pass
No. of Modes to Expand	MXPAND	Main Menu > Solution > Load Step Opts > Expansion Pass > Single Expand > Expand Modes
Freq.Range for Expansion	MXPAND	Main Menu > Solution > Load Step Opts > Expansion Pass > Single Expand > Expand Modes
Stress Calc. On/Off	MXPAND	Main Menu > Solution > Load Step Opts > Expansion Pass > Single Expand > Expand Modes

1）Expansion Pass On/Off [EXPASS]：选择ON（打开）。

2）No. of Modes to Expand [MXPAND]：指定要扩展的模态数，默认为不进行模态扩展，其对应的对话框如图 9-3 所示。

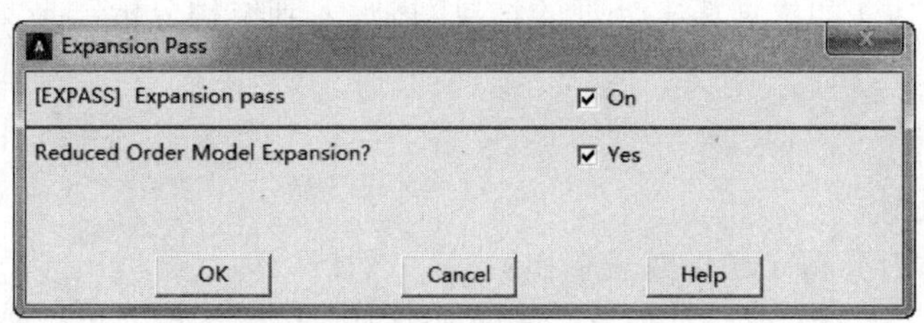

图 9-3 扩展模态选项

只有经过扩展的模态才可在后处理中进行观察。

3）Freq. Range for Expansion [MXPAND]：这是另一种控制要扩展模态数的方法。如果指定了一个频率范围，那么只有该频率范围内的模态会被扩展。

4）Stress Calc. On/Off [MXPAND]：是否计算应力选项，默认为不计算。

3．指定载荷步选项

模态扩展处理中唯一有效的选项是输出控制：

1）Printed Output。

命令：OUTPR。

GUI：Main Menu > Solution > Load Step Opts > Output Ctrls > Solu Printout。

2）Database and results file output。此选项用来控制结果文件 Jobname.RST 中包含的数据。OUTRES 中的 FREQ 域只可为 ALL 或 NONE，即要么输出所有模态，要么不输出任何模态的数据。例如，不能输出每隔一阶的模态信息。

命令：OUTRES。

GUI：Main Menu > Solution > Load Step Opts > Output Ctrls > DB/Results File。

4．开始扩展处理

扩展处理的输出包括已扩展的振型，而且还可以要求包含各阶模态相对应的应力分布。

命令：SOLVE。

GUI：Main Menu > Solution > Current LS。

5．重复扩展处理

如果需要扩展另外的模态（如不同频率范围的模态）请重复步骤 2、3 和 4。每一次扩展处理的结果文件中存储为单步的载荷步。

6．弹出求解器（SOLUTION）

命令：FINISH。

GUI：Main Menu > Finish。

9.2.4 后处理

模态分析的结果（即扩展模态处理的结果）被写入到结构分析结果文件 Jobname.RST 中，其分析包括：

- 固有频率。
- 已扩展的振型。
- 相对应力和力分布（如果要求输出）。

可以在 POST1 [/POST1] 即普通后处理器中观察模态分析结果。模态分析的一些常用后处理操作将在下面予以描述。

注意 如果在 POST1 中观察结果，则数据库中必须包含与求解相同的模型；结果文件 Jobname.RST 必须存在。

观察结果数据包括：

1）读入合适子步的结果数据。每阶模态在结果文件中被存为一个单独的子步，如扩展了六阶模态，结果文件中将有 6 个子步组成的一个载荷步。

命令：SET，SUBSTEP。

GUI：Main Menu > General Postproc > Read Results > By Load Step > Substep。

2）执行任何希望做的 POST1 操作，常用的模态分析 POST1 操作如下：

Listing All Frequencies：用于列出所有已扩展模态对应的频率。

命令：SET，LIST。

GUI：Main Menu > General Postproc > List Results > Detailed Summary。

命令：PLDISP。

GUI：Main Menu > General Postproc > Plot Results > Deformed Shape。

9.3 实例导航——钢桁架桥模态分析

本节对前面一章介绍的一架钢桁架桥进行模态分析，分别采用 GUI 模式和命令流方式。

9.3.1 问题描述

已知，下承式简支钢桁架桥及尺寸如图 9-4 所示。其杆件规格及材料属性见表 9-5 及表 9-6。

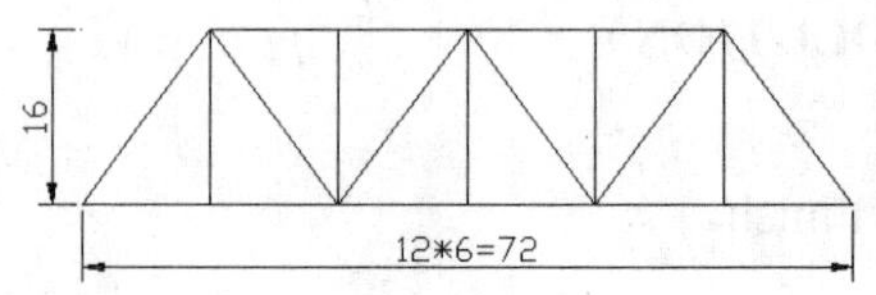

图 9-4 下承式简支钢桁架桥及尺寸

表 9-5 钢桁架桥杆件规格

杆件	截面号	形状	规格/mm
端斜杆	1	工字形	400×400×16×16
上下弦	2	工字形	400×400×12×12
横向连接梁	2	工字形	400×400×12×12
其他腹杆	3	工字形	400×300×12×12

表 9-6 材料属性

参数	钢材	混凝土
弹性模量 EX/Pa	2.1×1011	3.5×1010
泊松比 PRXY	0.3	0.1667
密度 DENS/（kg/m^3）	7850	2500

9.3.2 GUI 模式

建模过程与上一章的建模过程相同，施加的位移约束相同，但不需要施加荷载（除了零位移约束之外的其他类型的的荷载，如力、压力、加速度等可以在模态分析中指定，但在模态提取时将被忽略）。下面进行模态求解。

01 求解。

❶选择分析类型。GUI：Main Menu > Solution > Analysis Type > New Analysis，在弹出的“New Analysis”对话框中选择“Model”选项，单击“OK”按钮，关闭该对话框。

❷设置分析选项。GUI：Main Menu > Solution > Analysis Type > Analysis Option，弹出“Model Analysis”对话框，如图 9-5 所示，并按图 9-5 进行设置。单击“OK”按钮，弹出“Lanczos Modal Analysis”对话框，如图 9-6 所示。在“FREQE”文本框中输入 100。

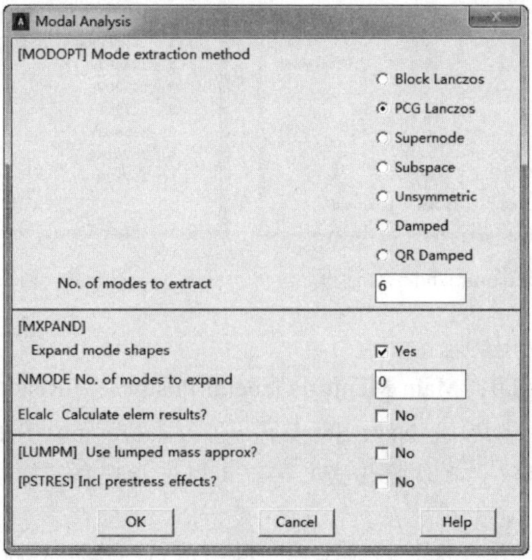

图 9-5 “Model Analysis”对话框

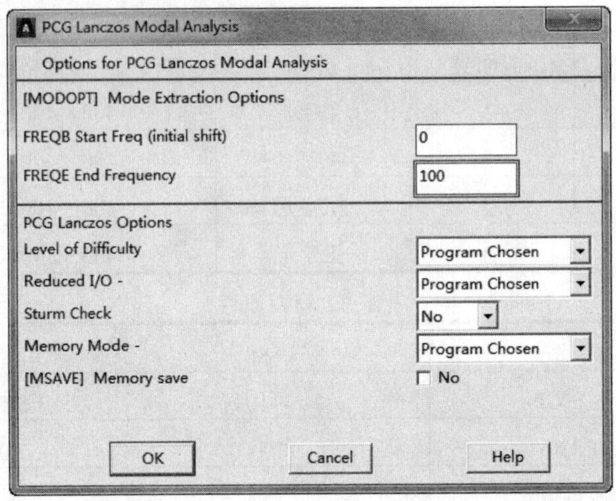

图 9-6　“Lanczos Modal Analysis”对话框

❸开始求解。GUI：Main Menu > Solution > Solve > Current LS，弹出“/STATUS Command”对话框，如图 9-7 所示。检查无误后，单击“Close”按钮，弹出“Solve Current Load Step”对话框。单击“OK”按钮，开始求解。求解结束后，关闭“Note”对话框。

02 查看结算结果。

❶列表显示频率。GUI：Main Menu > General Postproc > Results Summary，弹出对话框列表显示频率结果，如图 9-8 所示。

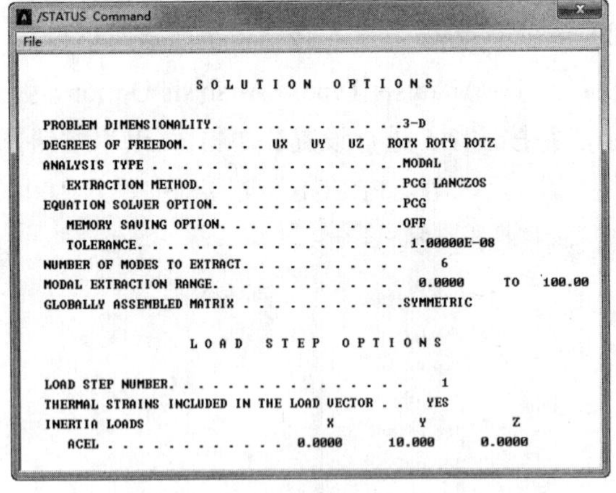

图 9-7　“/STATUS Command”对话框

SET,LIST Command

File

***** INDEX OF DATA SETS ON RESULTS FILE *****

SET	TIME/FREQ	LOAD STEP	SUBSTEP	CUMULATIVE
1	0.84443	1	1	1
2	1.3307	1	2	2
3	1.9991	1	3	3
4	2.5803	1	4	4
5	2.7614	1	5	5
6	2.7636	1	6	6

图 9-8　列表显示频率结果

❷显示各阶频率振型图。

① 读取荷载步。GUI：Main Menu > General Postproc > Read Results > First Set，菜单中包括 First Set（第一步）、Next Set（下一步）、Previous Set（前一步）、Last Set（最后一步）、By Pick（任意选择步数）等，可以任意选择读取荷载步，每一步代表一阶模态。

② 显示振型图。每次读取一阶模态后，就可以显示该阶振型。GUI：Main Menu > General Postproc > Plot Results > Contour Plot > Nodal Solu，选择“Nodal Solution > DOF

Solution > Displacement vector sum”，就可以显示振型图。图 9-9 所示为前六阶模态的振型图。

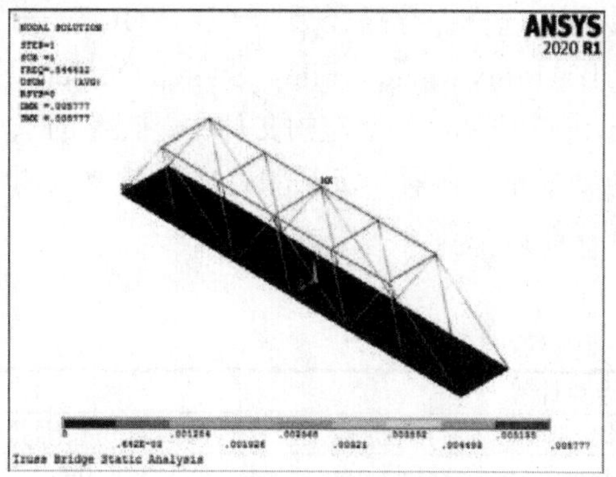

第一阶振性

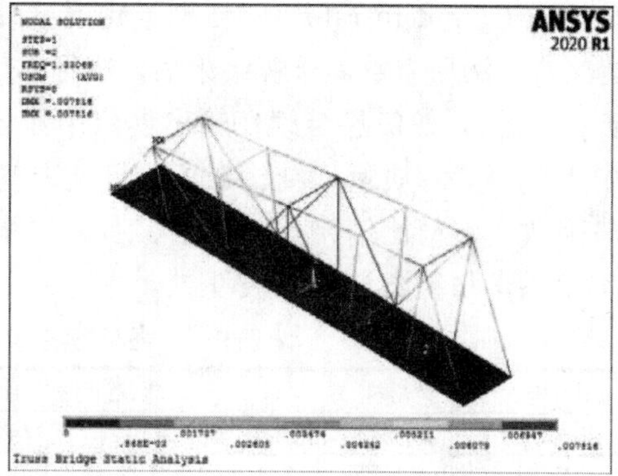

第二阶振性

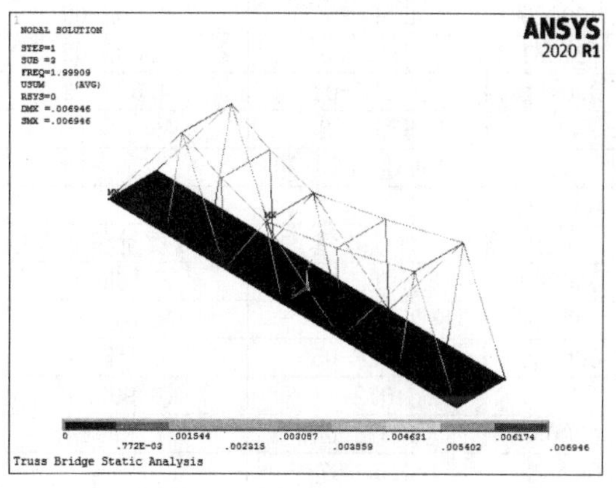

第三阶振性

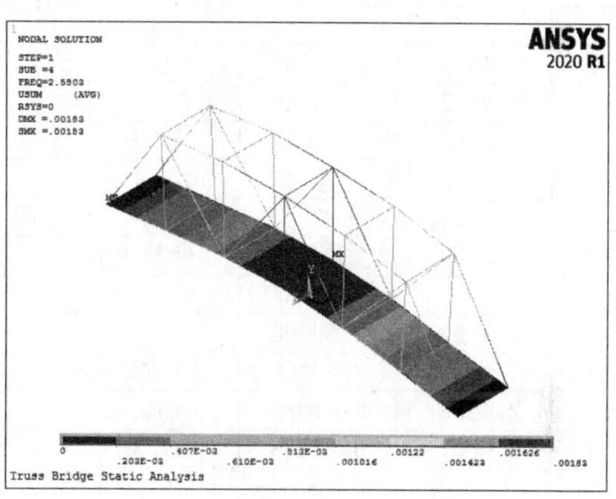

第四阶振性

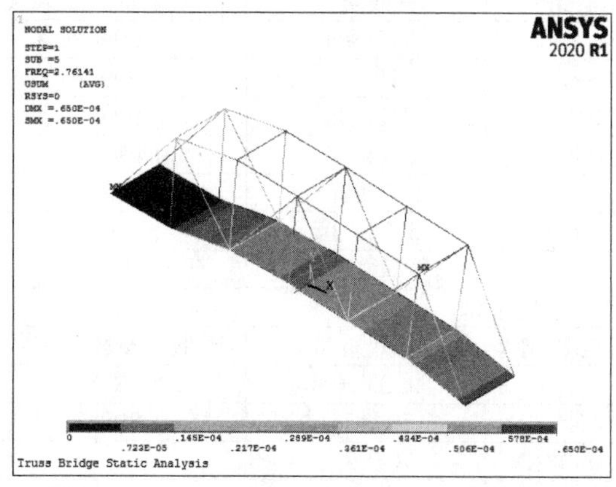

第五阶振性

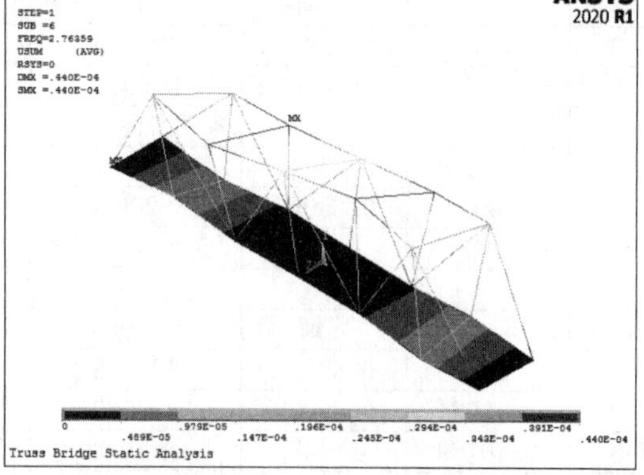

第六阶振性

图 9-9　前六阶模态的振型图

❸查看模态求解信息。在 ANSYS Output Window 中可以查看模态计算时的求解信息。如果希望把求解信息保存下来，则需要在求解（solve）之前，将输出信息写入文本中，操作如下：在进行求解之前执行 GUI：Utility Menu > File > Switch Output to > File，弹出“Switch Output to File”对话框。定义文件名，选择保存路径后，单击“OK” 按钮，创建文件，然后求解。求解结束后，执行 GUI：Utility Menu > File > Switch Output to > Output Window，使信息继续在输出窗口中显示，不再保存到创建的文件中。完整的求解信息中主要包含总质量，结构在各方向的总转动惯量，各种单元质量，各阶频率、周期、参与因数、参与比例、有效质量、有效质量积累因数等。

各阶模态参与因数计算见表 9-7。

表 9-7 各阶模态参与因数计算

X 方向参与因数计算						
模态	频率	周期	参与因数	参与比例	有效质量	有效质量积累因数
1	1.20835	0.82757	4.51E-03	0.00006	2.04E-05	3.47E-09
2	1.66921	0.59908	2.65E-04	0.000004	7.01E-08	3.48E-09
3	2.30789	0.4333	-2.13E-03	0.000029	4.56E-06	4.25E-09
4	2.43382	0.41088	-16.577	0.221531	274.783	4.68E-02
5	3.96078	0.25248	1.14E-02	0.000152	1.29E-04	4.68E-02
6	3.9914	0.25054	74.827	1	5599.12	1
					总质量 5873.90	
Y 方向参与因数计算						
模态	频率	周期	参与因数	参与比例	有效质量	有效质量积累因数
1	1.20835	0.82757	6.14E-03	0.000009	3.76E-05	8.16E-11
2	1.66921	0.59908	-4.54E-05	0	2.06E-09	8.16E-11
3	2.30789	0.4333	-4.27E-03	0.000006	1.82E-05	1.21E-10
4	2.43382	0.41088	679.15	1	461241	0.99999
5	3.96078	0.25248	-2.23E-02	0.000033	4.97E-04	0.99999
6	3.9914	0.25054	2.1269	0.003132	4.52367	1
					总质量 461246	
Z 方向参与因数计算						
模态	频率	周期	参与因数	参与比例	有效质量	有效质量积累因数
1	1.20835	0.82757	218.62	1	47799.6	0.999624
2	1.66921	0.59908	-3.245	0.014843	10.53	0.999844
3	2.30789	0.4333	2.6971	0.012337	7.27422	0.999996
4	2.43382	0.41088	-3.79E-04	0.000002	1.44E-07	0.999996
5	3.96078	0.25248	0.4391	0.002008	0.192808	1
6	3.9914	0.25054	-8.20E-03	0.000038	6.73E-05	1
					总质量 47813.6	
RX 方向参与因数计算						
模态	频率	周期	参与因数	参与比例	有效质量	有效质量积累因数
1	1.20835	0.82757	3038.8	1	9.23E+06	0.998889
2	1.66921	0.59908	8.9082	0.002932	79.3561	0.998898
3	2.30789	0.4333	-100.92	0.033212	10189.4	1
4	2.43382	0.41088	2.15E-02	0.000007	4.63E-04	1
5	3.96078	0.25248	1.2935	0.000426	1.67321	1
6	3.9914	0.25054	-0.10188	0.000034	1.04E-02	1
					总质量 9244300	

（续）

RY 方向参与因数计算						
模态	频率	周期	参与因数	参与比例	有效质量	有效质量积累因数
1	1.20835	0.82757	-62.423	0.018844	3896.61	3.52E-04
2	1.66921	0.59908	3312.6	1	1.10E+07	0.992069
3	2.30789	0.4333	-17.912	0.005407	320.826	0.992098
4	2.43382	0.41088	7.48E-03	0.000002	9.60E-05	0.992098
5	3.96078	0.25248	-299.71	0.089266	87442.2	1
6	3.9914	0.25054	1.14E-02	0.000003	1.30E-04	1
					总质量 11065200	
RZ 方向参与因数计算						
模态	频率	周期	参与因数	参与比例	有效质量	有效质量积累因数
1	1.20835	0.82757	2.76E-02	1.00E-05	7.60E-04	9.10E-11
2	1.66921	0.59908	-7.66E-03	3.00E-06	9.87E-05	9.80E-11
3	2.30789	0.4333	1.01E-02	4.00E-06	1.03E-04	1.10E-10
4	2.43382	0.41088	17.11	0.005921	292.763	3.51E-05
5	3.96078	0.25248	2.40E-03	1.00E-06	9.76E-06	3.51E-05
6	3.9914	0.25054	2889.7	1	8.35E+06	1
					总质量 8350830	

03 退出程序。单击工具条上的“Quit”，弹出如图 9-10 所示的“Exit”对话框，选择一种保存方式，单击“OK”按钮，退出 ANSYS 软件。

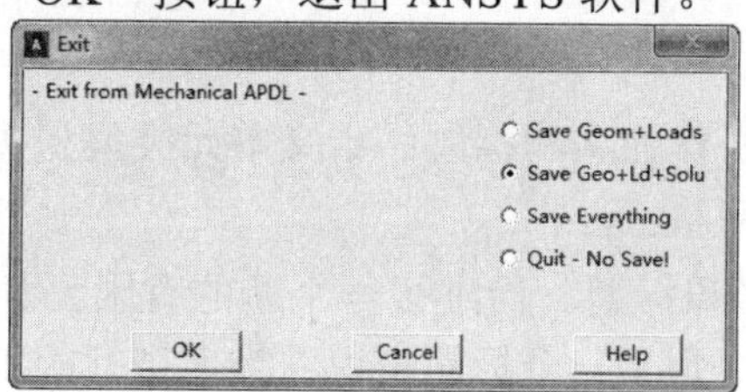

图 9-10 “Exit”对话框

9.3.3 命令流方式

略，见随书电子资源。

9.4 实例导航——小型发电机转子模态分析

本节通过对小型发电机转子的模态分析来介绍 ANSYS 的模态分析过程。

9.4.1 问题描述

小型发电机驱动主机质量为 m，通过直径为 d 的钢轴驱动，转动惯量为 J，假设发电机轴固定，质量忽略。其模型如图 9-11 所示，材料属性及几何参数见表 9-8。

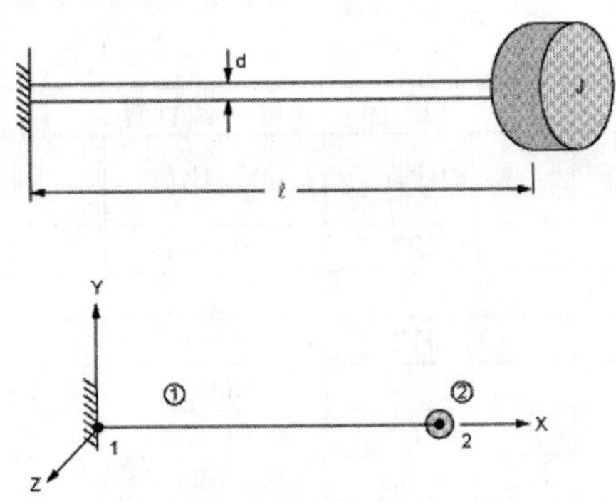

图 9-11 小型发电机转子模型

表 9-8 材料属性及几何参数

材料属性	几何参数
$E = 31.2 \times 10^6$ psi	$d = 0.375$ in
$m = 1$ lb • sec²/in	$l = 9.00$ in
	J = 0.031 lb • in • sec²

9.4.2 建立模型

建立模型包括设定分析作业名和标题；定义单元类型和实常数；定义材料属性；建立几何模型；划分有限元网格。

01 设定分析作业名和标题。当进行一个新的有限元分析时，通常需要修改数据库名，并在图形输出窗口中定义一个标题来说明当前进行的工作内容。另外，对于不同的分析范畴（结构分析、热分析、流体分析、电磁场分析等），ANSYS 所用的主菜单的内容不尽相同。为此，需要在分析开始时选定分析内容的范畴，以便 ANSYS 显示出与其相对应的菜单选项。

❶从实用菜单中选择 Utility Menu：File > Change Jobname 命令，弹出“Change Jobname”对话框，如图 9-12 所示。

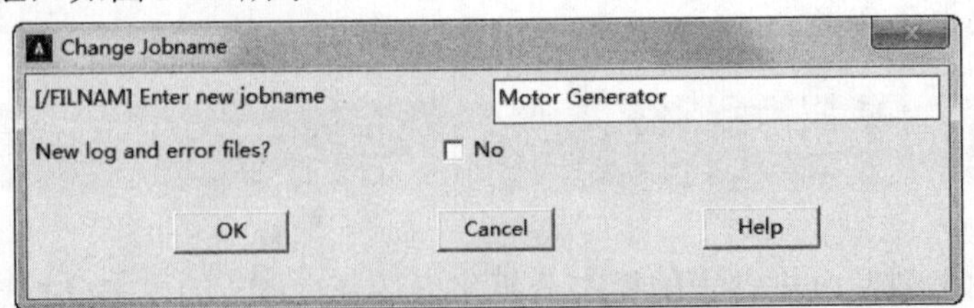

图 9-12 “Change Jobname”对话框

❷在“Enter new jobname”文本框中输入“Motor Generator”，将其作为本分析实例的数据库文件名。

❸单击“OK”按钮，完成文件名的修改。

❹从应用菜单中选择 Utility Menu：File > Change Title 命令，弹出“Change Title”对话框，如图 9-13 所示。

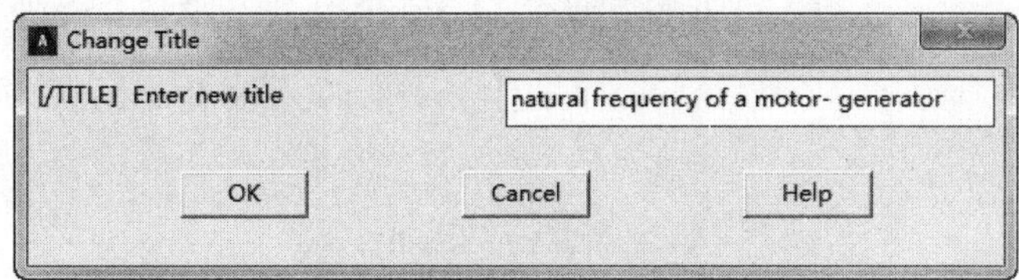

图 9-13 “Change Title”对话框

❺在“Enter new title”文本框中输入文字“natural frequency of a motor-generator”，将其作为本分析实例的标题名。

❻单击“OK”按钮，完成对标题名的指定。

❼从应用菜单中选择 Utility Menu: Plot > Replot 命令，指定的标题“dynamic analysis of a gear”将显示在图形窗口的左下方。

❽从主菜单中选择 Main Menu：Preference 命令，弹出“Preference of GUI Filtering”对话框，选择“Structural”，单击“OK”按钮。

02 定义单元类型。在进行有限元分析时，首先应根据分析问题的几何结构、分析类型和所分析的问题精度要求等，选定适合具体分析的单元类型。本例中选用梁单元 SOLID188。

❶从主菜单中选择 Main Menu: Preprocessor > Element Types > Add/Edit/Delete 命令，弹出“Element Types”对话框。

❷单击“Add”按钮，弹出“Library of Element Types”对话框，如图 9-14 所示。

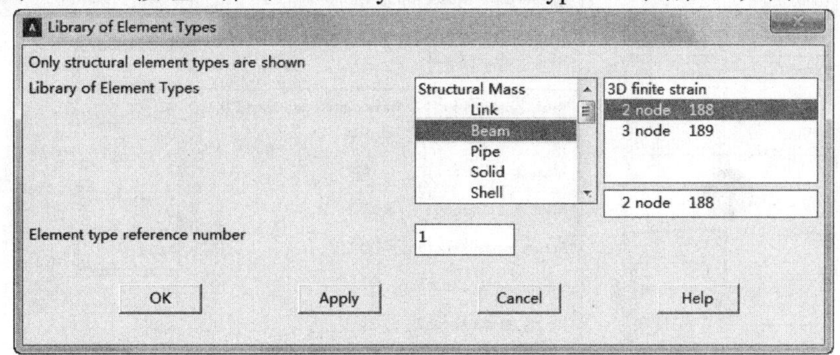

图 9-14 “Library of Element Types”对话框

❸在左边的列表框中选择“Structural Beam”选项，作为梁单元类型。

❹在右边的列表框中选择“2node 188”选项，即两节点梁单元 BEAM 188。

❺单击“Apply”按钮，添加“BEAM 188”单元，并返回“Element Types”对话框。

❻在左边的列表框中选择“Structural Mass”选项。

❼在右边的列表框中选择“3D mass 21”选项。

❽单击“OK”按钮，添加“MASS 21”单元，并关闭“Library of Element Types”对话框，同时返回第❶步打开的“Element Types”对话框，如图 9-15 所示。

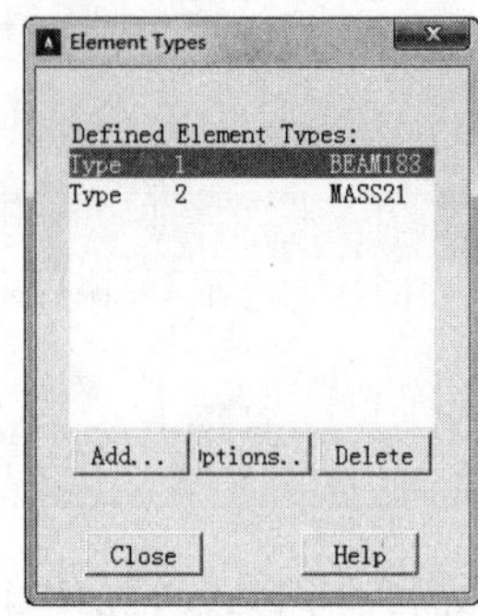

图 9-15 “Element Types”对话框

❾单击“Close”按钮，关闭该对话框，结束单元类型的定义。

03 定义截面类型。Main Menu > Preprocessor > Sections > Beam > Common Section，弹出如图 9-16 所示的“Beam Tool”对话框，在“Sub-Type”下拉列表中选择实心圆管，在“R”中输入 0.1875，在“N”中输入划分段数为 20，单击“OK”按钮。

04 定义实常数。

❶从主菜单中选择 Main Menu> Preprocessor > Real Constants > Add/Edit/Delete，弹出一个“Real Constants”对话框，

❷单击“Add”按钮，弹出 “Element Types”对话框，选择“Type 2 MASS21”，单击“OK”按钮，弹出“Real Constant Set Number 1,for MASS 21”对话框，如图 9-17 所示。

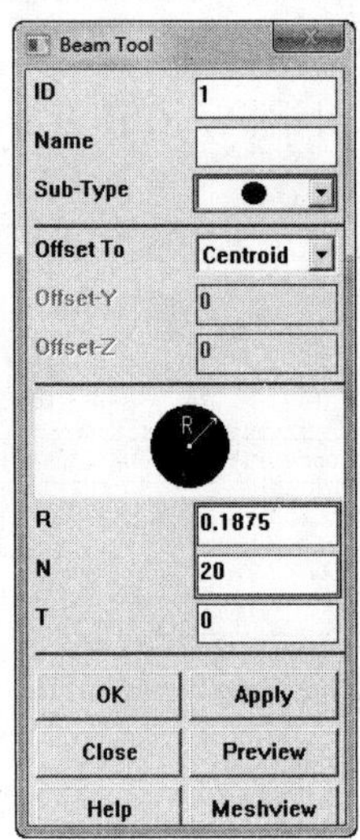

图 9-16 “Beam Tool”对话框

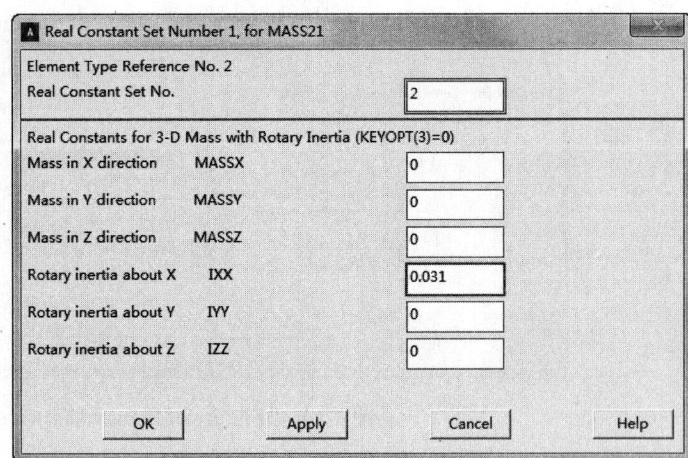

图 9-17 “Real Constant Set Number 1,for MASS 21”对话框

❸在“Real constant Set No”文本框中输入 2，在“IXX” 文本框中输入 0.031，单击“OK”按钮，返回“Real Constants”对话框，然后单击“Close”按钮，关闭该对话框。

05 定义材料属性。惯性力的静力分析中必须定义材料的弹性模量和密度，因此执行以下操作：

❶从主菜单中选择 Main Menu：Preprocessor > Material Props > Materia Model，将弹

出“Define Material Model Behavior”窗口，如图 9-18 所示。

❷依次单击 Structural > Linear > Elastic > Isotropic，弹出“Define Material Model Behavior”对话框，如图 9-19 所示。

❸在对话框的“EX”文本框中输入弹性模量 3.12E7，在“PRXY”文本框中输入泊松比 0.3。

❹单击“OK”按钮，关闭该对话框，并返回“Define Material Model Behavior”窗口，在此窗口的左边一栏出现刚刚定义的参考号为 1 的材料属性。

❺依次单击 Structural > Density，弹出“Density for Material Number 1”对话框，如图 9-20 所示。

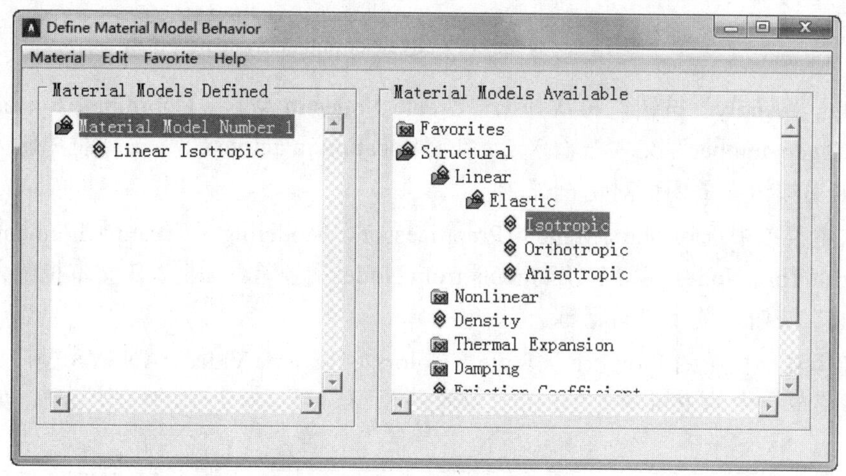

图 9-18 “Define Material Model Behavior”对话框

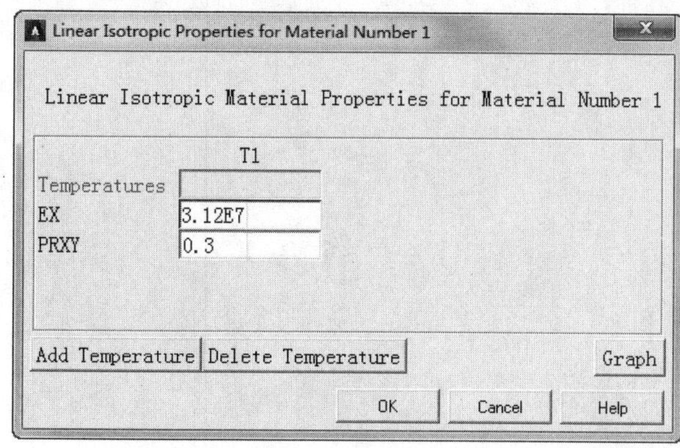

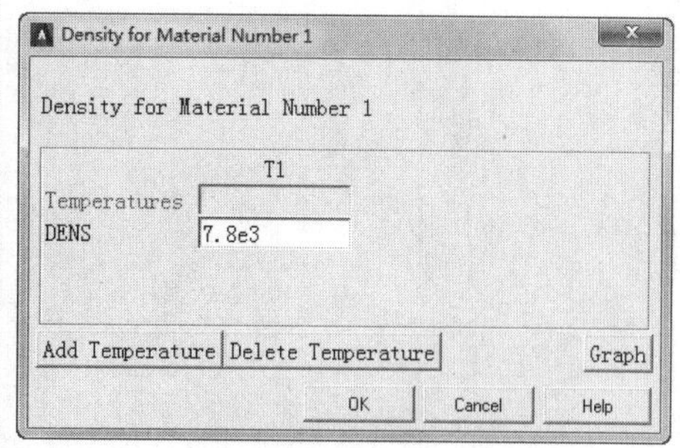

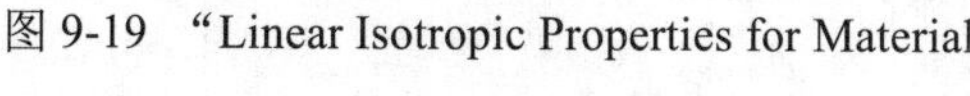

图 9-19 “Linear Isotropic Properties for Material Number 1”对话框

图 9-20 “Density for Material Number 1”对话框

❻在“DENS”文本框中输入密度数值“7.8E3”。

❼单击“OK”按钮，关闭该对话框，并返回“Define Material Model Behavior”窗口，在此窗口的左边一栏参考号为 1 的材料属性下方出现密度项。

❽在“Define Material Model Behavior”窗口中选择 Material > Exit，或者单击窗口右上方的 X 按钮，退出该窗口，完成对材料模型属性的定义。

06 建立实体模型。

❶从主菜单中选择 Main Menu > Preprocessor > Modeling > Create > Nodes > In Active CS，弹出“Create Nodes in Active Coordinate System”对话框，如图 9-21 所示。在“Node number”文本框输入 1，在“Location in active CS”文本框中输入 0、0。

Create Nodes in Active Coordinate System
[N] Create Nodes in Active Coordinate System
NODE Node number 1
X,Y,Z Location in active CS 0 0
THXY,THYZ,THZX
Rotation angles (degrees)
OK Apply Cancel Help

图 9-21 Create Nodes in Active Coordinate System 对话框

❷单击“Apply”按钮，再次弹出“Create Nodes in Active Coordinate System”对话框。在“Node number”文本框输入 2，在“Location in active CS”文本框中输入 8、0，单击“OK”按钮，关闭该对话框。

❸从主菜单中选择 Main Menu > Preprocessor > Modeling > Create > Elements > Auto Numbered > Thru Nodes，弹出“Elements from Nodes”选择对话框，在文本框输入“1,2”，单击“OK”按钮，关闭该对话框。

❹选择菜单栏中的 PlotCtrls > Style > Colors > Reverse Video，ANSYS 窗口将变成白色。选择菜单栏中的 Plot > Elements，ANSYS 窗口会显示创建的模型模型，如图 9-22 所示。

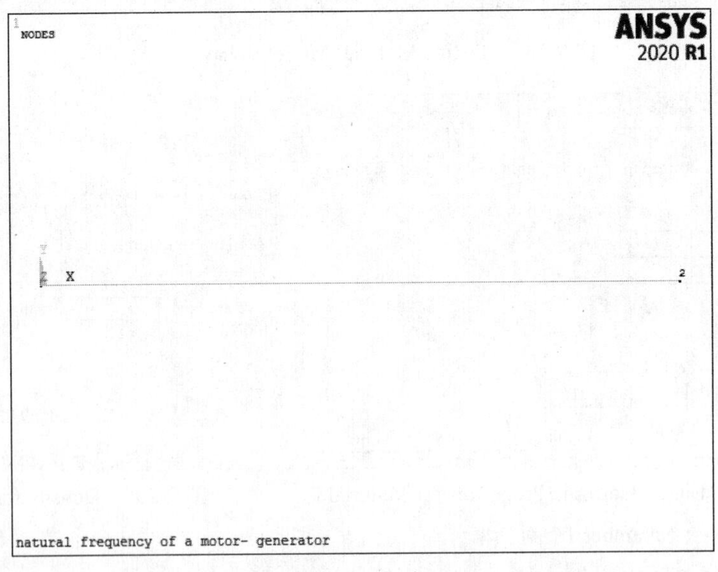

图 9-22 创建的模型

❺从主菜单中选择 Main Menu → Preprocessor → Modeling → Create → Elements → Elem Attributes，弹出“Element Attributes”对话框，如图 9-23 所示。在“Element type number”下拉列表框中选择“2 MASS21”，在“Real constant set number”下拉列表框中选择 2，其余选项采用系统默认设置，单击“OK”按钮，关闭该对话框。

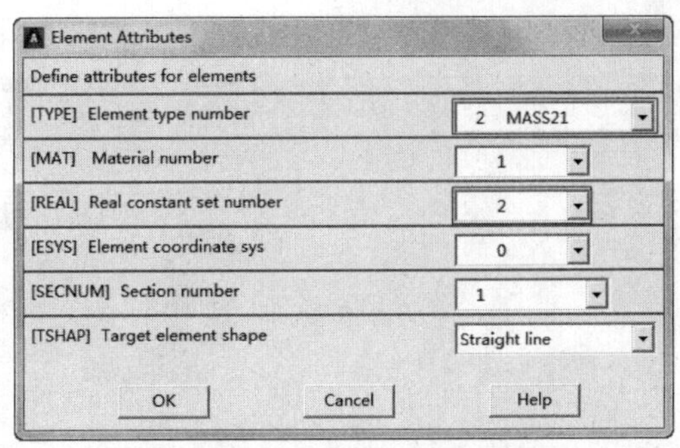

图 9-23 Element Attributes 对话框

❻从主菜单中选择 Main Menu > Preprocessor > Modeling > Create > Elements > Auto Numbered > Thru Nodes，弹出“Elements from Nodes”对话框，在文本框输入 2，单击“OK”按钮，关闭该对话框。

❼单击工具栏中的“SAVE_DB”按钮，保存数据文件。

9.4.3 进行模态分析设置、定义边界条件并求解

01 设置求解选项。从主菜单中选择 Main Menu > Solution > Load Step Opts > Output Ctrls > Solu Printout，弹出如图 9-24 所示的“Solution Printout Controls”对话框，在“Item for Printout Controls”下拉列表中选择“Basic quantities”，单击“OK”按钮。

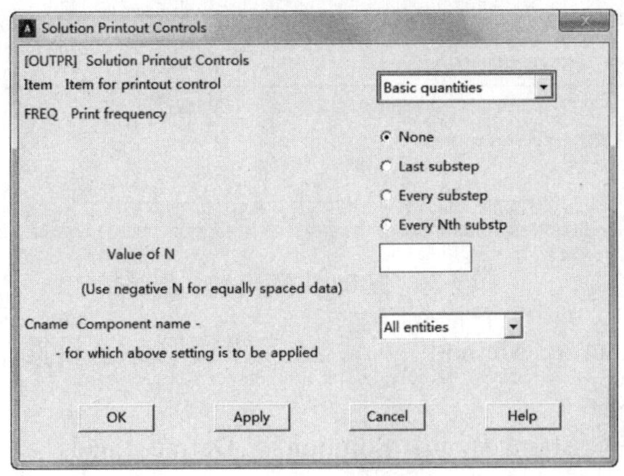

图 9-24 “Solution Printout Controls”对话框

02 进行模态分析设置。

❶从主菜单中选择 Main Menu：Solution > Analysis Type > New Analysis，弹出“New Analysis”对话框，如图 9-25 所示。可在该对话框中选择分析的类型，在此选择“Modal”，单击“OK”按钮。

❷从主菜单中选择 Main Menu：Solution > Analysis Type > Analysis Options ，弹出“Modal Analysis”设置对话框，如图 9-26 所示。在该对话框中进行模态分析设置，选择“Block Lanczos”，在“No. of modes to extract”文本框中输入 1，将“Expand mode shaps”

设置为“Yes”，单击“OK”按钮。

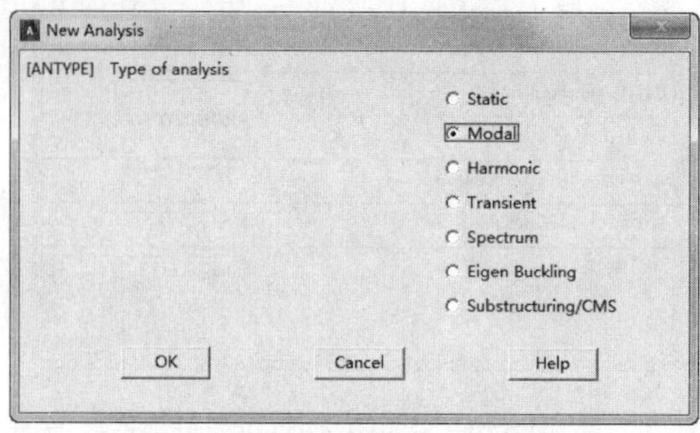

图 9-25 “New Analysis”对话框

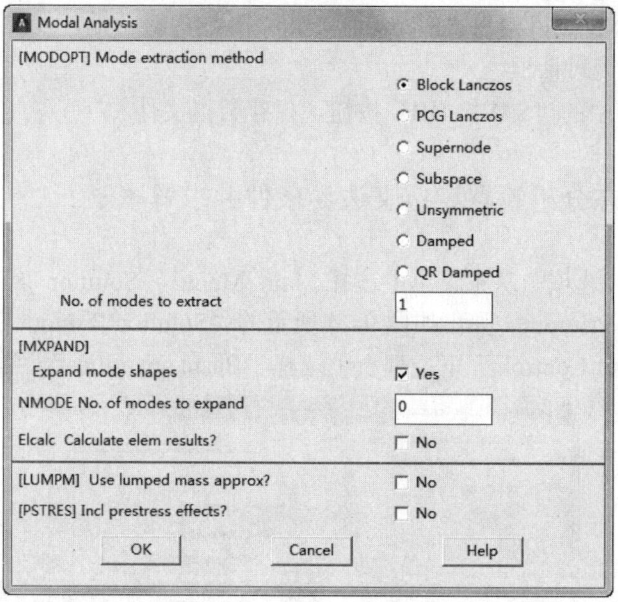

图 9-26 “Modal Analysis”对话框

❸打开“Block Lanczos Method”对话框，采取系统默认设置，单击“OK”按钮。

03 定义边界条件。

❶从主菜单中选择 Main Menu：Solution > Define Loads > Apply > Structural > Displacement > on Nodes，弹出“Apply U,ROT on Nodes”选择对话框，如图 9-27 所示。可在该对话框中选择欲施加位移约束的关键点，单击“Pick All”按钮。

❷弹出“Apply U,ROT on Nodes”对话框，如图 9-28 所示。在列表框中选择“All DOF”按钮，单击“OK”按钮。

❸从主菜单中选择 Main Menu：Solution > Define Loads > Delete > Structural > Displacement > on Nodes，弹出“Delete Node Constraints”选择对话框。在文本框中输入 2，选择节点 2，单击“OK”按钮。

❹弹出“Delete Node Constraints”对话框，如图 9-29 所示。在列表框中选择“ROTX”，单击“OK”按钮。

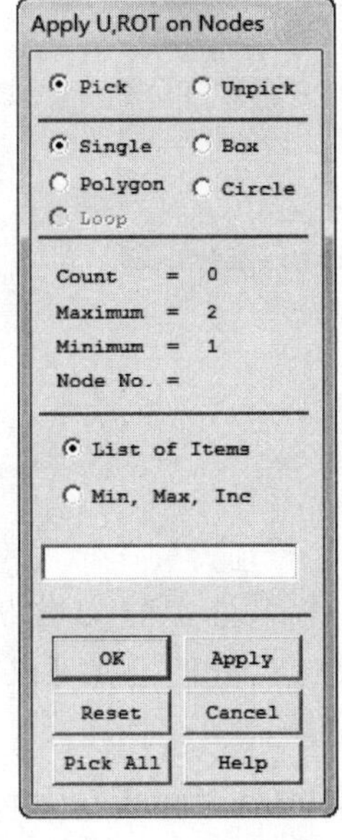

图 9-27 “Apply U,ROT on Nodes”选择对话框

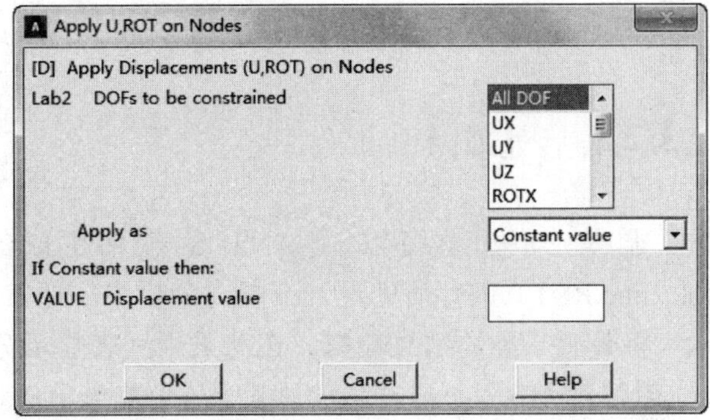

图 9-28 “Apply U,ROT on Nodes”对话框

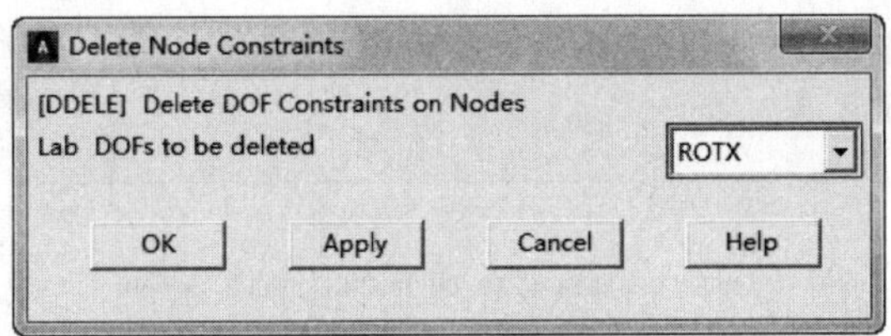

图 9-29 “Delete Node Constraints”对话框

04 进行求解。

❶从主菜单中选择 Main Menu：Solution > Solve > Current LS，弹出“Solve Current Load Step”对话框，如图 9-30 所示，用于查看列出的求解选项。

❷确认列表中的信息无误后，单击“OK”按钮，开始求解。

❸ANSYS 会显示求解过程中的状态，如图 9-31 所示。

❹求解完成后弹出如图 9-32 所示的“Note”对话框，提示求解结束。

❺单击“Close”按钮，关闭该对话框。

❻从主菜单中选择 Main Menu：Finish，退出求解器。

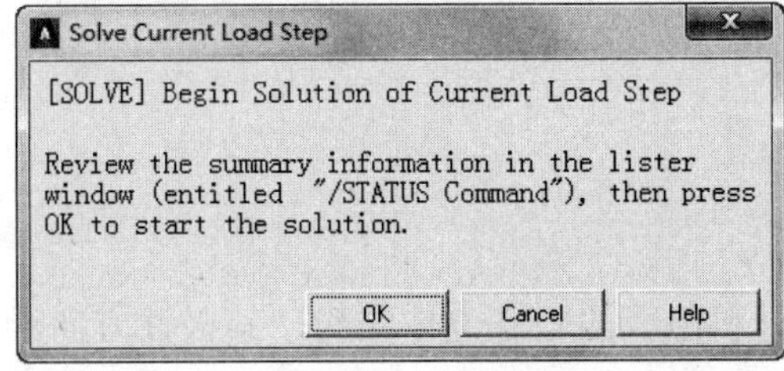

图 9-30 “Solve Current Load Step”对话框

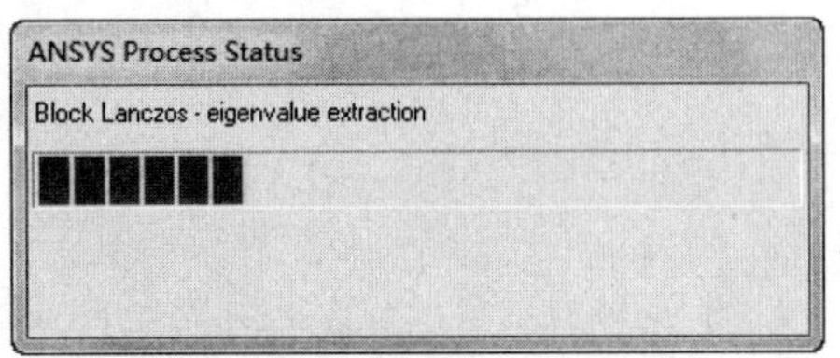

图 9-31 求解状态显示

图 9-32 “Note”对话框

9.4.4 后处理

求解完成后，可以对 ANSYS 软件生成的结果文件（对于静力分析，就是 Jobname.RST）进行后处理。在静力分析中，通常通过 POST1 后处理器就可以处理和显示大多数感兴趣的结果数据。在此采用列表显示分析的结果。

01 读取一个载荷步的结果。从主菜单中选择 Main Menu：General Postproc > Read Results > Last Set。

02 从主菜单中选择 Main Menu：General Postproc > Results Summary，弹出“SET LIST Command”对话框，从中可以看到列表显示的分析结果，如图 9-33 所示。

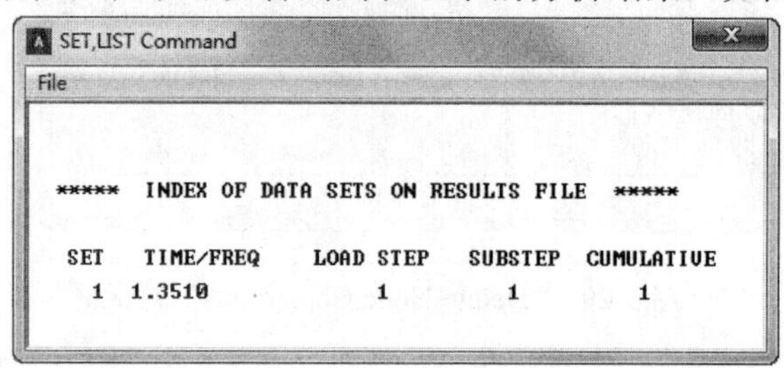

图 9-33 列表显示的分析结果

9.4.5 命令流方式

略，见随书电子资源。

9.5 实例导航——压电变换器自振频率分析

9.5.1 问题描述

如图 9-34 所示，压电变换器是由 PZT4 材料组成的一立方体结构，其极性方向沿 Z 轴。正交于极性轴的两个平行平面为电极。试求压电变换器短路电路和公开电路的第一、第二模态的自振频率。材料特性及尺寸如下。

密度：ρ=7500 kg/m^3，尺寸：L＝0.02m

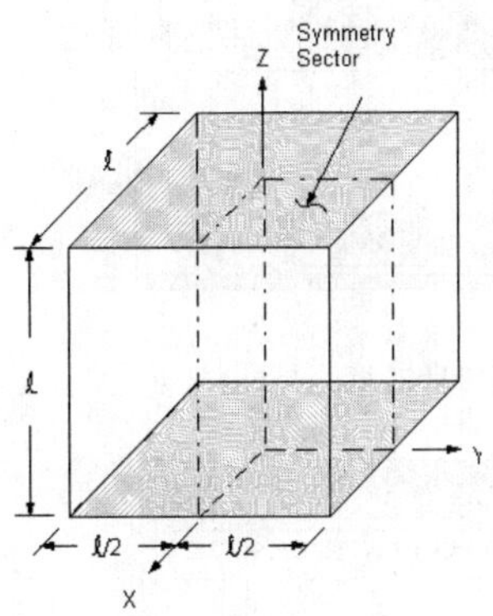

PZT4 立方体

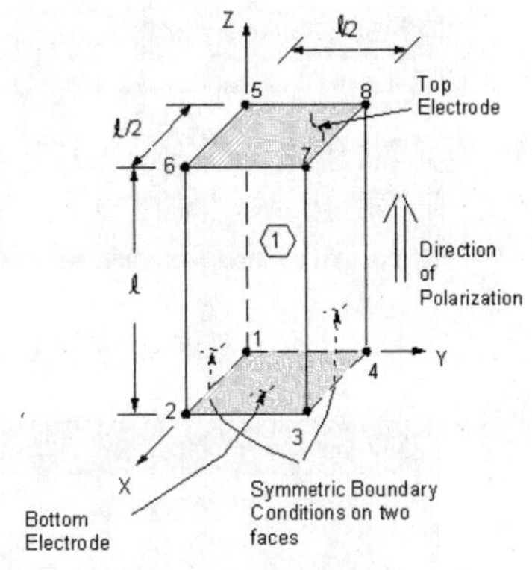

压电变换器实体模型

图 9-34 压电变换器

PZT4 材料的介电常数矩阵[ε_r]：$\begin{pmatrix} 804.6 & 0 & 0 \\ 0 & 804.6 & 0 \\ 0 & 0 & 659.7 \end{pmatrix}$

PZT4 材料的压电常数矩阵[e] C/m^2：$\begin{pmatrix} 0 & 0 & -4.1 \\ 0 & 0 & -4.1 \\ 0 & 0 & 14.1 \\ 0 & 0 & 0 \\ 0 & 10.5 & 0 \\ 10.5 & 0 & 0 \end{pmatrix}$

PZT4 材料的刚度矩阵[c]×10^{10} N/m^2：$\begin{pmatrix} 13.2 & 7.1 & 7.3 & 0 & 0 & 0 \\ 7.1 & 13.2 & 7.3 & 0 & 0 & 0 \\ 7.3 & 7.3 & 11.5 & 0 & 0 & 0 \\ 0 & 0 & 0 & 3.0 & 0 & 0 \\ 0 & 0 & 0 & 0 & 2.6 & 0 \\ 0 & 0 & 0 & 0 & 0 & 2.6 \end{pmatrix}$

9.5.2 GUI 模式

01 建立模型。

❶定义工作文件名。从应用菜单中选择 Utility Menu > File > Change Jobname，弹出如图 9-35 所示的“Change Jobname”对话框。在“Enter new jobname”文本框中输入“PZT”，并将 “New log and error files” 复选框选为 “Yes” ，单击 “OK” 按钮。

❷定义工作标题。Utility Menu > File > Change Title，在弹出的对话框（见图 9-36）中的文本框中输入“NATURAL FREQUENCY OF A PIEZOELECTRIC TRANSDUCER”，

单击“OK”按钮。

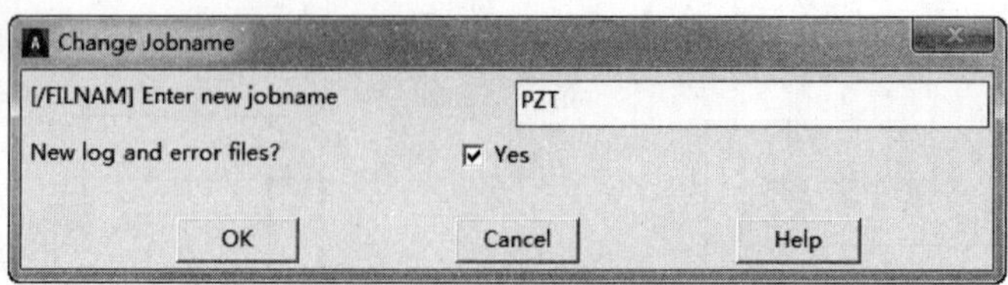

图 9-35 “Change Jobname”对话框

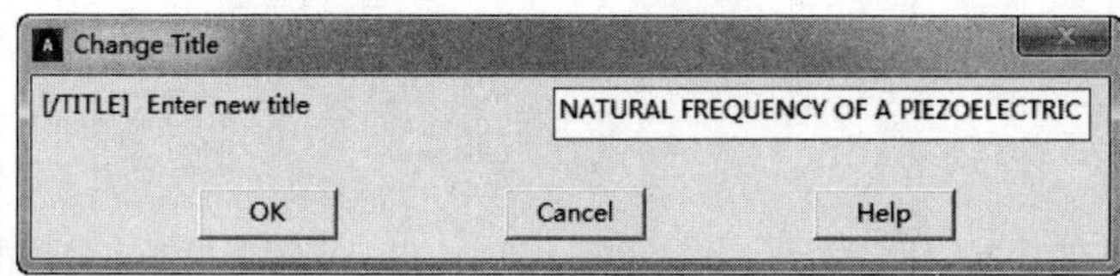

图 9-36 “Change Title”对话框

❸关闭三角坐标符号。从应用菜单中选择 Utility Menu > PlotCtrls > Window Controls > Window Options，弹出如图 9-37 所示的“Window Options”对话框。在“Location of triad”下拉列表中选择“Not shown”，单击“OK”按钮。

❹选择单元类型。从主菜单中选择 Main Menu > Preprocessor > Element Type > Add/Edit/Delete，弹出如图 9-38 所示的“Element Types”对话框。单击“Add”按钮，弹出如图 9-39 所示的“Library of Element Types”对话框。在列表框中分别选择“Coupled Field”和“Scalar Brick 5”，单击“OK”按钮。再单击图 9-38 中的“Options”按钮，弹出“SOLID5 element type options”对话框。设置“K1”为“UX UY UZ VOLT”，然后单击“OK”按钮，返回到图 9-38，再单击“Close”按钮，关闭该对话框。

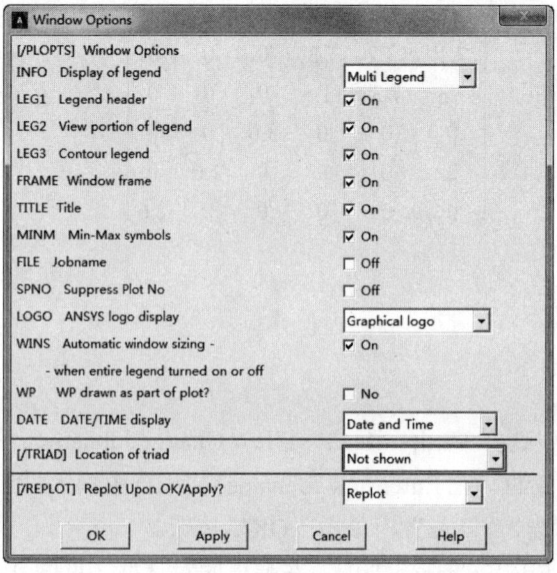

图 9-37 “Window Options”对话框

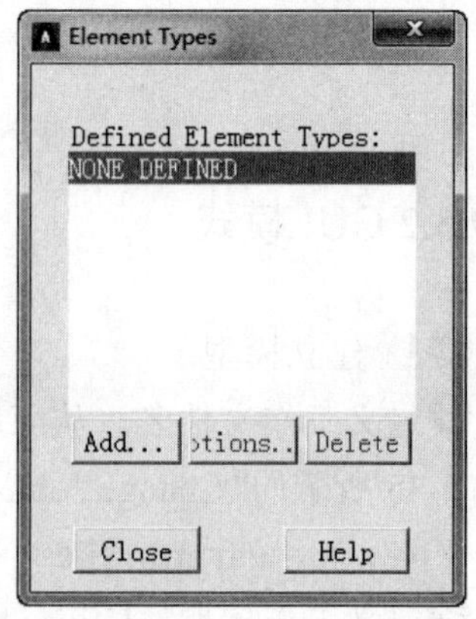

图 9-38 “Element Types”对话框

❺设置材料密度。从主菜单中选择 Main Menu > Preprocessor > Material Props > Material Models，弹出如图 9-40 所示的"Define Material Model Behavior"窗口。在"Material Model Available"列表框中选择 Structural > Density，弹出如图 9-41 所示的"Density for Material Number1"对话框，在"DENS"文本框中输入 7500，单击"OK"按钮。

❻设置材料介电常数。在"Material Model Available"列表框中选择 Electromagnetics > Relative Permittivity > Orthotropic，弹出如图 9-42 所示的"Relative Permittivity for Material Number1"对话框。在文本框中分别输入 804.6、804.6 和 659.7，单击"OK"按钮。

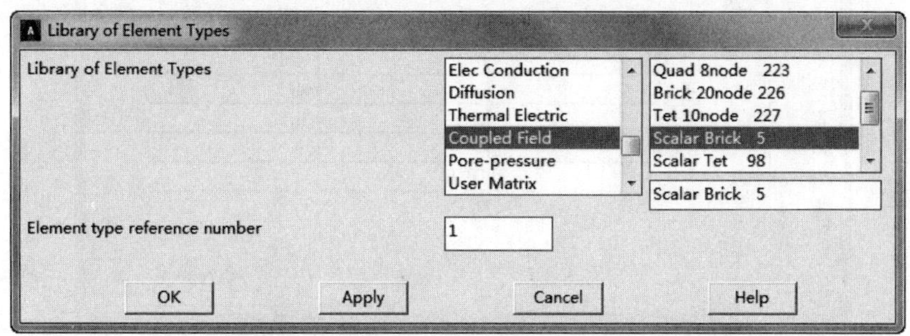

图 9-39 "Library of Element Types"窗口

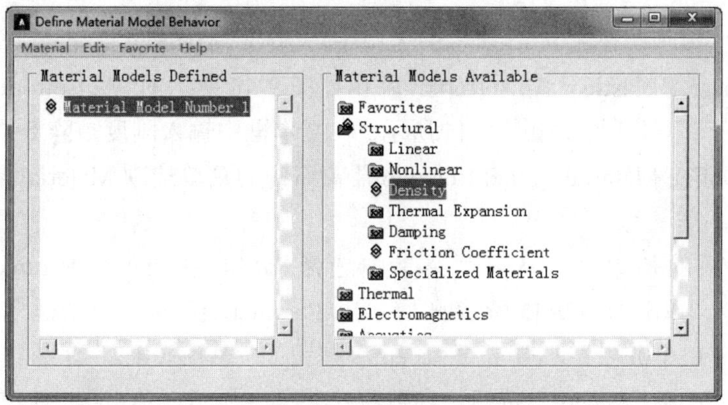

图 9-40 "Define Material Model Behavior"对话框

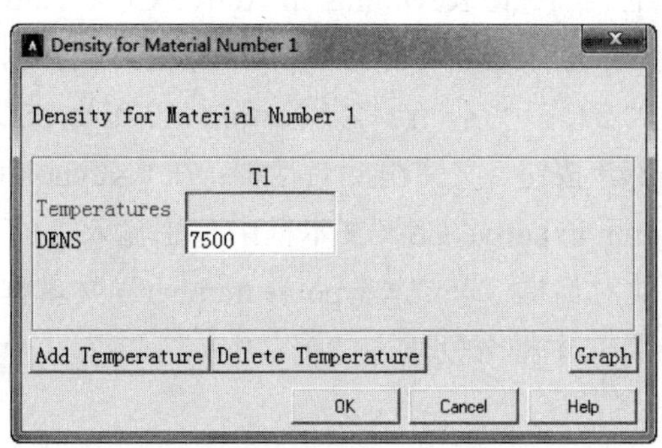

图 9-41 "Density for Material Number1"对话框

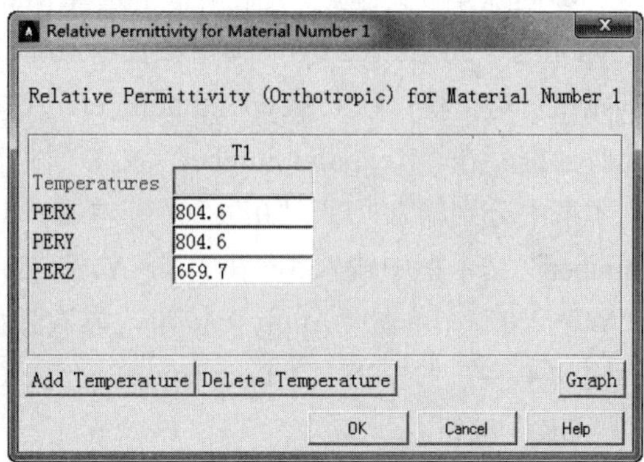

图 9-42 "Relative Permittivity for Material Number3"对话框

❼设置压电常数。在图 9-40 所示的“Define Material Model Behavior”窗口中，选择“Material Models Available”中的 Piezoelectrics > Piezoelectric matrix，弹出如图 9-43 所示的“Piezoelectric Matrix for Material Number1”对话框，如图 9-43 所示。在文本框中依次输入压电矩阵数据，单击“OK”按钮。

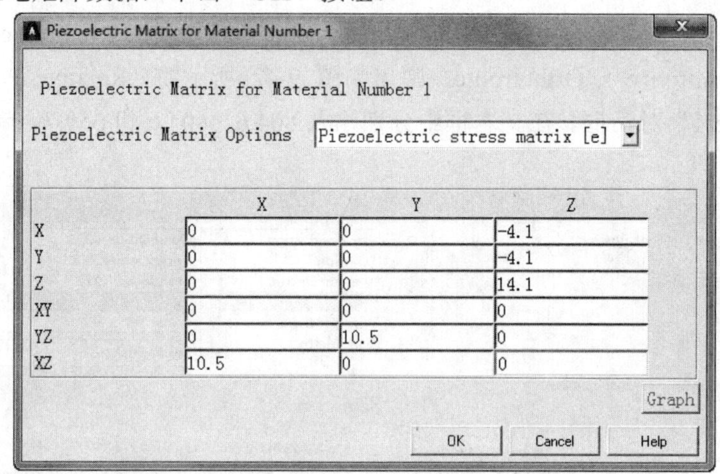

图 9-43 “Piezoelectric Matrix for Material Number1”对话框

❽设置刚度矩阵。在图 9-40 所示的窗口中，选择“Material Models Available”中的 Structural > Linear > Elastic > Anisotropic，弹出如图 9-44 所示的“Anisotropic Elasticity for Material Number 1”对话框，如图 9-44 所示。在文本框中输入刚度矩阵数据，单击“OK”按钮。选择“Define Material Model Behavior”窗口中的菜单选项 Material > Exit，退出材料属性的设置。

❾定义参数的初始值。从应用菜单中选择 Utility Menu > Parameters > Scalar Parameters 命令，弹出如图 9-45 所示的“Scalar Parameters”选择对话框。在“Selection”文本框中输入“L=1.0E-2”，单击“Accept”按钮；“W=2.0E-2”，单击“Accept”按钮；H=20E-3，单击“Accept”按钮，参数将在菜单中显示。单击图 9-45 的“Close”按钮，关闭该对话框。

❿创建 4 个关键点。从主菜单中选择 Main Menu > Preprocessor > Modeling > Create > Keypoints > In Active CS，弹出如图 9-46 所示的“Create Keypoints in Active Coordiante System”对话框，在“Keypoint number”文本框中输入 1，单击“Apply”按钮，又弹出此对话框。在“Keypoint number”文本框中输入 2，在“X，Y，Z Location in active CS”文本框中分别输入“L”“0”“0”，单击“Apply”按钮，又弹出此对话框；在“Keypoint number”文本框中输入 3，在“X，Y，Z Location in active CS”文本框中分别输入“L”“W”“0”，单击“Apply”按钮，再次弹出此对话框；在“Keypoint number”文本框中输入 4，在“X，Y，Z Location in active CS”文本框分别输入“0”“W”“0”，单击“OK”按钮。

从主菜单中选择 Main Menu > PlotCtrls > Pan Zoom Rotate，弹出“Pan-Zoom-Rotate”对话框。单击“Iso”按钮，然后单击“Close”按钮，关闭该对话框。

创建的 4 个关键点如图 9-47 所示。

Anisotropic Elasticity for Material Number 1

Anisotropic Elasticity for Material Number 1

Anisotropic Elastic Matrix Options　　Stiffness form

	T1
Temperature	
D11	1.32E+11
D12	7.1E+10
D13	7.3E+10
D14	0
D15	0
D16	0
D22	1.32E+11
D23	7.3E+10
D24	0
D25	0
D26	0
D33	1.15E+11
D34	0
D35	0
D36	0
D44	3E+10
D45	0
D46	0
D55	2.6E+10
D56	0
D66	2.6E+10

Add Temperature　Delete Temperature　Add Row　Delete Row　Graph

OK　Cancel　Help

图 9-44 “Anisotropic Elasticity for Material Number1”对话框

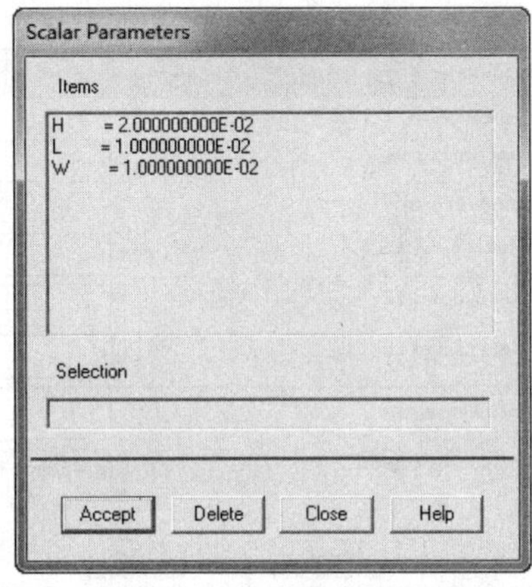

图 9-45 “Scalar Parameters”选择对话框

⓫复制其他关键点。从主菜单中选择 Main Menu > Preprocessor > Modeling > Copy > Keypoints，弹出“Copy Keypoints”选择对话框，单击“Pick All”按钮，弹出如图 9-48 所示的“Copy Keypoints”对话框。在“ITIME Number of copies”文本框中输入 2，在

"Z-offset in active CS"文本框中输入"H"，单击"OK"按钮，由关键点生成如图 9-49 所示的图形。

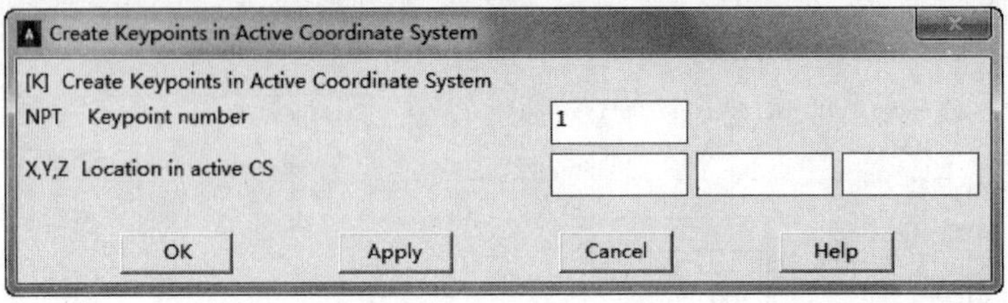

图 9-46 "Create Keypoints in Active Coordiante System"对话框

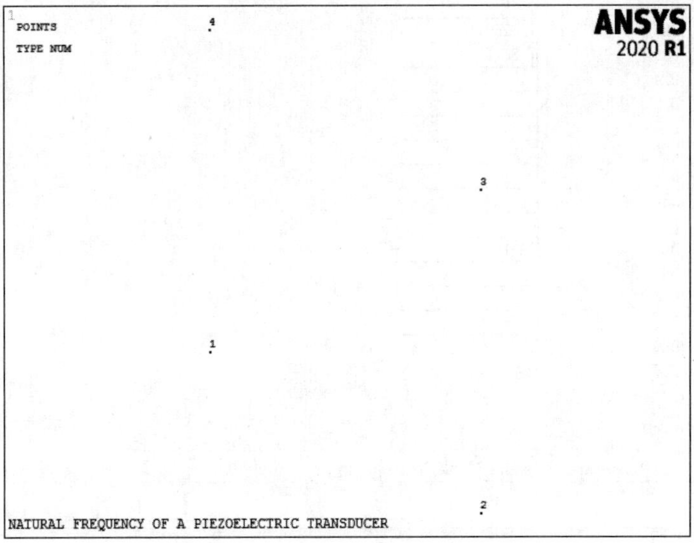

图 9-47 创建的 4 个关键点

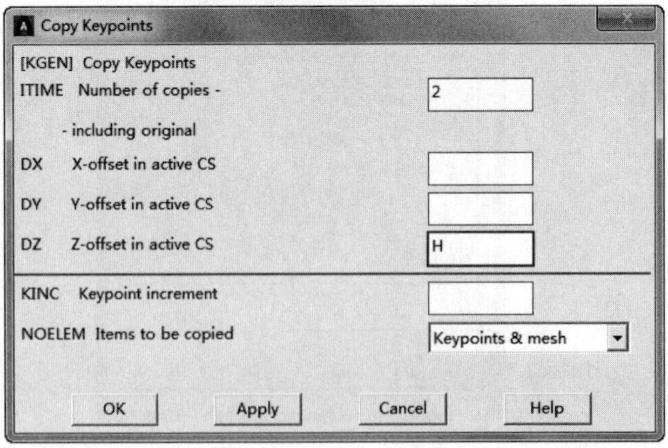

图 9-48 "Copy Keypoints"对话框

⓬连接关键点生成直线。从主菜单中选择 Main Menu > Preprocessor > Modeling > Create > Lines > Lines > Straight Line，弹出"Creat Straight Line"选择框，在工作平面上

选择编号为 1 和 5 的关键点，单击“OK”按钮。

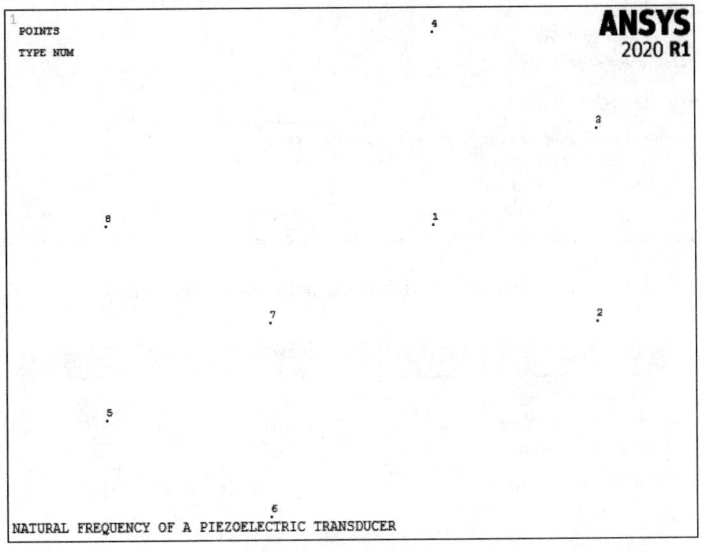

图 9-49 关键点生成的图形

⓭设置线单元尺寸。从主菜单中选择 Main Menu > Preprocessor > Meshing > Size Cntrls > ManualSize > Lines > All Lines，弹出如图 9-50 所示的“Element Sizes on All Selected Lines”对话框。在“No. of element divisions”文本框中输入 4，单击“OK”按钮。

Element Sizes on All Selected Lines
[LESIZE] Element sizes on all selected lines
SIZE Element edge length
NDIV No. of element divisions 4
(NDIV is used only if SIZE is blank or zero)
KYNDIV SIZE,NDIV can be changed ☑ Yes
SPACE Spacing ratio
Show more options ☐ No
OK Cancel Help

图 9-50 “Element Sizes on All Selected Lines”对话框

⓮设置全局单元尺寸。从主菜单中选择 Main Menu > Preprocessor > Meshing > Size Cntrls > ManualSize > Global > Size，弹出如图 9-51 所示的“Global Element Sizes”对话框。在“NDIV No. of element divisions”文本框中输入 2，单击“OK”按钮。

⓯设置单元划分类型。从主菜单中选择 Main Menu > Preprocessor > Meshing > Mesher Opts，弹出如图 9-52 所示的“Mesher Options”对话框。在“KEY Mesher Type”中选择“Mapped”，单击“OK”按钮，弹出如图 9-53 所示的“Set Element Shape”对话框。采用系统默认设置，单击“OK”按钮。

Global Element Sizes
[ESIZE] Global element sizes and divisions (applies only to "unsized" lines)
SIZE Element edge length 0
NDIV No. of element divisions - 2
- (used only if element edge length, SIZE, is blank or zero)
OK Cancel Help

图 9-51 “Global Element Sizes”对话框

Mesher Options
[MOPT] Mesher options
AMESH Triangle Mesher Program chooses
QMESH Quad Mesher Program chooses
VMESH Tet Mesher Program chooses
TIMP Tet Improvement in VMESH 1 (Def)
PYRA Hex to Tet Interface Pyramids
AORD Mesh Areas By Size No
SPLIT Split poor quality quads On Error
[MSHKEY] Set Mesher Key
KEY Mesher Type
Free
Mapped
[MSHMID] Midside node key
KEY Midside node placement Follow curves
[MSHPATTERN] Mapped Tri Meshing Pattern
KEY Pattern Key Program chooses
Accept/Reject prompt ? No
If yes, a dialog box will appear after a successful meshing operation asking if the mesh should be kept.
OK Cancel Help

图 9-52 “Mesher Options”对话框

⑯连接关键点生成体。从主菜单中选择 Main Menu > Preprocessor > Modeling > Create > Volumes > Arbitrary > Througth KPs，弹出“Create Volume thru KPs”拾取框。在工作平面上依次选择编号为 1～8 的关键点，单击“OK”按钮，连接关键点生成体，如图 9-54 所示。

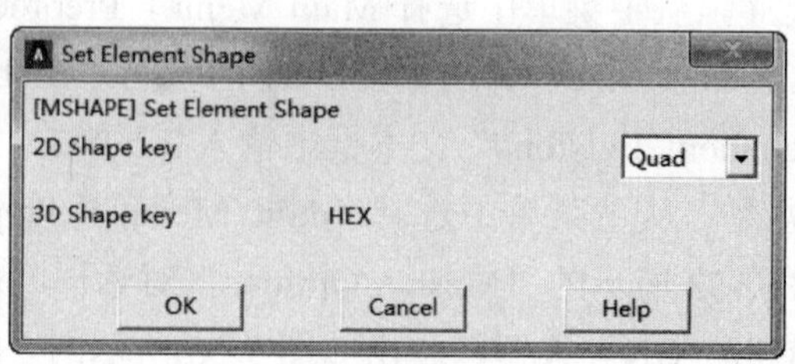

图 9-53 “Set Element Shape”对话框

⓱划分单元。从主菜单中选择 Main Menu > Preprocessor > Meshing > Mesh > Volumes > Mapped > 4 to 6 sided，弹出“Mesh Volumes”拾取框。单击“Pick All”按钮，创建的有限元模型如图 9-55 所示。

⓲保存有限元模型。选择菜单栏上的 File > Save as，弹出“Save Database”对话框。在“Save Database to”文本框中输入“PZT.db”，单击“OK”按钮。

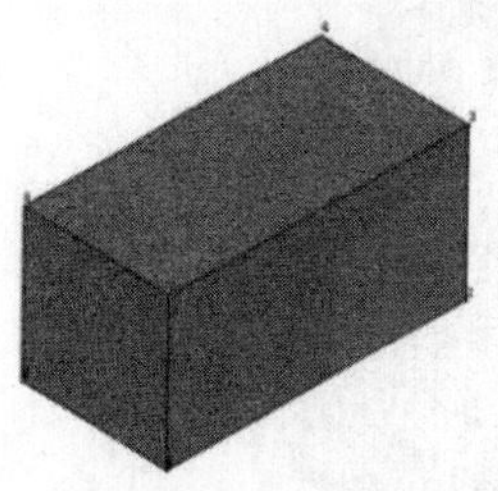

图 9-54 连接关键点生成体

图 9-55 创建的有限元模型

02 施加载荷并求解短路电路频率。

❶选择 X 坐标为 0 的节点：Utility Menu > Select > Entities，弹出如图 9-56 所示的“Select Entities”对话框。在第二个下拉列表中选择“By Location”，选择其下的“X coordinaes”单选按钮，在“Min，Max”文本框输入“0”，单击“OK”按钮。

❷施加 X 对称位移约束。从主菜单中选择 Main Menu > Solution > Define Loads > Apply > Structural > Displacement > Symmetry B.C > On Nodes，弹出如图 9-57 所示的“Apply SYMM on Nodes”对话框，单击“OK”按钮。

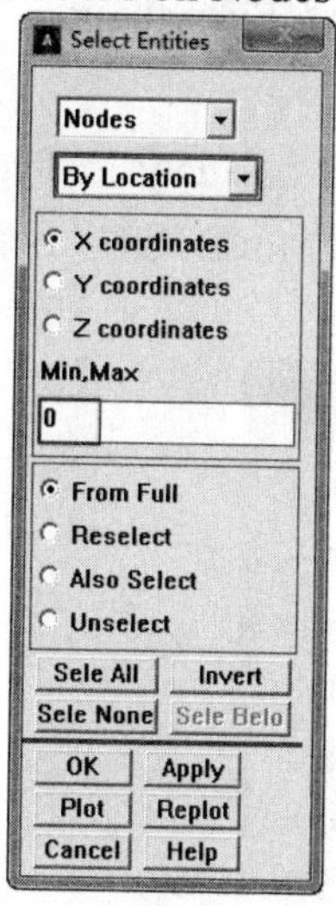

图 9-56 “Select Entities”对话框

图 9-57 “Apply SYMM on Nodes”对话框

❸选择 Y 坐标为 0 的节点。从主菜单中选择 Utility Menu > Select > Entities，弹出如图 9-56 所示的对话框，在第二个下拉列表中选择“By Location”项，选择“Y Coordinates”单选按钮，在“Min，Max”文本框中输入 0，单击“OK”按钮。

❹施加 Y 对称位移约束。从主菜单中选择 Main Menu > Solution > Define Loads > Apply > Structural > Displacement > Symmetry B.C > On Nodes，弹出如图 9-57 所示的对

话框，在“Symm surface is normal to”下拉列表中选择“Y-axis”，单击“OK”按钮。施加对称位移约束后的结果如图 9-58 所示。

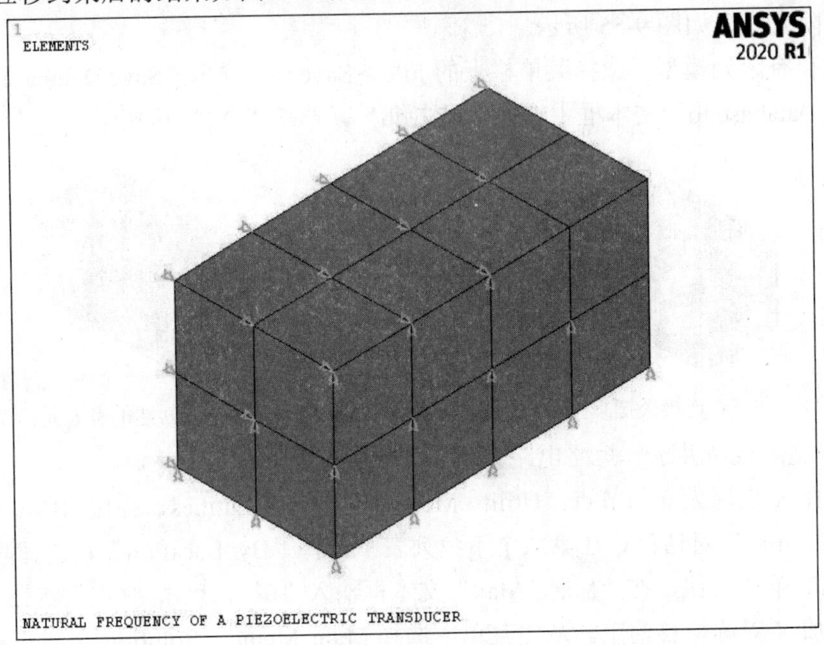

图 9-58 施加对称约束后的结果

❺选择所有节点。从应用菜单中选择 Utility Menu > Select > Everything。

❻保存数据。单击工具栏上的“SAVE_DB”按钮。

❼设定分析类型。从主菜单中选择 Main Menu > Solution > Analysis Type > New Analysis，弹出如图 9-59 所示的“New Analysis”对话框。选择“Modal”选项，单击“OK”按钮。

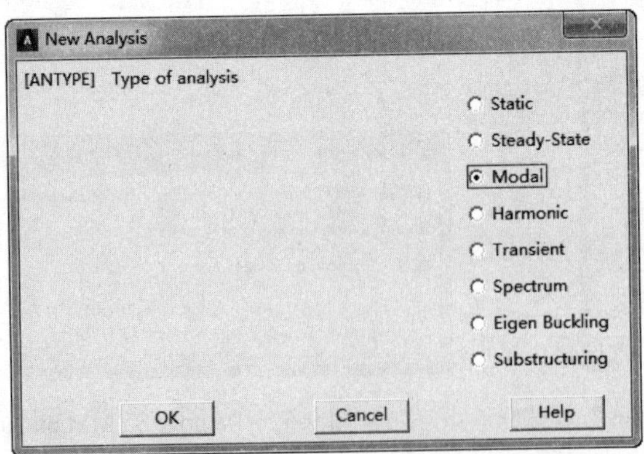

图 9-59 “New Analysis”对话框

❽选择模态提取方法。从主菜单中选择 Main Menu > Solution > Analysis Type > Analysis Options，弹出如图 9-60 所示“Modal Analysis”对话框。选择“Block Lanczos”，在“No. of modes to extract”文本框中输入 10，单击“OK”按钮，弹出如图 9-61 所示的

“Block Lanczos Method”对话框。在“Start Freq”文本框中输入 50000，在“End Frequence”文本框中输入 150000，单击“OK”按钮。

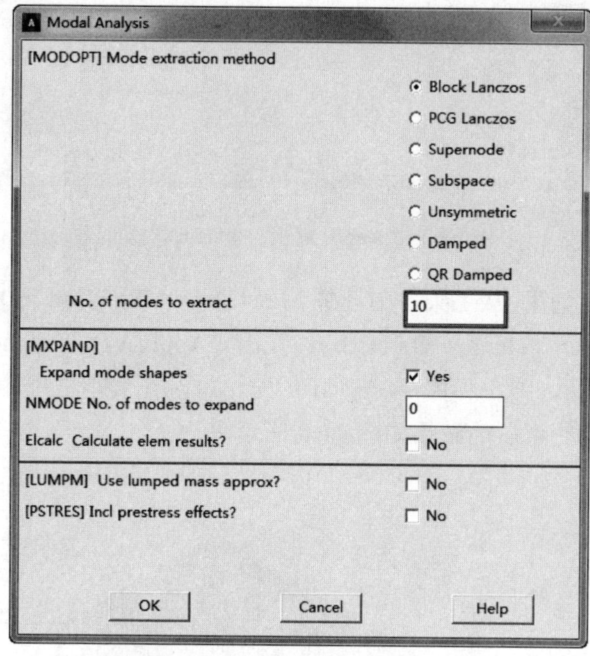

图 9-60 “Modal Analysis”对话框

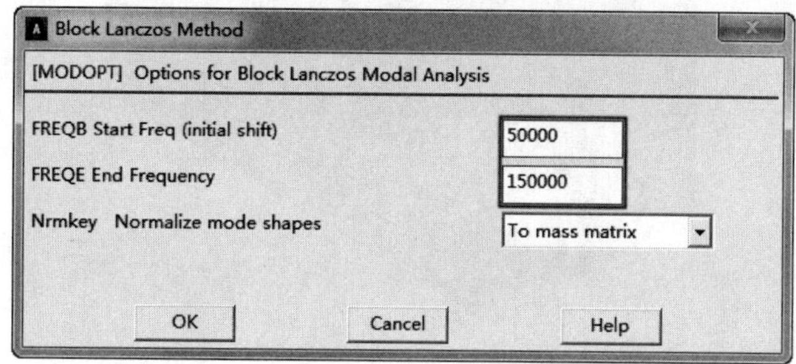

图 9-61 “Block Lanczes Method”对话框

❾选择 Z 坐标为 0 的节点。从应用单中选择 Utility Menu > Select > Entities，弹出如图 9-56 所示的对话框。在第二个下拉列表中选择“By Location”，选择“Z Coordinates”单选按钮，在“Min，Max”文本框中输入 0，单击“OK”按钮。

❿施加电压载荷约束。从主菜单中选择 Main Menu > Solution > Define Loads > Apply > Electric > Boundary > Voltage > On Nodes，弹出“Apply VOLT on nodes”选择对话框。单击“Pick All”按钮，弹出如图 9-62 所示的“Apply VOLT on nodes”对话框。在文本框中输入 0，单击“OK”按钮。

⓫选择 Z 坐标为 H 的节点。从应用菜单中选择 Utility Menu > Select > Entities，弹出如图 9-56 所示的对话框，在第二个下拉列表中选择“By Location”，选择“Z Coordinates”

单选按钮，在“Min，Max”文本框中输入“H”，单击“OK”按钮。

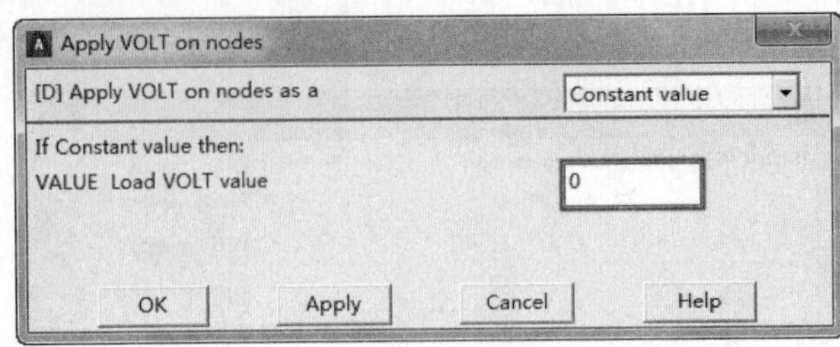

图 9-62 “Apply VOLT on nodes”对话框

⓬施加电压载荷约束。从主菜单中选择 Main Menu > Solution > Define Loads > Apply > Electric > Boundary > Voltage > On Nodes，弹出“Apply VOLT on nodes”选择对话框。单击“Pick All”按钮，弹出如图 9-62 所示的对话框，在文本框中输入 0，单击“OK”按钮，施加电压载荷约束后的结果如图 9-63 所示。

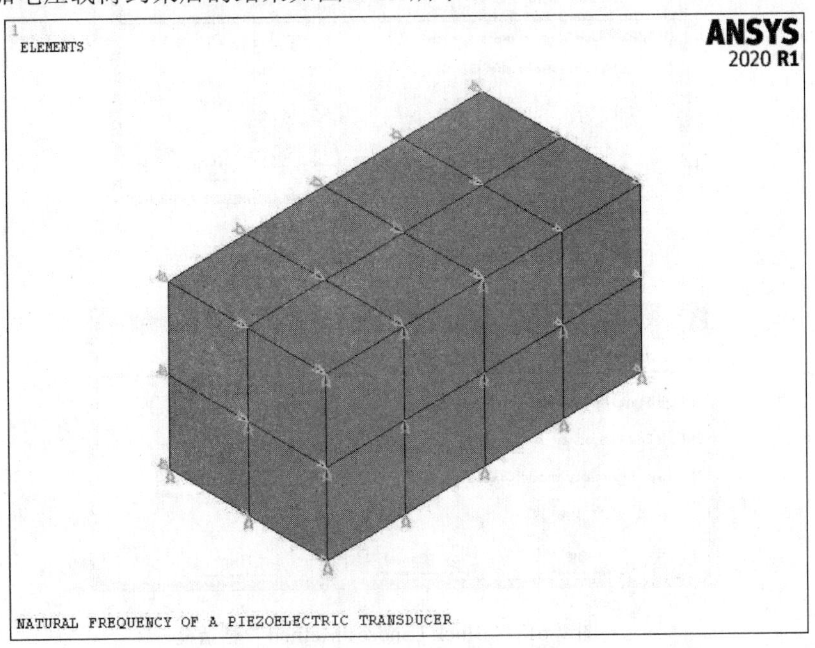

图 9-63 施加电压载荷约束后的结果

⓭选择所有节点。从应用菜单中选择 Utility Menu > Select > Everything。

⓮求解。从主菜单中选择 Main Menu > Solution > Solve > Current LS，弹出“/STATUS Command”和“Solution Current Load Step”对话框，浏览完毕确认无误后选择 File > Close。单击“Solution Current Load Step”对话框中的“OK”按钮，开始求解运算。当出现一个“Solution is done”的信息提示时，单击“Close”按钮，完成求解运算。

03 Post1 后处理。

❶观察求解综述。从主菜单中选择 Main Menu > General Postproc > Results Summary，弹出如图 9-64 所示的对话框。从中可以看到 10 阶模态的频率及其他信息。

❷读入一阶振型。从主菜单中选择 Main Menu > General Postproc > Read Results > First Set，读入一阶振型的数据。

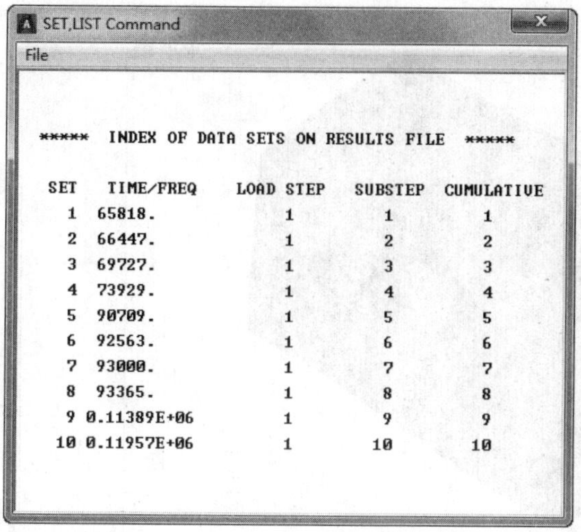

SET,LIST Command

File

***** INDEX OF DATA SETS ON RESULTS FILE *****

SET	TIME/FREQ	LOAD STEP	SUBSTEP	CUMULATIVE
1	65818.	1	1	1
2	66447.	1	2	2
3	69727.	1	3	3
4	73929.	1	4	4
5	90709.	1	5	5
6	92563.	1	6	6
7	93000.	1	7	7
8	93365.	1	8	8
9	0.11389E+06	1	9	9
10	0.11957E+06	1	10	10

图 9-64 “SET,LIST Command”对话框

❸显示一阶振型的动画。从应用菜单中选择 Utility Menu > PlotCtrls > Animate > Mode Shape ，弹出“Animate Mode Shape”对话框。如图 9-65 所示。接受默认选项，单击“OK”按钮，将显示一阶振型的动画，如图 9-66 所示。

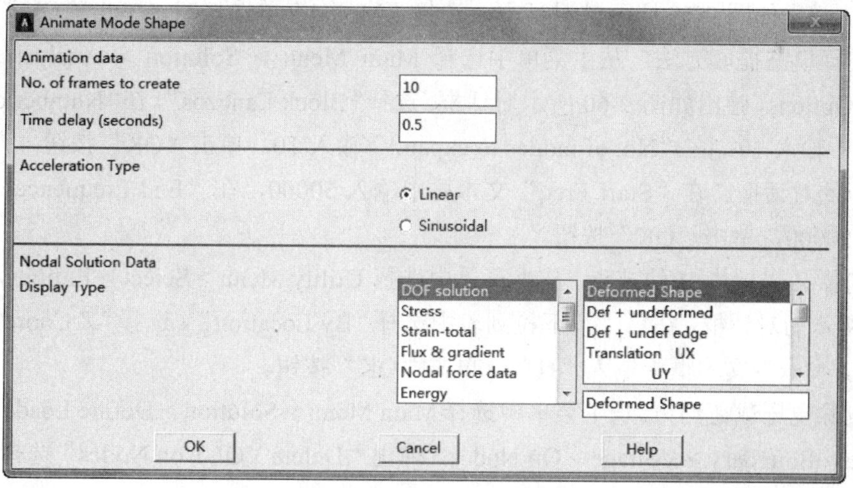

Animate Mode Shape
Animation data
No. of frames to create 10
Time delay (seconds) 0.5
Acceleration Type
Linear
Sinusoidal
Nodal Solution Data
Display Type
DOF solution
Stress
Strain-total
Flux & gradient
Nodal force data
Energy
Deformed Shape
Def + undeformed
Def + undef edge
Translation UX
UY
Deformed Shape
OK Cancel Help

图 9-65 “Animate Mode Shape”对话框

❹如果想停止动画演示，单击“Utility Menu”右上方的小按钮，弹出“Animation Contr…”对话框，如图 9-67 所示。单击“Stop”按钮或“Close”按钮即可。

❺读取下一阶振型。从主菜单中选择 Main Menu > General Postproc > Read Results > Next Set，读入下一阶振型的数据。

❻重复步骤❸和❹，可显示和关闭显示二阶振型的动画。重复步骤❺和❻，可显示

和关闭显示三阶、四阶、五阶等 10 阶振型的动画。

❼退出求解器。从主菜单中选择 Main Menu > Finish。

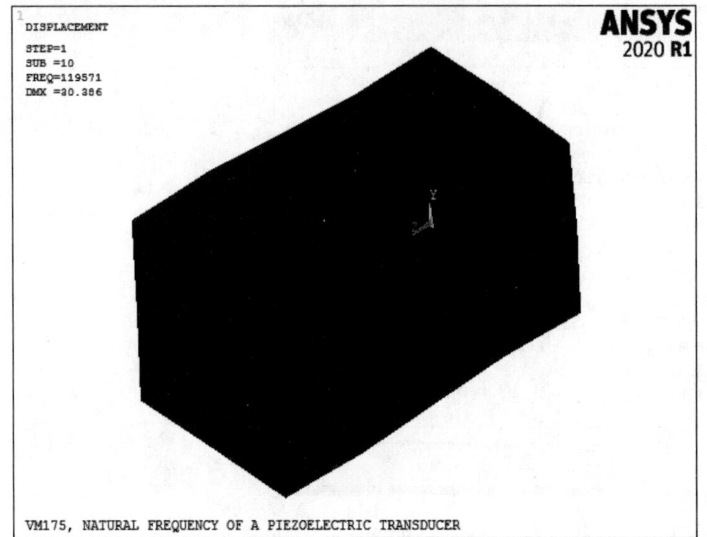

图 9-66 一阶振型的动画

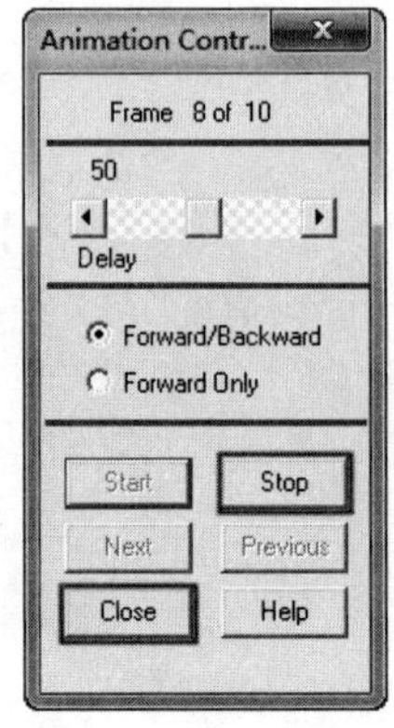

图 9-67 “Animation Contr...” 对话框

04 求解公开电路频率。

❶设定分析类型。从主菜单中选择 Main Menu > Solution > Analysis Type > New Analysis，弹出如图 9-59 所示的对话框。选择“Modal”单选按钮，单击“OK”按钮。

❷选择模态提取方法。从主菜单中选择 Main Menu > Solution > Analysis Type > Analysis Options，弹出如图 9-60 所示对话框。选择“Block Lanczos”，在“Number of modes to extract”输入 10；在“No. of modes to expand”输入 10。单击“OK”按钮，弹出如图 9-61 所示的对话框。在“Start Freq”文本框中输入 50000，在“End Frequence”文本框中输入 150000，单击“OK”按钮。

❸选择 Z 坐标为 H 的节点。从主菜单中选择 Utility Menu > Select > Entities，弹出如图 9-56 所示的对话框，在第二个下拉列表中选择“By Location”，选择“Z Coordinates”，在“Min，Max”文本框中输入“H”，单击“OK”按钮。

❹删除电压载荷约束。从主菜单中选择 Main Menu > Solution > Define Loads > Delete > Electric > Boundary > Voltage > On Nodes，弹出“Delete VOLT on Nodes”选择对话框。单击“Pick All”按钮。

❺耦合电压载荷约束。从主菜单中选择 Main Menu > Preprocessor > Coupling / Ceqn > Couple DOFs，弹出“DefineCouple DOFs”选择对话框。单击“Pick All”按钮，弹出如图 9-68 所示的“Define Coupled DOFs”选择对话框。在“Set reference number”后面输入 1，在“Degree-of-freedom label”后面的下拉列表框中选择“VOLT”，单击“OK”按钮，耦合电压载荷约束后的结果如图 9-69 所示。

❻选择所有节点。从应用菜单中选择 Utility Menu > Select > Everything。

❼求解。从主菜单中选择 Main Menu > Solution > Solve > Current LS，弹出“/STATUS

Command”和“Solve Current Load Step”对话框。浏览完毕确认无误后选择 File > Close。单击“Solve Current Load Step”对话框上的“OK”按钮，开始求解运算，当出现一个“Solution is done”的信息提示时，单击“Close”按钮，完成求解运算。

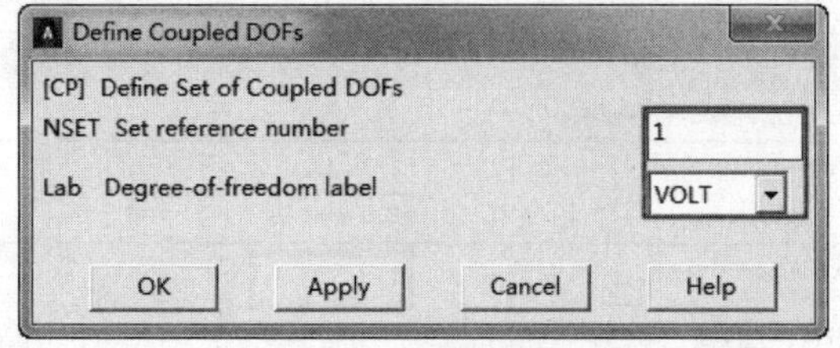

图 9-68 “Define Coupled DOFs”对话框

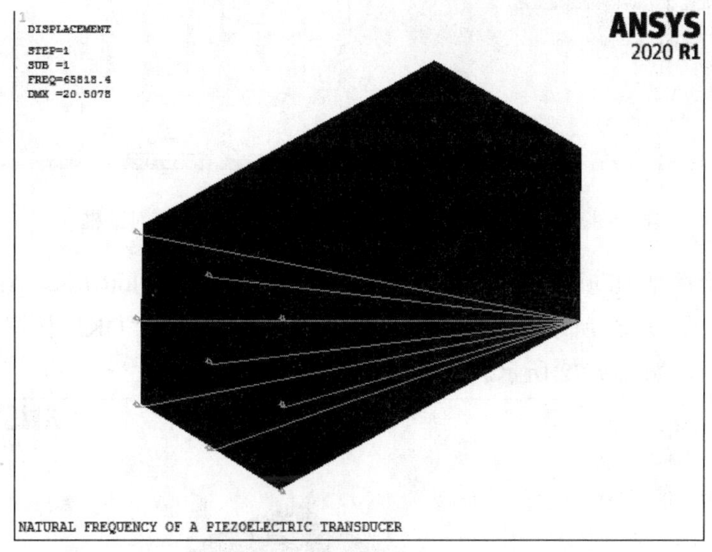

图 9-69 耦合电压载荷约束后的结果

05 Post1 后处理。

❶观察求解综述。从主菜单中选择 Main Menu > General Postproc > Results Summary，弹出如图 9-70 所示的对话框。从中可以看到 10 阶模态的频率及其他信息。

SET,LIST Command

File

***** INDEX OF DATA SETS ON RESULTS FILE *****

SET	TIME/FREQ	LOAD STEP	SUBSTEP	CUMULATIVE
1	65818.	1	1	1
2	66447.	1	2	2
3	69727.	1	3	3
4	73929.	1	4	4
5	90709.	1	5	5
6	92563.	1	6	6
7	93000.	1	7	7
8	93365.	1	8	8
9	0.11389E+06	1	9	9
10	0.11957E+06	1	10	10

图 9-70 “/STATUS Command”对话框

❷读入四阶振型。从主菜单中选择 Main Menu > General Postproc > Read Results > By Set Number，弹出如图 9-71 所示的“Read Results by Data Set Number”对话框。在“Data Set Number”文本框中输入 4，单击“OK”按钮，读入四阶振型的数据。

Read Results by Data Set Number

Read Results by Data Set Number

[SET] [SUBSET] [APPEND]

Read results for Entire model

NSET Data set number 4

(List Results Summary to determine data set number)

FACT Scale factor 1

(Enter VELO for velocities or ACEL for accelerations)

ANGLE Circumferential location

- for harmonic elements

OK Cancel Help

图 9-71 “Read Results by Data Set Number“对话框

❸显示四阶振型的动画。从主菜单中选择 Utility Menu > PlotCtrls > Animate > Mode Shape ，弹出如图 9-65 所示的对话框，接受默认设置，单击“OK”按钮，屏幕将显示四阶振型的动画，如图 9-72 所示。

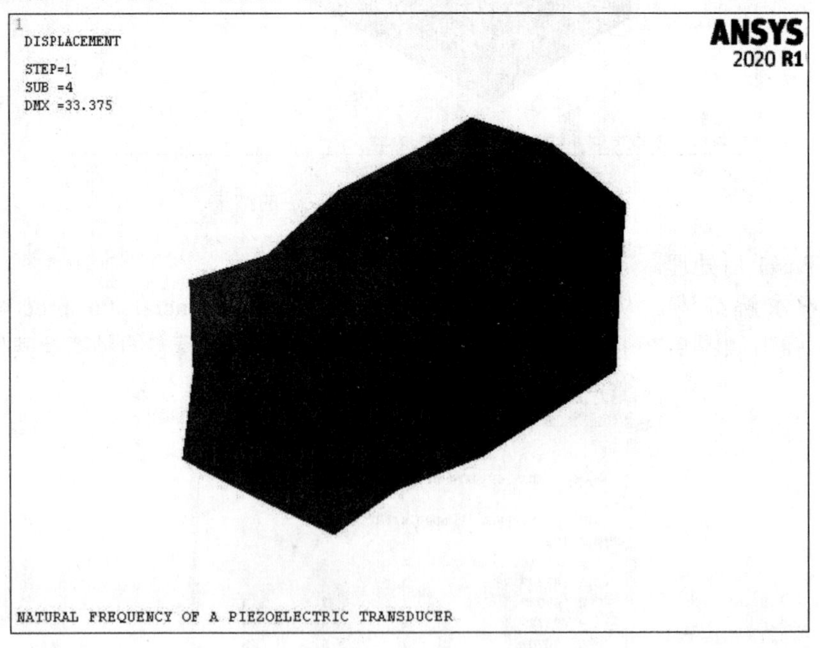

图 9-72 四阶振型的动画

❹如果想停止动画，单击“Utility Menu”右上方的小按钮，弹出如图 9-67 所示“Animation Contr…”对话框，单击“Stop”按钮或者“Close”按钮。

❺读入第八阶振型。从主菜单中选择 Main Menu > General Postproc > Read Results >

By Set Number，弹出如图 9-71 所示的对话框。在“Data set number”文本框中输入 8，单击“OK”按钮，读入八阶振型的数据。

❻显示八阶振型的动画。从主菜单中选择 Utility Menu > PlotCtrls > Animate > Mode Shape ，弹出如图 9-65 所示对话框。接受默认设置，单击“OK”按钮。屏幕将显示八阶振型的动画，如图 9-73 所示。

❼退出求解器。从主菜单中选择 Main Menu > Finish。

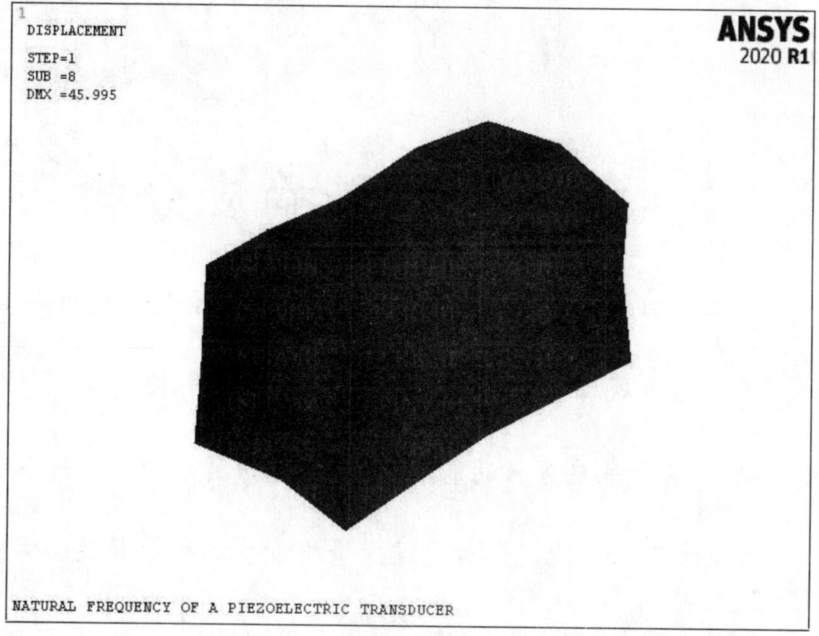

图 9-73 八阶振型的动画

退出 ANSYS。单击工具栏上的“QUIT”，在弹出的对话框中选择“QUIT” > “No Save”，单击“OK”按钮。

9.5.3 命令流方式

略，见随书电子资源。

谐响应分析

谐响应分析是用于确定线性结构在承受随时间按正弦（简谐）规律变化载荷时的稳态响应的技术。本章介绍了ANSYS 谐响应分析的基本步骤，详细讲解了其中各种参数的设置方法与功能，最后通过弹簧质量系统和悬臂梁谐响应实例对 ANSYS 谐响应分析进行了具体演示。

通过本章的学习，可以完整深入地掌握 ANSYS 谐响应分析的各种功能和应用方法。

- 谐响应分析概述
- 谐响应分析的基本步骤
- 弹簧质量系统的谐响应分析
- 悬臂梁谐响应分析

10.1 谐响应分析概述

谐响应分析是确定一个结构在已知频率的正弦（简谐）载荷作用下结构响应的技术。其输入为已知大小和频率的谐波载荷（力、压力和强迫位移）或同一频率的多种载荷，可以是相同或不相同的。其输出为每一个自由度上的谐位移，通常与施加的载荷不同，也可以是其他多种导出量，如应力和应变等。

谐响应分析可用于设计的多个方面，如旋转设备（如压缩机、发动机、泵、涡轮机械等）的支座、固定装置和部件；受涡流（流体的漩涡运动）影响的结构，如涡轮叶片、飞机机翼、桥和塔等。

持续的周期载荷将在结构系统中产生持续的周期响应（谐响应）。谐响应分析可以帮助设计人员预测结构的持续动力特性，从而使设计人员能够验证其设计能否成功地克服共振、疲劳及其他受迫振动引起的有害效果。

谐响应分析的目的是计算出结构在几种频率下的响应，并得到一些响应值（通常是位移）对频率的曲线。从这些曲线上可以找到“峰值”响应，并进一步观察峰值频率对应的应力。

这种分析技术只计算结构的稳态受迫振动，发生在激励开始时的瞬态振动不在谐响应分析中考虑，如图 10-1 所示。

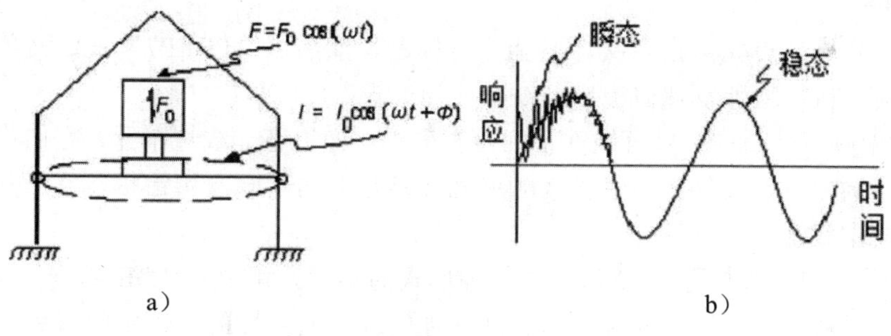

图 10-1 谐响应分析示例

注意 图 10-1a 所示为标准谐响应分析系统，F_0和ω已知，I_0和Φ未知；图 10-1b 所示为结构的稳态和瞬态谐响应分析。

谐响应分析是一种线性分析。任何非线性特性，如塑性和接触（间隙）单元，即使被定义了也将被忽略。但在分析中可以包含非对称矩阵，如分析流体-结构相互作用中的问题。谐响应分析同样也可用以分析有预应力的结构，如小提琴的弦（假定简谐应力比预加的拉伸应力小得多）。

谐响应分析可以采用 3 种方法，即“Full”（完全法），“Reduced”（减缩法），“Mode Superposition”（模态叠加法）。当然，还有另外一种方法，即将简谐载荷指定为有时间历程的载荷函数而进行瞬态动力学分析，这是一种相对开销较大的方法。

这 3 种方法的共同局限性：

- 所有载荷必须随时间按正弦规律变化。
- 所有载荷必须有相同的频率。
- 不允许有非线性特性。
- 不计算瞬态效应。

可以通过进行瞬态动力学分析来克服这些限制，这时应将简谐载荷表示为有时间历程的载荷函数。

10.2 谐响应分析的基本步骤

首先描述如何用“Full”法来进行谐响应分析，然后会列出用“Reduced”法和“Mode Superposition”法时有差别的步骤。

“Full”法谐响应分析的过程由 3 个主要步骤组成：

1）建模。

2）加载并求解。

3）观察结果（后处理）。

10.2.1 建立模型（前处理）

在这一步中，首先需指定文件名和分析标题，然后用“PREP7”来定义单元类型、单元实常数、材料特性及几何模型。需记住的要点：

1）在谐响应分析中，只有线性行为是有效的。如果有非线性单元，它们将被按线性单元处理。例如，如果分析中包含接触单元，则它们的刚度取初始状态值，并在计算过程中不再发生变化。

2）必须指定弹性模量“EX”（或某种形式的刚度）和密度“DENS”（或某种形式的质量）。材料特性可以是线性的、各向同性的或各向异性的，恒定的或和与温度相关的。非线性材料特性将被忽略。

10.2.2 加载并求解

在这一步中，需要定义分析类型和求解选项，加载，指定载荷步选项，并开始有限元求解。下面会列出详细说明。

注意 峰值响应分析发生在力的频率和结构的固有频率相等时。在得到谐响应分析解之前，应该首先做一下模态分析，以确定结构的固有频率。

1. 进入求解器

命令：/SOLU

GUI：Main Menu > Solution。

2．定义分析类型和求解选项

ANSYS 提供用于谐响应的分析类型和求解选项见表 10-1。

表 10-1 分析类型和求解选项

选项	命令	GUI 路径
New Analysis	ANTYPE	Main Menu > Solution > Analysis Type > New Analysis
Analysis Type: Harmonic Response	ANTYPE	Main Menu > Solution > Analysis Type > New Analysis > Harmonic
Solution method	HROPT	Main Menu > Solution > Analysis Type > Analysis Options
Solution Listing Format	HROUT	Main Menu > Solution > Analysis Type > Analysis Options
Mass Matrix Formulation	LUMPM	Main Menu > Solution > Analysis Type > Analysis Options
Equation Solver	EQSLV	Main Menu > Solution > Analysis Type > Analysis Options
Maximum/Minimum mode number	HROPT	Main Menu > Solution > Analysis Type > Analysis Options
Spacing of solutions	HROUT	Main Menu > Solution > Analysis Type > Analysis Options
Incl prestress effects	PSTRES	Main Menu > Solution > Analysis Type > Analysis Options

表中各选项的含义如下。

1）New Analysis [ANTYPE]：用于创建新的分析。在谐响应分析中 Restart 不可用；如果需要施加另外的简谐载荷，可以另进行一次新的分析。

2）Analysis Type：Harmonic Response [ANTYPE]：用于指定分析类型为谐响应分析，其对应选项如图 10-2 所示。

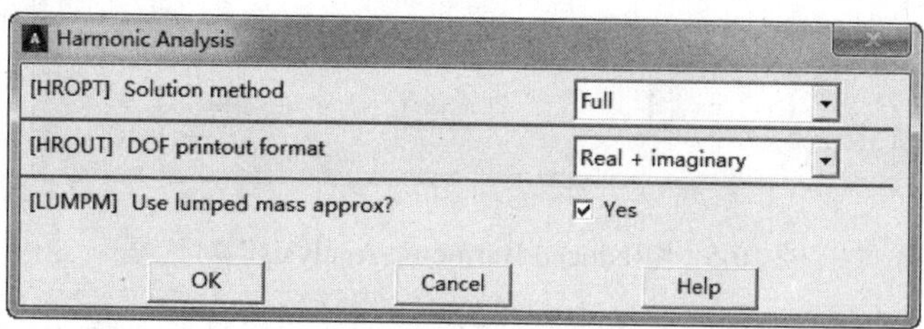

图 10-2 “Harmonic Analysis”对话框

设置完“Harmonic Analysis”对话框后单击“OK”按钮，则会根据设置的 “Solution Method”（求解方法）弹出相应的对话框，如果“Solution Method”设置为“Full”，则会弹出“Full Harmonic Analysis”对话框，如图 10-3 所示，该对话框可用于选择方程求解器和预应力；如果“Solution Method”设置为“Mode Superposition”（模态叠加法），则会弹出“Mode Sup Harmonic Analysis”对话框，如图 10-4 所示，该对话框用于设置最多模态数、最少模态数及模态输出选项；如果“Solution Method”设置为“Reduced”（减缩法），则会弹出“Reduced Harmonic Analysis”对话框，如图 10-5 所示，此对话框用于设置预应力。

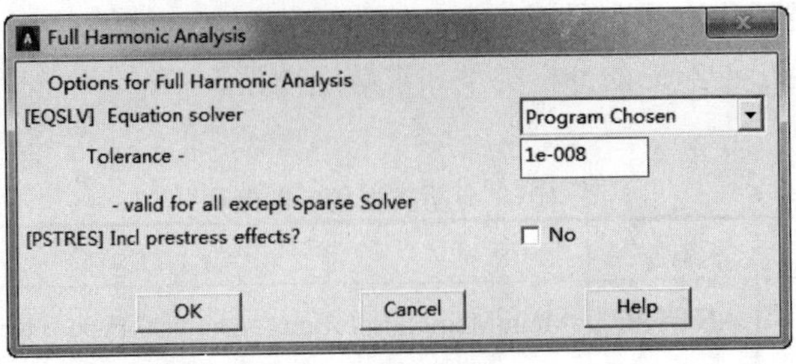

Full Harmonic Analysis
Options for Full Harmonic Analysis
[EQSLV] Equation solver
Program Chosen
Tolerance -
1e-008
- valid for all except Sparse Solver
[PSTRES] Incl prestress effects?
No
OK
Cancel
Help

图 10-3 “Full Harmonic Analysis”对话框

Mode Sup Harmonic Analysis
Options for Mode Superposition Harmonic Analysis
[HROPT] Maximum mode number
0
[HROPT] Minimum mode number
Modal coords output to MCF file
No
[HROUT] Spacing of solutions
Uniform
Cluster at modes
Print mode contrib's?
No
OK
Cancel
Help

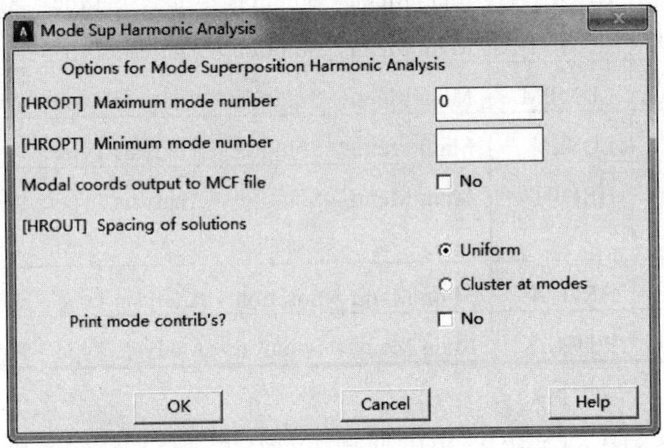

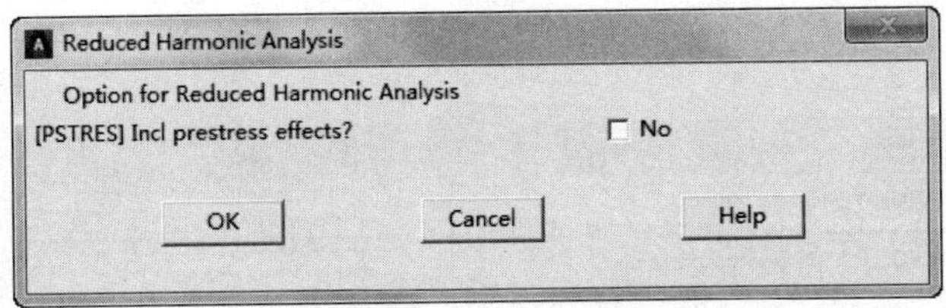

图 10-4 “Mode Sup Harmonic Analysis”对话框

Reduced Harmonic Analysis
Option for Reduced Harmonic Analysis
[PSTRES] Incl prestress effects?
No
OK
Cancel
Help

图 10-5 “Reduced Harmonic Analysis”对话框

3）Solution method [HROPT]：可以选择下列求解方法，即 Full、Reduced 和 Mode Superposition 中的一种

4）Solution Listing Format [HROUT]：此选项确定在输出文件 Jobname.Out 中谐响应分析的位移解如何列出。可选的方式有“real and imaginary”（实部和虚部）（默认）和“amplitudes and phase angles”（幅值和相位角）。

5）Mass Matrix Formulation [LUMPM]：此选项用于指定是采用默认的质量矩阵形成方式（取决于单元类型），还是采用集中质量矩阵近似。

注意 建议在大多数应用中采用默认形成方式，但对有些包含“薄膜”结构的问题，如细长梁或非常薄的壳，采用集中质量矩阵近似经常会产生较好的结果。另外，采用集

中质量矩阵求解时间短，需要内存少。

6）Equation Solver [EQSLV]：可选的求解器有“Frontal”求解器(默认)、“Sparse Direct（SPARSE）”求解器、“Jacobi Conjugate Gradient (JCG)”求解器，以及“Incomplete Cholesky Conjugate Gradient (ICCG) ”求解器。对大多数结构模型，建议采用“Frontal”求解器或者“SPARSE”求解器。

7）Maximum/Minimum mode number [HROPT]：设置模态叠加法时的最多模态数和最少模态数。

8）Spacing of solutions [HROUT]：设置模态输出格式。

9）Incl prestress effects [PSTRES]：选择是否考虑预应力。

3．在模型上加载

根据定义，谐响应分析假定所施加的所有载荷随时间按正弦（简谐）规律变化。指定一个完整的简谐载荷需输入 3 条信息，即 Amplitude（幅值）、phase angle（相位角）和 forcing frequency range（强制频率范围），如图 10-6 所示。

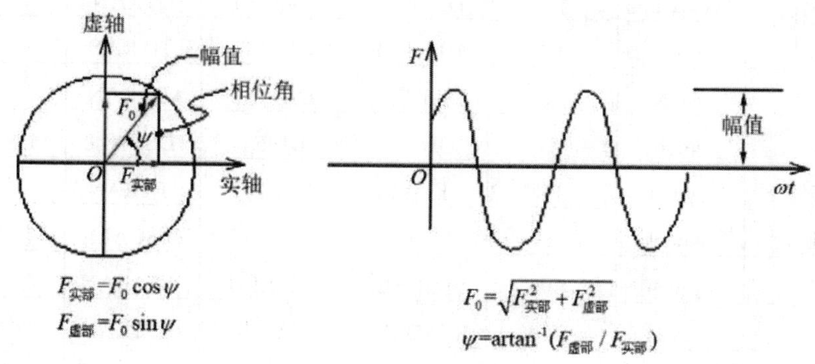

图 10-6 实部/虚部和幅值/相位角的关系

幅值是载荷的最大值，载荷可以用表 10-2、表 10-3 中的命令来指定。相位角是时间的度量，它表示载荷是滞后还是超前参考值，在图 10-6 中的复平面上，实轴就表示相位角。

只有当施加多组有不同相位的载荷时，才需要分别指定其相位角。如图 10-7 所示的不平衡旋转天线，它将在 4 个支撑点处产生不同相位的垂直方向的载荷，图中实轴表示角度；用户可以通过命令或者 GUI 路径在 VALUE 和 VALUE2 位置指定实部和虚部值，而对于其他表面载荷和实体载荷，则只能指定为 0 相位角（没有虚部）。但是，有如下例外情况：在用完全法或者振型叠加法（利用 Block Lanczos 方法提取模态，参考相关命令“SF”和“SFE”）求解谐响应问题时，表面压力的非零虚部可以通过表面单元 SURF153 和 SURF154 来指定。实部和虚部的计算参考图 10-6。

在分析中，用户可以施加、删除、修正或显示载荷。

表 10-2 在谐响应分析中施加载荷

载荷类型	类别	命令	GUI Path
位移约束	Constraints	D	Main Menu>Solution>DefineLoads>Apply>Structural>Displacement
集中力或力矩	Forces	F	Main Menu>Solution>Define Loads>Apply>Structural>Force/Moment
压力(PRES)	Surface Loads	SF	Main Menu>Solution >Define Loads > Apply > Structural > Pressure
温度(TEMP)或流体 (FLUE)	Body Loads	BF	Main Menu>Solution>Define Loads>Apply>Structural>Temperature
惯性重力	Inertia Loads	–	Main Menu > Solution > Define Loads > Apply > Structural > Other

表 10-3 谐响应分析的载荷命令

载荷类型	实体模型或有限元模型	图元	施加载荷	删除载荷	列表显示载荷	对载荷操作	设定载荷
位移约束	实体	Keypoints	DK	DKDELE	DKLIST	DTRAN	–
	实体	Lines	DL	DLDELE	DLLIST	DTRAN	–
	实体	Areas	DA	DADELE	DALIST	DTRAN	–
	有限元	Nodes	D	DDELE	DLIST	DSCALE	DSYM, DCUM
集中力	实体	Keypoints	FK	FKDELE	FKLIST	FTRAN	–
	有限元	Nodes	F	FDELE	FLIST	FSCALE	FCUM
压力	实体	Lines	SFL	SFLDELE	SFLLIST	SFTRAN	SFGRAD
	实体	Areas	SFA	SFADELE	SFALIST	SFTRAN	SFGRAD
	有限元	Nodes	SF	SFDELE	SFLIST	SFSCALE	SFGRAD, SFCUM
	有限元	Elements	SFE	SFEDELE	SFELIST	SFSCALE	SFGRAD, SFBEAM, SFFUN, SFCUM
温度或者流体	实体	Keypoints	BFK	BFKDELE	BFKLIST	BFTRAN	–
	实体	Lines	BFL	BFLDELE	BFLLIST	BFTRAN	–
	实体	Areas	BFA	BFADELE	BFALIST	BFTRAN	–
	实体	Volumes	BFV	BFVDELE	BFVLIST	BFTRAN	–
	有限元	Nodes	BF	BFDELE	BFLIST	BFSCALE	BFCUM
	有限元	Elements	BFE	BFEDELE	BFELIST	BFSCALE	BFCUM
惯性力	–	–	ACEL OMEGA DOMEGA CGLOC CGOMGA DCGOMG	–	–	–	–

载荷的频带是指谐波载荷（周期函数）的频率范围，可以利用 HARFRQ 命令将它作为一个载荷步选项来指定。

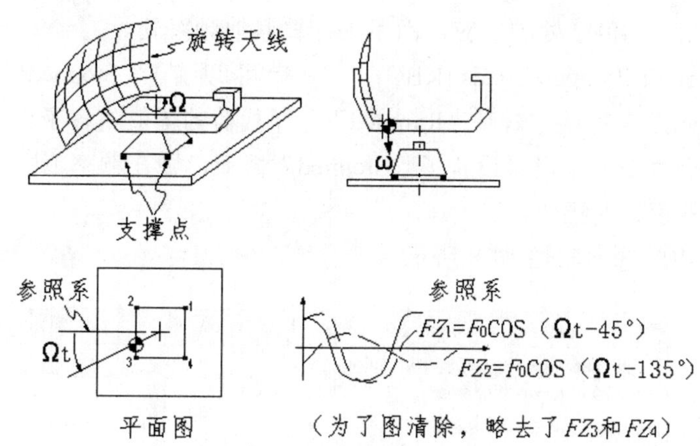

图 10-7 不平衡旋转天线

注意 谐响应分析不能计算频率不同的多个强制载荷同时作用时产生的响应。这种情况的实例是两个具有不同转速的机器同时运转的情形。但在 POST1 中可以对两种载荷状况进行叠加以得到总体响应。在分析过程中，可以施加，删除载荷或对载荷进行操作或列表显示。

4. 指定载荷步选项

表 10-4 列出了可以在谐响应分析中使用的载荷步选项。

表 10-4 载荷步选项

选项	命令	GUI 路径
		普通选项
谐响应分析的子步数	NSUBST	Main Menu > Solution > Load Step Opts > Time/Frequenc > Freq and Substeps
阶越载荷或者连续载荷	KBC	Main Menu > Solution > Load Step Opts > Time/Frequenc > Time - Time Step or Freq and Substeps
		动力选项
载荷频带	HARFRQ	Main Menu>Solution>Load Step Opts>Time/Frequenc>Freq and Substeps
阻尼	ALPHAD, BETAD, DMPRAT	Main Menu > Solution > Load Step Opts > Time/Frequenc > Damping
		输出控制选项
输出	OUTPR	Main Menu > Solution > Load Step Opts > Output Ctrls > Solu Printout
数据库和结果文件输出	OUTRES	Main Menu >Solution>Load Step Opts > Output Ctrls > DB/ Results File
结果外推	ERESX	Main Menu>Solution >Load Step Opts > Output Ctrls > Integration Pt

（1）普通选项。

- Number of Harmonic Solutions [NSUBST]：可用此选项计算任何数目的谐响应

解。解（或子步）将均布于指定的频率范围内[HARFRQ]（详细说明见后）。例如，如果在 30～40Hz 范围内要求出 10 个解，程序将计算出在频率 31，32，……，40Hz 处的响应，而不去计算其他频率处。

- Stepped or Ramped Loads [KBC]：载荷可以是“Stepped”，也可以是“Ramped”，默认方式是“Ramped”，即载荷的幅值随各子步逐渐增长。而如果用命令“KBC，1” 设置了“Stepped”载荷，则在频率范围内的所有子步载荷将保持恒定的幅值。

普通选项对应的选项如图 10-8 所示。

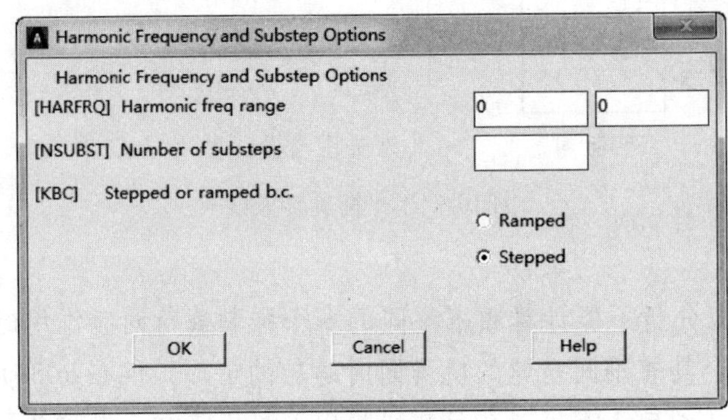

图 10-8 谐响应分析频率和子步选项

（2）动力选项。

- Forcing Frequency Range [HARFRQ]：在谐响应分析中必须指定强制频率范围（以周/单位时间为单位），然后指定在此频率范围内要计算处的解的数目。
- Damping：必须指定某种形式的阻尼，如 Alpha（质量）阻尼 [ALPHAD]、Beta（刚度）阻尼[BETAD]、恒定阻尼比 [DMPRAT]，否则在共振处的响应将无限大。

注意 在直接积分谐响应分析（用 Full 法或 Reduced 法）中，如果没有指定阻尼，程序将默认采用零阻尼。

（3）输出控制选项。

- Printed Output [OUTPR]：此选项用于指定输出文件 Jobname.OUT 中要包含的结果数据。
- Database and Results File Output [OUTRES]：此选项用于控制结果文件 Jobname.RST 中包含的数据。
- Extrapolation of Results [ERESX]：此选项用于设置采用将结果复制到节点处方式而默认的外插方式得到单元积分点结果。

5. 保存模型

命令：SAVE。

GUI：Utility Menu > File > Save as。

6．开始有限元求解

命令：SOLVE。

GUI：Main Menu > Solution > Solve > Current LS。

7．对于多载荷步可重复以上步骤

如果有另外的载荷和频率范围（即另外的载荷步），重复步骤3～6。如果要进行时间历程后处理（POST26），则一个载荷步和另一个载荷步的频率范围间不能存在重叠。

8．退出求解器

命令：FINISH。

GUI：Main Menu >Finish。

10.2.3 后处理

谐响应分析的结果被保存在结构分析结果文件“Jobname.RST”中。如果结构定义了阻尼，响应将与载荷异步。所有结果将是复数形式的，并以实部和虚部存储。

通常可以用POST26和POST1进行后处理。一般的处理顺序是，首先用“POST26”找到临界强制频率，即模型中所关注的点产生最大位移（或应力）时的频率，然后用“POST1”在这些临界强制频率处处理整个模型。

- POST1用于在指定频率点观察整个模型的结果。
- POST26用于观察在整个频率范围内模型中指定点处的结果。

1．利用POST26

POST26用于描述不同频率对应的结果值，每个变量都有一个相应的数字标号。

1）用如下方法定义变量。

命令：“NSOL”用于定义基本数据（节点位移），“ESOL”用于定义派生数据（单元数据，如应力），“RFORCE”用于定义反作用力数据。

GUI：Main Menu > TimeHist Postpro > Define Variables。

注意 命令“FORCE”允许选择全部力，总力的静力项、阻尼项或惯性项。

2）首先绘制变量表格（如不同频率或者其他变量），然后利用命令“PLCPLX”绘制幅值、相位角、实部或虚部。

命令：PLVAR、PLCPLX。

GUI：Main Menu > TimeHist Postpro > Graph Variables。

Main Menu > TimeHist Postpro > Settings > Graph。

3）列表显示变量。利用命令“EXTREM”显示极值，然后利用命令“PRCPLX”显示幅值、相位角、实部或虚部。

命令：PRVAR、EXTREM、PRCPLX。

GUI：Main Menu > TimeHist Postpro > List Variables > List Extremes。

Main Menu > TimeHist Postpro > List Extremes。

Main Menu > TimeHist Postpro > Settings > List。

另外，“POST26”中里面还有许多其他函数，如对变量进行数学运算、将变量移动到数组参数中等，详细信息可参考ANSYS在线帮助文档。

如果想要观察在时间历程中特殊时刻的结果，可利用“POST1”后处理器。

2．利用POST1

可以用命令“SET”（或者相应 GUI）读取谐响应分析的结果，但它只会读取实部或者虚部，不能两者同时读取。结果的幅值是实部和虚部的平方根，如图10-6所示。

用户可以显示结构变形、应力应变云图等，还可以图形显示矢量，也可以利用“PRNSOL”“PRESOL”“PRRSOL”等命令列表显示结果。

1）显示变形图。

命令：PLDISP。

GUI：Main Menu > General Postproc > Plot Results > Deformed Shape。

2）显示变形云图。

命令：PLNSOL or PLESOL。

GUI：Main Menu > General Postproc > Plot Results > Contour Plot > Nodal Solu or Element Solu。

注意 该命令可以显示所有变量的云图，如应力（SX、SY、SZ）、应变（EPELX、EPELY、EPELZ）和位移（UX、UY、UZ）等。

命令“PLNSOL”和“PLESOL”的“KUND”选项表示是否要在变形图中同时显示变形前的图形。

3）绘制矢量。

命令：PLVECT。

GUI：Main Menu > General Postproc > Plot Results > Vector Plot > Predefined。

4）列表显示。

命令：PRNSOL（节点结果）、PRESOL（单元结果）、PRRSOL（反作用力等）、NSORT, ESORT。

GUI：Main Menu > General Postproc > List Results > Nodal Solution。

Main Menu > General Postproc > List Results > Element Solution。

Main Menu > General Postproc > List Results > Reaction Solution。

在列表显示之前，可以利用命令“NSORT”和“ESORT”对数据进行分类。

另外，POST1后处理器中还包含很多其他的功能，如将结果映射到路径来显示、将结果转换坐标系显示及载荷工况叠加显示等，详细信息可参考ANSYS在线帮助文档。

10.3 实例导航——弹簧质量系统的谐响应分析

本实例通过一个弹簧质量的谐响应分析来讲述谐响应分析的基本过程和步骤。谐响应分析有3种求解方法，即完全法、减缩法、模态叠加法，本例采用的是模态叠加法，如果要采用其他两种方法，可参照模态叠加法。

10.3.1 问题描述

已知一个弹簧质量系统，受到幅值为 F_o、频率范围为 0.1～1.0Hz 的谐波载荷作用，如图 10-9 所示，试求其固有频率和位移响应。材料属性和载荷数值见表 10-5。

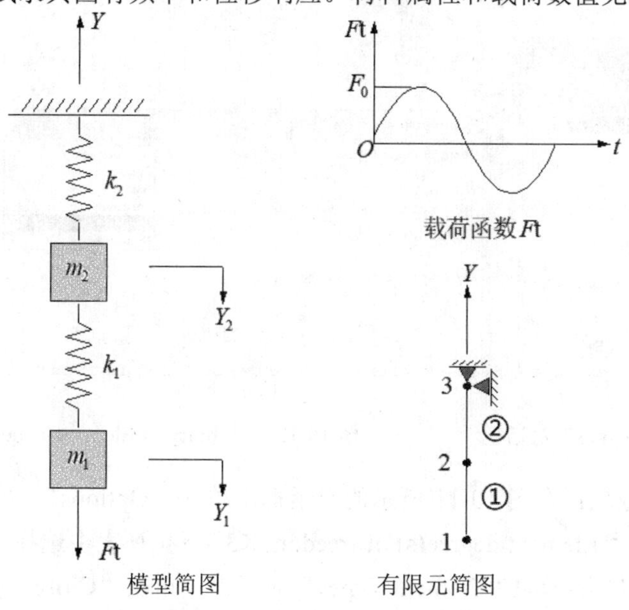

图 10-9 模型简图

表 10-5 材料属性和载荷数值

材料属性	载荷
$k_1 = 6\text{N/m}$	$F_0 = 50\text{N}$
$k_2 = 16\text{N/m}$	
$m_1 = m_2 = 2\text{Kg}$	

10.3.2 GUI 模式

01 前处理（建模及分网）。

❶定义工作标题：Utility Menu > File > Change Title，弹出“Change Title”对话框，如图 10-10 所示。输入“HARMONIC RESPONSE OF A SPRING-MASS SYSTEM”，然后单击“OK”按钮。

❷定义单元类型：Main Menu > Preprocessor > Element Type > Add/Edit/Delete，弹出“Element Types”对话框，如图 10-11 所示。单击“Add”按钮，弹出“Library of Element Types”对话框，如图 10-12 所示。在左侧列表框中选择“Combination”，在右面的列表框中选择“Combination 40”，单击“OK”按钮，返回图 10-11 所示的对话框。

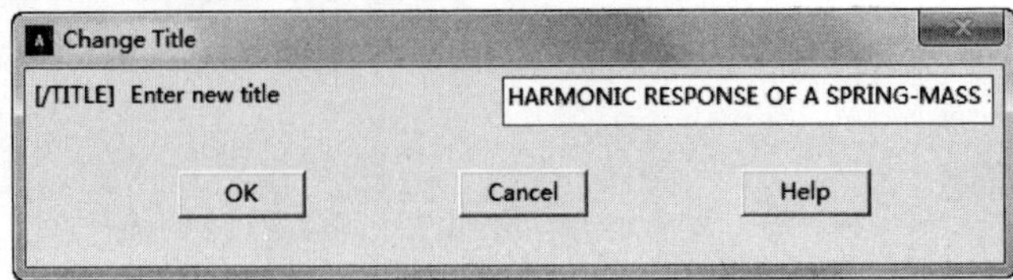

图 10-10 “Change Title”对话框

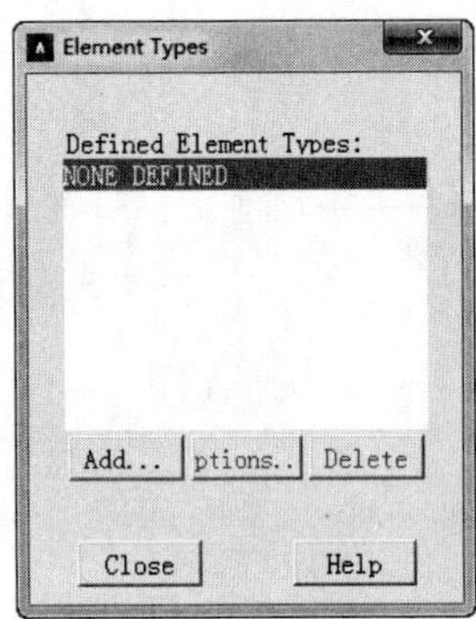

图 10-11 “Element Types”对话框

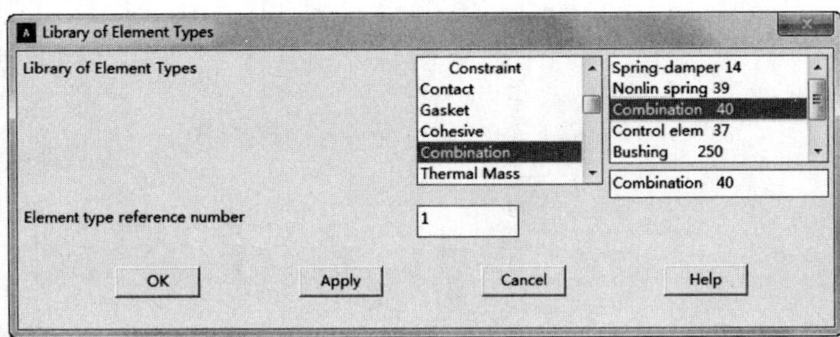

图 10-12 “Library of Element Types”对话框

❸定义单元选项：在图 10-11 所示的对话框中单击“Options”按钮，在弹出的对话框（见图 10-13）的“Element degree(s) of freedom K3”下拉列表中选择“UY”，单击“OK”按钮，返回图 10-11 所示的“Element Types”对话框。单击“Close”按钮，关闭该对话框。

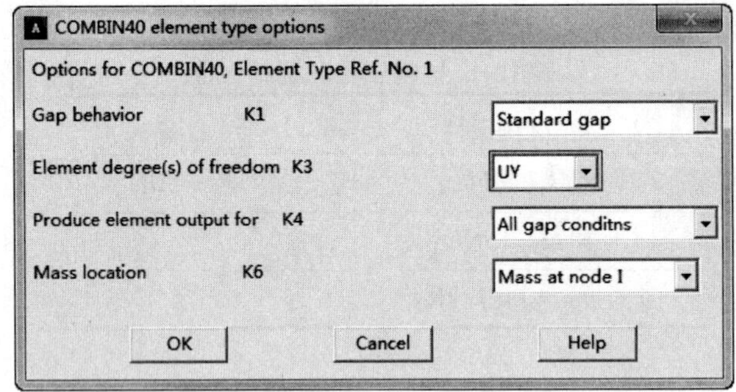

图 10-13 “COMBIN40 element type options”对话框

❹定义第一种实常数：Main Menu > Preprocessor > Real Constants > Add/Edit/Delete，弹出“Real Constants”对话框，如图 10-14 所示。单击“Add”按钮，弹出“Element Type for Real Constants”对话框，如图 10-15 所示。

❺在图 10-15 所示的对话框中选择“Type 1 COMBIN40”，单击“OK”按钮。出现“Real Constants Set Number1，for COMBIN40”对话框，如图 10-16 所示.在“Spring constant K1”文本框中输入 6，在“Mass M”文本框中输入 2，单击“Apply”按钮。

❻在弹出的对话框(见图 10-17)的“Real Constant Set No.”文本框中输入 2，在“Spring

constant K1”文本框中输入 16，在“Mass M”文本框中输入 2，单击“OK”按钮。接着单击“Real Constants”对话框中的“Close”按钮，关闭该对话框，退出实常数定义。

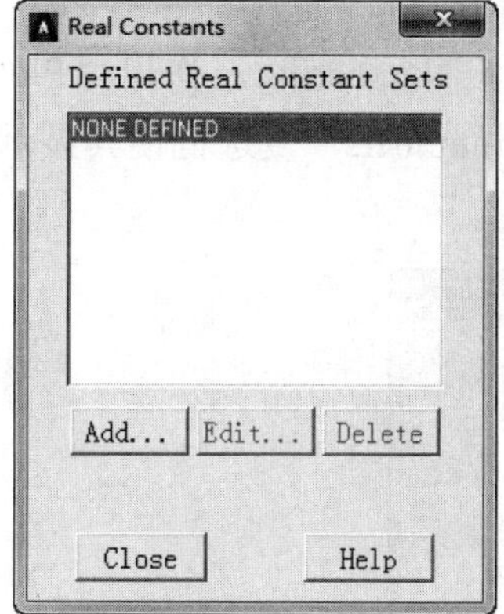

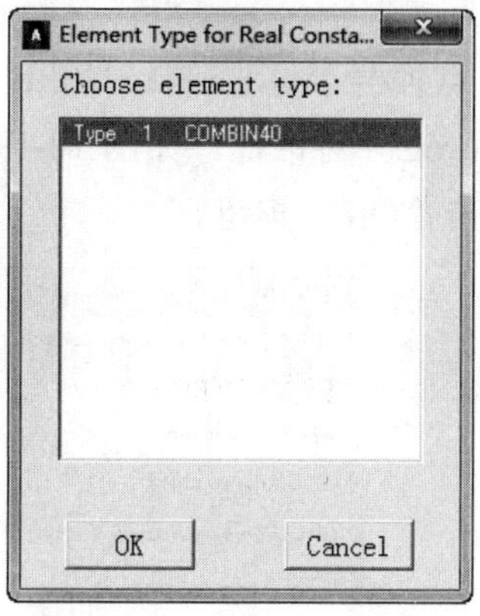

图 10-14 “Real Constant”对话框

图 10-15 “Element Type for Real Constants”对话框

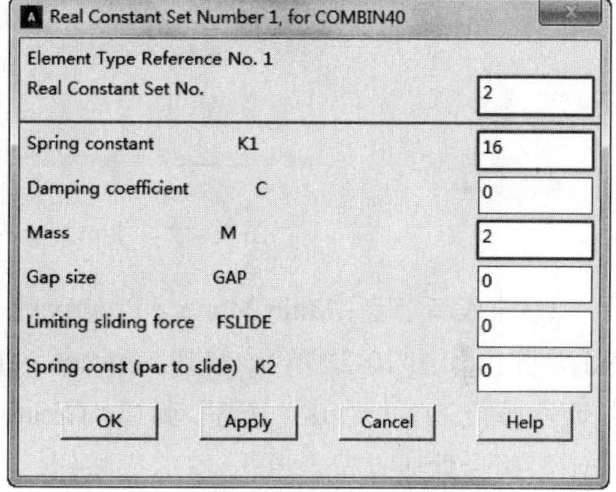

图 10-16 “Real Constants Set Number 1, for COMBIN40”对话框（定义 K1，M1）

图 10-17 “Real Constants Set Number 2, for COMBIN40”对话框（定义 K1，M2）

❼创建节点：Main Menu > Preprocessor > Modeling > Create > Nodes > In Active CS，弹出“Create Nodes in Active Coordinate System”对话框，如图 10-18 所示。在“Node number”文本框中输入 1，在“X,Y,Z Location in active CS”文本框中分别输入 0、0、0。单击“Apply”按钮。

图 10-18 “Create Nodes in Active Coordinate System”对话框

❽在“Create Nodes in Active Coordinate System”对话框的“Node number”文本框中输入3，在“X,Y,Z　Location in active CS”文本框中分别输入0、2、0，单击“OK”按钮。

❾打开节点编号显示控制：Utility Menu > PlotCtrls > Numbering，弹出“Plot Numbering Controls”对话框，如图10-19所示。单击“Node numbers”复选框使其显示为“On”，单击“OK”按钮。

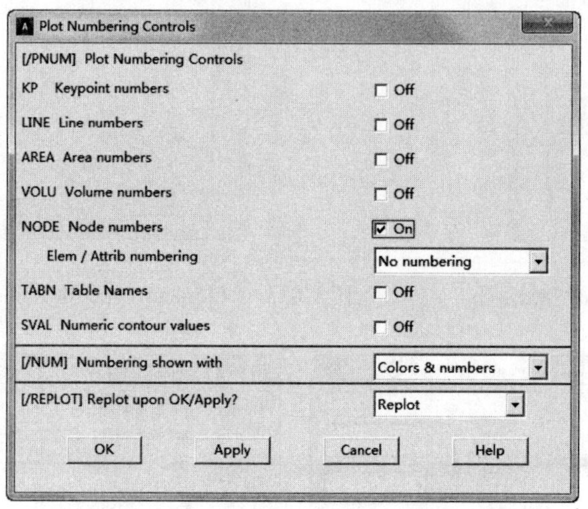

图10-19　“Plot Numbering Controls”对话框

❿插入新节点：Main Menu > Preprocessor > Modeling > Create > Nodes > Fill between Nds，弹出如图10-20所示“Fill between Nds”选择对话框。在屏幕上选择编号为1和3的两个节点，单击“OK”按钮，弹出“Create Nodes Between 2 Nodes”对话框，如图10-21所示。接受默认设置，单击“OK”按钮。

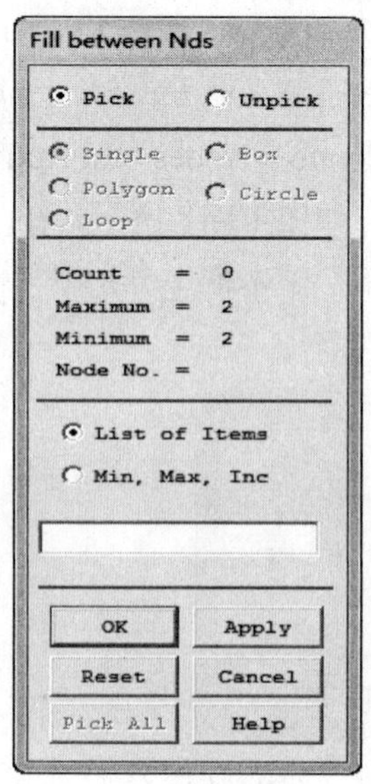

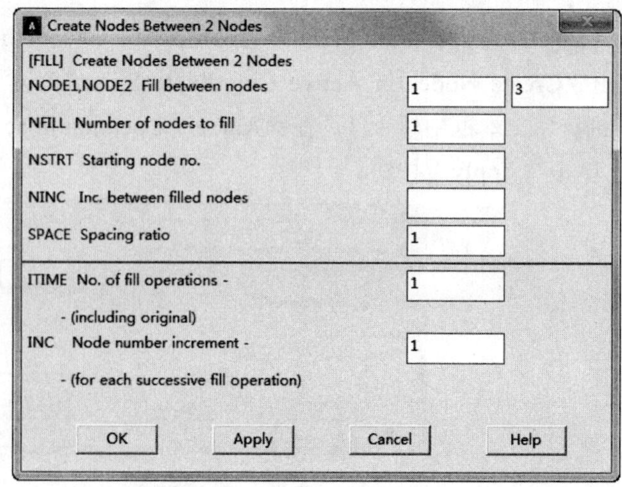

图10-20　“Fill between Nds”选择对话框　　图10-21　“Create Nodes Between 2 Nodes”对话框

⓫选择菜单路径：Utility Menu > PlotCtrls > Window Controls > Window Options，弹出“Window Options”对话框，在“Location of triad”下拉列表中选择“At top left”，其他设置如图 10-22 所示，单击“OK”按钮，关闭该对话框。插入新节点，如图 10-23 所示。

Window Options

[/PLOPTS] Window Options	
INFO Display of legend	Multi Legend
LEG1 Legend header	☑ On
LEG2 View portion of legend	☑ On
LEG3 Contour legend	☑ On
FRAME Window frame	☑ On
TITLE Title	☑ On
MINM Min-Max symbols	☑ On
FILE Jobname	☐ Off
SPNO Suppress Plot No	☐ Off
LOGO ANSYS logo display	Graphical logo
WINS Automatic window sizing - - when entire legend turned on or off	☑ On
WP WP drawn as part of plot?	☐ No
DATE DATE/TIME display	Date and Time
[/TRIAD] Location of triad	At top left
[/REPLOT] Replot Upon OK/Apply?	Replot

OK Apply Cancel Help

图 10-22 “Window Options”对话框

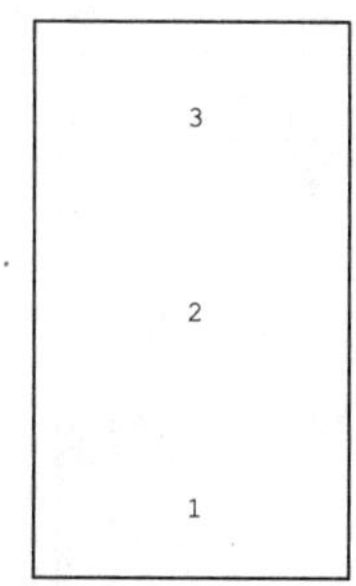

图 10-23 窗口节点显示

⓬定义梁单元属性：Main Menu > Preprocessor > Modeling > Create > Elements > Elem Attributes，弹出“Elements Attributes”对话框，在如图 10-24 所示。“Element type number”下拉列表中选择“1 COMBIN40”，在“Real constant set number”下拉列表中选择 1。

⓭创建梁单元：Main Menu > Preprocessor > Modeling > Create > Elements > Auto Numbered > Thru Nodes，弹出“Elements from Nodes”对话框。在屏幕上选择编号为 1 和 2 的节点，单击“OK”按钮，在节点 1 和节点 2 之间出现一条直线。

Element Attributes

Define attributes for elements	
[TYPE] Element type number	1 COMBIN40
[MAT] Material number	None defined
[REAL] Real constant set number	1
[ESYS] Element coordinate sys	0
[SECNUM] Section number	None defined
[TSHAP] Target element shape	Straight line

OK Cancel Help

图 10-24 “Elements Attributes”对话框

⓮定义梁单元属性：Main Menu > Preprocessor > Modeling > Create > Elements > Elem Attributes，弹出“Elements Attributes”对话框。在“Element type number”下拉列表中选择“1 COMBIN40”，在“[REAL] Real constant set number”下拉列表中选择“2”，单击“OK”按钮。

⓯创建梁单元：Main Menu > Preprocessor > Modeling > Create > Elements > Auto Numbered > Thru Nodes，弹出“Elements from Nodes”选择对话框。在屏幕上选择编号为 2 和 3 的节点，单击“OK”按钮，在节点 2 和节点 3 之间出现一条直线。此时屏幕显示如图 10-25 所示的单元模型。

02 模态分析。

❶定义求解类型：Main Menu > Solution > Analysis Type > New Analysis，弹出“New Analysis”对话框，如图 10-26 所示。选择“Modal”，单击“OK”按钮。

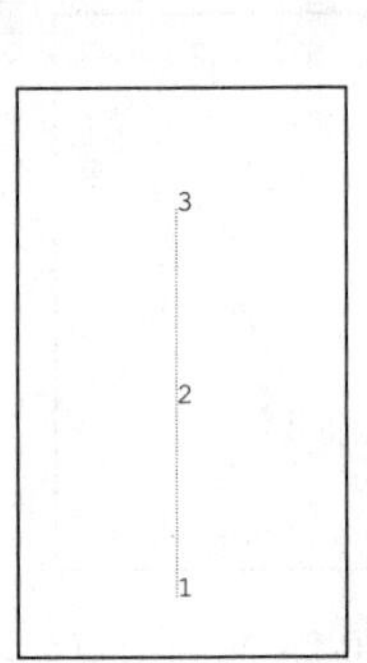

图 10-25 单元模型

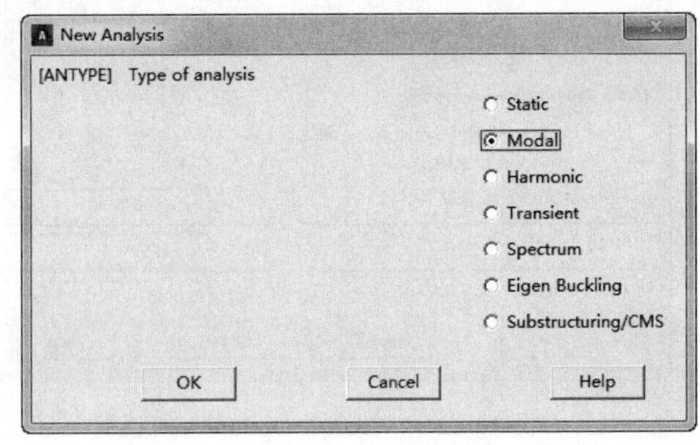

图 10-26 “New Analysis”对话框

❷设置求解选项：Main Menu > Solution > Analysis Type > Analysis Options，弹出“Modal Analysis”对话框，如图 10-27 所示。在“Mode extraction method”单选按钮中选择“Block Lanczos”，在“No. of modes to extract”文本框中输入 2，单击“OK”按钮。

❸弹出“Block Lanczos Method”对话框，如图 10-28 所示，采取系统默认设置，单击“OK”按钮。

❹定义主自由度：Main Menu > Preprocessor > Modeling > CMS > CMS Interface > Define，弹出“Define Master DOFs”选择对话框。在屏幕上选择编号为 1 的节点，单击“OK”按钮，弹出“Define Master DOFs”对话框，如图 10-29 所示。在“Lab1 1st degree of freedom”下拉列表中选择“All DOF”，单击“Apply”按钮。

❺弹出“Define Master DOFs”选择对话框。在屏幕上选择编号为 2 的节点，单击“OK”按钮，弹出“Define Master DOFs”对话框，如图 10-29 所示。在“Lab1 1st degree of freedom”下拉列表中选择“All DOF”，单击“OK”按钮。

❻施加约束：Main Menu > Solution > Define Loads > Apply > Structural > Displacement > On Nodes，弹出“Apply U,ROT on Nodes”选择对话框。在屏幕上选择编号为 3 的节点，单击“OK”按钮，弹出“Apply U,ROT on Nodes”对话框，如图 10-30 所示。

在“Lab2 DOFs to be constrained”列表框中选择“All DOF”，单击“OK”按钮。

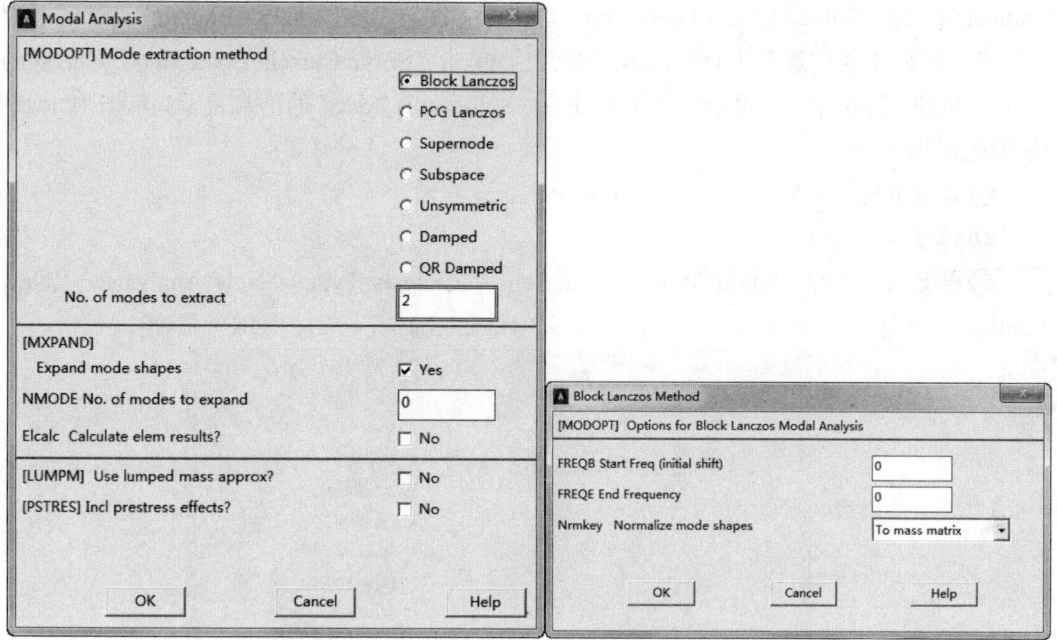

图 10-27 “Modal Analysis”对话框出现图　　10-28 “Reduced Modal Analysis”对话框

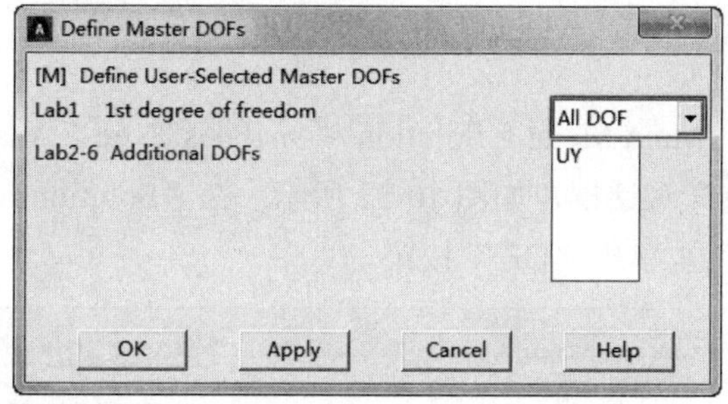

图 10-29 “Define Master DOFs”对话框

Apply U,ROT on Nodes
[D] Apply Displacements (U,ROT) on Nodes
Lab2 DOFs to be constrained
All DOF
UY
VELY
Apply as
Constant value
If Constant value then:
VALUE Displacement value
OK
Cancel
Help

图 10-30 “Apply U,ROT on Nodes”对话框

❼模态分析求解：Main Menu > Solution > Solve > Current LS，弹出“/STATUS Command”和“Solve Current Load Step”对话框。浏览“/STATUS Command”对话框中的信息，如果无误则选择 File > Close 关闭之。单击“Solve Current Load Step”对话框的“OK”按钮，开始求解。求解完毕后会出现“Solution is done”的信息提示，单击“Close”按钮关闭即可。

❽退出求解器：Main Menu > Finish。

03 谐响应分析。

❶定义求解类型：Main Menu > Solution > Analysis Type > New Analysis。“New Analysis”对话框，如图 10-31 所示。选择“Harmonic”，单击“OK”按钮。

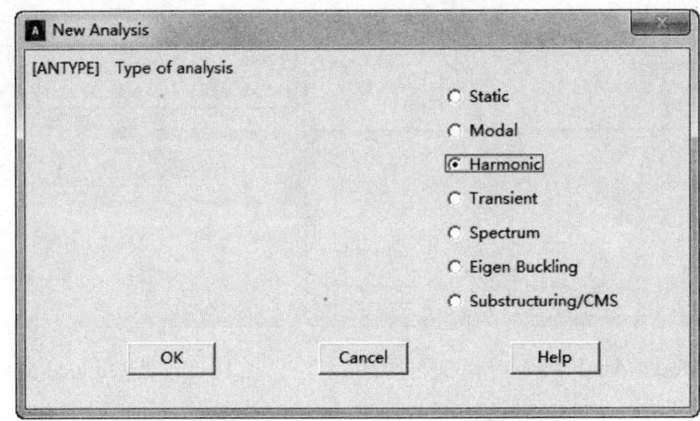

图 10-31 “New Analysis”对话框

❷设置求解选项：Main Menu > Solution > Analysis Type > Analysis Options。弹出弹出“Harmonic Analysis”对话框，如图 10-32 所示。在“Solution method”下拉列表中选择“Mode Superpos'n”，单击“OK”按钮。

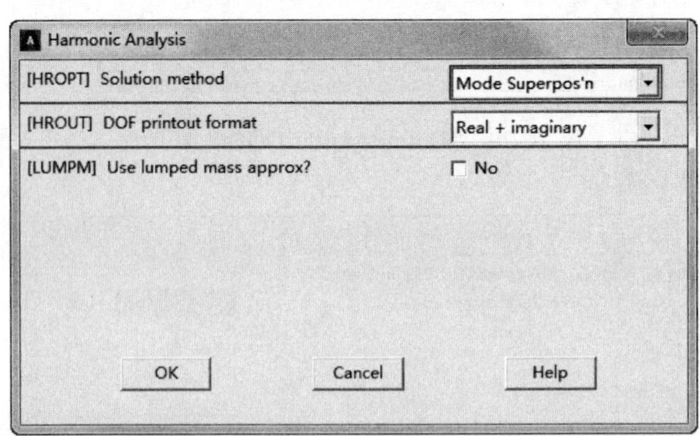

图 10-32 “Harmonic Analysis”对话框

❸弹出“Mode Sup Harmonic Analysis”对话框，如图 10-33 所示。在“Maximum mode number”文本框中输入 2，单击“OK”按钮。

❹施加集中载荷：Main Menu > Solution > Define Loads > Apply > Structural > Force/Moment > On Nodes，弹出“Apply F/M on Nodes”选择对话框。在屏幕上选择编号

为 1 的节点，单击“OK”按钮，弹出“Apply F/M on Nodes”对话框，如图 10-34 所示。在“Lab Direction of force/mom”下拉列表中选择“FY”，在“Real part of force/mom”文本框中输入 50，单击“OK”按钮。

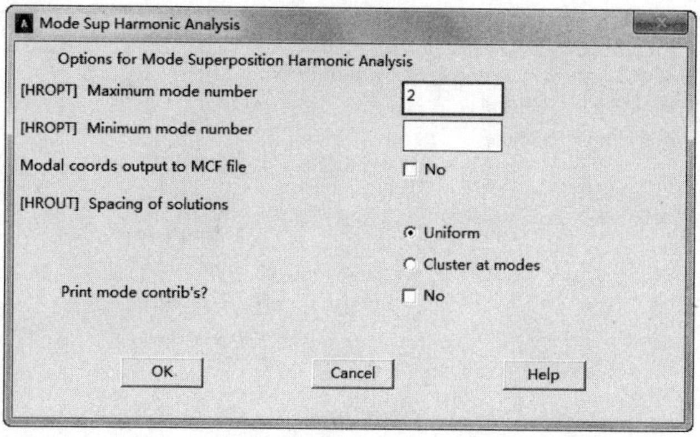

图 10-33 “Mode Sup Harmonic Analysis”对话框

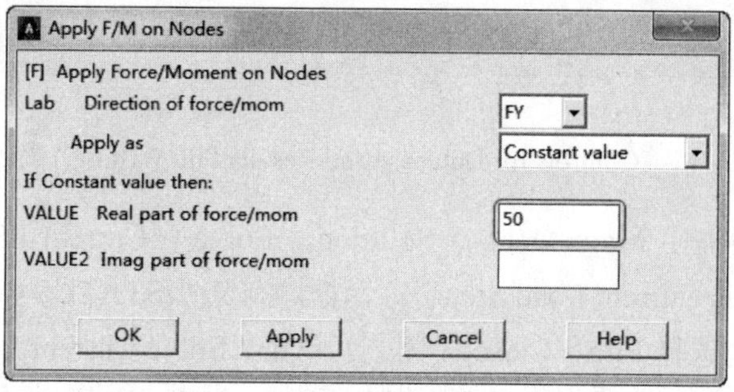

图 10-34 “Apply F/M on Nodes”对话框

❺设置载荷：Main Menu > Solution > Load Step Opts > Time/Frequenc > Freq and Substps，弹出“Harmonic Frequency and Substep Options”对话框，如图 10-35 所示。在“Number of substeps”文本框中输入 50，在“[HARFRQ] Harmonic freq range”文本框中依次输入 0.1 和 1，在“Stepped or ramped b.c. ”中选择“Stepped”，单击“OK”按钮。

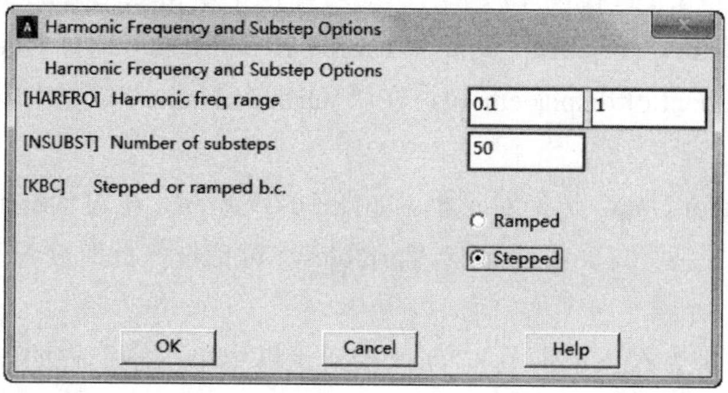

图 10-35 “Harmonic Frequency and Substep Options”对话框

❻设置输出选项：Main Menu > Solution > Load Step Opts > Output Ctrls > DB/Results File，弹出“Controls for Database and Results File Writing”对话框，如图 10-36 所示。在“File write frequency”中选择“Every substep”，单击“OK”按钮。

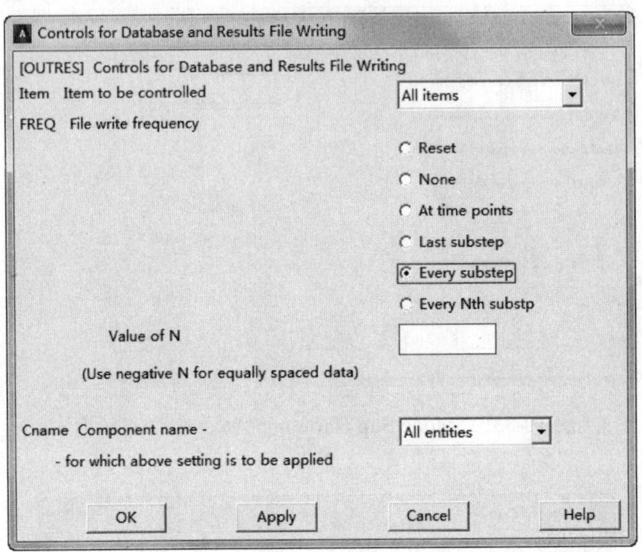

图 10-36 “Controls for Database and Results File Writing”对话框

❼谐响应分析求解：Main Menu > Solution > Solve > Current LS，弹出“/STATUS Command”和“Solve Current Load Step”对话框。浏览“/STATUS Command”对话框中的信息，如果无误则选择 File > Close 关闭之。单击“Solve Current Load Step”对话框的“OK”按钮，开始求解。求解完毕后会出现“Solution is done”的信息提示，单击“Close”按钮关闭即可。

❽退出求解器：Main Menu > Finish。

04 后处理。

❶进入时间历程后处理：Main Menu > TimeHist PostPro，弹出如图 10-37 所示的“Time History Variables”对话框。其中已有默认变量频率（FREQ）。

❷定义位移变量 UY1：在图 10-37 所示的对话框中单击左上方的“Add Data”按钮，弹出“Add Time-History Variables”对话框，如图 10-38 所示。选择 Nodal Solution > DOF Solution > Y-Component of displacement，在“Variable Name”文本框中输入“UY_1”，单击“OK”按钮。

❸弹出“Node for Data”选择对话框，如图 10-39 所示。在对话框的文本框中输入 1，单击“OK”按钮，返回“Time History Variables”对话框，此时变量列表里面多了一项“UY_1”变量。

❹定义位移变量 UY2：在图 10-37 所示的对话框中单击左上方的“Add Data”按钮，弹出“Add Time-History Variables”对话框，如图 10-38 所示。选择 Nodal Solution > DOF Solution > Y-Component of displacement，在“Variable Name”文本框中输入“UY_2”，

单击“OK”按钮。

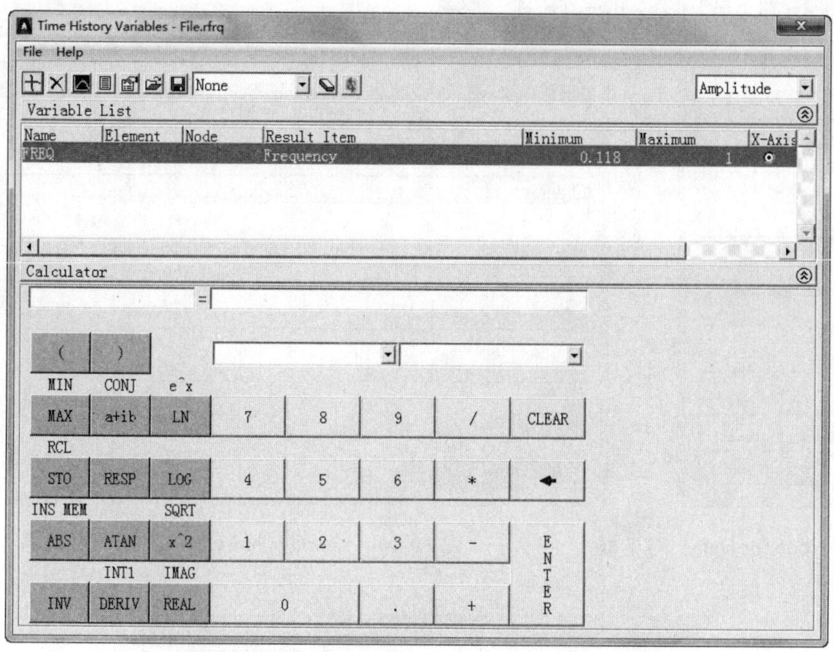

图 10-37 “Time History Variables”对话框

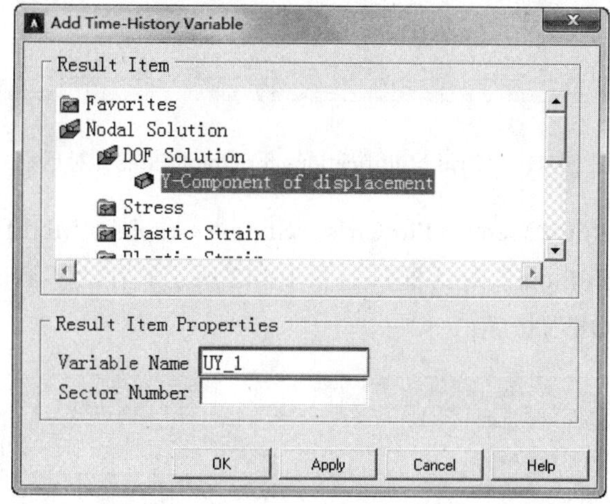

图 10-38 “Add Time-History Variables”对话框

❺弹出“Node for Data”选择对话框，如图 10-39 所示，在对话框的文本框中输入 2，单击“OK”按钮，返回“Time History Variables”对话框，此时变量列表里面多了一项“UY_2”变量，如图 10-40 所示。

❻在“Time History Variables”对话框左上方选择 File > Close，关闭该对话框。

❼设置坐标 1：Utility Menu > PlotCtrls > Style > Graphs > Modify Grid，弹出“Grid Modifications for Graph Plots”对话框，如图 10-41 所示。在“Type of grid”后面的下拉列表中选择“X and Y lines”，单击“OK”按钮。

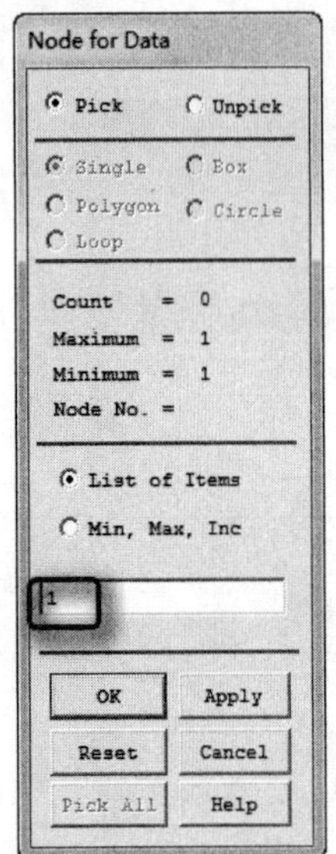

图 10-39 “Node for Data”对话框

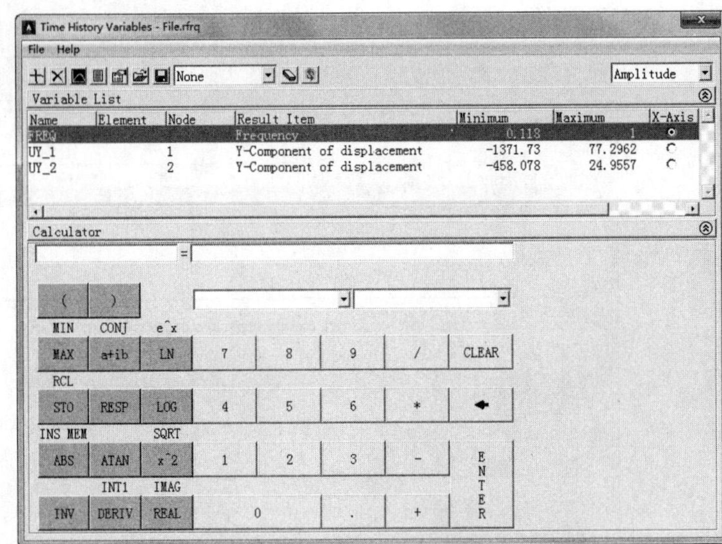

图 10-40 “Time History Variables”对话框

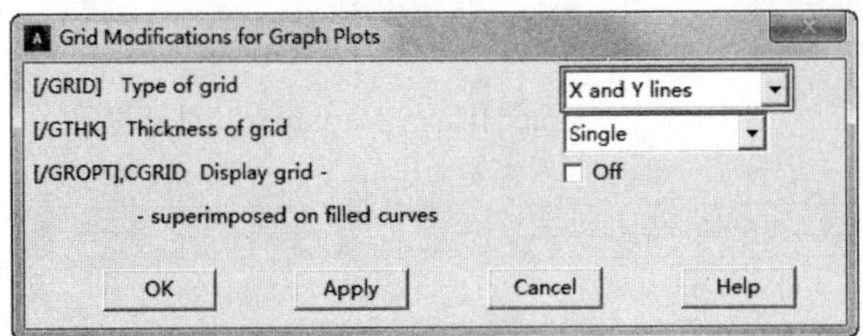

图 10-41 “Grid Modifications for Graph Plots”对话框

❽设置坐标 2：Utility Menu > PlotCtrls > Style > Graphs > Modify Axes，弹出“Axes Modifications for Graph Plots”对话框，如图 10-42 所示。在“Y-axis label”文本框中输入“DISP”，单击“OK”按钮。

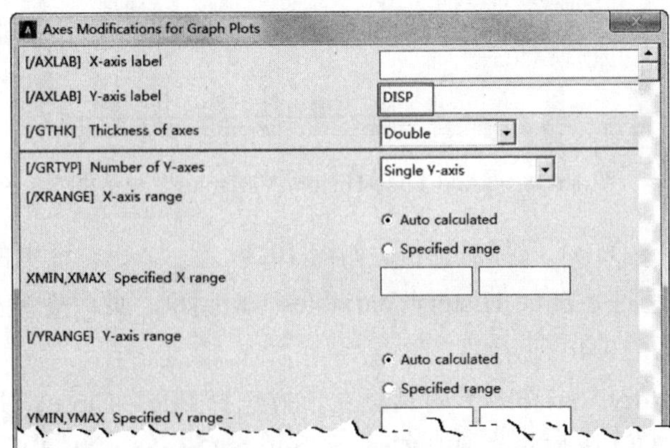

图 10-42 “Axes Modifications for Graph Plots”对话框

❾绘制变量图：Main Menu > TimeHist PostPro > Graph Variables，弹出“Graph Time-History Variables”对话框，如图 10-43 所示。在“NVAR1”文本框中输入 2，在“NVAR2”文本框中输入 3，单击“OK”按钮，屏幕显示如图 10-44 所示的变量时程曲线。

Graph Time-History Variables
[PLVAR] Graph Time-History Variables
NVAR1 1st variable to graph 2
NVAR2 2nd variable 3
NVAR3 3rd variable
NVAR4 4th variable
NVAR5 5th variable
NVAR6 6th variable
NVAR7 7th variable
NVAR8 8th variable
NVAR9 9th variable
NVAR10 10th variable
OK Apply Cancel Help

图 10-43 “Graph Time-History Variables”对话框

❿列表显示变量：Main Menu > TimeHist PostPro > List Variables，弹出“List Time-History Variables”对话框，如图 10-45 所示，在“NVAR1”文本框中输入 2，在“NVAR2”文本框中输入 3，单击“OK”按钮，列表显示变量，如图 10-46 所示。

⓫退出 ANSYS：在“ANAYS Toolbar”中单击“Quit”，选择要保存的项后单击“OK”按钮。

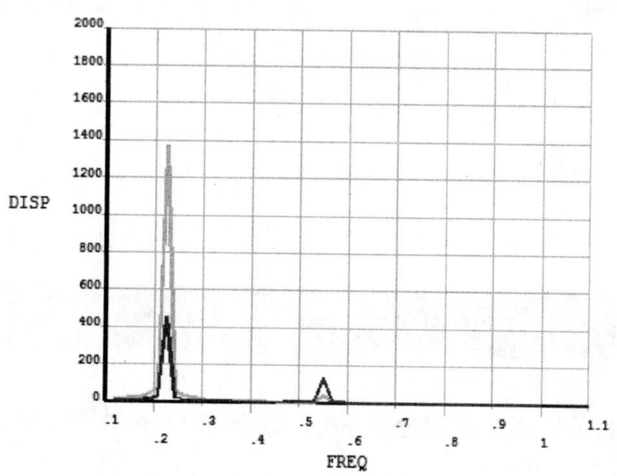

图 10-44 变量时程曲线

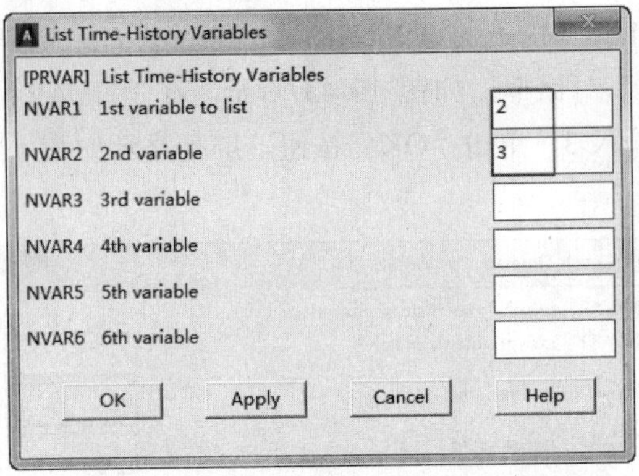

List Time-History Variables

[PRVAR] List Time-History Variables

NVAR1 1st variable to list 2

NVAR2 2nd variable 3

NVAR3 3rd variable

NVAR4 4th variable

NVAR5 5th variable

NVAR6 6th variable

OK Apply Cancel Help

图 10-45 “List Time-History Variables”对话框

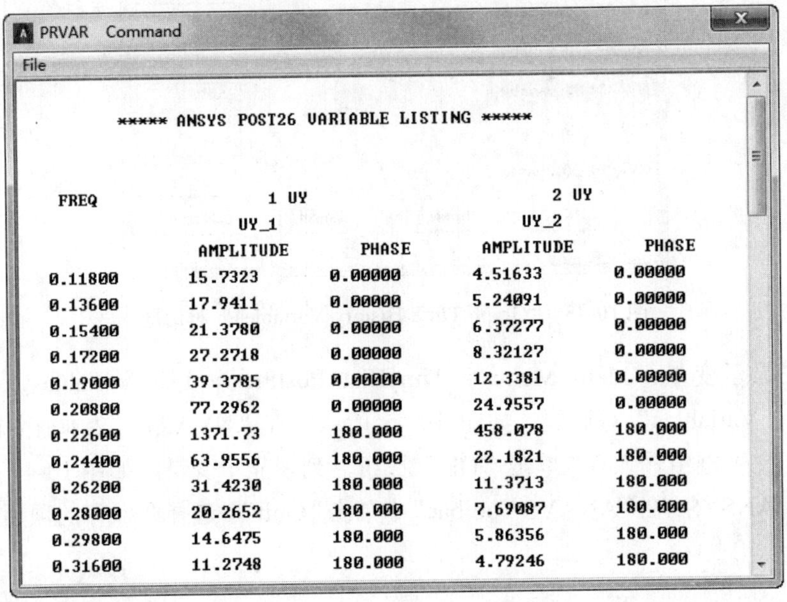

PRVAR Command

File

***** ANSYS POST26 VARIABLE LISTING *****

FREQ	1 UY UY_1		2 UY UY_2	
	AMPLITUDE	PHASE	AMPLITUDE	PHASE
0.11800	15.7323	0.00000	4.51633	0.00000
0.13600	17.9411	0.00000	5.24091	0.00000
0.15400	21.3780	0.00000	6.37277	0.00000
0.17200	27.2718	0.00000	8.32127	0.00000
0.19000	39.3785	0.00000	12.3381	0.00000
0.20800	77.2962	0.00000	24.9557	0.00000
0.22600	1371.73	180.000	458.078	180.000
0.24400	63.9556	180.000	22.1821	180.000
0.26200	31.4230	180.000	11.3713	180.000
0.28000	20.2652	180.000	7.69087	180.000
0.29800	14.6475	180.000	5.86356	180.000
0.31600	11.2748	180.000	4.79246	180.000

图 10-46 列表显示变量

10.3.3 命令流方式

略，见随书电子资源。

10.4 实例导航——悬臂梁谐响应分析

本节通过对一根悬臂梁进行谐响应分析，以介绍 ANSYS 谐响应分析过程。

10.4.1 问题描述

如图 10-47 所示，悬臂梁长度为 L=0.6m，宽度 b=0.06m，高度 h=0.03m，材料的

弹性模量 E=70GPa，泊松比ν=0.33，密度ρ = 2800kg/m^3，一端固定，另一端有一水平作用力（84N）。受迫振动位置为0.48m处。

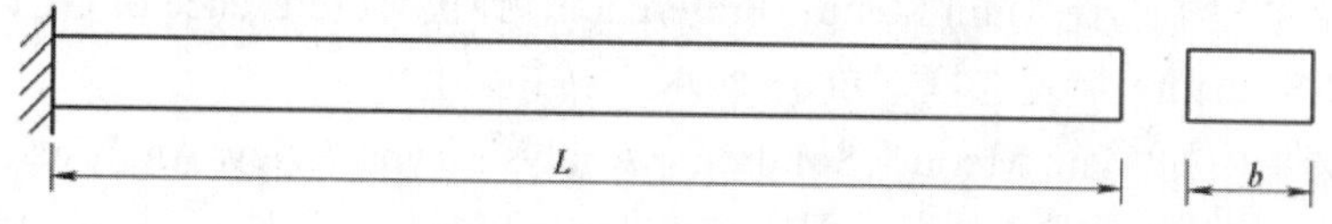

图 10-47 悬臂梁示意图

10.4.2 建立模型

01 设定分析作业名和标题。当进行一个新的有限元分析时，通常需要修改数据库名，并在图形输出窗口中定义一个标题，以说明当前进行的工作内容。另外，对于不同的分析范畴（结构分析、热分析、流体分析、电磁场分析等），ANSYS所用的主菜单的内容不尽相同，为此需要在分析开始时选定分析内容的范畴，以便ANSYS显示出与其相对应的菜单选项。

❶从应用菜单栏中选择 Utility Menu：File > Change Jobname，弹出“Change Jobname”对话框，如图10-48所示。

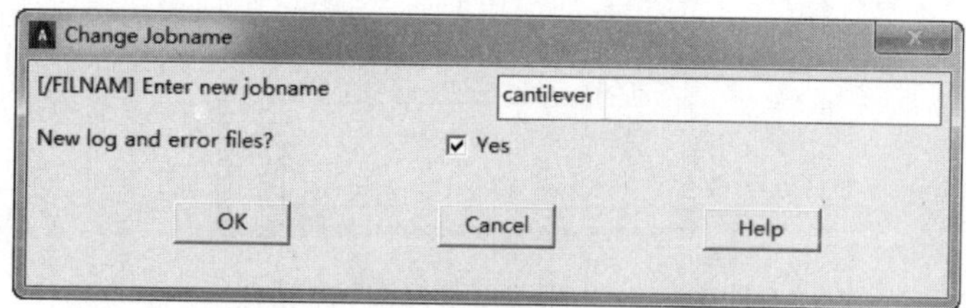

图 10-48 “Change Jobname”对话框

❷在“Enter new jobname”文本框中输入文字“cantilever”，作为本分析实例的数据库文件名。

❸单击“OK”按钮，完成数据库名的修改。

❹从应用菜单栏中选择 Utility Menu：File > Change Title，弹出“Change Title”对话框，如图10-49所示。

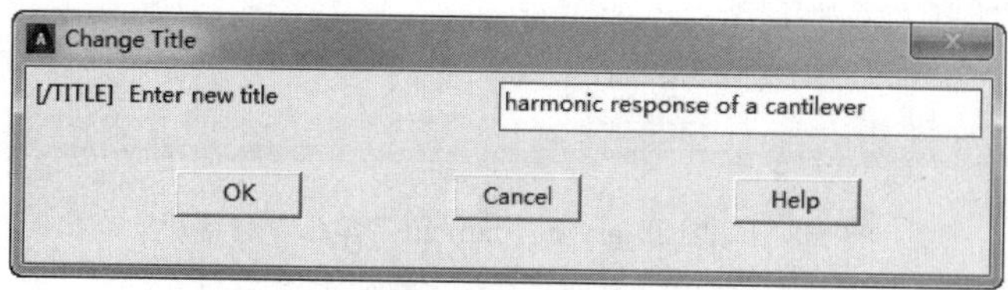

图 10-49 “Change Title”对话框

❺在“Enter new title”文本框中输入文字“harmonic response of a cantilever”，作为本分析实例的标题名。

❻单击“OK”按钮，完成对标题名的指定。

❼从应用菜单栏中选择 Utility Menu：Plot > Replot，指定的标题“harmonic response of a cantilever”将显示在图形窗口的左下方。

❽从主菜单栏中选择 Main Menu：Preference，弹出“Preference of GUI Filtering”对话框，选择“Structural”复选框，单击“OK”按钮。

❾从主菜单中的 Main Menu > Solution > Analysis Type > New Analysis ，弹出“New Analysis”对话框，进行模态分析设置。在“Type of analysis”选项组中选择“Static”单选按钮，单击 OK 按钮。

02 定义单元类型。当进行有限元分析时，应根据分析问题的几何结构、分析类型和所分析的问题精度要求等，选定适合具体分析的单元类型。本实例选用二节点线单元 Link 180。

❶从主菜单栏中选择 Main Menu：Preprocessor > Element Type > Add/Edit/Delete，弹出“Element Types”对话框，如图 10-50 所示。

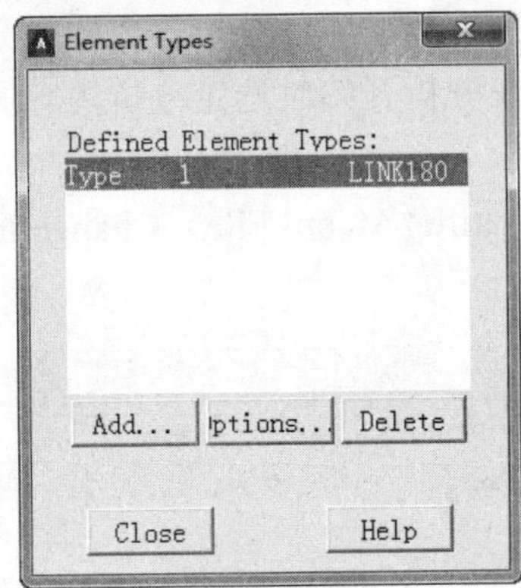

图 10-50 “Element Types”对话框

❷单击“Add”按钮，弹出“Library of Element Types”对话框，如图 10-51 所示。

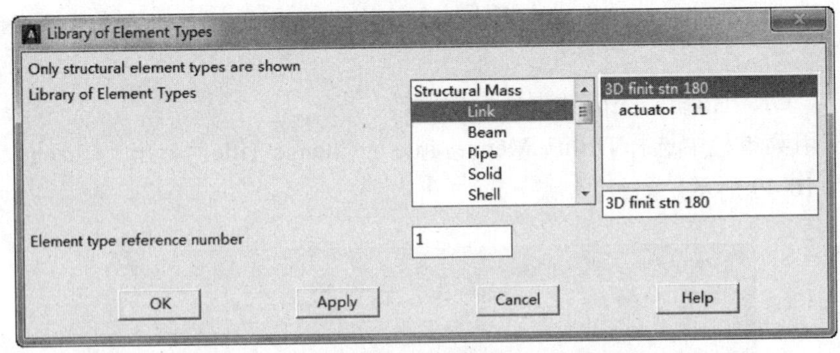

图 10-51 “Library of Element Types”对话框

❸在左边的列表框中选择“Link”选项，即线单元类型。

❹在右边的列表框中选择“3D finit stn 180”选项，即二节点线单元 Link 180。

❺单击“OK”按钮，将添加“Link 180”单元，并关闭该对话框，同时返回第❶步打开的“Element Types”对话框，如图 10-50 所示。

❻单击“Close”按钮，关闭“Element Types”对话框，结束单元类型的添加。

03 定义实常数。本实例中选用线单元 Link 180，需要设置其实常数。

❶在命令行输入“R,1,1.8E-9”。

❷从主菜单中 Main Menu > Preprocessor > Real Constants > Add/Edit/Delete，弹出如图 10-52 所示的“Real Constants”对话框。显示已经定义了 1 组实常数。

❸单击 Close 按钮，关闭“Real Constants”对话框。

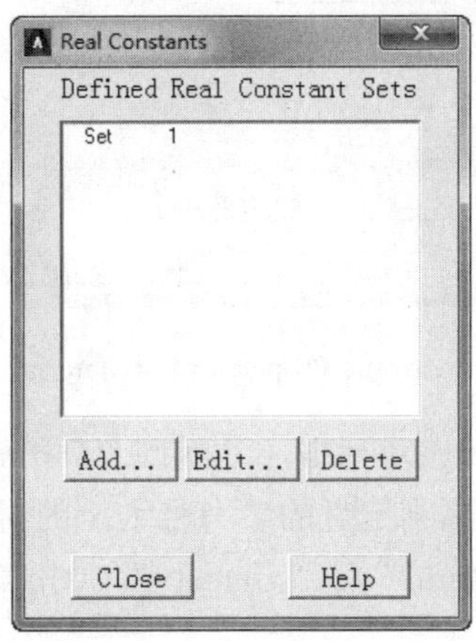

图 10-52 “Real Constants”对话框

04 定义材料属性。谐响应分析中必须定义材料的弹性模量和密度，其具体步骤如下。

❶从主菜单中学校 Main Menu：Preprocessor > Material Props > Materia Models，弹出“Define Material Model Behavior”窗口，如图 10-53 所示。

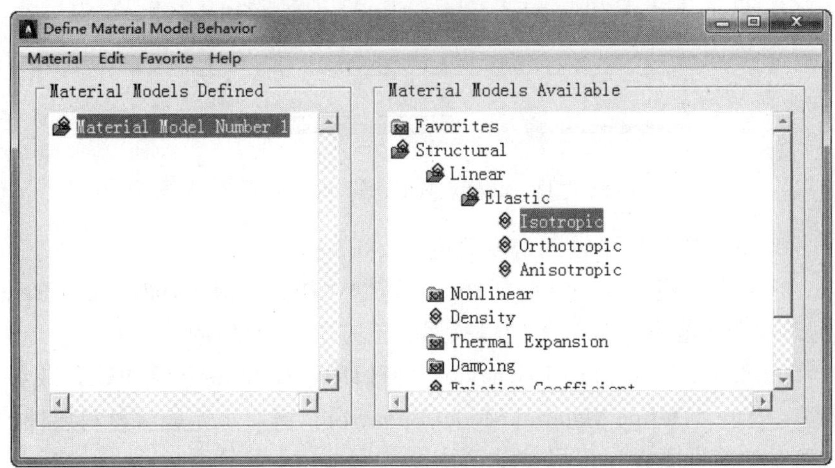

图 10-53 “Define Material Model Behavior”窗口

❷依次选择列表框中的“Structural” > “Linear” > “Elastic” > “Isotropic”，展开材料属性的树形结构，弹出“Linear Isotropic Properties for Material Number 1”对话框，如图 10-54 所示。在该对话框中可设置 1 号材料的弹性模量 EX 和泊松比 PRXY。

❸在对话框的“EX”文本框中输入弹性模量“7E6”，在“PRXY”文本框中输入泊

松比 0.33

Linear Isotropic Properties for Material Number 1

Linear Isotropic Material Properties for Material Number 1

T1

Temperatures

EX 7E6

PRXY 0.33

Add Temperature Delete Temperature Graph

OK Cancel Help

图 10-54 “Linear Isotropic Properties for Material Number 1”对话框

❹单击“OK”按钮，关闭该对话框，并返回“Define Material Model Behavior”窗口，在此窗口的左边一栏出现刚刚定义的参考号为 1 的材料属性。

❺选择列表框中的“Structural” > “Density”，弹出“Density for Material Number 1”对话框，如图 10-55 所示。

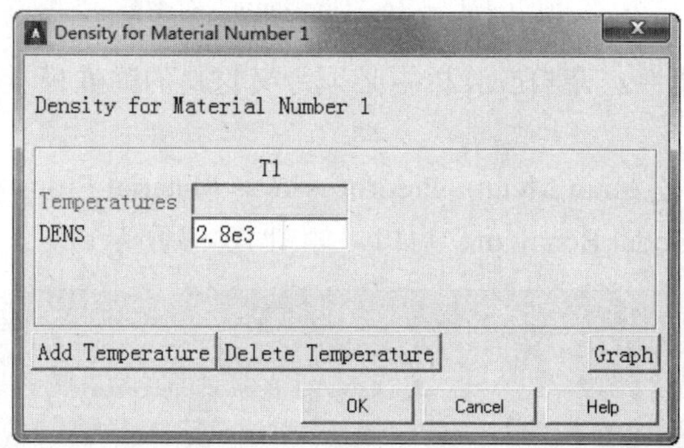

图 10-55 “Density for Material Number 1”对话框

❻在“DENS”文本框中输入密度数值“2.8E3”。

❼单击“OK”按钮，关闭该对话框，并返回“Define Material Model Behavior”窗口，在此窗口左边一栏参考号为 1 的材料属性下方出现密度项。

❽在“Define Material Model Behavior”窗口中选择 Material > Exit，或者单击右上方的 X 按钮，退出“Define Material Model Behavior”窗口，完成对材料属性的定义。

05 建立弹簧、质量、阻尼振动系统模型。

❶定义两个节点 1 和 11。

① 从主菜单中选择 Main Menu：Preprocessor > Modeling > Create > Nodes > In Active CS，弹出“Create Nodes in Active Coordinate System”对话框，如图 10-56 所示。

② 在“Node number”文本框中输入 1，单击“Apply”按钮。

③ 在“Node number”文本框中输入“11，X=0.6”，单击“OK”按钮。

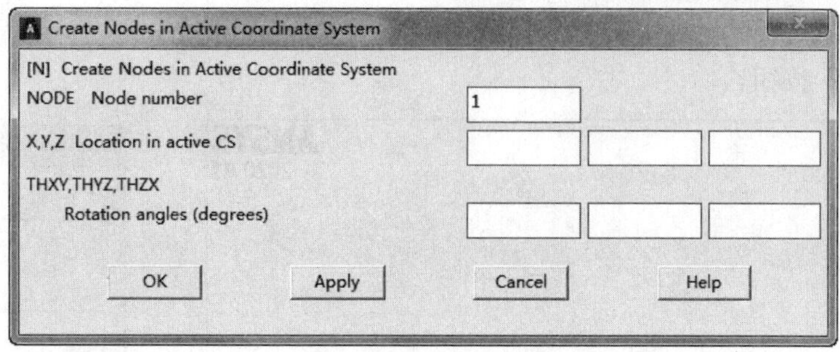

图 10-56 “Create Nodes in Active Coordinate System”对话框

❷定义其他节点 2～10。

① 从主菜单中选择 Main Menu：Preprocessor > Modeling > Create > Nodes > Fill between nds…，弹出“Fill between Nds”选择对话框，如图 10-57 所示。

② 在文本框中输入“1,11”，单击“OK”按钮。

③ 弹出“Create Nodes Between 2 nodes”对话框（见图 10-58）中单击“OK”按钮，创建的节点如图 10-59 所示。

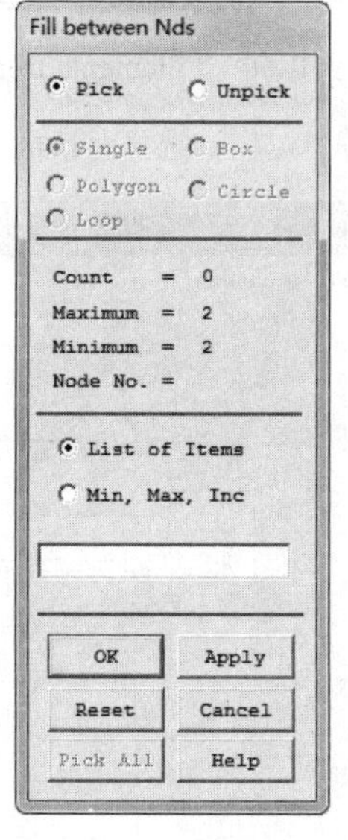

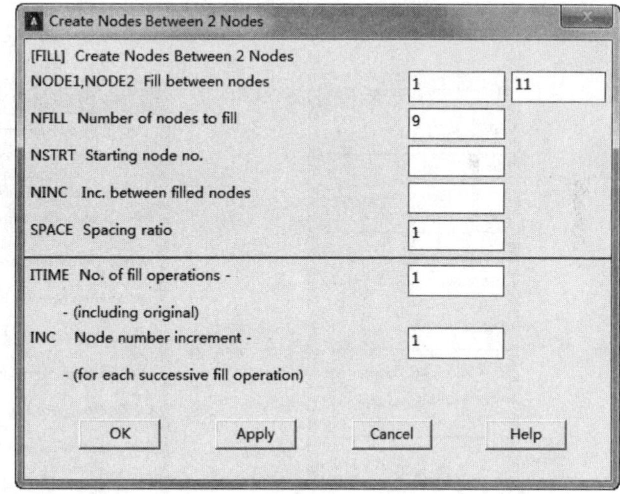

图 10-57 “Fill between Nds”选择对话框　　图 10-58 “Create Nodes Between 2 nodes”对话框

❸定义一个单元。

① 从主菜单中选择 Main Menu：Preprocessor > Modeling > Create > Elements > Auto Numbered > Thru Nodes，弹出“Elements from Nodes”选择对话框，如图 10-60 所示。

② 在文本框中输入“1,2”，用节点 1 和节点 2 创建一个单元，单击“OK”按钮。

❹创建其他单元

① 从主菜单中选择 Main Menu： Preprocessor > Modeling > Copy > Elements > Auto Numbered，弹出“Elements from Nodes”选择对话框，如图 10-61 所示。

② 在文本框中输入 1，选择第一个单元，单击“OK”按钮。

③ 弹出“Copy Elements （Automatically-Numbered）”对话框，如图 10-62 所示。

在“Total number of copies”文本框中输入 10，“Node number increment”文本框中输入 1，单击“OK”按钮，。

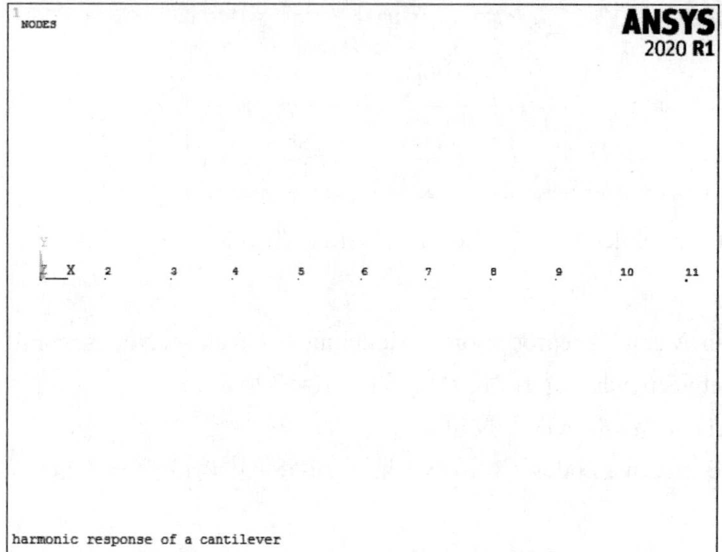

图 10-59 创建的节点

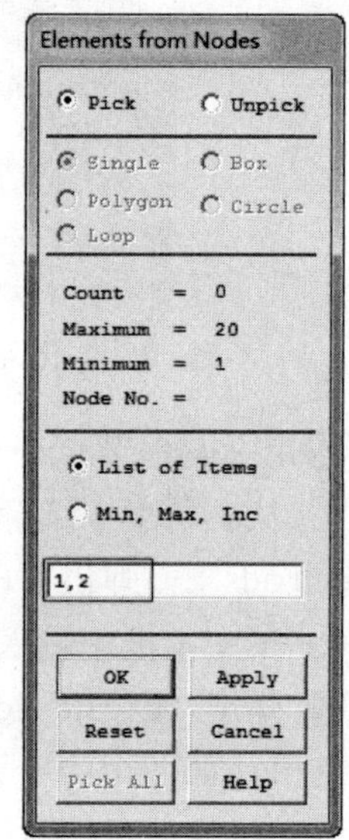

图 10-60 “Elements from Nodes”选择对话框

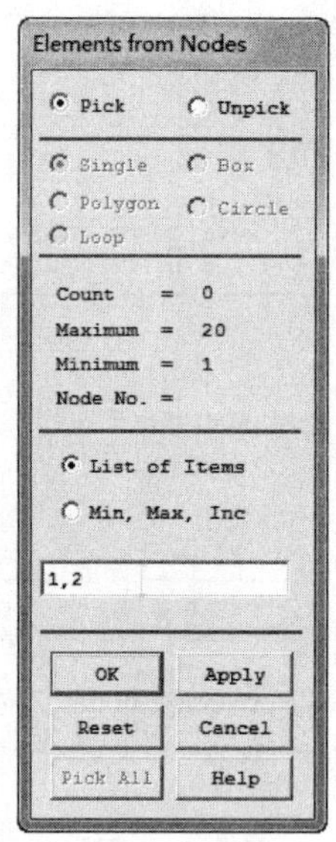

图 10-61 “Elements from Nodes”选择对话框

Copy Elements (Automatically-Numbered)

[EGEN] Copy Elements (Automatically Numbered)

ITIME Total number of copies - - including original 10

NINC Node number increment 1

MINC Material no. increment

TINC Elem type no. increment

RINC Real constant no. incr

SINC Section ID no. incr

CINC Elem coord sys no. incr

DX (opt) X-offset in active

DY (opt) Y-offset in active

DZ (opt) Z-offset in active

OK Apply Cancel Help

图 10-62 “Copy Elements （Automatically-Numbered）”对话框

❺从主菜单中选择 Main Menu：Solution > Define Loads > Apply > Structural > Displacement > On Nodes，弹出“Apply U,ROT on Nodes”选择对话框，如图 10-63 所示。可在此对话框中选择欲施加位移约束的节点。

❻在文本框中输入 1，单击“OK”按钮。

❼弹出“Apply U,ROT on Nodes”对话框，如图 10-64 所示。在“DOFS to be constrained”列表框中选择“All DOF”(单击一次使其高亮度显示，确保其他选项未被高亮度显示)，单击“OK”按钮。

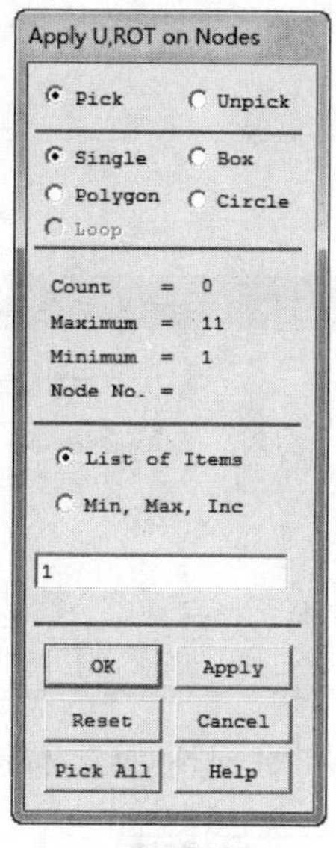

图 10-63 “Apply U,ROT on Nodes”选择对话框

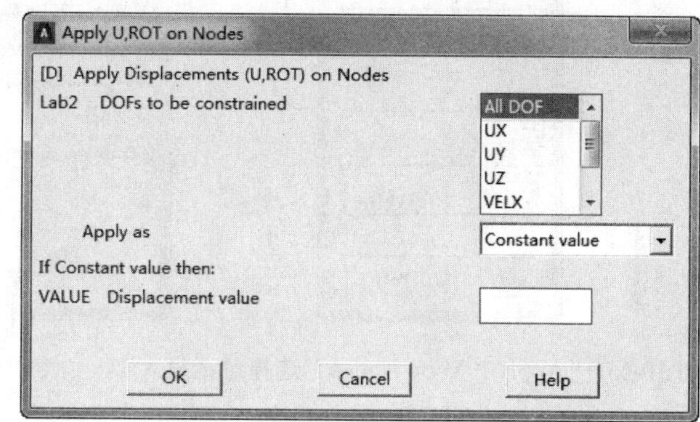

图 10-64 “Apply U,ROT on Nodes”对话框

❽从主菜单中选择 Main Menu > Solution > Define Loads > Apply > Structural > Displacement > On Nodes，弹出“Apply U,ROT on Nodes”选择对话框，在文本框中输入 11，单击 OK 按钮。

❾弹出“Apply U,ROT on Nodes”对话框。在“DOFS to be constrained”列表框中选择“UY”，单击“OK”按钮。

❿从主菜单中选择 Main Menu > Solution > Define Loads > Apply > Structural > Displacement > On Nodes，弹出“Apply U,ROT on Nodes”选择对话框，单击“Pick All”按钮。

⓫弹出“Apply U,ROT on Nodes”选择对话框，在“DOFs to be constrained”列表框中选择“UZ”选项，单击“OK”按钮。

⓬从主菜单中选择 Main Menu：Solution > Define Loads > Apply > Structure > Force/Moment > On Nodes，弹出“Apply F/M on Nodes”选择对话框，如图 10-65 所示。

⓭在文本框中输入 11，单击“OK”按钮。

⓮弹出“Apply F/M on Nodes”对话框，如图 10-66 所示。在“Direction of force/mom”下拉列表中选择“FX”选项，在“Force/moment value”文本框中输入 84，单击“OK”按钮。

⓯施加载荷后的结果如图 10-67 所示。

⓰从主菜单中选择 Main Menu：Solution > Analysis Type > Sol'n Controls 命令，弹出“Solution Controls”对话框，如图 10-68 所示。

⓱在“Basic”选项卡中选择“Calculate prestress effects”选项，使求解过程包含预

应力。单击“OK”按钮，关闭该对话框。

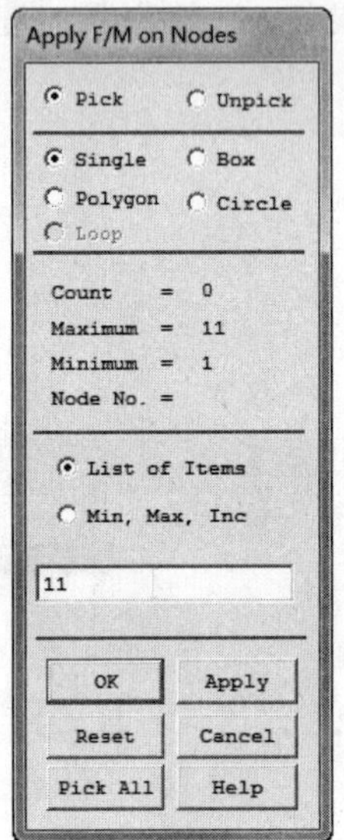

图 10-65 “Apply F/M on Nodes”选择对话框

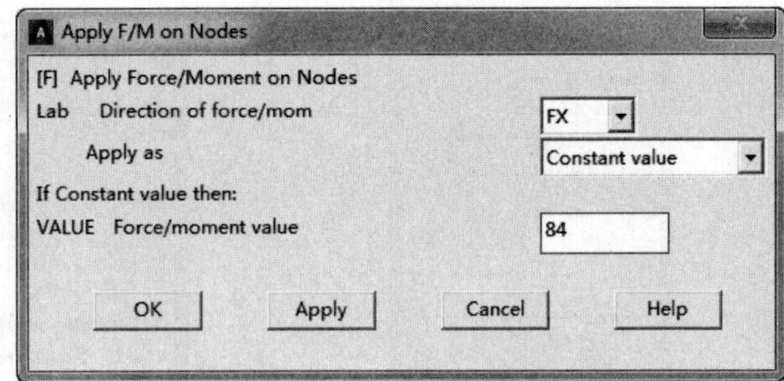

图 10-66 “Apply F/M on Nodes”对话框

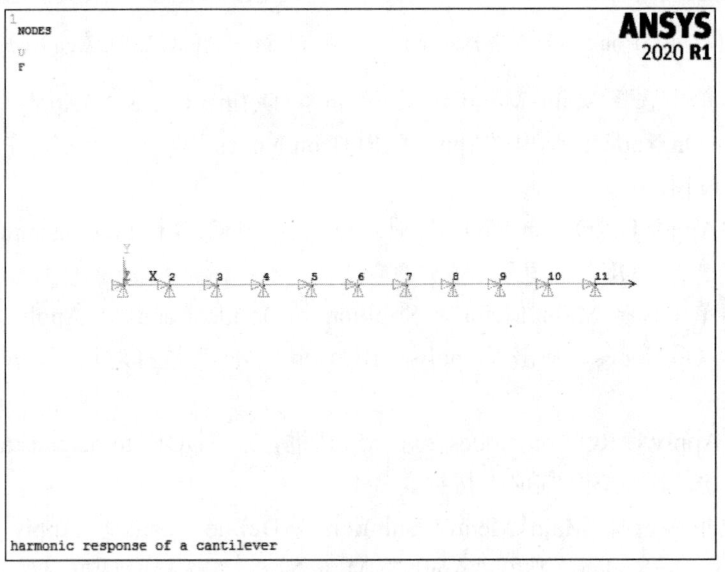

图 10-67 施加载荷后的结果

⑱从主菜单中选择 Main Menu：Solution > Load Step Opts > Output Ctrls > Solu Printout。

⑲弹出“Solution Printout Controls”对话框，如图 10-69 所示。在“Item for printout control”下拉列表中选择“Basic quantities”选项，在“Print frequency”选项组中选择“Every Nth substp”项，在“Value of N”文本框中输入 1，单击“OK”按钮。

⑳从主菜单中选择 Main Menu：Solution > Solve > Current LS 命令，弹出“/STATUS Command”和“Solve Current Load Step”对话框，如图 10-70 所示，可以查看列出的求

解选项。

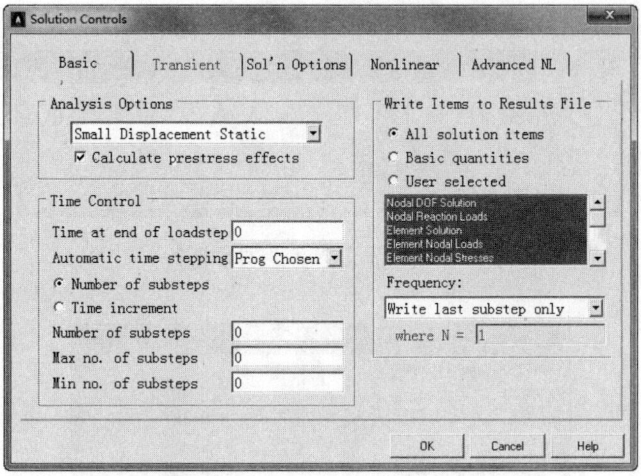

图 10-68 “Solution Controls”对话框

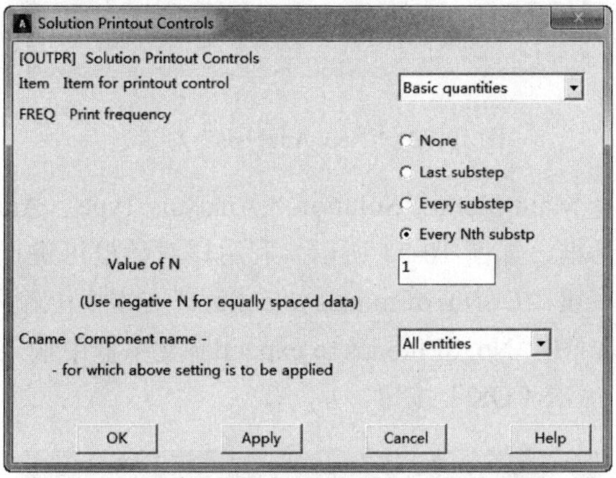

图 10-69 “Solution Printout Controls”对话框

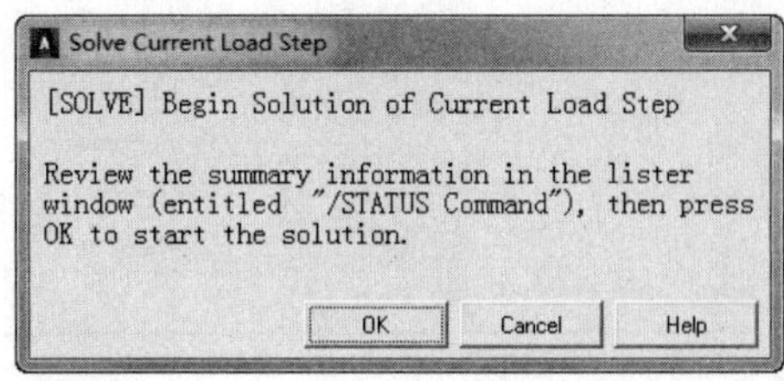

图 10-70 “Solve Current Load Step”对话框

㉑确认无误后，单击“OK”按钮，开始求解。

㉒求解完成后弹出如图 10-71 所示的“Note”对话框，提示求解结束。

㉓单击“Close”按钮，关闭“Note”对话框。

㉔从主菜单中选择 Main Menu：Finish。

㉕从主菜单中选择 Main Menu：Solution > Analysis Type > New Analysis，弹出“New

Analysis”对话框，如图 10-72 所示。在“Type of analysis”选项组中选择“Modal”，单击“OK”按钮。

图 10-71 “Note”对话框

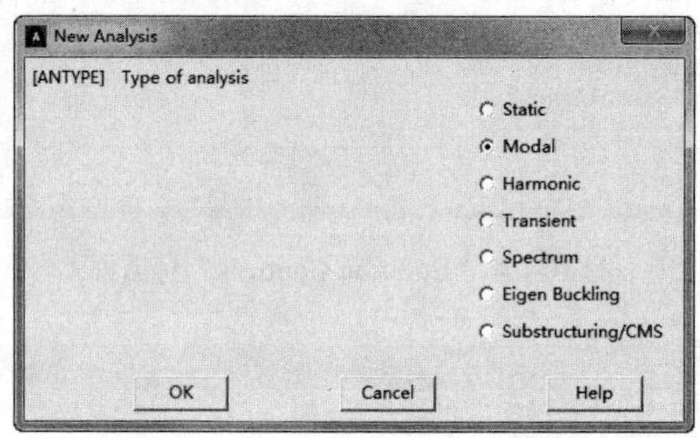

图 10-72 “New Analysis”对话框

㉖从主菜单中选择 Main Menu：Solution > Analysis Type > Analysis Options ，弹出“Modal Analysis”对话框，如图 10-73 所示。利用该对话框可进行模态分析设置。选择“Block Lanczos”单选按钮，在“No. of modes to extract”文本框中输入 6，将“Expand mode shapes”设置为“Yes”，在“No. of modes to expand”文本框中输入 6，将“Incl prestress effects”设置为 Yes，单击“OK”按钮。

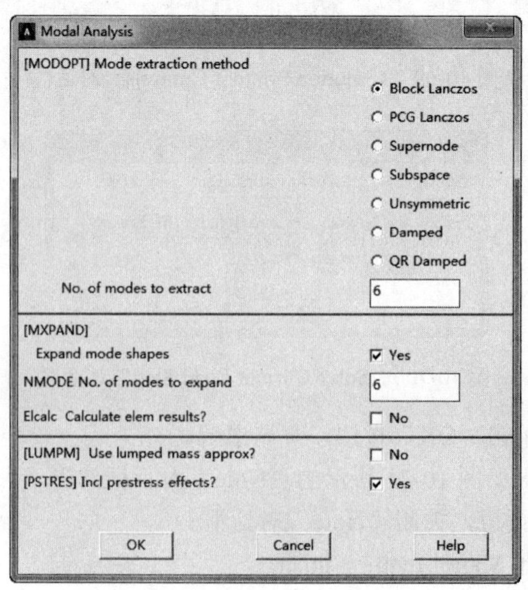

图 10-73 “Modal Analysis”对话框

㉗弹出“Block Lanczos Method”对话框，如图 10-74 所示。在“Start Freq”文本框中输入 0，在“End Frequency”文本框中输入 100000，单击“OK”按钮。

Block Lanczos Method
[MODOPT] Options for Block Lanczos Modal Analysis
FREQB Start Freq (initial shift) 0
FREQE End Frequency 100000
Nrmkey Normalize mode shapes To mass matrix
OK Cancel Help

图 10-74 “Block Lanczos Method”对话框

㉘从主菜单中选择 Main Menu：Solution > Define Loads > Delete > Structural > Displacement > On Nodes，弹出“Delete Node Constraints”选择对话框，如图 10-75 所示。利用该对话框可以选择欲删除位移约束的节点。在文本框中输入 11，即选择 11 号节点，单击“OK”按钮。

㉙弹出“Delete Node Constraints”对话框，如图 10-76 所示。在下拉列表中选择“UY”选项，单击“OK”按钮。

㉚从主菜单中选择 Main Menu：Solution > Solve > Current LS，弹出“/STATUS Command”和“Solve Current Load Step”对话框，可查看列出的求解选项。

㉛确认无误后，单击“Solve Current Load Step”对话框中的“OK”按钮，开始求解。

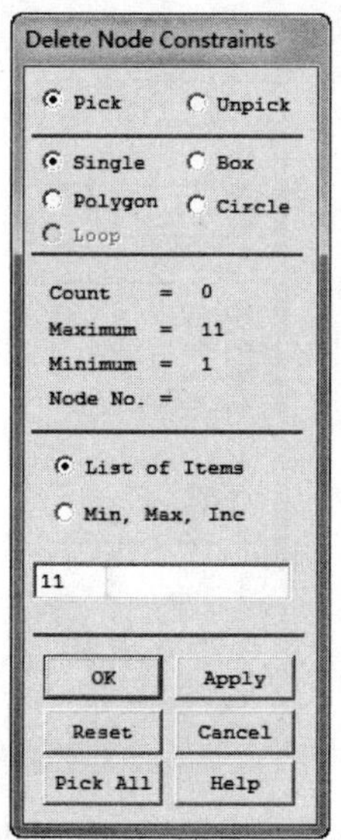

图 10-75 “Delete Node Constraints”选择对话框

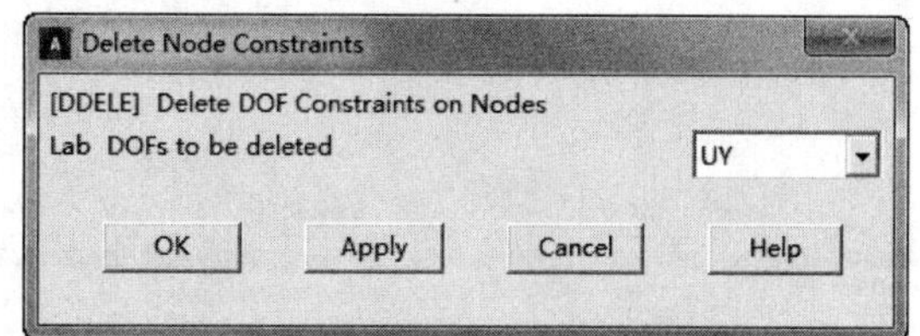

图 10-76 “Delete Node Constraints”对话框

㉜求解完成后弹出“Note”对话框，提示求解结束。

㉝单击“Close”按钮，关闭“Note”对话框。

㉞从主菜单中选择 Main Menu：Finish。

㉟从主菜单中选择 Main Menu：Solution > Analysis Type > New Analysis 命令，打开“New Analysis”对话框，如图 10-77 所示。在“Type of analysis”选项组中选择“Harmonic”，单击“OK”按钮。

㊱从主菜单中选择 Main Menu：Solution > Analysis Type > Analysis Options，弹出“Harmonic Analysis”对话框，如图 10-78 所示。在“Solution method”下拉列表中选择“Mode Superpos'n”选项，在“DOF printout format”下拉列表中选择“Amplitud+phase”选项，单击“OK”按钮。

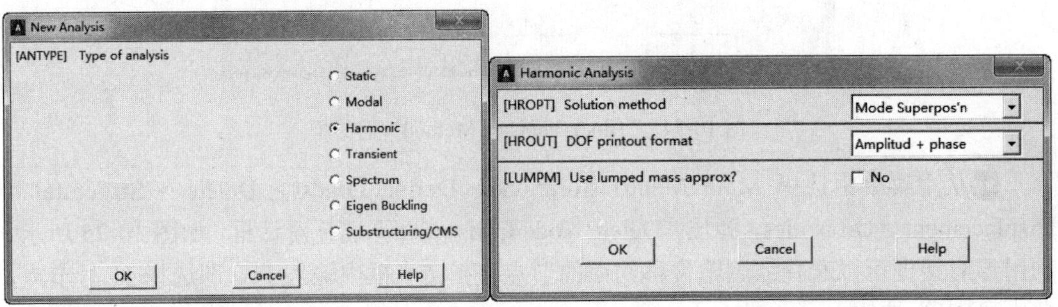

图 10-77 “New Analysis”对话框　　图 10-78 “Harmonic Analysis”对话框

㊲系统弹出“Mode Sup Harmonic Analysis”对话框，如图 10-79 所示。在“Maximum mode number”文本框中输入 6，单击“OK”按钮。

㊳从主菜单中选择 Main Menu：Solution > Define Loads > Delete > Structure > Force/Moment > On Nodes，弹出“Delete F/M on Nodes”对话框，如图 10-80 所示。

㊴在文本框中输入 11，单击“OK”按钮。

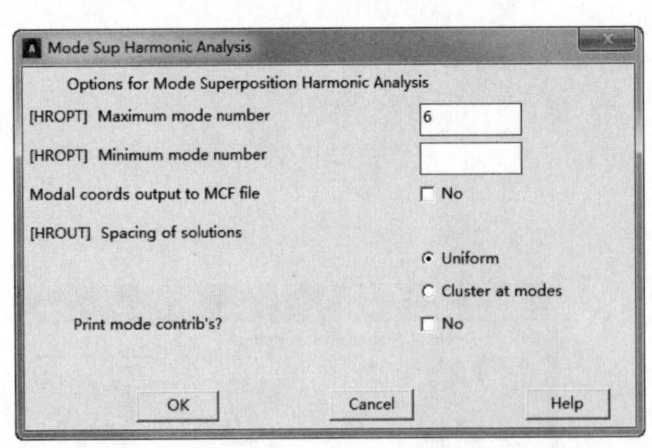

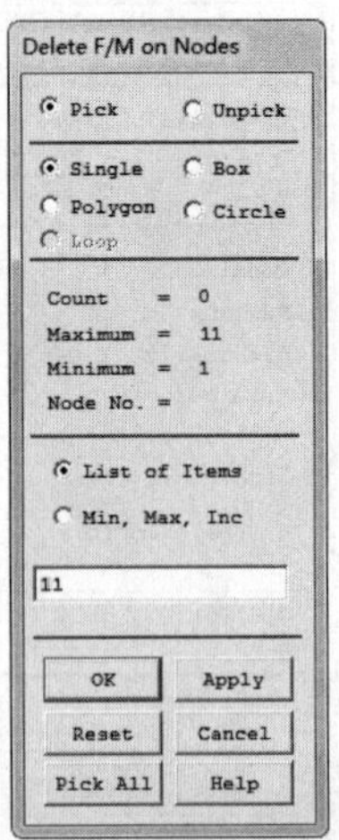

图 10-79 “Mode Sup Harmonic Analysis”对话框　　图 10-80 “Delete F/M on Nodes”选择对话框

㊵弹出“Delete F/M on Nodes”对话框，如图 10-81 所示。在下拉列表中选择“FX”选项，单击“OK”按钮。

㊶从主菜单中选择 Main Menu：Solution > Define Loads > Apply > Structural >

Force/Moment > On Nodes，弹出“Apply F/M on Nodes”选择对话框。

㊷在文本框中输入 9，单击“OK”按钮。

㊸弹出“Apply F/M on Nodes”对话框。在“Direction of force/mom”下拉列表中选择“FY”选项，在“Real part of force/mom”文本框中输入-1，单击“OK”按钮。

㊹从主菜单中选择 Main Menu：Solution > Load Step Opts > Time/Frequenc > Freq and Substps。

㊺弹出“Harmonic Frequency and Substep Options”对话框，如图 10-82 所示。在“Harmonic freq range”文本框中输入 0 和 2000，在“Number of substeps”文本框中输入 250，在“Stepped or ramped b.c.”选项组中选择“Stepped”选项，单击“OK”按钮。

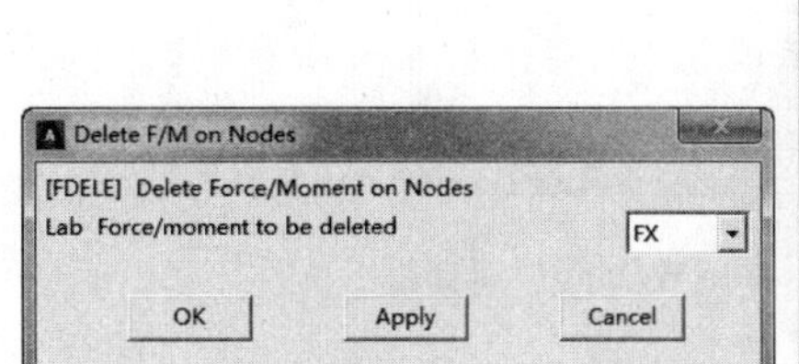

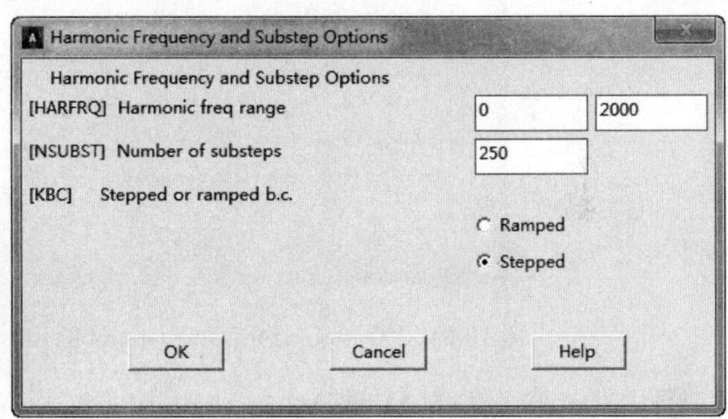

图 10-81 “Delete F/M on Nodes”对话框 图 10-82 “Harmonic Frequency and Substep Options”对话框

㊻从主菜单中选择 Main Menu > Solution > Load Step Opts > Output Ctrls > Solu Printout，弹出“Solution Printout Controls”对话框，如图 10-83 所示。在“Item for printout control”下拉列表中选择“Basic quantities”选项，选择“Print frequency”选项组中的“None”单选按钮，单击 OK 按钮。

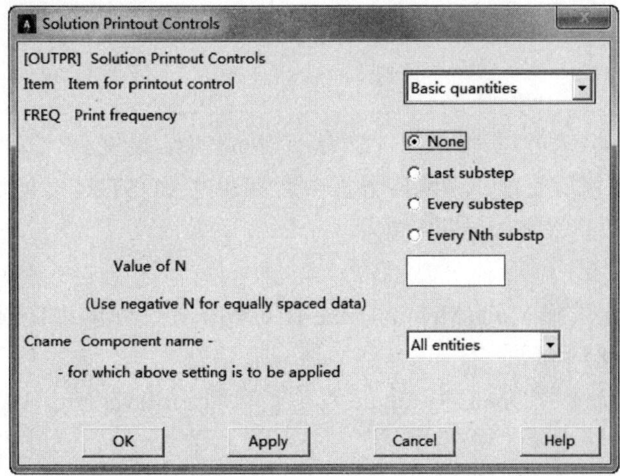

图 10-83 “Solution Printout Controls”对话框

㊼从主菜单中选择 Main Menu：Solution > Load Step Opts > Output Ctrls > DB/Results Files ，弹出“Controls for Database and Results File Writing”对话框，如图 10-84 所示。

在“Item to be controlled”下拉列表中选择“All Items”选项，在“File write frequency”选项组中选择“Every substep”选项，单击“OK”按钮。

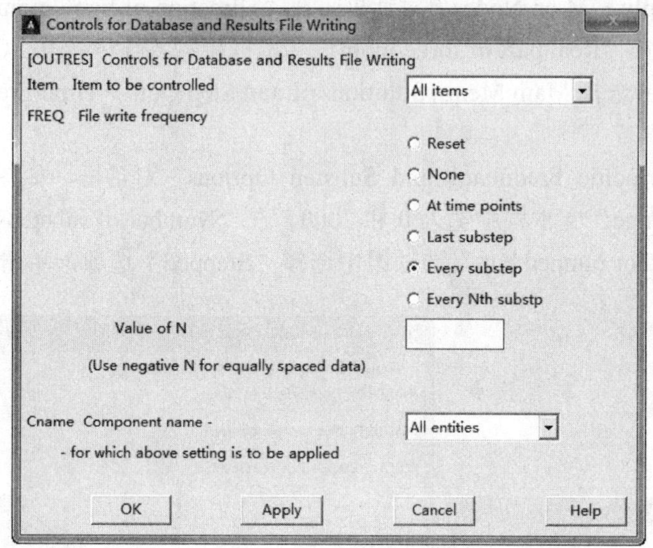

图 10-84 “Controls for Database and Results File Writing”对话框

㊽从主菜单中选择 Main Menu：Solution > Solve > Current LS，弹出“/STATUS Command”和“Solve Current Load Step”对话框，查看列出的求解选项。

㊾确认无误后，单击“Solve Current Load Step”对话框中的“OK”按钮，开始求解。

㊿求解完成后弹出“Note”对话框，提示求解结束。单击“Close”按钮，关闭“Note”对话框。

51从主菜单中选择 Main Menu：Finish。

52单击后处理工具栏中的“SAVE_DB”按钮，保存文件。

10.4.3 后处理

求解完成后，就可以对 ANSYS 软件生成的结果文件（对于静力分析，就是 Jobname.RST）进行后处理。谐响应分析中通常通过 POST26 时间历程后处理器就可以处理和显示大多数感兴趣的结果数据。

01 图形显示。

❶从主菜单中选择 Main Menu：Time Hist Postpro，弹出“Time History Variables”对话框，如图 10-85 所示。

❷执行菜单命令“Open Results...”，打开“cantilever.rfrq”结果文件，同时打开“cantilever.db”数据文件。

❸单击“Add Data”按钮，弹出“Add Time - History Variable”对话框，如图 10-86 所示。

❹选择“Nodal Solution”>“DOF Solution”>“Y-component of displacement”，单击“OK”按钮，弹出“Node for Data”选择对话框，如图 10-87 所示。

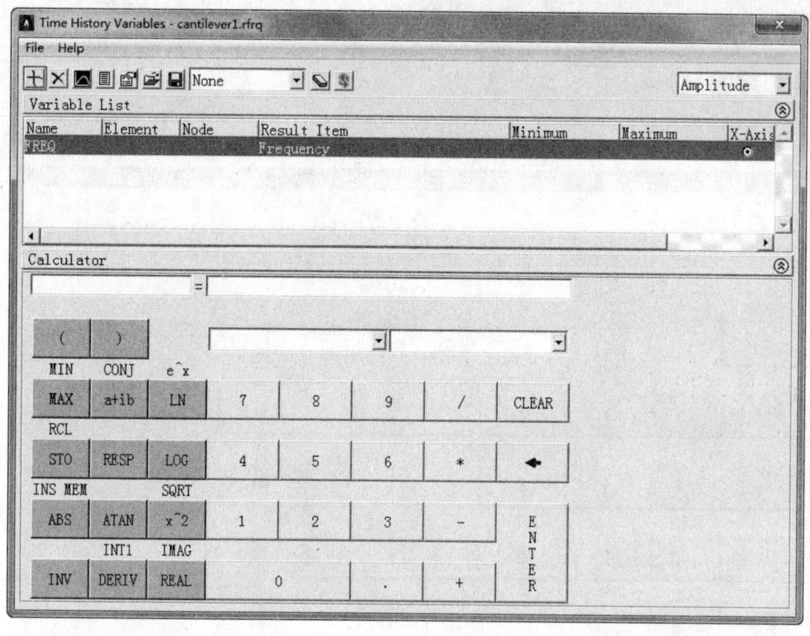

图 10-85 “Time History Variables”对话框

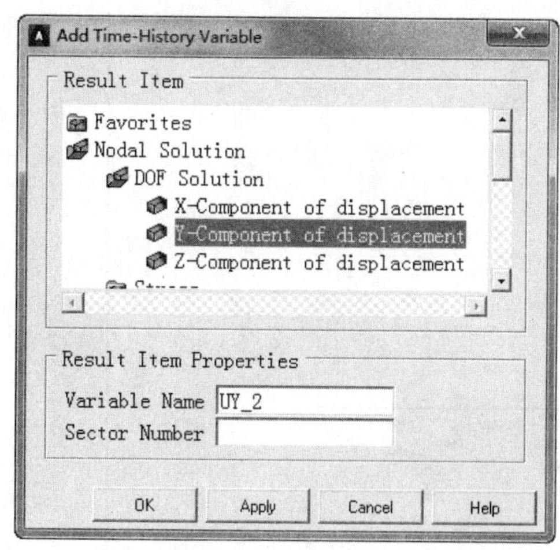

图 10-86 “Add Time - History Variable”对话框

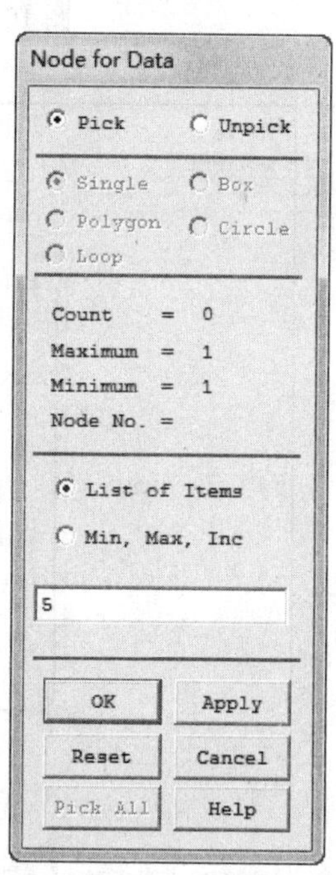

图 10-87 “Node for Data”选择对话框

❺在文本框中输入 5，单击“OK”按钮，返回“Time History Variables”对话框，如图 10-88 所示。

❻单击按钮“”，在图形窗口中就会显示该变量随时间的变化曲线，如图 10-89 所示。

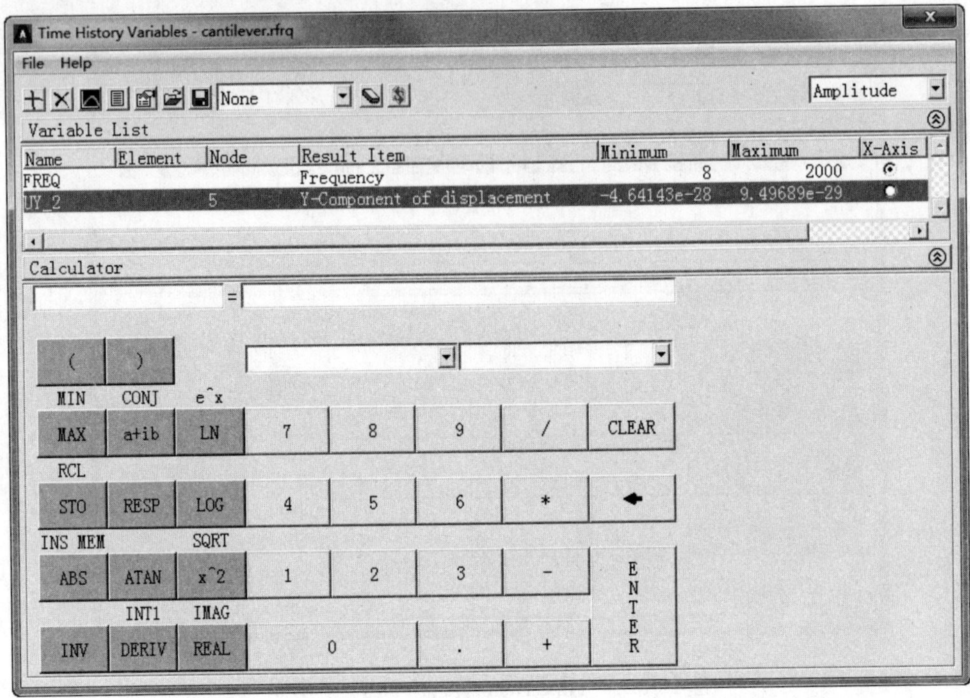

图 10-88 “Time History Variables”对话框

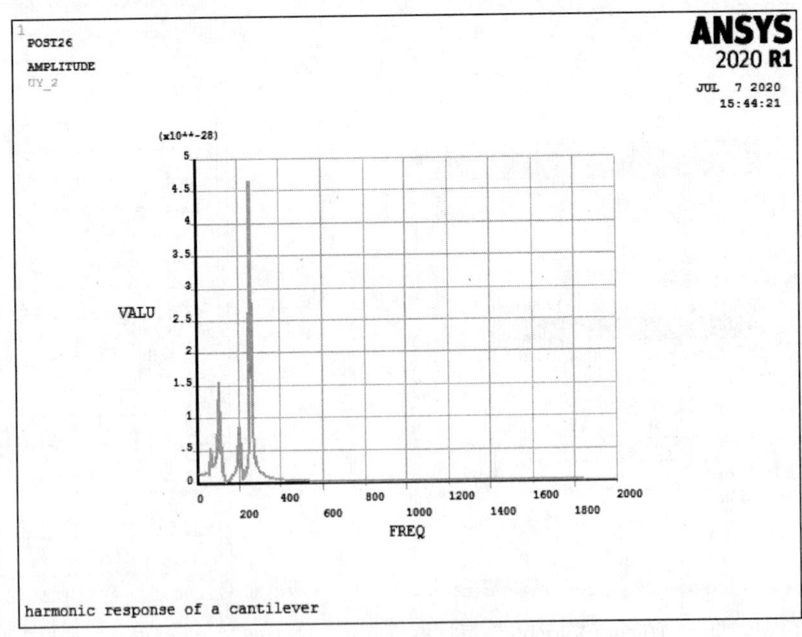

图 10-89 变量随频率的变化曲线

02 列表显示。

❶从主菜单中选择 Main Menu：TimeHist Postpro > List Variables。

❷在“1st variable to list”文本框中输入 2，如图 10-90 所示。单击“OK”按钮。

❸ANSYS 列表显示变量与频率值，如图 10-91 所示。

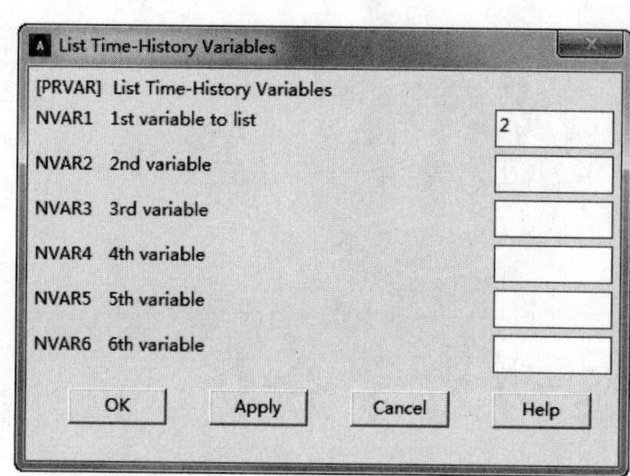

图 10-90 选择变量

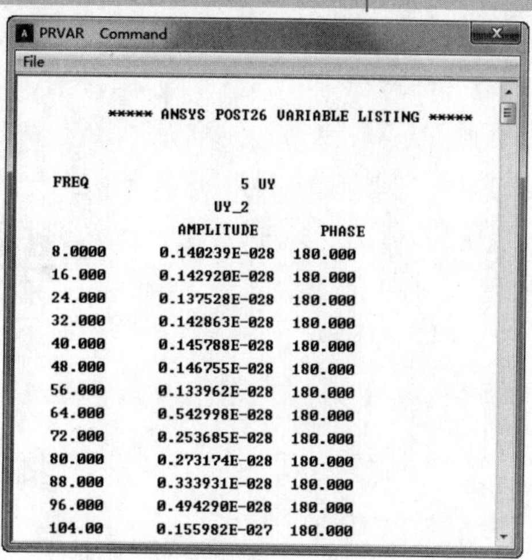

图 10-91 列表显示变量与频率值

10.4.4 命令流方式

略，见随书电子资源。

第 11 章

瞬态动力学分析

瞬态动力学分析（也称时间历程分析）是用于确定承受任意随时间变化载荷的结构的动力学响应的一种方法。本章介绍了 ANSYS 瞬态动力学分析的基本步骤，详细讲解了其中各种参数的设置方法与功能，最后通过阻尼振动系统的自由振动分析实例对 ANSYS 瞬态动力学分析进行了具体演示。

通过本章的学习，可以完整深入地掌握 ANSYS 瞬态动力学分析的各种功能和应用方法。

- 瞬态动力学概述
- 瞬态动力学分析的基本步骤
- 哥伦布阻尼的自由振动分析
- 瞬态动力学分析实例

11.1 瞬态动力学概述

可以用瞬态动力学分析确定结构在静载荷、瞬态载荷和简谐载荷的随意组合作用下随时间变化的位移、应变、应力及力。载荷与时间的相关性使得惯性力和阻尼作用比较显著。如果惯性力和阻尼作用不重要，就可以用静力学分析代替瞬态分析。

瞬态动力学分析比静力学分析更复杂，因为按“工程”时间计算，瞬态动力学分析通常要占用更多的计算机资源和人力。可以先做一些预备工作，以理解问题的物理意义，从而节省大量资源。

首先分析一个比较简单的模型。由梁、质量体、弹簧组成的模型可以以最小的代价对问题提供有效深入地理解，简单模型或许正是确定结构所有的动力学响应所需要的。

如果分析中包含非线性，可以首先通过进行静力学分析尝试了解非线性特性如何影响结构的响应。有时在动力学分析中没必要包括非线性。

了解问题的动力学特性。通过模态分析计算结构的固有频率和振型，便可了解当这些模态被激活时结构如何响应。固有频率同样对计算出正确的积分时间步长有用。

对于非线性问题，应考虑将模型的线性部分子结构化以降低分析代价。子结构在帮助文件中的“ANSYS Advanced Analysis Techniques Guide”中有详细的描述。

进行瞬态动力学分析可以采用 3 种方法，即 Full（完全法），Reduced（减缩法）和 Mode Superposition（模态叠加法）。

11.1.1 完全法

完全法采用完整的系统矩阵计算瞬态响应（没有矩阵减缩），它是 3 种方法中功能最强的，允许包含各类非线性特性（塑性，大变形，大应变等）。完全法的优点是：

1）容易使用，因为不必关心如何选取主自由度和振型。

2）允许包含各类非线性特性。

3）使用完整矩阵，因此不涉及质量矩阵的近似。

4）在一次处理过程中计算出所有的位移和应力。

5）允许施加各种类型的载荷，如节点力、外加的（非零）约束和单元载荷（压力和温度）。

6）允许采用实体模型上所加的载荷。

Full 法的主要缺点是比其他方法开销大。

11.1.2 模态叠加法

模态叠加法通过对模态分析得到的振型（特征值）乘以因子并求和来计算结构的响应。它的优点是：

1）对于许多问题，比缩减法或完全法更快且开销小。

2）在模态分析中施加的载荷可以通过命令“LVSCALE”用于谐响应分析中。

3）允许指定振型阻尼（阻尼系数为频率的函数）。

模态叠加法的缺点是：

1）整个瞬态分析过程中时间步长必须保持恒定，因此不允许用自动时间步长。

2）唯一允许的非线性是点点接触（有间隙情形）。

3）不能用于分析“未固定的（floating）”或不连续结构。

4）不接受外加的非零位移。

5）在模态分析中使用“能量法（PowerDynamics）”时，初始条件中不能有预加的载荷或位移。

11.1.3 减缩法

缩减法通常采用主自由度和减缩矩阵来压缩问题的规模。主自由度处的位移被计算出来后，解可以被扩展到初始的完整 DOF 集上。

这种方法的优点是比完全法更快且开销小。

缩减法的缺点是：

1）初始解只计算出主自由度的位移。要得到完整的位移、应力和力的解，则需执行被称为扩展处理的进一步处理（扩展处理在某些分析应用中可能不必要）。

2）不能施加单元载荷（压力、温度等），但允许施加加速度。

3）所有载荷必须施加在用户定义的自由度上（这就限制了采用实体模型上所加的载荷）。

4）整个瞬态分析过程中时间步长必须保持恒定，因此不允许用自动时间步长。

5）唯一允许的非线性是点点接触（有间隙情形）。

11.2 瞬态动力学分析的基本步骤

首先将描述如何用“Full”法来进行瞬态动力学分析，然后会列出用“Reduced”法和“Mode Superposition”法时有差别的步骤。

Full 法瞬态动力学分析的过程由 8 个下述主要步骤组成。

11.2.1 前处理（建模和分网）

在这一步中需指定文件名和分析标题，然后用 PREP7 来定义单元类型，单元实常数，材料特性及几何模型。需要记住的要点：

1）可以使用线性和非线性单元。

2）必须指定弹性模量 EX（或某种形式的刚度）和密度 DENS（或某种形式的质量）。

材料特性可以是线性的，各向同性的或各向异性的，恒定的或与温度相关的。非线性材料特性将被忽略。

另外，在划分网格时需记住以下几点：

1）有限元网格需要足够精度，以求解所关心的高阶模态。

2）感兴趣的应力-应变区域的网格密度要比只关心位移的区域相对密集一些。

3）如果求解过程包含了非线性特性，那么网格则应该与这些非线性特性相符合。例如，对于塑性分析，它要求在较大塑性变形梯度的平面内有一定的积分点密度，所以网格必须加密。

4）如果关心弹性波的传播（如杆的端部抖动），有限元网格至少要有足够的密度求解波，通常的准则是沿波的传播方向在每个波长范围内至少要有 20 个网格。

11.2.2 建立初始条件

在进行瞬态动力学分析前，必须清楚如何建立初始条件以及使用载荷步。从定义上来说，瞬态动力学包含按时间变化的载荷。为了指定这种载荷，需要将载荷-时间曲线分解成相应的载荷步，载荷-时间曲线上的每一个拐角都可以作为一个载荷步，如图 11-1 所示。

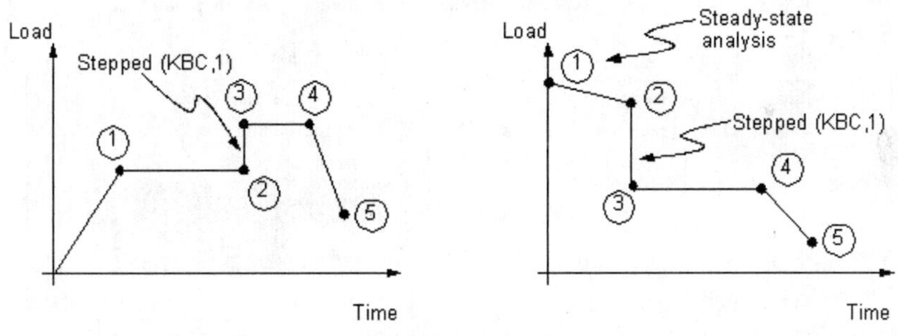

图 11-1 载荷-时间曲线

第一个载荷步通常被用来建立初始条件；然后指定后继的瞬态载荷及加载步选项。对于每一个载荷步，都要指定载荷值和时间值，同时指定其他的载荷步选项，如载荷是按“Stepped”还是按“Ramped”方式施加，是否使用自动时间步长等，最后将每一个载荷步写入文件，并一次性求解所有的载荷步。

施加瞬态载荷的第一步是建立初始关系（即零时刻时的情况）。瞬态动力学分析要求给定两种初始条件，即初始位移（u_0）和初始速度（$\dot{u}_0$）。如果没有进行特意设置，u_0 和 $\dot{u}_0$ 都被假定为 0。初始加速度（$\ddot{a}_0$）一般被假定为 0，但可以通过在一个小的时间间隔内施加合适的加速度载荷来指定非零的初始加速度。

非零初始位移及非零初始速度的设置。

命令：IC。

GUI：Main Menu > Solution > Define Loads > Apply > Initial Condit'n > Define。

注意 谨记不要给模型定义不一致的初始条件。例如，如果在一个自由度（DOF）处定义了初始速度，而在其他所有自由度处均定义为 0，这显然就是一种潜在的互相冲突的初始条件。在多数情况下，可能需要在全部没有约束的自由度处定义初始条件，如果这些初始条件在各个自由度处不相同，用 GUI 路径定义比用命令“IC”定义要容易得多。

11.2.3 设定求解控制器

该步骤与跟结构静力分析是一样的，需特别指出的是，如果要建立初始条件，必须是在第一个载荷步上建立，然后可以在后续的载荷步中单独定义其余选项。

1．访问求解控制器（Solution Controls）

选择如下 GUI 路径进入求解控制器。

GUI：Main Menu > Solution > Analysis Type > Sol'n Control，弹出“Solution Controls”对话框，如图 11-2 所示。

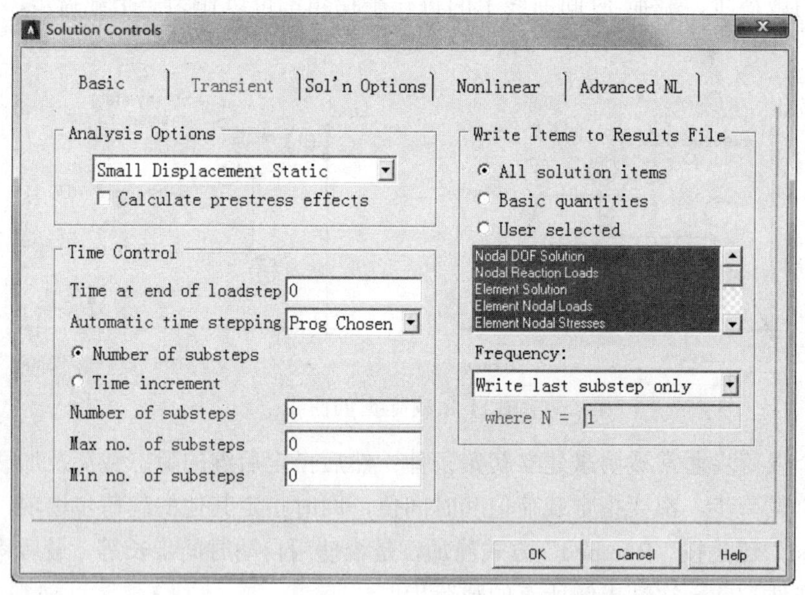

图 11-2 “Solution Controls”对话框

从图 11-2 中可以看到，该对话框主要包括 5 个选项卡，即基本选项（Basic）、瞬态选项（Transient）、求解选项（Sol'n Options）、非线性选项（Nonlinear）和高级非线性选项（Advanced NL）。

2．利用基本选项

当进入求解控制器时，基本选项（Basic）立即被激活。它的基本功能跟静力学一样，在瞬态动力学中，需注意以下几点：

1）在设置“ANTYPE”和 “NLGEOM”时，如果希望开始一个新的分析，并且忽略几何非线性（如大转动、大挠度和大应变）的影响，则选择“Small Displacement Transient”选项，如果考虑几何非线性的影响（通常是受弯细长梁考虑大挠度或金属成形时考虑大应变），则选择“Large Displacement Transient” 选项。如果希望重新开始一个失败的非线性分析，或者希望将刚做完的静力分析结果作为预应力，或者刚做完瞬态动力学分析想要扩展其结果，则选择“Restart Current Analysis” 选项。

2）在设置 AUTOTS 时，需记住该载荷步选项（通常被称为瞬态动力学最优化时间步）是根据结构的响应来确定是否开启。对于大多数结构，推荐打开自动调整时间步长选项，并利用 DELTIM 和 NSUBST 设定时间积分步的最大和最小值。

注意 在瞬态动力学分析中，默认情况下，结果文件（Jobname.RST）只有最后一个子步的数据。如果要记录所有子步的结果，需重新设定Frequency 的数值。另外，默认情况下，ANSYS 最多只允许在结果文件中写入1000个子步，超过时会报错，可以用命令“/CONFIG，NRES” 更改这个限定。

3．利用瞬态选项

ANSYS 求解控制器中包含的瞬态（Transient）选项见表 11-1。

表 11-1 瞬态（Transient）选项

用途	具体信息可参阅 ANSYS 帮助
指定是否考虑时间积分的影响 (TIMINT)	ANSYS Structural Analysis Guide 中的 Performing a Nonlinear Transient Analysis
指定在载荷步（或者子步）的载荷发生变化时是采用阶跃载荷还是斜坡载荷 (KBC)	ANSYS Basic Analysis Guide 中的 Stepped Versus Ramped Loads ANSYS Basic Analysis Guide 中的 Stepping or Ramping Loads
指定质量阻尼和刚度阻尼 (ALPHAD, BETAD)	ANSYS Structural Analysis Guide 中的 Damping
定义积分参数(TINTP)	ANSYS, Inc. Theory Reference

在瞬态动力学中，需特别注意一下几点：

1）TIMINT。该动态载荷选项表示是否考虑时间积分的影响。当考虑惯性力和阻尼时，必须考虑时间积分的影响（否则，ANSYS 只会给出静力分析解），所以默认情况下，该选项就是打开的。将静力学分析的结果用于瞬态动力学分析时，该选项特别有用，即第一个载荷步不考虑时间积分的影响。

2）ALPHAD (质量阻尼) 和 BETA(刚度阻尼) 。该动态载荷选项表示阻尼项。很多时候，阻尼是已知的且不可忽略的，所以必须考虑。

3）TINTP。该动态载荷选项表示瞬态积分参数，用于 Newmark 时间积分方法。

4．利用其他选项

该求解控制器中还包含其他选项卡，如求解选项（Sol’n Options）、非线性选项

（Nonlinear）和高级非线性选项（Advanced NL），它们与静力分析是一样的，该处不再赘述。需强调的是，瞬态动力学分析中不能采用弧长法（arc-length）。

11.2.4 设定其他求解选项

在瞬态动力学分析中的其他求解选项（比如应力刚化效应、牛顿-拉夫森（Newton-Raphson）选项、蠕变选项、输出控制选项、结果外推选项）跟静力学是一样的，与静力学不同的有下几项：

1．预应力影响（Prestress Effects）

ANSYS 允许在分析中包含预应力，如可以将先前的静力分析或动力分析结果作为预应力施加到当前分析上，要求必须将它存储在先前结果文件中。

命令：PSTRES。

GUI：Main Menu > Solution > Unabridged Menu > Analysis Type > Analysis Options。

2．阻尼选项（Damping Option）

利用该选项加入阻尼。在大多数情况下，阻尼是已知的，不能忽略。可以在瞬态动力学分析中设置如下几种阻尼形式：

1）材料阻尼（MP、DAMP）。

2）单元阻尼（COMBIN7 等)。

施加材料阻尼的方法如下：

命令：MP、DAMP。

GUI：Main Menu > Solution > Load Step Opts > Other > Change Mat Props > Material Models > Structural > Damping。

3．质量矩阵的形式（Mass Matrix Formulation）

利用该选项指定使用集中质量矩阵。通常，ANSYS 推荐使用默认选项（协调质量矩阵），但对于包含薄膜构件（如细长梁或薄板等）的结构，集中质量矩阵往往能得到更好的结果。

同时，使用集中质量矩阵也可以缩短求解时间和降低求解内存。

命令：LUMPM。

GUI：Main Menu > Solution > Unabridged Menu > Analysis Type > Analysis Options。

11.2.5 施加载荷

表 11-2 列出了瞬态动力学分析中可施加的载荷类型。除惯性载荷外，可以在实体模型（由关键点，线，面组成）或有限元模型（由节点和单元组成）上施加载荷。

在分析过程中，可以施加，删除载荷或对载荷进行操作或列表。

表 11-3 所示概括了瞬态动力学分析中可用的载荷步选项。

表 11-2 瞬态动力学分析中可施加的载荷类型

载荷类型	范畴	命令	GUI 路径
位移约束（UX、UY、UZ、ROTX、ROTY、ROTZ）	约束	D	Main Menu > Solution > DefineLoads > Apply > Structural > Displacement
集中力或力矩（FX、FY、FZ、MX、MY、MZ）	力	F	Main Menu > Solution > DefineLoads > Apply > Structural > Force/Moment
压力（PRES）	面载荷	SF	Main Menu > Solution > Define Loads > Apply > Structural > Pressure
温度（TEMP）、流体（FLUE）	体载荷	BF	Main Menu > Solution > Define Loads > Apply > Structural > Temperature
重力，向心力等	惯性载荷	-	Main Menu > Solution > Define Loads > Apply > Structural > Other

表 11-3 瞬态动力学分析中可用的载荷步选项

选项	命令	GUI 路径
普通选项（General Options）		
时间	TIME	Main Menu >Solution>Load Step Opts > Time/Frequenc > Time - Time Step
阶跃载荷或倾斜载荷	KBC	MainMenu > Solution > LoadStepOpts > Time/Frequenc > Time-Time Step or Freq and Substeps
积分时间步长	NSUBST DELTIM	Main Menu>Solution >Load Step Opts > Time/Frequenc > Time and Substps
开关自动调整时间步长	AUTOTS	Main Menu>Solution >Load Step Opts > Time/Frequenc > Time and Substps
动力学选项（Dynamics Options）		
时间积分影响	TIMINT	Main Menu > Solution > Load Step Opts > Time/Frequenc > Time Integration > Newmark Parameters
瞬态时间积分参数（用于 Newmark 方法）	TINPT	Main Menu > Solution > Load Step Opts > Time/Frequenc > Time Integration > Newmark Parameters
阻尼	ALPHAD BETAD DMPRAT	Main Menu > Solution > Load Step Opts > Time/Frequenc > Damping
非线性选项(Nonlinear Option)		
最多迭代次数	NEQIT	Main Menu > Solution > Load Step Opts > Nonlinear > Equilibrium Iter
迭代收敛精度	CNVTOL	Main Menu>Solution > Load Step Opts > Nonlinear > Transient
预测校正选项	PRED	Main Menu >Solution > Load Step Opts > Nonlinear > Predictor

（续）

选项	命令	GUI 路径
预测校正选项	PRED	Main Menu > Solution > Load Step Opts > Nonlinear > Predictor
线性搜索选项	LNSRCH	Main Menu > Solution > Load Step Opts > Nonlinear > LineSearch
蠕变选项	CRPLIM	Main Menu > Solution > Load Step Opts > Nonlinear > Creep Criterion
终止求解选项	NCNV	Main Menu > Solution > Analysis Type > Sol'n Controls > Advanced NL
输出控制选项（Output Control Options）		
输出控制	OUTPR	Main Menu > Solution > Load Step Opts > Output Ctrls > Solu Printout
数据库和结果文件	OUTRES	Main Menu >Solution > Load Step Opts > Output Ctrls > DB/ Results File
结果外推	ERESX	Main Menu >Solution > Load Step Opts > Output Ctrls > Integration Pt

11.2.6 设定多载荷步

重复以上步骤，可定义多载荷步。对于每一个载荷步，都可以根据需要重新设定载荷求解控制和选项，并且可以将所有信息写入文件。

在每一个载荷步中，可以重新设定的载荷步选项包括 TIMINT、TINTP、ALPHAD、BETAD、MP、DAMP、TIME、KBC、NSUBST、DELTIM、AUTOTS、NEQIT、CNVTOL、PRED、LNSRCH、CRPLIM、NCNV、CUTCONTROL、OUTPR、OUTRES、ERESX 和 RESCONTROL。

保存当前载荷步设置到载荷步文件中的方法如下。

命令：LSWRITE。

GUI：Main Menu > Solution > Load Step Opts > Write LS File。

下面给出一个载荷步操作的命令流示例：

```
TIME, ...          ! Time at the end of 1st transient load step
Loads  ...         ! Load values at above time
KBC, ...           ! Stepped or ramped loads
LSWRITE            ! Write load data to load step file
TIME, ...          ! Time at the end of 2nd transient load step
Loads  ...         ! Load values at above time
KBC, ...           ! Stepped or ramped loads
LSWRITE            ! Write load data to load step file
TIME, ...          ! Time at the end of 3rd transient load step
```

```
Loads ...                    ! Load values at above time
KBC, ...                     ! Stepped or ramped loads
LSWRITE                      ! Write load data to load step file
Etc.
```

11.2.7 瞬态求解

1）只求解当前载荷步。

命令：SOLVE。

GUI：Main Menu > Solution > Solve > Current LS。

2）求解多载荷步。

命令：LSSOLVE。

GUI：Main Menu > Solution > Solve > From LS Files。

11.2.8 后处理

瞬态动力学分析的结果被保存在结构分析结果文件 Jobname.RST 中，可以用 POST26 和 POST1 观察结果。

POST26 用于观察模型中指定点处呈现为时间函数的结果。

POST1 用于观察在给定时间整个模型的结果。

1．使用 POST26

POST26 要用到结果项/频率对应关系表，即"variables"（变量）。每一个变量都有一个参考号，1 号变量被内定为频率。

1）用以下选项定义变量。

命令：NSOL 用于定义基本数据（节点位移）。

ESOL 用于定义派生数据（单元数据，如应力）。

RFORCE 用于定义反作用力数据。

FORCE（合力或合力的静力分量、阻尼分量、惯性力分量）。

SOLU（时间步长、平衡迭代次数、响应频率等）。

GUI：Main Menu > TimeHist Postpro > Define Variables。

注意 在 Reduced 法或 Mode Superposition 法中，用命令"FORCE"只能得到静力。

2）绘制变量变化曲线或列出变量值。通过观察整个模型关键点处的时间历程分析结果，就可以找到用于进一步 POST1 后处理的临界时间点。

命令：PLVAR（绘制变量变化曲线）。

PLVAR，EXTREM（变量值列表）。

GUI：Main Menu > TimeHist Postpro > Graph Variables。

Main Menu > TimeHist Postpro > List Variables。

Main Menu > TimeHist Postpro > List Extremes。

2．POST1

1）从数据文件中读入模型数据。

命令：RESUME。

GUI：Utility Menu > File > Resume from。

2）读入需要的结果集。用命令“SET”根据载荷步及子步序号或时间数值指定数据集。

命令：SET。

GUI：Main Menu > General Postproc > Read Results > By Time/Freq。

注意 如果指定的时刻没有可用结果，得到的结果将是与该时刻相距最近的两个时间点对应结果之间的线性插值。

3）显示结构的变形状况、应力、应变等的等值线，或者向量的向量图[PLVECT]。要得到数据的列表表格，请用命令“PRNSOL”“PRESOL”“PRRSOL”等。

显示变形形状。

命令：PLDISP。

GUI：Main Menu > General Postproc > Plot Results > Deformed Shape。

显示变形云图。

命令： PLNSOL 或 PLESOL。

GUI：Main Menu > General Postproc > Plot Results > Contour Plot > Nodal Solu or Element Solu。

注意 在命令“PLNSOL”和“PLESOL”的参数“KUND”可用来选择是否将未变形的形状叠加到显示结果中。

显示反作用力和力矩。

命令：PRRSOL。

GUI：Main Menu > General Postproc > List Results > Reaction Solu。

显示节点力和力矩。

命令：PRESOL，F 或 M。

GUI：Main Menu > General Postproc > List Results > Element Solution。

可以列出选定的一组节点的总节点力和总力矩，这样就可以选定一组节点并得到作用在这些节点上的总力大小。其命令方式和 GUI 方式如下。

命令：FSUM。

GUI：Main Menu > General Postproc > Nodal Calcs > Total Force Sum。

同样，也可以查看每个选定节点处的总力和总力矩。对于处于平衡态的物体，除非存在外加的载荷或反作用载荷，所有节点处的总载荷应该为零。其命令和 GUI 如下：

命令：NFORCE。

GUI：Main Menu > General Postproc > Nodal Calcs > Sum @ Each Node。

还可以设置要观察的是力的哪个分量，如合力（默认）分量静力分量、阻尼力分量惯性力分量。其命令方式和 GUI 方式如下。

命令：FORCE。

GUI：Main Menu > General Postproc > Options for Outp。

显示线单元（如梁单元）结果。

命令：ETABLE。

GUI：Main Menu > General Postproc > Element Table > Define Table。

对于线单元，如梁单元、杆单元及管单元，用此选项可得到派生数据（应力，应变等）。细节可查阅命令“ETABLE”。

绘制矢量图。

命令：PLVECT。

GUI：Main Menu > General Postproc > Plot Results > Vector Plot > Predefined。

列表显示结果。

命令：PRNSOL（节点结果）。
　　　PRESOL（单元一单元结果）。
　　　PRRSOL（反作用力数据）等。
　　　NSORT，ESORT（对数据进行排序）。

GUI：Main Menu > General Postproc > List Results > Nodal Solution。
　　　Main Menu > General Postproc > List Results > Element Solution。
　　　Main Menu > General Postproc > List Results > Reaction Solution。
　　　Main Menu > General Postproc > List Results > Sorted Listing > Sort Nodes。

11.3 实例导航——哥伦布阻尼的自由振动分析

在此实例中，有一个集中质量块的钢梁受到动力载荷作用，用完全法（full method）来执行动力响应分析，确定一个随时间变化载荷作用的瞬态响应。

11.3.1 问题描述

一个有哥伦布阻尼的弹簧-质量块系统，如图 11-3 所示。质量块被移动 Δ 位移然后释放。假定表面摩擦力是一个滑动常阻力 F，求系统的位移时间关系。表 11-4 列出了实例中的材料属性、载荷条件和初始条件（采用寸制单位）。

表 11-4 材料属性、载荷条件和初始条件

材料属性	载荷	初始条件		
$W = 10$ lbf	$\Delta = -1$ in		X	v_0
$k_2 = 30$ lbf/in	$F = 1.875$ lbf	t=0	-1	0.0
$m = W/g$				

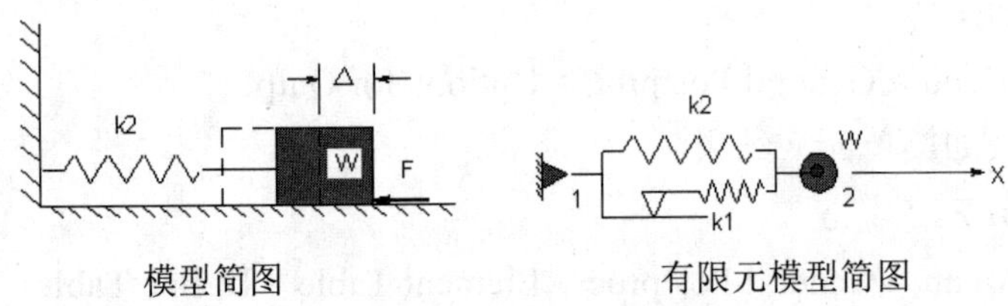

模型简图　　有限元模型简图

图 11-3 弹簧-质量块系统

11.3.2 GUI 模式

01 前处理（建模及分网）。

❶定义工作标题：Utility Menu > File > Change Title，弹出“Change Title”对话框，如图 11-4 所示。在文本框中输入“FREE VIBRATION WITH COULOMB DAMPING”，然后单击“OK”按钮。

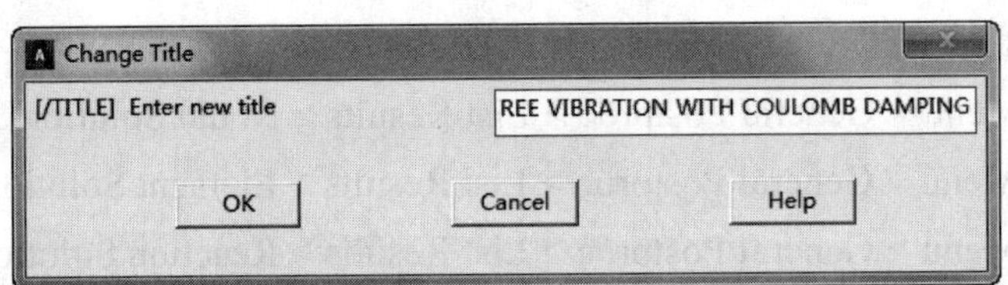

图 11-4 “Change Title”对话框

❷定义单元类型：Main Menu > Preprocessor > Element Type > Add/Edit/Delete，弹出“Element Types”对话框，如图 11-5 所示，单击“Add”按钮，弹出“Library of Element Types”对话框，如图 11-6 所示。在左面列表框中选择“Combination”，在右面的列表框中选择“Combination 40”，单击“OK”按钮，返回图 11-5 所示的对话框。

❸定义单元选项：在图 11-5 所示的对话框中单击“Options”按钮，弹出“COMBIN40 element type options”对话框，如图 11-7 所示。在“Element degree(s) of freedom K3”下拉列表中选择“UX”，在“Mass location K6”下拉列表中选择“Mass at node J”，单击“OK”按钮，返回图 11-5 所示的对话框。单击“Close”按钮，关闭该对话框。

❹定义第一种实常数：Main Menu > Preprocessor > Real Constants > Add/Edit/Delete，弹出“Real Constants”对话框，如图 11-8 所示。单击“Add”按钮，弹出“Element Type for Real Constants”对话框，如图 11-9 所示。

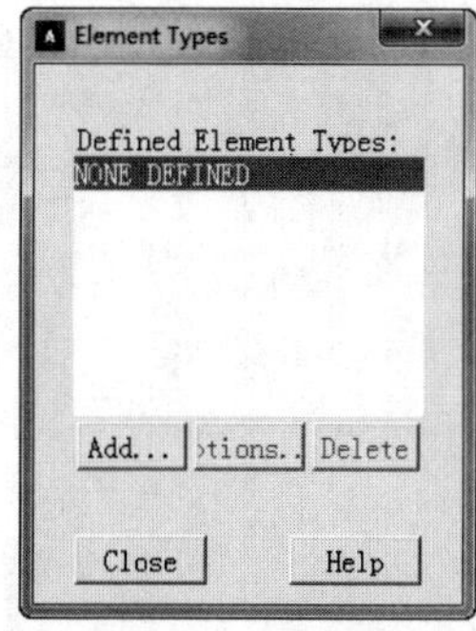

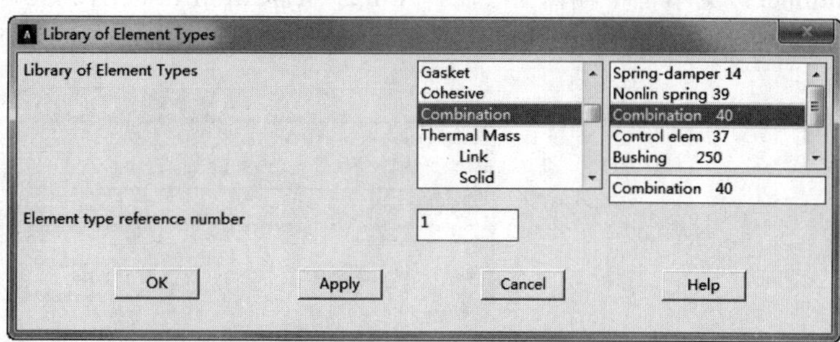

图 11-5 “Element Types”对话框　　　　图 11-6 “Library of Element Types”对话框

图 11-7 “COMBIN40 element type options”对话框

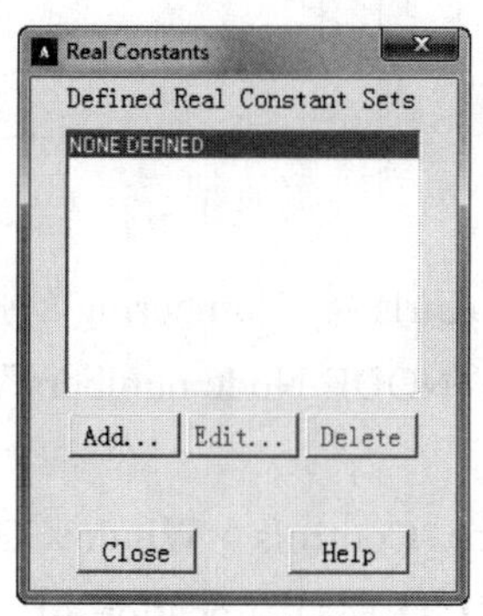

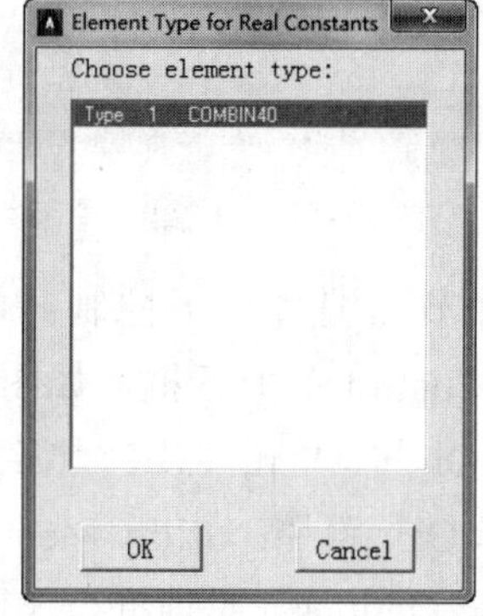

图 11-8 “Real Constant”对话框　　　　图 11-9 “Element Type for Real Constants” 对话框

❺在如图 11-9 所示的对话框中选择“Type 1 COMBIN40”，单击“OK”按钮，出现“Real Constants Set Number1，for COMBIN40”对话框，如图 11-10 所示。在“Spring constant　K1”文本框中输入 10000，在“Mass M”文本框中输入 10/386，在“Limiting sliding force FSLIDE”文本框中输入 1.875，在“Spring const （par to slide）K2”文本框中输入 30，单击“OK”按钮。单击“Real Constants”对话框的“Close”按钮，关闭该对话框，退出实常数定义。

❻创建节点：Main Menu > Preprocessor > Modeling > Create > Nodes > In Active CS，弹出“Create Nodes in Active Coordinate System”对话框，如图 11-11 所示。在“NODE Node number”文本框中输入 1，在“X,Y,Z　Location in active CS”文本框中输入 0、0、0，单击“Apply”按钮。

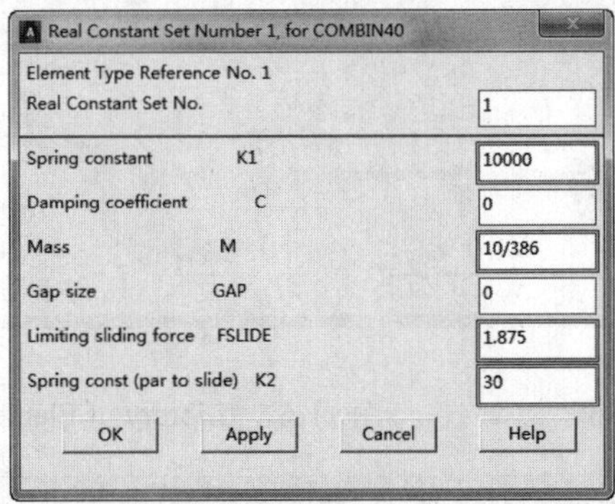

图 11-10　“Real Constants Set Number1，for　COMBIN40”对话框

❼在“Create Nodes in Active Coordinate System”对话框中的“NODE Node number”文本框中输入 2，在“X,Y,Z　Location in active CS”文本框中输入 1、0、0，单击“OK”按钮，显示如图 11-12 所示的节点。

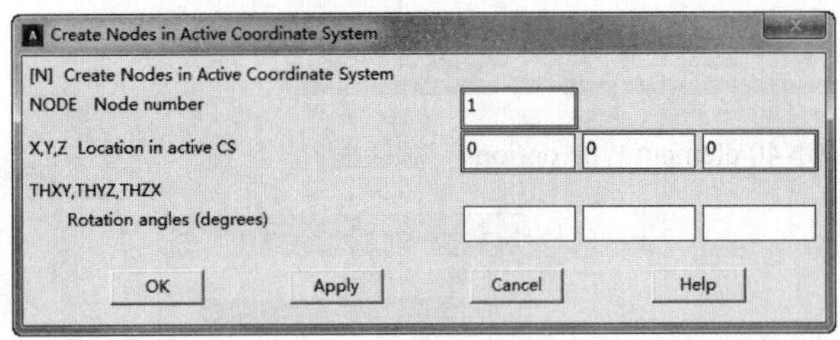

图 11-11　生成第一个节点

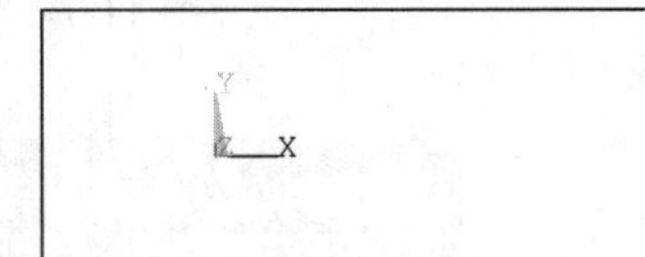

图 11-12　节点显示

❽打开节点编号显示控制：Utility Menu > PlotCtrls > Numbering，弹出“Plot Numbering Controls”对话框，如图 11-13 所示。单击“NODE Node numbers”复选框使其显示为“On”，单击“OK”按钮。

❾选择 GUI 路径：Utility Menu > PlotCtrls > Window Controls > Window Options，弹出“Window Options”对话框，如图 11-14 所示。在“[/TRIAD] Location of triad”下拉列表中选择“At top left”，单击“OK”按钮，关闭该对话框。

❿定义梁单元属性：Main Menu > Preprocessor > Modeling > Create > Elements > Elem Attributes，弹出“Elements Attributes”对话框，如图 11-15 所示。在“[TYPE] Element type number”下拉列表中选择“1 COMBIN40”，在“[REAL] Real constant set number”下拉列表中选择 1，单击“OK”按钮。

⓫创建梁单元：Main Menu > Preprocessor > Modeling > Create > Elements > Auto Numbered > Thru Nodes，弹出“Elements from Nodes”选择对话框。在屏幕上选择编号为 1 和 2 的节点，单击“OK”按钮，屏幕上在节点 1 和节点 2 之间出现一条直线，创建一个单元模型，如图 11-16 所示。

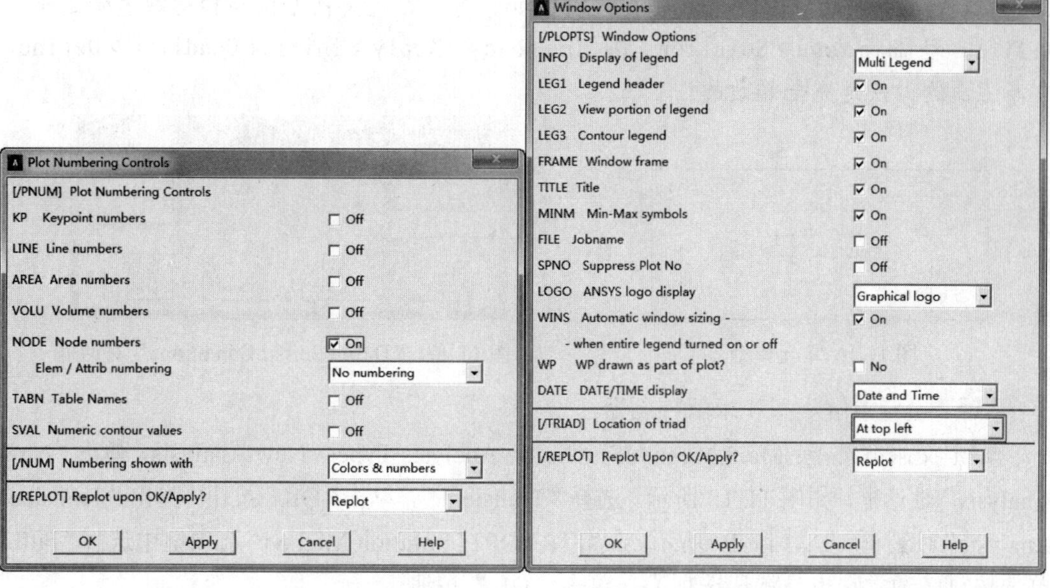

图 11-13 “Plot Numbering Controls”对话框　　　　图 11-14 “Window Options”对话框

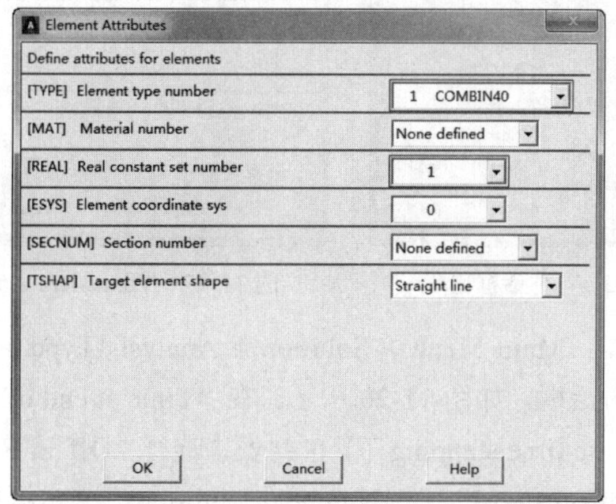

图 11-15 “Elements Attributes”对话框

02 建立初始条件。定义初始位移和速度：Main Menu > Preprocessor > Loads > Define Loads > Apply > Initial Condit'n > Define，弹出“Define Initial Conditions”选择对话框。在屏幕上选择编号为“2”的节点，单击“OK”按钮，弹出“Define Initial Conditions”对话框，如图 11-17 所示。在“Lab DOF to be specified”下拉列表中选择“UX”，在“VALUE Initial value of DOF”文本框中输入-1，在“VALUE2 Initial velocity”文本框中输入 0，单击“OK”按钮。

注意 如果在 Main Menu > Preprocessor > Loads > Define Loads > Apply 路径下没有找到“Initial Condit'n”项，可以先选择 Main Menu > Solution > Unabridged Menu 路径，显示所有可能的菜单，然后再执行 Main Menu > Preprocessor > Loads > Define

Loads > Apply > Initial Condit'n > Define。另外，定义初始位移和初始速度还有一条路径，即 Main Menu > Solution > Define Loads > Apply > Initial Condit'n > Define，它与上面的做法是完全等效的。

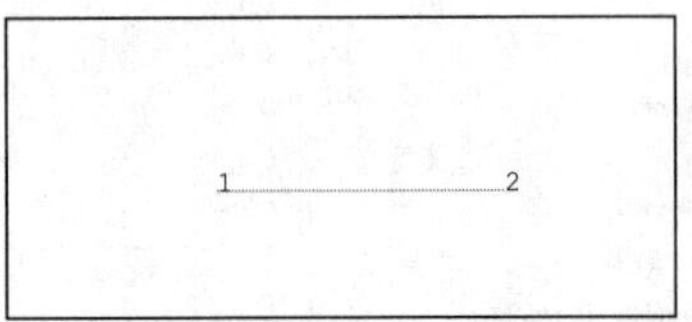

图 11-16 单元模型

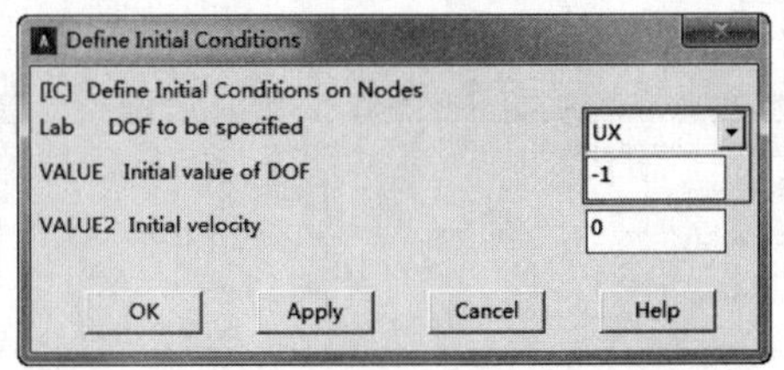

图 11-17 “Define Initial Conditions”对话框

03 设定求解类型和求解控制器。

❶定义求解类型：Main Menu > Solution > Analysis Type > New Analysis，弹出“New Analysis”对话框，如图 11-18 所示。选择“Transient”，单击“OK”按钮，弹出“Transient Analysis”对话框，如图 11-19 所示。在“[TRNOPT] Solution Method”选项组中选择“Full”单选按钮（通常它也是默认选项），单击“OK”按钮。

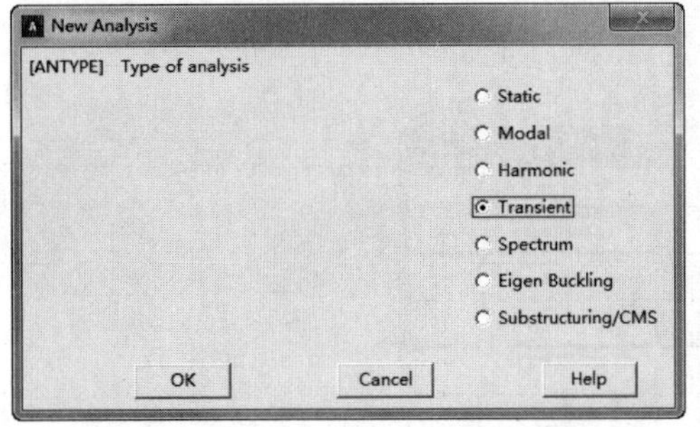

图 11-18 “New Analysis”对话框出现

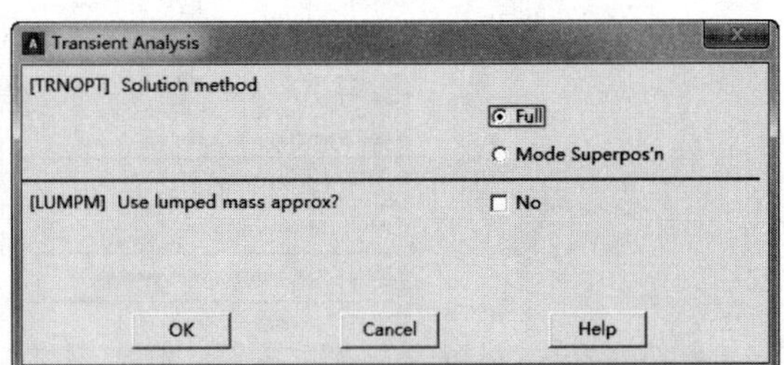

图 11-19 “Transient Analysis”对话框

❷设置求解控制器：Main Menu > Solution > Analysis Type > Sol'n Controls，弹出“Solution Controls”对话框，如图 11-20 所示。在“Time at end of loadstep”文本框中输入 0.2025，在“Automatic time stepping”下拉列表中选择“Off”，在“Time controls”选项组中选择“Number of substeps”，在“Number of substeps”文本框中输入 404，在“Write items to results file”选项组中选择“All solution items”，在“Frequency”下拉列表中选择“Write every substeps”。

❸在图 11-20 所示的对话框选择“Nonlinear”选项卡，如图 11-21 所示。

❹在“Nonlinear”选项卡中单击“Set convergence criteria”按钮，弹出“Default Nonlinear Convergence Criteria”对话框，如图 11-22 所示。

❺单击“Replace”按钮，弹出“Nonlinear Convergence Criteria”对话框，如图 11-23 所示，在“Lab Convergence is based on”左面的列表框中选择“Structural”，在右面列表框中选择“Force F”，在“VALUE Reference value of Lab”文本框中输入 1，在“TOLER Tolerance about VALUE”文本框中输入“0.001”，接受其他默认设置，单击“OK”按钮,返回图 11-22 所示的对话框，单击“Close”按钮，返回到图 11-21 所示的对话框，单击“OK”按钮。

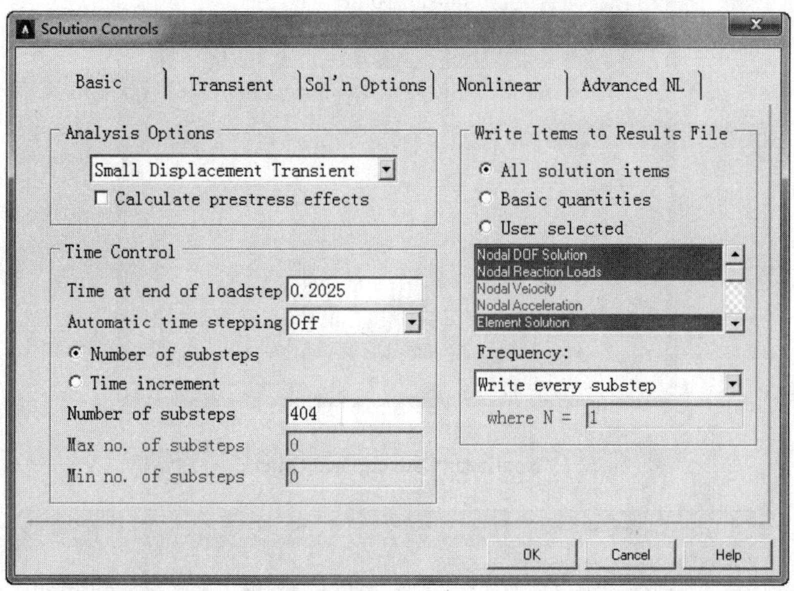

图 11-20 “Solution Controls”对话框（Basic 选项卡）

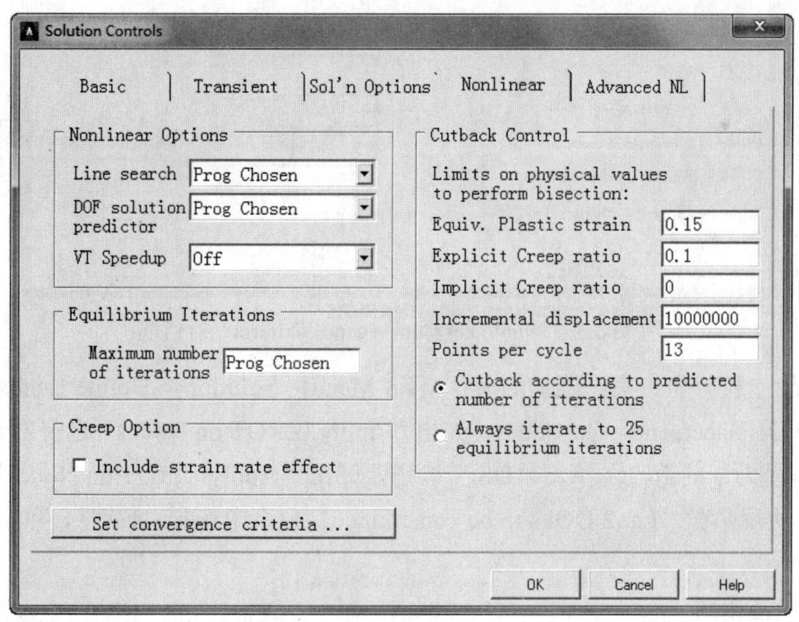

图 11-21 “Solution Controls”对话框（Nonlinear 选项卡）

04 设定其他求解选项。

❶设置载荷和约束类型（阶跃或倾斜）：Main Menu > Solution > Unabridged Menu > Load Step Opts > Time/Frequenc > Time and Substps，弹出“Time and Substeps Options”对话框，如图 11-24 所示，在“[KBC] Stepped or ramped b.c. ”选项组中选择“stepped”，单击 OK 接受其他设置，单击“OK”按钮。

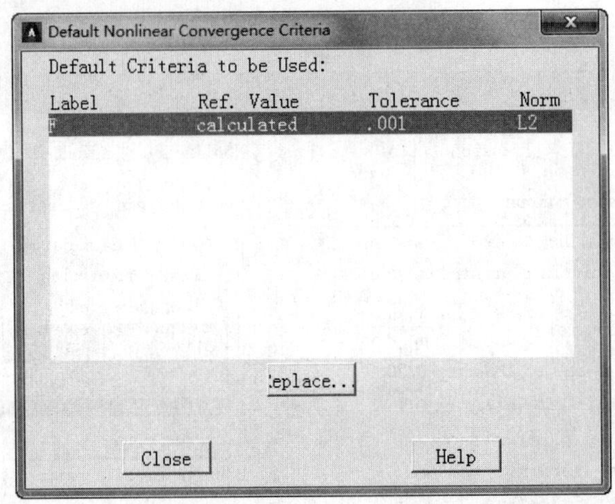

图 11-22 “Nonlinear Convergence Criteria ”对话框

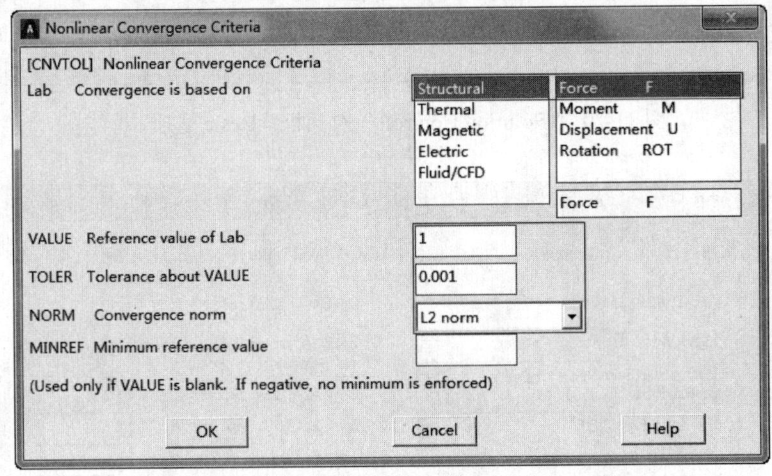

图 11-23 “Nonlinear Convergence Criteria”对话框

05 施加载荷和约束。施加约束：Main Menu > Solution > Define Loads > Apply > Structural > Displacement > On Nodes，弹出“Apply U,ROT on Nodes”选择对话框。在图形中选择编号为 1 的节点，单击“OK”按钮，弹出“Apply U,ROT on Nodes”对话框，如图 11-25 所示。在“Lab2 DOFs to be constrained”列表中选择“UX”，单击“OK”按钮。

06 瞬态求解。

❶瞬态分析求解： Main Menu > Solution > Solve > Current LS，弹出“/STATUS Command”对话框和“Solve Current Load Step”对话框。浏览对话框中的信息，如果无误，则选择 File > Close 关闭之。单击“Solve Current Load Step”对话框的“OK”按钮，开始求解。

❷当求解结束时，会弹出“Solution is done”的信息提示，单击“OK”按钮。此时屏幕显示求解迭代进程，如图 11-26 所示。

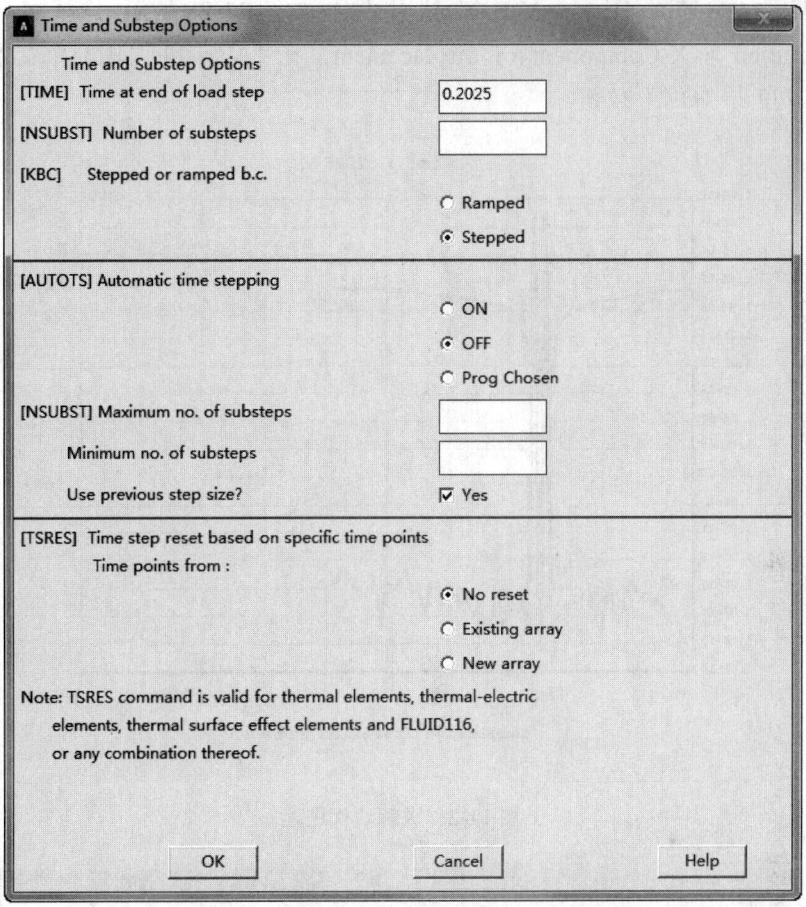

Time and Substep Options

Time and Substep Options
[TIME] Time at end of load step 0.2025
[NSUBST] Number of substeps
[KBC] Stepped or ramped b.c.
Ramped
Stepped
[AUTOTS] Automatic time stepping
ON
OFF
Prog Chosen
[NSUBST] Maximum no. of substeps
Minimum no. of substeps
Use previous step size? Yes
[TSRES] Time step reset based on specific time points
Time points from :
No reset
Existing array
New array
Note: TSRES command is valid for thermal elements, thermal-electric elements, thermal surface effect elements and FLUID116, or any combination thereof.
OK Cancel Help

图 11-24 “Time and Substeps Options”对话框

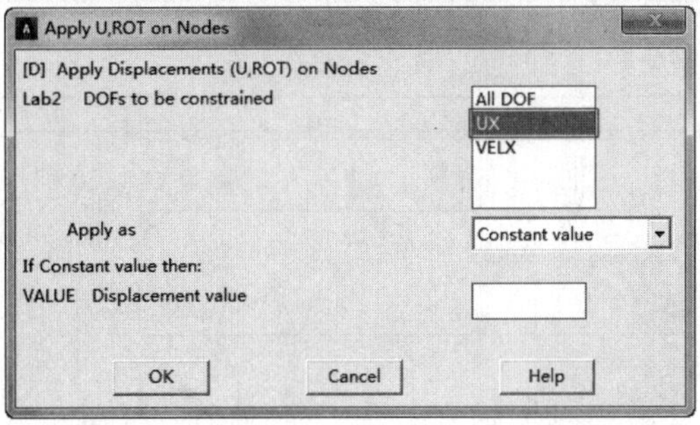

Apply U,ROT on Nodes

[D] Apply Displacements (U,ROT) on Nodes
Lab2 DOFs to be constrained All DOF UX VELX
Apply as Constant value
If Constant value then:
VALUE Displacement value
OK Cancel Help

图 11-25 “Apply U,ROT on Nodes“对话框

❸退出求解器：Main Menu > Finish。

07 后处理。

❶进入时间历程后处理：Main Menu > Time Hist PostPro，弹出如图 11-27 所示的“Time History Variables ”对话框，其中已有默认变量时间（TIME）。

❷定义位移变量“UX”：在如图 11-27 所示的对话框中单击左上方的“Add Data”

按钮⊞，弹出“Add Time-History Variables”对话框，如图 11-28 所示。选择 Nodal Solution > DOF Solution > X-Component of displacement，在“Variable Name”文本框中输入“UX-2”，单击“OK”按钮。

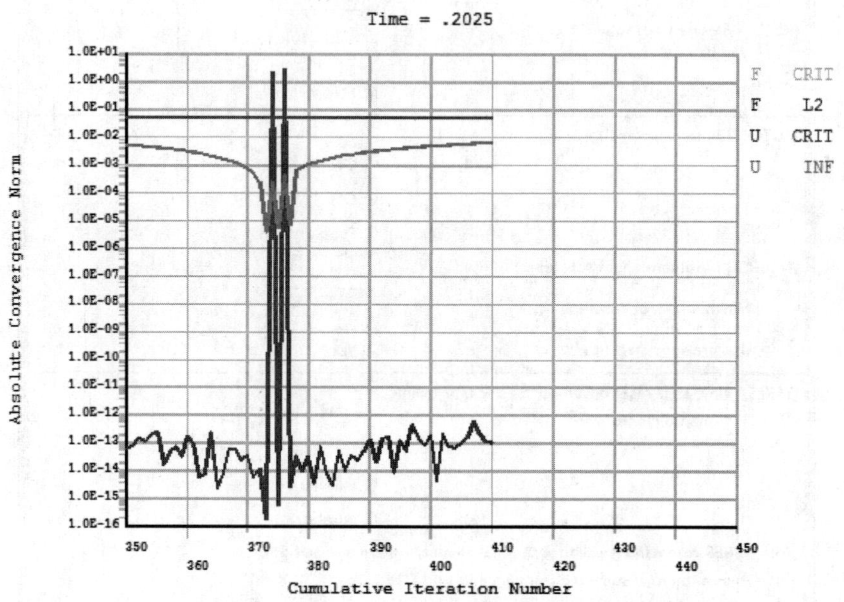

图 11-26 求解迭代进程

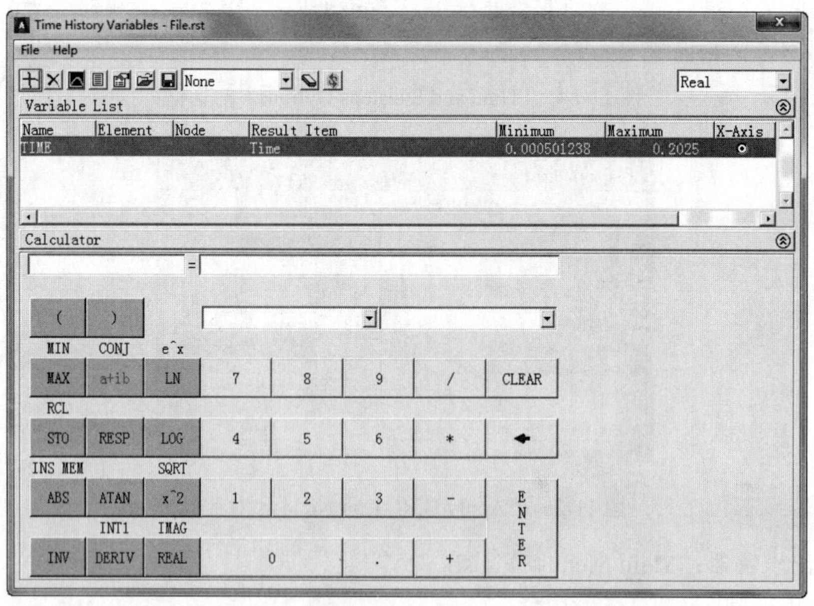

图 11-27 “Time History Variables“对话框

❸弹出“Node for Data”选择对话框，如图 11-29 所示，在文本框中输入 2，单击“OK”按钮，返回“Time History Variables”对话框，不过此时变量列表里面多了一项 UX 变量。

❹定义应力变量 F1：在图 11-27 所示的“Time History Variables”对话框中单击左上方的“Add Data”按钮，弹出如图 11-28 所示的“Add Time-History Variables”对话框。在该对话框中选择 Element Solution > Miscellaneous Items > Summable data（SMISC,1），弹出“Miscellaneous Sequence Number”对话框，如图 11-30 所示。在“Sequence number SMIS”文本框中输入 1，单击“OK”按钮。返回到如图 11-31 所示的“Add Time-History Variables”对话框。在“Variable Name”文本框中输入“F1”，单击“OK”按钮。

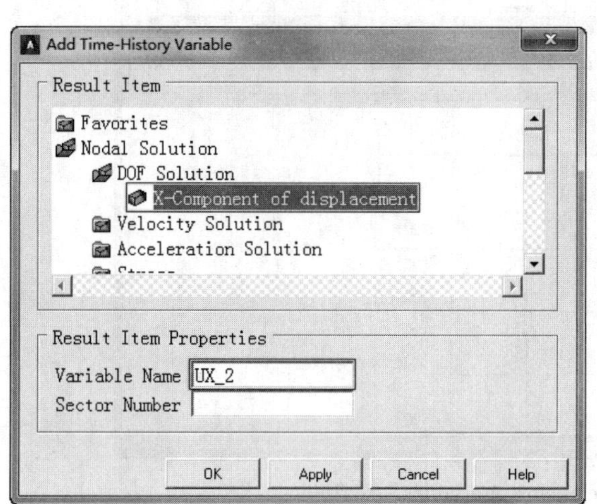

图 11-28 “Add Time-History Variables”对话框

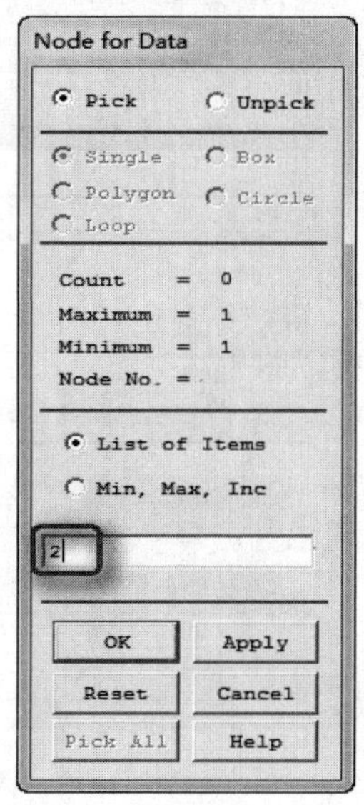

图 11-29 “Node for Data”选择对话框

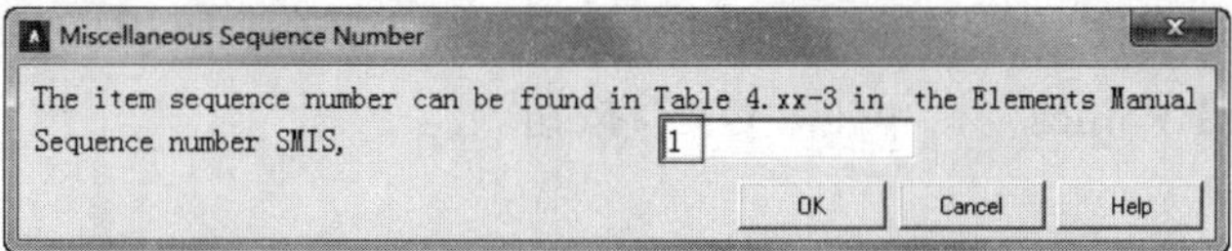

图 11-30 “Miscellaneous Sequence Number”对话框

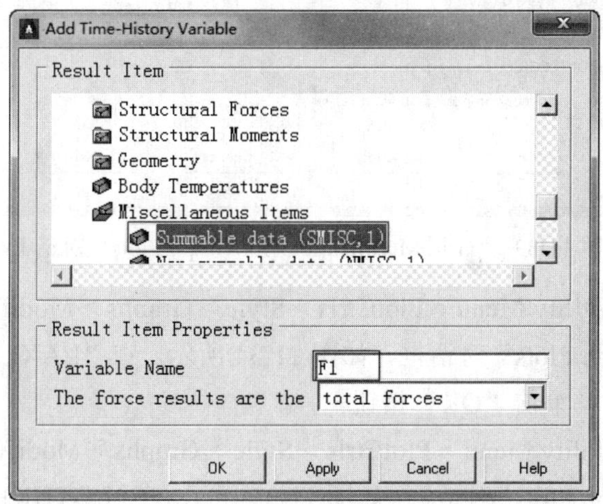

图 11-31 “Add Time-History Variables”对话框

❺弹出“Element for Data”对话框，在文本框中输入 1（或者在图形中选择单元），单击“OK”按钮，弹出“Node for Data”选择对话框。在文本框中输入 1（或者在图形中选择编号为 1 的节点），单击“OK”按钮，返回“Time History Variables”对话框，如图 11-32 所示。不过此时“Variable List”列表框中增加了两个变量，即 UX_2 和 F1。

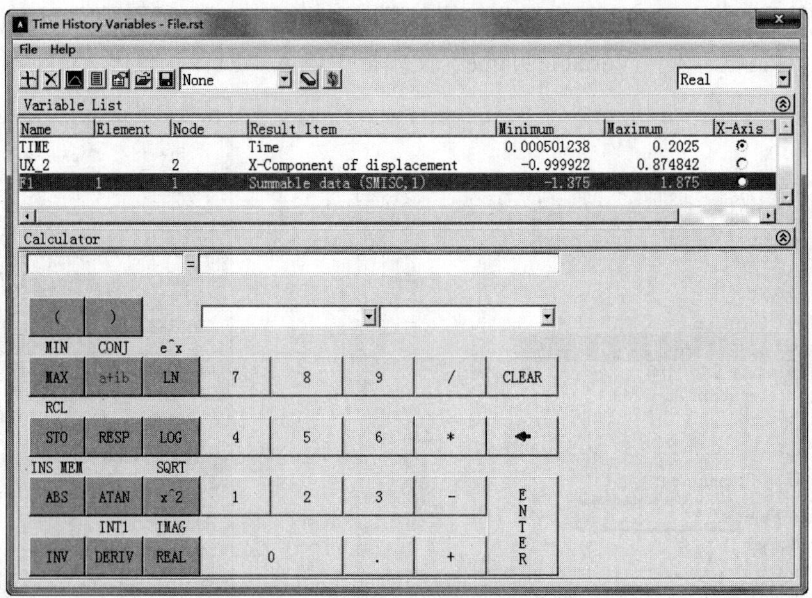

图 11-32 “Time History Variables”对话框

❻设置坐标 1：Utility Menu > PlotCtrls > Style > Graphs > Modify Grid，弹出“Grid Modifications for Graph Plots”对话框，如图 11-33 所示。在“[/GRID] Type of grid”下拉列表中选择“X and Y lines”，单击“OK”按钮。

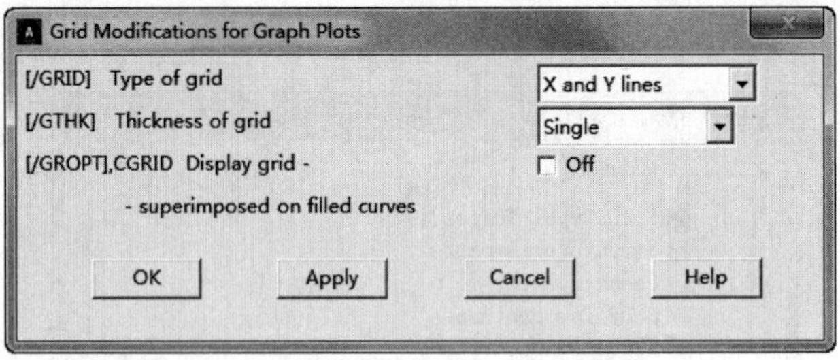

图 11-33 “Grid Modifications for Graph Plots”对话框

❼设置坐标 2：Utility Menu > PlotCtrls > Style > Graphs > Modify Axes，弹出“Axes Modifications for Graph Plots”对话框，如图 11-34 所示。在“[/AXLAB] Y-axis label”文本框中输入“DISP”，单击“OK”按钮。

❽设置坐标 3：Utility Menu > PlotCtrls > Style > Graphs > Modify Curve，弹出“Curve Modifications for Graph Plots”对话框，如图 11-35 所示。在“[/GTHK] Thickness of curves”下拉列表中选择“Double”，单击“OK”按钮。

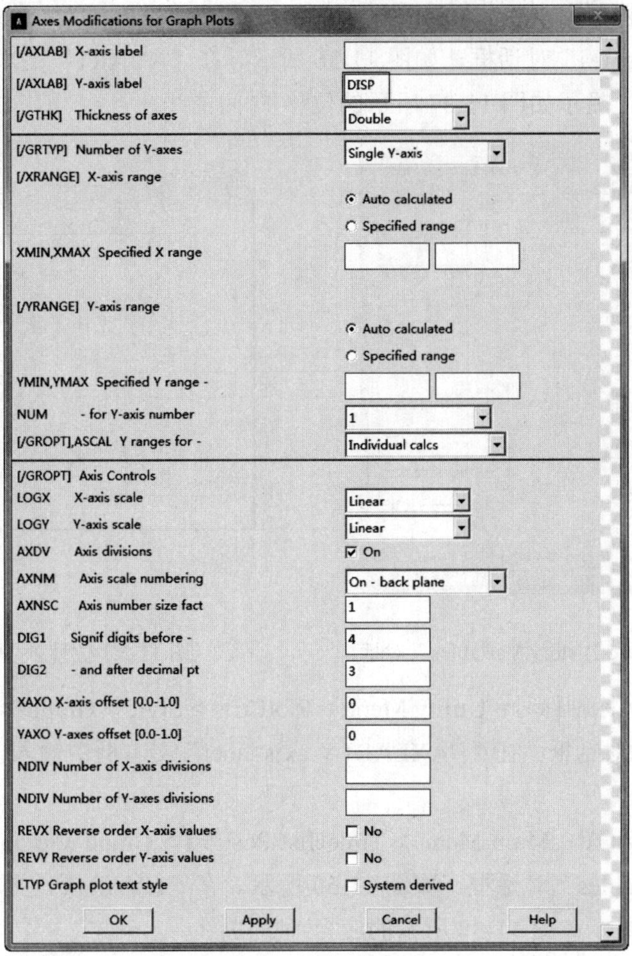

Axes Modifications for Graph Plots

[/AXLAB] X-axis label	
[/AXLAB] Y-axis label	DISP
[/GTHK] Thickness of axes	Double
[/GRTYP] Number of Y-axes	Single Y-axis
[/XRANGE] X-axis range	⊙ Auto calculated ○ Specified range
XMIN,XMAX Specified X range	
[/YRANGE] Y-axis range	⊙ Auto calculated ○ Specified range
YMIN,YMAX Specified Y range -	
NUM - for Y-axis number	1
[/GROPT],ASCAL Y ranges for -	Individual calcs
[/GROPT] Axis Controls	
LOGX X-axis scale	Linear
LOGY Y-axis scale	Linear
AXDV Axis divisions	☑ On
AXNM Axis scale numbering	On - back plane
AXNSC Axis number size fact	1
DIG1 Signif digits before -	4
DIG2 - and after decimal pt	3
XAXO X-axis offset [0.0-1.0]	0
YAXO Y-axes offset [0.0-1.0]	0
NDIV Number of X-axis divisions	
NDIV Number of Y-axes divisions	
REVX Reverse order X-axis values	☐ No
REVY Reverse order Y-axis values	☐ No
LTYP Graph plot text style	☐ System derived

OK Apply Cancel Help

图 11-34 “Axes Modifications for Graph Plots”对话框

Curve Modifications for Graph Plots

[/GTHK] Thickness of curves	Double
[/GROPT],FILL Area under curve	Not filled
[/GROPT],CURL Curve labels	In Legend
[/GCOLUMN] Specify string label	
CURVE number (1-10)	1
LABEL for curve	
[/GMARKER] Specify marker type for curve	
CURVE number (1-10)	1
KEY to define marker type	None
Increment (1-255)	1

OK Apply Cancel Help

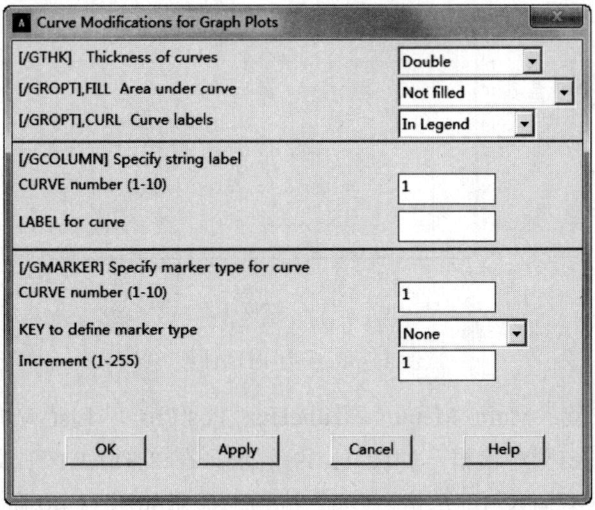

图 11-35 “Curve Modifications for Graph Plots”对话框

❾绘制 UX 变量图：Main Menu > TimeHist PostPro > Graph Variables，弹出“Graph Time-History Variables”对话框，如图 11-36 所示。在“NVAR1”文本框中后面输入 2，单击“OK”按钮，显示如图 11-37 所示的位移-时间曲线。

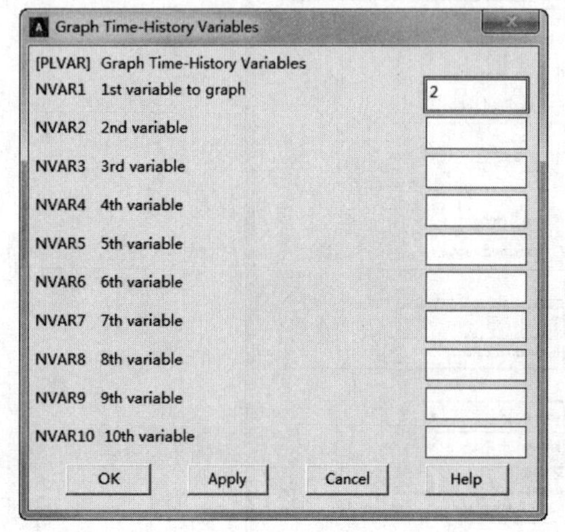

图 11-36 “Graph Time-History Variables”对话框

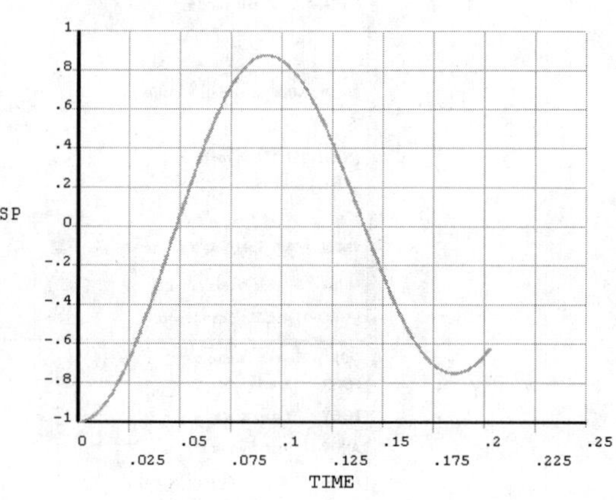

图 11-37 位移-时间图曲线

❿重新设置坐标轴标号：Utility Menu > PlotCtrls > Style > Graphs > Modify Axes，弹出如图 11-34 所示对话框。在“[/AXLAB] Y-axis label”文本框中输入“FORCE”，单击“OK”按钮。

⓫绘制 F1 变量图：Main Menu > TimeHist PostPro > Graph Variables，弹出“Graph Time-History Variables”对话框，如图 11-36 所示。在“NVAR1” 文本框中输入 3，单击“OK”按钮，显示如图 11-38 所示的应力-时间曲线。

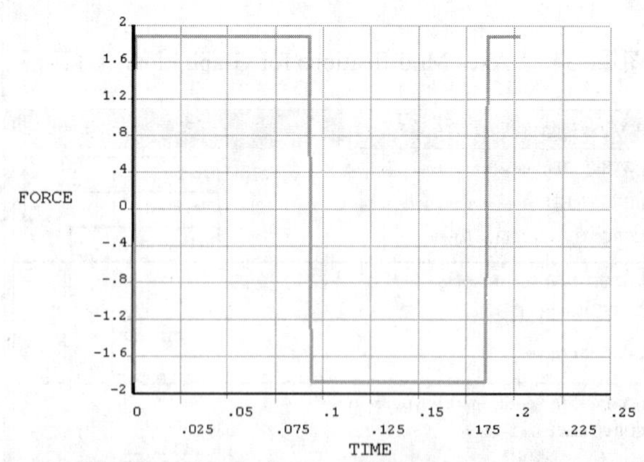

图 11-38 应力-时间曲线

⓬列表显示变量：Main Menu > TimeHist PostPro > List Variables，弹出“List Time-History Variables”对话框，如图 11-39 所示。在“NVAR1” 文本框中输入 2，在“NVAR2” 文本框中输入 3，单击“OK”按钮，显示如图 11-40 所示变量值。

⓭退出 ANSYS：在“ANAYS Toolbar”中单击“Quit”，选择要保存的项后单击“OK”

按钮。

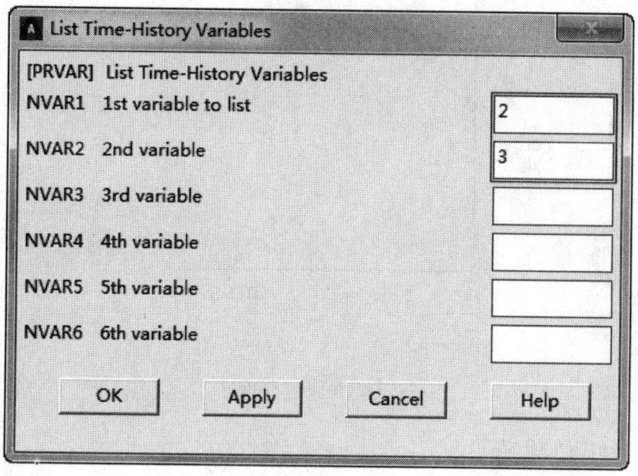

List Time-History Variables

[PRVAR] List Time-History Variables

NVAR1 1st variable to list 2

NVAR2 2nd variable 3

NVAR3 3rd variable

NVAR4 4th variable

NVAR5 5th variable

NVAR6 6th variable

OK Apply Cancel Help

图 11-39 “List Time-History Variables”对话框

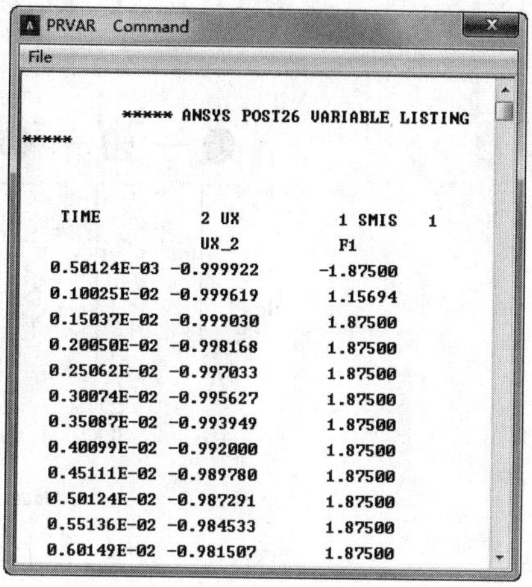

```
PRVAR Command
File

 ***** ANSYS POST26 VARIABLE LISTING *****

 TIME           2 UX          1 SMIS   1
                UX_2          F1
 0.50124E-03 -0.999922     -1.87500
 0.10025E-02 -0.999619      1.15694
 0.15037E-02 -0.999030      1.87500
 0.20050E-02 -0.998168      1.87500
 0.25062E-02 -0.997033      1.87500
 0.30074E-02 -0.995627      1.87500
 0.35087E-02 -0.993949      1.87500
 0.40099E-02 -0.992000      1.87500
 0.45111E-02 -0.989780      1.87500
 0.50124E-02 -0.987291      1.87500
 0.55136E-02 -0.984533      1.87500
 0.60149E-02 -0.981507      1.87500
```

图 11-40 列表显示变量值

11.3.3 命令流方式

略，见随书电子资源。

11.4 实例导航——瞬态动力学分析实例

瞬态动力学分析是确定随时间变化载荷（例如爆炸）作用下结构响应的技术。它的输入数据是作为时间函数的载荷；输出数据是随时间变化的位移和其他的导出量，如应力和应变。

瞬态动力分析可以应用在以下设计中：

◆承受各种冲击载荷的结构，如汽车的门和缓冲器以及建筑框架和悬挂系统等。

◆承受各种随时间变化载荷的结构，如桥梁、地面移动装置和其他机器部件。

◆承受撞击和颠簸的家庭和办公设备，如移动电话、笔记本计算机和真空吸尘器等。

瞬态动力学分析主要考虑的问题如下：

◆运动方程。

◆求解方法。

◆积分时间步长。

本节以 弹簧、质量、阻尼振动系统为例，介绍 ANSYS 瞬态动力学分析过程。

11.4.1 问题描述

如图 11-41 所示，振动系统由 4 个系统组成，在质量块上施加随时间变化的力，试计算振动系统的瞬态响应情况，比较不同阻尼下系统的运动情况，并与理论计算值进行比较，见表 11-5。

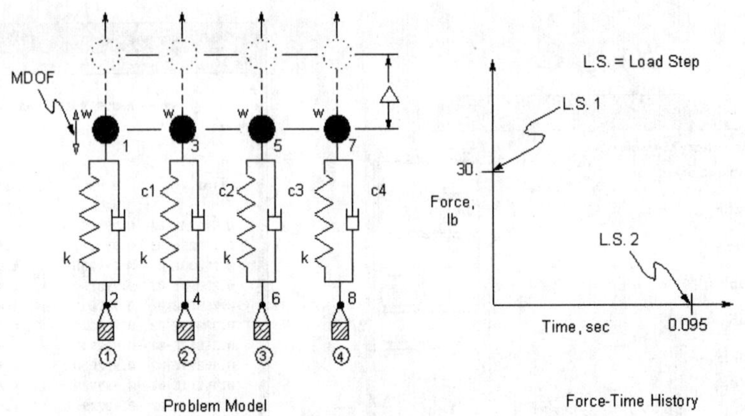

图 11-41 振动系统和载荷

阻尼 1：$\xi = 2.0$；阻尼 2：$\xi = 1.0$（critical）；阻尼 3：$\xi = 0.2$；阻尼 4：$\xi = 0.0$（undamped）；位移：w = 10 lbf；刚度：k = 30 lbf/in；质量：m = w/g = 0.02590673 lbf；位移：$\Delta = 1$ in；重力加速度：g = 386 in/s^2。

表 11-5 不同阻尼下的计算值

t = 0.09 sec	目标栏	ANSYS	比率
u, in（阻尼比= 2.0）	0.47420	0.47637	1.005
u, in（阻尼比= 1.0）	0.18998	0.19245	1.013
u, in（阻尼比= 0.2）	−0.52108	−0.51951	0.997
u, in（阻尼比= 0.0）	−0.99688	−0.99498	0.998

11.4.2 建立模型

01 设定分析作业名和标题。当进行一个新的有限元分析时，通常需要修改数据库名，并在图形输出窗口中定义一个标题来说明当前进行的工作内容。另外，对于不同的分析范畴（结构分析、热分析、流体分析、电磁场分析等），ANSYS 所用的主菜单的内容不尽相同，为此需要在分析开始时选定分析内容的范畴，以便 ANSYS 显示出与其相对应的菜单选项。

❶从实用菜单中选择 Utility Menu：File > Change Jobname，弹出“Change Jobname”对话框，如图 11-42 所示。

❷在“Enter new jobname”文本框中输入“vibrate”，作为本分析实例的数据库文件名。

❸单击“OK”按钮，完成数据库名的修改。

❹从实用菜单中选择 Utility Menu：File > Change Title 命令，弹出“Change Title”对话框，如图 11-43 所示。

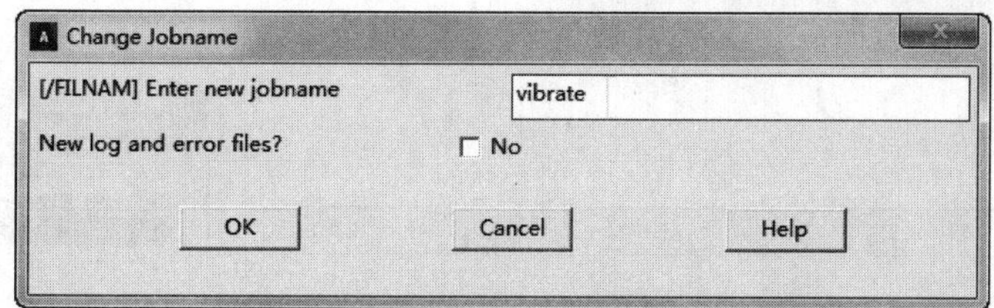

图 11-42 “Change Jobname”对话框

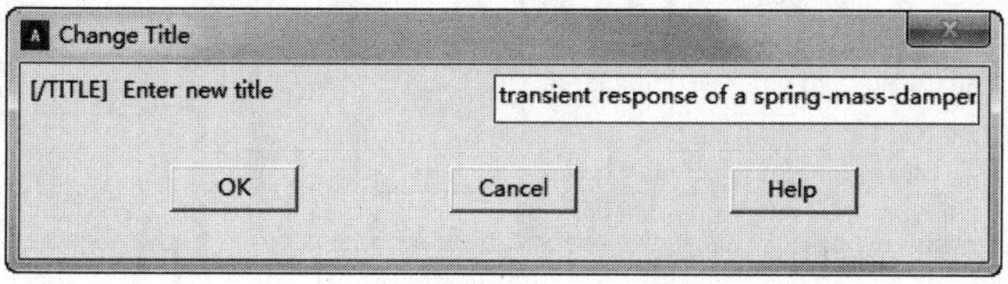

图 11-43 “Change Title”对话框

❺在“Enter new title”文本框中输入“transient response of a spring-mass-damper system”，作为本分析实例的标题名。

❻单击“OK”按钮，完成对标题名的指定。

❼从实用菜单中选择 Utility Menu：Plot > Replot，指定的标题“transient response of a spring-mass-damper system”将显示在图形窗口的左下方角。

❽从主菜单中选择 Main Menu：Preference 命令，弹出“Preference of GUI Filtering”对话框。选择“Structural”复选框，单击“OK”按钮。

02 定义单元类型。当进行有限元分析时，首先应根据分析问题的几何结构、分析类型和所分析的问题精度要求等，选定适合具体分析的单元类型。本实例中选用复合单元 Combination 40。

❶从主菜单中选择 Main Menu：Preprocessor > Element Type > Add/Edit/Delete，弹出“Element Types”对话框。

❷单击“Add”按钮，弹出“Library of Element Types” 对话框，如图 11-44 所示。

❸在左边的列表框中选择“Combination”选项，即复合单元类型。

❹在右边的列表框中选择“Combination 40”选项，即复合单元“Combination 40”。

❺单击“OK”按钮，将添加“Combination 40”单元，并关闭“Library of Element Types”对话框，同时返回第❶步打开的“Element Types”对话框，如图 11-45 所示。

❻单击“Options…”按钮，弹出如图 11-46 所示的“COMBIN 40 element type options”对话框。对“Combination 40”单元进行设置，使其可用于计算模型中的问题。

❼在“Element degree(s) of freedom K3”下拉列表中选择“UY”选项。

❽单击“OK”按钮，关闭该对话框，返回原对话框。

❾单击“Close”按钮，关闭该对话框，结束单元类型的添加。

03 定义实常数。本实例中选用复合单元“Combination 40”，需要设置其实常数。

❶从主菜单中选择 Main Menu：Preprocessor > Real Constants > Add/Edit/Delete，弹出如图 11-47 所示的“Real Constants”对话框。

❷单击“Add”按钮，弹出如图 11-48 所示的“Element Type for Real Constants”

对话框。可以在其中选择欲定义实常数的单元类型。

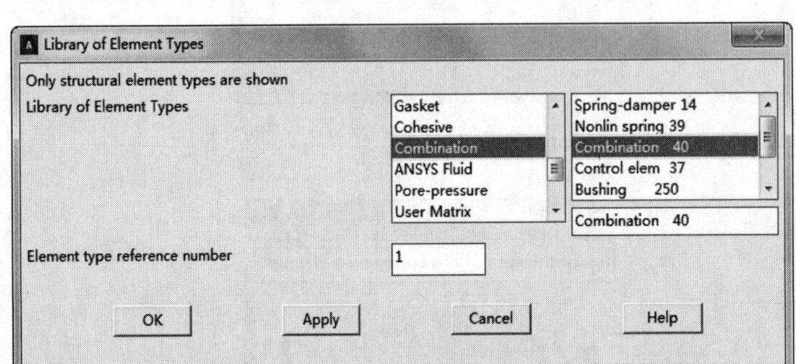

图 11-44 “Library of Element Types”对话框

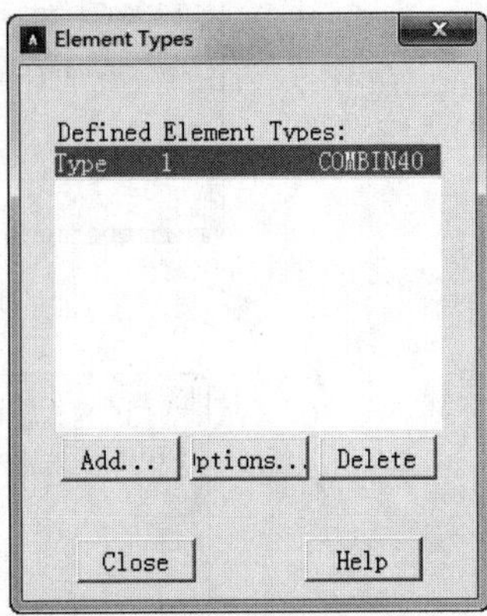

图 11-45 “Element Types”对话框

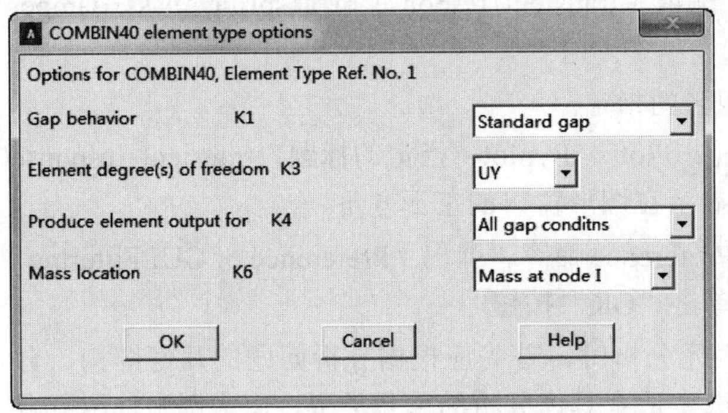

图 11-46 “COMBIN 40 element type options”对话框

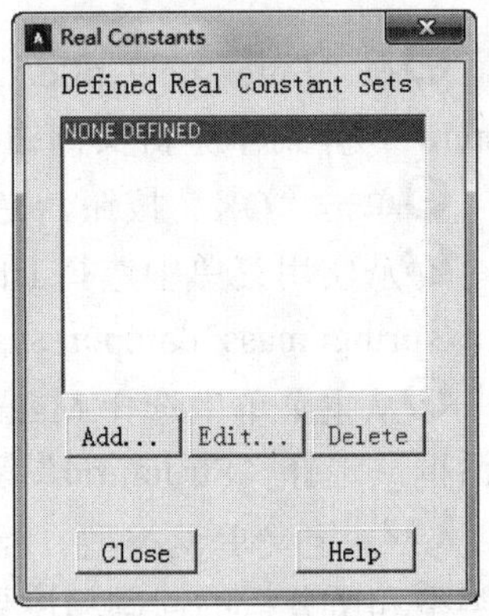

图 11-47 “Real Constants”对话框

❸本实例定义了一种单元类型，在已定义的单元类型列表中选择“Type 1 Combination 40”，将为复合单元“Combination 40”类型定义实常数。

❹单击“OK”按钮，关闭该对话框，弹出“Set Number, for COMBIN40Real Constant Set”对话框，如图 11-49 所示。

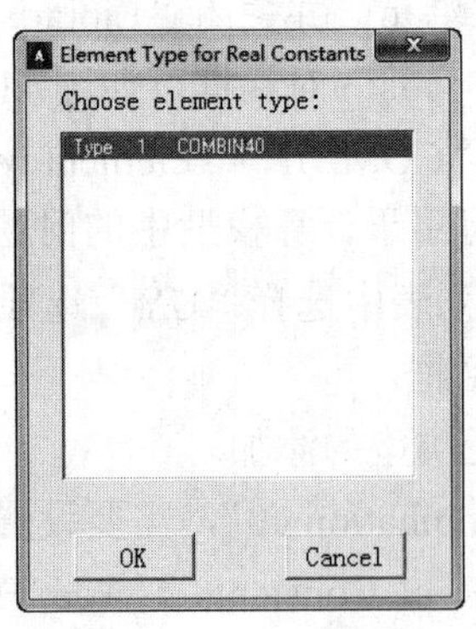

图 11-48“Element Type for Real Constants”对话框

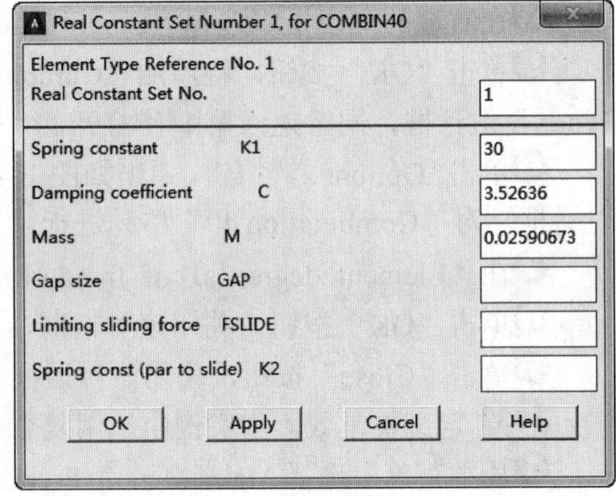

图 11-49“Set Number, for COMBIN40Real Constant Set”对话框

❺在“Real Constant Set No.”文本框中输入 1，设置第一组实常数。

❻在“K1”文本框中输入 30。

❼在“C”文本框中输入 3.52636。

❽在“M”文本框中输入 0.02590673。

❾单击“Apply”按钮，进行第 2、3、4 组的实常数设置。其与第 1 组只在 C（阻尼）处有区别，分别为 1.76318、0.352636、0。

❿单击“OK”按钮，关闭“Real Constant Set Number 4, for COMBIN40”对话框，返回到“Real Constants”对话框，显示已经定义了 4 组实常数，如图 11-50 所示。

⓫单击“Close”按钮，关闭该对话框。

04 定义材料属性。本实例中不涉及应力和应变的计算，采用的单元是复合单元，不用设置材料属性。

05 建立弹簧、质量、阻尼振动系统模型。

❶定义节点 1 和节点 8。

①从主菜单中选择 Main Menu：Preprocessor > Modeling > Create > Nodes > In Active CS，弹出“Create Nodes in Active Coordinate System”对话框，如图 11-51 所示。

②在“Node number”文本框中输入 1， 单击“Apply”按钮。

③在“Node number”文本框中输入 8，单击“OK”按钮。

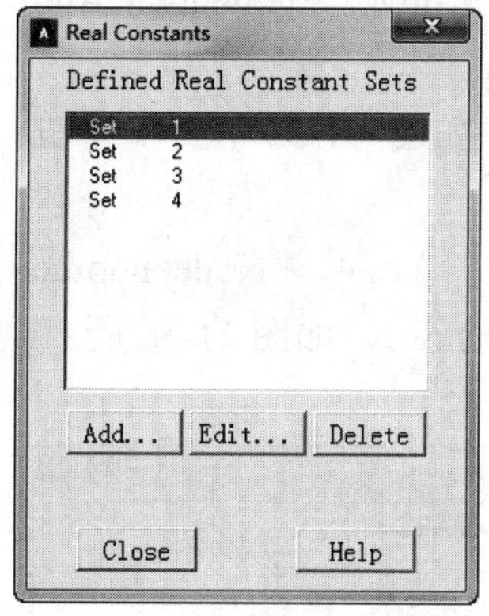

图 11-50 已经定义的实常数

图 11-51 “Create Nodes in Active Coordinate System”对话框

❷定义其他节点 2-7。

①从主菜单中选择 Main Menu： Preprocessor > Modeling > Create > Nodes > Fill between Nds，弹出“Fill between Nds”选择对话框，如图 11-52 所示。

②在文本框中输入 1、8，单击“OK”按钮。

③按图 11-53 所示的“Create Nodes Between 2 Nodes”对话框中单击“OK”按钮。

❸定义一个单元。

①从主菜单中选择 Main Menu：Preprocessor > Modeling > Create > Elements > AutoNumbered > ThruNodes。

②在弹出的对话框的文本框中输入 1、2，用节点 1 和节点 2 创建一个单元，如图 11-54 所示。单击“OK”按钮。

❹创建其他单元。

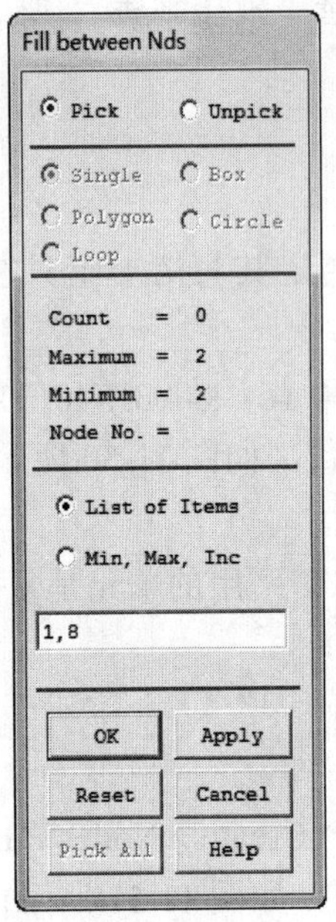

图 11-52 “Fill between Nds”选择对话框

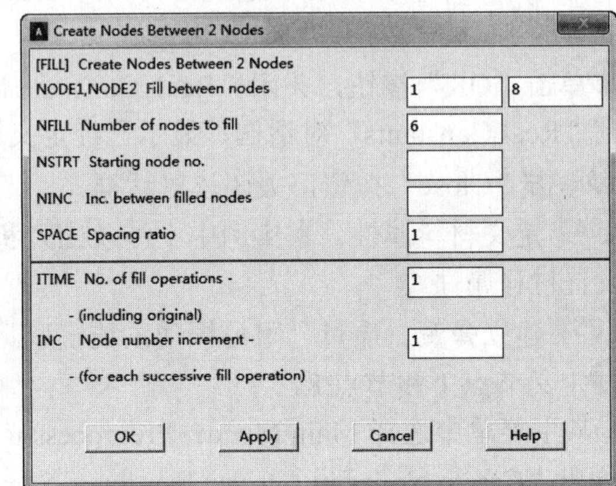

图 11-53 在两个节点之间创建节点

①从主菜单中选择 Main Menu：Preprocessor > Modeling > Copy > Elements > Auto Numbered。

②在弹出的对话框的文本框中输入 1，选择第一个单元，如图 11-55 所示。单击“OK”按钮。

③在弹出的对话框中的“Total number of copies”文本框中输入 4，“Node number increment”文本框中输入 2，“Real constant no. incr”文本框中输入 1，如图 11-56 所示。单击“OK”按钮。

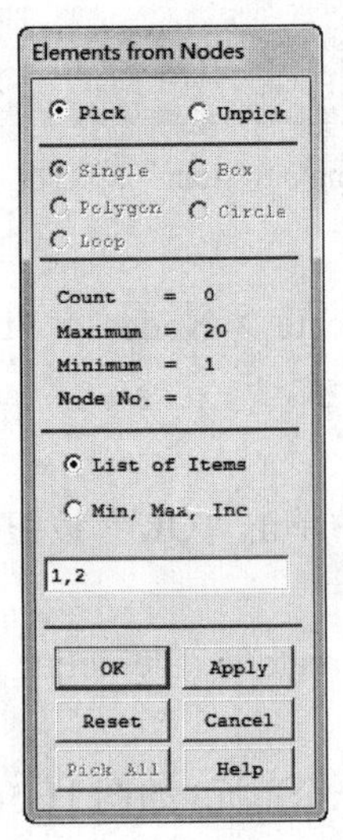

图 11-54 创建一个单元

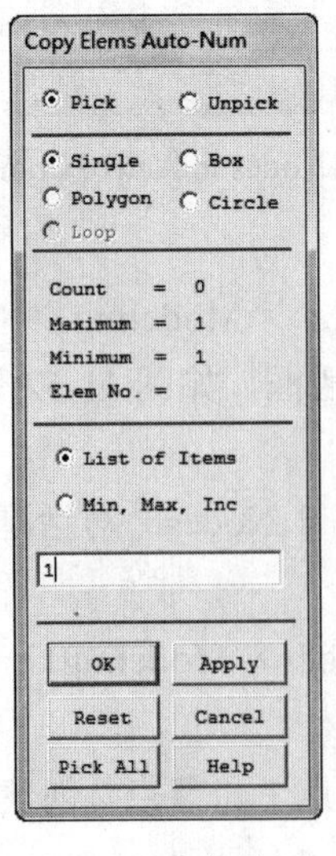

图 11-55 选择单元

Copy Elements (Automatically-Numbered)
[EGEN] Copy Elements (Automatically Numbered)
ITIME Total number of copies - 4
- including original
NINC Node number increment 2
MINC Material no. increment
TINC Elem type no. increment
RINC Real constant no. incr 1
SINC Section ID no. incr
CINC Elem coord sys no. incr
DX (opt) X-offset in active
DY (opt) Y-offset in active
DZ (opt) Z-offset in active
OK Apply Cancel Help

图 11-56 复制单元控制

11.4.3 进行模态分析

在进行瞬态动力学分析中，当建立有限元模型后，一般先要进行模态分析。

01 施加位移约束。

❶从主菜单中选择 Main Menu：Solution > Define Loads > Apply > Structural > Displacement > On Nodes，弹出“Apply U,ROT on Nodes”选择对话框，利用该对话框，可以选择欲施加位移约束的节点。

❷选择“Min, Max, Inc”选项，在文本框中输入“2, 8, 2”，如图 11-57 所示。单击“OK”按钮。

❸弹出“Apply U, ROT on Nodes”对话框，如图 11-58 所示。在“DOFS to be constrained”列表框中选择“UY”（单击一次使其高亮度显示，确保其他选项未被高亮度显示）。单击“OK”按钮。

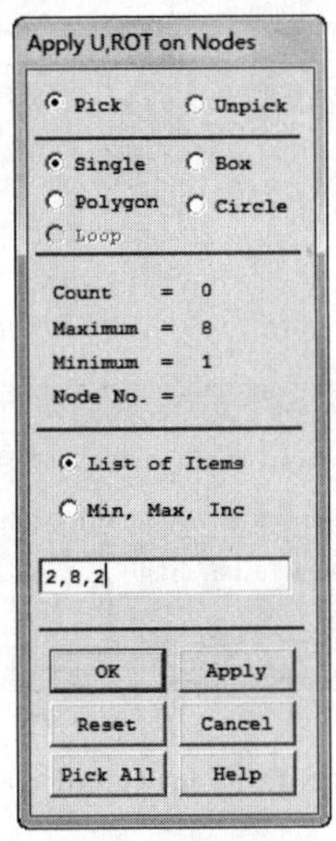

图 11-57 选取节点

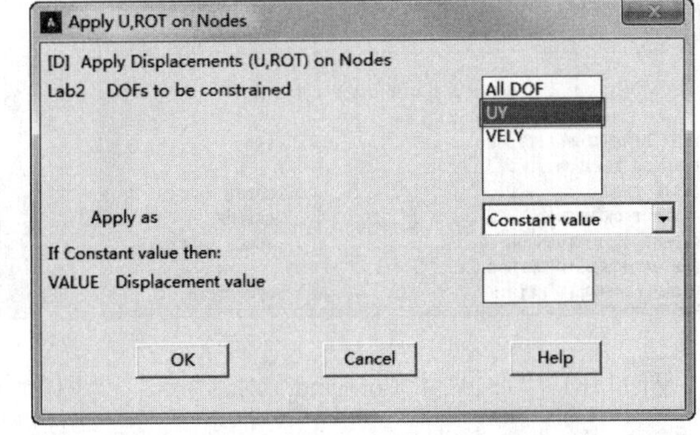

图 11-58 “Apply U, ROT on Nodes”对话框

02 选择分析类型。

❶从主菜单中选择 Main Menu：Solution > Analysis Type > New Analysis，弹出“New Analysis”对话框，如图 11-59 所示。选择“Modal”，然后单击“OK”按钮。

❷设置求解选项。从主菜单中选择 Main Menu：Solution > Analysis Type > Analysis Options，弹出“Modal Analysis”对话框，如图 11-60 所示。在“Mode extraction method”选项组中选择“QR Damped”，在“No. of modes to extract”文本框中输入 4，在“No. of modes to expand”文本框中输入 4，单击“OK”按钮，此时系统弹出“Block Lancaos Method”对话框。采用默认设置，单击“OK”按钮。

❸求解。从主菜单中选择 Main Menu > Solution > Solve > Current LS，弹出“/STATUS Command”对话框和“Solve Current Load Step”对话框，如图 11-61 和图 11-62 所示。浏览“/STATUS Command”对话框中的信息，如果无误，则选择 File > Close 关闭之。单击“Solve Current Load Step”对话框中的“OK”按钮，开始求解。求解完毕后会弹出“Note”对话框，显示“Solution is done”的信息提示，单击“Close”按钮关闭即可。

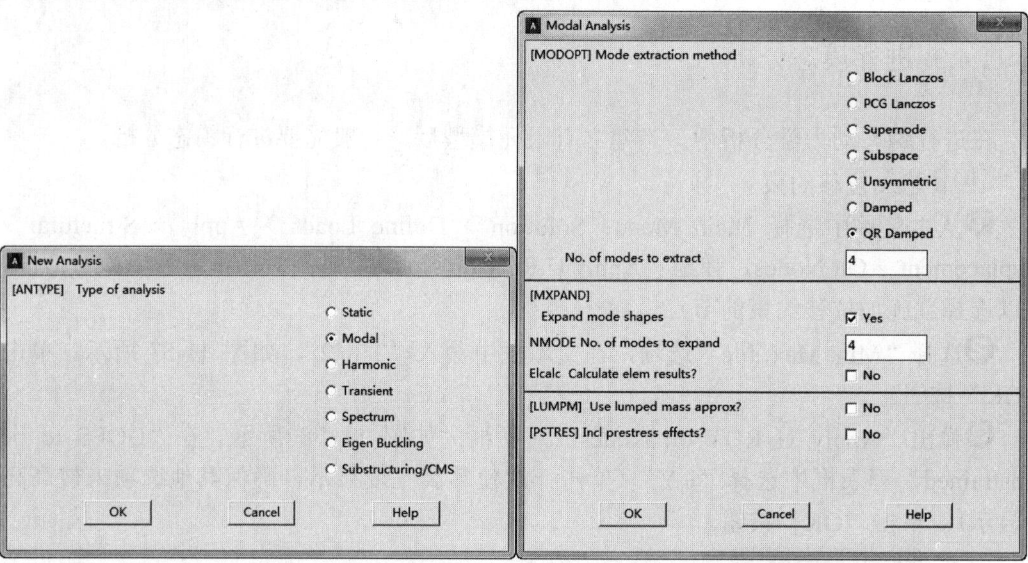

图 11-59 “New Analysis”对话框　　图 11-60 “Modal Analysis”对话框

❹退出求解器。从主菜单中选择 Main Menu > Finish。

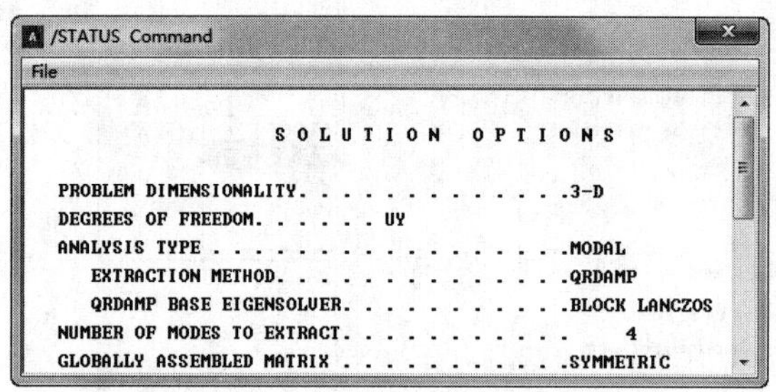

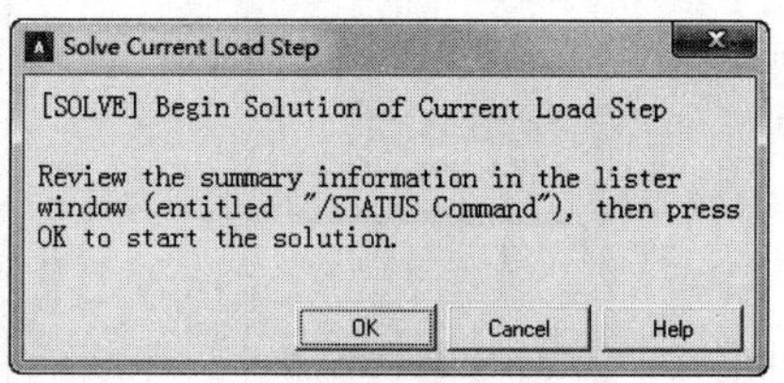

图 11-61 “/STATUS Command”对话框　　图 11-62 “Solve Current Load Step”对话框

11.4.4 进行瞬态动力学分析设置、定义边界条件并求解

01 施加位移约束。

❶从主菜单中选择 Main Menu：Solution > Analysis Type > New Analysis，弹出“New Analysis”对话框，如图 11-63 所示。选择“Transient”，然后单击“OK”按钮。

❷弹出“Transient Analysis”对话框，如图 11-64 所示。在“Solution method”选项组中选择“Mode Superpos'n”选项，单击“OK”按钮。

❸从主菜单中选择 Main Menu：Solution > Analysis Type > Analysis Options，弹出“Mode Sup Transient Analysis”对话框，如图 11-65 所示。在“Maximum mode number”文本框中输入 4，单击“OK”按钮。

02 设置主自由度。

❶从主菜单中选择 Main Menu > Preprocessor > Modeling > CMS > CMS Interface > Define，激活“Min, Max, Inc”选项，在文本框中输入 1、7、2，如图 11-66 所示。单击

"OK"按钮。

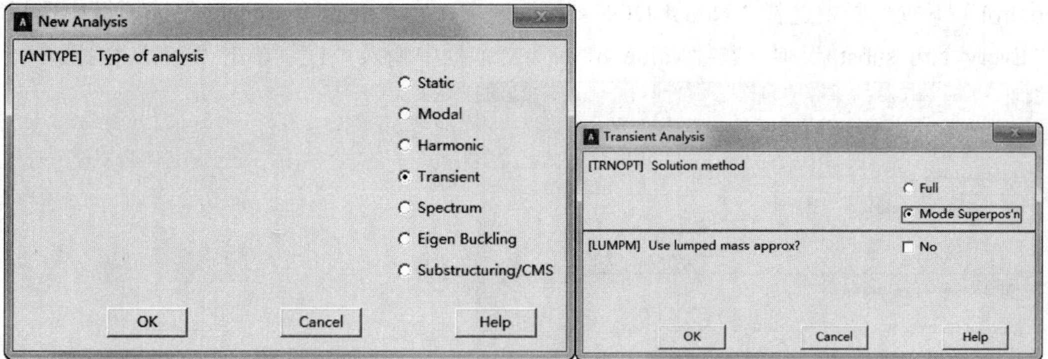

图 11-63 "New Analysis"对话框　　图 11-64 "Transient Analysis"对话框

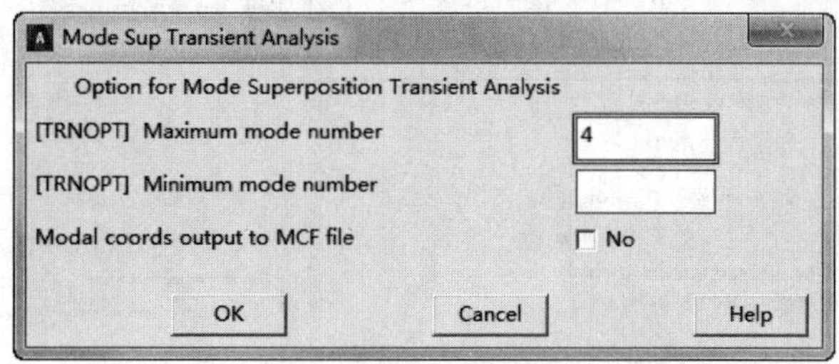

图 11-65 "Mode Sup Transient Analysis"对话框

❷在"1st degree of freedom"下拉列表中选择"UY"，如图 11-67 所示。单击"OK"按钮。

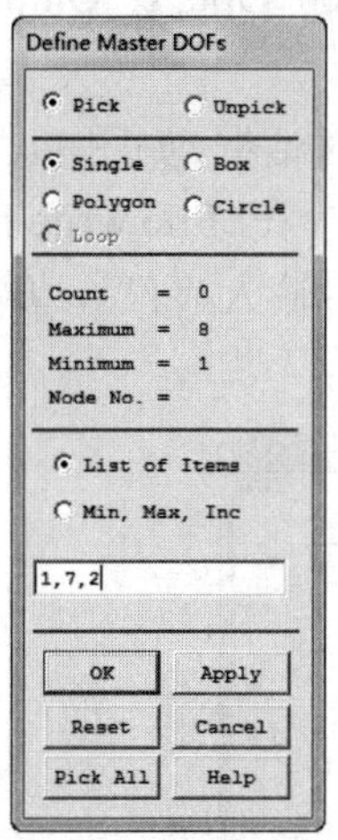

图 11-66 选择节点　　图 11-67 设置主自由度

03 从主菜单中选择 Main Menu：Solution > Load Step Opts > Time/Frequenc > Time-Time Step，弹出"Time and Time Step Options"对话框，如图 11-68 所示。

04 在"Time step size"文本框中输入"1E-3"；在"Stepped or ramped b. c"选项组中选择"Stepped"，单击"OK"按钮。

05 从主菜单中选择 Main Menu：Solution > Load Step Opts > Output Ctrls > Solu Printout。

06 打开“Solution Printout Controls”对话框，如图 11-69 所示。在“Item for printout control”下拉列表中选择“Nodal DOF solu”选项，在“Print frequency”选项组中选择“Every Nth substp”项，在“Value of N”文本框中输入“1”，单击“OK”按钮。

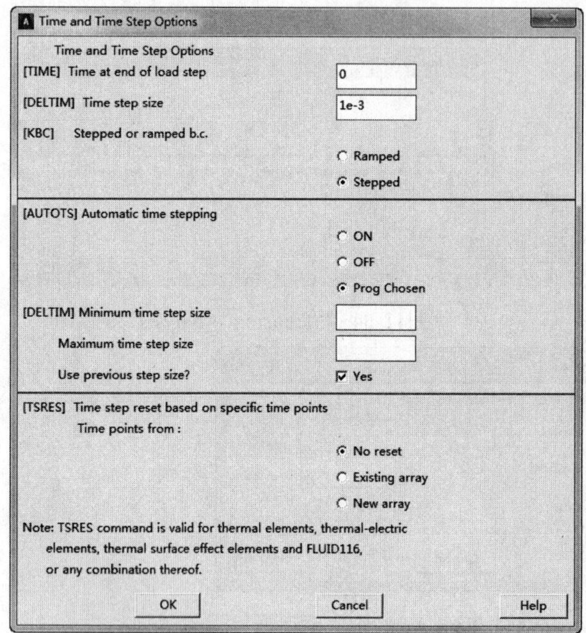

图 11-68 “Time and Time Step Options”窗口

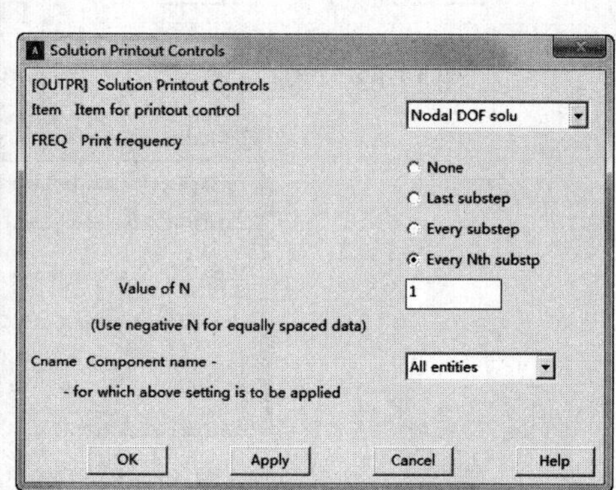

图 11-69 “Solution Printout Controls”窗口

07 从主菜单中选择 Main Menu： Solution > Load Step Opts > Output Ctrls > DB/Results File。

08 弹出“Controls for Database and Results File Writing”对话框，如图 11-70 所示。，在“Item to be controlled”下拉列表中选择“Nodal DOF solu”选项，在“File write frequency”单选框中选择“Every Nth substp”，在“Value of N”文本框中输入“1”，单击“OK”按钮。

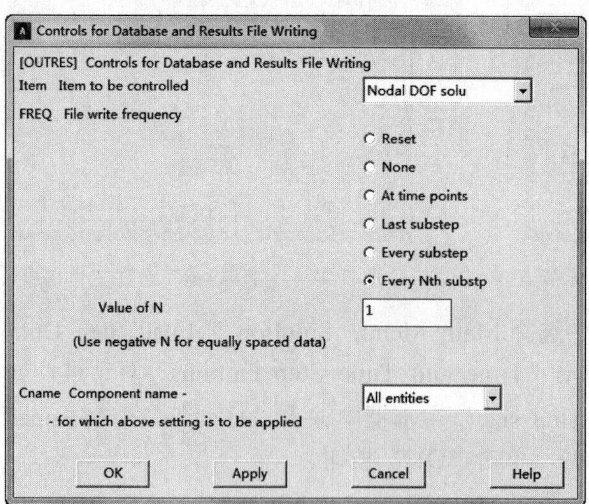

图 11-70 “Controls for Database and Results File Writing”对话框

09 从主菜单中选择 Main Menu：Solution > Define Loads > Apply > Structure > Force/Moment > On Nodes。弹出“Apply F/M on Nodes”选择对话框。

10 选择“Min, Max, Inc”选项，在文本框中输入 1、7、2，如图 11-71 所示。单击“OK”按钮。

11 弹出“Apply F/M on Nodes”对话框。在“Direction of force/mom”下拉列表中选择“FY”，在“Force/moment value”文本框中输入 30，如图 11-72 所示。单击“OK”按钮。

12 从主菜单中选择 Main Menu: Solution > Solve > Current LS 命令，弹出“/STATUS Command”对话框和“Solve Current Load Step”对话框，如图 11-73 所示，可以查看列出的求解选项。

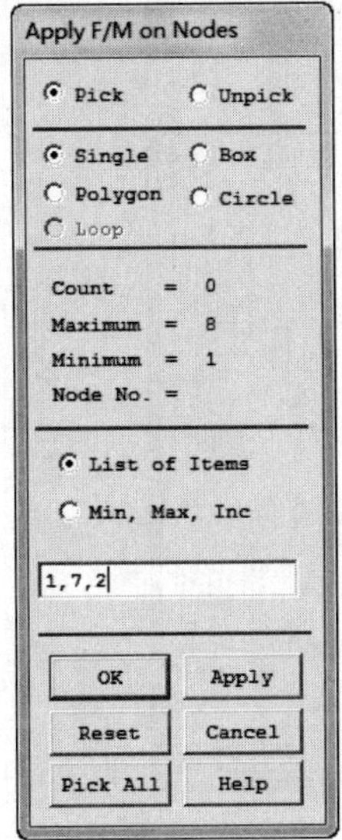

图 11-71 选择节点

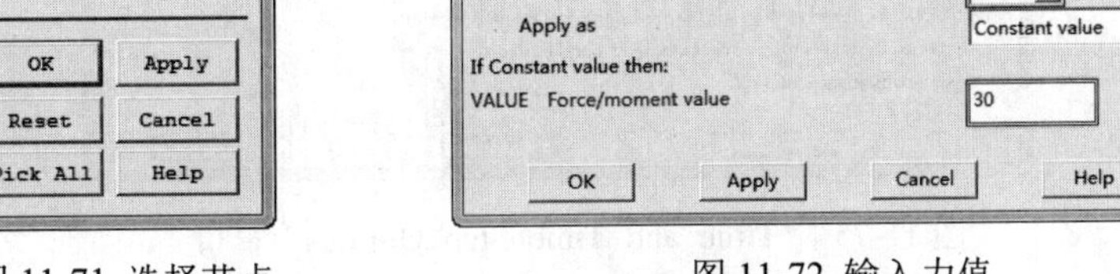

图 11-72 输入力值

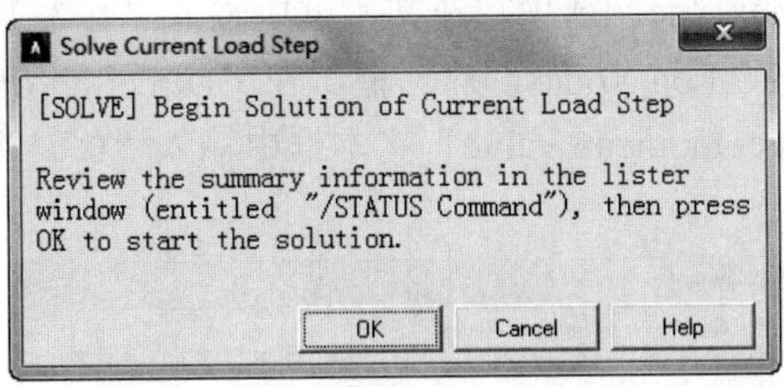

图 11-73 “Solve Current Load Step”对话框

13 确认无误后，单击图 11-73 中的“OK”按钮，开始求解。

14 求解完成后打开如图 11-74 所示的“Note”对话框，提示求解结束。

15 单击“Close”按钮，关闭“Note”对话框。

16 从主菜单中选择 Main Menu：Solution > Load Step Opts > Time/Frequenc > Time - Time Step，弹出“Time and Time Step Options”窗口，如图 11-75 所示。

17 在“Time at end of load step”文本框中输入“95E-3”，单击“OK”按钮。

18 从主菜单中选择 Main Menu：Solution >Define Loads > Apply > Structure >

Force/Moment > On Nodes，弹出“Apply F/M on Nodes”选择对话框。

图 11-74 “Note”对话框

Time and Time Step Options

Time and Time Step Options
[TIME] Time at end of load step 95e-3
[DELTIM] Time step size 0.001
[KBC] Stepped or ramped b.c.
Ramped
Stepped
[AUTOTS] Automatic time stepping
ON
OFF
Prog Chosen
[DELTIM] Minimum time step size
Maximum time step size
Use previous step size? Yes
[TSRES] Time step reset based on specific time points
Time points from :
No reset
Existing array
New array
Note: TSRES command is valid for thermal elements, thermal-electric elements, thermal surface effect elements and FLUID116, or any combination thereof.
OK Cancel Help

图 11-75 “Time and Time Step Options”窗口

19 选择“Min, Max, Inc”选项，在文本框中输入“1, 7, 2”，单击“OK”按钮。

20 弹出“Apply F/M on Nodes”对话框。在“Direction of force/mom”下拉列表中选择“FY”，在“Force/moment value”文本框中输入“0”，单击“OK”按钮，如图 11-76 所示。

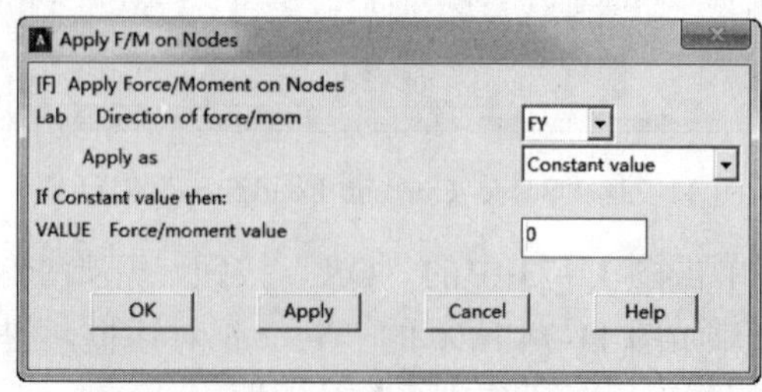

图 11-76 输入力的值

21 从主菜单中选择 Main Menu：Solution > Solve > Current LS 命令。

22 弹出“/STATUS Command”对话框和“Solve Current Load Step”对话框，可以要求查看列出的求解选项。

23 查看列表中的信息确认无误后，单击“Solve Current Load Step”对话框中的“OK”按钮，开始求解。

24 求解完成后，弹出“Note”对话框，提示求解结束，单击“Close”按钮，关闭“Note”对话框。

11.4.5 后处理

01 利用 POST26 观察结果(节点 1、3、5、7 的位移时间历程结果)。

❶从主菜单中选择 Main Menu：TimeHist Postpro，弹出“Time-History Variables”对话框，如图 11-77 所示。

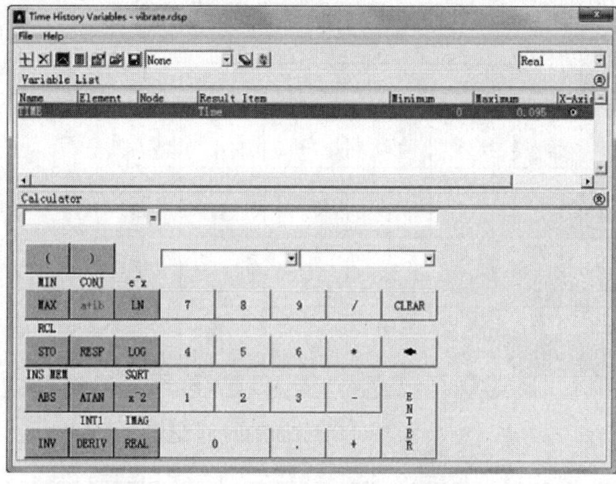

图 11-77 “Time-History Variables”对话框

❷单击对话框左上方的“Add Data”按钮，弹出“Add Time-History Variable”对话框，如图 11-78 所示。

❸选择 Nodal Solution > DOF Solution > Y-component of displacement，单击“OK”按钮，弹出“Nodal for Data”选择对话框，如图 11-79 所示。

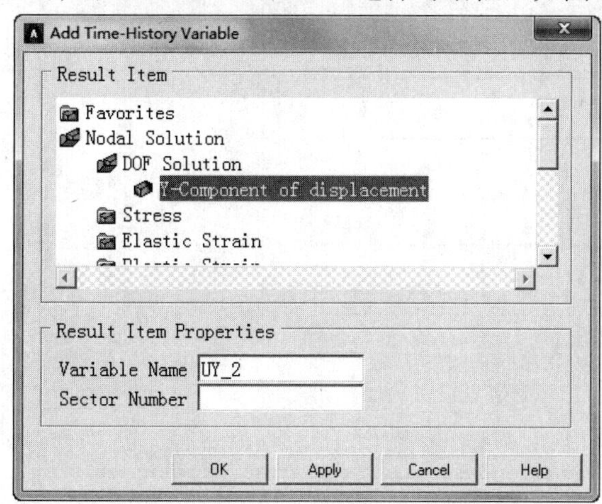

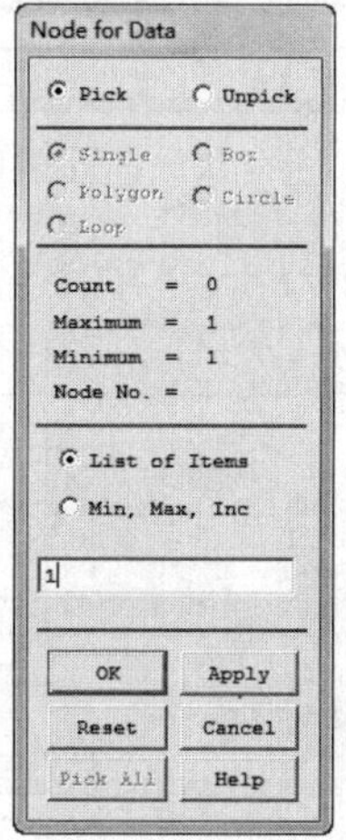

图 11-78 “Add Time-History Variable”对话框　图 11-79 “Nodal for Data”选择对话框

❹在文本框中输入 1，选择节点 1 单击“OK”按钮。

❺用同样的方法选择节点 3、5、7，如图 11-80 所示。

❻在列表框中选择添加的所有变量，如图 11-81 所示。

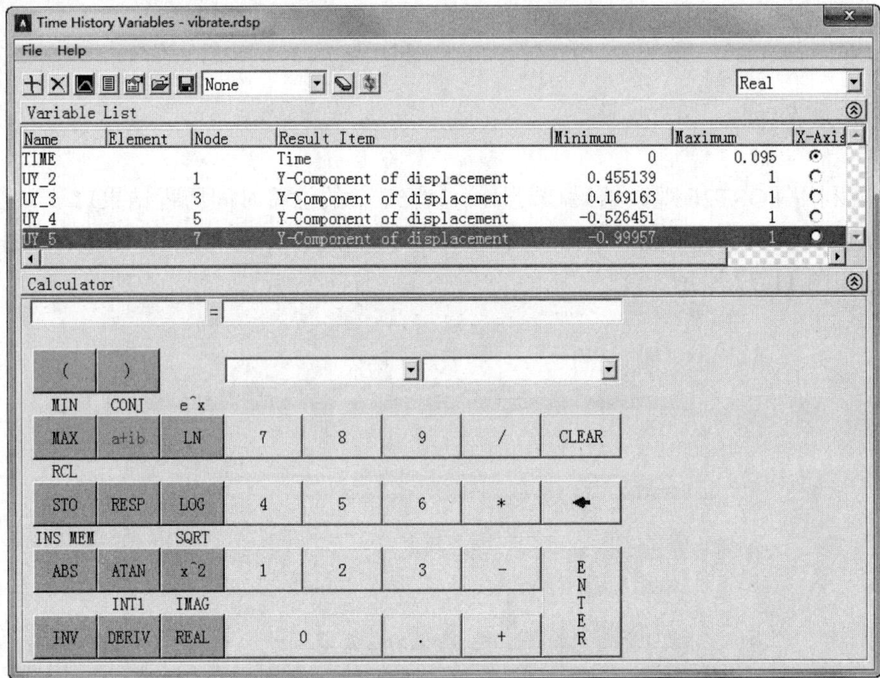

图 11-80 添加的时间变量

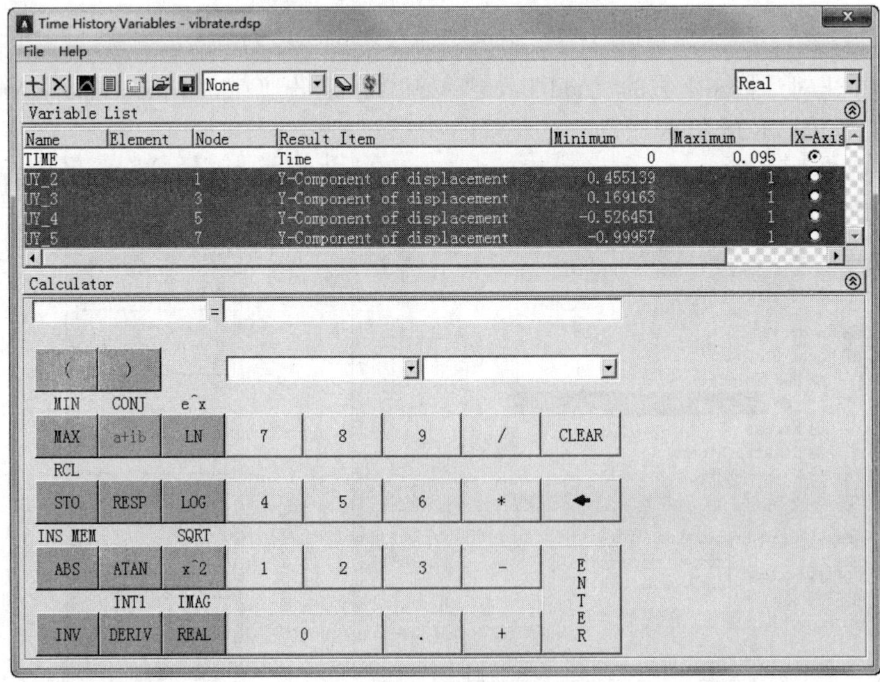

图 11-81 选择变量

❼单击图11-81左上方的按钮，在图形窗口中就会出现该变量随时间的变化曲线，如图11-82所示。

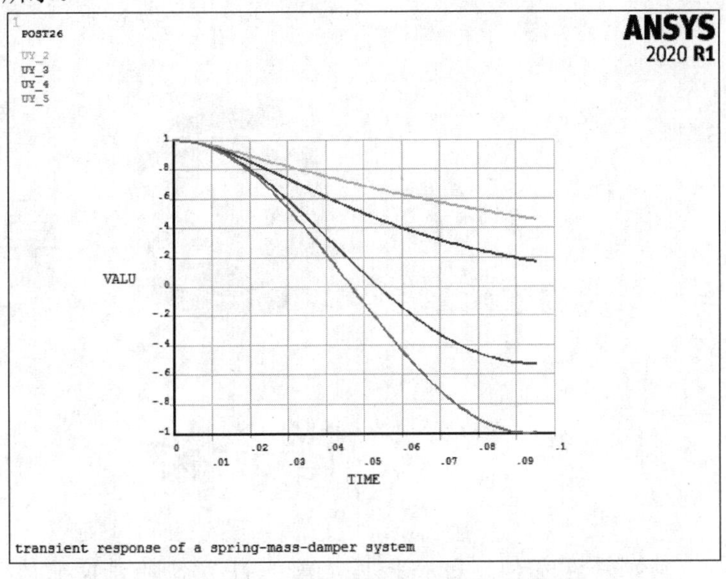

图 11-82 变量随时间的变化曲线

02 利用POST26观察结果（列表显示）。在图11-81所示的对话框中单击按钮，将会列表显示变量与时间的值，如图11-83所示。

PRVAR Command

File

***** ANSYS POST26 VARIABLE LISTING *****

TIME	1 UY UY_2	3 UY UY_3	5 UY UY_4	7 UY UY_5
0.0000	1.00000	1.00000	1.00000	1.00000
0.10000E-02	0.999726	0.999717	0.999710	0.999708
0.20000E-02	0.998673	0.998611	0.998558	0.998545
0.30000E-02	0.996672	0.996461	0.996275	0.996225
0.40000E-02	0.993846	0.993336	0.992876	0.992753
0.50000E-02	0.990303	0.989305	0.988382	0.988132
0.60000E-02	0.986139	0.984433	0.982813	0.982366
0.70000E-02	0.981437	0.978779	0.976188	0.975463
0.80000E-02	0.976270	0.972401	0.968531	0.967431
0.90000E-02	0.970704	0.965355	0.959864	0.958280
0.10000E-01	0.964795	0.957691	0.950210	0.948018
0.11000E-01	0.958593	0.949460	0.939595	0.936660
0.12000E-01	0.952143	0.940708	0.928042	0.924217
0.13000E-01	0.945482	0.931479	0.915579	0.910704

图 11-83 列表显示变量与时间的值

11.4.5 命令流方式

略，见随书电子资源。

第12章

谱分析

谱分析是模态分析的扩展，用于计算结构对地震及其他随机激励的响应。本章介绍了 ANSYS 谱分析的基本步骤，讲解了其中各种参数的设置方法与功能，最后通过支撑平板的动力效果分析实例对 ANSYS 谱分析进行了具体演示。

通过本章的学习，可以完整深入地掌握 ANSYS 谱分析的各种功能和应用方法。

- 谱分析概述
- 谱分析的基本步骤
- 支撑平板的动力效果分析

12.1 谱分析概述

谱是指频率与谱值的曲线，用于表征时间历程载荷的频率和强度特征。谱分析包括：

1）响应谱分析。单点响应谱分析（SPRS）和多点响应谱分析（MPRS）。

2）动力设计分析方法（DDAM）。

3）功率谱密度（PSD）。

12.1.1 响应谱分析

响应谱分析表示单自由度系统对时间历程载荷的响应，它是响应与频率的曲线，这里的响应可以是位移、速度、加速度或力。响应谱分析分为如下两种。

1．单点响应谱（SPRS）

在单点响应谱分析（SPRS）中，只可以给节点指定一种谱曲线（或者一族谱曲线），例如在支撑处指定一种谱曲线，如图 12-1a 所示。

2．多点响应谱（MPRS）

在多点响应谱分析（MPRS）中可在不同节点处指定不同的谱曲线，如图 12-1b 所示。

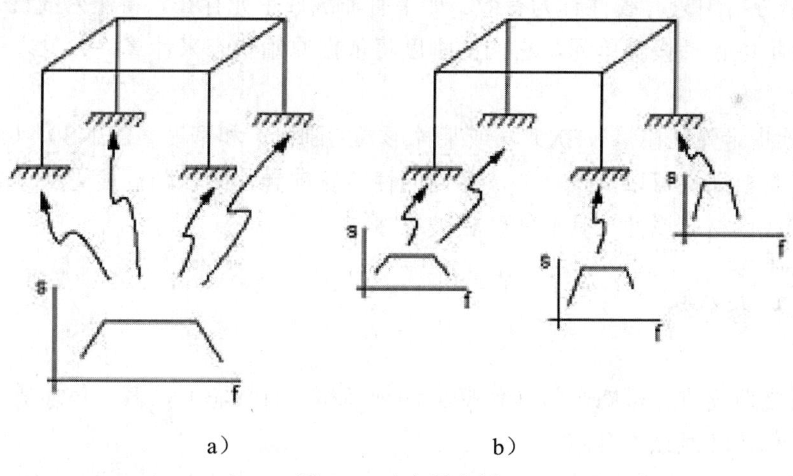

a）　　　　b）

图 12-1 响应谱分析

S—谱值　f—频率

12.1.2 动力设计分析方法（DDAM）

动力设计分析方法是一种用于分析船船舶装备抗震性的技术，也是一种响应谱分析，其谱曲线是根据一系列经验公式和美国海军研究实验报告（NRL-1396）所提供的抗震设计表格得到的。

12.1.3 功率谱密度（PSD）

功率谱密度是针对随机变量在均方意义上的统计方法，用于随机振动分析，此时，响应的瞬态数值只能用概率函数来表示，其数值的概率对应一个精确值。

功率密度函数是功率谱密度值与频率的曲线，这里的功率谱可以是位移功率谱、速度功率谱、加速度功率谱，也可以是力功率谱。从数学意义上来说，功率谱密度与频率所围成的面积就等于方差。与响应谱分析类似，随机振动分析也可以是单点或多点。对于单点随机振动分析，在模型的一组节点处指定一种功率谱密度；对于多点随机振动分析，可以在模型不同节点处指定不同的功率谱密度。

12.2 谱分析的基本步骤

12.2.1 前处理

该步骤与普通结构静力分析一样，但需注意以下两点：

1）在谱分析中只有线性行为有效。如果有非线性单元存在，将作为线性来考虑。例如，如果分析中包括接触单元，它们的刚度将依据原始状态来计算，并且之后就不再改变。

2）必须指定弹性模量（EX）（或某种形式的刚度）和密度（DENS）（或某种形式的质量）。材料属性可以是线性的，各向同性或各向异性的，与温度无关或者有关。如果定义了非线性材料属性，其非线性将被忽略。

12.2.2 模态分析

谱分析之前需进行模态分析（包括自振频率和固有模态），其具体步骤可参考模态分析章节，但需注意以下几点：

1）提取模态可以用兰索斯方法（Block Lanczos）、自空间法或者减缩方法，其他的方法诸如非对称法、阻尼法、QR 阻尼法和 PowerDynamics 法不能用于后来的谱分析。

2）提取的模态阶数必须足够，描述所关心频率范围内的结构响应特性。

3）如果希望用一个单独的步骤来扩展模态，当使用 GUI 分析时，在弹出的对话框中要选择不扩展模态[MODOPT]（参考命令“”MXPAND 的变量“”SIGNIF）。否则，在模态分析时就选择扩展模态。

4）如果谱分析中包括与材料相关的阻尼，必须在模态分析时指定。

5）确定约束住打算施加激励谱的自由度。

6）在求解结束后，需明确地退出求解器[FINISH]。

12.2.3 谱分析

从模态分析得到的模态文件和全部文件（jobname.MODE, jobname.FULL）必须存在且有效，数据库中必须包含相同的结构模型。

1. 进入求解器

命令：/SOLU。

GUI：Main Menu > Solution。

2. 定义分析类型和选项

ANSYS 程序为谱分析提供了表 12-1 所列的分析类型和选项。注意，并不是所有模态分析选项和特征值提取方法都可用于谱分析。

表 12-1 分析类型和选项

选项	命令	GUI 路径
New Analysis	ANTYPE	Main Menu > Solution > Analysis Type > New Analysis
Analysis Type: Spectrum	ANTYPE	Main Menu > Solution > Analysis Type > New Analysis > Spectrum
Spectrum Type: SPRS	SPOPT	Main Menu > Solution > Analysis Type > Analysis Options
Number of modes to Extract	SPOPT	Main Menu > Solution > Analysis Type > Analysis Options

1）New Analysis [ANTYPE]：用于创建新的分析。

2）Analysis Type：Spectrum [ANTYPE]：用此选项指定分析类型为谱分析。

3）Spectrum Type [SPOPT]：可供选择的谱分析类型，对应于图 12-2 中的“Type of spectrum”选项组，主要有“Single-p Resp”(SPRS)（单点响应谱），“Multi-pt response”（MPRS）（多点响应谱），“D.D.A.M”（动力设计分析）和“P.S.D”（功率谱密度）。这其实就是选择谱分析的方法，针对不同的谱分析方法，其载荷步选项也不相同。

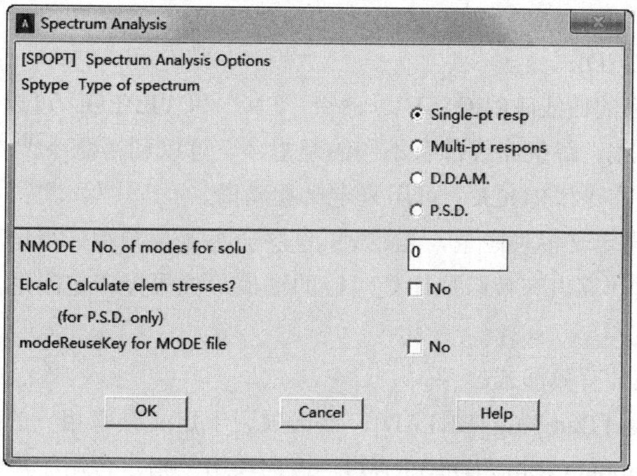

Spectrum Analysis
[SPOPT] Spectrum Analysis Options
Sptype Type of spectrum
Single-pt resp
Multi-pt respons
D.D.A.M.
P.S.D.
NMODE No. of modes for solu
0
Elcalc Calculate elem stresses?
(for P.S.D. only)
No
modeReuseKey for MODE file
No
OK
Cancel
Help

图 12-2 “Type of spectrum”选项组

4）Number of modes to Extract [SPOPT]：提取足够的模态阶数，以覆盖谱分析所跨越的频率范围，这样才可以描述结构的响应特征。求解的精度依赖于模态的提取阶数：提取阶数越多，求解精度越高。该选项对应于图 12-2 中的“No. of modes for solu”。如果希望计算相对应力，在命令“SPOPT”中选择“YES”，对应于图 12-2 中的“Calculate elem stresses”。

3．指定载荷步选项

表 12-2 列出了单点响应谱分析有效的载荷步选项。

表 12-2 用于单点响应谱分析有效的载荷步选项

选项	命令	GUI 路径
谱分析选项		
响应谱的类型	SVTYP	Main Menu > Solution > Load Step Opts > Spectrum > Single Point > Settings
直接激励	SED	Main Menu > Solution > Load Step Opts > Spectrum > Single Point > Settings
谱值与频率的曲线	FREQ, SV	Main Menu > Solution > Load Step Opts > Spectrum > Single Point > Freq Table or Spectr Values
阻尼（动力学选项）		
刚度阻尼	BETAD	Main Menu > Solution > Load Step Opts > Time/Frequenc > Damping
阻尼比常数	DMPRAT	Main Menu > Solution > Load Step Opts > Time/Frequenc > Damping
模态阻尼	MDAMP	Main Menu > Solution > Load Step Opts > Time/Frequenc > Damping

1）响应谱的类型[SVTYP]。如图 12-3 所示，单点响应谱的类型（Type of response spectr）可以是位移谱、速度谱、加速度谱、力谱或功率谱、密度谱。除了力谱之外，其余都可以表示地震谱，即它们都假定作用于基础上（即约束处）。力谱作用于没有约束的节点，可以利用命令“F”或“FK”来施加，其方向分别用 FX、FY、FZ 表示。功率谱密度谱[SVTYP，4]在内部被转化为位移谱，并且限定为平面窄带谱，详情可以参考 ANSYS 帮助文档。

2）直接激励[SED]。

3）谱值与频率的曲线[FREQ, SV]。命令“SV”和“FREQ”可以用来定义谱曲线。可以定义一族谱曲线，每条曲线都有不同的阻尼率，可以利用命令“STAT”来列表显示谱曲线值。另一条命令“ROCK”可用来定义摆动谱。

4）阻尼。如果定义多种阻尼，ANSYS 程序会对每种频率计算出有效的阻尼比，然后对谱曲线取对数计算出有效阻尼比处对应的谱值。如果没指定阻尼，程序会自动选择阻尼最低的谱曲线。

阻尼有如下几种有效形式：

- Beta (stiffness) Damping [BETAD]。该选项用于定义频率相关的阻尼比。
- Constant Damping Ratio [DMPRAT]。该选项用于指定可用于所有频率的阻尼比常数。

● Modal Damping [MDAMP]。

注意 材料相关阻尼比[MP, DAMP]也是有效，但必须在模态分析步骤中指定。命令“MP, DAMP”还可以指定材料相关阻尼比常数，但不能指定用于其他分析中的材料相关刚度阻尼。

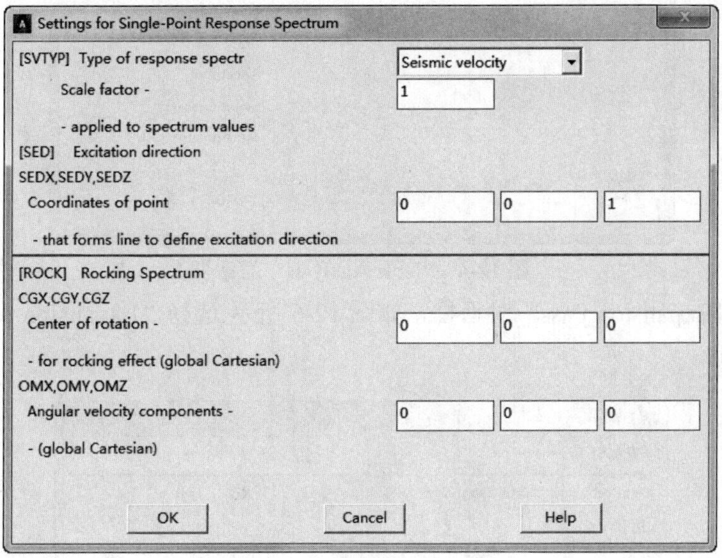

Settings for Single-Point Response Spectrum
[SVTYP] Type of response spectr — Seismic velocity
Scale factor - — 1
- applied to spectrum values
[SED] Excitation direction
SEDX,SEDY,SEDZ
Coordinates of point — 0 0 1
- that forms line to define excitation direction
[ROCK] Rocking Spectrum
CGX,CGY,CGZ
Center of rotation - — 0 0 0
- for rocking effect (global Cartesian)
OMX,OMY,OMZ
Angular velocity components - — 0 0 0
- (global Cartesian)
OK Cancel Help

图 12-3 单点响应谱类型

4．开始求解

命令：SOLVE。

GUI：Main Menu > Solution > Solve > Current LS。

求解输出结果中包括参与因子表。该表作为打印输出的一部分，列出了参与因子、模态系数（基于最小阻尼比）及每阶模态的质量分布。用振型乘以模态系数就可以得到每阶模态的最大响应（模态响应）。利用命令“*GET”可以重新得到模态系数，在命令“SET”里可以将它作为一个比例因子。

如果还有其他的响应谱，重复步骤 2、3，注意，此时的求解不会写入“file.rst”文件。

5．退出求解器

命令：FINISH。

GUI：Mainmenu>Finish。

12.2.4 扩展模态

命令：MXPAND。

GUI：Main Menu > Solution > Analysis Type > New Analysis > Modal。

Main Menu > Solution > Analysis Type > Expansion Pass。

Main Menu > Solution > Load Step Opts > Expansion Pass > Expand Modes。

1）弹出“New Analysis”对话框，如图 12-4 所示。选择“Modal”选项，单击“OK”按钮

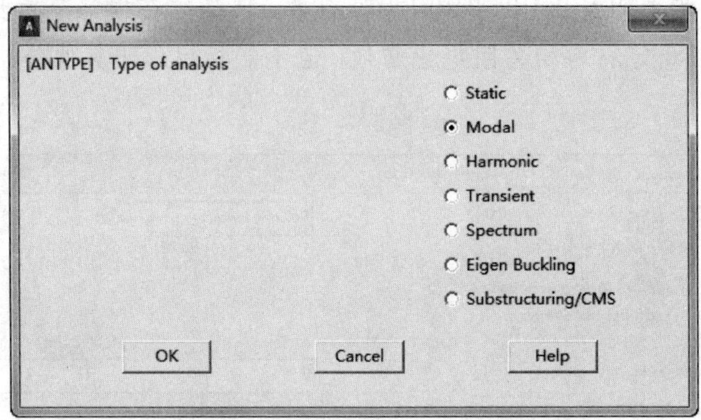

图 12-4 “New Analysis”对话框

2）弹出“Expansion Pass”对话框，如图 12-5 所示.选择“Expansion pass”选项，单击“OK”按钮。

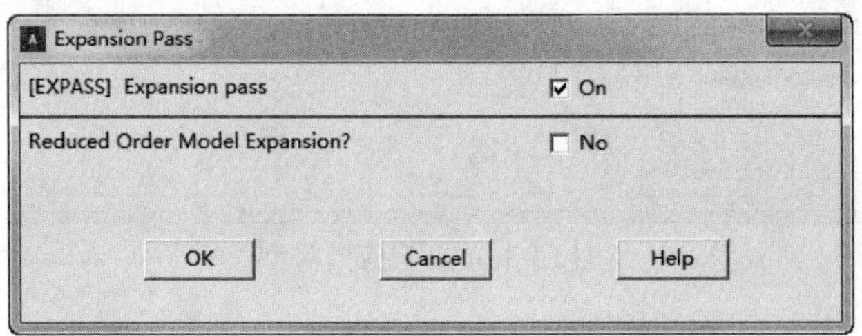

图 12-5 “Expansion Pass”对话框

3）弹出“Expand Modes”对话框，如图 12-6 所示。在相应文本框中输入想要跨展的模态或频率范围，如果希望计算应力，选择“Elcalc”选项，单击“OK”按钮。

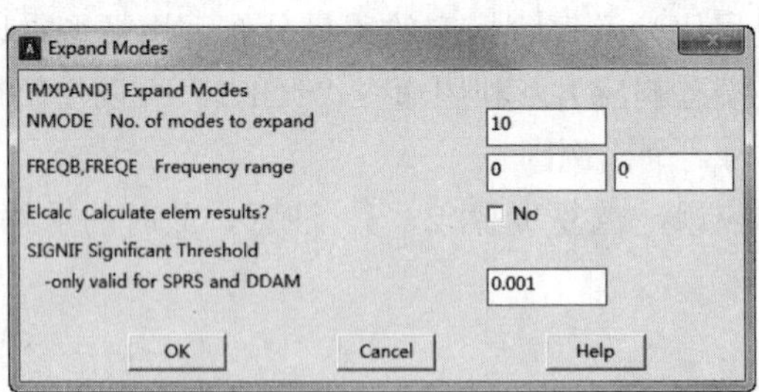

图 12-6 “Expand Modes”对话框

不论模态分析时采用何种模态提取方法（兰索斯方法、子空间方法或者减缩方法），都需要扩展模态。前面已经讲过模态扩展的具体方法和步骤，但要记住以下两点：

1）只有有意义的模态才能被有选择地扩展。如果采用命令方法，可以选择命令“MSPAND”的“SIGNIF”选项；如果采用 GUI 路径，在模态分析步骤中的“Expansion Pass”对话框（见图 12-5）中选择“No”，然后就可以在谱分析结束后用一个单独的步骤来扩展模态。

2）只有扩展后的模态才能进行合并模态操作。

另外，如果希望扩展所有模态，可以在模态分析步骤中就选择扩展模态。但如果希望只是有选择地扩展模态（只扩展对求解有意义的模态），则必须在谱分析结束后用单独的模态扩展步骤来完成。

只有扩展后的模态才会写入结果文件（Jobname.RST）中。

12.2.5 合并模态

合并模态作为一个单独的过程，其步骤如下。

1．进入求解器

命令：/SOLU

GUI：Main Menu > Solution

2．定义求解类型

命令：ANTYPE

GUI：Main Menu > Solution > Analysis Type > New Analysis

● 选项：New Analysis [ANTYPE]。

选择 New Analysis。

● 选项：Analysis Type：Spectrum [ANTYPE]

3．选择一种合并模态方式

ANSYS 程序提供了 5 种合并模态方式，分别是：

● Square Root of Sum of Squares (SRSS)。

● Complete Quadratic Combination (CQC)。

● Double Sum (DSUM)。

● Grouping (GRP)。

● Naval Research Laboratory Sum (NRLSUM)。

其中，NRLSUM 方式专门用于动力设计分析方法，可采用如下方法激活合并模态方法：

命令：SRSS, CQC, DSUM, GRP, NRLSUM。

GUI：Main Menu > Solution > Analysis Type > New Analysis > Spectrum。

Main Menu > Solution > Analysis Type > Analysis Opts > Single-pt resp。

Main Menu > Load Step Opts > Spectrum > Single Point > Mode Combine > CQC Method。

弹出“CQC Mode Combination”对话框，如图 12-7 所示。

ANSYS 允许计算 3 种不同响应类型的合并模态，对应于图 12-7 中“LABEL”的下拉列表。

1）位移（label = DISP）。位移响应包括位移、应力、力等。

2）速度（label = VELO）。速度响应包括：速度、应力速度、集中力速度等。

3）加速度（label = ACEL）。加速度响应包括角加速度、应力加速度、集中力加速度等。

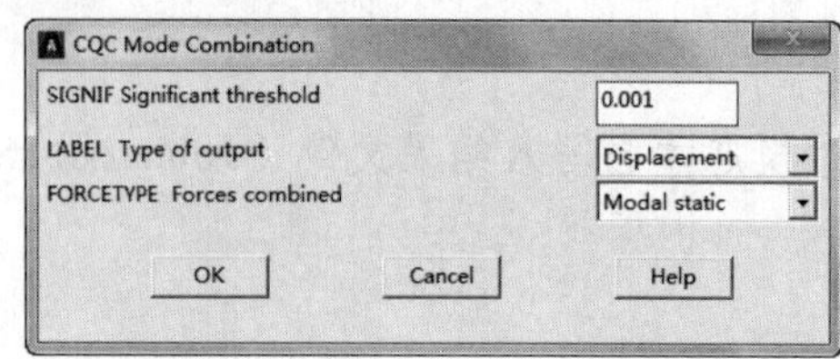

图 12-7 “CQC Mode Combination”对话框

当分析地震波和冲击波时，DSUM 方式还允许输入时间。

注意 如果要选用 CQC 方式，则必须指定阻尼。另外，如果使用材料相关阻尼[MP, DAMP, ...]，在模态扩展时就必须计算应力（在命令“MXPAND”中设置 Elcalc = YES）。

4．开始求解

命令：SOLVE。

GUI：Main Menu > Solution > Solve > Current LS。

合并模态步骤建立一个 POST1 命令文件（Jobname.MCOM），在 POST1（通用后处理）读入这个文件并利用模态扩展的结果文件（Jobname.RST）来进行模态合并。

文件（Jobname.MCOM）包含命令“POST1”，命令中包含由指定模态合并方式计算得到的整体结构响应的最大模态响应。

合并模态方式决定了结构模态响应如何被合并：

1）如果选择位移响应类型（label = DISP），合并模态命令将会合并每一阶模态的位移和应力。

2）如果选择速度响应类型（label = VELO），合并模态命令将会合并每一阶模态的速度和应力速度。

3）如果选择加速度响应类型（label = ACEL），合并模态命令将会合并每一阶模态的加速度和应力加速度。

5．退出求解器

命令：FINISH。

GUI：Mainmenu>Finish。

注意 如果除了位移之外，还想计算速度和加速度，在合并位移类型之后，重复执行合并模态步骤以合并速度和加速度。需要记住，在执行了新的合并模态步骤之后，“Jobname.MCOM”文件被重新写过了。

12.2.6 后处理

单点响应谱分析的结果文件以命令“POST1”形式被写入了模态合并文件

“Jobname.MCOM”中。这些命令以某种指定的方式合并最大模态响应，然后计算出结构的整体响应。整体响应包括位移（或速度或加速度）。另外，如果在模态扩展阶段作了相应设定，则还包括整体应力（或应力速度或应力加速度）、应变（或应变速度或者应变加速度），以及反作用力（或反作用力速度或反作用力加速度）。

可以通过 POST1（通用后处理器）来观察这些结果。

注意 如果希望直接合并衍生应力(S1、S2、S3、SEQV、SI),在读入“Jobname.MCOM”文件之前执行命令“SUMTYPE,PRIN”。默认命令“SUMTYPE,COMP”只能直接处理单元非平均应力以及这些应力的衍生量。

1．读入“Jobname.MCOM”文件

命令：/INPUT。

GUI：Utility Menu > File > Read Input From。

2．显示结果

1）显示变形图。

命令：PLDISP。

GUI：Main Menu > General Postproc > Plot Results > Deformed Shape。

2）显示云图。

命令：PLNSOL 或 PLESOL。

GUI：Main Menu > General Postproc > Plot Results > Contour Plot > Nodal Solu or Element Solu。

利用命令“PLNSOL”和“PLESOL”可以绘制任何结果项的云图（等值线），如应力（SX、SY、SZ 等）、应变（EPELX、EPELY、EPELZ 等）、位移（UX、UY、UZ 等）。如果执行了命令“SUMTYPE”，那么命令“PLNSOL”和“PLESOL”的显示结果将会受到命令“SUMTYPE”的具体设置（SUMTYPE,COMP 或 SUMTYPE,PRIN）的影响。

利用命令“PLETAB”可以绘图显示单元表，利用命令“PLLS”可以绘图显示线单元数据。

注意 当利用命令“PLNSOL”绘制衍生数据（如应力和应变）时，其节点处是平均值。在单元不同材料处、不同壳厚度处或其他不连续处，这种平均导致节点处结果被“磨平”。如果希望避免这种“磨平”的影响，可以在执行命令“PLNSOL”之前选择同种材料、通常壳厚度相等的单元。

3）显示矢量图。

命令：PLVECT。

GUI：Main Menu > General Postproc > Plot Results > Vector Plot > Predefined。

4）列表显示结果。

命令：PRNSOL（节点结果）

PRESOL（单元结果）

PRRSOL（反作用力）

GUI：Main Menu > General Postproc > List Results > Nodal Solution。

Main Menu > General Postproc > List Results > Element Solution。

Main Menu > General Postproc > List Results > Reaction Solution。

5）其他功能。后处理器还包含许多其他功能，例如将结果映射到具体路径，将结果转化到不同坐标系，载荷工况叠加等，可以参考 ANSYS 帮助文档。

12.3 实例导航——支撑平板的动力效果分析

下面通过对一个平板结构的随机载荷分析阐述谱分析的具体方法和步骤。同时，本例采用的是直接生成有限元模型的方法，其最大的优点在于可以完全控制节点的编号和排序，用户会通过对本例的学习更深一步体会直接方法的优越性。

12.3.1 问题描述

一块支撑平板，边长为 L，厚度为 t，单位面积的质量为 m，受到一随机均布压力作用，压力的功率谱密度为 PSD，模型和载荷如图 12-8 所示，材料属性、几何尺寸、加载情况见表 12-3。求解无阻尼固有频率处的位移峰值。

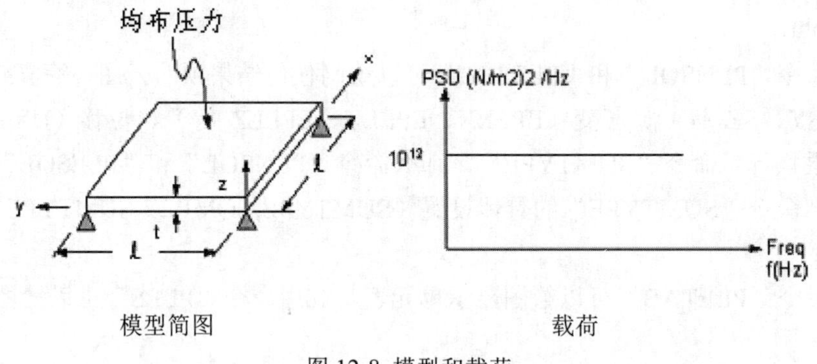

图 12-8 模型和载荷

表 12-3 材料属性、几何尺寸、加载情况

材料属性	几何尺寸	加载情况
$E = 200 \times 10^9$ N/m^2	L= 10 m	PSD = 10^6 (N/m^2)^2 /Hz
$\mu = 0.3$	$t = 1.0$ m	Damping $\delta = 2\%$
ρ= 8000 kg/m^3		

12.3.2 GUI 模式

01 前处理。

❶定义工作文件名：Utility Menu > File > Change Jobname，在弹出的“Change

Jobname”对话框，如图 12-9 所示。在“Enter new jobname”文本框中输入“Example”，并将“New Log and error files”复选框选为“yes”，单击“OK”按钮。

❷定义工作标题：Utility Menu > File > Change Title，在图 12-9 文本框中输入“DYNAMIC LOAD EFFECT ON SIMPLY-SUPPORTED THICK SQUARE PLATE”，单击“OK”按钮。

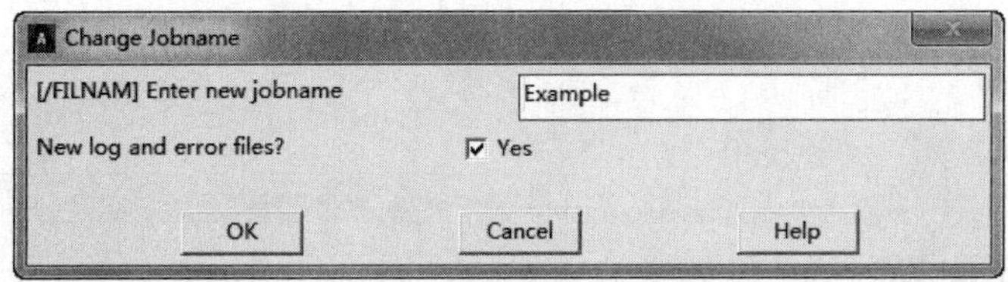

图 12-9 “Change Jobname”对话框

❸定义单元类型：Main Menu > Preprocessor > Element Type > Add/Edit/Delete，弹出“Element Types”对话框，如图 12-10 所示，单击“Add”按钮，弹出“Library of Element Types”对话框，如图 12-11 所示。在左面列表框中选择“Structural Shell”，在右面的列表框中选择“8node 281”，单击“OK”按钮，返回图 12-10 所示的对话框。

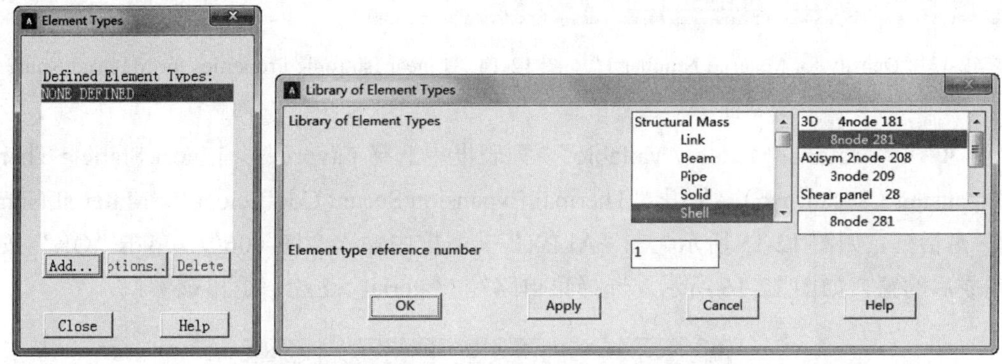

图 12-10 “Element Types”对话框　　　图 12-11 “Library of Element Types”对话框

❹定义材料性质：Main Menu > Preprocessor > Material Props > Material Models，弹出“Define Material Model Behavior”窗口，如图 12-12 所示。

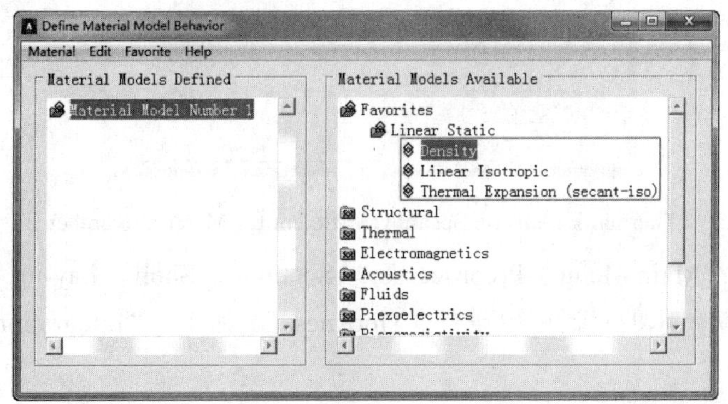

图 12-12 “Define Material Model Behavior”窗口

❺在“Material Models Available”列表框中选择 Favorites > Linear Static > Density，弹出“Density for Material Number 1”对话框，如图 12-13 所示。在“DENS”文本框中输入 8000，单击“OK”按钮。

❻在“Material Models Available”列表框中选择 Favorites > Linear Static > Linear Isotropic，弹出“Linear Isotropic Properties for Material Number 1”对话框，如图 12-14 所示，在“EX” 文本框中输入“2E+011”，在“PRXY” 文本框中输入 0.3，单击“OK”按钮。

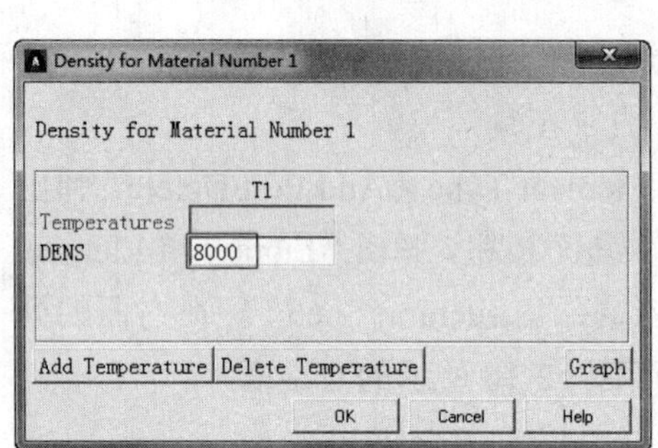

图 12-13 “Density for Material Number 1”对话框

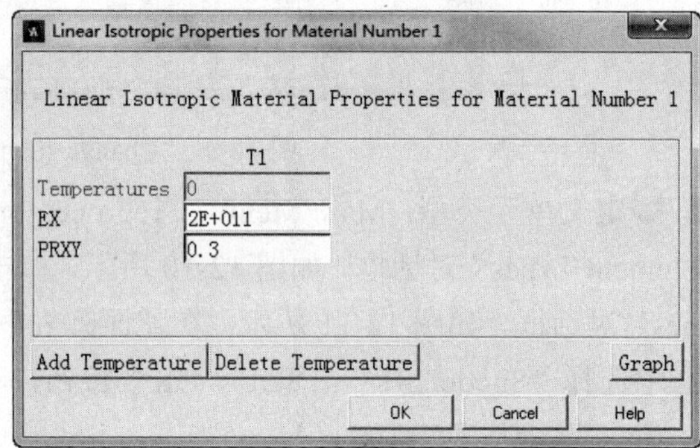

图 12-14 “Linear Isotropic Properties for Material Number 1”对话框

❼在“Material Models Available” 列表框中选择 Favorites > Linear Static > Thermal Expansion（Secant-iso），弹出“Thermal Expansion Secant Coefficient for Material Number 1”对话框，如图 12-15 所示，在“ALPX”文本框中输入“1E-006”，单击“OK”按钮。完成后的窗口如图 12-16 所示。选择菜单路径 Material > Exit，退出该窗口。

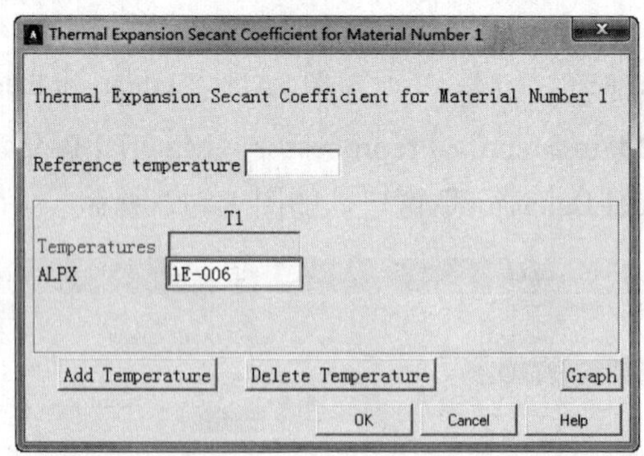

图 12-15 “Thermal Expansion Secant Coefficient for Material Number 1”对话框

❽定义厚度：Main Menu > Preprocessor > Sections > Shell > Lay-up > Add / Edit，在弹出的如图 12-17 所示的对话框中设置“Thickness” 为 1，“Integration Pts ”为 5。单击“OK”按钮。

❾创建节点：Main Menu > Preprocessor > Modeling > Create > Nodes > In Active CS，弹出“Create Nodes in Active Coordinate System”对话框。在“NODE Node number”文

本框中输入 1，如图 12-18 所示，在“X,Y,Z　Location in active CS”文本框中输入 0、0、0，单击“Apply”按钮。

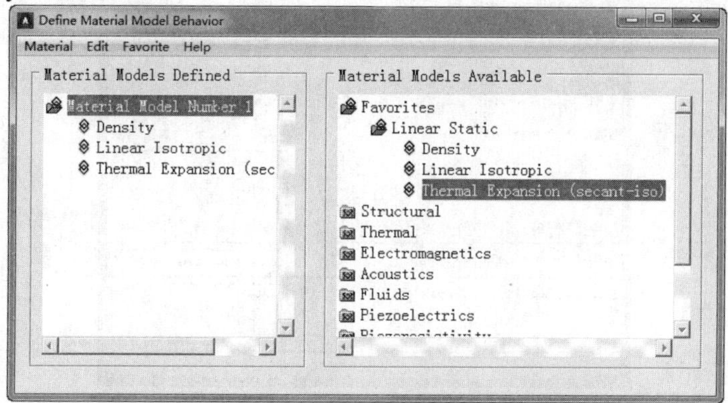

图 12-16　“Define Material Model Behavior”窗口

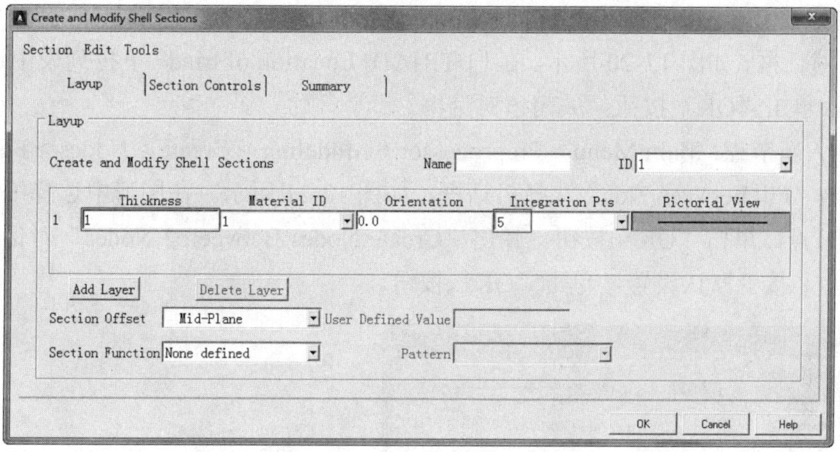

图 12-17　“Create and Modify Shell Sections”对话框

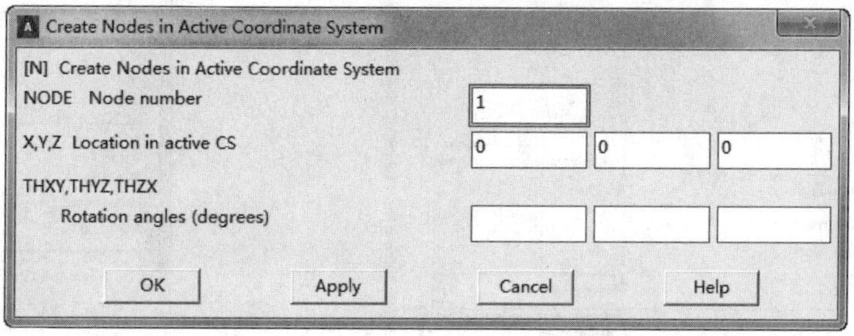

图 12-18　“Create Nodes in Active Coordinate System”对话框

⑩在“Create Nodes in Active Coordinate System”对话框的“NODE Node number”文本框中输入 9，在“X,Y,Z　Location in active CS”文本框中输入 0、10、0，单击“OK”按钮。

⑪打开节点编号显示控制：Utility Menu > PlotCtrls > Numbering，弹出“Plot Numbering Controls”对话框，如图 12-19 所示。选择“NODE Node numbers”复选框，使其显示为“On”，单击“OK”按钮。

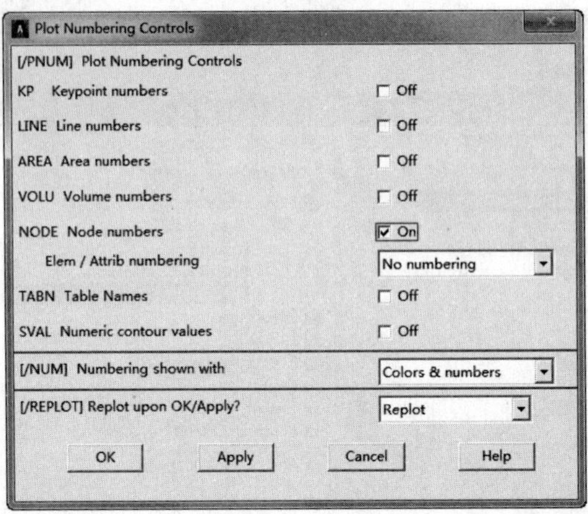

图 12-19 “Plot Numbering Controls”对话框

⑫选择 Utility Menu > PlotCtrls > Window Controls > Window Options，弹出“Window Options”对话框，如图 12-20 所示。在“[/TRIAD] Location of triad”下拉列表中选择“Not shown”，单击“OK”按钮，关闭该对话框。

⑬插入新节点：Main Menu > Preprocessor > Modeling > Create > Nodes > Fill between Nds，弹出“Fill between Nds”选择对话框，如图 12-21 所示。在图形中选择编号为 1 和 9 的两个节点，单击“OK”按钮，弹出“Create Nodes Between 2 Nodes”对话框，如图 12-22 所示。接受默认设置，单击“OK”按钮。

Window Options
[/PLOPTS] Window Options
INFO Display of legend — Multi Legend
LEG1 Legend header — On
LEG2 View portion of legend — On
LEG3 Contour legend — On
FRAME Window frame — On
TITLE Title — On
MINM Min-Max symbols — On
FILE Jobname — Off
SPNO Suppress Plot No — Off
LOGO ANSYS logo display — Graphical logo
WINS Automatic window sizing - — On
- when entire legend turned on or off
WP WP drawn as part of plot? — No
DATE DATE/TIME display — Date and Time
[/TRIAD] Location of triad — Not shown
[/REPLOT] Replot Upon OK/Apply? — Replot
OK Apply Cancel Help

图 12-20 “Window Options”对话框

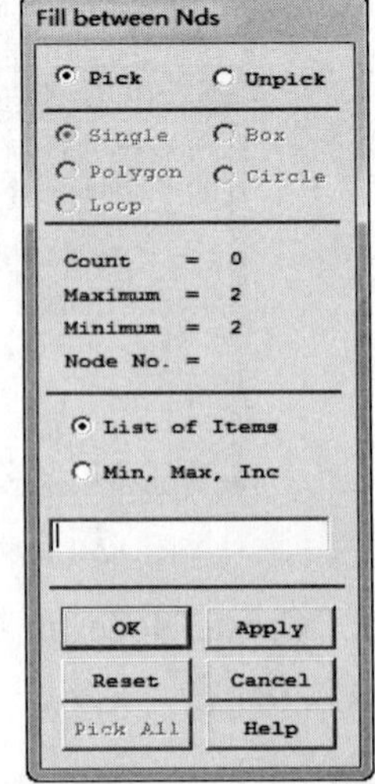

图 12-21 “Fill between Nds”选择对话框

⑭复制节点组：Main Menu > Preprocessor > Modeling > Copy > Nodes > Copy，弹出“Copy nodes”选择对话框，如图 12-23 所示。选择“Box”选项，然后在图形中选择编

号为 1～9 的节点（即现在的所有节点），单击“OK”按钮。

Create Nodes Between 2 Nodes

[FILL] Create Nodes Between 2 Nodes
NODE1,NODE2 Fill between nodes 1 9
NFILL Number of nodes to fill 7
NSTRT Starting node no.
NINC Inc. between filled nodes
SPACE Spacing ratio 1
ITIME No. of fill operations -
- (including original) 1
INC Node number increment -
- (for each successive fill operation) 1
OK Apply Cancel Help

图 12-22 “Create Nodes Between 2 Nodes”对话框

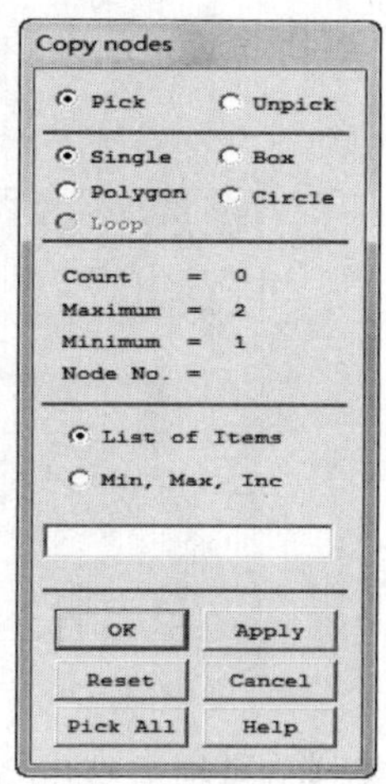

图 12-23 “Copy nodes” 选择对话框

⓯弹出“Copy nodes”对话框，如图 12-24 所示，在“ITIME Total number of copies”文本框中输入 5，在“DX X-offset in active CS”后面输入 2.5，在“INC Node number increment”后面输入 40，单击“OK”按钮，显示第一次复制后的节点，如图 12-25 所示。

Copy nodes

[NGEN] Copy Nodes
ITIME Total number of copies -
- including original 5
DX X-offset in active CS 2.5
DY Y-offset in active CS
DZ Z-offset in active CS
INC Node number increment 40
RATIO Spacing ratio 1
OK Apply Cancel Help

图 12-24 “Copy nodes”对话框

9	49	89	129	169
8	48	88	128	168
7	47	87	127	167
6	46	86	126	166
5	45	85	125	165
4	44	84	124	164
3	43	83	123	163
2	42	82	122	162
1	41	81	121	161

图 12-25 第一次复制后的节点

⓰创建节点：Main Menu > Preprocessor > Modeling > Create > Nodes > In Active CS，弹出“Create Nodes in Active Coordinate System”对话框，如图 12-26 所示。在“NODE Node number” 文本框中输入 21，在“X,Y,Z Location in active CS” 文本框中输入 1.25、0、0，单击“Apply”按钮。

⓱在“Create Nodes in Active Coordinate System”对话框的“NODE Node number”文本框中输入 29，在“X,Y,Z Location in active CS”文本框中输入 1.25、10、0，单击“OK”按钮。

⓲插入新节点：Main Menu > Preprocessor > Modeling > Create > Nodes > Fill between

Nds，弹出“Fill between Nds”选择对话框单。在图形中选择编号为 21 和 29 的两个节点，单击“OK”按钮，弹出“Create Nodes Between 2 Nodes”对话框，如图 12-27 所示。在“NFILL Number of nodes to fill”文本框中输入 3，接受其余默认设置，单击“OK”按钮。

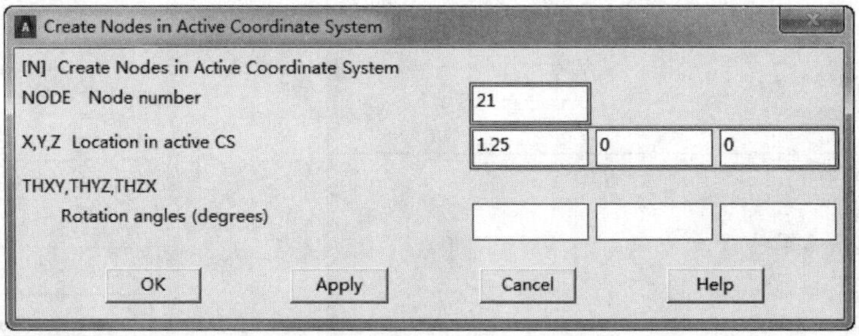

图 12-26 “Create Nodes in Active Coordinate System”对话框

⑲复制节点组：Main Menu > Preprocessor > Modeling > Copy > Nodes > Copy，弹出“Copy nodes”选择对话框。选择“Box”选项，然后在图形中选择编号为 21～29 的节点，单击“OK”按钮，弹出“Copy nodes”对话框，如图 12-28 所示。在“ITIME Total number of copies”文本框中输入 4，在“DX X-offset in active CS” 文本框中输入 2.5，在“INC Node number increment” 文本框中输入 40，单击“OK”按钮，显示第二次复制后的节点，如图 12-29 所示。

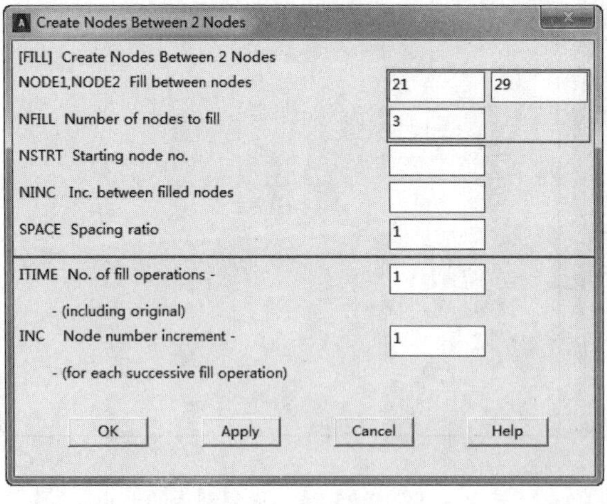

图 12-27 “Create Nodes Between 2 Nodes”对话框

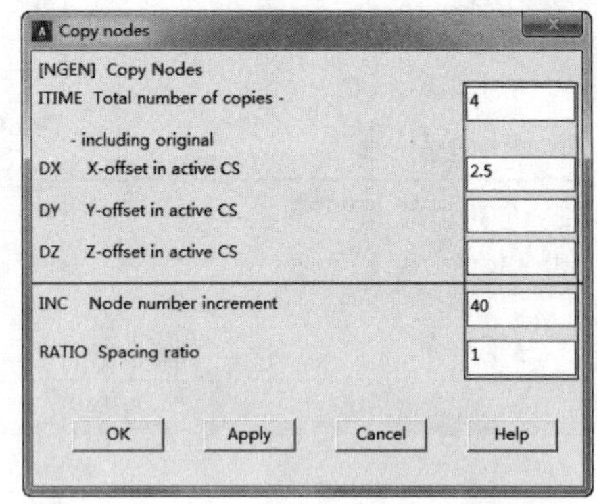

图 12-28 “Copy nodes”对话框

⑳创建单元：Main Menu > Preprocessor > Modeling > Create > Elements > User Numbered > Thru Nodes，弹出“Create Elems User-Num”对话框，如图 12-30 所示，接受默认选项。单击“OK”按钮，弹出“Elements from Nodes”选择对话框。在图形中依次选择编号为 1、41、43、3、21、42、23、2 的节点，单击“OK”按钮，创建第一个单元如图 12-31 所示。

注意 创建单元时一定要注意选择节点的顺序，先依次选择 4 个边节点，然后依次选择 4 个中间节点。

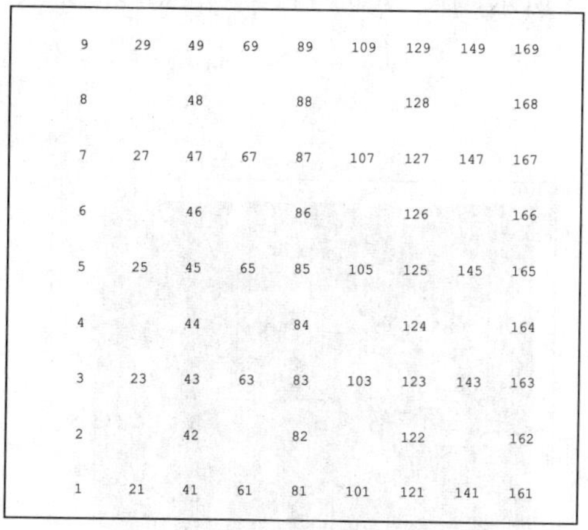

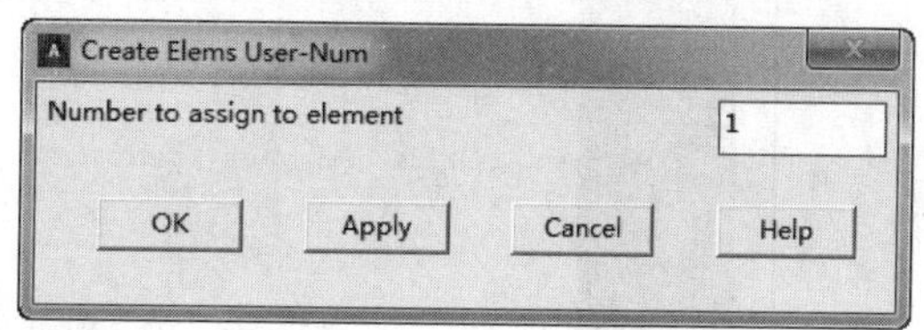

图 12-29 第二次复制节点后显示

图 12-30 “Create Elems User-Num”对话框

㉑复制单元 1：Main Menu > Preprocessor > Modeling > Copy > Elements > Auto Numbered，弹出“Copy Element Auto-Num”选择对话框，在图形中选择刚创建的单元，单击“OK”按钮，弹出“Copy Elements（Automatically-Numbered）”对话框，如图 12-32 所示。在“ITIME Total number of copies”文本框中输入 4，在“NINC Node number increment” 文本框中输入 2，单击“OK”按钮，显示如图 12-33 所示的复制单元 1。

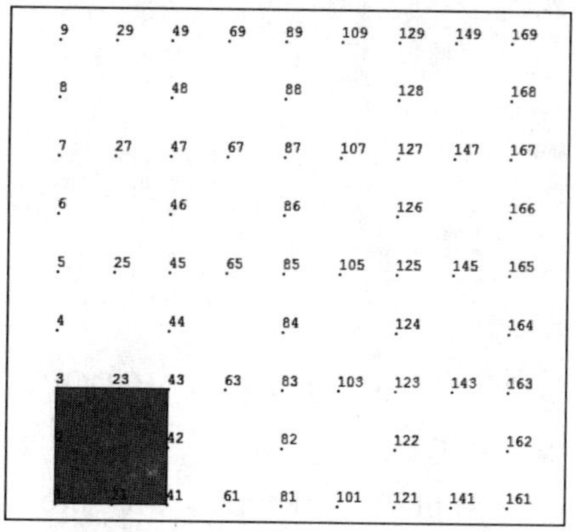

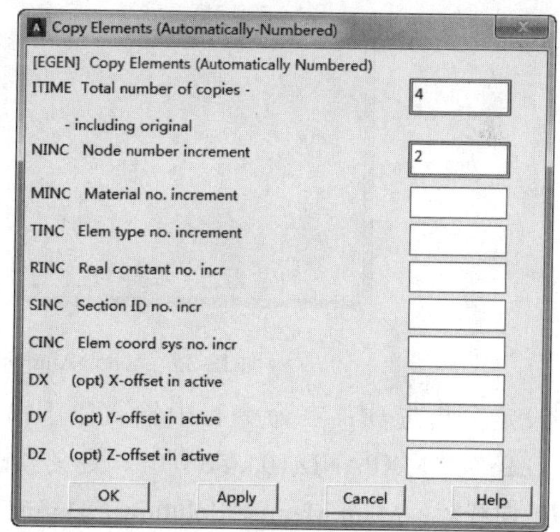

图 12-31 创建第一个单元

图 12-32 “Copy Elements（Automatically-Numbered）”对话框

㉒复制单元 2：Main Menu > Preprocessor > Modeling > Copy > Elements > Auto Numbered，弹出“Copy Element Auto-num” 选择对话框，在图形中选择所有单元（共 4 个），单击“OK”按钮，弹出“Copy Elements（Automatically-Numbered）”对话框。在“ITIME Total number of copies” 文本框中输入 4，在“NINC Node number increment”文本框中输入 40，单击“OK”按钮，显示如图 12-34 所示的复制单元 1。

02 模态分析。

❶设定分析类型：Main Menu > Solution > Unabridged Menu > Analysis Type > New Analysis，弹出“New Analysis”对话框，如图 12-35 所示，在“[ANTYPE] Type of analysis”选项组中选择“Modal”项，单击“OK”按钮。

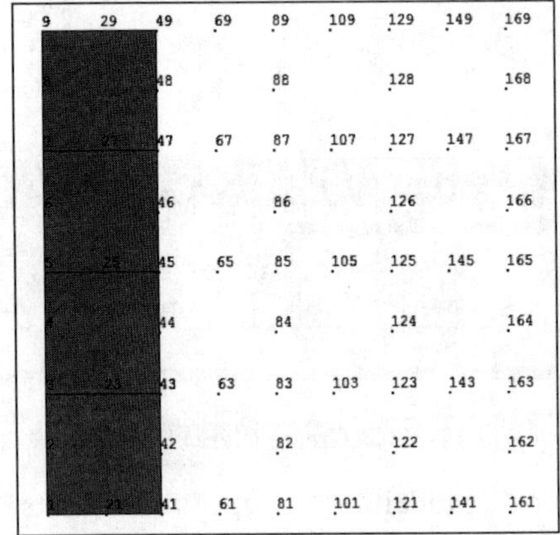

图 12-33 复制单元 1

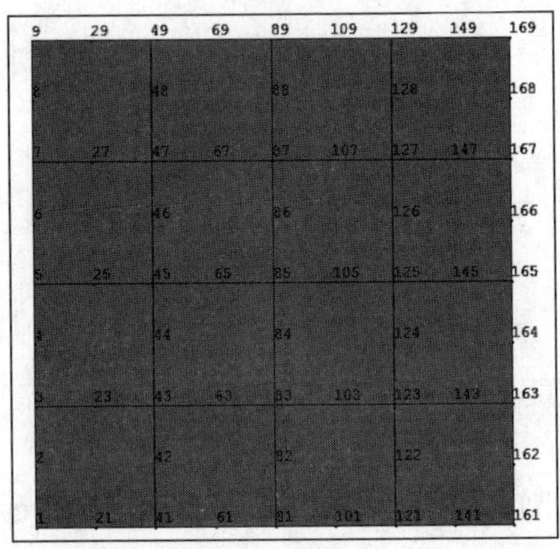

图 12-34 复制单元 2

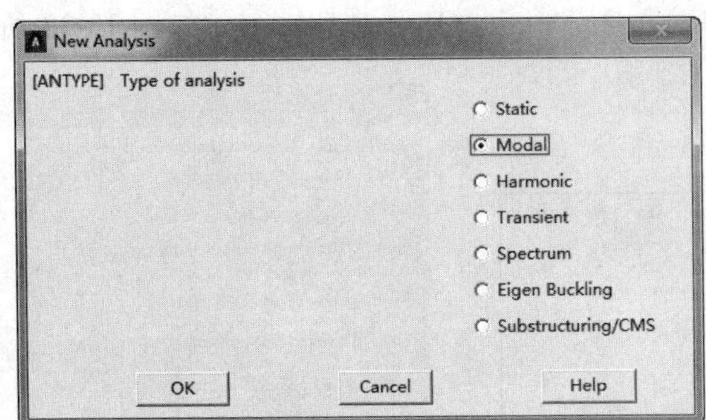

图 12-35 “New Analysis”对话框

❷设定分析选项：在命令行中输入以下命令“ANTYPE,MODAL”“MODOPT,LANPCG,16”“MXPAND,16,,,YES”，定义分析选项。

❸施加载荷：Main Menu > Solution > Define Loads > Apply > Structural > Pressure > On Elements，弹出“Apply PRES on Elems”选择对话框。单击“Pick All”按钮，弹出“Apply PRES on elems”对话框，如图 12-36 所示。在“VALUE Load PRES value”后面输入“-1E6”，接受其余默认设置，单击“OK”按钮。

❹定义面内约束：Main Menu > Solution > Define Loads > Apply > Structural > Displacement > On Nodes，弹出“Apply U,ROT on Nodes”选择对话框。单击“Pick All”按钮，弹出如图 12-37 所示的“Apply U,ROT on Nodes”对话框，在“Lab2 DOFs to be constrained”后面的列表中单击“UX,UY,ROTZ”几个选项，单击“OK”按钮。

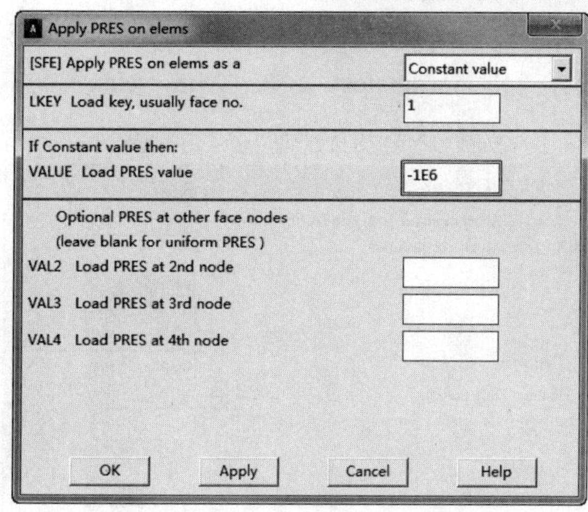

图 12-36 “Apply PRES on elems”对话框

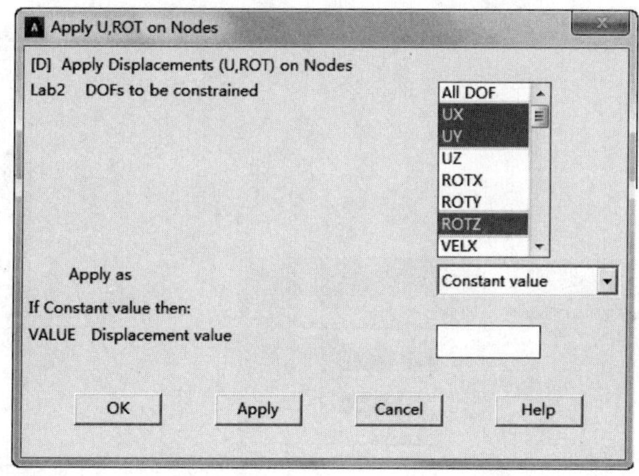

图 12-37 “Apply U,ROT on Nodes”对话框

❺ 定义左右边界条件：Main Menu > Solution > Define Loads > Apply > Structural > Displacement > On Nodes，弹出“Apply U,ROT on Nodes”选择对话框。在图形中选择左边和右边的节点（左边节点编号为 1、2、3、4、5、6、7、8、9；右边节点编号为 161、162、163、164、165、166、167、168、169），单击“OK”按钮，弹出如图 12-38 所示的“Apply U,ROT on Nodes”对话框。在“Lab2 DOFs to be constrained”后面的列表中单击“UZ、ROTX”两个选项，单击“OK”按钮。

❻ 定义上下边界条件：Main Menu > Solution > Define Loads > Apply > Structural > Displacement > On Nodes，弹出“Apply U,ROT on Nodes”选择对话框。在图形中选择上边界和下边界的节点（上边界节点编号为 9、29、49、69、89、109、129、149、169；下边界节点编号为 1、21、41、61、81、101、121、141、161），单击“OK”按钮，弹出如图 12-39 所示的“Apply U,ROT on Nodes”对话框，在“Lab2 DOFs to be constrained”列表框中选择“UZ”“ROTY”两个选项，单击“OK”按钮。

❼ 选择主节点（左右界限）：Utility Menu > Select > Entities，弹出“Select Entities”

对话框，如图 12-40 所示。在第一个下拉列表中选择“Nodes”，在第二个下拉列表中选择“By Location”，选择“X coordinates”，在“Min，Max”文本框中输入 0.1、9.9，在下面选择“From Full”，单击“OK”按钮。

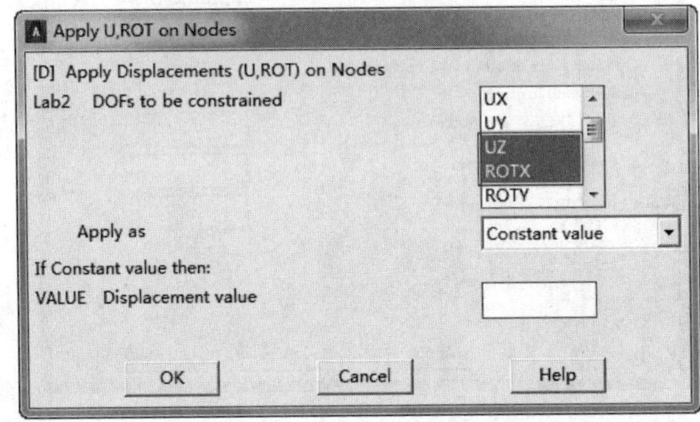

图 12-38 “Apply U,ROT on Nodes”选择对话框

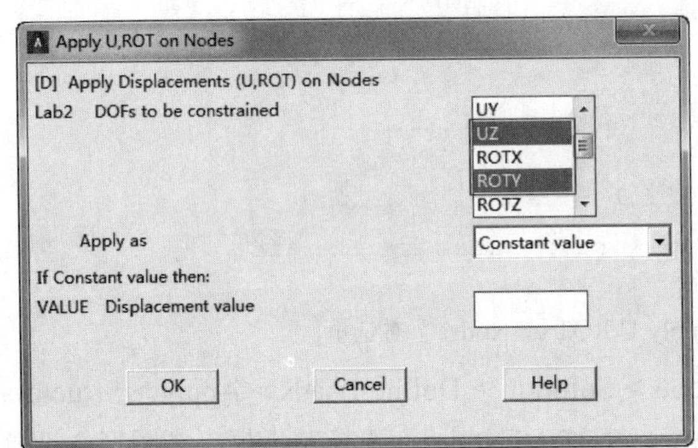

图 12-39 “Apply U,ROT on Nodes”对话框

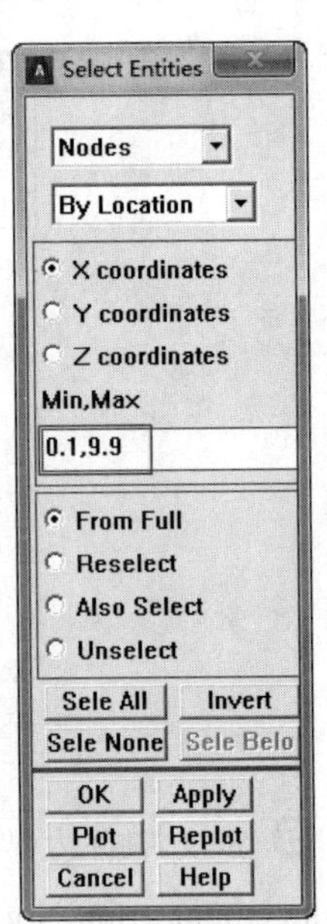

图 12-40 “Select Entities”对话框

❽ 选择主节点（上下界限）：Utility Menu > Select > Entities，弹出“Select Entities”对话框，如图 12-41 所示。在第一个下拉列表中选择“Nodes”，在第二个下拉列表中选择“By Location”，选择“Y coordinates”，在“Min，Max”文本框中输入“0.1，9.9”，选择“Reselect”，单击“OK”按钮。

❾ 显示刚才选择的节点：Utility Menu > Plot > Nodes，显示选择的节点，如图 12-42 所示。

❿ 定义主自由度：在命令行中输入命令“M,ALL,UZ”定义主自由度。

⓫ 选择所有节点：Utility Menu > Select > Everything，然后选择 Utility Menu > Plot > Replot，此时的屏幕显示如图 12-43 所示的施加载荷约束后的节点模型。

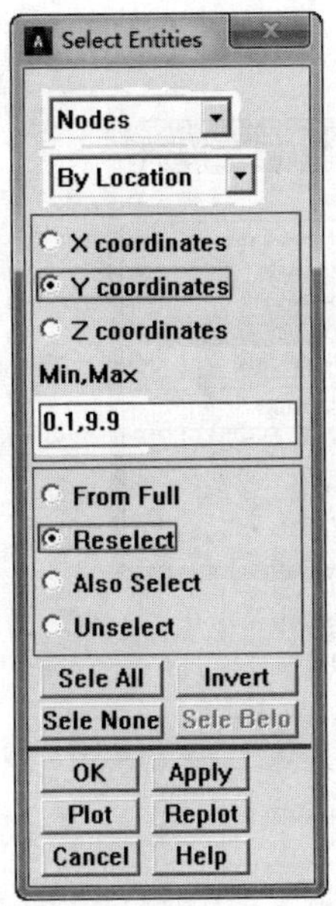

图 12-41 “Select Entities”对话框

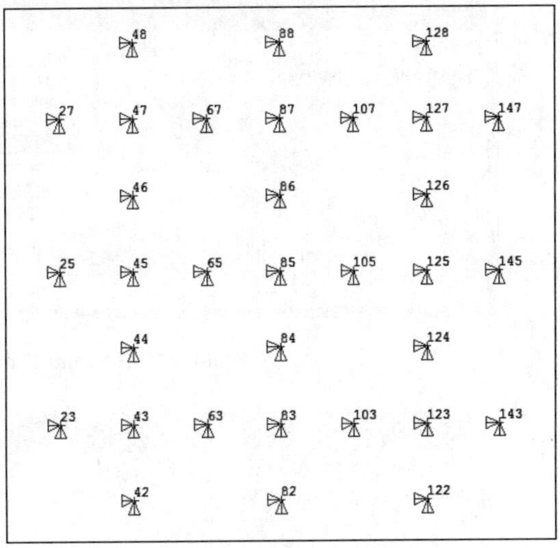

图 12-42 选择的节点

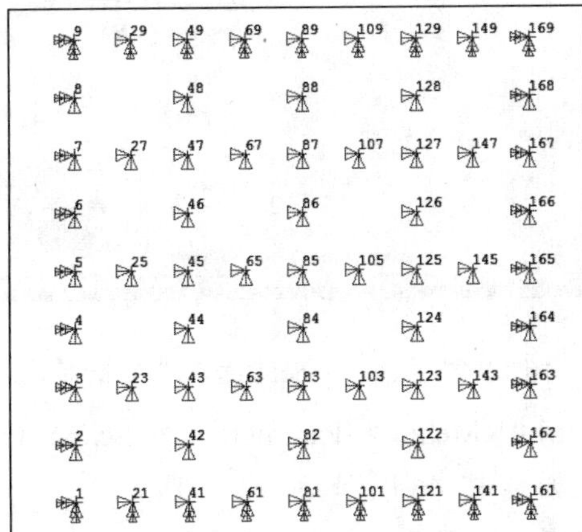

图 12-43 施加载荷约束后的节点模型

⓬ 模态分析求解：Main Menu > Solution > Solve > Current LS，弹出“/STATUS Command”对话框和“Solve Current Load Step”对话框，仔细浏览信息提示窗口中的信息，如果无误则选择 File > Close 将其关闭。单击“Solve Current Load Step”对话框中的“OK”按钮，开始求解。当静力求解结束时，会弹出“Solution is done”信息提示，单击“Close”按钮关闭它。

⓭ 定义比例参数：Utility Menu > Parameters > Get Scalar Data，弹出 Get Scalar Data 对话框，如图 12-44 所。在“Type of data to be retrieved”第一个列表框中选择“Result data”，在第二个列表框中选择“Modal results”示，单击“OK”按钮。

⓮ 弹出 “Get Modal Results”对话框，如图 12-45 所示。在“Name of parameter to be defined” 文本框中输入“F”，在“Mode number N”文本框中输入 1，在“Modal data to retrieved”列表框中选择“Frequency FREQ”，单击“OK”按钮。

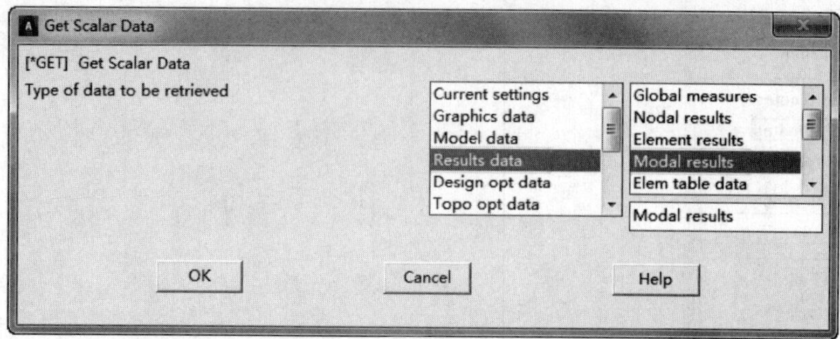

图 12-44 “Get Scalar Data”对话框

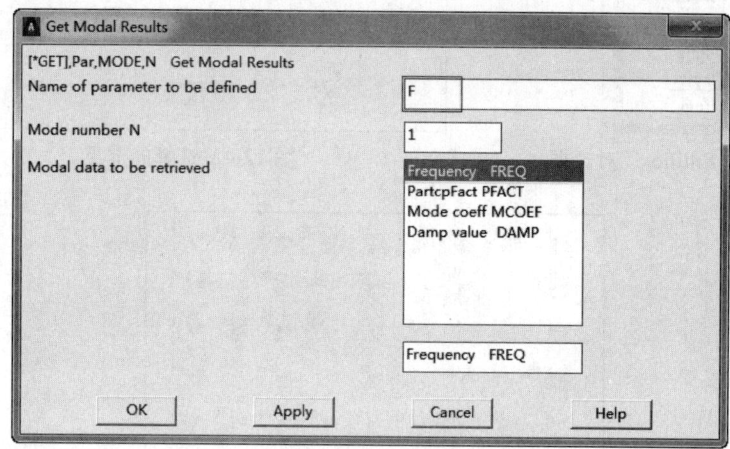

图 12-45 “Get Model Results”对话框

⓯ 查看比例参数：Utility Menu > Parameters > Scalar Parameters，弹出“Scalar Parameters”选择对话框，如图 12-46 所示。

⓰ 退出求解器：Main Menu > Finish。

03 谱分析。

❶定义谱分析：Main Menu > Solution > Analysis Type > New Analysis，弹出如图 12-47 所示的“New Analysis”对话框。在“Type of analysis”选项组中选择“Spectrum”，单击“OK”按钮。

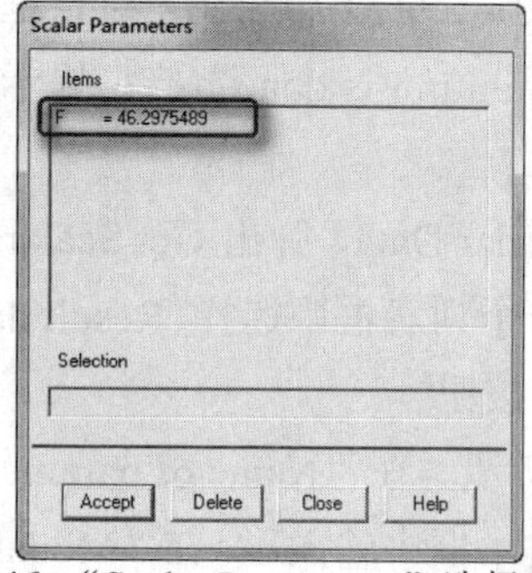

图 12-46 “Scalar Parameters”选择对话框

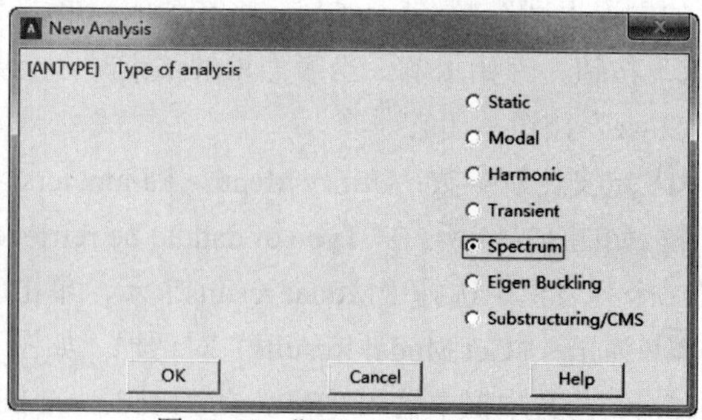

图 12-47 “New Analysis”对话框

❷设定谱分析选项：Main Menu > Solution > Analysis Type > Analysis Options，弹出“Spectrum Analysis”对话框，如图12-48所示。在“Sptype Type of spectrum”中选择“P.S.D”，在“NMODE No. of modes for solu”文本框中输入2，选择“Elcalc Calculate elem stresses”复选框，使其显示为“Yes”，单击“OK”按钮。

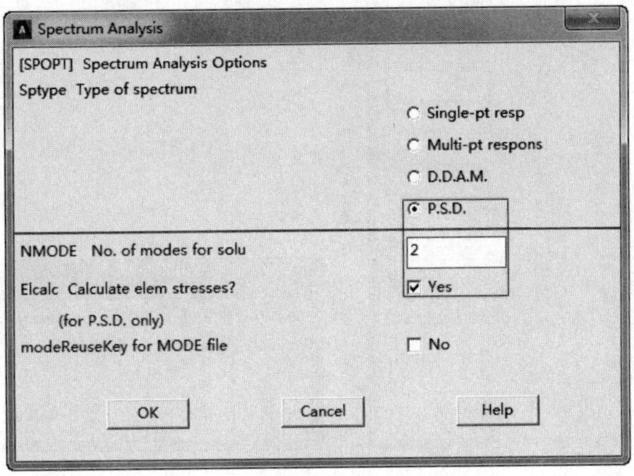

图12-48 “Spectrum Analysis”对话框

❸设置PSD分析：Main Menu > Solution > Load Step Opts > Spectrum > PSD > Settings，弹出“Settings for PSD Analysis”对话框，如图12-49所示。在“[PSDUNIT] Type of response spct”下拉列表中选择“Pressure spct”，在“Table number”输入1，单击“OK”按钮。

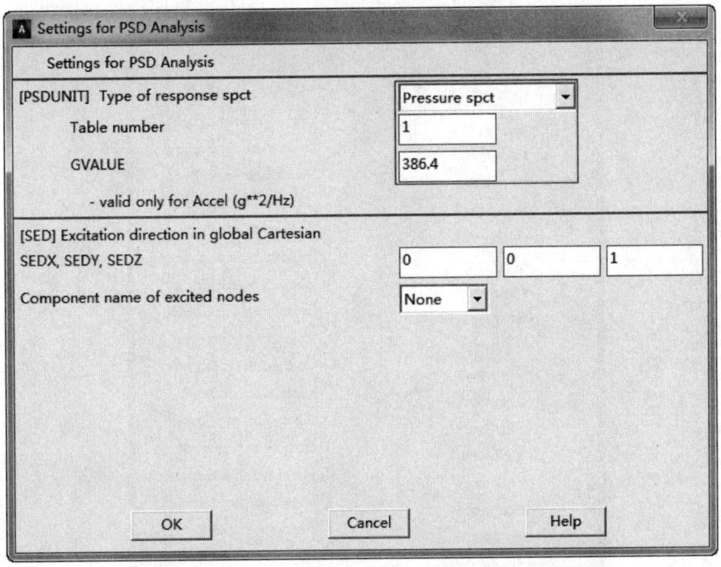

图12-49 “Settings for PSD Analysis”对话框

❹定义阻尼：Main Menu > Solution > Load Step Opts > Time/Frequenc > Damping，弹出“Damping Specifications”对话框，如图12-50所示。在“[DMPRAT] Constant damping ratio”文本框中输入0.02，单击“OK”按钮。

❺Main Menu > Solution > Load Step Opts > Spectrum > PSD > PSD vs Freq，弹出

“Table for PSD vs Frequency”对话框，如图 12-51 所示。在“Table number to be defined”文本框中输入 1，单击“OK”按钮。

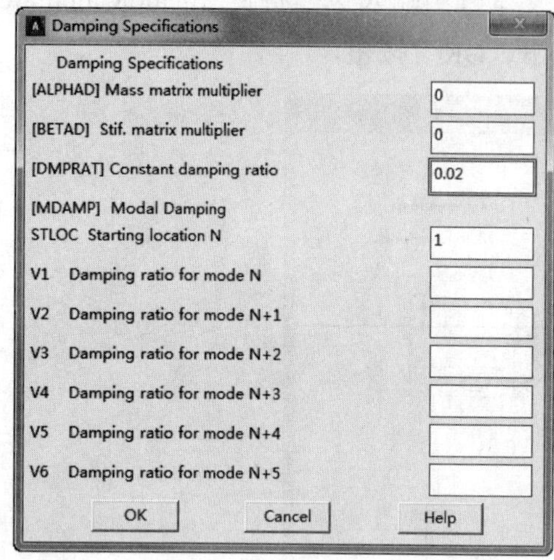

图 12-50 “Damping Specifications”对话框

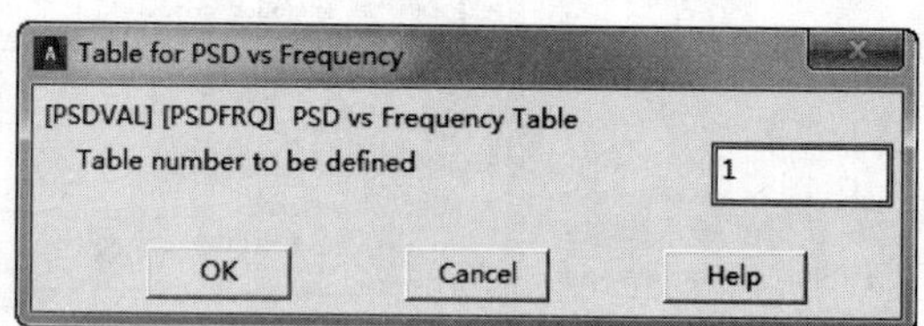

图 12-51 “Table for PSD vs Frequency”对话框

❻弹出“PSD vs Frequency Table”对话框，如图 12-52 所示。在“FREQ1,PSD1” 文本框中输入 1、1，在“FREQ2,PSD2” 文本框中输入 80、1，单击“OK”按钮。

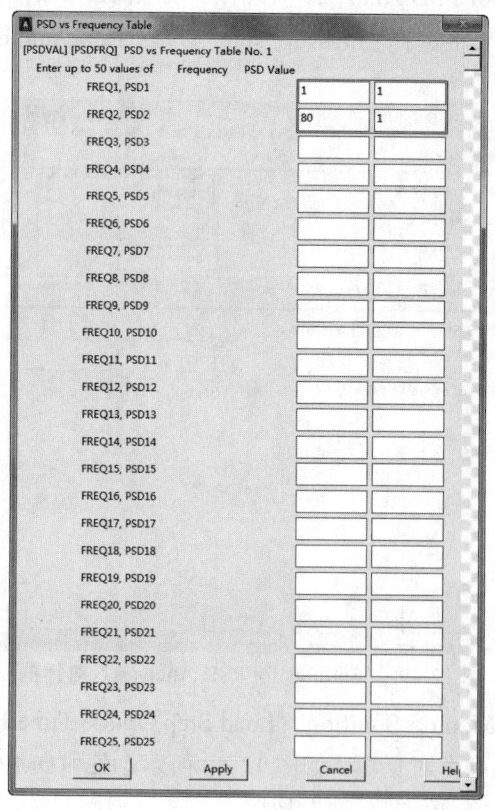

图 12-52 “PSD vs Frequency Table”对话框

❼设定载荷比例因子：Main Menu > Solution > Define Loads > Apply > Load Vector > For PSD，弹出“Apply Load Vector for Power Spectral Density”对话框，如图12-53所示。在“FACT Scale factor”文本框中输入1，单击“OK”按钮。弹出警告提示框，如图12-54所示。单击“Close”按钮。

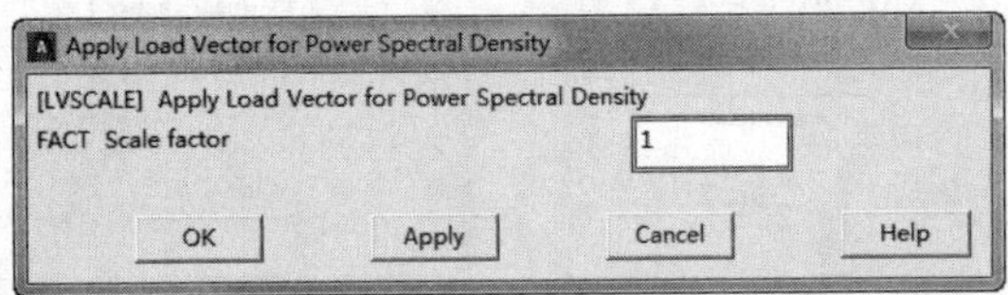

图12-53 “Apply Load Vector for Power Spectral Density”对话框

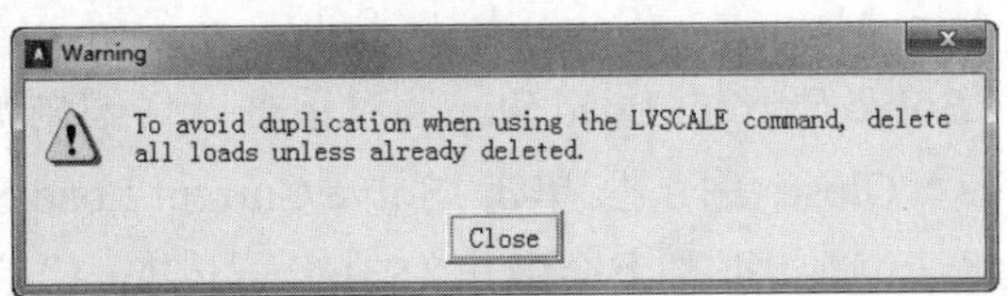

图12-54 警告提示框

❽计算参与因子：Main Menu > Solution > Load Step Opts > Spectrum > PSD > Calculate PF，弹出“Calculate Participation Factors”对话框，如图12-55所示。在“TBLNO Table no. of PSD table”文本框中输入1，在“Excit Base or nodal excitation”后面的下拉列表中选择“Nodal excitation”，单击“OK”按钮，弹出“Note”对话框，如图12-56所示。单击“Close”按钮关闭它。

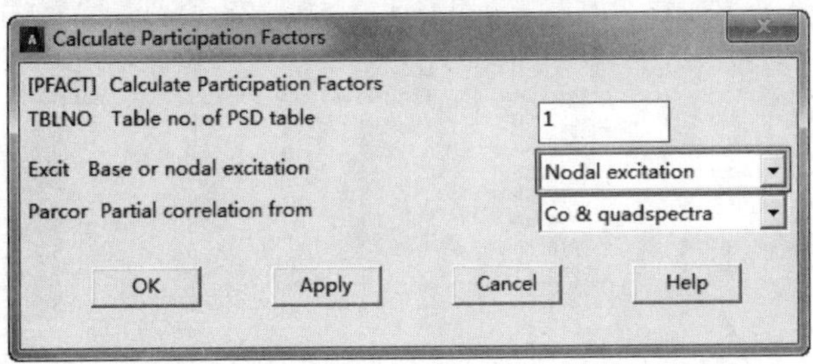

图12-55 “Calculate Participation Factors”对话框

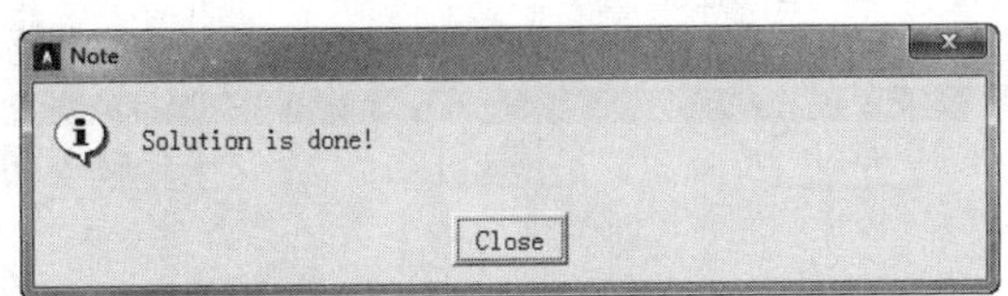

图12-56 参与因子计算完毕

❾设置结果输出：Main Menu > Solution > Load Step Opts > Spectrum > PSD > Calc Controls，弹出“PSD Calculation Controls”对话框，如图12-57所示。在“Displacement solution（DISP）”下拉列表中选择“Relative to base”，接受其余默认选项，单击“OK”按钮。

❿设置合并模态：Main Menu > Solution > Load Step Opts > Spectrum > PSD > Mode

Combine，弹出“PSD Combination Method”对话框，如图 12-58 所示。接受默认设置，单击“OK”按钮。

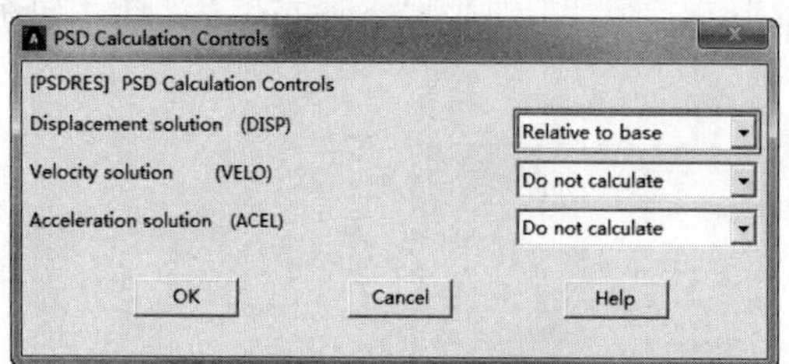

图 12-57 “PSD Calculation Controls”对话框

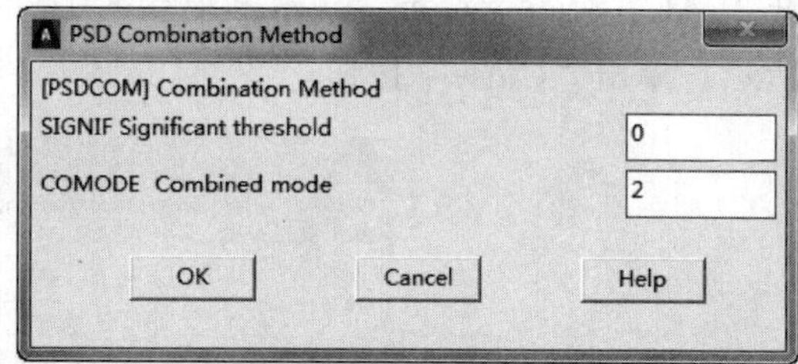

图 12-58 “PSD Combination Method”对话框

⓫谱分析求解：Main Menu > Solution > Solve > Current LS，弹出“/STATUS Command”对话框和“Solve Current Load Step”对话框。仔细浏览信息提示窗口中的信息，如果无误则单击 File > Close 关闭之。单击“Solve Current Load Step”对话框中的“OK”按钮，开始求解。当求解结束时，屏幕上会弹出“Solution is done”信息提示，单击“Close”按钮关闭它。

⓬退出求解器：Main Menu > Finish。

04 POST1 后处理。

❶读入子步结果：Main Menu > General Postproc > Read Results > By Pick，弹出“Result File”对话框，如图 12-59 所示。选择“Set”中的 17 项，单击“Read”按钮，单击“Close”按钮。

Results File: DynamicPlate.rst

Available Data Sets:

Set	Frequency	Load Step	Substep	Cumulat
1	45.960	1	1	1
2	110.83	1	2	2
3	110.83	1	3	3
4	171.58	1	4	4
5	216.40	1	5	5
6	216.40	1	6	6
7	274.92	1	7	7
8	274.92	1	8	8
9	375.64	1	9	9
10	375.64	1	10	10
11	386.33	1	11	11
12	441.96	1	12	12
13	441.96	1	13	13
14	595.96	1	14	14
15	595.96	1	15	15
16	631.60	1	16	16
17	0.0000	3	1	17

Read Next Previous

Close Help

图 12-59 “Result File”对话框

❷设置视角系数：Utility Menu > PlotCtrls > View Settings > Viewing Direction，弹出“Viewing Direction”对话框，如图 12-60 所示.在“WN Window number”后面的下拉列表中选择“Window 1”，在“[/VIEW] View direction”文本框中依次输入 2、3、4，单击“OK”按钮。

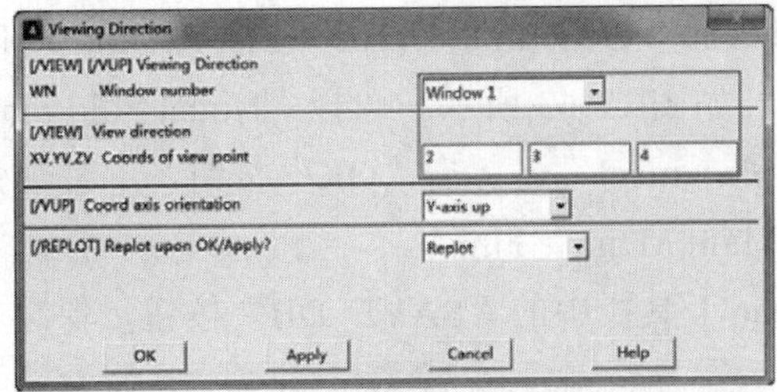

图 12-60 “Viewing Direction”对话框

❸绘图显示：Main Menu > General Postproc > Plot Results > Contour Plot > Nodal Solu，弹出“Contour Nodal Solution Data”对话框，如图 12-61 所示。选择“Nodal Solution” > “DOF Solution” > “Z-Component of displacement”，接受其余默认设置，单击“OK”按钮，显示如图 12-62 所示的 Z 向位移云图。

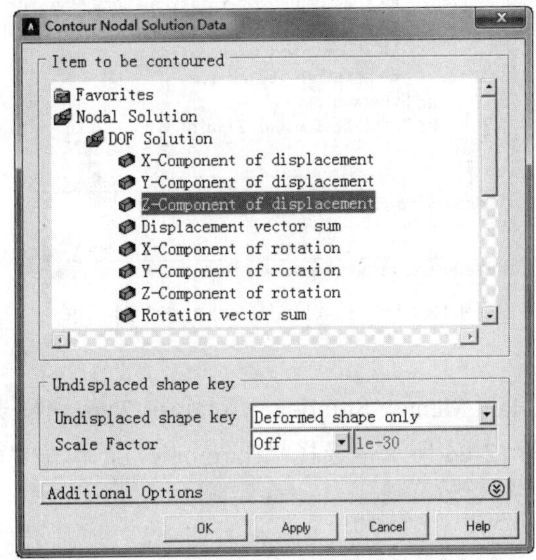

图 12-61 “Contour Nodal Solution Data”对话框

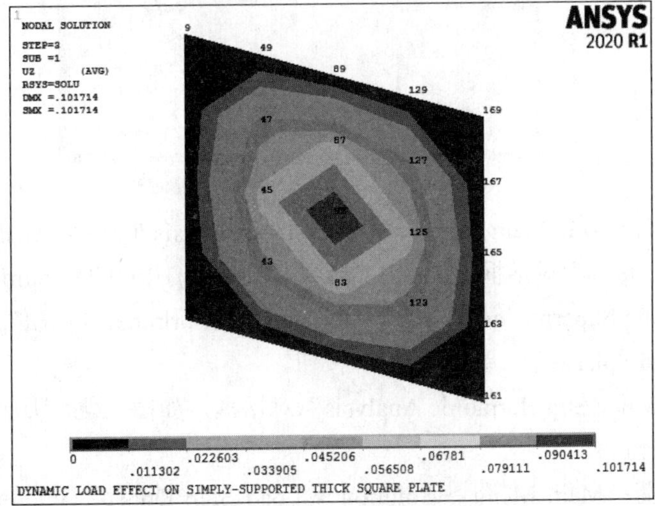

图 12-62 Z 向位移云图显示

❹列表显示：Main Menu > General Postproc > List Results > Nodal Solution，弹出“List Nodal Solution”对话框，如图 12-63 所示。选择“Nodal Solution” > “DOF solution” > “ Z-Component of displacement”，单击“OK”按钮，屏幕会弹出列表显示框。

❺退出后处理器：Main Menu > Finish。

❻单 ANSYS Toolbar 工具栏中的“SAVE_DB”按钮，保存文件。

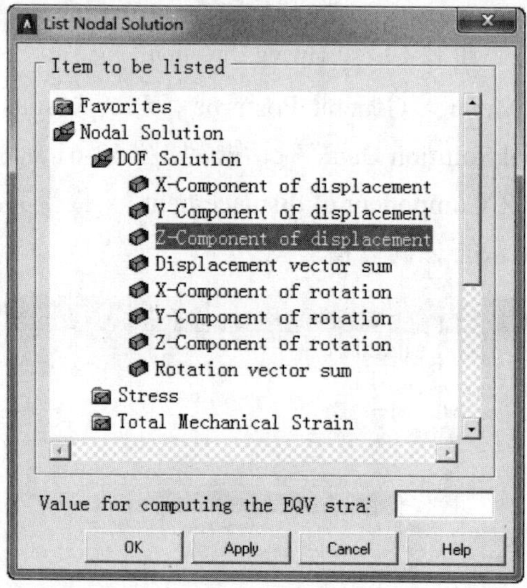

图 12-63 “List Nodal Solution”对话框

05 谐响应分析。

❶定义求解类型：Main Menu > Solution > Analysis Type > New Analysis，弹出“New Analysis”对话框，如图 12-64 所示。选择“Harmonic”，单击“OK”按钮。

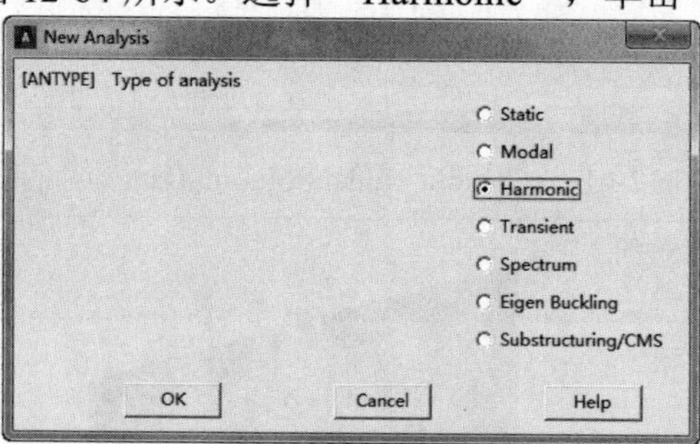

图 12-64 “New Analysis”对话框

❷设置求解选项：Main Menu > Solution > Analysis Type > Analysis Options，弹出“Harmonic Analysis”对话框，如图 12-65 所示。在“[HROPT] Solution method”下拉列表中选择“Mode Superpos'n”，在“[HROUT] DOF printout format”后面的下拉列表中选择“Amplitud+ phase”，单击“OK”按钮。

❸弹出“Mode Sup Harmonic Analysis”对话框，如图 12-66 所示。接受默认设置，单击“OK”按钮。

❹设置载荷：Main Menu > Solution > Load Step Opts > Time/Frequenc > Freq and Substps，弹出“Harmonic Frequency and Substep Options”对话框，如图 12-67 所示。在

“[HARFRQ] Harmonic freq range”文本框中依次输入 1 和 80，在“[NSUBST] Number of substep” 文本框中输入 10，在“[KBC] Stepped or ramped b.c.”中选择“Stepped”，单击“OK”按钮。

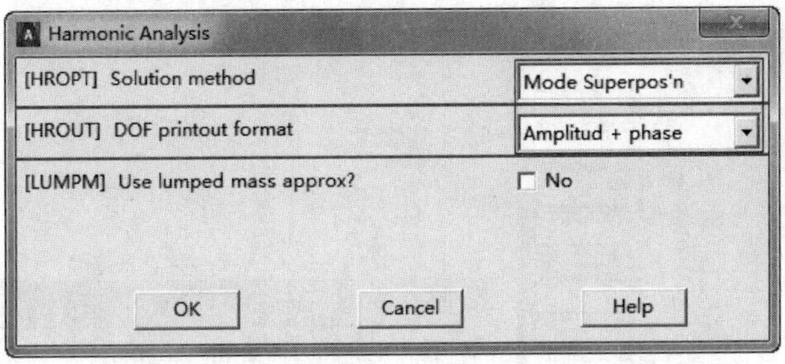

图 12-65 “Harmonic Analysis”对话框

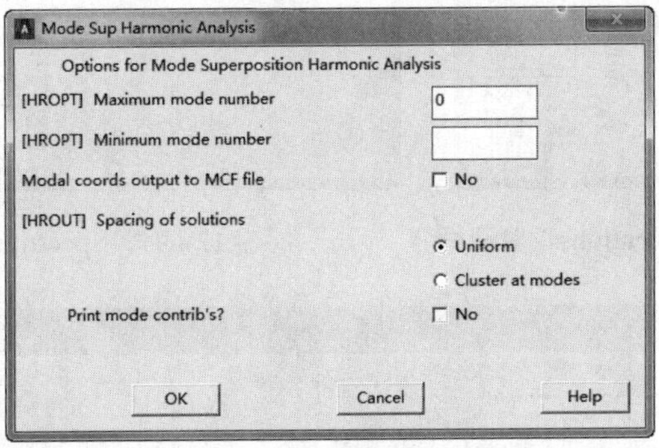

图 12-66 “Mode Sup Harmonic Analysis”对话框

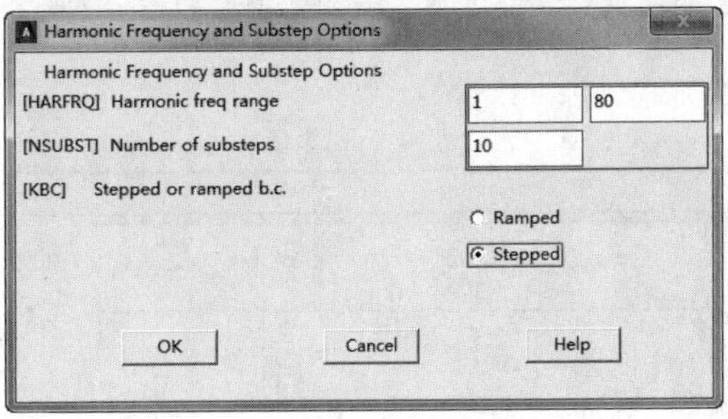

图 12-67 “Harmonic Frequency and Substep Options”对话框

❺设置阻尼：Main Menu > Solution > Load Step Opts > Time/Frequenc > Damping，弹出“Damping Specifications”对话框，如图 12-68 所示。在“[DMPRAT] Constant damping ratio” 文本框中输入 0.02，单击“OK”按钮。

❻谱响应分析求解：Main Menu > Solution > Solve > Current LS，弹出“/STATUS Command”对话框和“Solve Current Load Step”对话框。浏览信息提示栏中的信息，如果无误则单击 File > Close 关闭之。单击“Solve Current Load Step”对话框中的“OK”按钮按钮，开始求解。

❼退出求解器：Main Menu > Finish。

06 POST26 后处理。

❶进入时间历程后处理：Main Menu > TimeHist PostPro，弹出如图 12-69 所示的“Spectrum Usage”对话框。接受默认设置，单击“OK”按钮，弹出如图 12-70 所示的“Time History Variables-DynamicPlate.rst”对话框，其中已有默认变量时间（TIME）。

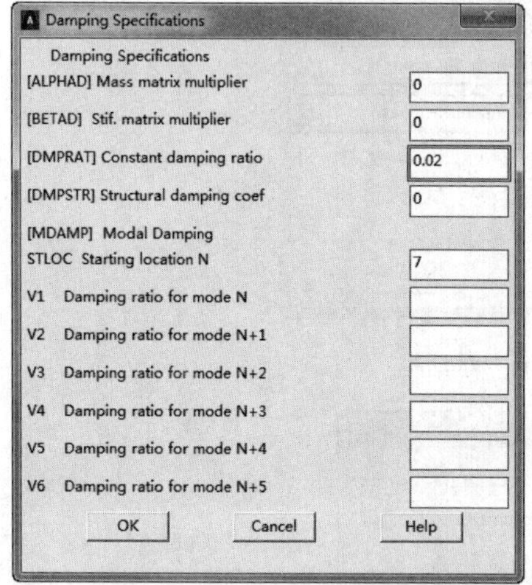

图 12-68 “Damping Specifications”对话框

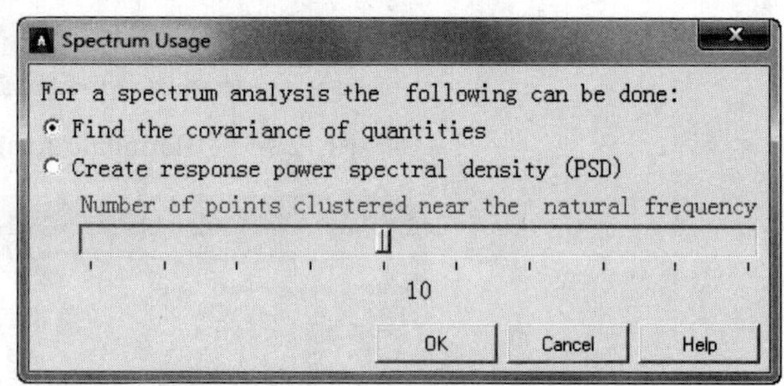

图 12-69 “Spectrum Usage”对话框

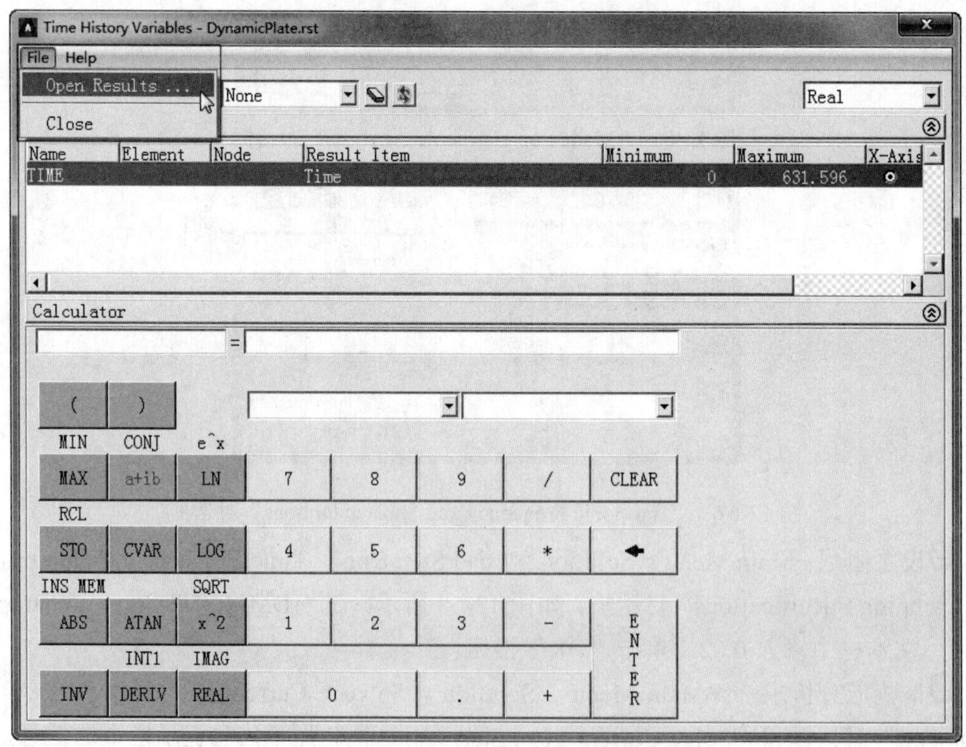

图 12-70 “Time History Variables-DynamicPlate.rst”对话框

❷读入结果：在“Time History Variables—DynamicPlate.rst”对话框中选择 File > Open Results，弹出“Select Results File”对话框，如图 12-71 所示。在响应的路径下选择“Example.rfrq”文件，单击“打开”按钮，接着弹出如图 12-72 所示的“Select Database

File”对话框。选择模型数据文件“Example.db”。弹出如图 12-69 所示的对话框，。接受默认设置，单击“OK”按钮。返回“Time History Variables ”对话框。注意，此时的默认变量已经由“TIME”变为“FREQ”。

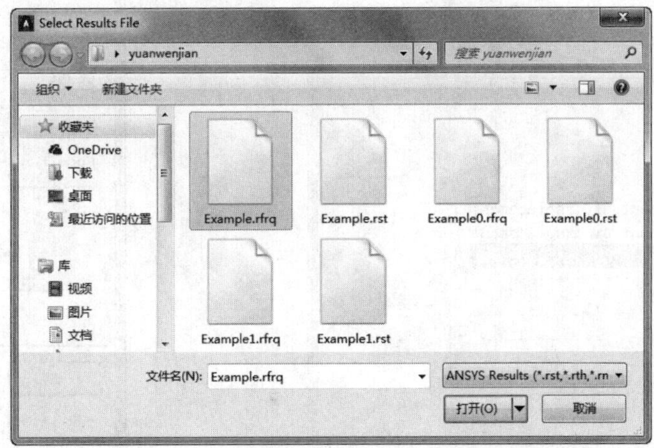

图 12-71 “Select Results File”对话框

图 12-72 “Select Database File”对话框

注意 当读取结果时，“响应的路径”指工作文件存放的地址，读取的文件后缀名是 rfrq，文件名是工作名（Jobname）。

❸定义位移变量 UZ：在“Time History Variables”对话框中单击左上方的“Add Data”按钮，弹出“Add Time-History Variables”对话框，如图 12-73 所示。选择 Nodal Solution > DOF Solution > Z-Component of displacement，在“Variable Name” 文本框中输入“UZ_2”，单击“OK”按钮。

❹弹出“Node for Data”选择对话框，如图 12-74 所示。在文本框中输入 85，单击“OK”按钮，。返回“Time History Variables”对话框。此时，变量列表中多了一项“UZ_2”变量，如图 12-75 所示。

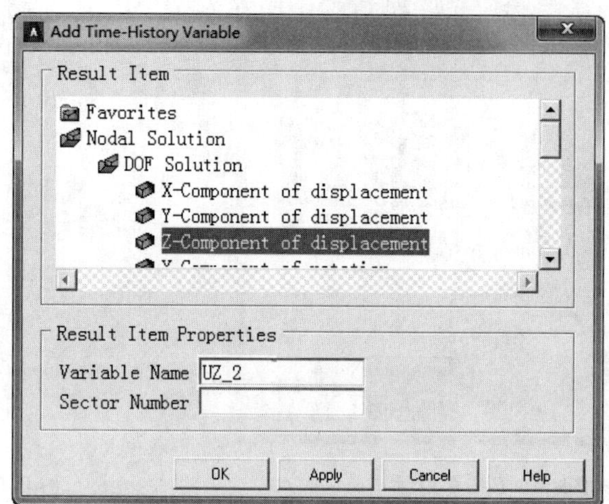

图 12-73 Add Time-History Variables 对话框

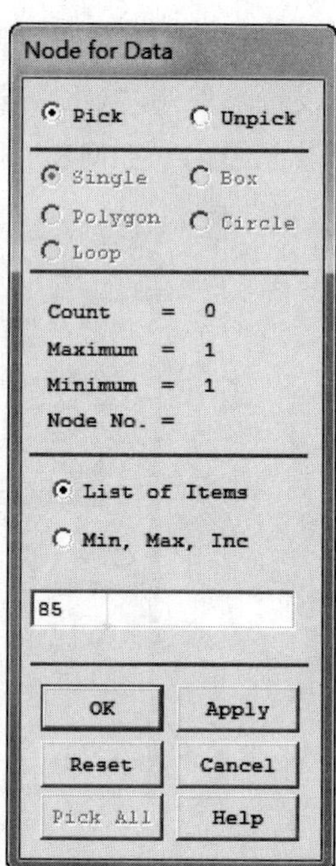

图 12-74“Node for Data”选择对话框

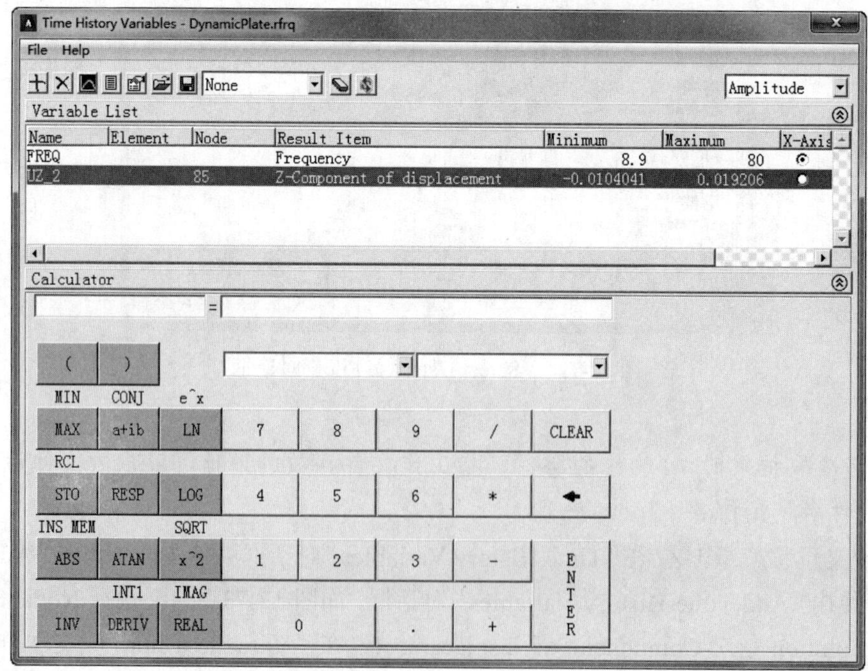

图 12-75 “Time History Variables” 对话框

❺绘制位移-频率曲线：在“Time History Variables” 对话框中单击第三个按钮“◪”，显示如图 12-76 所示的位移-频率曲线。

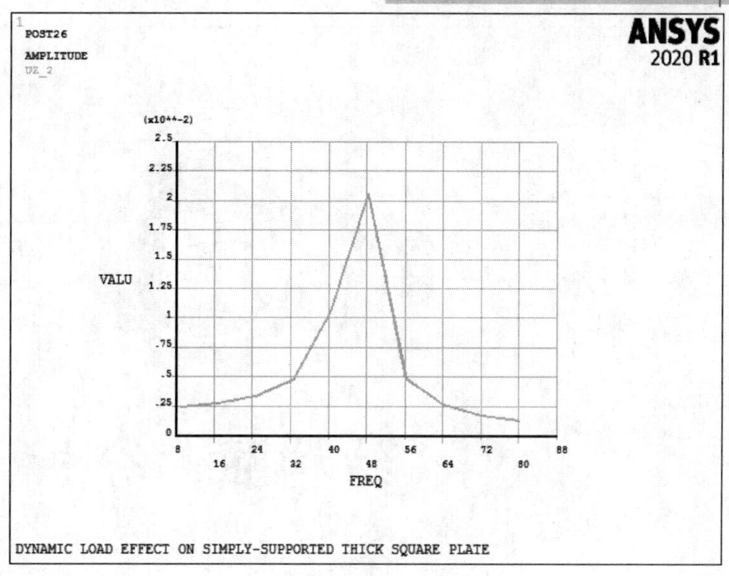

图 12-76 位移-频率曲线

12.3.3 命令流方式

略，见随书电子资源。

第 13 章

结构屈曲分析

屈曲分析是一种用于确定结构的屈曲载荷（使结构开始变得不稳定的临界载荷）和屈曲模态（结构屈曲响应的特征形态）的技术。

本章介绍了 ANSYS 屈曲分析的基本步骤，详细讲解了其中各种参数的设置方法与功能，最后通过薄壁圆筒屈曲分析实例对 ANSYS 屈曲分析进行了具体演示。

- 结构屈曲分析概述概论
- 结构屈曲分析的基本步骤
- 薄壁圆筒屈曲分析

13.1 结构屈曲分析概述

ANSYS 提供了两种分析结构屈曲的方法。

1）非线性屈曲分析：该方法是逐步地增加载荷，对结构进行非线性静力学分析，然后在此基础上寻找临界点，如图 13-1a 所示。

2）特征值屈曲分析（线性屈曲分析）：该方法用于预测理想弹性结构的理论屈曲强度（即通常所说的欧拉临界载荷），如图 13-1b 所示。

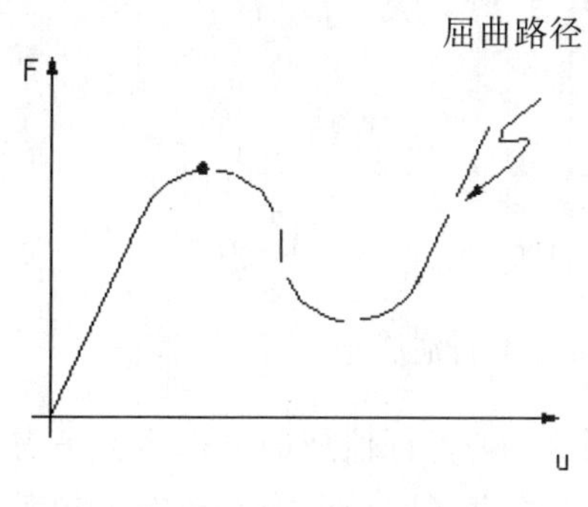

a）非线性屈曲载荷-位移曲线

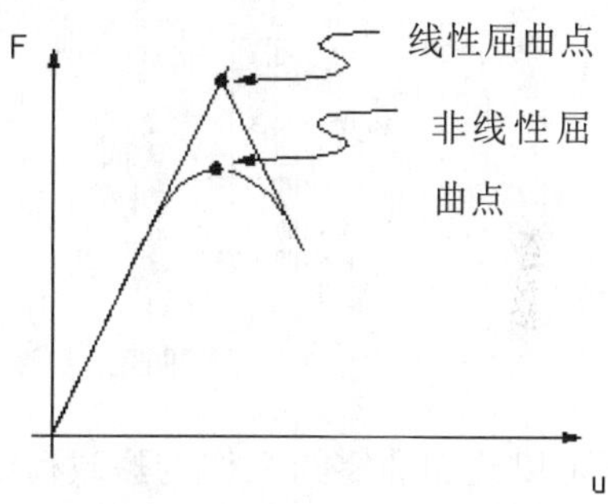

b）线性（特征值）屈曲曲线

图 13-1 结构屈曲分析

13.2 结构屈曲分析的基本步骤

13.2.1 前处理

该过程与其他分析类型类似，但应注意以下两点：

1）该方法只允许线性行为，如果定义了非线性单元，则按线性处理；

2）必须定义材料的弹性模量“EX”（或者某种形式的刚度），材料性质可以是线性的、各向同性的或者各向异性的、恒值或与温度相关。

13.2.2 获得静力解

该过程与一般的静力分析类似，只应记住以下几点。

1）必须激活预应力影响（命令“PSTRESS”或相应 GUI）

2）通常只需施加一个单位载荷即可，但 ANSYS 允许的最大特征值是 1000000，若求解时特征值超过了这个值，则须施加一个较大的载荷。当施加单位载荷时，求解得到的特征值就表示临界载荷；当施加非单位载荷时，求解得到的特征值乘以施加的载荷就得到临界载荷。

3）特征值相当于对所有施加载荷的放大倍数。如果结构上既有恒载荷作用（例如重力载荷）又有变载荷作用（如外加载荷），需要确保在特征值求解时，由恒载荷引起的刚度矩阵没有乘以放大倍数。通常，为了做到这一点，采用迭代方法。根据迭代结果，不断地调整外加载荷，直到特征值变成 1（或在误差允许范围内接近 1）。

如图 13-2 所示，一根木桩同时受到重力 W_0 和外加载荷 A 作用，为了找到结构特征值屈曲分析的极限载荷 A，可以用不同的 A 进行迭代求解，直到特征值接近于 1。

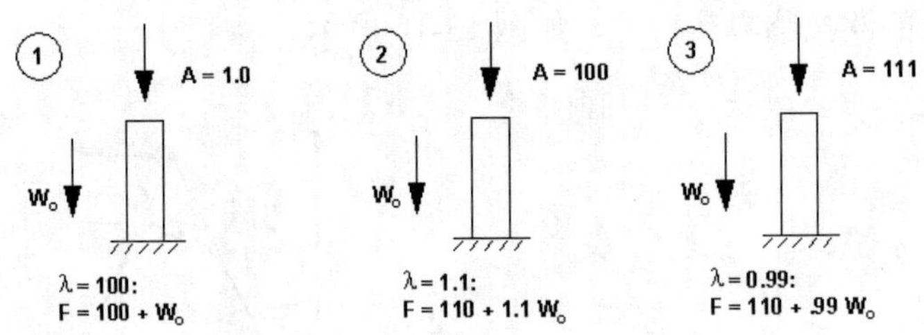

图 13-2 调整外加载荷直到特征值为 1

4）可以施加非零约束作为静载荷来模拟预应力，特征值屈曲分析将会考虑这种非零约束（即考虑了预应力），屈曲模态不考虑非零约束（即屈曲模态依然是参考零约束模型）。

5）在求解完成后，必须退出求解器（命令“FINISH”或相应 GUI 路径）

13.2.3 获得特征值屈曲解

该步骤需要静力求解所得的两个文件“Jobname.EMAT”和“Jobname.ESAV”，同时数据库中必须包含模型文件（必要时执行命令“RESUME”），以下是获得特征值屈曲解的详细步骤。

1）进入求解器。

命令：/SOLU。

GUI：Main Menu > Solution。

2）指定分析类型。

命令：ANTYPE,BUCKLE。

GUI：Main Menu > Solution > Analysis Type > New Analysis。

注意 重启动（Restarts）对于特征值分析无效。当指定特征值屈曲分析（eigenvalue buckling）后，会出现相应的求解菜单（Solution menu），该菜单会根据你最近的操作存在简化形式（abridged）和完整形式（unabridged），简化形式的菜单仅仅包含对于屈曲分析需要或有效的选项。如果当前显示的是简化菜单而你又想获得其他的求解选项（那些选项对于分析来说是有用的，但对于当前分析类型却没有被激活），可以在“Solution menu ”中选择“Unabridged Menu” 选项，更详细的说明可以参考帮助文档。

3）指定分析选项。

命令：BUCOPT, Method, NMODE, SHIFT。

GUI：Main Menu > Solution > Analysis Type > Analysis Options。

无论是命令还是 GUI 路径，都可以指定如下选项（见图 13-3）。

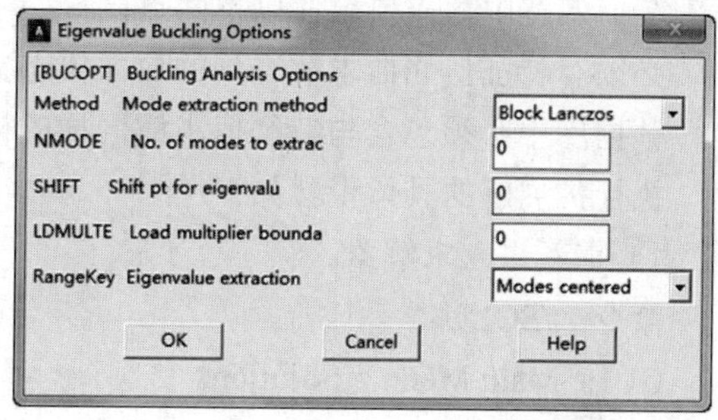

图 13-3 特征值屈曲分析选项

屈曲阶数（NMODE）：用于指定提取特征值的阶数。该变量默认值是 1，因为我们通常最关心的是第一阶屈曲。

策略（SHIFT）：用于指定特征值要乘的载荷因子（load factor）。该因子在求解遇到数值问题（如特征值为负值）时有用，默认值为 0。

方法（Method）：用于指定特征值提取方法。可以选择子空间方法（Subspace）和兰索斯分块方法（Block Lanczos），它们都使用完全矩阵。可在帮助文档中查看选项（Mode-Extraction Method [MODOPT]）以获得更详细的信息。

4）指定载荷步选项。对于特征值屈曲问题，唯一有效的载荷步选项是输出控制和扩展选项。

命令：OUTPR,NSOL,ALL。

GUI：Main Menu > Solution > Load Step Opts > Output Ctrls > Solu Printout。

扩展求解可以被设置成特征值屈曲求解的一部分，也可以另外单独执行。在本节中，扩展求解另外单独执行。

5）保存结果。

命令：SAVE。

GUI：Utility Menu > File > Save As。

6）开始求解。

命令：SOLVE。

GUI：Main Menu > Solution > Solve > Current LS。

求解输出项主要包括特征值（eigenvalues），它被写入输出文件（Jobname.OUT）中。特征值表示屈曲载荷因子，如果施加的是单位载荷，它就表示临界屈曲载荷。数据库或者结果文件中不会写入屈曲模态，所以不能对此进行后处理。如果想对其进行后处理，必须执行扩展解（后面会详细说明）。

特征值可以是正数也可以是负数，如果是负数，则表示应该施加相反方向的载荷。

7）退出求解器。

命令：FINISH。

GUI：Main menu>Finish。

13.2.4 扩展解

不论采用哪种特征值提取方法，如果想得到屈曲模态的形状，就必须执行扩展解。如果 xz d 是子空间迭代法，可以把“扩展”简单理解为将屈曲模态的形状写入结果文件。

在扩展解中，需要记住以下两点：

必须有特征值屈曲求解得到的屈曲模态文件（Jobname.MODE）。

数据库中必须包含与特征值求解同样的模型。

执行扩展解的具体步骤如下：

1）重新进入求解器。

命令：/SOLU。

GUI：Main Menu > Solution。

注意 在执行扩展解之前，必须明确地退出求解器（利用命令“FINISH”），然后重新进入（命令“/SOLU”）。

2）指定为扩展求解。

命令：EXPASS,ON。

GUI：Main Menu > Solution > Analysis Type > ExpansionPass。

3）指定扩展求解选项。

命令：MXPAND、NMODE、Elcalc。

GUI：Main Menu > Solution > Load Step Opts > ExpansionPass > Single Modes > Expand Modes。

无论是通过命令还是 GUI 路径，扩展求解都需要指定如下选项：

模态阶数（MODE）：用于指定扩展模态的阶数。这个变量默认值是特征值求解时所提取的阶数。

相对应力（Elcalc）：用于指定是否需要进行应力计算，如图 13-4 所示。特征值屈曲分析中的应力并非真正的应力，而是相对于屈曲模态的相对应力分布，默认时不计算应力。

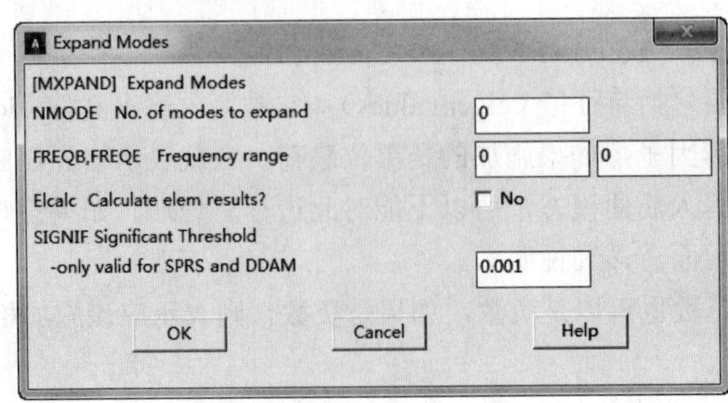

图 13-4 “Elcalc”选项

4）指定载荷步选项。在屈曲扩展求解中唯一有效的载荷步选项是输出控制选项，该选项包括输出文件（Jobname.OUT）中的任何结果数据。

命令：OUTPR。

GUI：Main Menu > Solution > Load Step Opts > Output Ctrl > Solu Printout。

5）数据库和结果文件输出。该选项控制结果文件（Jobname.RST）中的数据。

命令：OUTRES。

GUI：Main Menu > Solution > Load Step Opts > Output Ctrl > DB/Results File。

注意 "OUTPR"和"OUTRES"中的"FREQ"选项只能是"ALL"或"NONE"，也就是说，要么针对所有模态，要么不针对任何模态，不能只写入部分模态信息。

6）开始扩展求解。输出数据包含屈曲模态形状，如果需要的话，还可以包含每一阶屈曲模态的相对应力。

命令：SOLVE。

GUI：Main Menu > Solution > Solve > Current LS。

7）退出求解器。这时候可以对结果进行后处理。

命令：FINISH。

GUI：Main menu>Finish。

注意 该处的扩展解是单独作为一个步骤列出，也可以利用命令"MXPAND"（GUI：Main Menu > Solution > Load Step Opts > ExpansionPass > Expand Modes）将它放在特征值求解步骤中执行。

13.2.5 后处理

屈曲扩展求解的结果被写入结构结果文件（Jobname.RST），其中包括屈曲载荷因子、屈曲模态形状和相对应力分布，可以在通用后处理（POST1）中观察这些结果。

注意 为了在 POST1 中观察结果，数据库中必须包含与屈曲分析相同的结构模型（必要时可执行 RESUME 命令）；，同时，数据库中还必须包含扩展求解输出的结果文件（Jobname.RST）。

1）列出现在所有的屈曲载荷因子。

命令：SET,LIST。

GUI：Main Menu > General Postproc > Results Summary。

2）读取指定的模态以显示屈曲模态的形状。每一种屈曲模态都储存在独立的结果步（substep）中。

命令：SET,SUBSTEP。

GUI：Main Menu > General Postproc > Read Results > By Load Step。

3）显示屈曲模态形状。

命令：PLDISP。

GUI：Main Menu > General Postproc > Plot Results > Deformed Shape。

4）显示相对应力分布云图。

命令：PLNSOL 或 PLESOL。

GUI：Main Menu > General Postproc > Plot Results > Contour Plot > Nodal Solution。

Main Menu > General Postproc > Plot Results > Contour Plot > Element Solution。

13.3 实例导航——薄壁圆筒屈曲分析

在本节实例分析中，我们将进行一个薄壁圆筒的几何非线性分析，用轴对称单元模拟薄壁圆筒，求解通过单一载荷步来实现。

13.3.1 问题描述

如图 13-5 所示，薄壁圆筒的半径 R=2540 mm，高 h=20320 mm，壁厚 t=12.35 mm，在圆筒的顶面上受到均匀的压力作用，压力的大小为 10^6Pa。材料的弹性模量 E＝200GPa，泊松比 ν＝0.3，试计算薄壁圆筒的屈曲模式及临界载荷。

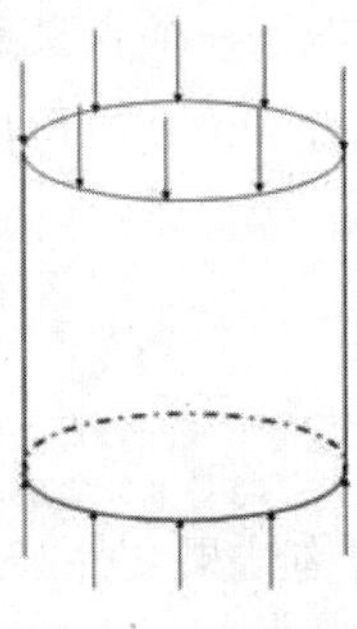

图 13-5 薄壁圆筒

13.3.2 GUI 模式

01 前处理。

❶ 定义工作标题。在主菜单栏中选择 Utility Menu > File > Change Title，在弹出的对话框的文本框中输入“Buckling of a thin cylinder”，单击“OK”按钮。

❷ 定义单元类型。在主菜单栏中选择 Mail Menu > Preprocessor > Element Type > Add/Edit/Delete，弹出“Element Types”对话框。单击“Add”按钮，弹出“Library of Element Types”对话框，如图 13-6 所示。在左边的列表框中选择“Structural Beam”，在右边的列表框中选择“3D 2 node 188”，单击“OK”按钮。单击“Element Types”对话框的“OK”

按钮，关闭该对话框。

图 13-6 “Library of Element Types”对话框

❸ 定义材料属性。在主菜单中选择 Main Menu > Preprocessor > Material Props > Material Models，弹出如图 13-7a 所示的“Define Material Model Behavior”窗口。在“Material Models Available”列表框中选择“Favorites” > “ Linear Static” > “Linear Isotropic”，弹出如图 13-7b 所示的“Linear Isotropic Material Properties for Material Number 1”对话框。

❹在“Linear Isotropic Material Properties for Material Number 1”对话框“EX”文本框中输入“2E5”，在“PRXY”文本框中输入 0.3，单击“OK”按钮。在“Define Material Model Behavior”选择菜单路径 Material > Exit，退出材料属性定义窗口。

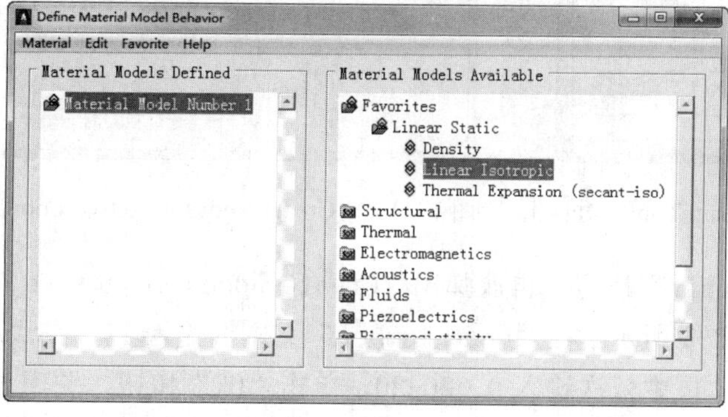

a)

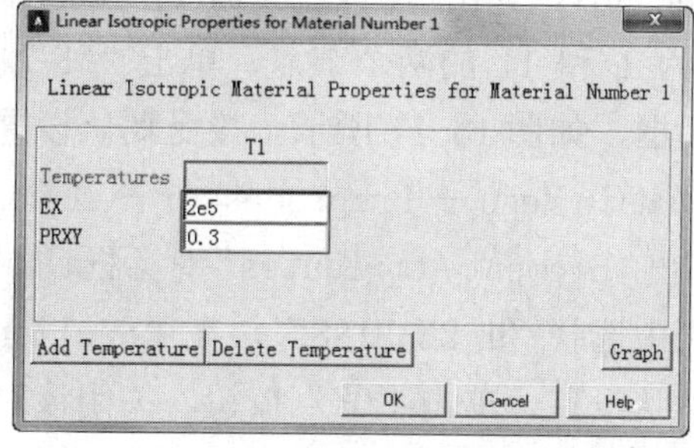

b)

图 13-7 定义材料属性

❺ 定义杆件材料属性。在主菜单中选择 Main Menu > Preprocessor > Sections >

Beam > Common Section，弹出如图 13-8 所示的“Beam Tool”选择对话框。在“Sub-Type”下来列表中选择空心圆管，在“Ri”文本框中输入内半径 2527.65，在“Ro”文本框中输入外半为“2540，单击“OK”按钮。

02 建立实体模型。

❶在主菜单中选择 Main Menu > Preprocessor > Modeling > Create > Nodes > In Active CS，弹出“Create Nodes in Active Coordinate System”对话框，如图 13-9 所示。在“Node number”文本框输入 1，在“X,Y,Z Location in active CS”文本框中输入 0、0。

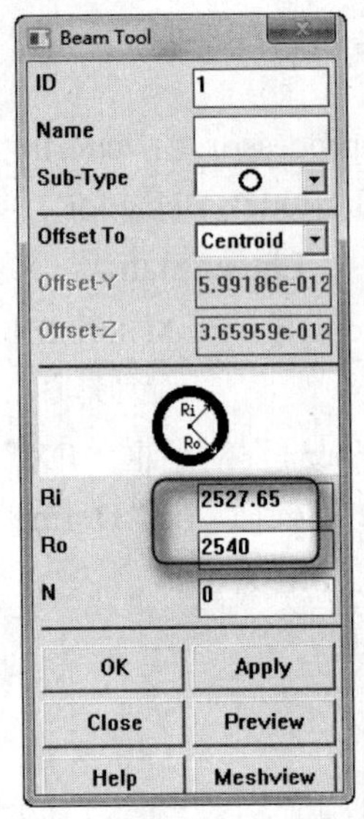

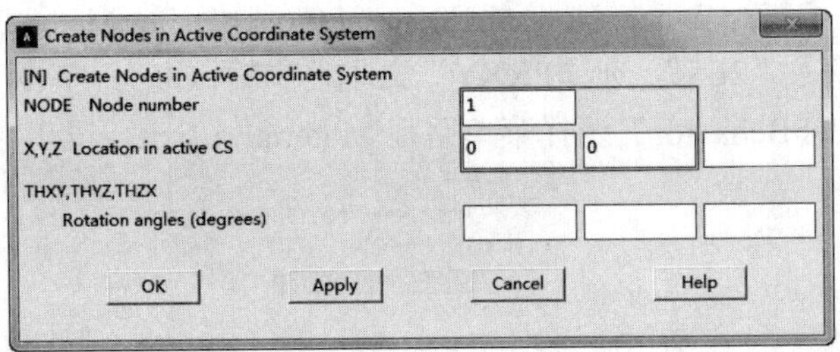

图 13-8 “Beam Tool”对话框　　图 13-9 “Create Nodes in Active Coordinate System”对话框

❷单击“Apply”按钮，再次弹出“Create Nodes in Active Coordinate System”对话框，如图 13-9 所示。在“Node number”文本框输入 11，在“X,Y,Z Location in active CS”文本框中依次输入 0、20320，单击“OK”按钮，关闭该对话框。

❸插入新节点。在主菜单中选择 Main Menu > Preprocessor > Modeling > Create > Nodes > Fill between Nds，弹出“Fill between Nds”选择对话框，如图 13-10 所示。在屏幕上选择编号为 1 和 11 的两个节点，单击“OK”按钮，弹出“Create Nodes Between 2 Nodes”对话框，如图 13-11 所示。接受默认设置，单击“OK”按钮。

❹在主菜单中选择 Main Menu → Preprocessor → Modeling → Create → Elements → Elem Attributes，弹出“Element Attributes”对话框，如图 13-12 所示。在“Element type number”下拉列表中选择“1 BEAM188”，在“Section number”下拉列表中选择 1，其余选项采用系统默认设置，单击“OK”按钮，关闭该对话框。

❺在主菜单中选择 Main Menu > Preprocessor > Modeling > Create > Elements > Auto Numbered > Thru Nodes，弹出“Elements from Nodes”对话框。在文本框输入 1、2，单击“OK”按钮，关闭该对话框。

① 复制单元。在主菜单中选择 Main Menu > Preprocessor > Modeling > Copy >

Elements > Auto Numbered，弹出“Copy Elems Auto-Num”对话框，如图 13-13 所示，在屏幕上选所创建的单元，单击“OK”按钮。

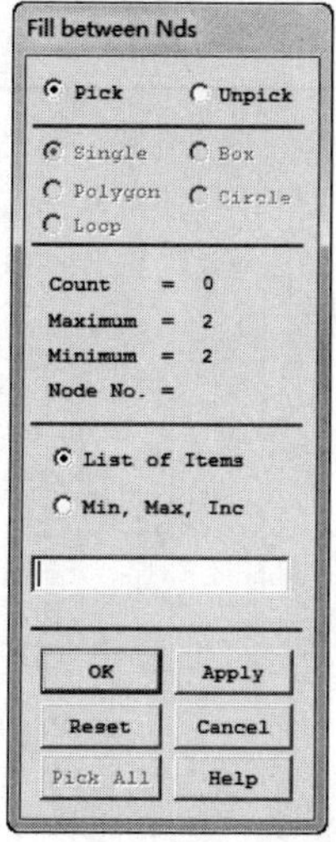

图 13-10 “Fill between Nds”对话框

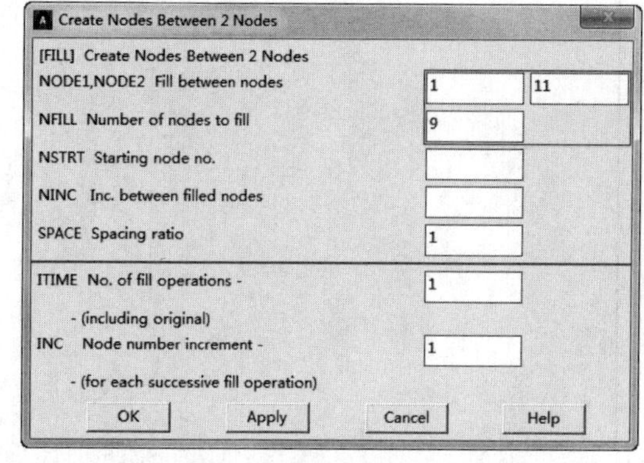

图 13-11 “Create Nodes Between 2 Nodes”对话框

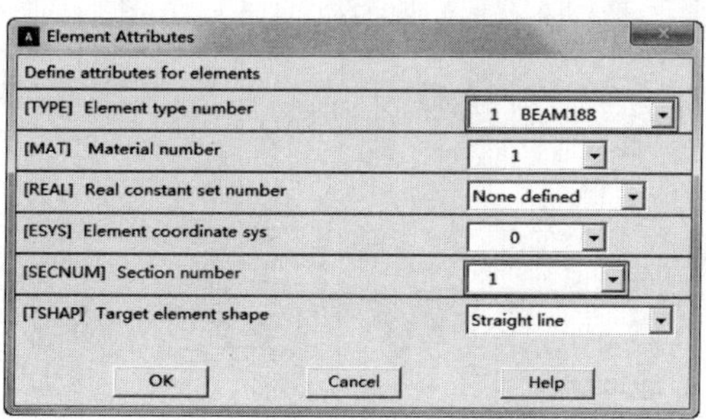

图 13-12 Element Attributes 对话框

② 弹出“Copy Elements”对话框，如图 13-14 所示，在“Total number of copies”文本框输入 10，在“NINC Node number increment”文本框输入 1，单击“OK”按钮。

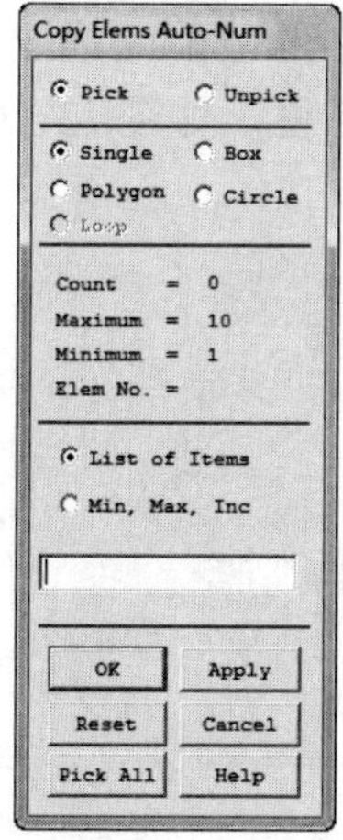

图 13-13 “Copy Elems Auto-Num”选择对话框

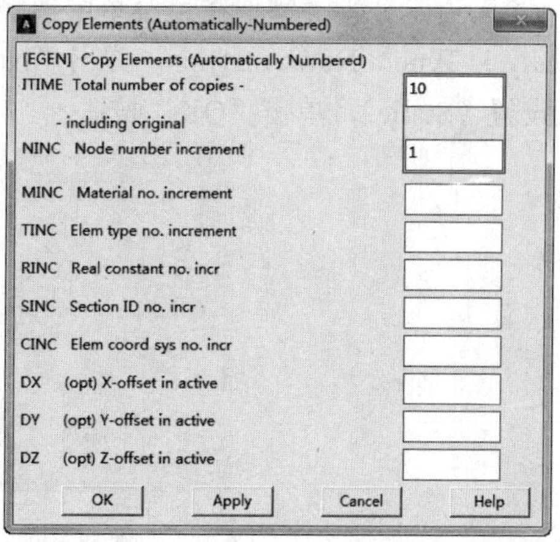

图 13-14 “Copy Elements”对话框

❻ 选择菜单栏中的 PlotCtrls > Style > Colors > Reverse Video，ANSYS 窗口将变成白色。选择菜单栏中的 Plot > Elements，ANSYS 窗口会显示模型，如图 13-15 所示。

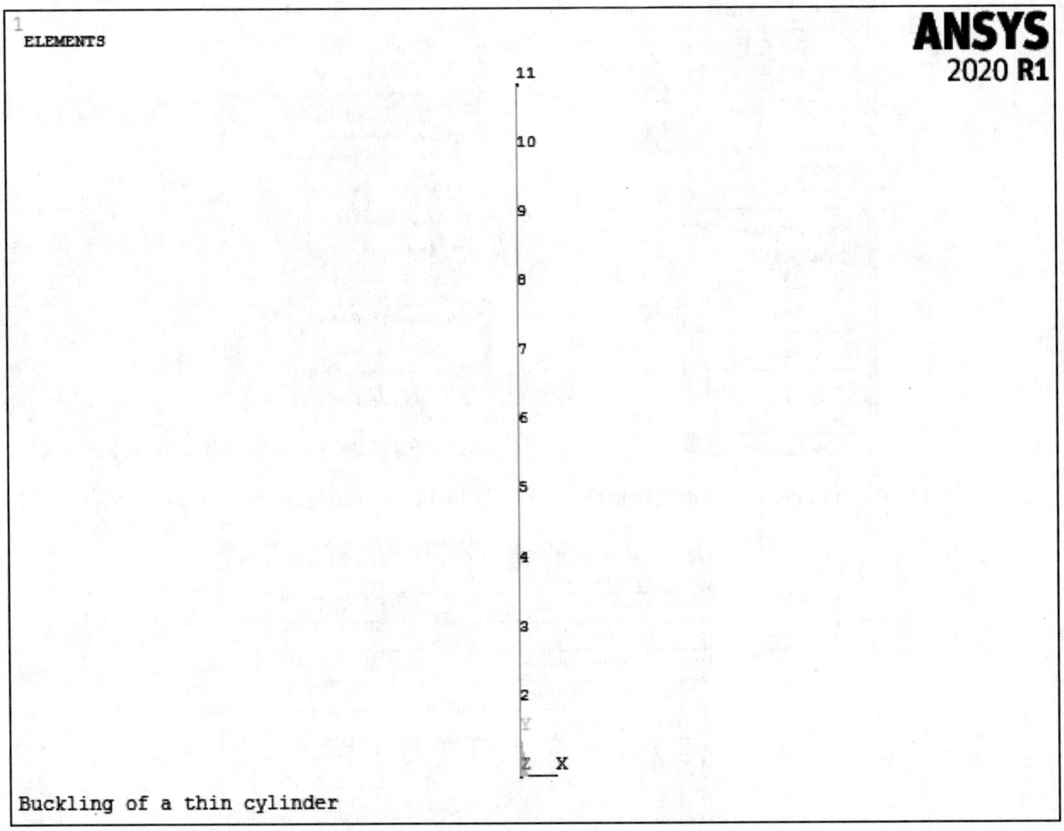

ELEMENTS

ANSYS
2020 R1

Buckling of a thin cylinder

图 13-15　模型

❼ 存储数据库。在工具栏中选择“SAVE_DB”按钮。

03 获得静力解。

❶ 设定分析类型。在主菜单中选择 Main Menu > Solution > Unabridged Menu > Analysis Type > New Analysis，弹出“New Analysis”对话框，如图 13-16 所示，接受默认设置（Static），单击“OK”按钮。

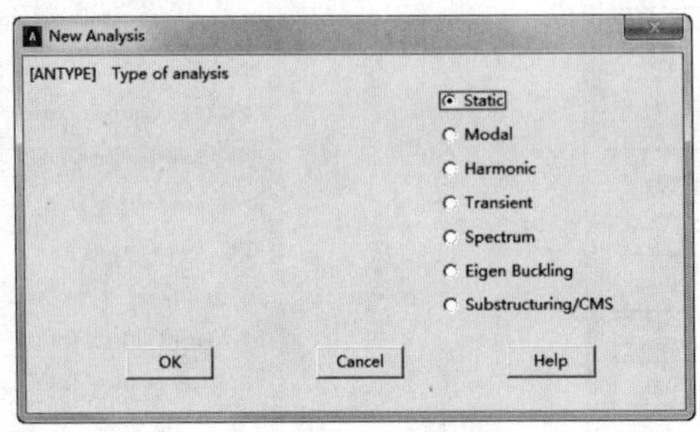

图 13-16　“New Analysis”对话框

❷ 设定分析选项。在主菜单中选择 Main Menu > Solution > Analysis Type > Sol’n Controls，弹出如图 13-17 所示的“Solution Controls”对话框。选择“Calculate prestress effects”复选框，单击“OK”按钮。

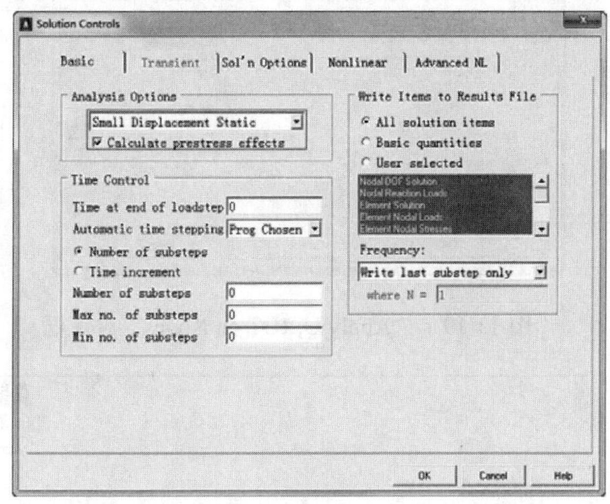

图 13-17 “Solution Controls”对话框

❸ 打开节点编号显示。在菜单栏中选择 Utility Menu > PlotCtrls > Numbering，弹出“Plot Numbering Controls”对话框，如图 13-18 所示。选择“NODE”复选框使其显示为“No”，单击“OK”按钮。

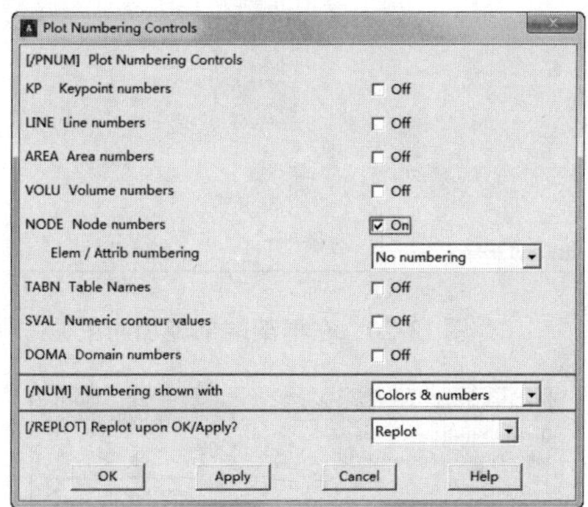

图 13-18 “Plot Numbering Controls”对话框

❹ 定义边界条件。在主菜单中选择 Main Menu > Solution > Define Loads > Apply > Structural > Displacement > On Nodes，弹出“Apply U,ROT on Nodes”选择对话框。在屏幕上选择节点 1，单击“OK”按钮，弹出如图 13-19 所示的“Apply U,ROT on Nodes”对话框。在“Lab2”列表选择“All DOF”选项，单击“OK”按钮，在框架端部施加约束，如图 13-20 所示。

❺ 施加载荷。在主菜单中的 Main Menu > Solution > Define Loads > Apply > Structural > Force/ Moment > On Nodes，弹出“Apply F/M on Nodes”选择对话框选择菜单。选择节点 11，单击“OK”按钮，弹出“Apply F/M on Nodes”对话框，如图 13-21

所示。在“Direction of force/mom ”后面的下拉列表中选择“FY”选项，在“VALUE Force/moment value”文本框中输入“-1E6”，单击“OK”按钮，如图13-22所示。

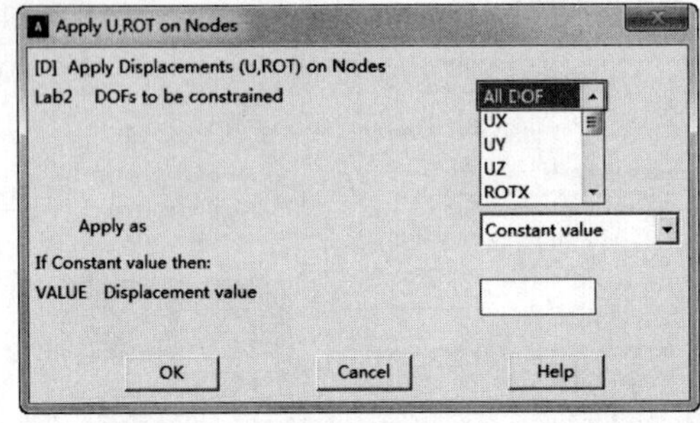

图 13-19 “Apply U,ROT on Nodes”对话框

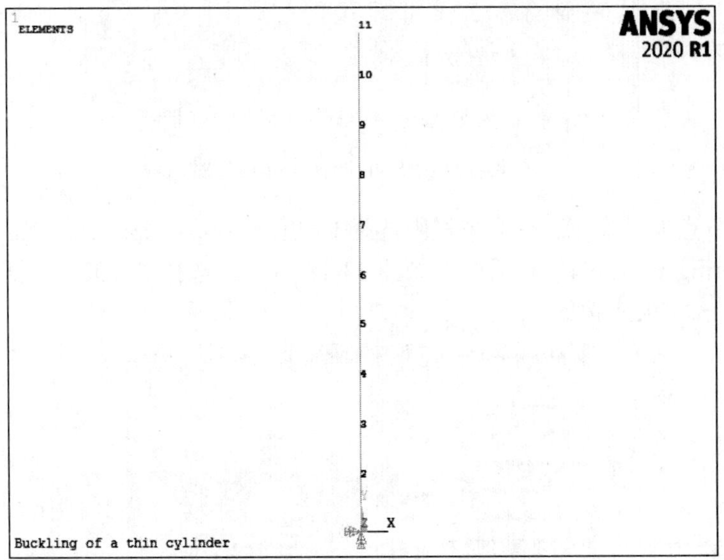

图 13-20 在框架端部施加约束

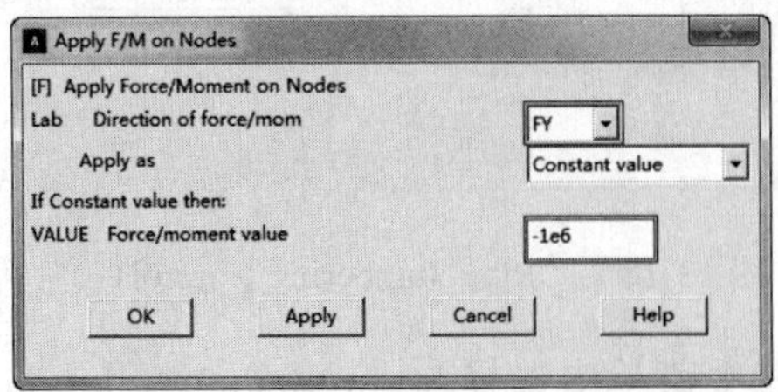

图 13-21 “Apply F/M on Nodes”对话框

❻ 静力分析求解。在主菜单中选择 Main Menu > Solution > Solve > Current LS，弹出“/STATUS Command”对话框和“Solve Current Load Step”对话框，仔细浏览信息提示窗口中的信息，如果无误则选择 File > Close 关闭之。单击“Solve Current Load Step”对话框中的“OK”按钮，开始求解。当静力求解结束时，屏幕上会弹出“Solution is done”信息提示，单击“Close”按钮。

❼ 退出静力求解。在主菜单中选择 Main Menu > Finish。

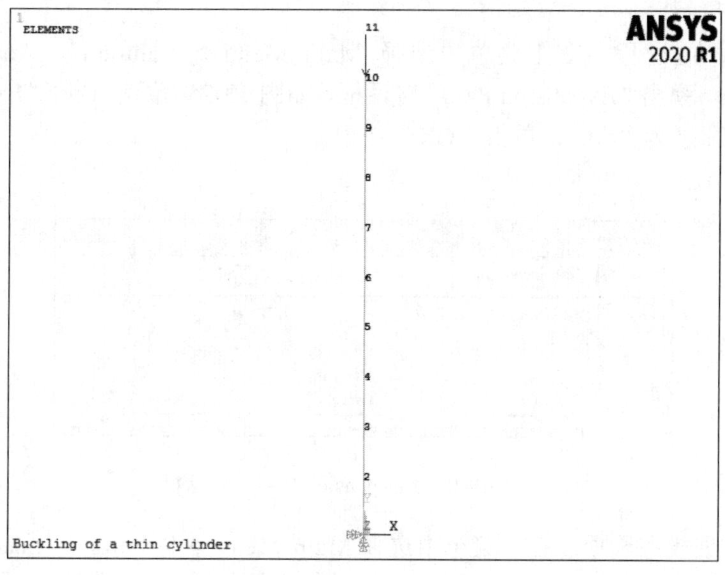

图 13-22 施加力载荷

04 获得特征值屈曲解。

❶ 屈曲分析求解。在主菜单中选择 Main Menu > Solution > Analysis Type > New Analysis，弹出如图 13-23 所示的“New Analysis”对话框，在“Type of analysis”选项组中选择“Eigen Buckling”，单击“OK”按钮。

❷ 设定屈曲分析选项。在主菜单中选择 Main Menu > Solution > Analysis Type > Analysis Options，弹出“Eigenvalue Buckling Options”对话框，如图 13-24 所示，在“NMODE No. of modes to extract”文本框中输入 10，单击“OK”按钮。

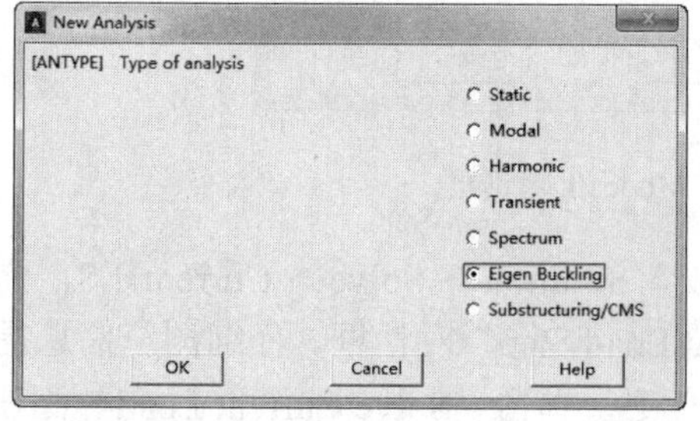

图 13-23 “New Analysis”对话框

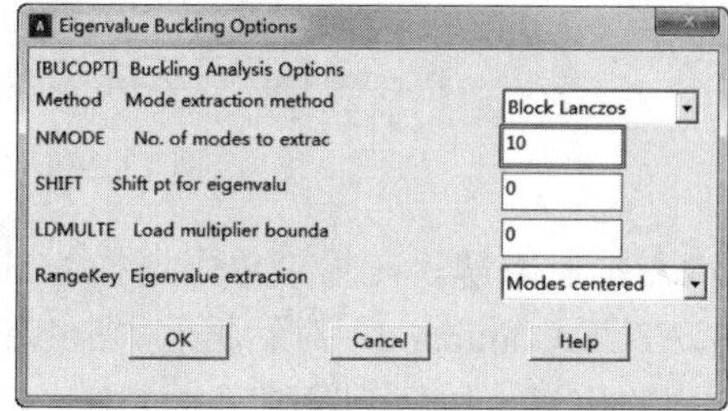

图 13-24 “Eigenvalue Buckling Options”对话框

❸ 屈曲求解。在主菜单中选择 Main Menu > Solution > Solve > Current LS，弹出“/STATUS Command”对话框和“Solve Current Load Step”对话框。仔细浏览信息提示窗口中的信息，如果无误则选择 File > Close 关闭之。单击“Solve Current Load Step”对话框中的“OK”按钮，开始求解。当屈曲求解结束时，屏幕上会弹出“Solution is done”

信息提示，单击“Close”按钮关闭它。

❹ 退出屈曲求解。在主菜单中选择 Main Menu > Finish。

05 扩展解。

❶ 激活扩展过程。在主菜单中选择 Main Menu > Solution > Analysis Type > Expansion Pass，弹出“Expansion Pass”对话框，如图 13-25 所示。选择“Expansion pass”复选框，使其显示为“On”，单击“OK”按钮。

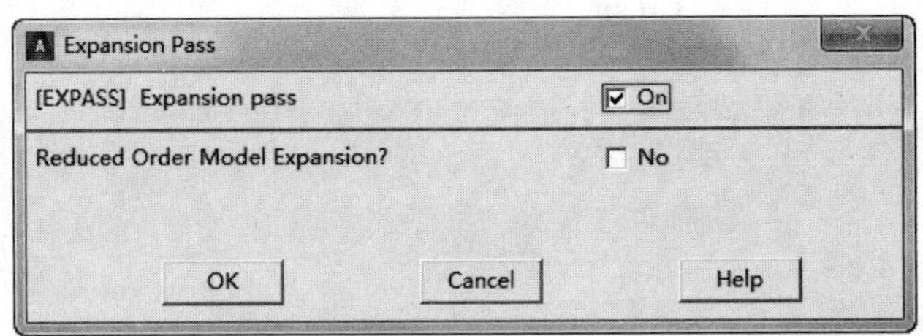

图 13-25 “Expansion Pass”对话框

❷设定扩展模态选项。在主菜单中选择 Main Menu > Solution > Load Step Opts > ExpansionPass > Single Expand > Expand Modes ，弹出如图 13-26 所示的“Expand Modes”对话框。在“No. of modes to expand”文本框中输入 10，选择“Colcutate elem results?”复选框，使其显示为“Yes”，单击“OK”按钮。

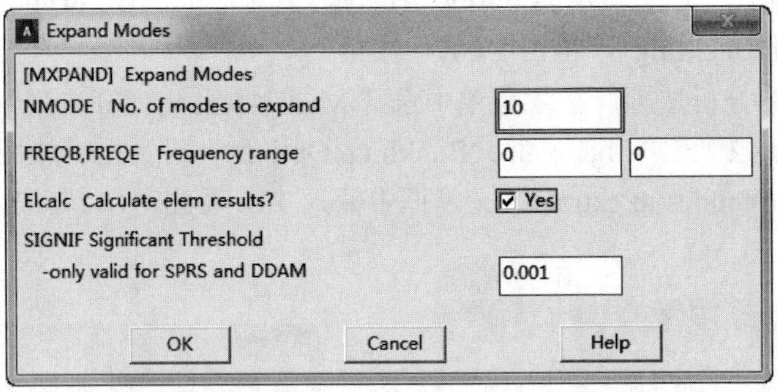

图 13-26 “Expand Modes”对话框

❸ 扩展求解。在主菜单中选择 Main Menu > Solution > Solve > Current LS，弹出“/STATUS Command”对话框和“Solve Current Load Step”对话框。仔细浏览信息提示窗口中的信息，如果无误则单击 File > Close 关闭之。单击“Solve Current Load Step”对话框中的“OK”按钮，开始求解。当屈曲求解结束时，屏幕上会弹出“Solution is done”信息提示，单击“Close”按钮关闭它。

❹ 退出扩展求解。在主菜单中选择 Main Menu > Finish。

06 后处理。列表显示各阶临界载荷。执行主菜单中的 Main Menu > General Postproc > Results Summary 命令，弹出“SET，LIST Command”对话框，如图 13-27 所示。其中，“TIME/FREQ”下面对应的数值表示载荷放大倍数。

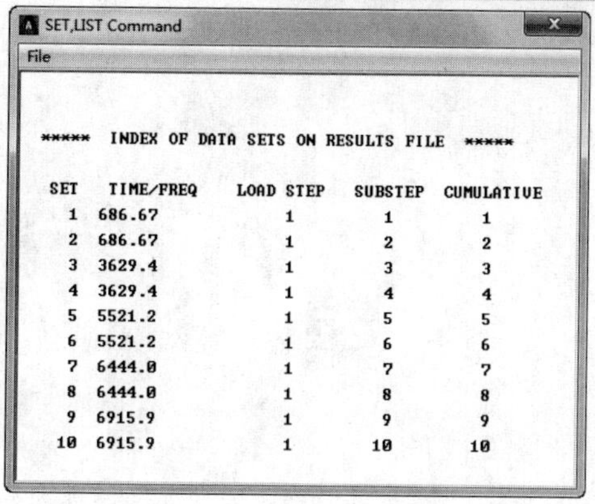

SET,LIST Command

File

***** INDEX OF DATA SETS ON RESULTS FILE *****

SET	TIME/FREQ	LOAD STEP	SUBSTEP	CUMULATIVE
1	686.67	1	1	1
2	686.67	1	2	2
3	3629.4	1	3	3
4	3629.4	1	4	4
5	5521.2	1	5	5
6	5521.2	1	6	6
7	6444.0	1	7	7
8	6444.0	1	8	8
9	6915.9	1	9	9
10	6915.9	1	10	10

图 13-27 “SET，LIST Command”对话框

13.3.3 命令流方式

略，见随书电子资源。

第14章 非线性分析

非线性变化是日常生活和科研工作中经常碰到的情形。本章介绍了 ANSYS 非线性分析的基本步骤，详细讲解了其中各种参数的设置方法与功能，最后通过几个实例对 ANSYS 非线性分析进行了具体演示。

通过本章的学习，可以完整深入地掌握 ANSYS 非线性分析的各种功能和应用方法。

学习要点

- 非线性分析概述
- 非线性分析的基本步骤
- 铆钉冲压变形分析

14.1 非线性分析概论

在日常生活中，经常会遇到构非线性结。例如，无论何时用订书针钉书，金属订书针将永久地弯曲成一个不同的形状，如图 14-1a 所示；如果你在一个木架上放置了重物，随着时间的推移越来越下垂，如图 14-1b 所示；当在汽车或货车中装货时，轮胎和路面间接触处将随货物重量而变化，如图 14-1c 所示。如果将上面例子的载荷—变形曲线画出来，将会发现它们都显示了非线性结构的基本特征，即变化的结构刚性。

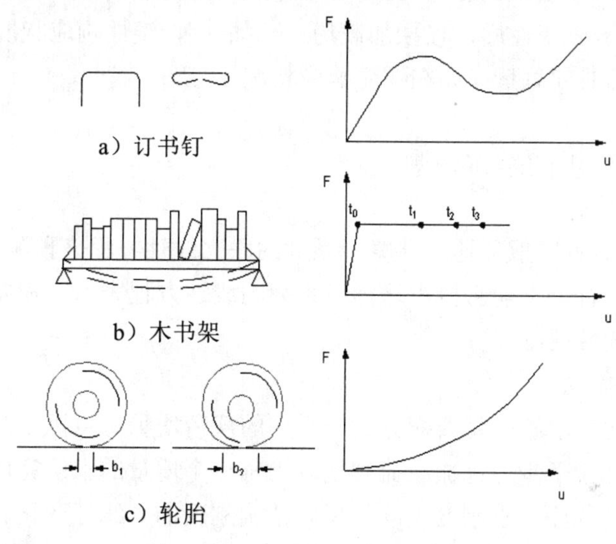

图 14-1 非线性结构行为

14.1.1 非线性行为的原因

引起结构非线性的原因很多，主要有如下 3 种主要类型：

1）状态变化（包括接触）。许多普通结构表现出一种与状态相关的非线性行为，例如一根只能拉伸的电缆可能是松散的，也可能是绷紧的。轴承套可能是接触的，也可能是不接触的；冻土可能是冻结的，也可能是融化的。这些系统的刚度由于系统状态的改变在不同的值之间突然变化。状态改变也许与载荷直接有关（如在电缆情况中），也可能由某种外部原因引起（如在冻土中的紊乱热力学条件）。ANSYS 程序中单元的激活与杀死选项可用来给这种状态的变化建模。

接触是一种很普遍的非线性行为，接触是状态变化非线性类型中一个特殊而重要的子集。

2）几何非线性。如果结构经受大变形，它变化的几何形状可能会引起结构的非线性响应。例如，如图 14-2 所示，随着垂直方向载荷的增加，杆不断弯曲了以至于动力臂明显地减少，导致杆端显示出在较高载荷下不断增长的刚性。

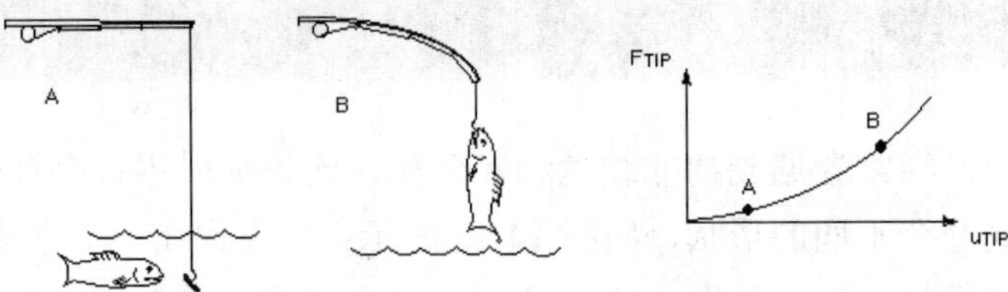

图 14-2 钓鱼竿的几何非线性

3）材料非线性。非线性的应力-应变关系是造成结构非线性的常见原因。许多因素可以影响材料的应力-应变性质，包括加载历史（如在弹-塑性响应状况下）、环境状况（如温度）和加载的时间总量（如在蠕变响应状况下）。

14.1.2 非线性分析的基本信息

ANSYS 程序的方程求解器通过计算一系列的联立线性方程来预测工程系统的响应。然而，非线性结构的行为不能直接用这样一系列的线性方程表示，需要一系列带校正的线性近似来求解非线性问题。

1. 非线性求解方法

一种近似的非线性求解是将载荷分成一系列的载荷增量，可以在几个载荷步内，或者在一个载荷步的几个子步内施加载荷增量。当每一个增量的求解完成后，继续进行下一个载荷增量之前，程序调整刚度矩阵以反映结构刚度的非线性变化。遗憾的是，纯粹的增量近似不可避免地随着每一个载荷增量积累误差，导致结果最终失去平衡，如图 14-3a)所示。

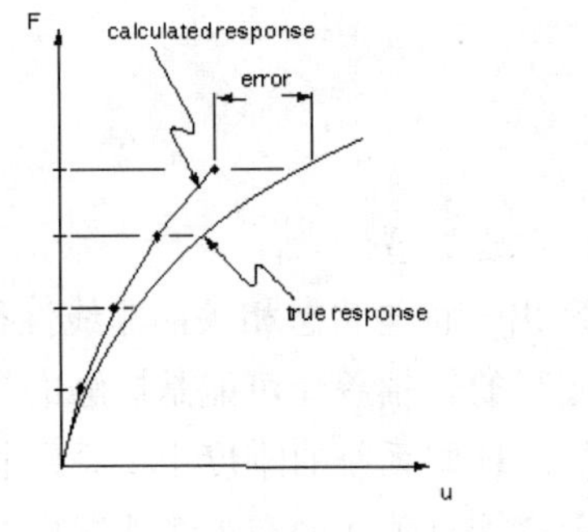

a）普通增量式解

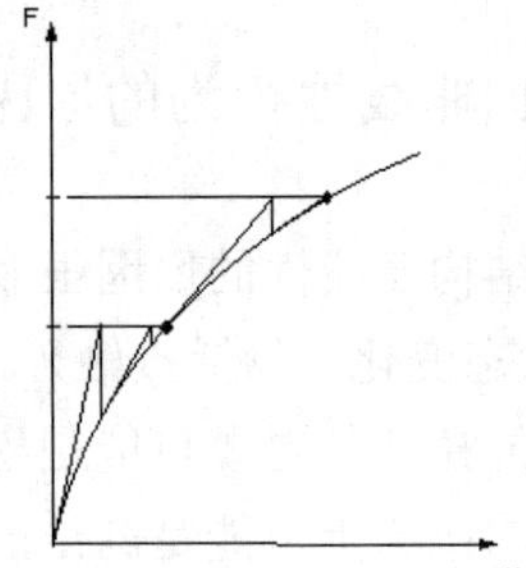

b）牛顿-拉普森迭代求解（2 个载荷增量）

图 14-3 纯粹增量近似与牛顿-拉普森近似的关系

ANSYS 程序通过使用牛顿-拉普森平衡迭代克服了这种困难，它迫使在每一个载荷增量的末端解达到平衡收敛（在某个容限范围内）。图 14-3b 描述了在单自由度非线性分析中牛顿-拉普森平衡迭代的使用。在每次求解前，NR 方法估算出残差矢量，这个矢量是回复力（对应于单元应力的载荷）和所加载荷的差值，然后程序使用非平衡载荷进行线性求解，并且核查收敛性。如果不满足收敛准则，重新估算非平衡载荷，修改刚度矩阵，获得新解。持续这种迭代过程直到问题收敛。

ANSYS程序提供了一系列命令来增强问题的收敛性，如自适应下降，线性搜索、自动载荷步及二分法等，可被激活来加强问题的收敛性。如果不能得到收敛，则程序要么继续计算下一个载荷步，要么终止（依据用户的指示而定）。

对某些物理意义上不稳定系统的非线性静态分析，如果仅仅使用NR方法，正切刚度矩阵可能会变为降秩矩阵，导致严重的收敛问题。这种情况包括独立实体从固定表面分离的静态接触分析，结构或者完全崩溃，或者“突然变成”另一个稳定形状的非线性弯曲问题。对这种情况，可以激活另外一种迭代方法，即弧长方法，以帮助稳定求解。弧长方法导致NR平衡迭代沿一段弧收敛，即使当正切刚度矩阵的倾斜为零或负值时，也往往阻止发散。传统NR方法与弧长方法的比较如图14-4所示。

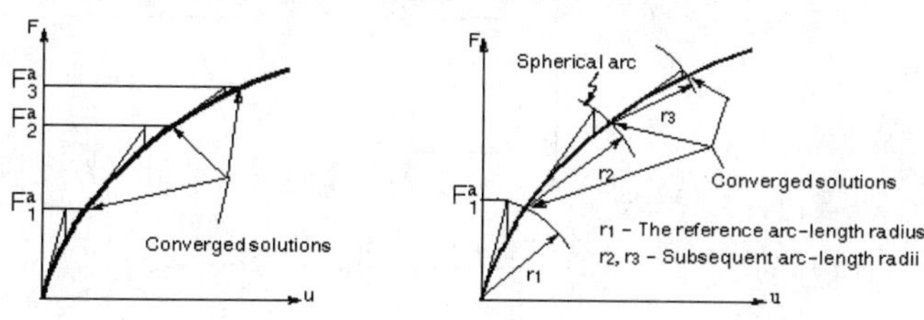

图14-4 传统的NR方法与弧长方法的比较

2. 非线性求解级别

非线性求解被分成3个级别：

1）“顶层”级别由在一定“时间”范围内你明确定义的载荷步组成。假定载荷在载荷步内是线性变化的。

2）在每一个载荷子步内，为了逐步加载，可以控制程序来执行多次求解（子步或时间步）。

3）在每一个子步内，程序将进行一系列的平衡迭代，以获得收敛的解。

图14-5所示为载荷步、子步与时间的关系，说明了一段用于非线性分析的典型载荷历史。

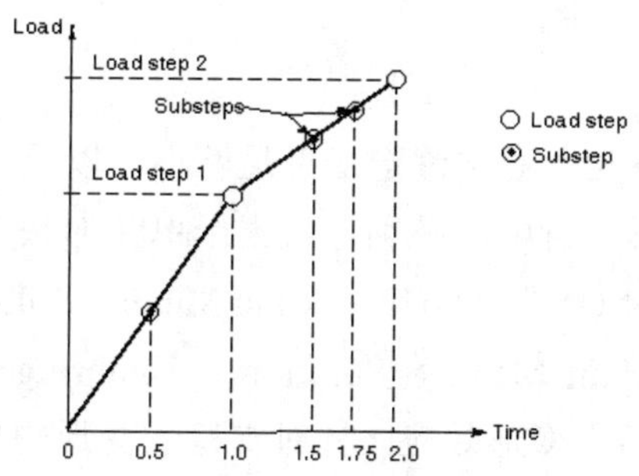

图14-5 载荷步、子步与时间的关系

3. 载荷和位移的方向改变

当结构单元经历大变形时，应该考虑载荷将发生什么变化。在许多情况下，无论结构如何变形，施加在系统中的载荷都保持恒定的方向。但在另一些情况下，载荷将改变方向，并随着单元方向的改变而变化。

注意 在大变形分析中不修正节点坐标系方向，因此计算出的位移在最初的方向上输出。

ANSYS程序对这两种情况都可以建模，取决于所施加的载荷类型。加速度和集中力将不管单元方向的改变而保持它们最初的方向，表面载荷作用在变形单元表面的法向，且可被用来模拟“跟随”力。图14-6所示为不同载荷作用下结构单元变形前的后载荷方向。

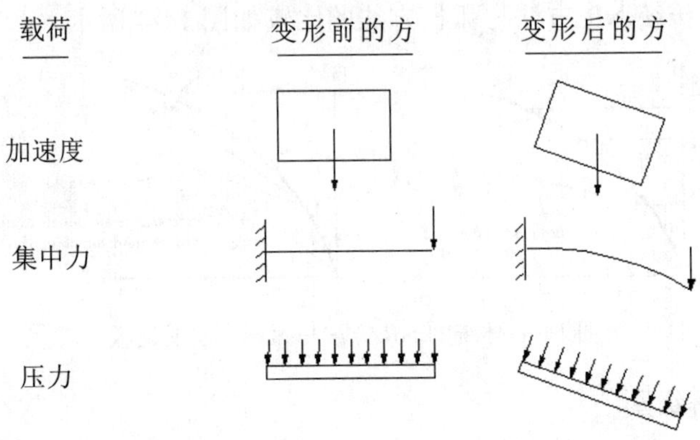

图14-6 不同载荷作用下结构单元变形前的后载荷方向

4．非线性瞬态过程分析

非线性瞬态过程的分析与线性静态或准静态分析类似，即以步进增量加载，程序在每一步中进行平衡迭代。静态和瞬态处理的主要不同是在瞬态过程分析中要激活时间积分效应。因此，在瞬态过程分析中“时间”总是表示实际的时序。自动时间分步和二等分特点同样也适用于瞬态过程分析。

14.1.3 几何非线性

小转动（小挠度）和小应变通常假定变形足够小，以至于可以不考虑由变形导致的刚度矩阵变化，但在大变形分析中，必须考虑由于单元形状或方向改变导致的刚度矩阵变化。使用命令“NLGEOM,ON”（GUI ：Main Menu > Solution > Analysis Type > Sol'n Control (: Basic Tab) 或 Main Menu > Solution > Unabridged Menu > Analysis Type > Analysis Options)，可以激活大变形效应（针对支持大变形的单元）。对于大多数实体单元（包括所有大变形单元和超弹单元）、大多数梁单元和壳单元，都支持大变形。

大变形过程在理论上并没有限制单元的变形或转动（实际的单元还是要受到经验变形的约束，即不能无限大），但求解过程必须保证应变增量满足精度要求，即总体载荷要被划分为很多小步来加载。

1．大应变大挠度（大转动）

所有梁单元和大多数壳单元，以及其他的非线性单元都有大挠度（大转动）效应，可以通过命令“NLGEOM,ON”（GUI：Main Menu > Solution > Analysis Type > Sol'n Control (: Basic Tab) 或 Main Menu > Solution > Unabridged Menu > Analysis Type > Analysis Options）来激活该选项。

2．应力刚化

结构的面外刚度有时会受到面内应力的明显影响，这种面内应力与面外刚度的耦合，即所谓的应力刚化，在面内应力很大的薄结构（如缆索、隔膜）中非常明显。

因为应力刚化理论通常假定单元的转动和变形都非常小，所以它是应用小转动或线性理论。但在有些结构中，应力刚化只有在大转动（大挠度）下才会体现，如图 14-7 所示结构。

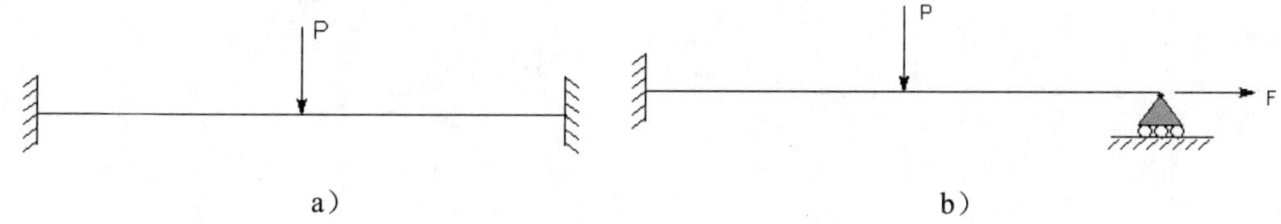

图 14-7 应力刚化的梁

可以在第一个载荷步中利用命令“PSTRES,ON”（GUI：Main Menu > Solution > Unabridged Menu > Analysis Type > Analysis Options）激活应力刚化选项。

大应变和大转动的分析过程理论上包括初始刚度的影响。多于大多数单元，当使用命令“NLGEOM,ON”（GUI：Main Menu > Solution > Analysis Type > Sol'n Control (: Basic Tab) 或 Main Menu > Solution > Unabridged Menu > Analysis Type > Analysis Options）激活大变形效应时，会自动包括初始刚度的影响。

3．旋转软化

旋转软化会通过调整（软化）旋转结构的刚度矩阵来考虑动态质量的影响，这种调整近似于在小挠度分析中考虑大挠度圆周运动引起的几何尺寸的变化，它通常与由旋转模型离心力所产生的预应力[PSTRES]（GUI：Main Menu > Solution > Unabridged Menu > Analysis Type > Analysis Options）一起使用。

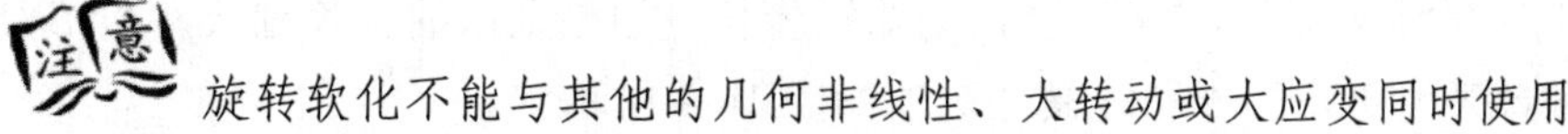

旋转软化不能与其他的几何非线性、大转动或大应变同时使用。

利用命令“OMEGA” 中的“CMOMEGA KSPIN”选项（GUI：Main Menu > Preprocessor > Loads > Define Loads > Apply > Structural > Inertia > Angular Velocity）来激活旋转软化效应。

14.1.4 材料非线性

在求解过程中，与材料相关的因子会导致结构的刚度变化。塑性、多线性和超弹性的非线性应力-应变关系会导致结构刚度在不同载荷阶段（典型的如不同温度）发生变化。蠕变、黏弹性和黏塑性的非线性则与时间、速度、温度及应力相关。

如果材料的应力-应变关系是非线性的，或者与速度相关，必须利用“TB”命令族（，TBTEMP、TBDATA、TBPT、TBCOPY、TBLIST、TBPLOT、TBDELE）（GUI：Main Menu > Preprocessor > Material Props > Material Models > Structural > Nonlinear）以数据表的形式来定义非线性材料特性。下面对不同的材料非线性行为选项做一简单介绍。

1．塑性

对于多数工程材料，在达到比例极限前，应力-应变关系都采用线性形式。超过比例极限后，应力-应变关系呈现非线性，但通常还是弹性的。而塑性，则以无法恢复的变形为特征，当应力超过屈服极限之后就会出现。因为通常情况下，比例极限和屈服极限只有微小的差别，在塑性分析中，ANSYS 程序假定这两点重合，如图 14-8 所示。

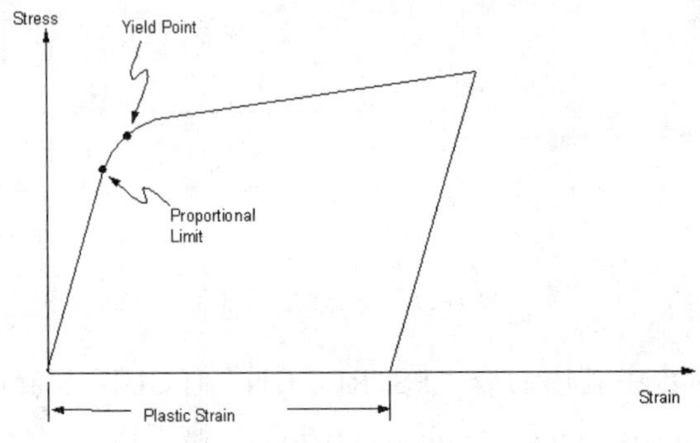

图 14-8 塑性应力-应变关系

塑性是一种不可恢复的与路径相关的变形现象。换句话说，施加载荷的次序，以及在何种塑性阶段施加都将影响最终的结果。如果想在分析中预测塑性响应，则需要将载荷分解成一系列增量步（或者时间步），这样模型才可能正确地模拟载荷-响应路径。每个增量步（或时间步）的最大塑性应变会储存在输出文件（Jobname.OUT）中。

自动步长调整选项“[AUTOTS] ”(GUI: Main Menu > Solution > Analysis Type > Sol'n Control (: Basic Tab)或 Main Menu > Solution > Unabridged Menu > Load Step Opts > Time/Frequenc > Time and Substps) 会根据实际的塑性变形调整步长。当求解迭代次数过多，或者塑性应变增量大于 15%时会自动缩短步长。如果采用的步长过长，ANSYS 程序会减半，或者采用更短的步长，具体选项如图 14-9 所示。

当进行塑性分析时，可能还会同时出现其他非线性特性，如大转动（大挠度）和大应变的几何非线性通常伴随塑性同时出现。如果想在分析中加入大变形，可以用命令“NLGEOM”（GUI：Main Menu > Solution > Analysis Type > Sol'n Control (: Basic Tab)，或者 Main Menu > Solution > Unabridged Menu > Analysis Type > Analysis Options）激活相关选项。对于大应变分析，材料的应力-应变特性必须是用真实应力和对数应变输入。

2．多线性

多线性弹性材料行为选项（MELAS）用于描述一种保守响应（与路径无关），其加载和卸载沿相同的应力/应变路径。所以，对于这种非线性行为，可以使用相对较大的步长。

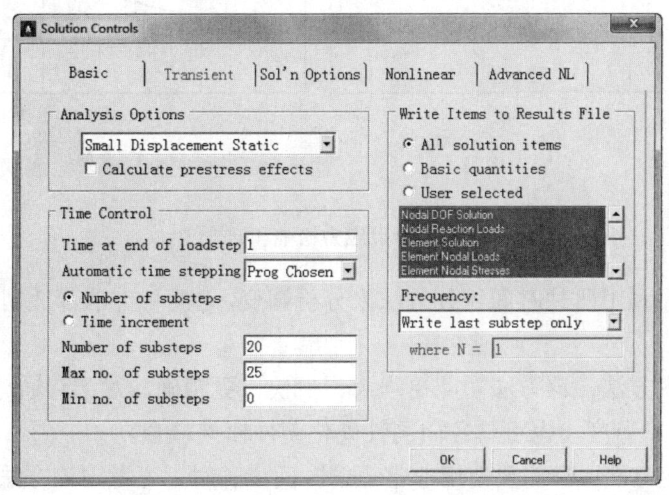

图 14-9 “Solution Controls”对话框

3．超弹性

如果材料存在一种弹性势能函数（或应变能密度函数），它是应变或变形张量的比例函数，对相应应变项求导就能得到相应应力项，这种材料通常被称为具有超弹性。

超弹性可以用来解释类橡胶材料（如人造橡胶）在经历大应变和大变形时（需要[NLGEOM,ON]）其体积变化非常微小（近似于不可压缩材料）的现象。一种有代表性的超弹结构（气球封管）如图 14-10 所示。

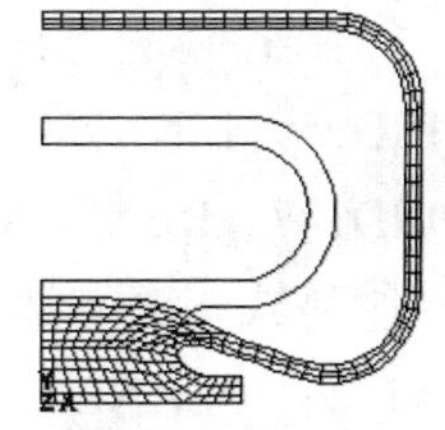

图 14-10 超弹结构

有两种类型的单元适合模拟超弹材料：

1）超弹单元（HYPER56、HYPER58、HYPER74、HYPER158）

2）除了梁杆单元以外，所有编号为 18x 的单元（如 PLANE182, PLANE183, SOLID185, SOLID186, SOLID187）

4．蠕变

蠕变是一种与速度相关的材料非线性，它指当材料受到持续载荷作用时，其变形会持续增加。相反地，如果施加强制位移，反作用力（或应力）会随着时间慢慢减小（应力松弛，见图 14-11a）。蠕变的 3 个阶段如图 14-11b 所示。ANSYS 程序可以模拟前两个阶段，第 3 三个阶段通常不分析，因为它已经接近破坏程度。

在高温应力，如原子反应器分析中，蠕变是非常重要的。例如，如果在原子反应器施加预载荷以防止邻近部件移动，过了一段时间之后（高温），预载荷会自动降低（应力松弛），以致邻近部件开始移动。对于预应力混凝土结构，蠕变效应也是非常显著的，而且蠕变是持久的。

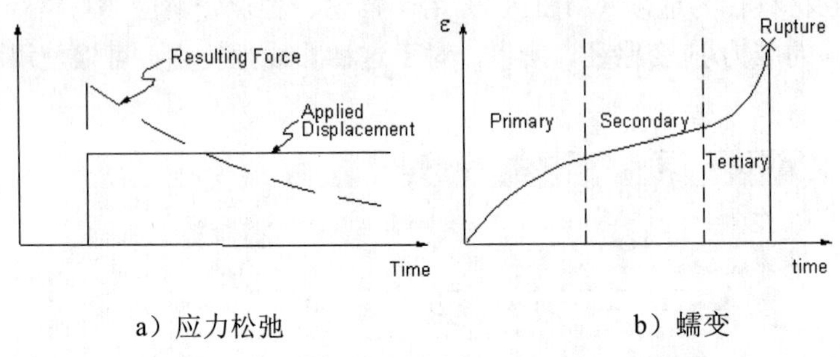

a）应力松弛　　b）蠕变

图 14-11 应力松弛和蠕变

ANSYS 程序利用两种时间积分方法来分析蠕变，这两种方法都适用于静力学分析和瞬态分析。

1）隐式蠕变方法：该方法功能更强大、更快、更精确，对于普通分析，推荐使用。其蠕变常数取决于温度，也可与各向同性硬化塑性模型耦合。

2）显式蠕变方法：当需要使用非常短的时间步长时，可考虑该方法，其蠕变常数不能取决于温度。另外，可以通过强制手段与其他塑性模型耦合。

需要注意以下几个方面：

①隐式和显式这两个词是针对蠕变的，不能用于其他环境，如没有显式动力分析的说法，也没有显式单元的说法。

②隐式蠕变方法支持如下单元：PLANE42、SOLID45、,PLANE82、SOLID92、SOLID95、LINK180、SHELL181、PLANE182、PLANE183、SOLID185、SOLID186、SOLID187、BEAM188 和 BEAM189。

③显式蠕变方法支持如下单元：LINK1、PLANE2、LINK8、PIPE20、BEAM23、BEAM24、PLANE42、SHELL43、SOLID45、SHELL51、PIPE60、SOLID62、SOLID65、PLANE82、SOLID92 和 SOLID95。

5．形状记忆合金

形状记忆合金（SMA）材料行为选项指镍钛合金的过弹性行为。镍钛合金是一种柔韧性非常好的合金，无论在加载卸载时经历多大的变形都不会留下永久变形，如图 14-12 所示。材料行为包含 3 个阶段，即奥氏体阶段（线弹性）、马氏体阶段（也是线弹性）和两者间的过渡阶段。

利用命令“MP”定义奥氏体阶段的线弹性材料行为，利用命令“TB，SMA”定义马氏体阶段和过渡阶段的线弹性材料行为。另外，可以用命令“TBDATA”输入合金的指定材料参数组（总共可以输入 6 组参数）。

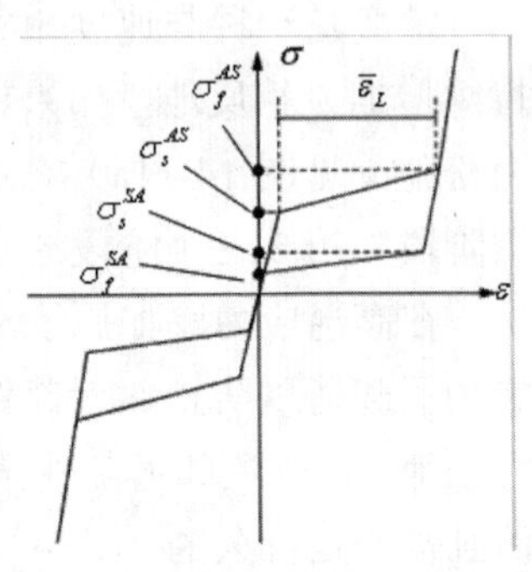

图 14-12 形状记忆合金状态图

形状记忆合金可以使用如下单元：PLANE182, PLANE183, SOLID185, SOLID186, SOLID187。

6．黏弹性

黏弹性类似于蠕变，但不过当去掉载荷时，部分变形会跟着消失。最普遍的黏弹性材料是玻璃，部分塑料也可认为是黏弹性材料。图 14-13 所示为黏弹性行为。

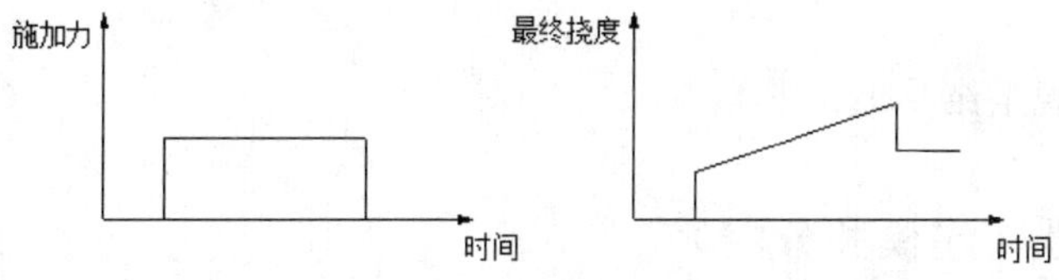

图 14-13 黏弹性行为（麦克斯韦模型）

可以利用单元 VISCO88 和 VISCO89 模拟小变形黏弹性，LINK180、SHELL181、PLANE182、PLANE183、SOLID185、SOLID186、SOLID187、BEAM188 和 BEAM189 模拟小变形或大变形黏弹性。用户可以用“TB”命令族输入材料属性。对于单元 SHELL181、PLANE182、PLANE183、SOLID185、SOLID186 和 SOLID187，需用命令“MP”指定其黏弹性材料属性，用“TB，HYPER”指定其超弹性材料属性。弹性常数与快速载荷值有关。用命令“TB，PRONY”和“TB，SHIFT”指定松弛属性（可参考对命令“TB”的解释以获得更详细的信息）。

7．黏塑性

黏塑性是一种跟时间相关的塑性现象，塑性应变的扩展与加载速率有关，其基本应用是高温金属成形，例如，滚动锻压，会产生很大的塑性变形，而弹性变形却非常小，如图 14-14 所示。因为塑性应变所占比例非常大（通常超过 50 %），所以要求选择大变形选项[NLGEOM,ON]。可利用 VISCO106, VISCO107, 和 VISCO108 几种单元来模拟黏塑性。黏塑性是通过一套流动和强化准则将塑性和蠕变平均化，约束方程通常用于保证塑性区域的体积。

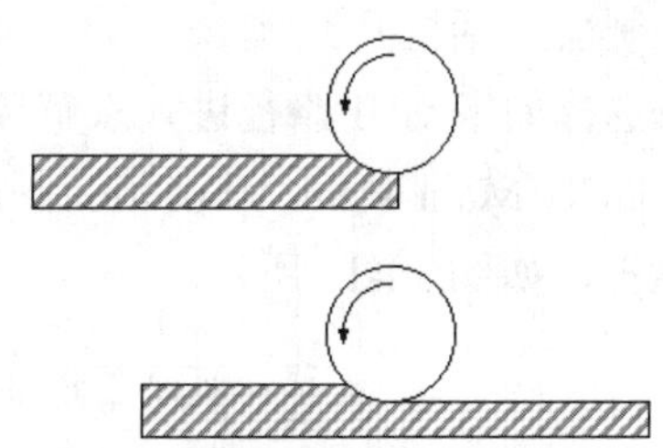

图 14-14 翻滚锻压中的黏塑性行为

14.1.5 其他非线性问题

1）屈曲。屈曲分析是一种用于确定结构的屈曲载荷（使结构开始变得不稳定的临界载荷）和屈曲模态（结构屈曲响应的特征形态）的技术。

2）接触。接触问题分为两种基本类型，即刚体/柔体的接触和半柔体/柔体的接触，这些都是高度非线性行为。

14.2 非线性分析的基本步骤

1）前处理（建模和分网）。

2）设置求解控制器。

3）设置其他求解选项。

4）加载。

5）求解。

6）后处理（观察结果）。

14.2.1 前处理（建模和分网）

虽然非线性分析可能包括特殊的单元或非线性材料属性，但前处理这个步骤本质上与线性分析是一样的。如果分析中包含大应变效应，则应力-应变数据必须用真实应力和真实应变或对数应变表示。

在前处理完成之后，需要设置求解控制器（分析类型、求解选项、载荷步选项等）、加载和求解。非线性分析不同于与线性分析不同，非线性分析通常需要执行多载荷步增量和平衡迭代。

14.2.2 设置求解控制器

对于非线性分析来说，设置求解控制器包括与线性分析同样的选项和访问路径（求解控制器对话框）。

选择如下 GUI 路径进入求解控制器。

GUI：Main Menu > Solution > Analysis Type > Sol'n Control，弹出“Solution Controls”对话框，如图 14-15 所示。

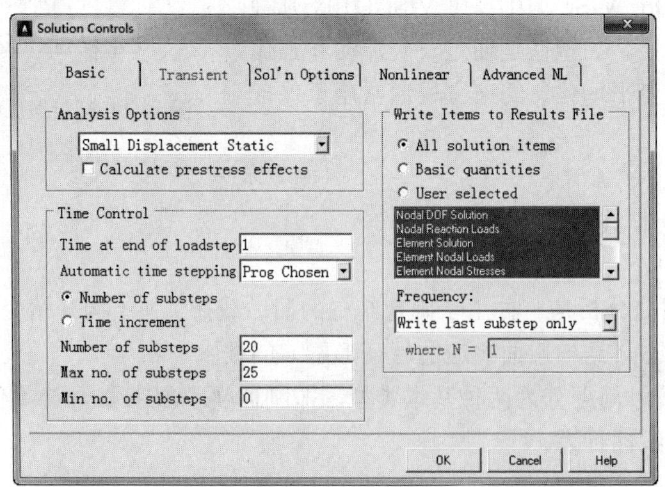

图 14-15 “Solution Controls”对话框

从图中可以看到，该对话框主要包括 5 个选项卡，即基本选项（Basic）、瞬态选项（Transient）、求解选项（Sol’n Options）、非线性选项（Nonlinear）和高级非线性选项

（Advanced NL）。

结构静力分析章节已经提过的部分（如设置求解控制、访问求解控制器对话框，利用基本选项、瞬态选项、求解选项、非线性选项和高级非线性选项等）在此略过，下面重点阐述前面没提到的选项及功能。

1．设置求解器基本选项

1）如果是进行一项新的分析，在设置分析类型和非线性选项时，选择“Large Displacement Static”（不过要记住，不是所有的非线性分析都支持大变形）。

2）当进行时间选项设置时，需记住这些可以在任何一个载荷步更改。

3）非线性分析通常要求多子步或时间步（这两者是等效的），这样来模拟载荷逐步的施加以获得比较精确的解。命令“NSUBST”和“DELTIM”是用不同的方法获得同样的效果。命令“NSUBST”指定一个载荷步内的子步数，而命令“DELTIM”则明确指定时间步长。如果自动时间步长[AUTOTS]是关闭的，那么整个载荷步都采用开始的步长。

4）“OUTRES ”用于将结果数据输出到结果文件（Jobname.RST），默认情况下，只会输出最后一个子步的数据。另外，默认情况下，ANSYS 允许最多输出 1000 个子步的结果，可以用命令“/CONFIG,NRES”来修改这个限定。

2．可以在求解控制器中设置的高级分析选项

多数情况下，ANSYS 会自动激活稀疏矩阵直接求解器（sparse direct solver）(EQSLV,SPARSE)，但对于子结构分析，则默认激活波前直接求解器（frontal direct solver）。对于实体单元（例如 SOLID92 和 SOLID45），另一种方程求解 PCG 求解器（预条件数共轭梯度迭代求解器）可能更快，特别是对于 3D 模型。

如果希望利用 PCG 求解器，可以利用命令“MSAVE”降低内存使用率，但这只能针对线性分析。

稀疏矩阵求解器与迭代方法不同，是直接解法，功能非常强大。虽然 PCG 求解器可以求解不定方程，但当遇到病态矩阵时，该求解器会进行迭代直到最大迭代数，如果还没收敛就会终止求解。而当稀疏矩阵求解器遇到这种情况时，会自动将步长减半，如果此时矩阵的条件数很好，则继续求解。最终可以求出整个非线性载荷步的解。

可以根据如下准则选择稀疏矩阵求解器和 PCG 求解器以进行非线性结构分析：

1）对于包含梁或者壳的模型（有无实体单元均可），可选用稀疏矩阵求解器。

2）对于三维实体模型并且自由度数偏多（如 20 万或更多），可选择 PCG 求解器。

3）如果矩阵方程的条件数很差，或者模型不同区域的材料性质差别很大，或者是没有足够的约束条件，可选择稀疏矩阵求解器。

3．可以在求解器对话框设置的高级载荷步选项

1）自动时间步。可利用命令“AUTOTS,ON”打开自动时间步长选项。自动调整时间步长能保证时间步既不冒进（时间步长过长）也不保守（时间步长过短）。在当前子步结束时，下一个子步的时间步长可以基于如下因子来预测：

最后一个时间步长的方程迭代数（方程迭代数越多，时间步长越短）。

非线性单元状态改变的预测（在接近状态改变时减小时间步长）。

塑性应变增量。

蠕变应变增量。

2）迭代收敛精度。当求解非线性问题时，ANSYS 程序会进行平衡迭代直到满足迭代精度[CNVTOL]，或者达到最大迭代数[NEQIT]。如果对默认设置不满意，可以对这两者进行设置。

例如：

```
CNVTOL,F,5000,0.0005,0。
CNVTOL,U,10,0.001,2。
```

3）求解方程最大迭代步数。ANSYS 程序默认设置方程最大迭代步数[NEQIT]为 15～26，其准则是缩短时间步长以减少迭代步数。

4）预测校正选项。如果没有梁或壳单元，默认情况下，预测校正选项是打开的[PRED,ON]，如果当前子步的时间步长缩短很多，预测校正会自动关闭。对于瞬态分析，预测校正也自动关上。

5）线性搜索选项。默认情况下，ANSYS 程序会自动打开或关闭线性搜索，对于多数接触问题，线性搜索自动打开[LNSRCH,ON]；对于多数非接触问题，线性搜索自动关闭[LINSRCH,OFF]。

6）后移准则。在时间步长中，为了使步长减半或后移的效果更好，可以执行命令[CUTCONTROL, Lab, VALUE, Option]。

14.2.3 设定其他求解选项

1．无法在求解控制器中设置的高级求解选项

1）应力刚化（Stress Stiffness）。如果确信忽略应力刚化对结果影响不大，可以设置关闭应力刚化（SSTIF,OFF），否则应该打开。

命令：SSTIF。

GUI：Main Menu > Solution > Unabridged Menu > Analysis Type > Analysis Options。

2）牛顿-拉夫森选项（Newton-Raphson）。ANSYS 通常选择全牛顿-拉夫森方法，关闭自适应下降选项。但是，对于考虑摩擦的点-点接触、点-面接触单元，通常需要打开自适应下降选项，如单元 PIPE20, BEAM23, BEAM24, 和 PIPE60。

命令：NROPT。

GUI：Main Menu > Solution > Unabridged Menu > Analysis Type > Analysis Options。

2．无法在求解控制器中设置的高级载荷步选项

1）蠕变准则。如果机构有蠕变效应，可以对自动时间步长调整（如果自动时间步长调整[AUTOTS]是关闭的，该蠕变准则无效）指定蠕变准则[CRPLIM,*CRCR*, Option]。程序会计算蠕变应变增量跟弹性应变增量的比值，如果上一步的比值大于指定的蠕变准则 *CRCR*，程序会减小下一步的时间步长；如果小于蠕变准则，就加大时间步长。时间步长的调整还与方程迭代数、是否接近状态变化点和塑性应变增量有关。对于显示蠕变

（Option ＝ 0）,如果上述比值大于稳定界限 0.25，并且时间步长已经调整到最小，程序会终止求解并报错。这个问题可以通过设置足够小的最小时间步长[DELTIM 和 NSUBST]来解决。对于隐式蠕变（Option = 1），默认时没有最大蠕变界限。当然，可以在图 14-16 所示的“Creep Criterion（蠕变准则）”对话框中进行设置。

命令：CRPLIM。

GUI：Main Menu > Solution > Unabridged Menu > Load Step Opts > Nonlinear > Creep Criterion。

注意 如果在分析中不想考虑蠕变的影响，利用命令“RATE”设置“*Option* = OFF”，或者将时间步长设置大于前面所述，但不要大于 10^{-6}。

2）时间步开放控制。“Open Control（时间步控制）”对话框如图 14-17 所示，该对话框对于热分析有效，方法如下：

命令：OPNCONTROL。

GUI：Main Menu > Solution > Unabridged Menu > Load Step Opts > Nonlinear > Open Control。

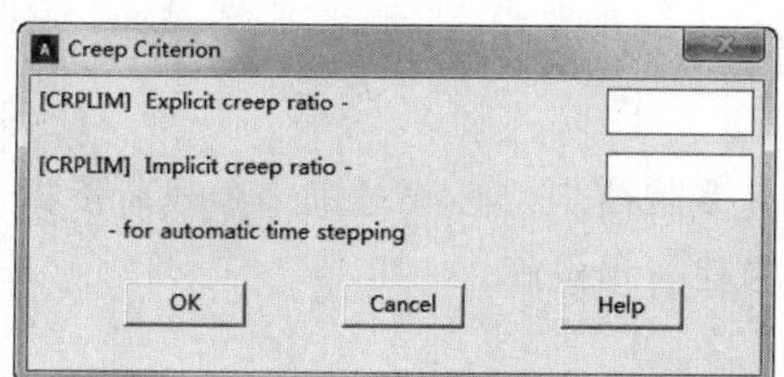

图 14-16 “Creep Criterion”对话框

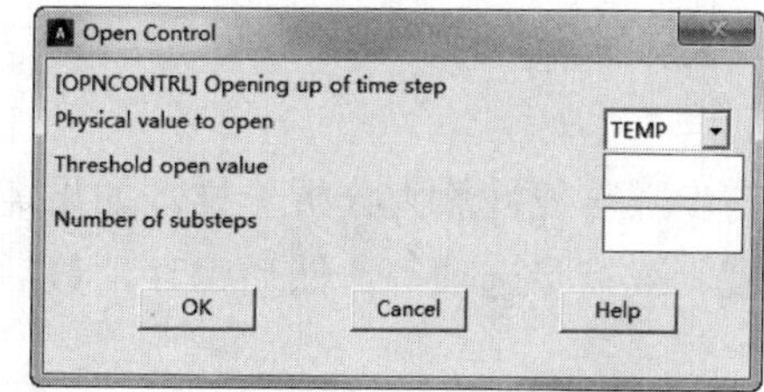

图 14-17 “Open Control”对话框

3）求解监控器。该选项可以方便地在指定节点的指定自由度上设置求解监视，方法如下：

命令：MONITOR。

GUI：Main Menu > Solution > Unabridged Menu > Load Step Opts > Nonlinear > Monitor。

4）生与死。有时指定生与死选项是有必要的。可以杀死[EKILL]或者激活[EALIVE]指定的单元，以模拟在结构中移除或添加材料，当然，作为一种替换方法，也可以在不同载荷步中改变材料属性[MPCHG]。

① 杀死或激活单元。

命令：EKILL、EALIVE。

GUI: Main Menu > Solution > Load Step Opts > Other > Birth & Death > Kill Elements。
Main Menu > Solution > Load Step Opts > Other > Birth & Death > Activate Elem。

② 单元生与死的替换方法（修改材料属性）。

命令：MPCHG。

GUI：Main Menu > Solution > Load Step Opts > Other > Change Mat Props > Change Mat

Num。

注意 慎用命令“MECHG”，在非线性分析中改变材料属性会导致意想不到的结果。

（5）输出控制

命令：OUTPR, ERESX。

GUI：Main Menu > Solution > Unabridged Menu > Load Step Opts > Output Ctrls > Solu Printout。

Main Menu > Solution > Unabridged Menu > Load Step Opts > Output Ctrls > Integration Pt。

14.2.4 加载

此步骤与结构静力分析一样。需要记住的是，惯性载荷和几种载荷的方向是固定的，而表面载荷在大变形中会随着结构的变形而改变方向。另外，可以利用一维数组（TABLE）给结构定义边界条件。

14.2.5 求解

该步骤与线性静力分析一样。如果需要定义多载荷步，必须对每一个载荷步指定时间设置、载荷步选项等，然后保存，最后选择多载荷步求解。

14.2.6 后处理

非线性静力分析的结果包括位移、应力、应变和反作用力，可以通过 POST1（通用后处理器）和 POST26（时间历程后处理器）来观察这些结果。

注意 POST1 在一个时刻只能读取一个子步的结果数据，并且这些数据必须已经写入“Jobname.RST”文件。

1．要点

1）数据库必须与求解时使用的是同一个模型。

2）结果文件（Jobname.RST）须存在且有效。

2．利用 POST1 后处理

1）进入后处理器。

命令：/POST1。

GUI：Main Menu > General Postproc。

2）读取子步结果数据。

命令：SET。

GUI：Main Menu > General Postproc > Read Results > load step。

注意 如果指定的时刻没有结果数据，ANSYS 程序会按线性插值计算该时刻的结果。，在非线性分析中，这种线性插值可能会丧失部分精度，如图 14-18 所示。所以，在非线性分析中，建议对真实求解时间点进行后处理。

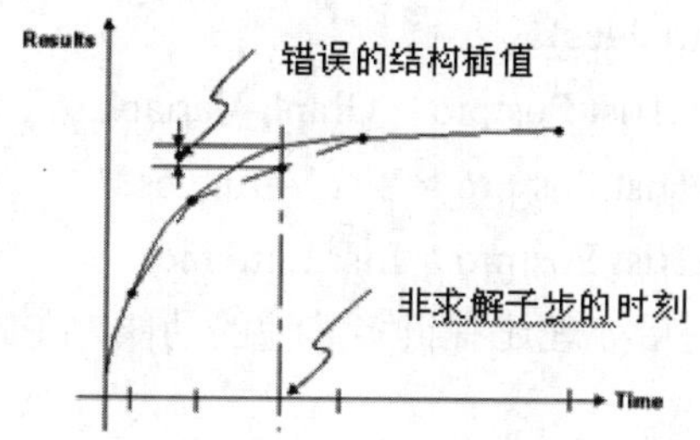

图 14-18 非线性结果的线性插值可能丧失部分精度

3）显示变形图。

命令：PLDISP。

GUI：Main Menu > General Postproc > Plot Results > Deformed Shape。

4）显示变形云图。

命令：PLNSOL 或 PLESOL。

GUI：Main Menu > General Postproc > Plot Results > Contour Plot > Nodal Solu or Element Solu。

5）利用单元表格。

命令：PLETAB、PLLS。

GUI：Main Menu > General Postproc > Element Table > Plot Element Table。

Main Menu > General Postproc > Plot Results > Contour Plot > Line Elem Res。

6）列表显示结果。

命令：PRNSOL（节点结果）、PRESOL（单元结果）、PRRSOL（反作用力）、PRETAB、PRITER（子步迭代数据）、NSORT、ESORT。

GUI：Main Menu > General Postproc > List Results > Nodal Solution。

Main Menu > General Postproc > List Results > Element Solution。

Main Menu > General Postproc > List Results > Reaction Solution。

7）其他通用后处理。将结果映射到路径等，可参考 ANSYS 帮助。

3．利用 POST26 后处理

通过 POST26 可以观察整个时间历程上的结果，典型的 POST26 后处理步骤如下：

1）进入时间历程后处理器。

命令：/POST26

GUI：Main Menu > TimeHist Postpro

2）定义变量。

命令：NSOL、ESOL、RFORCE

GUI：Main Menu > TimeHist Postpro > Define Variables

3）绘图或者列表显示变量。

命令：PLVAR (graph variables)。

PRVAR。

EXTREM (list variables)。

GUI：Main Menu > TimeHist Postpro > Graph Variables。

Main Menu > TimeHist Postpro > List Variables。

Main Menu > TimeHist Postpro > List Extremes。

4）其他功能。时间历程后处理还有很多其他的功能，在此不在赘述，可参阅前面章节或帮助文档。

14.3 实例导航——铆钉冲压变形分析

塑性是一种在某种给定载荷下材料产生永久变形的材料特性。对大多数工程材料来说，当其应力低于比例极限时，应力-应变关系是线性的。另外，大多数材料在其应力低于屈服点时，表现为弹性行为，即当移走载荷时，其应变也完全消失。

由于材料的屈服点和比例极限相差很小，因此在 ANSYS 程序中，假定它们相同。在应力-应变的曲线中，低于屈服点的称为弹性部分，超过屈服点的称为塑性部分，也叫称为变强化部分。塑性分析中考虑了塑性区域的材料特性。

当材料中的应力超过屈服点时，塑性被激活（即有塑性应变发生），而屈服应力本身可能是下列某个参数的函数：

- ◆ 温度。
- ◆ 应变率。
- ◆ 以前的应变历史。
- ◆ 侧限压力。
- ◆ 其他参数。

本节通过对铆钉的冲压进行应力分析，以介绍 ANSYS 塑性问题的分析过程。

14.3.1 问题描述

为了考查铆钉在冲压时，发生多大的变形，对铆钉进行分析。铆钉如图 14-19 所示。铆钉圆柱高度为 10mm、铆钉圆柱外径为 6mm、铆钉内孔孔径为 3mm 铆钉下端球径为 15mm、弹性模量为 2.06×10^{11}Pa、泊松比为 0.3。

铆钉材料的应力-应变关系见表 14-1。

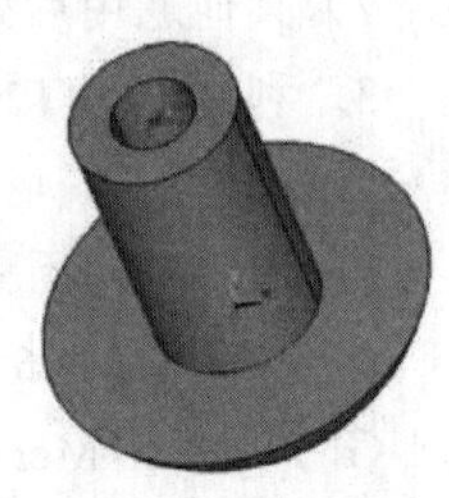

图 14-19 铆钉

表 14-1 应力应变关系

应变	0.003	0.005	0.007	0.009	0.011	0.02	0.2
应力/MPa	618	1128	1317	1466	1510	1600	1610

14.3.2 建立模型

建立模型包括设定分析作业名和标题；定义单元类型和实常数；定义材料属性；建立几何模型；划分有限元网格。其具体步骤如下。

01 设定分析作业名和标题。当进行一个新的有限元分析时，通常需要修改数据库名，并在图形输出窗口中定义一个标题来说明当前进行的工作内容。另外，对于不同的分析范畴（结构分析、热分析、流体分析、电磁场分析等），ANSYS 所用的主菜单的内容不尽相同，为此需要在分析开始时选定分析内容的范畴，以便 ANSYS 显示出与其相对应的菜单选项。

❶从应用菜单中选择 Utility Menu：File > Change Jobname，弹出“Change Jobname”对话框，如图 14-20 所示。

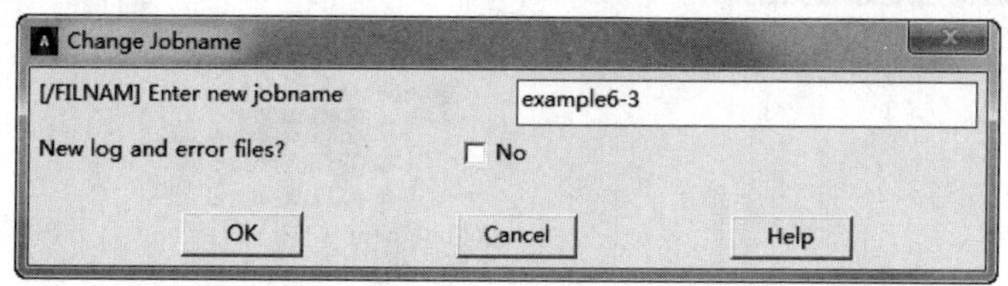

图 14-20 “Change Jobname”对话框

❷在“Enter new jobname”文本框中输入文字“example6-3”，作为本分析实例的数据库。

❸单击“OK”按钮，完成数据库名的修改。

❹从应用菜单中选择 Utility Menu：File> Change Title，弹出“Change Title”对话框，如图 14-21 所示。

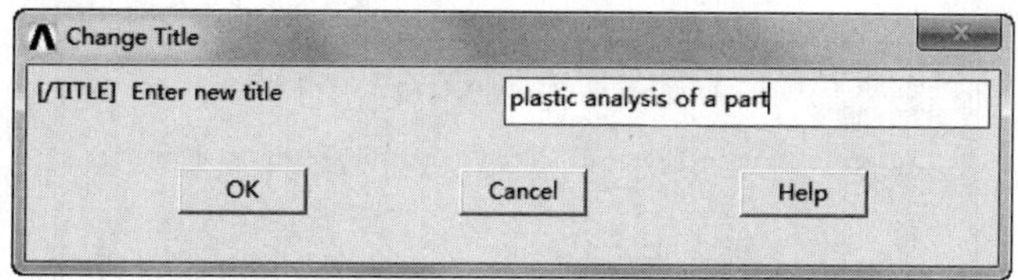

图 14-21 “Change Title”对话框应用

❺在“Enter new title”文本框中输入文字“plastic analysis of a part”，作为本分析实例的标题名。

❻单击“OK”按钮，完成对标题名的指定。

❼从应用菜单中选择 Utility Menu：Plot > Replot，指定的标题“plastic analysis of a part”将显示在图形窗口的左下方。

❽从主菜单中选择 Main Menu：Preference，弹出“Preference of GUI Filtering”

对话框，选择“Structural”复选框，单击“OK”按钮确定。

02 定义单元类型。当进行有限元分析时，首先应根据分析问题的几何结构、分析类型和所分析的问题精度要求等，选定适合具体分析的单元类型。本实例中选用四节点四边形板单元 SOLID45。SOLID45 可用于计算三维应力问题。

在命令行中输入命令

```
/PREP7
ET,1,SOLID45
```

03 定义实常数。本实例中选用三维的 SOLID45 单元，不需要设置实常数。

04 定义材料属性。应力分析中必须定义材料的弹性模量和泊松比，塑性问题中必须定义材料的应力-应变关系。具体步骤如下：

❶从主菜单中选择 Main Menu：Preprocessor > Material Props > Materia Model，弹出“Define Material Model Behavior”窗口，如图 14-22 所示。

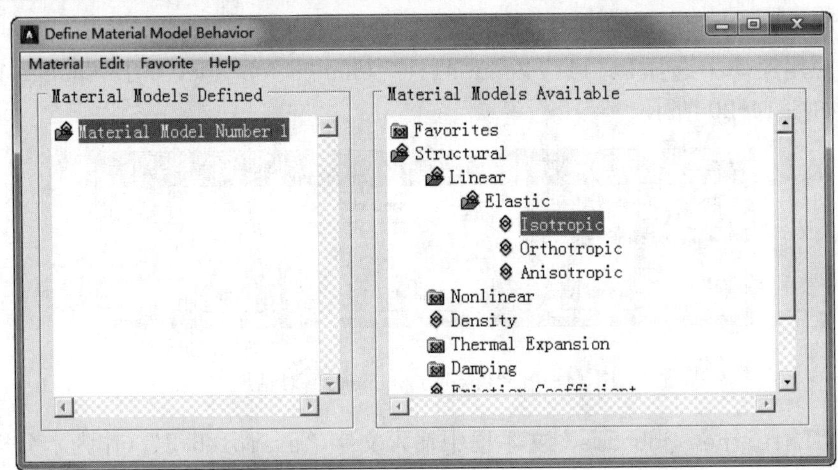

图 14-22 “Define Material Model Behavior”窗口

❷依次单击 Structural > Linear > Elastic > Isotropic，展开材料属性的树形结构，同时弹出“Multilinear Elastic for Material Number 1”对话框，如图 14-23 所示。

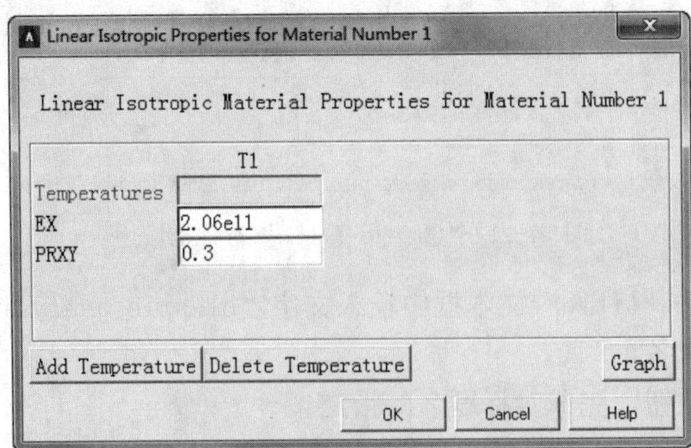

图 14-23 “Linear Isotropic Properties for Material Number 1”对话框

❸在对话框的“EX”文本框中输入弹性模量“2.06E11”，在“PRXY”文本框中输入泊松比 0.3。

❹单击“OK”按钮，关闭该对话框，并返回到图 4-22，在此窗口的左边一栏出现刚刚定义的参考号为 1 的材料属性。

❺依次单击 Structural > Nonlinear > Elastic > Multilinear Elastic，弹出“Multilinear Elastic for Material Number 1”对话框，如图 14-24 所示。

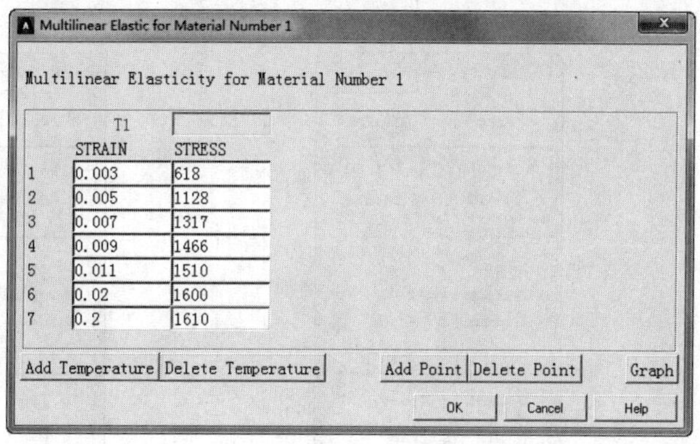

图 14-24 “Multilinear Elastic for Material Number 1”对话框

❻单击“Add Point”按钮，增加材料的关系点，分别输入材料的关系点，如图 14-24 所示。

❼单击“OK”按钮，关闭该对话框，并返回“Define Material Model Behavior”窗口。

❽在“Define Material Model Behavior”窗口中选择 Material > Exit 命令，或者单击右上方的按钮，退出该窗口，完成对材料模型属性的定义。

05 建立实体模型。

❶创建一个球。

① 从主菜单中选择 Main Menu： Preprocessor > Modeling > Create > Volumes > Sphere > Solid Sphere ，弹出“Solid Sphere”对话框，如图 14-25 所示。

② 在“WPX”文本框中输入 0, 在“WPY”文本框中输入 3, 在“Radius”文本框中输入 7.5, 单击“OK”按钮。

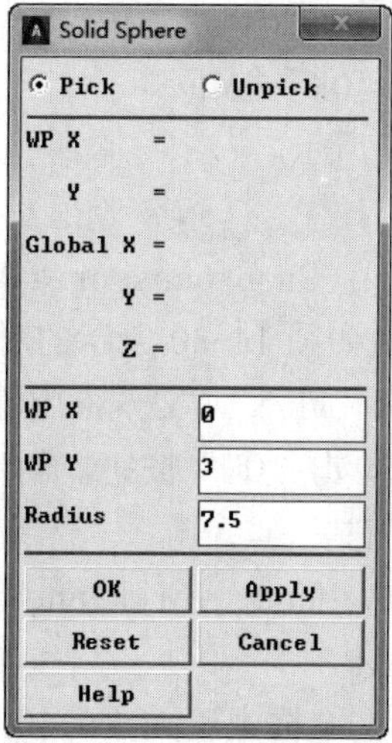

图 14-25 “Solid Sphere”对话框

❷将工作平面旋转90°。

① 从应用菜单中选择Utility Menu：WorkPlane > Offset WP by Increments，弹出如图14-26所示的选择对话框。

② 在“XY,YZ,ZXAngles”文本框中输入“0,90,0”，单击“OK”按钮。

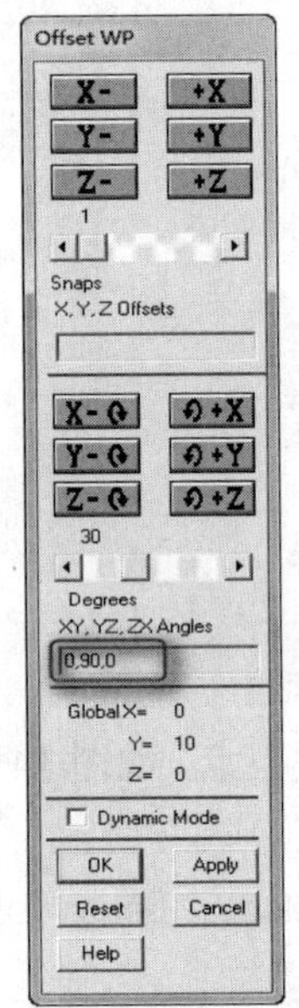

图14-26 “Offset WP”选择对话框

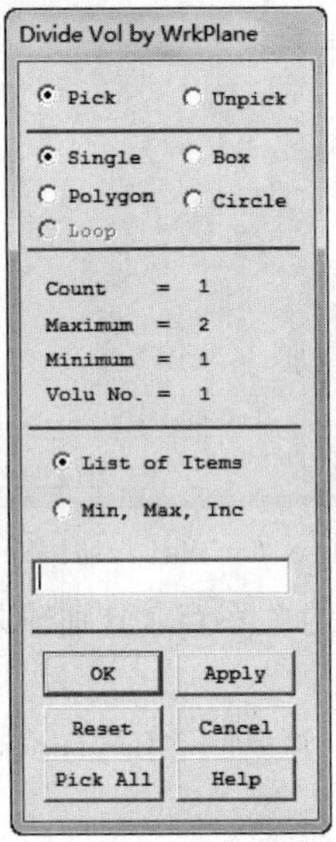

图14-27 “Divide Volu by WrkPlane”选择对话框

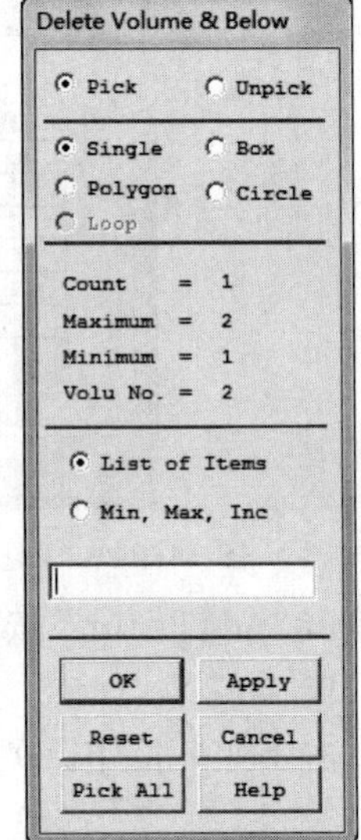

图14-28 “Delete Volume & Below”选择对话框

❸用工作平面分割球。

① 从主菜单中选择Main Menu： Preprocessor > Modeling > Operate > Booleans > Divide Vou by WrkPlane，弹出如图14-27所示的选择对话框。

② 选择刚刚建立的球，单击“OK”按钮。

❹删除上半球。

① 从主菜单中选择Main Menu：Preprocessor > Modeling > Delete > Volume and Below，弹出选取对话框，如图14-28所示。

② 选择球的上半部分，单击“OK”按钮。

删除上半径的结果如图14-29所示。

❺创建一个圆柱体。

① 从主菜单中选择Main Menu：Preprocessor > Modeling > Create > Volumes > Cylinder > Solid Cylinder，弹出如图14-30所示的对话框。

②在“WP X”文本框中输入0，“WP Y” 文本框中输入0，“Radius” 文本框中输入3，“Depth” 文本框中输入-10，单击“OK”按钮，创建一个圆柱体。

❻偏移工作平面到总坐标系的某一点。

① 从应用菜单中选择Utility Menu：WorkPlane > Offset WP to XYZ Locations，弹出如图14-31所示的选择对话框。

② 在“Global Cartesian”文本框中输入“0,10,0”，单击“OK”按钮。

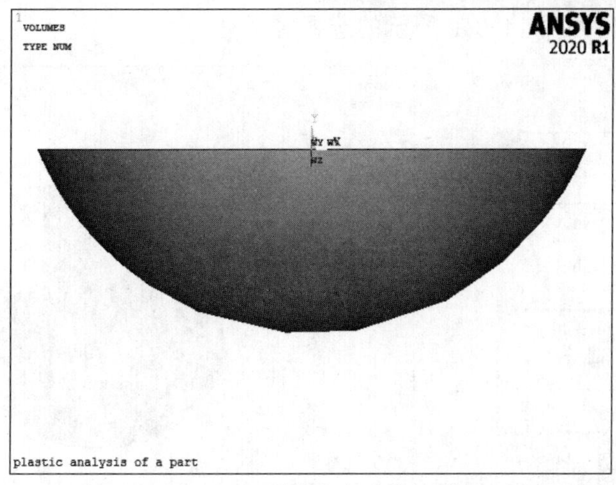

图 14-29 删除上半球的结果

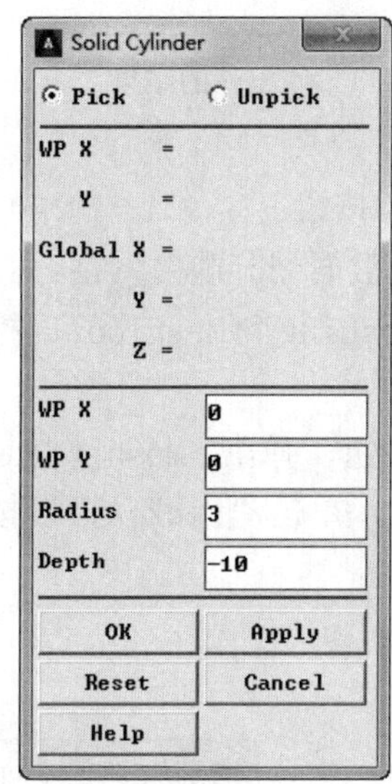

图 14-30 “Solid Cylinder”对话框

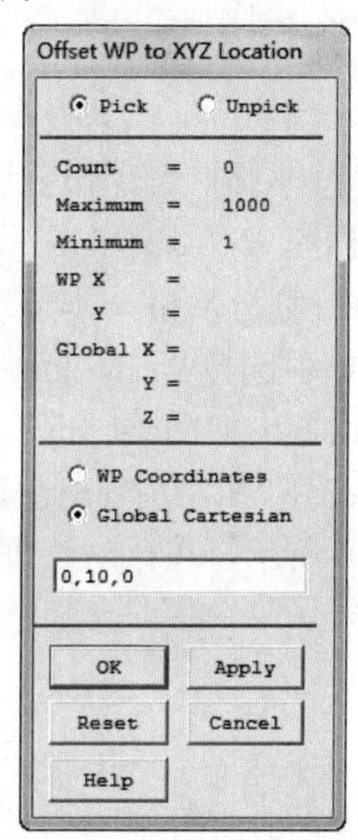

图 14-31 “Offset WP to XYZ Location” 对话框

❼创建另一个圆柱体。

① 从主菜单中选择 Main Menu：Preprocessor > Modeling > Create > Volumes > Cylinder > Solid Cylinder，弹出如图 14-30 所示的对话框。

②在“WP X” 文本框中输入 0，“WP Y” 文本框中输入 0，“Radius” 文本框中输入 1.5，“Depth” 文本框中输入 4，单击“OK”按钮，创建另一个圆柱体。

❽从大圆柱体中“减”去小圆柱体。

① 从主菜单中选择 Main Menu： Preprocessor > Modeling > Operate > Booleans > Subtract > Volumes，弹出“Subtract Volumes”对话框，如图 14-32 所示。

② 选择大圆柱体，作为布尔“减”操作的母体，单击“Apply”按钮。

③ 选择刚刚创建的小圆柱体作为“减”去的对象，单击“OK”按钮。

④ 从大圆柱体中“减”去小圆柱体的结果如图 14-33 所示。

❾从大圆柱体中“减”去小圆柱体的结果与下半球相加。

① 从主菜单中选择 Main Menu： Preprocessor > Modeling > Operate > Booleans >

Add > Volumes，弹出如图 14-340 所示的选择对话框。

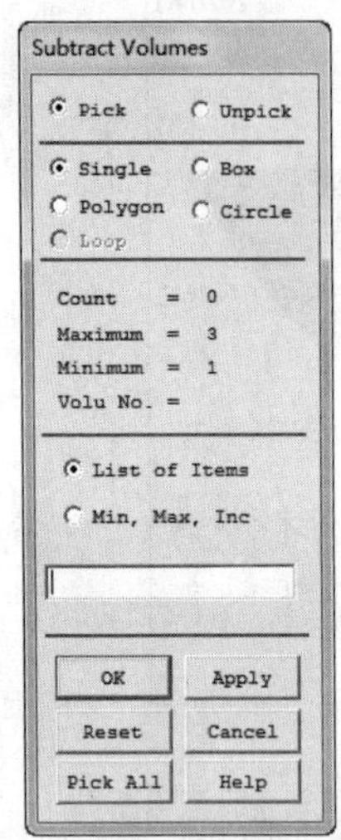

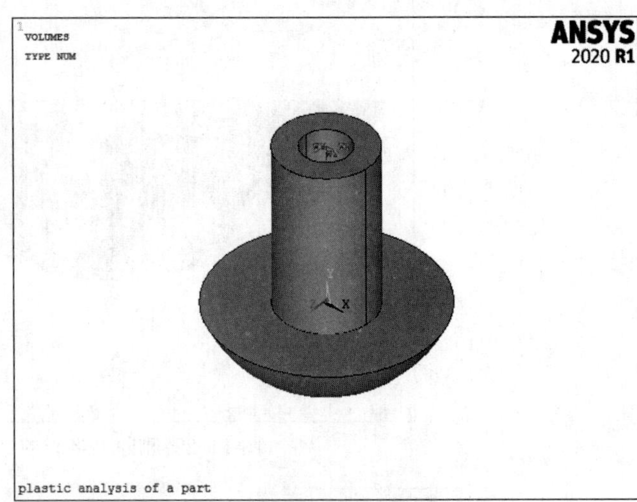

图 14-32 “Subtract Volumes”选择对话框　　图 14-33 体相减的结果

② 单击“Pick All”按钮。

❿存储数据库 ANSYS。单击工具栏上的“SAVE_DB”按钮。

06 对铆钉划分网格。本节选用 SOLID185 单元对盘面划分映射网格。

❶从主菜单中选择 Main Menu: Preprocessor > Meshing > MeshTool，打开“Mesh Tool”选择对话框，如图 14-35 所示。

❷选择“Mesh”中的“Volumes”，单击“Mesh”按钮，弹出“Mesh Volumes”对话框，如图 14-36 所示，在该对话框中选择要划分数的体，单击“Pick All”按钮。

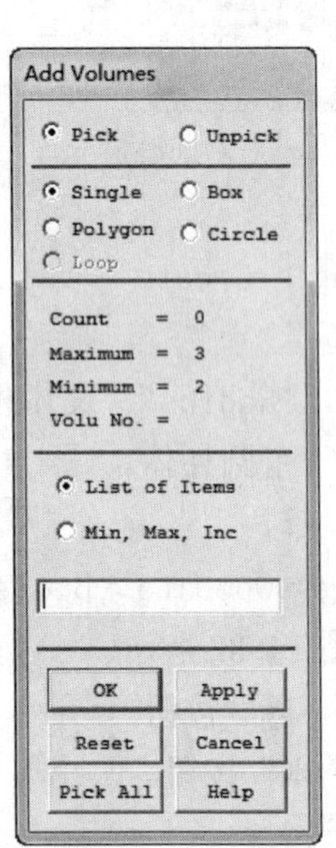

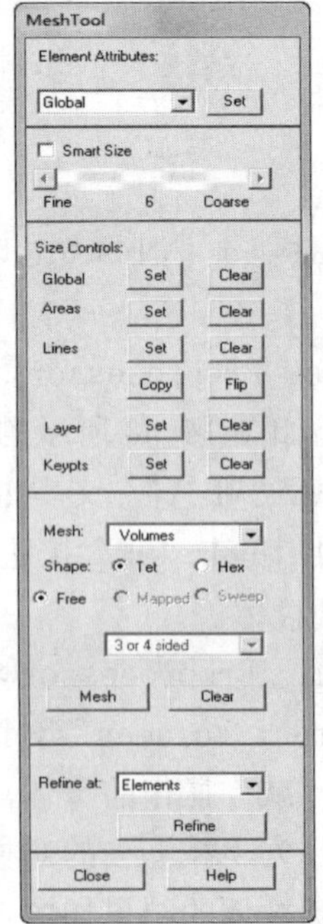

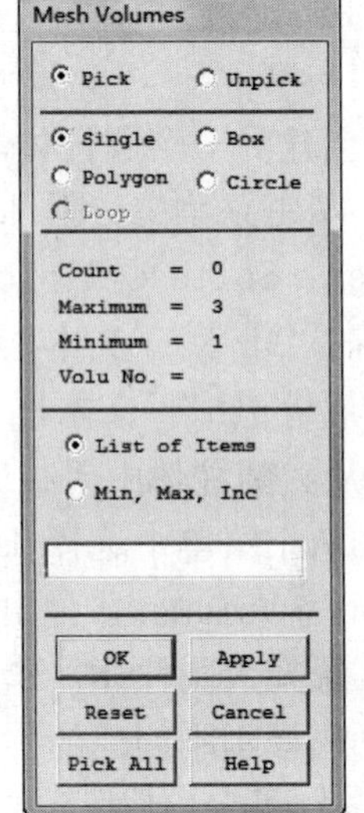

图 14-34 “Add Volumes”选择对话框　图 14-35 “Mesh Tool”选择对话框　图 14-36 “Mesh Volumes 选择对话框

❸ANSYS 会根据进行的控制划分体，划分过程中 ANSYS 会弹出如图 14-37 所示的分网提示单击“Close”按钮。

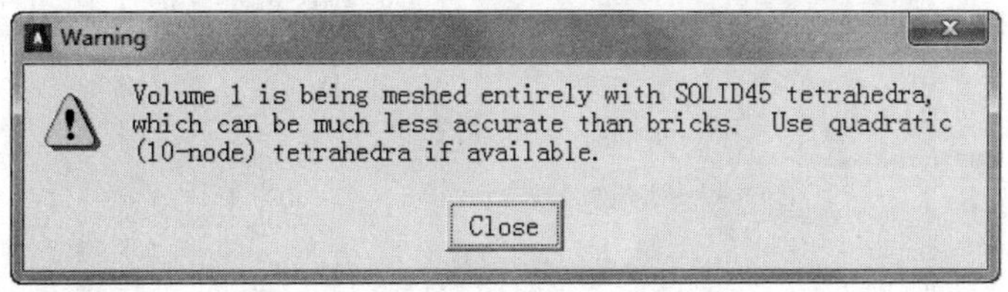

图 14-37 分网提示

划分网格后的体如图 14-38 所示。

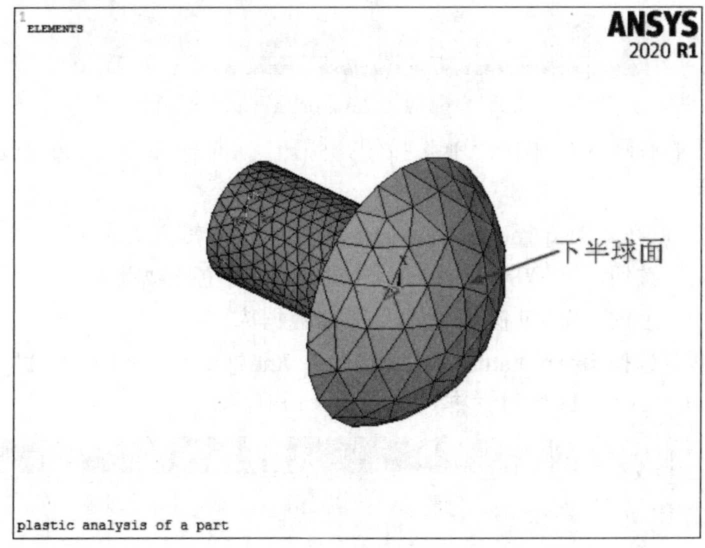

图 14-38 对体划分的结果

14.3.3 定义边界条件并求解

建立有限元模型后，就需要定义分析类型和施加边界条件及载荷，然后求解。在本实例中，载荷为上圆环形表面的位移载荷，位移边界条件是下半球面所有方向上的位移约束。

01 施加位移约束。

❶从主菜单中选择 Main Menu：Solution > Define Loads > Apply > Structural > Displacement > On Areas，弹出“Apply U,Rot on No Areas”选择对话框。

❷选择下半球面，单击“OK”按钮，弹出“Apply U,Rot on No Areas”对话框，如图 14-39 所示。

❸选择“All DOF”选项。

❹单击“OK”按钮，ANSYS 在选定面上施加指定的位移约束。

02 施加位移载荷并求解。本实例中的载荷为上圆环形表面的位移载荷。

❶从主菜单中选择 Main Menu：Solution > Define Loads > Apply > Structural > Displacement > On Areas，弹出“Apply U,Rot on No Areas”选择对话框。

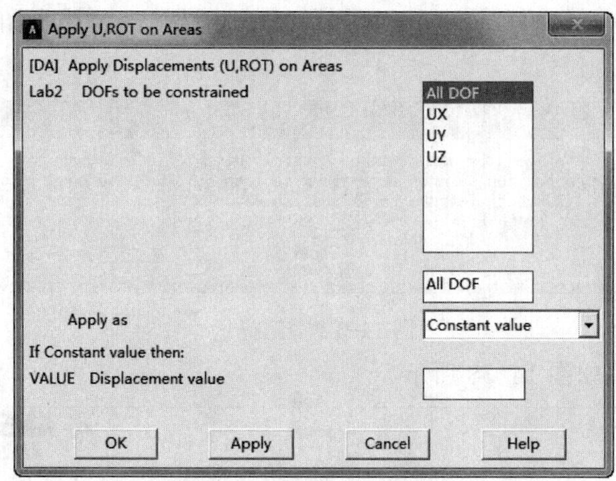

图 14-39 “Apply U,Rot on Areas”对话框

❷选择上面的圆环面，单击“OK”按钮，弹出“Apply U,Rot on Areas”对话框，如图 14-39 所示。

❸选择“UY”，在“Displacement value”文本框中输入 3。

❹单击“OK”按钮，ANSYS 在选定面上施加指定的位移载荷。

❺单击工具栏上的“SAVE_DB”按钮，保存数据库。

❻从主菜单中选择 Main Menu：Solution > Analysis Type > Sol’n Controls，弹出 “Solution Controls”对话框，如图 14-40 所示。

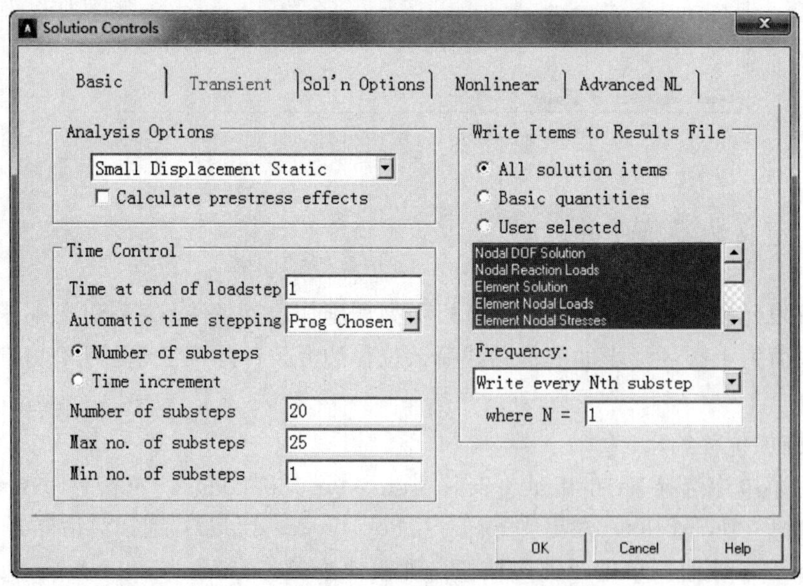

图 14-40 “Solution Controls”对话框

❼在“Basic ”选项卡中的“Write Items to Results File”列表框中选择“All solution items”，在“Frequency”中选择“Write every Nth substep”。

❽在“Time at end of load step”文本框中输入 1，在“Number of substeps”文本框中输入 20，单击“OK”按钮。

❾从主菜单中选择 Main Menu: Solution > Solve > Current LS，弹出“/STATU Command”对话框和“Solve Current Load Step”对话框（见图 14-41），仔细浏览信息提示窗口中的信息。

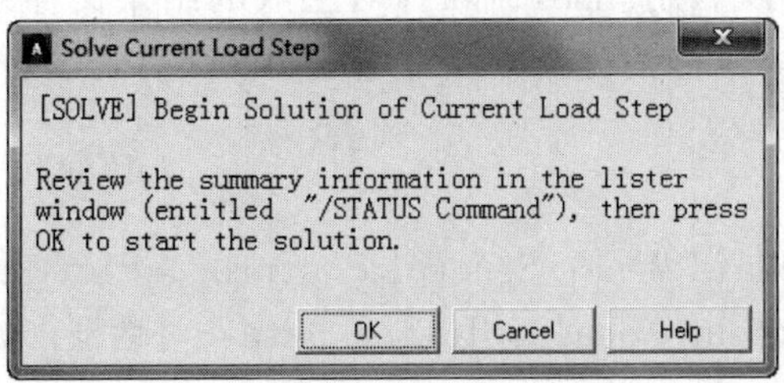

图 14-41 “Solve Current Load Step”对话框

❿查看列表中的信息确认无误后，单击“Solve Current Load Step”对话框中的“OK”按钮，开始求解。

⓫求解过程中会出现结果收敛与否的图形显示，如图 14-42 所示。

⓬求解完成后弹出如图 14-43 所示的“Note”对话框，提示求解完成。

⓭单击“Close”按钮，关闭该对话框。

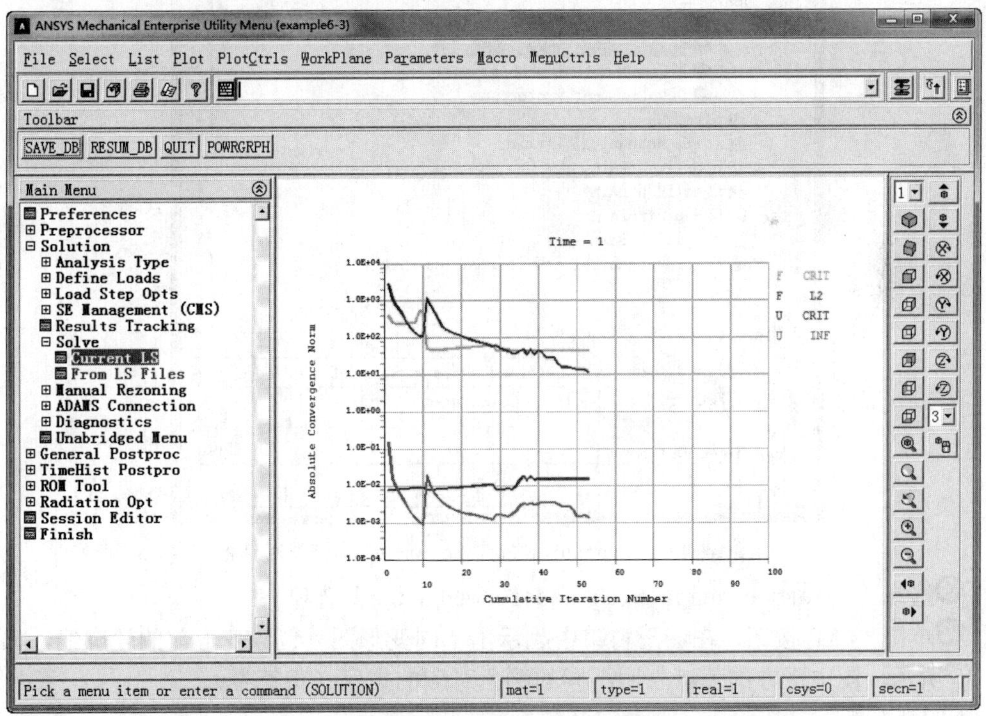

图 14-42 结果收敛与否的图形显示

图 14-43 “Note”对话框

14.3.4 后处理

求解完成后，就可以利用 ANSYS 软件对生成的结果文件（对于静力分析，就是 Jobname.RST）进行后处理。静力分析中通常通过 POST1 后处理器就可以处理和显示大多数感兴趣的结果数据。

01 查看变形。

❶从主菜单中选择 Main Menu：General Postproc > Plot Result > Contour Plot > Nodal Solu，弹出“Contour Nodal Solution Data”对话框，如图 14-44 所示。

❷在“Item to be contoured”选项组中选择“DOFsolution” > “Y-Component of displacemen（Y 向位移）”选项，Y 向位移，即铆钉高度方向的位移。

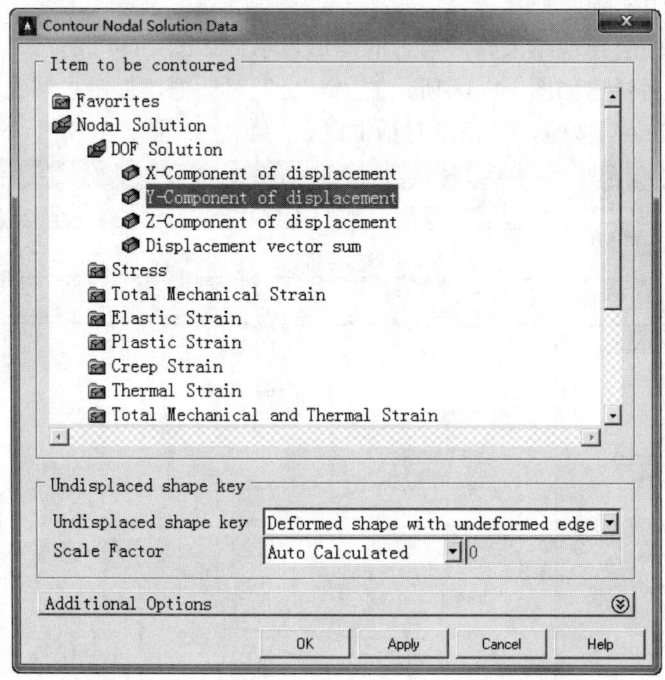

图 14-44 “Contour Nodal Solution Data”对话框

❸选择“Deformed shape with undeformed edge”选项。

❹单击“OK”按钮，在图形窗口中显示出 Y 向变形图，包含变形前的轮廓线，如图 14-45 所示。图中下方的色谱表明不同的颜色对应的数值（带符号）。

02 查看应力。

❶从主菜单中选择 Main Menu：General Postproc > Read Results > Last Set，读取最后一步结果；然后从主菜单中选择 Main Menu：General Postproc > Plot Results > Contour Plot > Nodal Solu，弹出“Contour Nodal Solution Data”对话框，如图 14-46 所示。

❷在“Item to be contoured”选项组中选择“Total Mechanical Strain” > “von Mises total mechanical strain”选项。

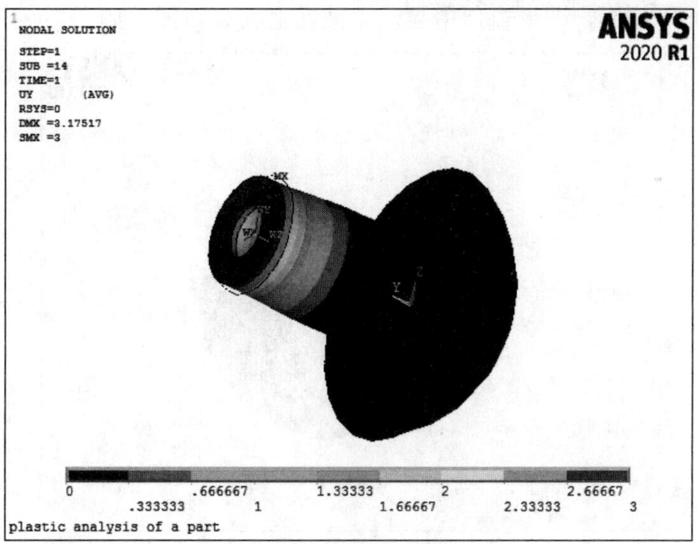

图 14-45 Y 向变形图

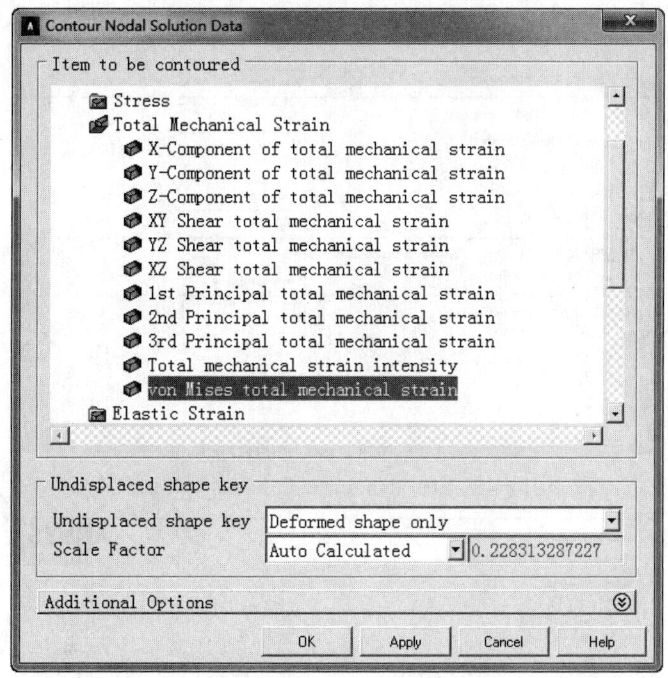

图 14-46 “Contour Nodal Solution Data”对话框

❸选择“Deformed shape only”选项。

❹单击“OK”按钮，图形窗口中显示出“von Mises”应变分布图，如图 14-47 所示。

03 查看截面。

❶从应用菜单中选择 Utility Menu：PlotCtrls > Style > Hidden Line Options，弹出“Hidden-Line Options”对话框，如图 14-48 所示。

❷在“Type of Plot”下拉列表中选择“Capped hidden”选项，在“Cutting plane is”下拉列表中选择“Normal to view”选项。

❸单击“OK”按钮，图形窗口中显示出截面上的分布图，如图 14-49 所示。

NODAL SOLUTION
STEP=1
SUB =14
TIME=1
EPTOEQV (AVG)
DMX =3.17517
SMN =.425E-04
SMX =1.1311
ANSYS
2020 R1
MN
.425E-04
.125716
.25139
.377063
.502737
.62841
.754084
.879757
1.00543
1.1311
plastic analysis of a part

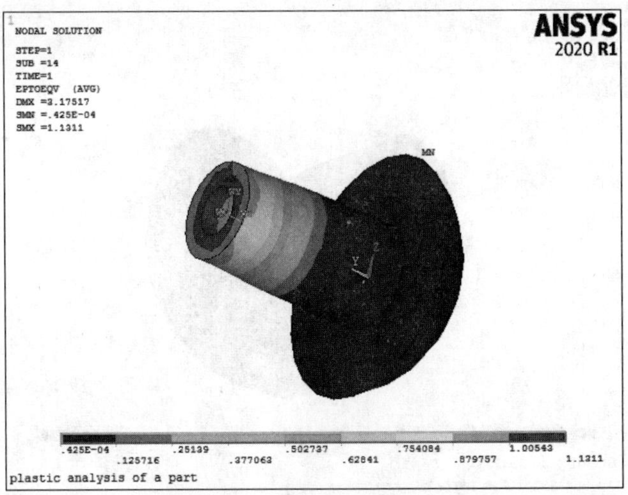

图 14-47 von Mises 应变分布图

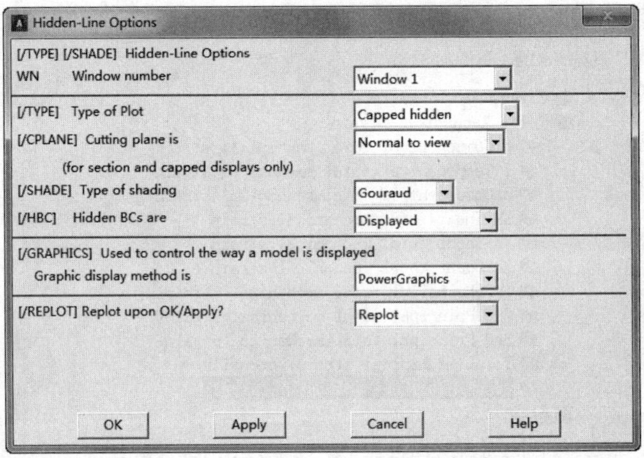

Hidden-Line Options
[/TYPE] [/SHADE] Hidden-Line Options
WN Window number
Window 1
[/TYPE] Type of Plot
Capped hidden
[/CPLANE] Cutting plane is
Normal to view
(for section and capped displays only)
[/SHADE] Type of shading
Gouraud
[/HBC] Hidden BCs are
Displayed
[/GRAPHICS] Used to control the way a model is displayed
Graphic display method is
PowerGraphics
[/REPLOT] Replot upon OK/Apply?
Replot
OK
Apply
Cancel
Help

图 14-48 “Hidden-Line Options”对话框

NODAL SOLUTION
STEP=1
SUB =14
TIME=1
EPTOEQV (AVG)
DMX =3.17517
SMN =.425E-04
SMX =1.1311
ANSYS
2020 R1
.425E-04
.125716
.25139
.377063
.502737
.62841
.754084
.879757
1.00543
1.1311
plastic analysis of a part

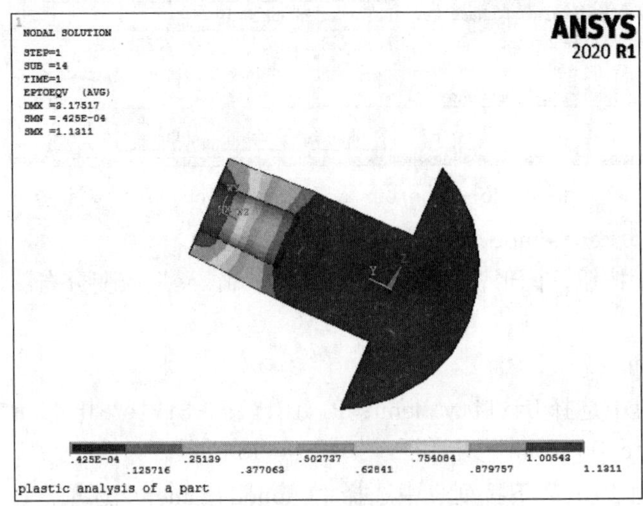

图 14-49 截面上的分布图

04 动画显示模态形状。

❶从应用菜单中选择 Utility Menu: PlotCtrls > Animate > Mode Shape，弹出“Animate Mode Shape”对话框，如图 14-50 所示。

❷选择“DOF solution”和“Translation UY”，单击“OK”按钮。

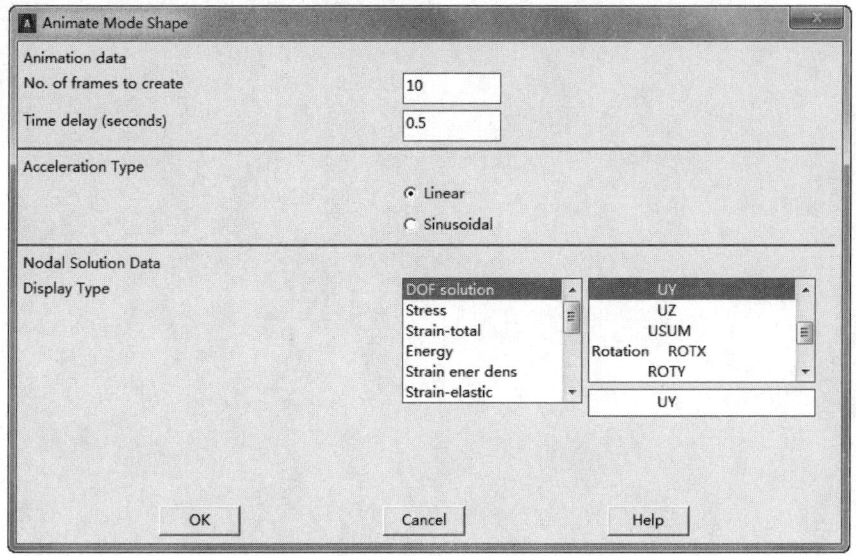

图 14-50 “Animate Mode Shape”对话框

ANSYS 将在图形窗口中进行动画显示，如图 14-51 所示。

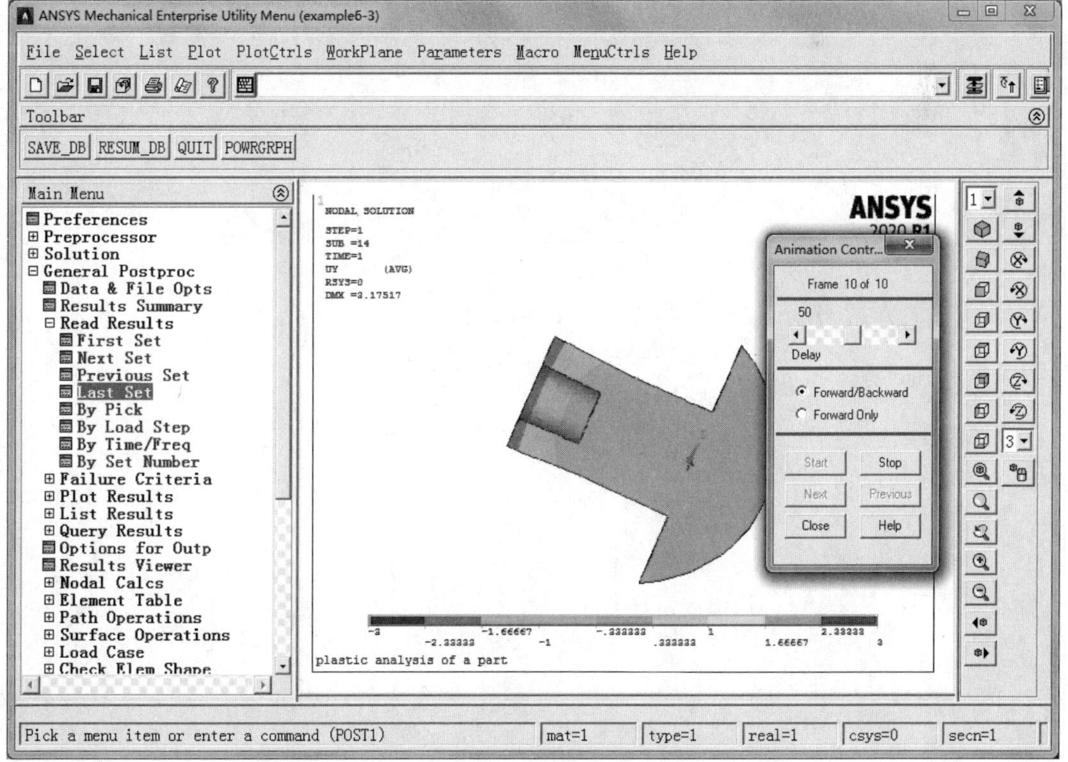

图 14-51 动画显示

14.3.5 命令流方式

略，见随书电子资源。

第 15 章

接触问题分析

接触问题是一种高度非线性行为，需要较大的计算资源，为了进行有效的计算，理解问题的特性和建立合理的模型是很重要的。

本章介绍 ANSYS 接触问题分析的基本步骤，包括其中各种参数的设置方法与功能，最后通过齿轮接触分析实例对 ANSYS 接触分析功能进行了具体演示。通过本章的学习，可以完整深入地掌握 ANSYS 接触问题分析的各种功能和应用方法。

- 接触问题概述
- 接触问题分析步骤
- 陶瓷套管的接触分析

15.1 接触问题概述

接触问题存在两个较大的难点：

1）在求解问题之前不知道接触区域，表面之间是接触或分开是未知的，突然变化的，这些随载荷、材料、边界条件和其他因素而定。

2）大多数的接触问题需要计算摩擦，有几种摩擦和模型可供挑选，它们都是非线性的，摩擦使问题的收敛性变得更加困难。

15.1.1 一般分类

接触问题分为两种基本类型，即刚体-柔体的接触和半柔体-柔体的接触，在刚体-柔体的接触问题中，接触面的一个或多个被当作刚体（与它接触的变形体相比，有大得多的刚度），一般情况下，当一种软材料与一种硬材料接触时，问题可以被假定为刚体-柔体的接触，许多金属成形问题可归为此类接触。半柔体-柔体的接触是一种更普遍的类型，在这种情况下，两个接触体都是变形体（有近似的刚度）。

ANSYS 支持 3 种接触方式，即点-点、点-面、面-面，每种接触方式使用的接触单元适用于某类问题。

15.1.2 接触单元

为了给接触问题建模，首先必须认识到模型中的哪些部分可能会相互接触，如果相互作用的其中之一是一个点，模型的对应组元是一个节点；如果相互作用的其中之一是一个面，模型的对应组元是单元，如梁单元，壳单元或实体单元。有限元模型通过指定的接触单元来识别可能的接触匹对，接触单元是覆盖在分析模型接触面之上的一层单元，ANSYS 使用的接触单元和使用它们的过程如下。：

1．点－点接触单元

点－点接触单元主要用于模拟点－点的接触行为，为了使用点－点的接触单元，需要预先知道接触位置，这类接触问题只能适用于接触面之间有较小相对滑动的情况（即使在几何非线性情况下）。

如果两个面上的节点一一对应，相对滑动又可以忽略不计，两个面的挠度（转动）保持小量，那么可以用点－点的接触单元来求解面－面的接触问题，过盈装配问题是一个用点－点的接触单元来模拟点-面接触问题的典型案例。

2．点-面接触单元

点-面接触单元主要用于给点-面的接触行为建模，例如两根梁的相互接触。

如果通过一组节点来定义接触面，生成多个单元，那么可以通过点-面接触单元来模拟面-面的接触问题，面既可以是刚性体也可以是柔性体，这类接触问题的一个典型案例是插头插到插座中。使用这类接触单元，不需要预先知道确切的接触位置，接触面之间也不需要保持一致的网格，并且允许有大的变形和大的相对滑动。

CONTA175 是点-面的接触单元，它支持大滑动、大变形和不同网格之间连接的组件。接触时发生的单元渗透是从一个目标表面到一个指定的目标表面。

3．面-面的接触单元

ANSYS 支持刚体-柔体的面-面的接触单元，刚性体的表面被当作“目标”面，分别用 TARGE169 和 TARGE170 来模拟 2D 和 3D 的“目标”面，柔性体的表面被当作“接触”面，用 CONTA171、CONTA172、CONTA173、CONTA174 来模拟。一个目标单元和一个接触单元称为一个“接触对”，程序通过一个共享的实常号来识别“接触对”，为了建立一个“接触对”需要给目标单元和接触单元指定相同的实常的号。

与点－面接触单元相比，面-面接触单元有如下优点：

- 支持低阶和高阶单元。
- 支持有大滑动和摩擦的大变形，协调刚度矩阵计算和不对称单元刚度矩阵的计算。
- 提供工程目的采用的更好的接触结果，如法向压力和摩擦应力。
- 没有刚体表面形状的限制，刚体表面的光滑性不是必须的，允许有自然的或网格离散引起的表面不连续。
- 与点－面接触单元比，需要较多的接触单元，因而造成需要较小的磁盘空间和 CPU 时间。
- 允许多种建模控制，如绑定接触、渐变初始渗透、目标面自动移动到补始接触、平移接触面（老虎梁和单元的厚度）、支持死活单元、耦合场分析、磁场接触分析等。

15.2 接触问题分析步骤

在涉及两个边界的接触问题中，很自然地会把一个边界作为“目标”面而把另一个作为“接触”面，对刚体－柔体的接触，“目标”面总是刚性的，“接触”面总是柔性的，这两个面合起来称为“接触对”。使用 TARGE169 和 CONTA171 或 CONTA172 来定义 2D 接触对，使用 TARGE170 和 CONTA173 或 CONTA174 来定义 3D 接触对，程序通过相同的实常数号来识别“接触对”。

执行一个典型的面－面接触分析的基本步骤如下：

1）建立模型并划分网格。

2）识别接触对。

3）定义刚性目标面。

4）定义柔性体的接触面。

5）设置实常数和单元关键点。

6）控制刚性目标面的运动。

7）给变形体单元施加必要的边界条件。

8）定义求解选项和载荷步选项。

9）求解接触问题。

10）后处理。

15.2.1 建立模型并划分网格

在这一步中需要建立代表接触体几何形状的实体模型。与其他分析过程一样，设置单元类型、实常数、材料特性，并用恰当的单元类型给接触体划分网格。

命令：AMESH、VMESH。

GUI：Main Menu > Preprocessor > Meshing > Mesh > Areas > Mapped > 3 or 4 sided。

GUI：Main Menu > Preprocessor > Meshing > Mesh > Volumes > Mapped > 4 or 6 sided。

15.2.2 识别接触对

必须认识到模型在变形期间哪些地方可能发生接触，一旦已经识别出潜在的接触面，就应该通过目标单元和接触单元来定义它们，目标单元和接触单元跟踪变形阶段的运动，构成一个接触对的目标单元和接触单元通过共享的实常号联系起来。

接触区域可以任意定义，但为了更有效地进行计算（主要指CPU时间），可能希望定义更小的局部化的接触环，但能保证它足以描述所需要的接触行为，不同的接触对必须通过不同的实常数号来定义（即使实常数号没有变化）。

由于几何模型和潜在变形的多样性，有时一个接触面的同一区域可能与多个目标面产生接触关系。在这种情况下，应该定义多个接触对（使用多组覆盖层接触单元）。每个接触对应有不同的实常数号。

15.2.3 定义刚性目标面

刚性目标面可能是2D的或3D的。在2D情况下，刚性目标面的形状可以通过一系列直线、圆弧和抛物线来描述，所有这些都可以用TAPGE169来表示。另外，可以使用它们的任意组合来描述复杂的目标面。在3D情况下，目标面的形状可以通过三角面、圆柱面，圆锥面和球面来描述，所有这些都可以用“TAPGE170”来表示；对于一个复杂的，任意形状的目标面，应该使用三角面来给它建模。

1．控制节点

刚性目标面可能会与“pilot”节点联系起来，它实际上是一个只有一个节点的单元，通过这个节点的运动可以控制整个目标面的运动，因此可以把“pilot”节点作为刚性目标的控制器。整个目标面的受力和转动情况可以通过“pilot”节点表示出来，“pilot”节点可能是目标单元中的一个节点，也可能是一个任意位置的节点，只有当需要转动或力矩载荷时，“pilot” 节点的位置才是重要的。如果你定义了“pilot” 节点，ANSYS 程序只在“pilot” 节点上检查边界条件，而忽略其他节点上的任何约束。

对于圆、圆柱、圆锥和球的基本图段，ANSYS 总是使用一个节点作为“pilot”节点。

2. 基本原型

能够使用基本几何形状，如圆、圆柱、圆锥、球来模拟目标面。有些基本原型虽然不能直接合在一起成为一个目标面（如直线不能与抛物线合并，弧线不能与三角形合并等），但可以给每个基本原型指定它自己的实常数号。

3. 单元类型和实常数

在生成目标单元之前，首先必须定义单元类型（TARG169 或 TARG170）。

命令：ET。

GUI：Main Menu > Preprocessor > Element Type > Add/Edit/Delete。

随后必须设置目标单元的实常数。

命令：RDELE。

GUI：Main Menn > Preprocessor > Real Constants。

4. 使用直接生成法建立刚性目标单元

为了直接生成刚性目标单元，可使用下面的命令和 GUI 路径。

命令：TSHAP。

GUI：Main Menu > Preprocessor > Modeling > Create > Elements > Elem Attributes。

随后指定单元形状，可能的形状有 Straight Line (2D)、Parabola (2D)、Clockwise arc(2D)、Counterclokwise arc(2D)、Circle(2D)、Triangle (3D)、Cylinder (3D)、Cone (3D)、Sphere(3D)、Pilot node(2D 和 3D)，如图 15-1 所示。

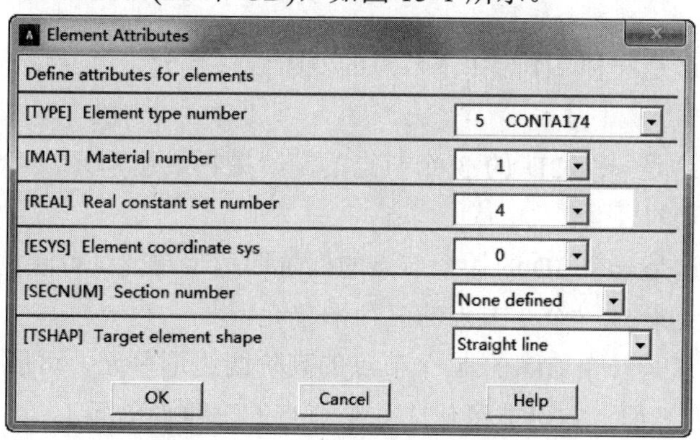

图 15-1 “Element Attributes”对话框

一旦指定目标单元形状，所有以后生成的单元都将保持这个形状，除非指定另外一种形状；然后就可以使用标准的 ANSYS 直接生成技术生成节点和单元。

命令：N，E。

GUI：Main Menu > Preprocessor > Modeling > Create > Nodes。

GUI：Main Menu > Preprocessor > Modeling > Create > Elements。

在建立单元之后，可以通过显示单元来验证单元形状。

命令：ELIST。

GUI：Utility Menu > List > Elements > Nodes + Attributes。

5．使用ANSYS网格划分工具生成刚性目标单元

也可以使用标准的ANSYS网格划分功能让程序自动地生成目标单元。，ANSYS程序将会以实体模型为基础生成合适的目标单元形状而忽略命令“TSHAP”的选项。

为了生成一个“pilot”节点，可使用下面的命令或GUI路径：

命令：KMESH。

GUI：Main Menu > Preprocessor > Meshing > Mesh > Keypoints。

KMESH总是生成“pilot” 节点。

15.2.4 定义柔性体的接触面

为了定义柔性体的接触面，必须使用接触单元CONTA171或CONTA172（对2D）或CONTA173或CONTA174（对3D）来定义表面。

程序通过组成变形体表面的接触单元来定义接触表面，接触单元与下面覆盖的变形体单元有同样的几何特性，并且必须处于同一阶次（低阶或高阶）。下面的变形体单元可以是实体单元、壳单元、梁单元或超单元，接触面可能是壳或梁单元的任何一边。

与目标面单元一样，首先必须定义接触面的单元类型，然后选择正确的实常数号（实常数号必须与它对应目标的实常数号相同）最后生成接触单元。

1．单元类型

CONTA171：这是一种2D的2个节点的低阶线性单元，可能位于2D实体，壳或梁单元的表面。

CONTA172：这是一个2D的3个节点的高阶抛物线形单元，可能位于有中间节点的2D实体或梁单元的表面。

CONTA173：这是一个3D的4个节点的低阶四边形单元，可能位于3D实体或壳单元的表面，它可能退化成一个3节点的三角形单元。

CONTA174：这是一个3D的8个节点的高阶四边形单元，可能位于有中间节点的3D实体或壳单元的表面，它可能退化成6个节点的三角形单元。

不能在高阶柔性体单元的表面上划分低阶接触单元，反之也不行，不能在高阶接触单元上消去中间节点。

命令：ET。

GUI：Main menu > Preprocessor > Element type > Add/Edit/Delete。

2．实常数和材料特性

在定义了单元类型后，需要选择正确的实常数的设置，每个接触对的接触面和目标面必须有相同的实常数号，而每个接触对必须有它自己不同的实常数号。

3．生成接触单元

可以通过直接生成法生成接触单元，也可以在柔性体单元的外表面上自动生成接触单元，推荐采用自动生成法，这种方法更为简单和可靠。

可以通过下面 3 个步骤来自动生成接触单元：

1）选择节点。选择已划分网格的柔性体表面，如果确定某一部分节点永远不会接触到目标面，则可以忽略它以便缩短计算时间，但必须保证没有漏掉可能会接触到目标面的节点。

命令：NSEL。

GUI：Utility Menu > Select > Entities。

2）产生接触单元。

命令：ESURF。

GUI：Main menu > Preprocessor > Modeling > Create > Element > Surf / Contact > Surf to Surf。

如果接触单元是附在已用实体单元划分网格的面或体上，程序会自动决定接触计算所需的外法向；如果下面的单元是梁或壳单元，则必须指明哪个表面（上表面或下表面）是接触面

命令：ESURF，TOP or BOTIOM。

GUI：Main menu > Preprocessor > Modeling > Create > Element > Surf / Contact > Surf to Surf。

使用上表面生成接触单元，则它们的外法向与梁或壳单元的法向相同；使用下表面生成接触单元，则它们的外法向与梁或壳单元的法向相反。如果下面的单元是实体单元，则 TOP 或 BOTTOM 选项不起作用，如图 15-2 所示。

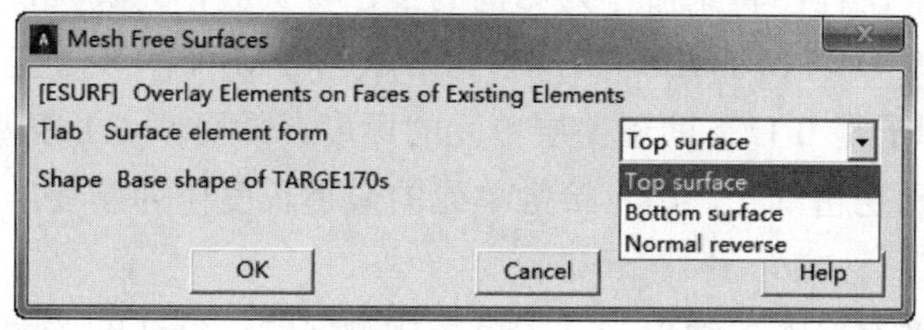

图 15-2 “Mesh Free Surfaces”对话框

3）检查接触单元外法线的方向。当程序进行是否接触的检查时，接触面的外法线方向是重要的。，对 3-D 单元，按节点序号以右手定则来决定单元的外法向，接触面的外法向应该指向目标面，否则，当开始分析计算时，程序可能会认为有面的过度渗透而很难找到初始解。此时，程序一般会立即停止执行，以检查单元外法线方向是否正确。

命令：/PSYMB。

GUI：Utility menu > PlotCtrls > Symbols。

当发现单元的外法线方向不正确时，必须通过修正不正确单元的节点号来改变它们。

命令：ESURF，REVE

GUI：Main menu > Preprocossor > Modeling > Create > Elements > Surf / Contact。

或者重新排列单元指向。

命令：ENORM。

GUI：Main Menu>Preprocessor>Modeling >Move/Modify >Elements >Shell Normals。

15.2.5 设置实常数和单元关键点

程序使用 20 多个实常数和多个单元关键点来控制面-面接触单元的接触行为。

1．常用的实常数

程序经常使用的实常数见表 15-1。

表 15-1 实常数列表

实常数	用途
R1 和 R2	定义目标单元几何形状
FKN	定义法向接触刚度因子
FTOLN	定义最大的渗透范围
ICONT	定义初始靠近因子
PINB	定义“Pinball"区域
PMIN 和 PMAX	定义初始渗透的容许范围
TAUMAR	指定最大的接触摩擦

命令：R。

GUI：Main menu > Preprocessor > Real Constants。

对实常数 FKN、FTOLN、ICONT、PINB、PMAX 和 PMIN，既可以定义一个正值也可以定义一个负值，程序将正值作为比例因子，将负值作为真实值，程序将下面覆盖层单元的厚度作为 ICONT、FTOLN、PINB、PMAX 和 PMIN 的参考值。例如，对 ICONT，0.1 表明初始间隙因子是 0.1*下面覆盖层单元的厚度。然而，-0.1 表明真实缝隙是 0.1，如果下面覆盖层单元是超单元，则将接触单元的最小长度作为厚度。

2．单元关键点

每种接触单元都有好多关键点，对大多数接触问题，默认的关键点是合适的，而在某些情况下，可能需要改变默认值，以控制接触行为。

- 自由度　　　　　　　　　　（KEYOPT(1)）
- 接触算法（罚函数+拉格郎日或罚函数）（KEYOPT（2））
- 出现超单元时的应力状态（KEYOPT（3））
- 接触方位点的位置　　　（KEYOPI（4））
- 刚度矩阵的选择　　　　（KEYOPT（6））
- 时间步长控制　　　　　（KEYOPT（7））
- 初始渗透影响　　　　　（KEYOPT（9））
- 接触刚度修正　　　　　（KEYOPT（10））
- 壳体厚度效应　　　　　（KEYOPT（11））
- 接触表面情况　　　　　（KEYOPT（12））

命令：KEYOPT、ET。

GUI：Main menu > Preprocessor > Elemant Type > Add/Edit/Delete。

15.2.6 控制刚性目标的运动

当按照物体的原始外形来建立刚性目标面时，面的运动是通过给定“pilot”节点来定义的。如果没有定义“pilot”节点，则通过刚性目标面上的不同节点来定义。

为了控制整个目标面的运动，在下面的任何情况下都必须使用“pilot”节点：

- 目标面上作用着给定的外力。
- 目标面发生旋转。
- 目标面和其他单元相连（例如结构质量单元）。

“pilot”节点的厚度代表着整个刚性面的运动，可以在“pilot”节点上给定边界条件（位移、初速度、集中载荷、转动等）。当考虑刚体的质量时，需在“pilot”节点上定义一个质量单元。

当使用“pilot”节点时，记住下面的几点局限性：

- 每个目标面只能有一个“Pilot“的节点。
- 圆、圆锥、圆柱、球的第一个节点是“pilot”节点，不能另外定义或改变“pilot”节点。
- 程序忽略不是“pilot”节点的所有其他节点上的边界条件。
- 只有“pilot”节点能与其他单元相连。
- 当定义了“pilot”节点后，不能使用约束方程（CF）或节点耦合（CP）来控制目标面的自由度，如果在刚性面上给定任意载荷或约束，必须定义“pilot”节点，并且是在“pilot”节点上加载，如果没有使用“pilot”节点，只能有刚体运动。

在每个载荷步的开始，程序会检查每个目标面的边界条件。如果都满足下面的条件，那么程序会将目标面作为固定处理：

- 在目标面节点上没有明确定义边界条件或给定力。
- 目标面节点没有遇其他单元相连。
- 目标面节点没有使用约束方程或节点耦合。

在每个载荷步的末尾，程序将会放松被内部设置的约束条件。

15.2.7 给变形体单元施加必要的边界条件

现在可以按需要施加必要的边界条件，其加载过程与其他的分析类型相同

15.2.8 定义求解和载荷步选项

接触问题的收敛性随着问题的不同而不同，下面列出了一些典型的在大多数面-面的

接触分析中推荐使用的选项。

1）时间步长必须足够小，以描述适当的接触。如果时间步太大，则接触力的光滑传递会被破坏，设置精确时间步长的可信赖的方法是打开自动时间步长。

命令：Autots，On。

GUI：Main Menu > Solution > Unabridged Menu > Load Step Opts > Time/Frequenc > Time-Time Step or Time and Substps。

2）如果在迭代期间接触状态发生变化，可能会产生不连续，为了避免收敛太慢，可使用修改的刚度矩阵，将牛顿-拉普森选项设置为 FULL。

命令：NROPT，FULL，，OFF。

GUI：Main Menu > Solution > Unabridged Menu > Analysis Type > Analysis Options。

3）不要使用自适应下降因子。对面-面的问题，自适应下降因子通常不会提供任何帮助，因此建议关闭它。

4）设置合理的平衡迭代次数。一个合理的平衡迭代次数通常为 25～50，如图 15-3 所示。

命令：NEQIT。

GUI：Main Menu > Solution > Unabridged Menu > Load Step Opts > Nonlinear > Equilibrium Iter。

5）因为大的时间增量会使迭代趋向于变得不稳定，可使用线性搜索选项来使计算稳定化。如图 15-4 所示。

命令：LNSRCH

GUI：Main Menu > Solution > Unabridged Menu > Load Step Opts > Nonlinear > Line Search。

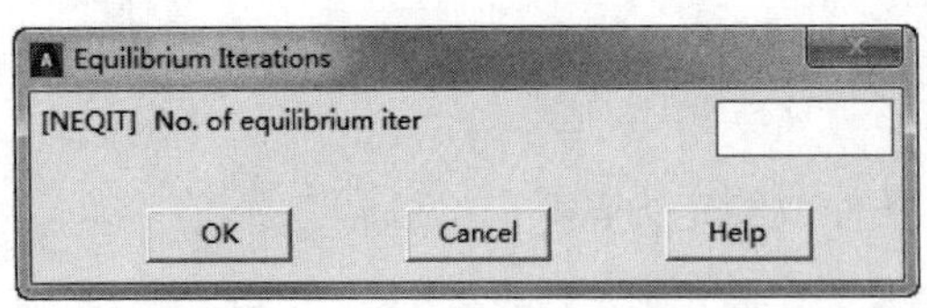

图 15-3 “Equilibrium Iterations”对话框

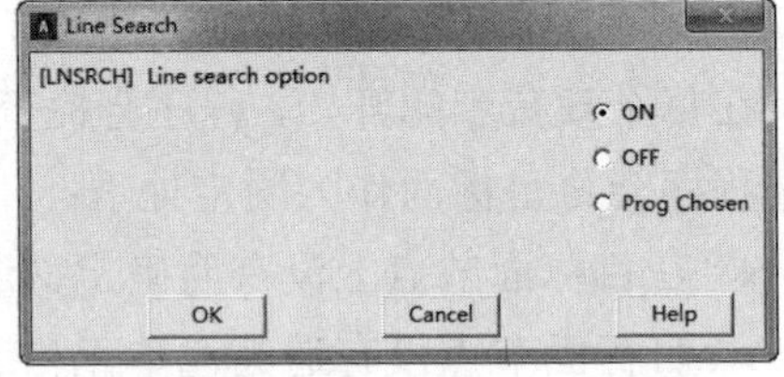

图 15-4 “Line Search”对话框

6）除非在大转动和动态分析中，选择时间步长预测器选项，如图 15-5 所示。

命令：PRED。

GUI：Main Menu > Solution > Unabridged Menu > Load Step Opts > Nonlinear > Predictor。

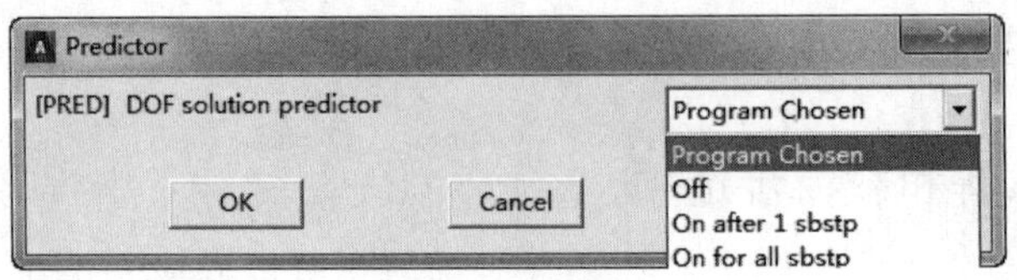

图 15-5 时间步长预测器选项

在接触分析中，许多不收敛问题是由于使用了太大的接触刚度（实常数 FKN）引起的，应检验是否使用了合适的接触刚度。

15.2.9 求解

现在可以对接触问题进行求解，其求解过程与一般的非线性问题求解过程相同。

15.2.10 后处理

接触分析的结果主要包括位移、应力、应变和接触信息（接触压力、滑动等），可以利用通用后处理器（Post1）或时间历程后处理器（Post26）进行后处理。

注意 为了在 Post1 中查看结果，数据库文件所包含的模型必须与用于求解的模型相同。必须存在结果文件。

1．Post1 后处理

进入 Post1，如果用户的模型不在当前数据库中，使用恢复命令“resume”来恢复它。

命令：/Post1。

GUI：Main Menu > General Postproc。

读入所期望的载荷步和子步的结果，这可以通过载荷步和子步数实现，也可以通过时间来实现。

命令：SET。

GUI：Main Menu > General Postproc > Read Results。

可以使用下面的任何一种方式来显示结果：

1）显示变形。

命令：PLDISP。

GUI：Main menu > General Postproc > Plot Result > Deformed Shape。

2）等值显示。

命令：PLNSOL。

命令：PLESOL。

GUI：Main Menu > General Postproc > Plot Result > Contour Plot > Noded Solu。

GUI：Main Menu > General Postproc > Plot Result > Contour Plot > Element Solu。

当使用这种方式显示应力、应变或其他项的等值图时，如果相邻的单元有不同的材料行为（如塑性或多弹性材料特性，不同的材料类型或不同的死活属性），则在结果显示时应避免节点应力平均错误。

也可以将求解出来的接触信息用等值图进行显示。对 2D 接触分析，模型用灰色表示，所要求显示的项将沿着接触单元存在的模型的边界以梯形面积显示；对 3D 接触分析，模型将用灰色表示，而要求显示的项在接触单元存在的 2D 表面上等值显示。

还可以等值显示单元表的数据和线性化单元数据。

命令：PLETAB。

命令：PLLS。

GUI：Main Menu > General Postproc > Element Table > Plot Element Table。

GUI：Main Menu > General Postproc > Plot Results > Contour plot > line Elem Res。

3）列表显示。

命令：PRNSOL、PRESOL、PRRSOL、PRETAB、RITER、NSORT、ESORT。

GUI：Main menu > General Postproc > List Results > Noded Solution。

GUI：Main menu > General Postproc > List Results > Element Solution。

GUI：Main menu > General Postproc > List Results > Reaction Solution。

在列表显示它们之前，可以用命令“NSORT”和“ESORT”来对它们进行排序。

4）动画。可以动画显示接触结果随时间的变化。

命令：ANIME。

GUI：Uility menn > Plotctrls　> Animate。

2．Post26 后处理

可以使用 Post26 来查看一个非线性结构对加载历程的响应，可以比较一个变量和另一个变量的变化关系。例如，可以绘制出某个节点位移随给定载荷变化的关系曲线，某个节点的塑性应变与时间的关系曲线。

1）进入 Post26，如果模型不在当前数据库中刚恢复它。

命令：/Post26。

GUI：Main menu > TimeHist Postpro。

2）定义变量。

命令：NSOL，ESOL，RFORCE。

GUI：Main Menu > Time List Postpro > Define Variable。

3）绘制曲线或列表显示。

命令：PLVAR，PRVAR，EXTREM。

GUI：Main menu > Time List Postproc > Graph Variable。

GUI：Main menu > Time List Postproc > List Variable。

GUI：Main menu > Time List Postproc > List Extremes。

15.3 实例导航——陶瓷套管的接触分析

15.3.1 问题描述

如图 15-6 所示，套管比套筒稍稍大一点，这样它们之间由于接触就会产生应力和应变。由于对称性，可以只取模型的四分之一来进行分析，并分成两个载荷步来求解。第一个载荷步是观察套管接触面的应力，第二个载荷步是观察套管拔出过程中的应力、接触压力和反力等。

材料性质：EX=30×10^6 Psi (弹性模量)，NUXY=0.25（泊松比），f=0.2（摩擦因数）。

几何尺寸：圆柱套管：R_1=0.5in，H_1=3in；套筒，R_2=1.5in，H_2=2in；套筒孔，R_3=0.45in，H_3=2in。

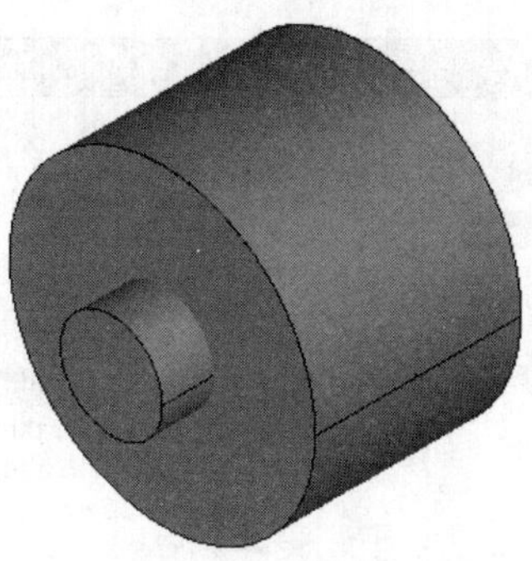

图 15-6 圆柱套筒

15.3.2 建立模型并划分网格

01 建立模型。

❶设置分析标题：Utility Menu > File > Change Title，在文本框中输入“Contact Analysis”，单击“OK”按钮。

❷定义单元类型：Main Menu > Preprocessor > Element Type > Add/Edit/Delete，弹出“Element Types”对话框，如图 15-7 所示。单击“Add”按钮，弹出如图 15-8 所示的“Library of Element Types”对话框。选择“Structural Solid 和 Brick 8node 185”，单击“OK”按钮，然后单击“Element Types”对话框的“Close”按钮。

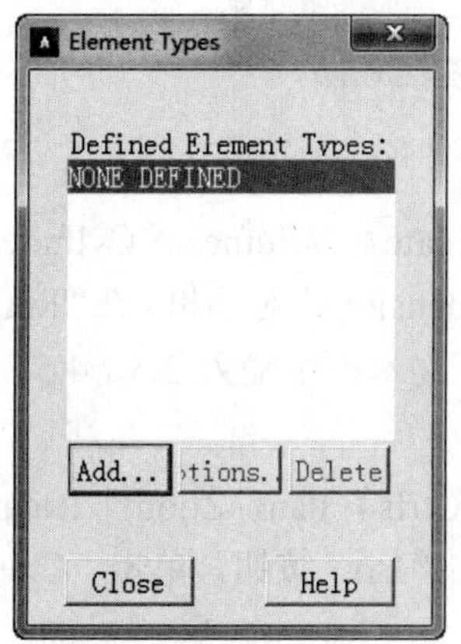

图 15-7 “Element Types”对话框

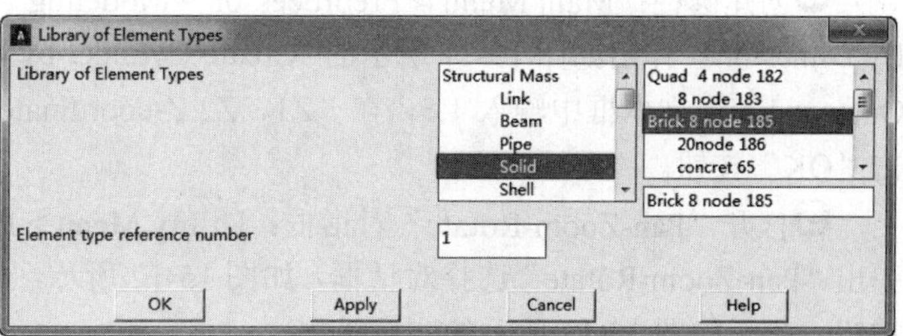

图 15-8 “Library of Element Types”对话框

❸定义材料模型属性：Main Menu > Preprocessor > Material Props > Material Models，

弹出如图 15-9 所示的“Define Material Model Behavior”窗口。在“Material Models Available”列表框中选择 Structural > Linear > Elastic > Isotropic，弹出如图 15-10 所示“Linear Isotropic Properties for Material Number1”对话框.在“EX”文本框中输入“30E6”，在“PRXY”文本框中文本框中输入 0.25，单击“OK”按钮。在“Define Material Models Behavior”窗口中选择 Material > Exit，退出该对话框。

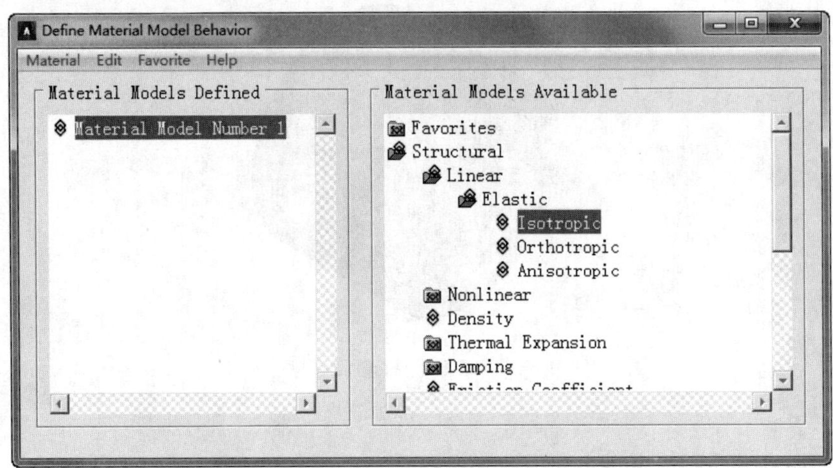

图 15-9 “Define Material Model Behavior”窗口

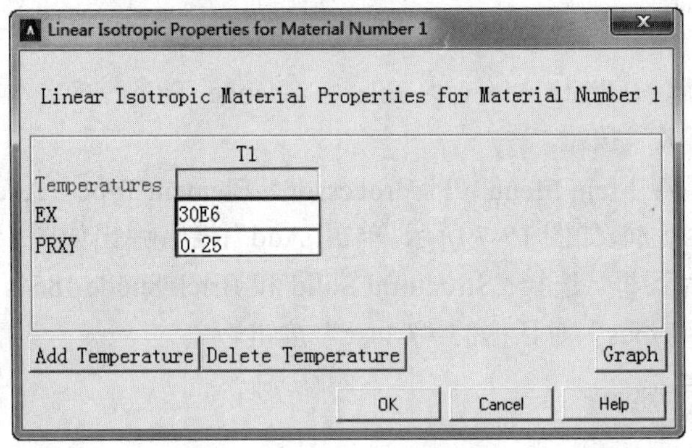

图 15-10 “Linear Isotropic Properties for Material Number1”对话框

❹创建圆柱：Main Menu > Preprocessor > Modeling > Create > Volumes > Cylinder > By Dimesions，弹出如图 15-11 所示的“Create Cylinder by Dimensions”对话框。在“RAD1 Outer radius”文本框中输入 1.5，在“Z1，Z2 Z-coordinates”文本框中输入 2.5、4.5，单击“OK”按钮。

❺打开“Pan-Zoom-Rotate”对话框：Utility Menu > PlotCtrls > Pan，Zoom，Rotate，弹出“Pan-Zoom-Rotate”选择对话框，如图 15-12 所示，单击“Iso”按钮，单击“Close”按钮，显示如图 15-13 所示的实体模型。

❻创建圆柱孔：Main Menu > Preprocessor > Modeling > Create > Volumes > Cylinder > By Dimesions，弹出如图 15-11 所示的对话框。在“RAD1 Outer radius”文本框中输入 0.45，在“Z1，Z2 Z-coordinates”文本框中输入 2.5、4.5，单击“OK”按钮。

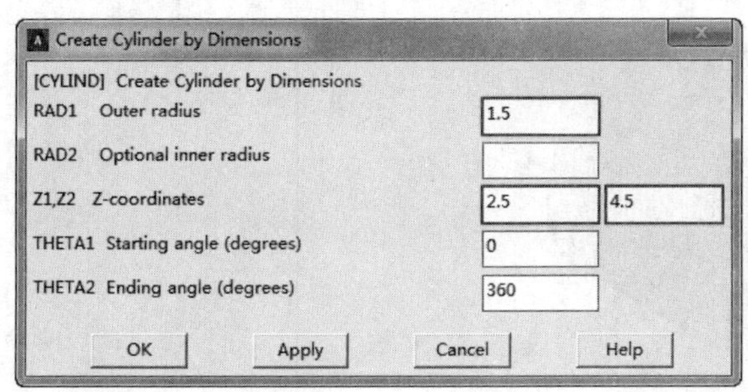

图 15-11 “Create Cylinder by Dimensions”对话框

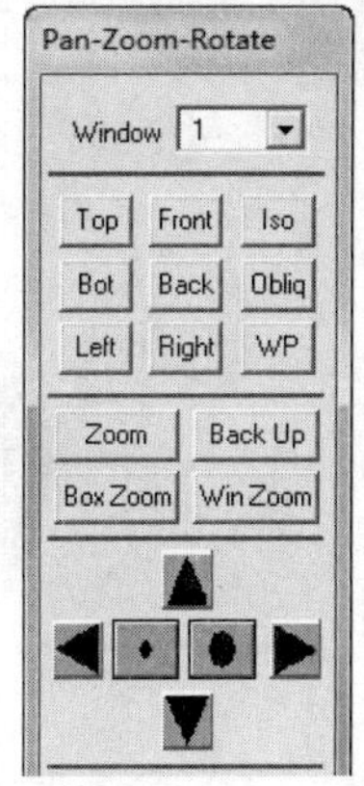

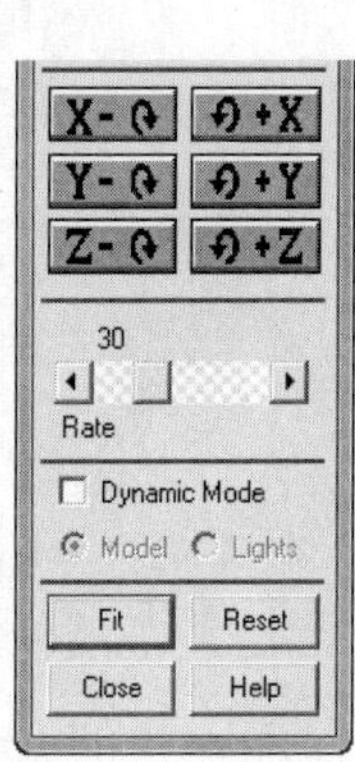

图 15-12 “Pan-Zoom-Rotate” 选择对话框

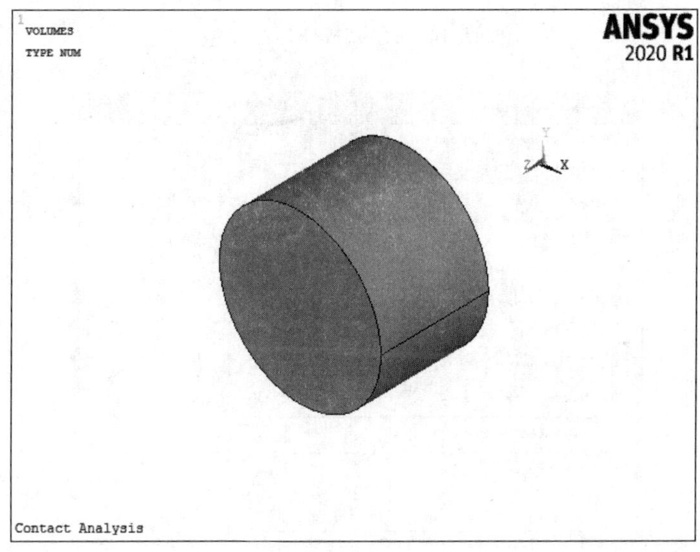

图 15-13 实体模型

❼体相减操作：Main Menu > Preprocessor > Modeling > Operate > Booleans > Substract > Volumes，弹出“Substract Volumes”对话框。在图形上选择大圆柱体，单击“Apply”按钮，又弹出“Substract Volumes”对话框。在图形上选择小圆柱体，单击“OK”按钮，显示布尔减操作后的模型，如图 15-14 所示。

❽创建圆柱套管：Main Menu > Preprocessor > Modeling > Create > Volumes > Cylinder > By Dimesions，弹出如图 15-11 所示的对话框。在“RAD1 Outer radius”文本框中输入 0.5，在“Z1，Z2 Z-coordinates”文本框中输入 2.0 和 5，单击“OK”按钮。

❾打开体编号显示：Utility Memu > PlotCtrls > Numbering，弹出“Plot Numbering Controls”对话框，如图 15-15 所示。选择“VOLU Volume numbers”复选框，使其显示为“On”，单击“OK”按钮。

❿重新显示：Utility Menu > Plot > Replot，结果显示如图 15-16 所示的套筒和套管模型。

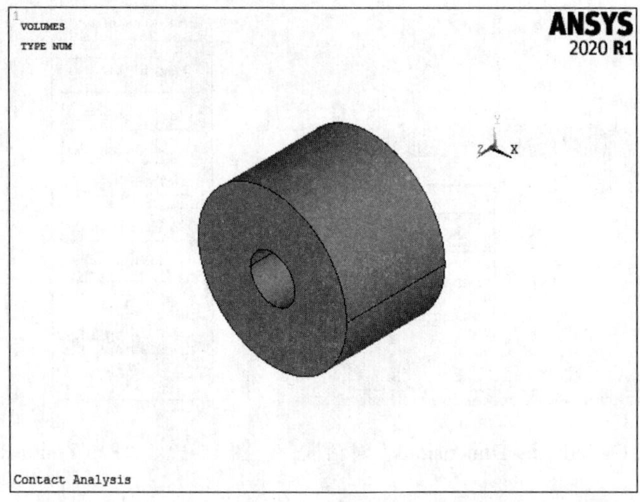

图 15-14 布尔减操作后的模型

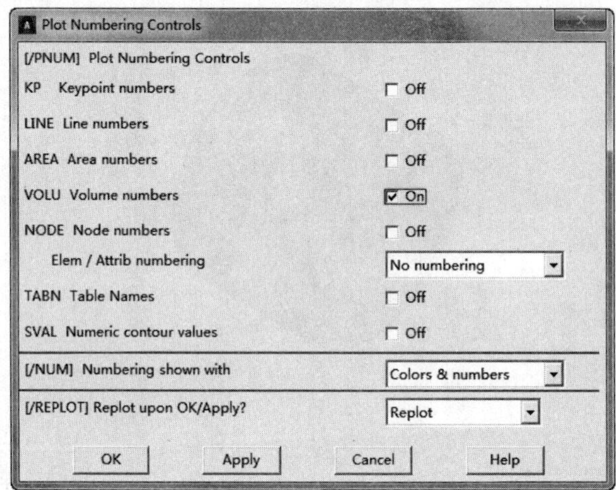

图 15-15 “Plot Numbering Controls”对话框

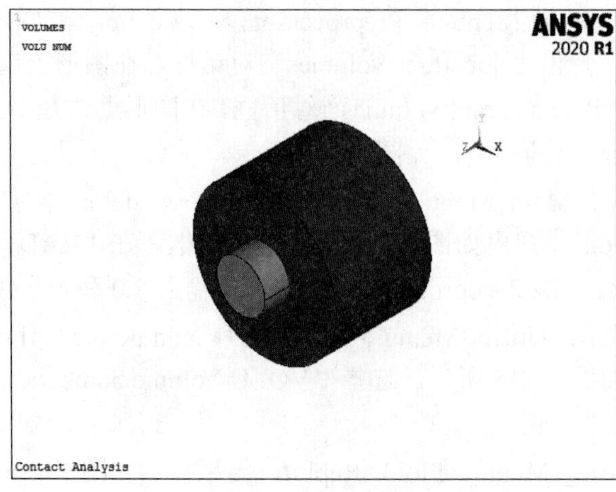

图 15-16 套筒和套管模型

⑪显示工作平面：Utility Menu > WorkPlane > Display Working Plane。

⑫设置工作平面：Utility Menu > WorkPlane > WP Settings，弹出“WP Settings”选择对话框，如图 15-17 所示。选择“Grid and Triad”，单击“OK”按钮。

⑬移动工作平面：Utility Menu > WorkPlane > Offset WP by Increments，弹出“Offset WP”选择对话框，如图 15-18 所示，拖动小滑块到最右端，滑块上方显示为“90”，然后单击“↻+Y”按钮，单击“OK”按钮。

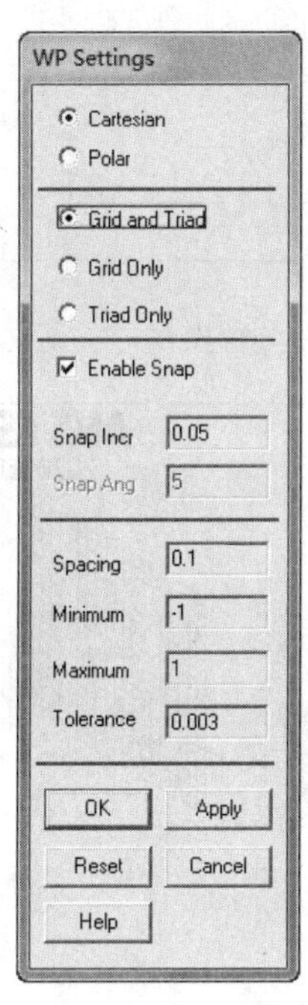

图 15-17 “WP Settings” 选择对话框

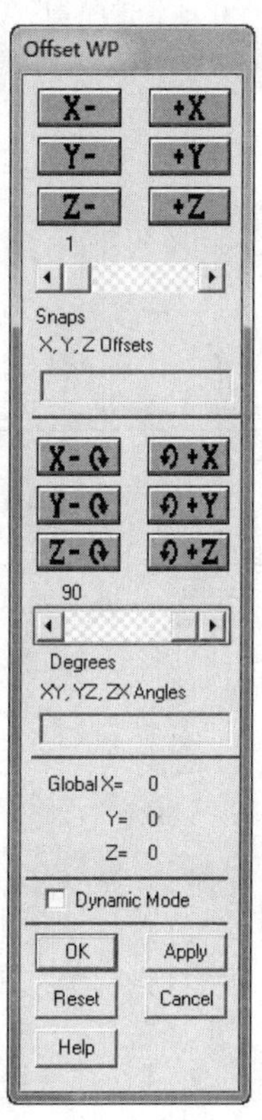

图 15-18 “Offset WP”选择 对话框

⑭体分解操作：Main Menu > Preprocessor > Modeling > Operate > Booleans > Divide > Volu by Workplane，弹出“Divide Vol by WrkPlane”选择对话框，单击“Pick All”按钮。

⑮重新显示：Utility Menu > Plot > Replot，结果如图 15-19 所示。

⑯保存数据：单击工具栏上的“SAVE_DB”按钮。

⑰体删除操作：Main Menu > Preprocessor > Modeling > Delete > Volumes and Below，弹出“Delete Volumes and Below”对话框，在图形上选择右侧的套筒和套管，单击“OK”按钮，删除右侧模型，如图 15-20 所示。

⑱移动工作平面：Utility Menu > WorkPlane > Offset WP by Increments，弹出“Offset WP”对话框，拖动小滑块到最右端，滑块上方显示为“90”，然后单击“↻+X”按钮，单击“OK”按钮。

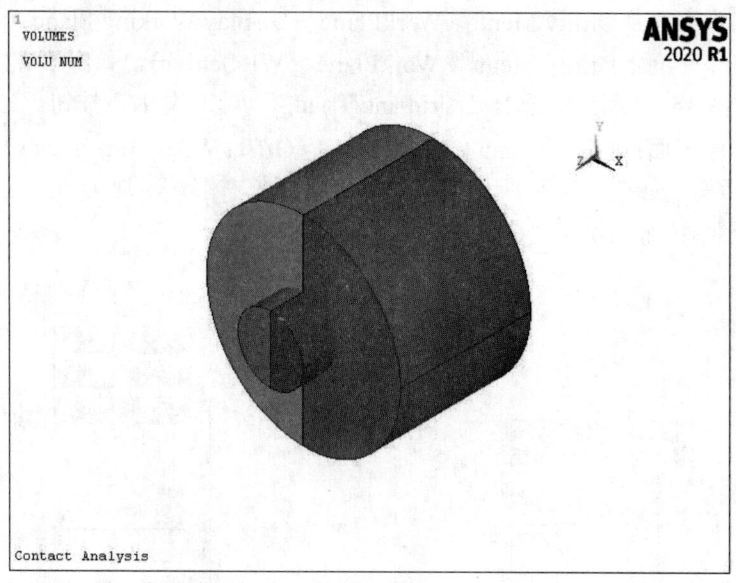

图 15-19 第一次用工作平面进行布尔分解操作

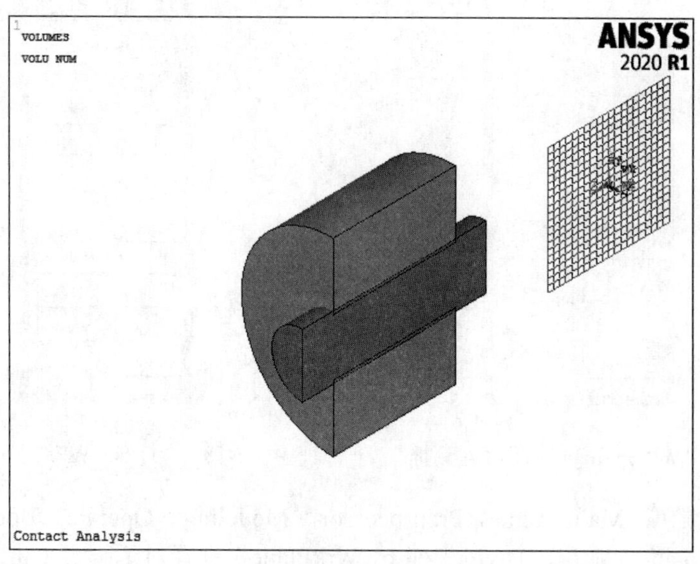

图 15-20 删除右侧模型

⑲体分解操作：Main Menu > Preprocessor > Modeling > Operate > Booleans > Divide > Volu by Workplane，弹出“Divide Vol by WrkPlane”选择对话框。单击“Pick All”按钮。

⑳重新显示：Utility Menu > Plot > Replot，结果如图 15-21 所示。

㉑体删除操作：Main Menu > Preprocessor > Modeling > Delete > Volumes and Below，弹出“Delete Volumes & Below”选择对话框。，在图形上选择上半部的套筒和套管，单击“OK”按钮，删除上半部分模型，如图 15-22 所示。

㉒重新显示：Utiltiy Menu > Plot > Replot。

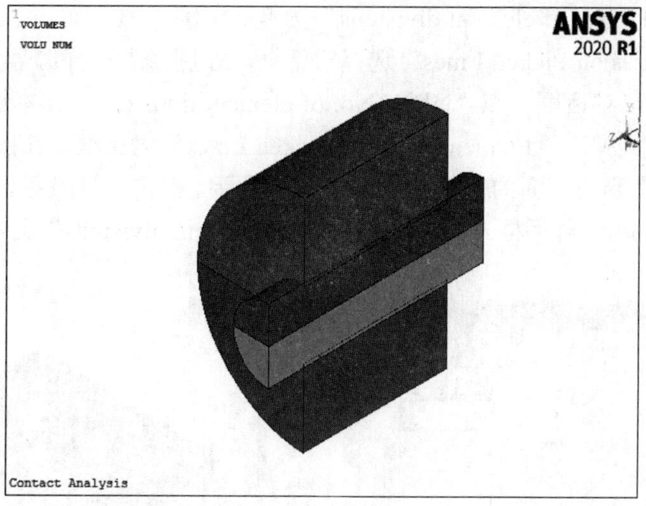

图 15-21 第二次用工作平面进行布尔分解操作

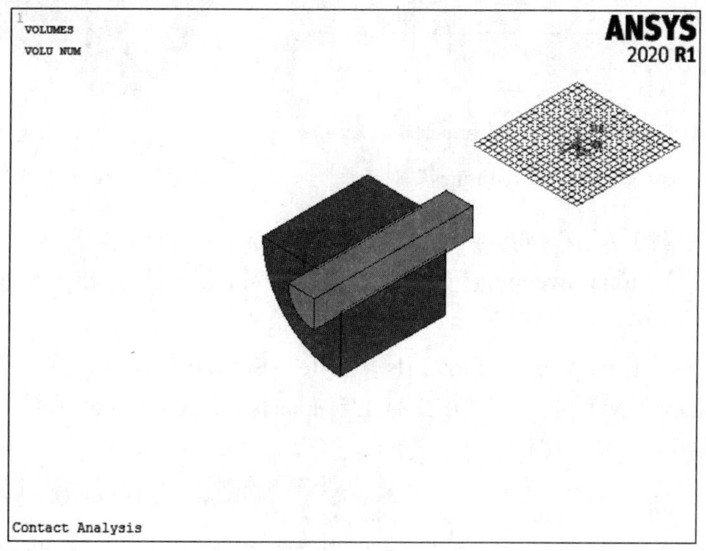

图 15-22 删除上半部分模型

㉓保存数据：单击工具栏上的“SAVE_DB”按钮。

㉔关闭工作平面：Utility Menu > WorkPlane > Display Working Plane。

㉕打开线编号显示：Utility Menu > PlotCtrls > Numbering，弹出“Plot Numbering Controls”对话框。选择“LINE Line numbers”复选框，使其显示为“On”，其余改为“Off”，单击“OK”按钮。

02 划分网格。

❶设置线单元尺寸：Main Menu > Preprocessor > Meshing > Size Cntrls > Manual Size > Lines > Picked Lines，弹出“Element Sizes on Picked Lines”选择对话框。在图形上选择编号为 7 的线，单击“OK”按钮，弹出如图 15-23 所示的“Element Sizes on Picked Lines”

对话框。在“NDIV No. of element divisions”文本框中输入10，单击“Apply”按钮，又弹出“Element Sizes on Picked Lines”选择对话框，在图形上选择编号为27的线，单击“OK”按钮，弹出对话框，在“NDIV No. of element divisions”文本框中输入5，单击“Apply”按钮，又弹出“Element Sizes on Picked Lines”对话框，在图形上选择编号为17的线（套管所在套筒前面的弧线），如图15-24所示。单击“OK”按钮，弹出“Element Sizes on Picked Lines”对话框。在“NDIV No. of element divisions”文本框中输入5，单击“OK”按钮。

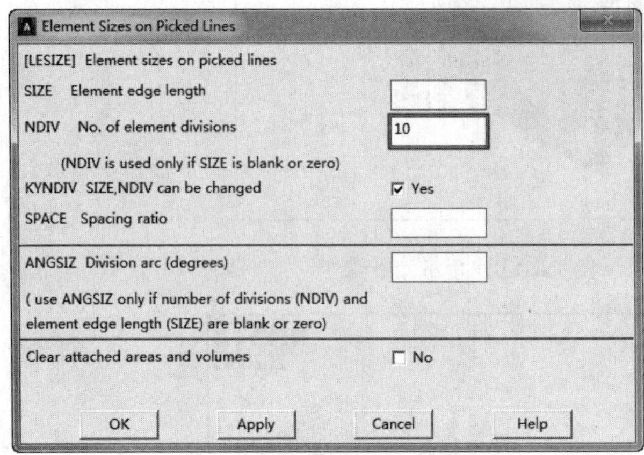

图15-23 “Element Sizes on Picked Lines”对话框

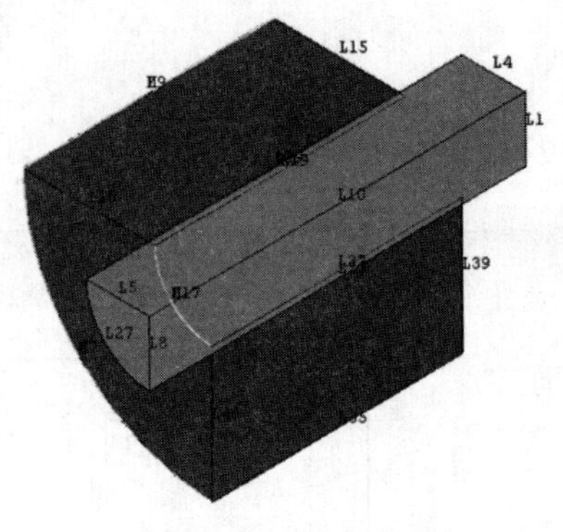

图15-24 选择L17线

❷有限元网格的划分：Main Menu > Preprocessor > Meshing > Mesh > Volume Sweep > Sweep，弹出“Volume Sweeping”对话框，单击“Pick All”按钮，显示如图15-25所示的网格。

❸优化网格：Utility Menu > PlotCtrls > Style > Size and Shape，弹出如图15-26所示的“Size and Shape”对话框。在“/[EFACET] Facets/element edge”下拉列表中选择“2 facets/edge”，单击“OK”按钮。

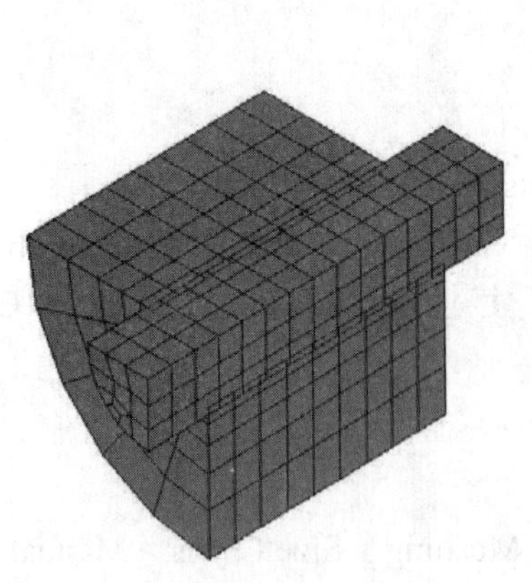

图15-25 网格显示

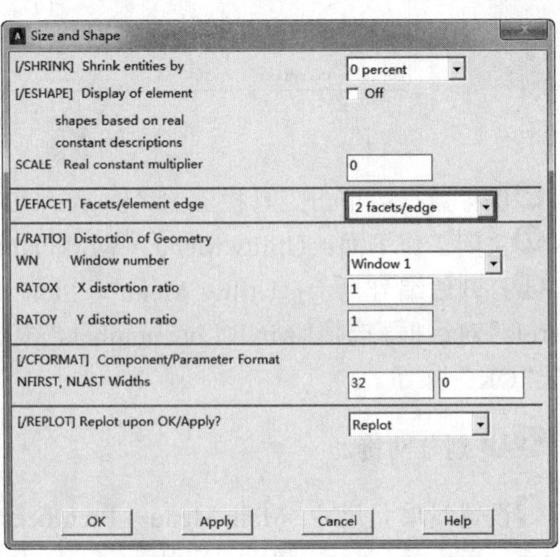

图15-26 “Size and Shape”对话框

❹保存数据：单击工具栏上的“SAVE_DB”按钮。

15.3.3 定义边界条件并求解

01 定义接触对。

❶创建目标面：Main Menu > Preprocessor > Modeling > Create > Contact Pair，弹出如图 15-27 所示的“Pair Based Contact Manager”对话框.单击“Contact Wizard”按钮（对话框左上方），弹出如图 15-28 所示的“Contact Wizard”窗口。接受默认选项，单击“Pick Target”按钮，弹出“Select Areas for Target”选择对话框，在图形上选择套筒的接触面，如图 15-29 所示，单击“OK”按钮。

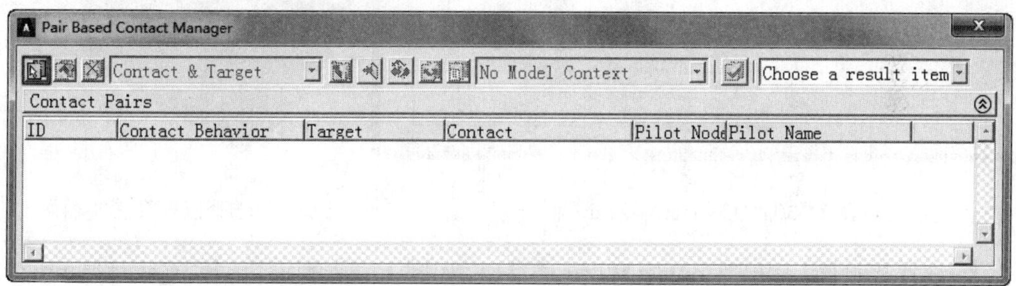

图 15-27 “Pair Based Contact Manager”对话框

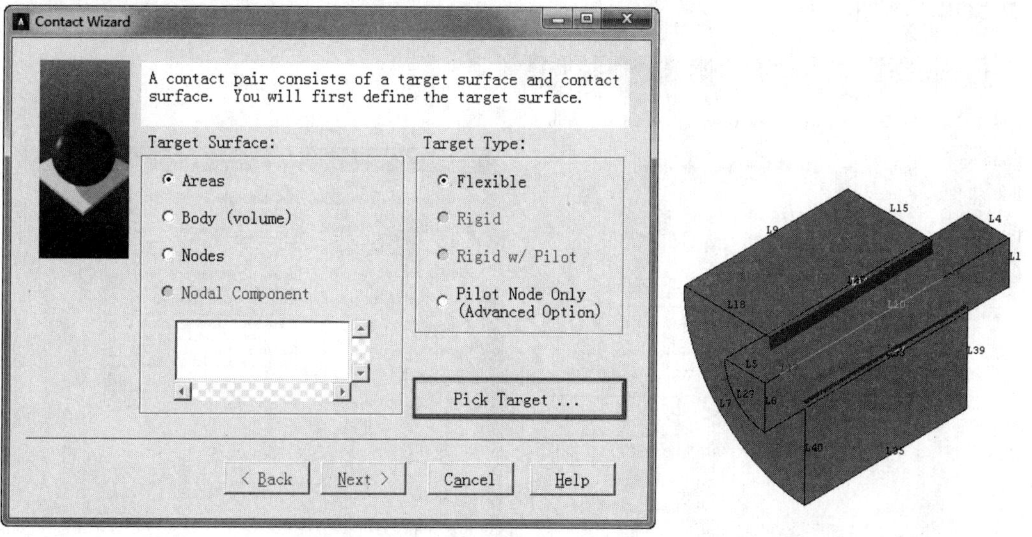

图 15-28 “Contact Wizard”窗口　　图 15-29 选择圆筒接触面

❷创建接触面：屏幕再次弹出“Contact Wizard”窗口。单击“Next”按钮，弹出如图 15-30 所示的“Contact Wizard”窗口。在“Contact Element Type”下面的单选栏中选中选项组选择“Surface-to-Surface”，单击“Pick Contact”按钮，弹出“Select Areas for Contact”选择对话框。在图形上选择圆柱套管的接触面，如图 15-31 所示。单击“OK”

按钮，再次弹出“Contact Wizard”窗口，单击“Next”按钮。

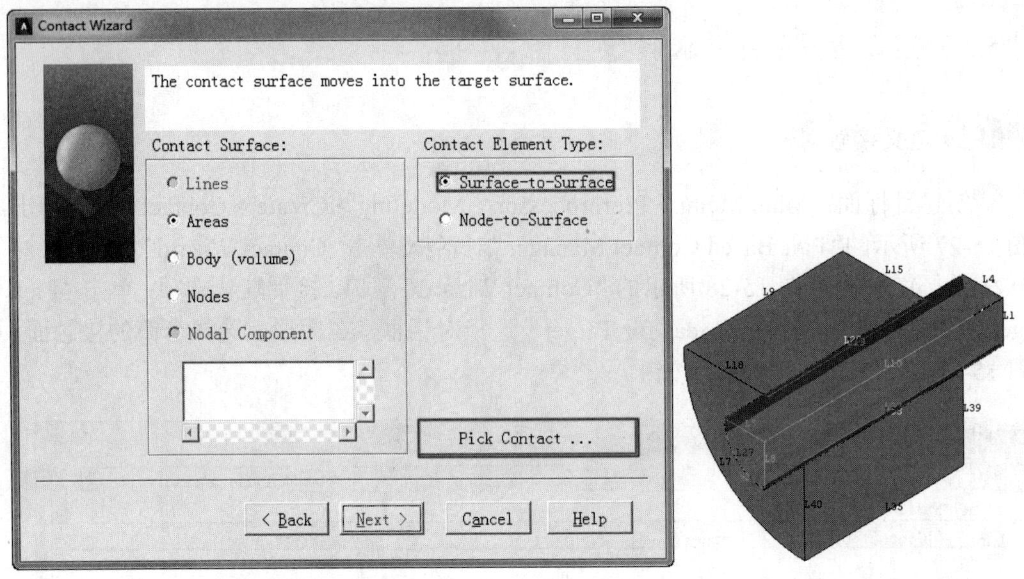

图 15-30 “Contact Wizard”窗口　　图 15-31 选择圆柱套管接触面

❸设置接触面：弹出“Contact Wizard”窗口，如图 15-32 所示。选择“Create symmetric pair”复选框，在“Coefficient of Friction”文本框中输入 0.2，单击“Optional settings”按钮，弹出如图 15-33 所示的对话框，在“Normal Penalty Stiffness”文本框中输入 0.1，单击“OK”按钮。

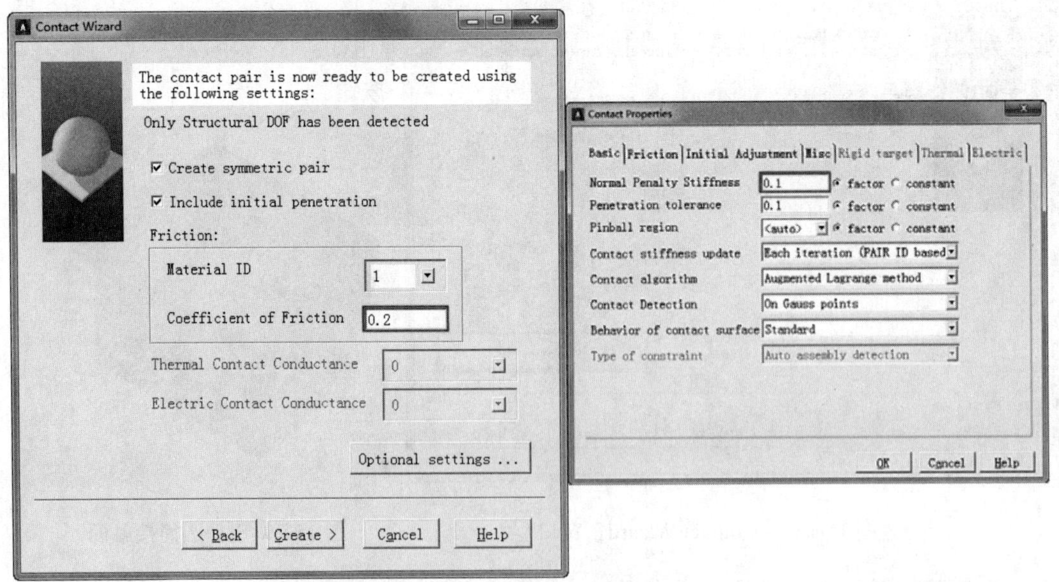

图 15-32 “Contact Wizard”窗口　　图 15-33 “Contact Properties”对话框

❹接触面的生成：返回“Contact Wizard”窗口，单击“Create”按钮，弹出“Contact

Wizard”窗口，如图 15-34 所示。单击“Finish”按钮，显示如图 15-35 所示的接触面，然后关闭如图 15-27 所示的对话框。

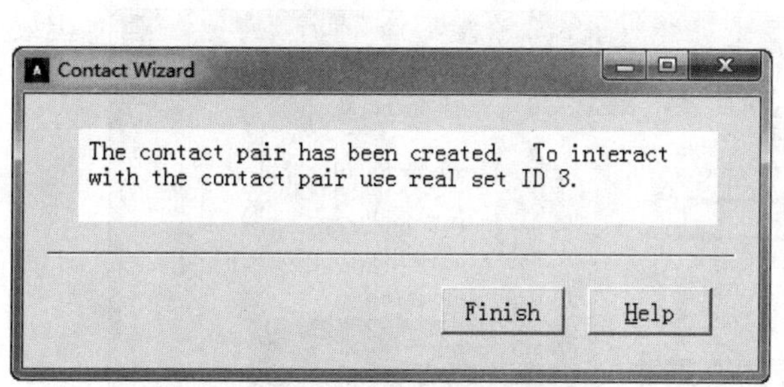

图 15-34 “Contact Wizard”窗口

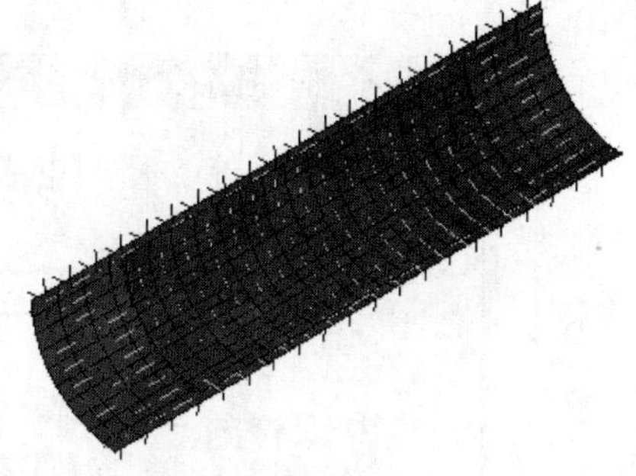

图 15-35 接触面显示

02 施加载荷并求解。

❶打开面编号显示：Utility Menu > PlotCtrls > Numbering，弹出“Plot Numbering Controls”对话框。选择“AREA Area numbers”复选框，使其显示为“On”；选择“LINE Line numbers”复选框，使其显示为“Off”，单击“OK”按钮。

❷施加对称位移约束：Main Menu > Solution > Define Loads > Apply > Structural > Displacement > Symmetry B.C. > On Areas，弹出“Apply SYMM on Areas”选择对话框，在图形上选择编号为 10、3、4、24 的面，单击“OK”按钮。

❸施加面约束条件：Main Menu > Solution > Define Loads > Apply > Structural > Displacement > On Areas，弹出“Apply U, ROT on Areas”选择对话框。，在图形上选择编号为 28 的面（即套筒左边的面），单击“OK”按钮，弹出如图 15-36 所示的“Apply U, ROT on Areas”对话框。选择“All DOF”，单击“OK”按钮。

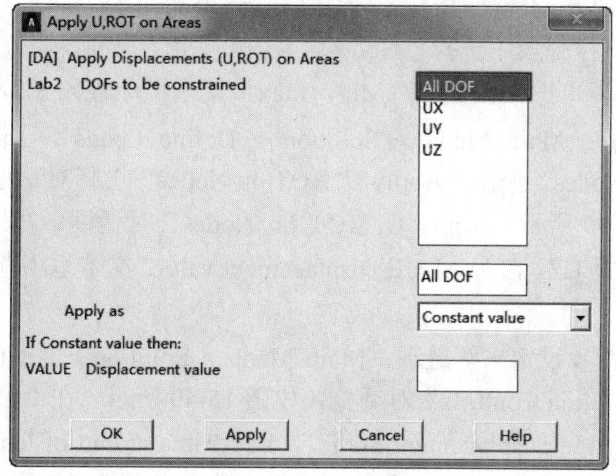

图 15-36 “Apply U, ROT on Areas”对话框

❹对第一个载荷步设定求解选项：Main Menu > Solution > Analysis Type > Sol’n Controls，弹出“Solution Controls”对话框，如图 15-37 所示。在“Analysis Options”的

下拉列表中选择“Large Displacement Static”，在“Time at end of loadstep”文本框中输入 100，在“Automatic time stepping”下拉列表中选择“Off”，在“Number of substeps”文本框中输入 1，单击“OK”按钮。

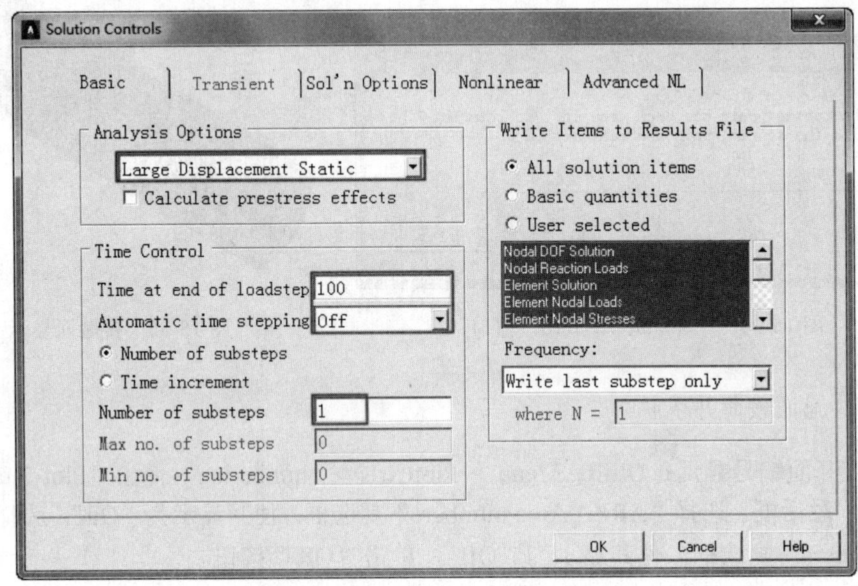

图 15-37　“Solution Controls”对话框

❺第一个载荷步的求解：Main Menu > Solution > Solve > Current LS，弹出“/STATUS Command”对话框和“Solve Current Load Step”对话框。仔细浏览“/STATUS Command”对话框中的信息，确认无误后关闭它。单击“Solve Current Load Step”对话框中的“OK”按钮，开始求解。求解完成后会弹出“Solution is done”信息提示，单击“Close”按钮。

❻重新显示：Utility Menu > Plot > Replot。

❼选择节点：Utility Menu > Select > Entities，弹出如图 15-38 所示的“Select Entities”对话框。在第一个下拉列表中选择“Nodes”，在第二个下拉列表中选择“By Location”，选择“Z coordinates”单选按钮，在“Min，Max”文本框中输入 5，单击“OK”按钮。

❽施加节点位移：Main Menu > Solution > Define Loads > Apply > Structural > Displacement > On Nodes，弹出“Apply U, ROT on Nodes”选择对话框。单击“Pick All”按钮，弹出如图 15-39 所示“Apply U, ROT on Nodes”对话框，在“Lab2 DOFs to be constrained”后面选择 UZ，在“VALUE Displacement value”文本框中输入 2.5，单击“OK”按钮。

❾对第二个载荷步设定求解选项：Main Menu > Solution > Analysis Type > Sol’n Controls，弹出“Solution Controls”对话框，如图 15-40 所示。在“Analysis Options”的下拉列表中选择“Large Displacement Static”，在“Time at end of loadstep”文本框中输入 200，在“Automatic time stepping”下拉列表中选择“On”，在“Number of substeps”文本框中输入 100，在“Max no. of substeps”文本框中输入 1000，在“Min no. of substeps”文本框中输入 10，在“Frequency”下拉列表中选择“Write N number of substeps”，在“where N=”文本框中输入-10，单击“OK”按钮。

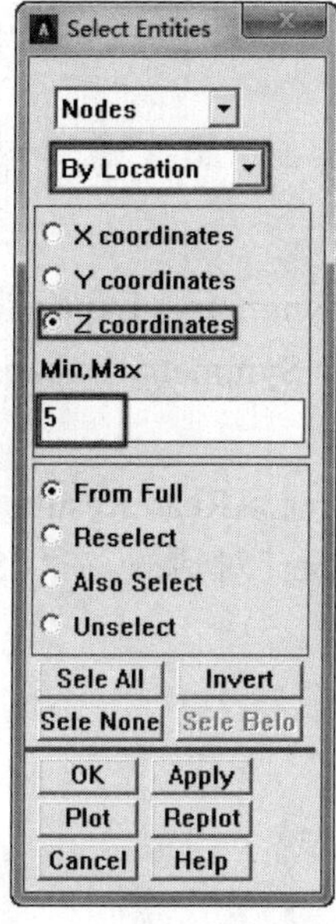

图 15-38 “Select Entities”对话框

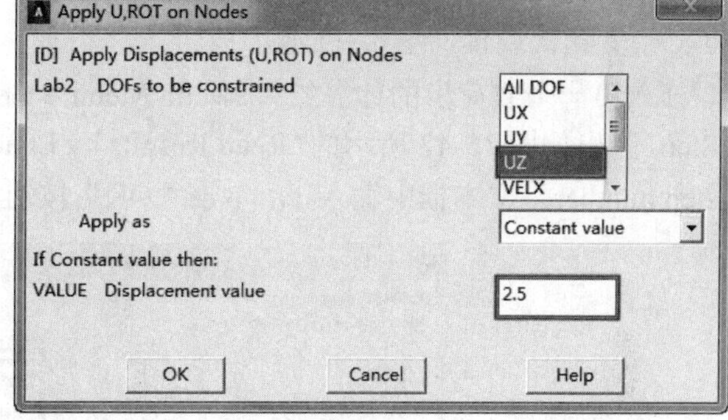

图 15-39 “Apply U, ROT on Nodes”对话框

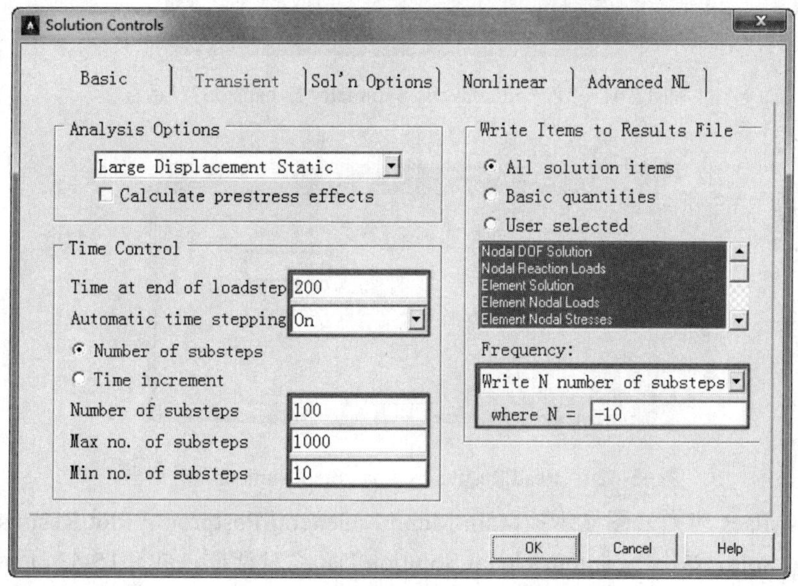

图 15-40 “Solution Controls”对话框

❿选择所有实体：Utility Menu > Select > Everythig。

⓫第二个载荷步的求解：Main Menu > Solution > Solve > Current LS，弹出“/STATUS Command”对话框和“Solve Current Load Step”对话框。仔细浏览“/STATUS Command”对话框中的信息，确认无误后关闭它，单击“Solve Current Load Step”对话框中的“OK”按钮，开始求解。求解完成后会弹出“Solution is done”信息提示，单击“Close”按钮。

15.3.4 后处理

01 Post1 后处理。

❶设置扩展模式：Utility Menu > PlotCtrls > Style > Symmetry Expansion > Periodic/Cyclic Symmetry，弹出如图 15-41 所示的“Periodic/Cyclic Symmetry Expansion”对话框。接受默认设置，单击“OK”按钮。

❷读入第一个载荷步的计算结果：Main Menu > General Postproc > Read Results > By Load Step，弹出如图 15-42 所示的“Read Results by Load Step Number”对话框。在“LSTEP Load step number”文本框中输入 1，单击“OK”按钮。

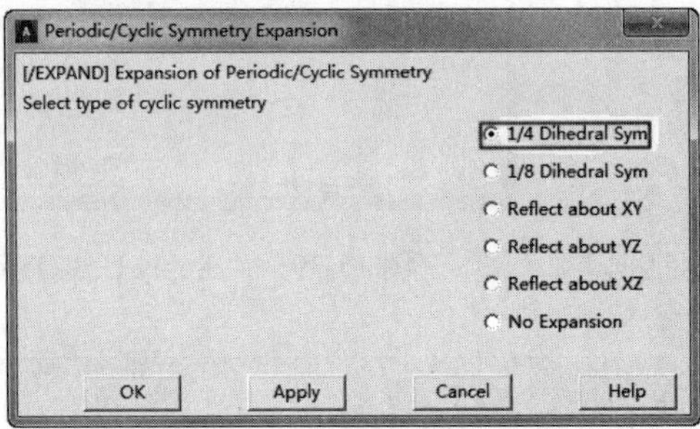

图 15-41 “Periodic/Cyclic Symmetry Expansion”对话框

Read Results by Load Step Number
[SET] [SUBSET] [APPEND]
Read results for Entire model
LSTEP Load step number 1
SBSTEP Substep number LAST
FACT Scale factor 1
OK Cancel Help

图 15-42 “Read Results by Load Step Number”对话框

❸Von-Mises 应力云图显示：Main Menu > General Postproc > Plot Results > Contour Plot > Nodal Solu，弹出“Contour Nodal Solution Data”对话框，如图 15-43 所示。在“Item to be contoured”列表框中选择 Nodal Solution > Stress > von Mises stress，单击“OK”按钮，显示第一个载荷步的应力云图，如图 15-44 所示。

❹读入某时刻计算结果：Main Menu > General Postproc > Read Results > By Time/Freq，弹出如图 15-45 所示的“Read Results by Time or Frequency”对话框。在“TIME Value of time or freq”文本框中输入 120，单击“OK”按钮。

❺选择单元：Utility Menu > Select > Entities，弹出“Select Entities”对话框，如图 15-46 所示。在第一个下拉列表中选择“Elements”，在第二个下拉列表中选择“By Elem Name”，在“Element name”文本框中输入 174，单击“OK”按钮。

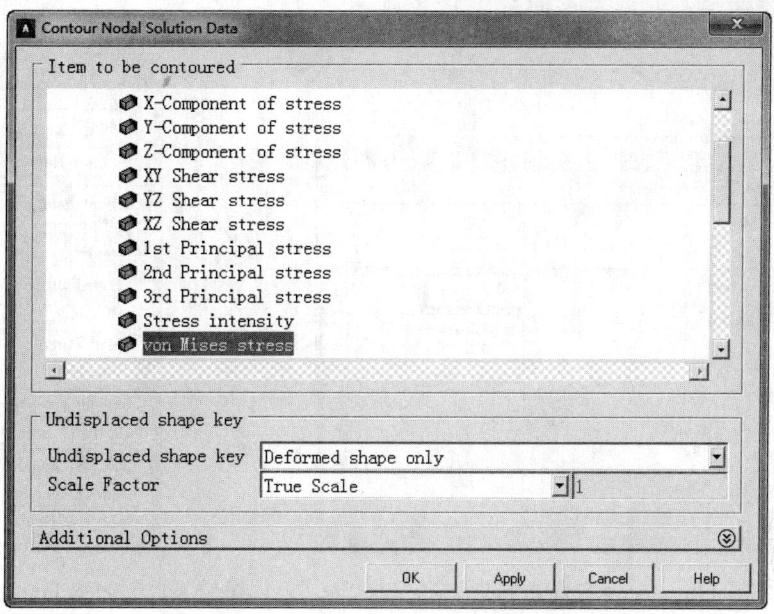

图 15-43 “Contour Nodal Solution Data”对话框

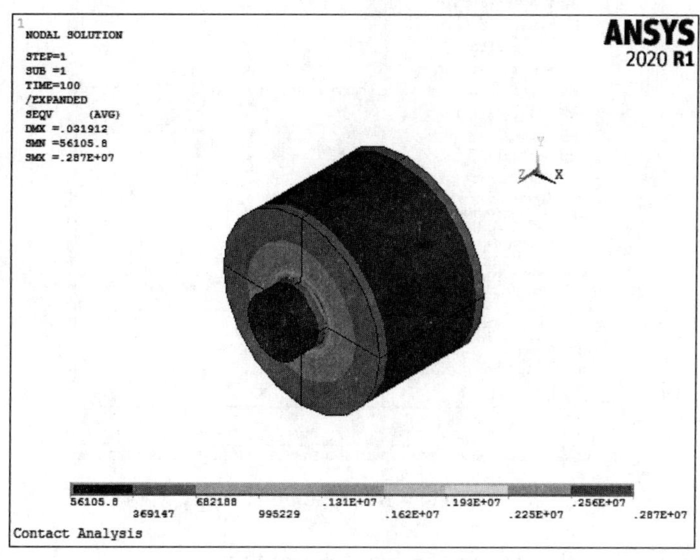

图 15-44 第一个载荷步的应力云图

❻接触面压力云图显示：Main Menu > General Postproc > Plot Results > Contour Plot > Nodal Solu，弹出如图 15-47 所示的“Contour Nodal Solution Data”对话框。在“Item to be contoured”列表框中选择 Nodal Solution > Contact > Contact pressure，单击“OK”按钮，显示如图 15-48 所示的接触面压力云图。

❼读取第二个载荷步的计算结果：Main Menu > General Postproc > Read Results > By Load Step，弹出“Read Results by Load Step Number”对话框。在“LSTEP Load step number”

文本框中输入 2，单击“OK”按钮。

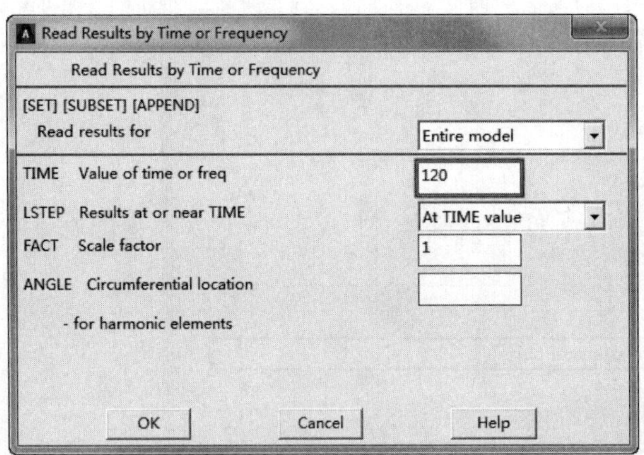

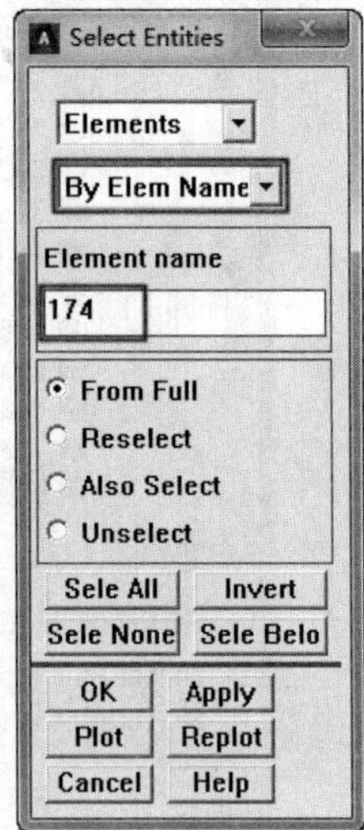

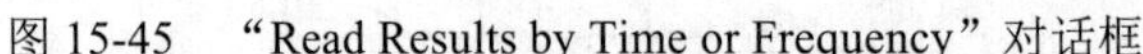
图 15-45 “Read Results by Time or Frequency”对话框　　图 15-46 “Select Entities” 对话框

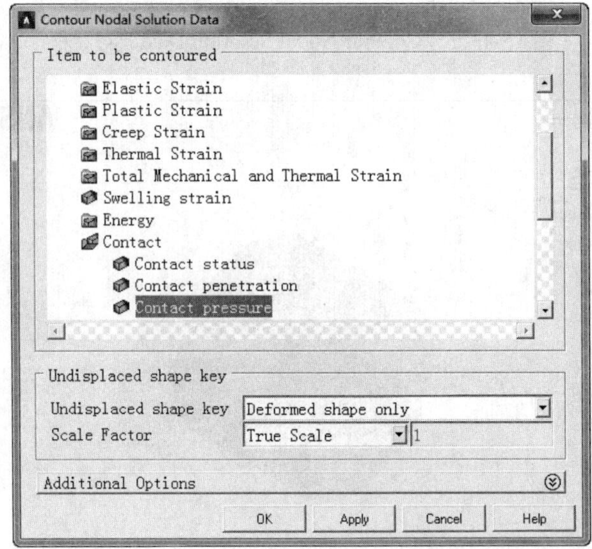

图 15-47 “Contour Nodal Solution Data”对话框

❽选择所有模型：Utility Menu > Select > Everything。

❾Von-Mises 应力云图显示：Main Menu > General Postproc > Plot Results > Contour Plot > Nodal Solu，弹出“Contour Nodal Solution Data”对话框。在“Item to be contoured”中选择 Nodal Solution > Stress > von Mises stress，单击“OK”按钮，显示如图 15-49 所示的套管拔出时的应力云图。

02 Post26 后处理。

❶定义时域变量：Main Menu > TimeHist Postpro，弹出如图 15-50 所示的“Time History Variables”对话框。单击左上方的“Add Data”按钮，弹出如图 15-51 所示的

“Add Time-History Variables”。在“Result Item”列表框中选择 Reaction Forces > Structural Forces > Z-Component of force，单击“OK”按钮，弹出“Node for Data”选择对话框。在图形上选择套管端部的任何一个节点（即 Z 坐标为 5 的任何一个节点），单击“OK”按钮。

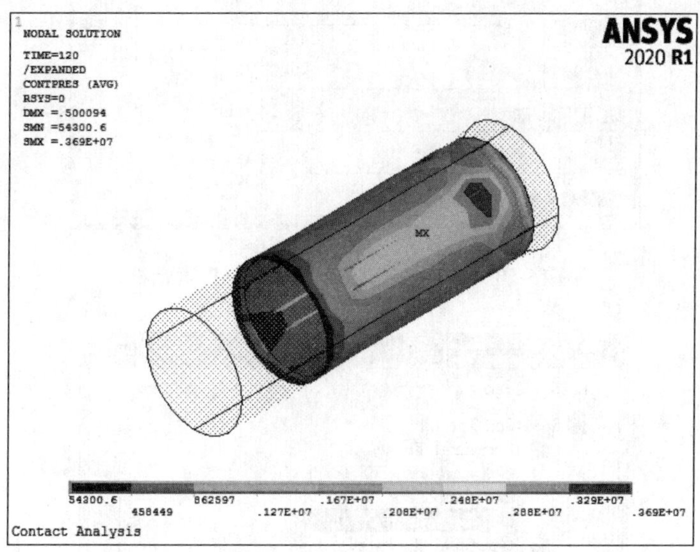

图 15-48 接触面压力云图

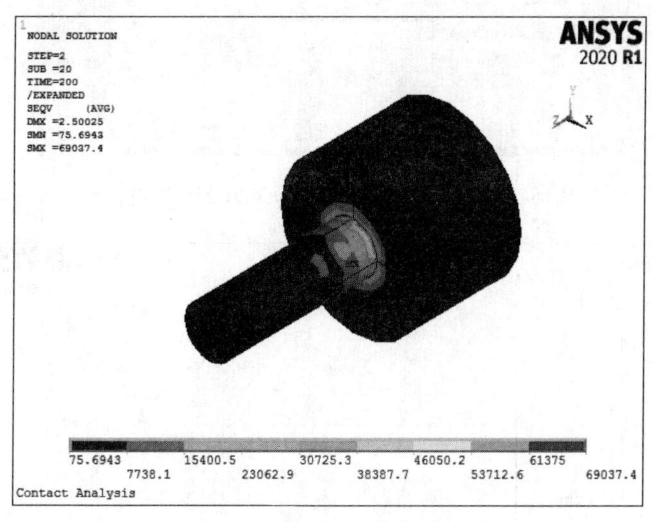

图 15-49 套管拔出时的应力云图

❷显示节点反力随时间的变化图：在“Time History Variables”对话框中单击“Graph Data”按钮，则在屏幕上显示节点-反力时间曲线，如图 15-52 所示。

03 退出 ANSYS。

单击工具栏上的“QUIT”按钮，弹出“Exit”对话框。选择“Quit-No Save”，单击“OK”按钮。

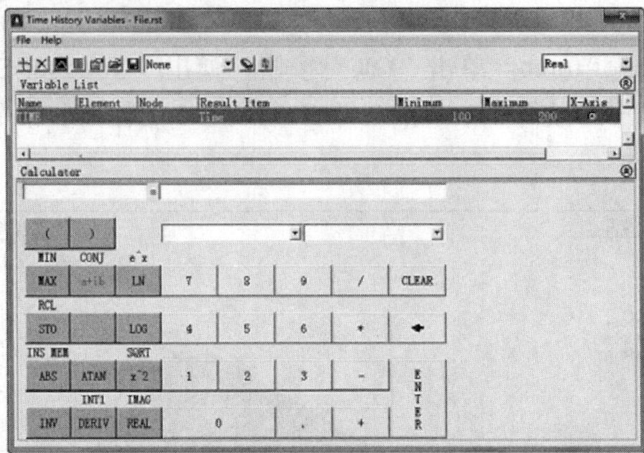

图 15-50 “Time History Variables”对话框

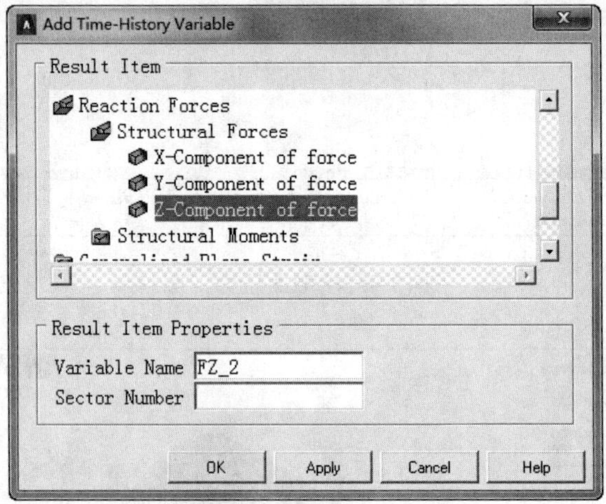

图 15-51 “Add Time-History Variables”对话框

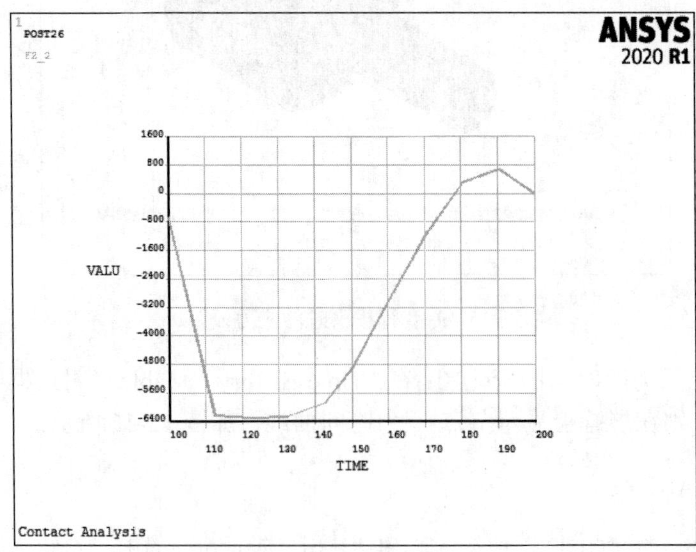

图 15-52 节点-反力时间曲线

15.3.5 命令流方式

略，见随书电子资源。